《现代物理基础丛书》编委会

主　编　杨国桢

副主编　阎守胜　聂玉昕

编　委（按姓氏笔画排序）

王　牧　　王鼎盛　　朱邦芬　　刘寄星

邹振隆　　宋菲君　　张元仲　　张守著

张海澜　　张焕乔　　张维岩　　侯建国

侯晓远　　夏建白　　黄　涛　　解思深

现代物理基础丛书 68

粒子物理学导论

肖振军　吕才典　著

国家自然科学基金项目(11235005)
江苏省物理一级学科建设项目　　联合资助

科学出版社
北　京

内 容 简 介

粒子物理是研究物质最深层次结构的前沿学科。本书注重粒子物理基础知识的介绍，按照由浅入深的顺序对粒子物理发展史、基本相互作用、基本粒子的分类、高速粒子运动学、相互作用过程的运动学问题作了介绍。对于粒子物理的主要研究对象——轻子和强子，核力与同位旋，奇异粒子，对称性和各种守恒定律，夸克模型和强子结构以及电磁相互作用，深度非弹性散射与核子结构的部分子模型，量子色动力学，电弱相互作用的拉氏量和粒子谱，电弱规范对称性自发破缺的 Higgs 机制等分别进行了讨论。对于最新的理论研究成果和实验测量数据也作了介绍，例如，LHC 实验中的顶夸克物理和 Higgs 物理，重味物理与 CP 破坏的理论和实验研究进展。对 B 介子工厂、LHC 等重要的高能物理实验作了重点介绍。以北京正负电子对撞机实验(BEPCII+BESIII)和大亚湾中微子实验为例，对高能物理实验装置、实验数据的采集和分析流程作了较为系统的介绍。本书部分内容涉及量子场论计算。

本书可以作为理论物理、粒子物理与原子核物理及其他相关专业的研究生和高年级本科生粒子物理课程的教科书，也可以作为理论物理工作者和高能物理实验工作者的参考书。

图书在版编目(CIP)数据

粒子物理学导论/肖振军，吕才典著. —北京：科学出版社，2016.3
(现代物理基础丛书；68)
ISBN 978-7-03-047551-0

Ⅰ. ①粒… Ⅱ. ①肖… ②吕… Ⅲ. ①粒子物理学 Ⅳ. O572.2

中国版本图书馆 CIP 数据核字(2016) 第 044440 号

责任编辑：于盼盼 黄 海 曾佳佳/责任校对：张怡君
责任印制：赵 博/封面设计：许 瑞

科学出版社 出版
北京东黄城根北街 16 号
邮政编码：100717
http://www.sciencep.com

固安县铭成印刷有限公司印刷
科学出版社发行 各地新华书店经销

*

2016 年 3 月第 一 版 开本：720×1000 1/16
2025 年 4 月第十二次印刷 印张：29 1/2 插页：6
字数：592 000
定价：98.00 元
(如有印装质量问题，我社负责调换)

序

浩瀚的宇宙由微小的原子和其他物质粒子所组成，原子是由原子核和电子组成，原子核是由核子 (质子和中子) 组成，而核子则是由夸克和胶子组成。我们所认识的多彩的物质世界归根结底就是各种基本粒子存在和相互作用的世界。研究物质最小尺度最深层次的微观结构，研究基本粒子性质及其相互作用的前沿学科就是粒子物理学。

通过几十年实验和理论的探索，描述电弱相互作用和强相互作用基本规律的粒子物理标准模型已经建立并取得了前所未有的成功，这是在人类认识自然规律历史长河中的重大成就。当前对超越标准模型的新物理的探索更是方兴未艾。展现和介绍粒子物理学的基本知识和丰富内容，对于对自然科学有兴趣的读者特别是物理专业的读者显然是十分有益的。

该书的两位作者肖振军教授和吕才典研究员，都是在北京大学物理系学习并获得理学博士学位的，是我教过的学生中的佼佼者。我跟两位认识很久，合作发表过多篇论文，在科研工作中交流也很频繁。两位作者在粒子物理理论领域，特别是重味物理方向从事了多年的研究工作，分别独立或者合作完成了多项重要研究成果，成绩斐然，是国内该领域的优秀学者。肖振军和吕才典在 B 介子物理研究领域密切合作 20 多年，从 1995 年合作完成第一篇发表在 $Phys.\ Rev.\ D$ 的学术论文，到先后合作主持两项国家自然科学基金重点项目，合作培养一批优秀研究生，堪称学术合作的楷模。

肖振军在河南师范大学和南京师范大学，吕才典在中国科学院大学 (中科院研究生院) 讲授粒子物理学课程多年，在教学科研上颇有心得。这次他们把多年的教学科研工作总结在这本《粒子物理学导论》中。该书总结了粒子物理学发展的全貌，前八章包含了粒子物理学的基本内容，从粒子物理的基本概念讲起，由浅入深，介绍了粒子物理标准模型的基本概念、基本相互作用、对称性及其应用。在第 9 和第 10 两章，作者介绍了粒子物理学各个主要前沿方向的最新进展，包括标准模型理论的精确检验、顶夸克性质的理论计算和实验测量等，重点介绍了 2012 年 7 月发现的希格斯玻色子性质的 LHC 实验测量结果，B、D 介子系统的混合与 CP 破坏唯象研究最新进展，以及两个 B 介子工厂实验和 LHCb 实验的最新结果。在第 11 章，作者以北京正负电子对撞机实验 (BEPCII/BESIII) 为切入点，介绍了粒子物理实验的基本方法和高能物理实验数据分析的流程，介绍了目前世界上主要的高能物理实验装置的基本情况，并对中国科学家提出的关于未来高能物理实验项目的一些设想做了简要介绍。该书还在每一章提供了一些练习题和思考题，对于研究生准备粒子物理考试提供了帮助，是一本不可多得的粒子物理学入门教材。

　　长期以来，国内一直缺少一本全面介绍粒子物理学基础和标准模型全貌以及最新进展的研究生入门教科书。该书的完成填补了这个空白。肖振军和吕才典撰写的这本书既涵盖了粒子物理学经典的主要内容，又对粒子物理理论研究和实验测量的最新成果和进展做了全面、详细的介绍，相关实验数据更新到 2014 年底。看到两位学者不辞辛苦写作的这本 400 多页的《粒子物理学导论》，我既为他们的成绩感到欣慰，也为后来的更年轻的学子们感到高兴，欣然提笔作此序言。不论是在粒子物理理论研究领域还是实验研究领域，对于初次进入这些领域的研究生和年轻学者来说，这本书都可以引领他们熟悉粒子物理的基本理论框架，并帮助他们迅速进入自己感兴趣的前沿研究方向。

赵光达

2015 年 7 月 30 日于北大燕园

前　言

粒子物理学是一门发展迅速的基础学科，致力于研究比原子核更深层次的微观世界中物质的结构、性质和相互作用的规律。粒子物理研究以量子场论为依托，处理从几个 MeV 到 TeV 能区的极其广泛的物理现象。借助于极端高能的实验手段、高强度和高精度的实验装置，深入物质内部，探索物质的结构，寻找其最小组元及其相互作用规律；寻求物质、能量、时间、空间的深刻内涵。微观世界基本粒子的物理规律和宏观宇宙的起源、演化密切相关。

从 20 世纪 30 年代劳伦斯发明的直径只有 10cm、价值约 100 美元的第一个粒子回旋加速器，到今天在欧洲核子研究中心 (CERN) 运行的周长 27km 的高能质子 - 质子对撞机 (LHC) 和重量超过 1 万吨的探测器，其价格以 10 亿 ~100 亿美元计算。今天的粒子物理理论和实验研究是一门"大科学"：需要巨大的人力和财力资源的投入，需要广泛的国际合作。在欧洲核子研究中心，有来自全世界 80 多个国家和地区的大约 1 万名科学家和工程师在那里工作，他们代表着 500 多所大学和研究所。在北京正负电子对撞机实验中，虽然我们的存储环周长只有大约 240m，但却是这个能区最先进的实验设施。北京谱仪国际合作组的近 400 位物理学家和研究生参加了对 τ- 粲物理实验探测器建造、运行、数据的采集和分析工作，他们来自世界 11 个国家的 53 所大学和研究所。

2012 年 7 月瑞士日内瓦的大型强子对撞机实验发现了标准模型的最后一个粒子 —— 被称为"上帝粒子"的希格斯 (Higgs) 粒子，直接导致提出规范对称性自发破缺"Higgs 机制"的彼得·希格斯和弗朗索瓦·恩格勒获得 2013 年诺贝尔物理学奖。希格斯粒子的发现意味着粒子物理标准模型的粒子谱补齐了最后一块短板，但是却并不意味着粒子物理研究的终结，实际上却开启了粒子物理研究的新纪元。在标准模型理论框架下，希格斯粒子是目前所知所有基本粒子内禀质量的来源，但是却没有给出不同粒子质量巨大差别的原因。而且希格斯粒子的存在意味着超出原来四种基本相互作用的第五和第六种相互作用 (汤川耦合和希格斯自相互作用) 的存在，急需进一步的粒子物理实验的验证。

一直以来，随着粒子物理学的高速发展，国内缺少一本反映粒子物理近期发展的适合初入门的学生学习的教科书。本书注重粒子物理基础知识的介绍，按照由浅入深的顺序对粒子物理发展史、基本相互作用、基本粒子的分类、高速粒子运动学 —— 洛伦兹变换，相互作用过程的运动学问题作了介绍。对于粒子物理的主要研究对象 —— 轻子和强子，核力与同位旋，奇异粒子，共振态粒子，对称性和各种守恒定律，夸克模型和强子结构以及电磁相互作用，深度非弹性散射与核子结构的部分子模型，电弱相互作用理论的拉氏量和粒子谱，电弱规范对称性自发破缺的 Higgs(BEH) 机制等分别进行了讨论。

本书也注重学科前沿的发展情况介绍，同时给出了各个研究方向的研究前沿进展情况，并以一些反应过程为例，给出一些计算和讨论的实用例子。在本书后半部分，作者讨论在高能量前沿方向的标准模型精确检验，介绍 LEP、Tevatron 对撞机实验的结果，重点介绍在 LHC 强子对撞机实验上发现 Higgs 粒子，对 Higgs 粒子性质的初步实验测量，对顶夸克对产生和单产生过程的高精度实验研究等。在高精度前沿方向，作者介绍美国和日本的 B 介子工厂实验和 LHCb 在高能对撞机实验上对含 b 介子系统的研究结果，并对未来重味物理的发展和 Super-B 工厂 Belle-II 实验做简单讨论。

粒子物理包括粒子物理理论和实验探测两大组成部分。本书的主要内容包括粒子的结构、性质，基本相互作用，标准模型理论和检验等，其中同时涉及高能物理实验、对撞机物理和探测器技术等。在本书的最后，作者还对高能对撞机物理实验、实验数据采集和分析作部分基础性的介绍。主要介绍了北京正负电子对撞机和北京谱仪实验，重点介绍探测器结构、数据采集与数据分析方法以及近期 BESIII 的主要实验测量结果。作者还对大亚湾中微子实验做了简要介绍，对我国下一代高能对撞机实验的几个主要候选方案做了简单介绍。

本书由作者在南京师范大学和中国科学院大学(前中国科学院研究生院)讲授粒子物理学相关课程讲义的基础上编写而成。感谢两所学校的老师和同学对于本书使用过程中所提出的意见和建议以及授课过程中非常有益的讨论。在授课、课间讨论过程中，很多研究生对本书所涉及的部分表达式的推导和验证做出了贡献。特别是中国科学院大学物理学院 2014 级的研究生们，在本学期使用本书初稿的过程中，发现了许多打印错误和解释不清楚之处，为作者修改书稿提供了帮助，作者在此表示感谢。感谢南京师范大学钟彬博士对本书粒子物理实验部分的贡献，特别是撰写了第 11 章部分小节的初稿。

作者感谢恩师赵光达先生和高崇寿先生的教诲和栽培。作者感谢戴元本、邝宇平、张宗烨、张肇西、黄涛、杜东生、李重生、薛晓舟、鲁公儒、黄朝商、童国梁、丁亦兵、曾谨言、李小源、李学潜等各位老师多年来在学术上的指导和帮助。在长期的科研工作中，作者就粒子物理的许多问题和吴岳良、郑海扬、侯维恕、李湘楠、高原宁、张新民、王青、马伯强、郑汉青、乔从丰、邹冰松、罗民兴、任中洲、杨金民、马建平、廖益、刘纯、赵强、苑长征、金山、胡红波、朱世琳、朱守华、李海波、杨茂志、杨亚东、李作宏、张大新、陈莹、平加伦、郭立波、王建雄、贾宇、彭光雄、郑阳恒、黄明球、岳崇兴、王凯、陈绍龙、杨德山、沈月龙、徐庆君、金立刚、王琦、孙俊峰、曹俊杰、李营、王伟、王玉明、常钦等许多朋友和同事做过很多有益的讨论，在此一并表示衷心的感谢。

本书可以作为理论物理、粒子物理与原子核物理及其他相关专业的研究生和高年级本科生粒子物理课程的教科书，也可以作为理论物理工作者和高能物理实验工作者的参考书。对于没有任何量子场论和群论基础的读者，可以略去书中标有星号的章节。

粒子物理学探究领域和范围很广，需要的数学和物理知识复杂，限于作者水平和成书时间仓促，书中难免存在疏漏和问题，也必定有叙述或者打印错误，引文也可能有疏漏之处，请读者发电邮到两位作者的邮箱: xiaozhenjun@njnu.edu.cn, lucd@ihep.ac.cn，指正这些问题，以便及时更改。作者在此表示衷心的感谢。

本书的出版受到国家自然科学基金项目 (11235005) 和江苏省物理一级学科重点学科建设项目 (1343201042) 的联合资助。

肖振军　吕才典

2014 年 12 月于南京和北京

张捷宁 吕大年

目 录

第1章 绪论 ·· 1
 §1.1 粒子物理学的研究内容 ·· 1
  §1.1.1 "基本"粒子谱 ··· 1
  §1.1.2 粒子物理理论概要 ·· 4
  §1.1.3 自然单位制 ·· 5
 §1.2 高能物理实验手段 ·· 6
  §1.2.1 现有高能加速器的种类 ·· 6
  §1.2.2 世界上著名的加速器举例 ·· 8
 §1.3 粒子的基本性质 ·· 10
  §1.3.1 质量 ··· 10
  §1.3.2 寿命与衰变宽度 ··· 11
  §1.3.3 电荷 ··· 13
  §1.3.4 自旋、极化、自旋统计关系 ··· 13
  §1.3.5 螺旋度 ··· 14
  §1.3.6 磁矩 ··· 15
 §1.4 场、粒子与相互作用 ·· 16
  §1.4.1 场和粒子 ··· 16
  §1.4.2 基本相互作用 ··· 16
 §1.5 粒子的分类 ·· 18
  §1.5.1 稳定粒子和共振态 ··· 19
  §1.5.2 轻子-夸克层次粒子的分类 ·· 20
 练习题 ··· 21

第2章 高速粒子运动学 ·· 22
 §2.1 洛伦兹变换 ·· 22
  §2.1.1 洛伦兹变换 ··· 22
  §2.1.2 洛伦兹变换的快度描写 ··· 26
 §2.2 实验室坐标系和质心坐标系 ·· 29
  §2.2.1 质心坐标系和反应有效能量 ··· 29
  §2.2.2 反应 Q 值和阈能 ··· 33
  §2.2.3 微分截面在实验室系-质心系之间的变换关系 ······································ 35

§2.3	相空间	37
	§2.3.1　n 体末态相空间	37
	§2.3.2　不变相空间积分	38
	§2.3.3　不变质量谱	40
§2.4	几个典型的运动学问题	42
	§2.4.1　n 个粒子反应的洛伦兹不变量	42
	§2.4.2　2→2 反应中的 s, t, u 不变量	42
	§2.4.3　二体衰变运动学	43
	§2.4.4　三体衰变运动学	45
	§2.4.5　二体反应截面	49
练习题		50

第 3 章　轻子和量子电动力学 ... 52

§3.1	轻子的基本性质	52
	§3.1.1　β 衰变与中微子的发现	53
	§3.1.2　反 β 衰变,中微子相互作用	55
	§3.1.3　中微子的螺旋度 (helicity) 与手征性 (chirality)	56
	§3.1.4　电子和 μ 子的磁矩	58
§3.2	轻子数守恒和轻子普适性	58
§3.3	中微子质量问题	61
§3.4	中微子振荡	66
	§3.4.1　振荡概率 $\mathcal{P}_{\alpha\beta}$	66
	§3.4.2　两个中微子间的振荡	68
	§3.4.3　味本征态的运动方程*	70
	§3.4.4　目前中微子实验的结果	72
§3.5	量子电动力学和轻子的散射过程	72
	§3.5.1　阿贝尔定域规范对称性*	72
	§3.5.2　量子电动力学的费恩曼规则	76
	§3.5.3　轻子的电磁散射过程	78
§3.6	狄拉克方程与正电子	80
练习题		86

第 4 章　强子与强子间相互作用 ... 88

§4.1	核力的汤川势和 π 介子的理论预言	88
§4.2	核力与同位旋	92
	§4.2.1　核力的电荷无关性和同位旋的引入	92
	§4.2.2　两个核子体系的同位旋	94

| §4.2.3 | 核子同位旋算符及波函数的矩阵表示* | 95 |
| §4.2.4 | πN 系统的同位旋 | 97 |

§4.3 同位旋对称性的应用 98
- §4.3.1 同位旋守恒定律 98
- §4.3.2 同位旋的破坏 101
- §4.3.3 同位旋在弱衰变中的应用 102

§4.4 奇异粒子: K 介子和超子 103
- §4.4.1 奇异粒子的发现 103
- §4.4.2 奇异粒子的性质 105
- §4.4.3 重子数 b 107
- §4.4.4 超荷 Y, 盖尔曼–西岛关系 108
- §4.4.5 奇异粒子的自旋和宇称 110

§4.5 共振态 110
- §4.5.1 弹性散射的分波分析* 110
- §4.5.2 共振态的产生和描写 112
- §4.5.3 重子共振态 114
- §4.5.4 介子共振态 115

练习题 118

第 5 章 对称性和守恒定律 119

§5.1 守恒量的一般性质 119
- §5.1.1 对称和破缺 119
- §5.1.2 变换和对称的分类 120
- §5.1.3 守恒量分类, 严格守恒和近似守恒 121

§5.2 Noether 定理 122
- §5.2.1 经典物理中的 Noether 定理 122
- §5.2.2 量子力学中的对称性 123
- §5.2.3 复合对称性守恒量 124
- §5.2.4 对称性和群 124

§5.3 连续时空对称性* 126
- §5.3.1 空间平移不变性和动量守恒定律 126
- §5.3.2 空间转动不变性和角动量守恒定律 127
- §5.3.3 时间平移不变性和能量守恒定律 129

§5.4 空间反射变换和宇称守恒 129
- §5.4.1 空间反射变换和宇称 129
- §5.4.2 宇称守恒和宇称不守恒 131

- §5.5 电荷共轭变换、G 变换和 C、G 宇称守恒 ········· 133
  - §5.5.1 纯中性态和 C 宇称 ········· 135
  - §5.5.2 C 变换不变和 C 宇称守恒 ········· 137
  - §5.5.3 G 变换和 G 宇称 ········· 137
  - §5.5.4 G 宇称守恒 ········· 139
- §5.6 CP 变换，CP 守恒与破坏，CPT 定理 ········· 141
  - §5.6.1 CP 破坏 ········· 141
  - §5.6.2 CP 破坏的来源 ········· 143
  - §5.6.3 时间反演和 T 不变性 ········· 146
  - §5.6.4 CPT 定理 ········· 149
- §5.7 全同粒子交换变换 ········· 152
  - §5.7.1 全同粒子组成系统的选择规则 ········· 152
  - §5.7.2 正反费米子组成系统的对称性 ········· 153
  - §5.7.3 正反玻色子组成的系统 ········· 154
- §5.8 幺正群* ········· 156
  - §5.8.1 $U(1)$ 规范不变性 ········· 157
  - §5.8.2 $SU(2)$ 群和同位旋 ········· 158
  - §5.8.3 $SU(3)$ 群 ········· 159
- 练习题 ········· 161

第 6 章 强子结构、夸克模型 ········· 163
- §6.1 强子分类 ········· 163
- §6.2 夸克模型和轻强子系统 ········· 169
  - §6.2.1 重子十重态 ········· 171
  - §6.2.2 夸克与颜色自由度 ········· 172
  - §6.2.3 重子八重态 ········· 175
  - §6.2.4 盖尔曼-大久保质量公式 ········· 177
- §6.3 轻介子系统 ········· 179
  - §6.3.1 赝标量介子 ········· 179
  - §6.3.2 1^- 矢量介子 ········· 183
  - §6.3.3 ϕ 介子衰变与"OZI"规则 ········· 184
- §6.4 重夸克偶素：J/ψ，Υ 介子 ········· 186
  - §6.4.1 粲夸克偶素：J/ψ 的发现和基本性质 ········· 186
  - §6.4.2 Okubo-Zweig-Iizuka (OZI) 规则 ········· 189
  - §6.4.3 底夸克偶素：Υ ········· 190
- §6.5 重味夸克物理 ········· 192

§6.5.1　b 夸克与 B 物理 · 193

§6.5.2　顶夸克与顶夸克物理 · 195

§6.6　强子的命名规则 · 197

§6.6.1　中性没有味道的介子 ($S = C = B = T = 0$) · · · · · · · · · · · · · · · · · · · 197

§6.6.2　带味道的 $S, C, B \neq 0$ 的介子 · 198

§6.6.3　重子的命名规则 · 199

§6.6.4　静态 $SU(6)$ 模型 · 201

练习题 · 202

第 7 章　量子色动力学与核子结构函数 · 204

§7.1　量子色动力学理论 · 204

§7.1.1　强相互作用的拉氏量 · 204

§7.1.2　渐近自由与夸克禁闭 · 206

§7.2　电磁形状因子 · 212

§7.3　电子–质子深度非弹性散射 (DIS) · 215

§7.3.1　ep 散射的无标度性* · 216

§7.4　核子结构的部分子模型 · 220

§7.4.1　简单部分子模型 · 221

§7.4.2　虚光子吸收的总截面* · 223

§7.4.3　夸克分布函数 · 224

§7.5　HERA 电子–质子对撞机与深度非弹性散射 · 225

§7.5.1　中性流过程: γ 交换* · 226

§7.5.2　部分子模型: $e + q \to e + X$ · 228

§7.5.3　深度非弹性散射微分截面公式* · 231

练习题 · 234

第 8 章　电弱统一理论 · 236

§8.1　电弱相互作用理论发展简史 · 236

§8.2　GIM 机制和 CKM 矩阵 · 242

§8.2.1　夸克混合 · 242

§8.2.2　GIM 机制 · 243

§8.2.3　CKM 夸克混合矩阵 · 244

§8.3　电弱统一理论的群结构、拉氏量与粒子谱 · 246

§8.3.1　Yang-Mills 场: 非阿尔贝定域规范对称性* · 248

§8.3.2　规范对称性一般情况* · 251

§8.4　对称性的自发破缺 · 253

§8.5　Brout-Englert-Higgs 机制 · 262

- §8.6　$\sigma(e^+e^- \to f^+f^-)$ 的计算* ·· 267
  - §8.6.1　$e^+e^- \to f^+f^-$：有极化情况 ································ 268
  - §8.6.2　$e^+e^- \to \mu^+\mu^-$：光子传播子贡献 ························ 270
  - §8.6.3　$e^+e^- \to \mu^+\mu^-$：γ 和 Z^0 贡献 ··············· 272
  - §8.6.4　$e^+e^- \to q\bar{q}$(hadrons) ····································· 274
- 练习题 ·· 277

第 9 章　标准模型精确检验、顶夸克物理与 Higgs 物理 ·············· 279
- §9.1　标准模型精确检验 ··· 280
  - §9.1.1　荷电流与中性流 ··· 280
  - §9.1.2　标准模型电弱参数的精确测量 ······························ 282
- §9.2　规范玻色子多点耦合的实验检验 ································· 286
- §9.3　顶夸克物理 ·· 289
- §9.4　LHC 实验与 Higgs 物理 ·· 296
  - §9.4.1　Higgs 玻色子的主要产生过程 ······························ 298
  - §9.4.2　Higgs 玻色子的衰变和 Higgs 玻色子与其他粒子的耦合测量 ······· 300
  - §9.4.3　新物理模型中的 Higgs 玻色子 ····························· 309
- 练习题 ··· 312

第 10 章　重味物理和 CP 破坏 ··· 314
- §10.1　K 介子系统：发现 CP 破坏 50 年 ···························· 316
- §10.2　B 介子系统的混合与 CP 破坏 ·································· 323
  - §10.2.1　$B_{(s)}$ 介子混合：ΔM_q 和 $\Delta \Gamma_q$ ·········· 323
  - §10.2.2　间接 CP 破坏 a_{SL}^q ····································· 326
  - §10.2.3　第二、三类 CP 破坏：$\mathcal{A}_{CP}^{\text{decay}}$ 和 $\mathcal{A}_{CP}^{\text{mix}}$ ··· 330
- §10.3　$B_{(s)}$ 介子典型衰变过程 ··· 332
  - §10.3.1　低能有效哈密顿量方法 ······································ 332
  - §10.3.2　$B_{s,d}^0 \to \mu^+\mu^-$ 纯轻子衰变过程 ···················· 333
  - §10.3.3　半轻子衰变过程 ··· 337
  - §10.3.4　强子衰变过程 ··· 339
- §10.4　CKM 矩阵与幺正三角形相角抽取 ······························· 340
  - §10.4.1　相角 β ··· 343
  - §10.4.2　相角 α ·· 346
  - §10.4.3　相角 γ ··· 348
  - §10.4.4　相位 ϕ_s ··· 353
- §10.5　未来的重味物理研究 ·· 358
- 练习题 ··· 364

第 11 章　高能物理实验简介 · 366

§11.1　加速器物理实验 · 366
§11.1.1　粒子加速器 · 369
§11.1.2　粒子探测器 · 371
§11.1.3　粒子物理实验数据分析 · 374

§11.2　非加速器物理实验 · 376
§11.3　中国的加速器粒子物理实验 · 380
§11.3.1　北京正负电子对撞机 · 381
§11.3.2　北京谱仪 · 383

§11.4　BESIII 国际合作组部分成果简介 · 396
§11.4.1　轻强子 · 396
§11.4.2　X、Y、Z 强子谱 · 399
§11.4.3　D 介子的混合与衰变 · 404

§11.5　中国未来高能物理实验展望 · 408
练习题 · 412

附录 A　狄拉克方程与狄拉克矩阵 · 413
附录 B　费恩曼规则与 $SU(3)_c$ 规范群 · 426
附录 C　部分重粒子典型衰变宽度表达式 · 432
附录 D　电磁学关系式和物理常数表 · 436
参考文献 · 438
彩图

第1章 绪　　论

物质是由什么组成的?

人们在研究自然界普遍规律时有一个很自然的问题就是物质组成的最小单位是什么? 在我国古代典籍《庄子·天下篇》中, 庄子提出"一尺之棰, 日取其半, 万世不竭。"也就是说一尺之棰, 今天取其一半, 明天取其一半的一半, 后天再取其一半的一半的一半, 如是"日取其半", 总有一半留下, 所以"万世不竭"。一尺之棰是一个有限的物体, 但它却可以无限地分割下去。这是辩证的思想, 认为物质组成应该没有最小的极限。实际上夏朝时的中国人 (公元前 2000 年) 相信物质是由金、木、水、火、土 (五行) 组成。西方哲学家 (古希腊的 Empedocles) 在公元前 430 年认为物质是由水、火、土和空气组成的。同时代的 Democritus 认为万物是由大小不同、质量不同、有不可入性的原子组成, 原子是"不可再分"的意思。战国时代宋国的哲学家惠施也有此观点 (至小无内, 谓之小一)。真正带有近代性质的原子论, 是道尔顿 (John Dalton, 1766~1844) 在 19 世纪初提出来的。19 世纪, 自然科学创立, 物理、化学等相继诞生。各种物质都是由分子组成的, 不同分子的性质是物质的物理和化学性质的基础。分子又是由原子组成的, 门捷列夫的元素周期表给出了物质组成的最新答案: 物质世界是由约 110 种元素组成。

20 世纪是物理学飞速发展的世纪, 也可以说是一个物理学的世纪。这个世纪的前 30 年是原子物理学的时代, 与化学的研究并存。当然, 通过大学的量子力学和原子物理课程, 大家已经知道了这些原子 (元素) 是由原子核和电子组成, 原子核则是由质子和中子组成的。20 世纪的 30~40 年代是核物理学大发展的时期。在这之后, 粒子物理学蓬勃发展起来。

粒子物理学的研究对象就是物质的基本结构和基本相互作用[1]。粒子物理学认为质子和中子是由夸克组成的。那么到底有多少种夸克, 或者说有多少种基本粒子呢? 这些夸克又是如何组成质子、中子、介子的呢? 它们是通过什么样的相互作用联系起来的? 这就是这门课程要告诉大家的。

§1.1　粒子物理学的研究内容

§1.1.1 "基本"粒子谱

粒子物理学的发展历史从某种程度上也可以说是各种基本粒子的发现史, 按照顺序有:

1. **电子**: 1897 年，约瑟夫·汤姆孙① 利用带电粒子束在电磁场中偏转的方法，测量了电子的荷/质比：e/m；1907~1913 年，罗伯特·安德鲁·密立根② 用在电场和重力场中运动的带电油滴进行实验，发现所有油滴所带的电量均是某一最小电荷的整数倍，该最小电荷值就是电子电荷。发现了电子电荷 e 的不连续性。

2. **光子**: 1901 年，马克斯·普朗克③ 提出了能量量子化假说，以解释黑体辐射实验。1905 年，阿尔伯特·爱因斯坦④ 提出光量子假说，成功解释了光电效应，并因此获得 1921 年诺贝尔物理学奖。

3. **原子的核式结构模型**：1911 年，欧内斯特·卢瑟福⑤ 发现了 α 粒子的大角度散射，提出了原子的核式结构模型：原子中有一个很小的原子核，带有正电荷 Ze 和原子的绝大部分质量，Z 个带负电的电子绕核转动。1913 年，尼尔斯·玻尔⑥ 提出著名的三个假设，建立了氢原子模型，对氢原子光谱给出了自洽的解释。

4. **质子**：1919 年，卢瑟福用 α 粒子轰击靶原子，得到了氢核，也就是质子 (proton)。

5. **中子**：1932 年，查德威克⑦ 在人工核裂变实验中发现中子 (neutron)。

6. **正电子**：1932 年，卡尔·安德森⑧ 在宇宙线实验中发现了正电子 (positron)，这是人类发现的第一个反粒子。

7. **μ 轻子与介子、超子等**：1936 年，卡尔·安德森和赛斯·内德梅耶在宇宙线实验中发现了 μ 轻子。后来人们还陆续发现了 π 介子 (1947 年)，K 介子，Λ, Σ 等超子 (~1950 年) 以及反质子 (1955 年) 和反中子 (1956 年)。20 世纪 60 年代初期，实验上发现了 $\eta, \rho, \omega, K^*, \phi$ 等较重的介子。

8. **粲夸克与 J/ψ 介子**：1974 年，由丁肇中⑨ 和 B. Richter(1931~，美国物理学

---

① J. J. Thomson (1856.12.28~1940.8.30)，英国物理学家，以其对电子和同位素的实验著称。因发现电子获得 1906 年诺贝尔物理学奖。

② R. A. Millikan (1868.3.22~1953.12.19)，美国实验物理学家，由于其在测定电子电荷以及光电效应的出色工作 1923 年被授予诺贝尔物理学奖。

③ Max Planck (1858.4.23~1947.10.4)，德国物理学家，量子论重要创始人，因发现能量量子化在 1918 年获得诺贝尔物理学奖。

④ A. Einstein (1879.3.14~1955.4.18)，美籍德裔犹太人，创立了狭义相对论和广义相对论，给出了质能关系式 $E = mc^2$。被公认为是继伽利略、牛顿以来最伟大的物理学家。

⑤ Ernest Rutherford (1871.8.30~1937.10.19)，新西兰著名物理学家。卢瑟福构造了原子结构的卢瑟福模型，首先提出放射性半衰期的概念，证实放射性涉及从一个元素到另一个元素的嬗变。因为"对元素蜕变以及放射化学的研究"而获得 1908 年诺贝尔化学奖。

⑥ N. Bohr (1885.10.7~1962.11.18)，丹麦物理学家。他提出了玻尔模型，提出互补原理和哥本哈根诠释来解释量子力学，获得 1922 年诺贝尔物理学奖。

⑦ James Chadwick (1891.10.2~1974.7.24)，英国实验物理学家。1935 年因发现质子而获得诺贝尔物理学奖。1939~1943 年参加英国及美国曼哈顿工程的原子弹研究，获得多种荣誉。

⑧ C. Anderson (1905.9.3~1991.1.11)，瑞典裔美国物理学家，正电子的发现者，获得 1936 年诺贝尔物理学奖。

⑨ Samuel C. C. Ting (1936.1.27~)，美籍华人物理学家，因发现 J/ψ 粒子与 B. Richter 分享 1976 年诺贝尔物理学奖。

家)领导的两个实验组在他们的实验中同时发现了由 $c\bar{c}$ 对构成的新粒子 J/ψ，证实了第四种夸克：粲夸克的存在。两个实验组的领导人丁肇中和 B. Richter 因此而分享 1976 年诺贝尔物理学奖。

9. **τ 轻子**：1974~1977 年，由 M. L. Perl[①] 领导的 SLAC-LBL 实验组在美国 SLAC 实验室的 SPEAR e^+e^- 对撞机采集了 64 个 τ 轻子对产生和衰变事例：

$$e^+ + e^- \to \tau^+ + \tau^- \to e^\pm + \mu^\mp + 4\nu \tag{1.1}$$

证实了存在很重的第三代轻子：τ 轻子。

10. **底夸克**：1977 年，由 Leon Lederman[②] 领导的 CFS-E288 实验组在费米实验室的质子–质子对撞实验中发现了 $\Upsilon(b\bar{b})$ 粒子。证实了底 (bottom 或 beauty) 夸克的存在。

11. **$W^\pm$ 和 Z^0 玻色子**：1983 年，CERN 的强子对撞机实验发现了传递弱相互作用的 $W^\pm$ 和 Z^0 中间矢量玻色子，其基本性质为[1]

$$\begin{aligned} m_W &= (80.385 \pm 0.015)\text{GeV}, \quad \Gamma_W = (2.085 \pm 0.042)\text{GeV}, \\ m_Z &= (91.1876 \pm 0.0021)\text{GeV}, \quad \Gamma_Z = (2.4952 \pm 0.0023)\text{GeV}. \end{aligned} \tag{1.2}$$

12. **顶夸克**：1995 年，美国费米实验室发现第六种夸克——顶夸克 (top) 的存在。这是迄今为止发现的质量最重的基本粒子。其基本性质为[1]

$$\begin{aligned} m_t &= \begin{cases} (173.21 \pm 0.51 \pm 0.71)\text{GeV}, & \text{direct meas.}, \\ 160^{+5}_{-4}\text{GeV}, & \overline{\text{MS}}, \\ 176.7^{+4.0}_{-3.4}\text{GeV}, & \text{pole mass}, \end{cases} \\ \Gamma_t &= (2.0 \pm 0.5)\text{GeV}. \end{aligned} \tag{1.3}$$

13. **希格斯玻色子**：2012 年 7 月，瑞士日内瓦的大型强子对撞机 (LHC) 实验宣布发现了标准模型的希格斯 (Higgs) 玻色子，这是标准模型预言的最后一个基本粒子。其基本性质为[1]

$$m_H = (125.7 \pm 0.4)\text{GeV}, \quad J^P = 0^+. \tag{1.4}$$

14. 目前已经发现的"基本"粒子：

轻子：$e^\pm, \mu^\pm, \tau^\pm, \nu_e, \nu_\mu, \nu_\tau$；

夸克：$(u,d),(c,s),(t,b)$；

矢量玻色子：$W^\pm, Z^0, \gamma, g$；

基本标量粒子：H.

[①] M. L. Perl (1927.6.24~2014.9.30)，美国物理学家，因发现 τ 轻子获得 1995 年诺贝尔物理学奖。

[②] Leon M. Lederman (1922.7.15~)，美国实验物理学家，曾任美国物理学会主席，因发现 μ 中微子与 M. Schwartz 和 J. Steinberger 分享了 1988 年的诺贝尔物理学奖。

§1.1.2 粒子物理理论概要

粒子物理学是 20 世纪 40 年代开始从原子核物理学中分离出来的，是研究微观最小客体的性质、运动、相互作用、相互转化的规律的学科。其目的是探讨微观最小客体内部结构的规律，是物理学的基础学科，也是物理学研究的最前沿。自然界中已知的四种基本相互作用是引力相互作用、弱相互作用、电磁作用和强相互作用，这些基本相互作用特点如表 1.1 所示。2012 **年发现 Higgs 玻色子以后，已经有人把 Higgs 玻色子通过"汤川耦合"使费米子获得质量的作用称为"第 5 种相互作用"。** 由表 1.1 可以看出，强相互作用和弱相互作用是短程力，而日常生活中常见的电磁相互作用和引力作用是长程力。粒子物理主要研究对象是除引力以外的后三种相互作用，它们都是规范相互作用。

表 1.1 四种基本相互作用性质的比较

相互作用	强度	力程	媒介子	参与作用粒子	束缚态
强作用	1	10^{-15}m	胶子	夸克,胶子	强子
电磁作用	1/137	$F \propto 1/r^2$	光子	带电粒子	原子
弱作用	10^{-5}	$< 10^{-17}$m	$W^{\pm}, Z^0$	费米子	无
引力	10^{-39}	$F \propto 1/r^2$	引力子?	所有粒子	太阳系等

经典的引力理论是牛顿总结出来的万有引力理论。用以描写近代天文现象和宇宙学的是爱因斯坦总结的现代引力理论——广义相对论。在经典电磁学范围描写电磁相互作用的是麦克斯韦的经典电动力学。而粒子物理学研究的对象是微观的基本粒子，它们都具有三个特点：

1. 所有粒子都是微观尺度的，所以具有量子性，需要一个量子理论。
2. 基本粒子又是高速运动的，大多数情况下非常接近于光速，因而需要一个相对论性的理论。相对论量子力学虽然诞生了，但还是不够的。
3. 粒子物理学研究的系统经常发生基本粒子的产生和衰变，因而需要一个描写粒子数可变的系统的场论。

能够同时满足这三个条件的理论，就只有相对论性的量子场论。例如：

1. 1941~1950 年发展起来的描写电磁相互作用的量子电动力学 (QED)；
2. 1972~1974 年发展起来的描写强相互作用的量子色动力学 (QCD)；
3. 1964~1971 年发展起来的电弱统一理论。

在粒子物理的发展过程中，物理学家还发现经典力学的对称性与守恒定律在研究基本粒子相互作用中也非常有用，例如：

空间平移不变性 → 动量守恒；
时间平移不变性 → 能量守恒；
空间转动不变性 → 角动量守恒。

对称性与对称性的破坏是粒子物理的极为重要的研究领域，而且这个研究还需要专门的数学工具——群论。在后面的学习中我们会看到，除了这些有经典对应的守恒量和对称性，粒子物理学中还引入了很多非常有趣的新的对称性、近似对称性、内部对称性、守恒量和部分守恒量。

§1.1.3 自然单位制

在粒子物理研究中，由于所研究的对象是非常小的基本粒子，而且运动速度非常快，接近光速，所以使用过去大家常用的国际单位制会非常不方便。自然单位制是粒子物理中普遍使用的最方便的单位制，以避免数字写起来太麻烦，不直观。在这个单位制中，通常以一些常用的物理学基本常数作为单位，例如粒子的速度我们通常不是用"m/s"作为单位，而是以光速"c"作为单位。这样光子的速度就不用写 $3\times 10^8 \text{m/s}$，而是单位 1。光速 $c=1$，也就意味着"长度"和"时间"的量纲就相同了，$1\text{s} = 2.9979 \times 10^8 \text{m}$。下一步我们定义普朗克常数 $\hbar = 1$，这样[①]就有：[能量] = 1/[时间]，即 $1(\text{MeV})^{-1} = 6.582 \times 10^{-22} \text{s}$。然后我们定义玻尔兹曼常数 $\kappa = 1$，这样就有：[能量] = [温度]，$1\text{eV} = 11\,604\text{ K}$。

在这些约定之下，最后就只剩下了一个独立的量纲，它可以是长度、时间、能量或者其他任何一种量纲。通常我们选取能量或者质量的单位电子伏特 (eV) 来标定上面这些所有的物理量。常用的单位是：1 keV=1000 eV，1 MeV=1000 keV，1 GeV=1000 MeV，1 TeV =1000 GeV。

如果我们再进一步定义牛顿引力常数 $G_N = 1$ 或者普朗克质量 $M_{\text{Planck}} = (\hbar c/G_N)^{1/2} = 1$，就得到了一个更普遍的自然单位制，这时候就只有数字，一个单位不剩了。这相当于是用普朗克质量作为质量的单位，但是由于普朗克质量是个很大的质量，所有粒子的质量就变成很小的数字，实际上并不方便，所以并不常用。

在大学的相对论课程中，大家学到了四维时空，也就是 Minkowski 空间 $(x_1, x_2, x_3, x_4 = it)$，相应的四维能量和动量是 $(p_1, p_2, p_3, p_4 = iE)$。因为第四维是复数，不是很方便，在广义相对论和粒子物理学中我们一般引入一个四维度规：

$$g_{\mu\nu} = g^{\mu\nu} \begin{pmatrix} 1 & 0 & 0 & 0 \\ 0 & -1 & 0 & 0 \\ 0 & 0 & -1 & 0 \\ 0 & 0 & 0 & -1 \end{pmatrix} \tag{1.5}$$

四维时空矢量定义为 $x = (t, x_1, x_2, x_3)$，四维能量动量 $p = (E, p_1, p_2, p_3)$。这样每个四维矢量都不用含有虚数的定义了。但两个四维矢量的乘积就定义为 $A \cdot B = $

[①] 我们用 [X] 表示物理量 X 的量纲。

$g_{\mu\nu}A^\mu B^\nu = A_0 B_0 - \boldsymbol{A}\cdot\boldsymbol{B}$。四维能动量和四维时空坐标的平方就分别是

$$p^2 = E^2 - |\boldsymbol{p}|^2,$$

$$x^2 = t^2 - |\boldsymbol{x}|^2.$$

通常我们把满足 $p^2>0$ 的四维动量称为类时的动量，而把满足 $p^2<0$ 的动量称为类空的动量。实的在壳粒子的四维动量在此度规下一般满足 $p^2>0$。

§1.2 高能物理实验手段

粒子物理学是实验科学。宇宙线、高能加速器和粒子探测器是高能物理实验的主要手段。因为研究愈深层次的物质结构需要愈细的探针：更高能量的入射粒子。根据量子力学，能量为 E 的粒子的德布罗意波长为

$$\lambda = h/p = h/\sqrt{2\mu E}, \quad E=1\text{GeV} \longrightarrow \lambda \approx 2\times 10^{-16}\text{m}. \tag{1.6}$$

要研究 $d=10^{-16}$m 以下距离的物质结构问题，就需要 E 大于几个 GeV，即 $p>h/d$。另外，由于粒子物理研究的多为瞬态、小截面过程，需要高灵敏、高精度的粒子探测器。

宇宙线：是来源于宇宙空间的高能粒子束流，大部分来源于太阳。其中存在极高能量的粒子：$E>10^{11}$ GeV；但是，宇宙线高能粒子束流强度太低，而且不稳定，在地球上被大气层散射后，能量损失很大。

高能加速器：高能量，高亮度，可控制地产生实验所需要的高能粒子束流的仪器。例如在斯坦福大学的 PEP-II 加速器，每一个粒子束团有 $(2.1/5.9)\times 10^{10}$ 个 (正) 电子，而整个储存环中同时会有 1658 个粒子束团，数目巨大。但是缺点是每个粒子的能量是固定的，受加速技术和经费的限制，提高能量很困难。

反应堆中微子：大型核电站的核反应堆的核反应可以放出大量的中微子。中国的"大亚湾反应堆中微子实验"就是利用反应堆中微子来做中微子振荡实验。其主要目标是利用核反应堆产生的电子反中微子来测定一个具有重大物理意义的参数：第一和第三代中微子之间的混合角 θ_{13}。该实验已经取得重要成果[2]。

§1.2.1 现有高能加速器的种类

按照被加速的粒子种类，高能加速器主要有两类：

1. **正负电子对撞机**：LEP(100×100GeV)；BEPC(2.2×2.2 GeV)；CESR(6×6 GeV)，PEP-II(9×3.1 GeV)，KEKB(8×3.5 GeV)；DAϕNE(0.51×0.51 GeV)，等。正负电子对撞机实验的特点是本底小，干净，数据分析方便，实验精度高。但由于电子质量小，其能够达到的能量受到限制。

2. 强子 $pp, p\bar{p}$ 对撞机，轻子-强子对撞机: 质子–反质子 $(p\bar{p})$ 对撞机的典型是 Tevatron $(1\times 1\ \text{TeV})$；质子–质子(pp)对撞机的典型是 LHC $(7\times 7\ \text{TeV})$；轻子-强子对撞机$(e^{\pm}p)$的典型是：HERA $(30\times 920\ \text{GeV})$。

在这些加速器上研究粒子性质的主要工具是**粒子探测器**：BES，BESIII (北京谱仪)[3]。LEP 实验的四个大型探测器：ALEPH, DELPHI, L3, OPAL；两个 B 介子工厂的大型探测器：BaBar(图 1.1)，Belle (图 1.2)；美国费米实验室 Tevatron 强

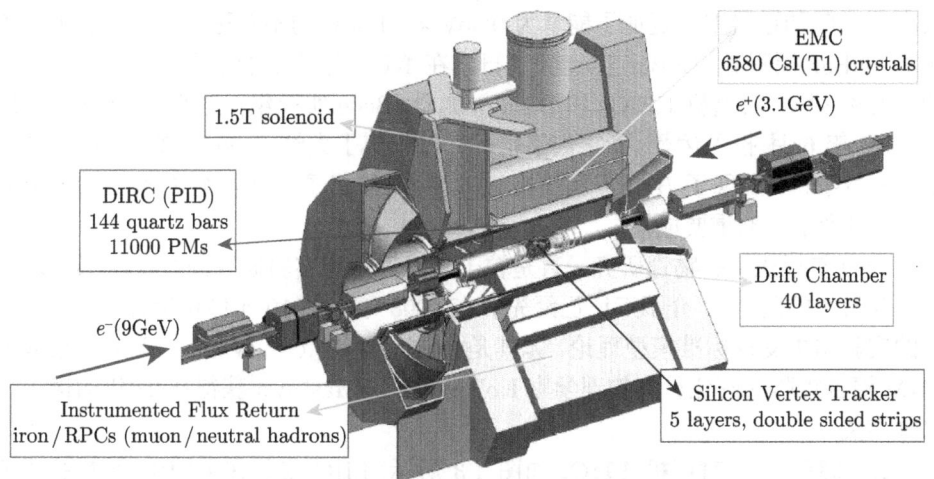

图 1.1 在美国 SLAC B 工厂运行的 BaBar 探测器

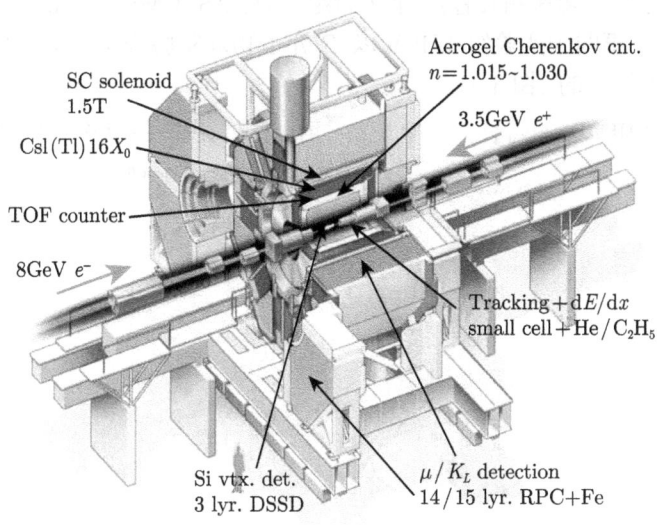

图 1.2 在日本 KEK B 工厂运行的 Belle 探测器

子对撞机的大型探测器 ($p\bar{p}$ 对撞)：CDF 和 D0；欧洲 CERN 的 LHC 实验的四个大型探测器 (pp 对撞)：LHCb, CMS, ATLAS 和 ALICE。现在的高能物理实验所用的探测器，均为非常复杂、昂贵、高度自动化、计算机化的高技术设备。重量在 5000～13 000t 的巨型设备，造价 1 亿～10 亿美元，研制周期 5~10 年。

§1.2.2 世界上著名的加速器举例

1. B 介子工厂：为了对 B 介子的混合、衰变和 CP 破坏机制进行细致研究，美国在 SLAC 加速器中心建造了能量为 $9\text{GeV} \times 3.1\text{GeV}$ 的不对称 e^+e^- 对撞机 PEP II 和 BaBar 探测器 (BaBar 实验组)。日本在 KEK 建造了能量为 $8\text{GeV} \times 3.5\text{GeV}$ 的不对称 e^+e^- 对撞机 KEKB 和 Belle 探测器 (Belle 实验组)。这两个 B 介子工厂在 1999 年 6 月投入运行，到它们停止运行时收集了大约 1500×10^6 个 B 介子产生和衰变事例，发现了 B 介子系统的 CP 破坏，测量了 100 多个 B 介子的各类衰变道，得到了一批重要成果。

1999 年以来，B 物理研究一直是粒子物理理论和实验研究的"热点"领域[4]。美国和日本的两个 B 介子工厂已经先后在 2008 年和 2010 年停止运行。B 介子工厂的实验结果支持标准模型理论，尤其是 B 介子系统 CP 破坏的发现，导致提出 CKM 混合矩阵的两位日本物理学家 Kobayashi 和 Maskawa 获得 2008 年的诺贝尔物理学奖。

2. 超高能 pp 对撞机 LHC：如图 1.3 所示，LHC 安装在 CERN 原有的周长为 26 640m 的地下隧道内。对撞质子束的设计能量最高可以达到 7TeV+ 7TeV。在 LHC 上工作的有 4 套探测装置/4 个实验组：ATLAS, CMS 和 ALICE 这三个组以强子物理为主；第四个实验组 LHCb 以 B 介子物理实验为主，其探测器也是专门为 B 物理实验设计的 (图 1.4)。

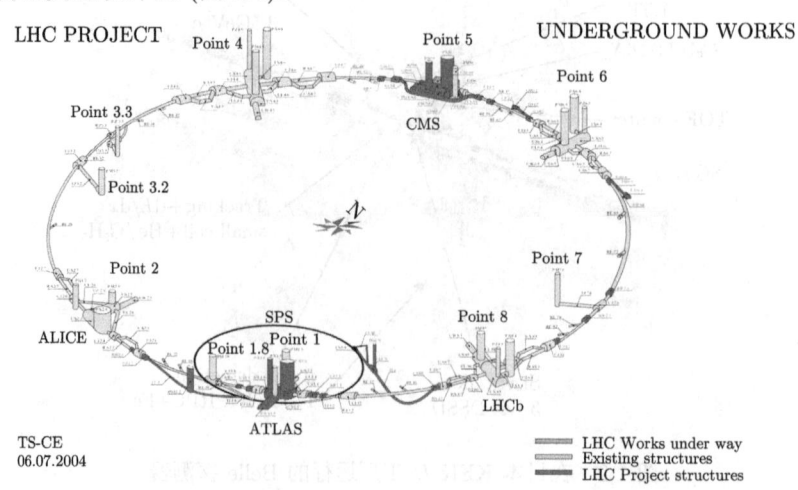

图 1.3 欧洲核子研究中心 (CERN)LHC 强子对撞机设施示意图

§1.2 高能物理实验手段

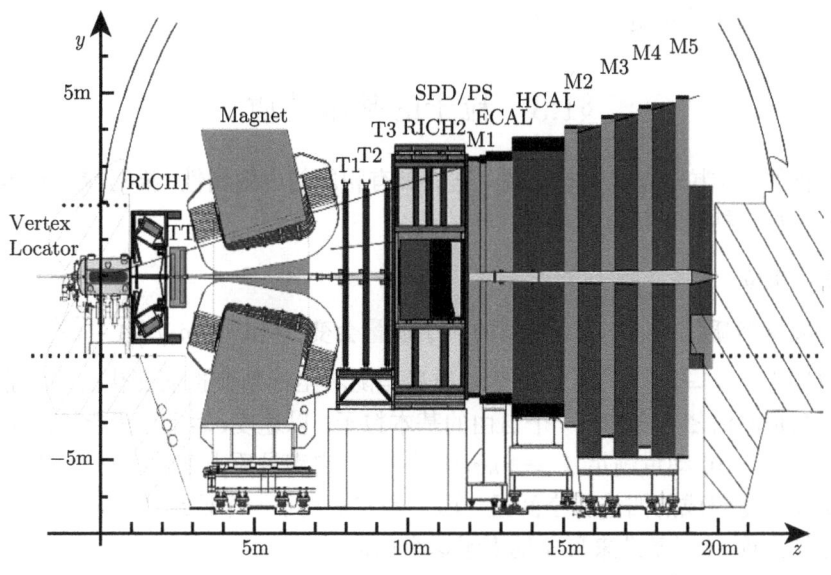

图 1.4 LHCb 专用探测器

LHC 的主要物理目标有两个[5]：① 寻找标准模型中非常重要的 Higgs 粒子；② 寻找超对称理论或者其他超出标准模型的新物理理论预言的新粒子。

2008 年 9 月，LHC 对撞机开始第一轮质子循环时，两块超导磁铁的连接处发生毁灭性的故障。接下来，物理学家们花了 14 个月的时间做对撞机的圆环调整并安装附加安全设备，并在 2009 年 12 月重新投入运行。开始对撞时，质子束的能量为 3.5 TeV+ 3.5TeV。2012 年 4 月，每个质子束的能量已经升到 4TeV，亮度也有大的提升。

耗资几十亿美元的位于瑞士、法国交界的 LHC 是目前世界上最大的最高能量的粒子加速器，通过高能质子束的碰撞来产生大量物理学家们希望得到的新粒子，比如 Higgs 玻色子和所谓超对称粒子。实验组已经发现了质量约为 125GeV 的中性 Higgs 粒子。在重味物理方面，LHCb 实验组已经发现了 B_s 系统的 CP 破坏，对很多 B_s 介子衰变过程做了初步测量[6]。例如，他们和在美国费米实验室 Tevatron 强子对撞机上工作的 CDF 实验组一起对稀有纯湮没衰变过程 $B_s \to \pi^+\pi^-$ 的分支比做了测量[7]，他们的实验测量结果证实了微扰 QCD 因子化方案在 2004 年给出的大分支比的理论预言[8]。

3. **日本的超级 B 介子工厂**：所谓"Super-B Factory"是指其设计年积分亮度比已经停止运行的两个 B 介子工厂提高约 50 倍。日本的超级 B 介子工厂 (Belle-II) 已经开始建造，预期在 2017 年投入物理运行[4]。意大利的 Super-B 先期获得政府的批准和拨款，但由于债务危机又被终止了。超级 B 工厂的实验，将和 LHC 实验上的重味物理相关实验形成互补[4]。

§1.3 粒子的基本性质

同种的基本粒子都具有全同性，它们具有相同的内禀属性，描写粒子基本性质的主要参量包括以下几方面。

§1.3.1 质量

一般指静质量 m_0，高速运动的粒子质量会变大 $m = m_0/\sqrt{1-v^2/c^2}$，在自然单位制中，$m = m_0/\sqrt{1-v^2}$。运动质量是随着坐标系变换而变化的，而静止质量 m_0 则是洛伦兹不变的。一个自由的基本粒子，以速度 v 运动，其能量满足 $E = m_0/\sqrt{1-v^2} > 0$，动量满足 $\boldsymbol{P} = m_0\boldsymbol{v}/\sqrt{1-v^2}$，它满足质壳条件：$E^2 - \boldsymbol{P}^2 = m_0^2$。在能量和动量组成的四维相空间里，这个等式给出了一个四维相空间中的一个三维曲面的方程，以 "壳" 来形象地表示这个曲面。

常见粒子的质量：
　光子：　$< 1 \times 10^{-18}$ eV
　电子：　0.511 MeV
　μ 子：　105.7 MeV
　质子：　938.3 MeV

最重的顶夸克质量 (pole mass) 有 ~ 177 GeV。

非相对论情况下，自由粒子波函数满足薛定谔方程：

$$i\frac{d}{dt}|\psi(t)\rangle = \mathcal{H}|\psi(t)\rangle, \quad \mathcal{H}|\psi(0)\rangle = m|\psi(0)\rangle. \tag{1.7}$$

哈密顿量 $\mathcal{H}$ 的测量值的物理意义是该自由粒子的总能量：可以简写为 $\mathcal{H}|\psi(t)\rangle = E|\psi(t)\rangle$。对于自由粒子，哈密顿量 $\mathcal{H}$ 是静止能量，其本征值就是质量。薛定谔方程的解为

$$|\psi(t)\rangle = e^{-imt}|\psi(0)\rangle, \tag{1.8}$$

其中 m 是本征值。波函数的归一化是

$$\langle\psi(t)|\psi(t)\rangle = \langle\psi(0)|\psi(0)\rangle = 1. \tag{1.9}$$

这表示一个稳定粒子，t 时刻粒子在全空间中存在的概率为 1，而且不随时间变化，正弦波的归一化条件是与时间无关的。

对于不稳定粒子，质量参数需要修改 $m \to m - i\Gamma/2$。薛定谔方程相应修改为

$$H|\psi(0)\rangle = (m - i\Gamma/2)|\psi(0)\rangle, \tag{1.10}$$

§1.3 粒子的基本性质

这时本征值为复数，本征波函数为

$$|\psi(t)\rangle = e^{-i(m-i\Gamma/2)t}|\psi(0)\rangle = e^{-imt-\Gamma t/2}|\psi(0)\rangle. \tag{1.11}$$

也就是说对于不稳定粒子会多一个描写参数——质量宽度 Γ，这时候归一化条件修正为

$$\langle\psi(t)|\psi(t)\rangle = e^{-\Gamma t}\langle\psi(0)|\psi(0)\rangle = e^{-\Gamma t} < 1 \tag{1.12}$$

负号出于因果性条件。也就是说，粒子数是时间的函数；随着时间增加，粒子数在减少，也就是在衰变

$$N(t) = N(0)e^{-\Gamma t}. \tag{1.13}$$

对于不稳定粒子，测量多个粒子的质量就会发现其是个分布函数

$$\rho(m) = \frac{\Gamma}{(m-m_0)^2 + \Gamma^2/4}. \tag{1.14}$$

从图 1.5 可以看出，质量 m_0 的物理意义是粒子实际测量质量的期望值，也是最可几取值。宽度 Γ 的物理意义是质量的概率密度衰减到一半处的质量是 $m_0 \pm \Gamma/2$，也就是说这时候共振峰的宽度是 Γ。

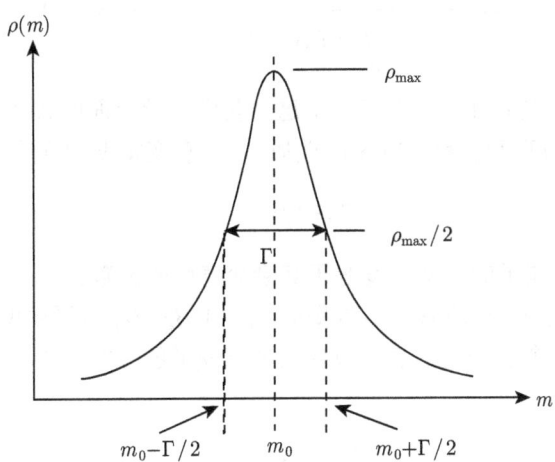

图 1.5　不稳定粒子质量的实验测量分布示意图

§1.3.2 寿命与衰变宽度

除了 $\gamma, e^{\pm}, p, \bar{p}, \nu$ 少数几种"稳定"粒子以外，其他各种粒子都要衰变。但实际上我们通常把不进行强相互作用衰变（$\tau > 10^{-21}$ s）的粒子也称为稳定粒子。大多数已发现的粒子是不稳定的，即粒子存在一段时间后就会衰变。粒子的寿命是指其

静止时的大量粒子的平均寿命。与不稳定粒子的质量类似,是个分布函数。**注意: 超高速运动导致粒子寿命的相对论延长。**

粒子的衰变过程要受到物理守恒定律的限制,衰变过程总是统计性的。衰变常数 λ 与相互作用类型及末态相空间体积有关。令 $N(t)$ 为 t 时刻某种不稳定粒子的数目,在 dt 时间间隔中,由于衰变,粒子数改变了 dN,则 dN 应正比于 N,还正比于 dt。这样应有

$$dN = -\lambda N dt. \tag{1.15}$$

解之,得

$$N(t) = N(0)e^{-\lambda t} \tag{1.16}$$

在量子力学中,我们可以求一下所有粒子衰变的平均寿命,也就是

$$\langle t \rangle = \frac{\int t dN}{\int dN} = \frac{\int t N(0) e^{-\lambda t} \lambda dt}{\int N(0) e^{-\lambda t} \lambda dt}$$

$$= \frac{-tN(0)e^{-\lambda t}|_0^\infty + \int N(0)e^{-\lambda t} dt}{\int N(0)e^{-\lambda t} \lambda dt} = 1/\lambda. \tag{1.17}$$

也就是说 $\tau = 1/\lambda$ 是粒子的平均寿命。这样我们比较上面的式 (1.13) 和式 (1.16),可以得到寿命 τ 与衰变前粒子状态的性质 —— 衰变宽度 Γ 的关系

$$\Gamma = 1/\tau. \tag{1.18}$$

也就是说,不稳定粒子的衰变宽度等于其衰变寿命的倒数。

一个粒子衰变时,一般有许多衰变道。例如 B_u^+, B_d^0 介子的两体非粲强子衰变道有近 100 个。某个衰变道的衰变概率由该衰变道的分宽度 Γ_i 决定,总宽度是所有分宽度的总和

$$\Gamma = \sum_i \Gamma_i. \tag{1.19}$$

那么不稳定粒子衰变到某个衰变道的概率 (亦即分支比) 就是

$$BR_i = \Gamma_i/\Gamma. \tag{1.20}$$

对于寿命长的粒子,它在探测器中会留下径迹。若粒子产生后,至最后衰变的轨迹长 L,动量 P,则

§1.3 粒子的基本性质

$$L = (P/m)\tau = \tau v/\sqrt{1-v^2}. \tag{1.21}$$

所以可以通过测量径迹的长度来测量寿命 τ。例如 $\tau = 10^{-10}$s 时，$L = c\tau = 3$cm。但实际上由于高速运动粒子的相对论寿命延长效应，探测器中的 L 要大得多。

对于寿命短的粒子，可以通过测量粒子的质量分布，从而得到宽度 Γ，也就是得到了寿命的倒数。但对于中间状态的粒子最讨厌，寿命不长不短，测量相对比较困难。实验上可以测量分支比 BR_i，在理论上计算 Γ_i，加起来得到衰变宽度 Γ。利用的是 $\Gamma_i = \Gamma x BR_i$，即实验和理论联系起来得到宽度或者寿命。下面我们举出几个常见粒子的寿命测量值[1]：

光子: $\tau = \infty$,
电子: $\tau > 4.6 \times 10^{26}$ 年,
μ 子: $\tau = (2.197034 \pm 0.000021) \times 10^{-6}$s,
$\pi^\pm$ 介子: $\tau = (2.6033 \pm 0.0005) \times 10^{-8}$s,
π^0 介子: $\tau = (8.4 \pm 0.5) \times 10^{-17}$s,
中子: $\tau = (885.7 \pm 0.8)$s,
质子: $\tau > 2.1 \times 10^{29}$ 年.

§1.3.3 电荷

粒子的电荷是量子化的，以质子或者电子的电荷 $e = 1.6 \times 10^{-19}$C 为基本电荷单位，大多数粒子的电荷都是电子电荷的整数倍。电荷守恒定律是严格的。但是在夸克模型中夸克是分数电荷 $2/3\, e$，或者 $-1/3\, e$。在实验上可以测量质子和电子的电荷大小差别，

$$\frac{|q_p| - |q_e|}{|q_e|} < 10^{-21}$$

结果证明，在实验误差范围内电子电荷确实是量子化的。电荷为什么是量子化的是一个需要在理论上回答的问题。在 1931 年狄拉克[①]就试图回答这个问题：假设存在磁单极子，则电荷量子化就是一个自然推论。但是到目前为止，还没有任何实验证实磁单极子的存在。当然在现代的量子电动力学理论中，电荷量子化和电荷守恒是一个 $U(1)$ 定域规范对称性的自然推论。在粒子物理中已发现的粒子最大电荷是重子 Δ^{++} 携带的 2 个单位的正电荷：$Q = 2e$。

§1.3.4 自旋、极化、自旋统计关系

所有的粒子都有自旋，自旋是量子化的。复合粒子的自旋是其组成部分的总自旋和轨道角动量的和。因而自旋具有角动量的性质。对于自旋为 j 的粒子，其自旋

[①] P. Dirac (1902.8.8~1984.10.20)，英国理论物理学家。1926 年在剑桥大学获得博士学位，1928 年提出 Dirac 方程，建立了相对论量子力学。1933 年获得诺贝尔物理学奖。

角动量在任一方向的投影取值为 $j, j-1, j-2, \cdots, -j+1, -j$，一共有 $2j+1$ 个。所有粒子按照自旋可以分为两类：费米子和玻色子：

(1) 自旋量子数 s 为半整数 $(1/2, 3/2, \cdots)$ 的粒子，满足费米[①]-狄拉克统计，称之为费米子。

(2) 自旋量子数 s 为整数 $(0, 1, 2, \cdots)$ 的粒子，满足玻色[②]-爱因斯坦统计，称之为玻色子。

反应前后粒子系统所遵守的统计规律不变。由奇数个费米子组成的体系仍然是费米子体系。

对于矢量粒子来说，其自旋量子数为 1，可以定义**极化矢量**：$\epsilon_\mu(k, \lambda)$。利用极化矢量满足归一化条件：$\epsilon^\mu \epsilon_\mu = 1$，也就是

$$\epsilon^0 \epsilon_0 - \epsilon^\perp \epsilon_\perp - \epsilon^\| \epsilon_\| = 1. \tag{1.22}$$

我们可以去掉不独立的无用的时间分量，也就是只有三个有意义的极化方向。在动量方向上投影，一般应有三个方向：1，0，-1，两个横向极化 $\epsilon^\perp$，一个纵向极化 $\epsilon^\|$。

对于光子来说，洛伦兹条件为 $\partial^\mu A_\mu = 0$。在动量表象：$k^\mu \epsilon_\mu = 0$，即

$$k^0 \epsilon_0 - \boldsymbol{k} \cdot \boldsymbol{\epsilon} = k^0 \epsilon_0 - |\boldsymbol{k}| \epsilon_\| = 0. \tag{1.23}$$

对于光子来说，能量 = 动量 $(k^0 = |\boldsymbol{k}|, E^2 = p^2)$，所以 $\epsilon_\| = \epsilon_0$，纵向极化也没有了。即对光子来说，有 $e^\perp e_\perp = -1$。所以光子只有 1，-1 两个极化方向，都是横向的。

§1.3.5 螺旋度

如图 1.6 所示，我们把电子的自旋角动量 s 在电子运动方向上的投影称为螺旋度 (helicity) 或叫手征性：$\lambda = \boldsymbol{k} \cdot \boldsymbol{s}/|\boldsymbol{k}|$。当电子的 $\boldsymbol{k}$ 与 $\boldsymbol{s}$ 同向时，电子是右手的，$\lambda = +1/2$。当电子的 $\boldsymbol{k}$ 与 $\boldsymbol{s}$ 反向时，电子是左手的，$\lambda = -1/2$。螺旋度在研究粒子的运动性质和动力学性质的时候特别重要。如果一个粒子在运动时候自旋对于运动方向是右旋的，当换到另一个沿着同一方向以更快的速度运动的参考系上来看，粒子的运动方向就反号了，自旋对于运动方向就变成左旋的了，这样粒子的螺旋度在不同参考系里是可以不同的。

[①] Enrico Fermi (1901.9.29~1954.11.28)，意大利物理学家。因发现用中子产生新的放射性元素和慢中子产生核反应而获得 1938 年诺贝尔物理学奖。

[②] Satyendra Nath Bose (1894.1.1~1974.2.4)，印度理论物理学家。1924 年撰写一篇统计物理的论文 "*Planck's law and light quantum hypothesis*"，第一次投稿被拒。玻色在 1924 年 6 月 24 日直接把稿件寄给了阿尔伯特·爱因斯坦。爱因斯坦非常欣赏这篇论文，亲自把论文由英文翻译成德文，写了序言，直接推荐发表在极富盛名的《德国物理年鉴》上。随后，爱因斯坦又与玻色合作，共同建立了"量子统计"学科。

§1.3 粒子的基本性质

图 1.6　电子的螺旋度–左旋 (L) 和右旋 (R) 定义：e_L^- 和 e_R^-

如果粒子的质量等于零，其自旋角动量 s 有特殊性质：由于其以光速运动，就永远找不到另一个比其运动更快的参考系，粒子的螺旋度就也不能随着参考系的改变而变号，所以螺旋度是好量子数。如光子的自旋量子数是 1，其螺旋度 $\lambda = \pm 1$，没有 0 分量。

常见的粒子的自旋：

e	μ	p	n	π	γ	$W^\pm$	Z
1/2	1/2	1/2	1/2	0	1	1	1

已发现的粒子的最大的自旋是重子 Δ 的激发态 $J = 15/2$，但是其置信度较低，已经确定的粒子最大自旋只有 $J = 11/2$。

§1.3.6　磁矩

在相对论量子力学中，由狄拉克方程可以导出，自旋角动量为 s 的带电粒子有磁矩：

$$\boldsymbol{\mu} = g\frac{e}{2m}\boldsymbol{s}. \tag{1.24}$$

其中 e 是粒子的电荷；m 是粒子的质量。对于点粒子场，磁矩 g 因子满足关系 $gs = 1$。例如对于 $s = 1/2$ 的自旋角动量，有 $g = 2$。对于轨道角动量，有 $g = 1$。实际上，实验上给出的并不是以上的正常磁矩，而是 gs 与 1 的差别，称为反常磁矩。对自旋量子数为 1/2 的几种常见费米子，它们的反常磁矩 $g/2$ 为：

电子：　$g/2 = 1.0011596522209(31)$

μ 子：　$g/2 = 1.001165923(9)$

质子：　$g/2 = 2.7928444(11)$

中子：　$g/2 = -1.91304308(54)$

中子不带电，它的磁矩完全是反常磁矩。对于质子和中子来说，由于它们是复合粒子，反常磁矩问题来源于它们的内部结构，应由夸克模型来解释。电子、μ 子是点粒子，至今没有发现内部结构，它们的反常磁矩来源于电磁场的自作用，可以通过量子电动力学的圈图计算获得，目前理论与实验完全符合。几年前曾有 μ 子的反常磁矩问题，后来发现是相关的理论计算有一个符号错误。由于反常磁矩与重子的内部结构有关，反过来也可以通过对重子的反常磁矩的测量来研究重子的内部结构。

§1.4 场、粒子与相互作用

§1.4.1 场和粒子

量子场论给出了一个新的基本粒子的物理图像，概括如下：

1. 每种粒子对应一种场，场没有不可入性，对应各种不同粒子的场在空间中互相重叠地充满全空间。场的激发表现为粒子。场是更基本的存在行为。如果所有的场都处于基态，称为物理真空。

场的基态是能量最低的状态。场的激发状态表现为出现相应的粒子，场的不同激发状态表现为粒子的数目和运动状态不同。例如，电子场的激发状态可以表现为一个电子，也可表现为多个电子。场处于基态时由于不能释放出能量，不能输出信号，从而不表现出直接的物理效应，亦即不表现为出现粒子。因此场和粒子之间，场是更基本的，粒子只是场处于激发状态的表现。

在物理学的发展过程中，人们对于物质存在形式的认识也是在不断变化的，最初认识粒子是物质存在的基本形式，粒子在空间占有一定的体积，有不可入性。粒子有质量，有能量，有动量，有角动量。后来人们又认识到场不能只看作是为了描述物理规律方便而引入的概念，**场本身也是物质存在的基本形式**。场也有质量，有能量，有动量，有角动量，这些性质和粒子是一样的。但是场是充满全空间的，没有不可入性，这些性质和粒子是不一样的。到这时，粒子和场被认为是物质存在的两种基本形式。现在量子场论则明确给出，物质存在的两种形式中，场是更基本的，粒子只是场处于激发状态的表现形式。

2. 一般说来，场用复量描写。与此相应，场的激发也用复量描写，互为复共轭的两种激发状态表现为粒子和反粒子互换的两种物理状态。例如：电子场的一种激发状态表现为一个电子，与之成复共轭的激发状态表现为一个能量、动量相同的正电子。如果某场用实量描写，与此相应，场的激发也用实量描写，这时复共轭就是它自身，粒子就是它自身的反粒子。

3. 所有的场都处于基态时为物理真空。由此可见，真空并不是真的"空无一物"。对于物理真空态，全空间充满各种场，只是由于所有场都处于能量最低状态而不可能表现出任何释放出能量从而给出信号的物理效应。

§1.4.2 基本相互作用

1. 相互作用存在于场之间，无论是处于基态还是处于激发态的场都同样地与其他场相互作用。

2. 粒子是场处于激发状态的表现，因此粒子间的相互作用来自场之间的相互作用。场之间的相互作用是粒子转化的原因。场论对粒子间的相互作用的机理给出

§1.4 场、粒子与相互作用

了清楚的图像。现在考虑中子的 β 衰变过程

$$n \to p + e^- + \bar{\nu}. \tag{1.25}$$

自由中子为什么会自动衰变？ 一个自然的回答是中子通过相互作用而衰变。再问中子和谁相互作用？自然的回答是中子和质子、电子以及中微子相互作用。然而当中子存在时，质子、电子以及中微子还不存在；而当质子、电子以及中微子存在时，中子却已经不存在了。中子和质子、电子以及中微子没有一个时刻同时存在，它们之间又如何相互作用呢？这个物理图像和物理概念上的表观上的矛盾，在场论中自然地解决了。

根据场论给出的基本物理图像，再看中子的 β 衰变过程。开始时，中子场处于激发状态，表现为存在一个中子。而质子场、电子场和中微子场则处于基态，表现为没有质子、电子和中微子 (或相应的反粒子)。经过中子场与质子场、电子场和中微子场之间的弱相互作用，中子场可以跃迁到基态把激发能量传过去而引起质子场、电子场和中微子场的激发，表现为中子消失而产生了一个质子、一个电子和一个反中微子。这就是中子 β 衰变过程的场论图像。在这个图像中，衰变过程得以发生的原因是场之间的弱相互作用。正因为中子场与质子场、电子场和中微子场之间存在弱相互作用的联系，才使中子场的激发状态的改变引起质子场、电子场和中微子场激发状态的改变，表现为中子 β 衰变过程。

实验上现已确知粒子之间的相互作用有四种：引力相互作用，弱相互作用，电磁相互作用，强相互作用。这些相互作用都是随着作用的距离增加而"减弱"。引力相互作用力和电磁相互作用力随着距离的平方成反比而变化，属于长程力；弱相互作用力和强相互作用力则随着距离更快地减弱，是短程力。相互作用的力程可以通过该相互作用的位势 $V(r)$ 来给出：

相互作用力程的物理意义是相互作用的有效作用范围。正由于作用力程的差别，在宏观物理现象中，人们早就认识到了引力相互作用和电磁相互作用，而弱相互作用和强相互作用则是到了原子核物理学中才被直接认识到它们的存在。相互作用的强度可以用 $\alpha(r) = V(r)r$ 来描写，除库仑型力以外，它都是距离 r 的函数。因此对各种相互作用强度的比较，一定要给定相互作用的距离。作为例子考虑两种典型的位势：库仑位势和汤川位势，它们的力程 L 和强度 α 的比较如下：

库仑势： $V(r) = \alpha/r, \qquad L = \infty, \qquad \alpha(r) = \alpha,$

汤川势： $V(r) = \alpha \dfrac{e^{-\mu r}}{r}, \quad L = 1/\mu, \quad \alpha(r) = \alpha e^{-\mu r}.$

强相互作用的原始媒介粒子是八种胶子，它们传递的原始相互作用称为色相互作用，实验上看到核子之间的强相互作用是色相互作用的剩余作用。这情况类似

于分子之间的范德瓦耳斯力[1]，它的原始来源是电磁相互作用。但即使是中性分子之间也可以有范德瓦耳斯力，这是因为它是复杂电磁相互作用的剩余作用，不能简单地归结为交换一个光子。同样地强相互作用也不能简单地归结为交换一个胶子，特别是在能量不是非常高时。胶子、光子、$W^\pm$、Z^0 粒子和引力子都是规范粒子，它们传递的相互作用都是规范相互作用。现在实验上还没有观察到自由胶子，并且现有理论也认为单个自由胶子不能够独立存在，只能存在于强子内部或在反应过程中出现并起作用而被间接察觉到。胶子的质量为零，原则上每个胶子有两个独立的极化状态。光子的质量为零，它也有两个独立的极化状态，它传递的是长程力。引力相互作用远比其他相互作用要弱，尽管在宏观范围内对引力相互作用已经研究得相当清楚。但是在粒子物理学范围里，还没有能直接对引力相互作用进行实验研究，当然也还没有能直接从实验中得到引力子存在的证据。引力子如果存在的话，按现有理论，它的质量也为零。虽然它的自旋为 2，但仍然只有两个独立的极化状态。它传递的也是长程力。$W^\pm$、Z^0 粒子的自旋为 1，都有三个独立的极化状态，并且由于质量很重，传递的是力程很短的短程力。

2012 年 7 月 4 日，CERN 的大型强子对撞机实验宣布发现了标准模型的最后一个基本粒子——希格斯玻色子，由此即将引出我们前所未知的不是由规范场描写的新的相互作用——汤川耦合和希格斯场的自相互作用。这两种相互作用是由希格斯场引进的，非常不同于原来的四种基本相互作用，它们不是规范相互作用。目前 LHC 实验正在对 $Ht\bar{t}$、$H\tau\tau$ 等汤川耦合，以及 Higgs 玻色子的自相互作用 ($3H,4H$ 等耦合) 的强度和特点进行实验测量，一旦它们被实验证实[2]，将是我们认识粒子物理的新的开端。

§1.5 粒子的分类

基本粒子的种类很多，分类方法也有很多种，例如，可以按自旋和统计性质分类：**费米子和玻色子**；也可以按粒子的电荷分类：**带电粒子和中性粒子**。现在已经发现的粒子，通常按它们参与各种相互作用的性质分为**强子、轻子、媒介粒子和希格斯玻色子**。

1. **强子**：直接参与强相互作用的粒子称之为"强子"。它们又分为两类：介子——自旋为整数，重子数为 0 的强子；重子——自旋为半整数，重子数为 1 的强子。现已发现的粒子绝大多数是强子。我们最熟悉的强子有

---

[1] Johannes Diderik van der Waals (1837.11.23～1923.3.8)，瑞典物理学家。1896～1912 年，长期担任瑞典皇家科学院秘书。由于在电磁学方面的贡献而获得 1910 年诺贝尔物理学奖。

[2] 目前已有的数据与标准模型理论预言一致，看来很可能被证实！

介子：　$\pi, K, \eta, \omega, \rho, \phi, \eta', D, J/\psi, \Upsilon, \cdots$
重子：　$p, n, \lambda, \Sigma, \Xi, \Delta, \Omega, \cdots$

2. **轻子**：不直接参与强相互作用的粒子，它们可以直接参与电磁相互作用和弱相互作用。现在发现的轻子共有六种：

$$(e^-, \nu_e), \quad (\mu^-, \nu_\mu), \quad (\tau^-, \nu_\tau); \tag{1.26}$$

连同相应的反粒子共 12 种，它们都是自旋为 1/2 的费米子。

3. **规范玻色子**：传递相互作用的媒介粒子，实验直接发现的有 4 种，即光子和三种弱作用中间矢量玻色子 $W^\pm$ 和 Z^0，它们的自旋都是 1。传递强相互作用的是胶子 (gluon)，虽然实验上没有看到自由的胶子，但是正负电子对撞机实验中的三喷注事例 $e^+e^- \to q\bar{q}g$ 证实了胶子的存在。

4. **希格斯** (Higgs) **玻色子**：希格斯粒子是最后发现的基本粒子。它与之前所有的粒子都很不同，是唯一自旋为 0 的标量粒子。在此之前发现的所有基本粒子都是自旋为 1/2 的费米子或者自旋为 1 的规范玻色子。研究希格斯玻色子的性质，将是目前最重要的工作。

§1.5.1 稳定粒子和共振态

现已发现的 700 多种粒子中，只有 11 种粒子可能是真正稳定粒子，也就是光子，三种中微子和它们的反粒子，电子、正电子、质子和反质子。粒子物理学中并没有按粒子是否真正稳定来对粒子进行分类。因为虽然粒子是否真正稳定在实验上的表现是明显的，然而从粒子的内部属性来看，不一定是最重要的标志。例如 "$e - \mu - \tau$ 疑难"：从这三个带电轻子的相互作用性质上难以找到差异；然而从它们的寿命来看，电子是稳定的，μ 子的寿命是 2.19703×10^{-6}s，τ 子的寿命是 3.04×10^{-13}s，差别是明显的。而这些差别的来源是它们质量上的不同。粒子物理学中把粒子按衰变性质和行为分为稳定粒子和共振态两类：**不能通过强相互作用衰变的粒子称为稳定粒子；可以通过强相互作用衰变的粒子称为共振态。**

一般说来，通过强相互作用衰变的粒子寿命很短，通过电磁相互作用和弱相互作用衰变的寿命则要长得多，似乎可以用寿命的长短来区分稳定粒子和共振态。然而实际情况要复杂得多。现已发现的粒子中，寿命最长的和寿命最短的粒子都属于稳定粒子。现已发现的最不稳定的稳定粒子是 top 夸克，Z 玻色子和 W 玻色子。对于 Z 玻色子，现在实验测得平均寿命为 $(2.59 \pm 0.03) \times 10^{-25}$s。除了 top 夸克、$Z$ 粒子和 W 粒子外，其他的稳定粒子的平均寿命为 $\geqslant 5.8 \times 10^{-20}$s。现已发现的最稳定的共振态是 $\Upsilon(10355)$ 粒子，它的平均寿命为 2.53×10^{-20}s，远长于 Z 粒子的平均寿命。

§1.5.2 轻子-夸克层次粒子的分类

按照现有实验和理论的认识,强子是复合粒子,它们是由更深层次的夸克和反夸克所组成。夸克和反夸克通过胶子传递的色相互作用结合成强子。现在实验上虽然还没有直接发现自由夸克或自由胶子,现有理论也认为由于强相互作用的色禁闭 (color confinement) 性质,自由夸克和自由胶子不能够独立存在,只能存在于强子内部,但是它们在强子内部的存在和在反应过程中起作用却可以被从实验上间接观察和验证。现在还没有实验的迹象显示轻子和夸克有内部结构,它们还都可以按点粒子来对待,并且看作是属于同一层次。可以按现有标准模型理论在轻子-夸克层次对粒子进行分类:

1. 规范玻色子: 传递相互作用的媒介粒子,包括光子、$W^\pm$ 玻色子、Z 玻色子和胶子,它们的自旋都是 1;一共有 1+3+8 =12 个规范玻色子。还有一种是引力子,理论上预言它的自旋是 2,但是迄今为止,还没有证实其存在的直接实验证据。

2. 费米子: 轻子和夸克,它们的自旋都是 1/2。电弱统一理论要求,规范场的相互作用中出现的"反常"必须完全消除。消除"反常"的条件之一是所有费米子的电荷之和为零。因此,轻子和夸克总是整代地存在的,每一代费米子的电荷之和为零。

现在已知自然界至少存在三代费米子,每代两个轻子,一共 6 个,再加上它们的反粒子,总数是 12 个轻子。而对于夸克来说,12 个不同味道的夸克每味夸克还有 3 种颜色,所以一共是 $12 \times 3 = 36$ 种夸克。那么自然界到底存在几代费米子?特别是是否存在第四代费米子?从实验上去探寻和发现第四代费米子是现在粒子物理学研究的又一个重要课题。

3. Higgs 粒子: 根据标准模型理论,自然界应该存在一个自旋为 0 的 Higgs 粒子,它在实现电弱对称性的自发破缺,使规范玻色子和费米子获得质量等方面起着非常重要的作用。根据最小超对称模型,则至少有 5 个希格斯粒子: $H^\pm, H^0, h^0, A^0$。2012 年 7 月,在瑞士日内瓦的大型强子对撞机 (LHC) 上的 ATALS 和 CMS 两个实验组宣布发现了自旋为 0 的质量约为 125GeV 的中性玻色子,后来确定为 Higgs 粒子。

按照现有实验和理论的认识,从轻子-夸克层次粒子的分类来看,自然界已知存在的基本粒子数目为: $12 + (6+6) + (6 \times 3 \times 2) + 1 = 61$。

为了读者方便,我们在此罗列一些粒子物理和量子场论的参考文献:

1. 早期国内出版的粒子物理理论和实验方面的参考书可见章乃森、唐孝威、徐克尊先生的专著[9, 10],另外见 [11-16]。

2. 国外的粒子物理学教材有: T. P. Cheng 和 Ling-Feng Li 的[17] *Gauge Theory*

of Elementary Particle Physics；B. R. Martin 等的[18, 19] *Particle Physics*(第三版) 和 *Nuclear and Particle Physics: An Introduction* (第二版)；还有 D. J. Griffiths 的粒子物理书和题解[20]，以及 [21-24]。

3. 最新的粒子物理书包括 M. Thomson 教授的 *Modern Particle Physics*[25]；日本大阪大学的 Y. Nagashima 教授的 *Elmentary Particle Physics*[26]；意大利 Bologna 大学 S. Braibant 教授等 3 人撰写的粒子物理学教材和题解[27]；O. M. Boyarkin 教授撰写的粒子物理学简介和高等粒子物理学[28]。

4. 量子场论和标准模型理论的书籍很多，例如，M. E. Peskin 和 D. V. Schroeder 撰写的 *An Introduction to Quantum Field Theory*[29]；S. Weinberg 的三卷本 *The Quantum Theory of Fields: Vol.I, II, III*[30]；最新出版的哈佛大学 M. D. Schwarts 教授撰写的 *Quantum Field Theory and the Standard Model*[31]，以及文献 [32-39] 等。

练 习 题

1. 在粒子物理标准模型中，最基本的粒子分类中有哪些种类的粒子？并写出其自旋和电荷。

2. 最基本的相互作用有哪几种？

3. 基本粒子的质量宽度有什么物理意义？

4. 反应截面一般用毫巴 (mb) 来表示：$1\text{mb} = 10^{-3}\text{b} = 10^{-27}\text{cm}^2$。利用 GeV 单位来证明 $1\text{GeV}^{-2} = 0.389\text{mb}$。

5. 在标准模型理论框架下，哪个粒子是最轻的介子、最轻的重子？哪个粒子是最重的费米子、最重的玻色子？

6. 粒子物理学的研究对象是什么？

7. 有哪几种类型的高能对撞机实验？正负电子和质子–质子高能对撞实验的主要优缺点是什么？

第 2 章 高速粒子运动学

§2.1 洛伦兹变换

关于度规、协变和逆变坐标、四动量、点积等定义，我们使用目前流行的文献 [17] 中的定义。四维坐标，能量–动量张量的定义为

$$x_\mu = (t, -\boldsymbol{x}), \quad x^\mu = g^{\mu\nu} x_\nu = (t, \boldsymbol{x}), \quad x^2 = t^2 - |\boldsymbol{x}|^2, \tag{2.1}$$

$$p_\mu = (E, -\boldsymbol{p}), \quad p^\mu = g^{\mu\nu} p_\nu = (E, \boldsymbol{p}), \quad p^2 = E^2 - |\boldsymbol{p}|^2. \tag{2.2}$$

§2.1.1 洛伦兹变换

在经典的伽利略变换下，空间与时间是相互独立的，这与近代的光速测量实验结果矛盾。在近代发展起来的爱因斯坦的狭义相对论认为：(a) 光速在所有参考系中是不变的；(b) 惯性系等价原理，运动规律在任意惯性参考系中是相同的。两个惯性系之间，时空变换关系为洛伦兹变换。

1. 四维坐标的洛伦兹变换，如图 2.1 所示，在两个平行惯性坐标系 O, O' 中，O' 系相对于 O 系沿 x 轴正方向以速度 β 运动，那么，四维坐标 (时空矢量)x^μ 的洛伦兹变换关系可以写为[25]

$$x'^\mu = \Lambda^\mu_{\ \nu} x^\nu, \quad x'_\mu = \Lambda_\mu^{\ \nu} x_\nu, \tag{2.3}$$

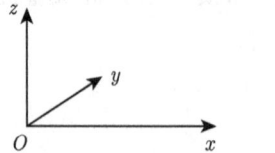 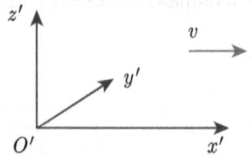

图 2.1 O' 惯性坐标系相对于 O 坐标系沿着 x 轴方向以速度 $\beta = v$ 运动
(自然单位制：$\beta = v/c = v$)

其中 $\Lambda^\mu_{\ \nu}$ 是 4×4 洛伦兹变换矩阵 $\boldsymbol{\Lambda}$ 的矩阵元①。明确写成矩阵形式则有

$$\begin{pmatrix} t' \\ x' \\ y' \\ z' \end{pmatrix} = \begin{pmatrix} \gamma & -\beta\gamma & 0 & 0 \\ -\beta\gamma & \gamma & 0 & 0 \\ 0 & 0 & 1 & 0 \\ 0 & 0 & 0 & 1 \end{pmatrix} \begin{pmatrix} t \\ x \\ y \\ z \end{pmatrix}, \tag{2.4}$$

---
① 按照惯例，重复指标代表矩阵乘积的求和。

§2.1 洛伦兹变换

$$\begin{pmatrix} t' \\ -x' \\ -y' \\ -z' \end{pmatrix} = \begin{pmatrix} \gamma & +\beta\gamma & 0 & 0 \\ +\beta\gamma & \gamma & 0 & 0 \\ 0 & 0 & 1 & 0 \\ 0 & 0 & 0 & 1 \end{pmatrix} \begin{pmatrix} t \\ -x \\ -y \\ -z \end{pmatrix}, \qquad (2.5)$$

其中 $\gamma = 1/\sqrt{1-\beta^2}$。第二个变换矩阵是 Λ 的逆：Λ^{-1}，满足关系 $\Lambda\Lambda^{-1} = \Lambda^{-1}\Lambda = I$。另外，洛伦兹变换还可以写成如下形式：

$$\begin{pmatrix} t \\ x \\ y \\ z \end{pmatrix} = \begin{pmatrix} \gamma & +\beta\gamma & 0 & 0 \\ +\beta\gamma & \gamma & 0 & 0 \\ 0 & 0 & 1 & 0 \\ 0 & 0 & 0 & 1 \end{pmatrix} \begin{pmatrix} t' \\ x' \\ y' \\ z' \end{pmatrix}. \qquad (2.6)$$

上述三个表达式 (2.4)~(2.6) 是等价的。

2. 时间的洛伦兹膨胀，运动坐标系中的时间间隔 ($\Delta t' = t'_1 - t'_2$) 比静止坐标系中的时间间隔 Δt 变长的现象，称之为时间的洛伦兹膨胀。

$$\Delta t' = \gamma \Delta t. \qquad (2.7)$$

对粒子的平均寿命，同样有

$$\tau = \gamma \tau_0. \qquad (2.8)$$

μ 轻子和 π 介子的飞行衰变实验已经证实了**运动的时钟变慢**。μ 轻子的质量为 $m_\mu = 106 \text{MeV}$，寿命 $\tau_0 = 2.2 \times 10^{-6}\text{s}$。而总能量为 106GeV 的 μ 轻子，其 γ 值为 1000，飞行衰变寿命将为 $\tau = 2.2 \times 10^{-3}\text{s}$。相应的 μ 轻子在实验室系中平均飞行距离 ($L = \gamma c \tau_0$) 也近似增长 1000 倍。再如低能的 π 介子在衰变前只能飞行几米，但能量为 1.4 GeV 的 $\pi^\pm$ 介子，从产生到衰变平均可以飞行 70 多米。14 GeV 的 $\pi^\pm$ 介子平均可以飞行 700 多米。

同理可证**动尺变短**：即从静止系统中看固定在运动系统中的某物体，其长度将由 L_0 缩短成 L：

$$L = L_0/\gamma < L_0. \qquad (2.9)$$

当我们从 O' 运动系观察固定在静止系 O 的粒子和物体时，同样会得到寿命延长、长度缩短等结论。

3. **四动量 p 的洛伦兹变换关系**。与四维时空矢量的洛伦兹变换相同，若在 O 系中粒子的四动量为 $p = (E, \boldsymbol{p})$，那么在以速度为 β 沿 x 轴正向运动的 O' 系中，

粒子的四动量 $p' = (E', \boldsymbol{p}')$ 所满足的洛伦兹变换关系为

$$p'^\mu = \Lambda^\mu_\nu p^\nu, \implies \begin{pmatrix} E' \\ p'_x \\ p'_y \\ p'_z \end{pmatrix} = \begin{pmatrix} \gamma & -\beta\gamma & 0 & 0 \\ -\beta\gamma & \gamma & 0 & 0 \\ 0 & 0 & 1 & 0 \\ 0 & 0 & 0 & 1 \end{pmatrix} \begin{pmatrix} E \\ p_x \\ p_y \\ p_z \end{pmatrix}, \quad (2.10)$$

进而可导出洛伦兹不变量

$$E^2 - |\boldsymbol{p}|^2 = E'^2 - |\boldsymbol{p}'|^2 = m^2. \tag{2.11}$$

对单粒子体系，如果粒子在 O 系中静止，那么有

$$E'^2 - |\boldsymbol{p}'|^2 = E^2 = m_0^2, \tag{2.12}$$

其中 m_0 为粒子的静质量。

对多粒子系统，有洛伦兹不变量

$$\left(\sum_i E_i\right)^2 - \left(\sum_i \boldsymbol{p}_i\right)^2 = \text{const.} \tag{2.13}$$

当这个多粒子系统是由一个母粒子 M_0 衰变产生，那么这个常量就等于 M_0^2，称为这个多粒子系统的**不变质量**。

对静止质量为 m_0 的运动粒子，有关系式

$$\boldsymbol{p} = \gamma m_0 \boldsymbol{\beta} = m\boldsymbol{\beta} = E\boldsymbol{\beta}, \quad \boldsymbol{\beta} = \boldsymbol{p}/E. \tag{2.14}$$

4. 静止质量为 m_0 的粒子的四动量写为 $p = (E, \boldsymbol{p})$，质壳关系为 $p^2 \equiv E^2 - |\boldsymbol{p}|^2 = m_0^2$。其在运动速度为 β 的坐标系中的能量和动量 $(E', \boldsymbol{p}')$ 还可以写为[1]

$$\begin{pmatrix} E' \\ p'_\parallel \end{pmatrix} = \begin{pmatrix} \gamma & -\gamma\beta \\ -\gamma\beta & \gamma \end{pmatrix} \begin{pmatrix} E \\ p_\parallel \end{pmatrix}, \quad p'_\perp = p_\perp, \tag{2.15}$$

其中 $\gamma = (1-\beta^2)^{-1/2}$，$p_\perp$ ($p_\parallel$) 表示垂直于 (平行于)O' 系运动方向 β 的三动量分量[1]。对应的逆变换为

$$\begin{pmatrix} E \\ p_\parallel \end{pmatrix} = \begin{pmatrix} \gamma & \gamma\beta \\ \gamma\beta & \gamma \end{pmatrix} \begin{pmatrix} E' \\ p'_\parallel \end{pmatrix}, \quad p_\perp = p'_\perp. \tag{2.16}$$

5. **四维偏微商的洛伦兹变换**。使用式 (2.3) 所示的四维坐标的洛伦兹变换关系，可以导出四维偏微商所满足的洛伦兹变换关系。仍然考虑如图 2.1 所示的惯性

§2.1 洛伦兹变换

坐标系 O 和 O'，O' 系中的 (t', x') 可以写成 O 系中 (t, x, y, z) 的函数：$x'(t, x, y, z)$ 和 $t'(t, x, y, z)$，那么可以证明：

$$\begin{pmatrix} \partial/\partial t' \\ \partial/\partial x' \\ \partial/\partial y' \\ \partial/\partial z' \end{pmatrix} = \begin{pmatrix} \gamma & \beta\gamma & 0 & 0 \\ \beta\gamma & \gamma & 0 & 0 \\ 0 & 0 & 1 & 0 \\ 0 & 0 & 0 & 1 \end{pmatrix} \begin{pmatrix} \partial/\partial t \\ \partial/\partial x \\ \partial/\partial y \\ \partial/\partial z \end{pmatrix}, \tag{2.17}$$

与式 (2.4) 比较可知，四维偏微商 ∂_μ 是洛伦兹变换下的协变四矢量 (covariant four-vector)：

$$\partial_\mu = \frac{\partial}{\partial x^\mu} = \left(\frac{\partial}{\partial t}, \frac{\partial}{\partial x}, \frac{\partial}{\partial y}, \frac{\partial}{\partial z} \right). \tag{2.18}$$

对应的逆变四矢量 (contravariant four-vector) 四维偏微商 ∂^μ 的形式为

$$\partial^\mu = \frac{\partial}{\partial x_\mu} = \left(\frac{\partial}{\partial t}, -\frac{\partial}{\partial x}, -\frac{\partial}{\partial y}, -\frac{\partial}{\partial z} \right). \tag{2.19}$$

进而可以定义四维偏微商所满足的达朗贝尔 (d'Alembertian) 算子[25]：

$$\Box = \partial^\mu \partial_\mu = \frac{\partial^2}{\partial t^2} - \frac{\partial^2}{\partial x^2} - \frac{\partial^2}{\partial y^2} - \frac{\partial^2}{\partial z^2}. \tag{2.20}$$

6. 作为时空洛伦兹变换式 (2.3) 的一个应用，我们讨论粒子运动方向 (θ, ϕ) 在两个平行惯性系之间的变换关系。如图 2.2 所示，设某粒子的运动方向在惯性系 O 系中为 (θ, ϕ)，在以速度 β 沿 x 轴方向运动的另一惯性系 O' 系中为 (θ', ϕ')。现在寻找 (θ', ϕ') 和 (θ, ϕ) 之间的变换关系。

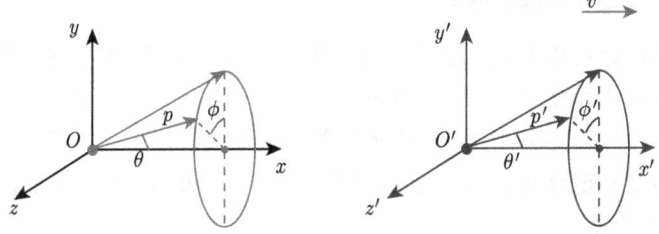

图 2.2 在 O 系中粒子的运动方向 (θ, ϕ) 与该粒子在 O' 系中的运动方向 (θ', ϕ') 之间的洛伦兹变换关系

首先证明方位角 ϕ 在两个惯性坐标系中是相等的。因为

$$\tan\phi = \frac{p_z}{p_y} = \frac{p'_z}{p'_y} = \tan\phi', \tag{2.21}$$

所以有 $\phi' = \phi$。下面考虑极角 θ 和 θ' 之间的关系。由式 (2.15) 可得

$$p' \cos \theta' = \gamma (p \cos \theta - \beta E),$$
$$p' \sin \theta' = p \sin \theta. \tag{2.22}$$

两式相除可得

$$\tan \theta' = \frac{p \sin \theta}{\gamma (p \cos \theta - \beta E)} = \frac{u \sin \theta}{\gamma (u \cos \theta - \beta)}, \tag{2.23}$$

其中 $u = p/E$ 是粒子在惯性系中的运动速度。我们也可以把上式写成

$$\tan \theta' = \frac{\tan \theta}{\gamma \left(1 - \dfrac{\beta}{u_x}\right)}, \tag{2.24}$$

其中 $u_x = u \cos \theta$。同样，由逆 (inverse) 洛伦兹变换可得

$$\tan \theta = \frac{p' \sin \theta'}{\gamma (p' \cos \theta' + \beta E')} = \frac{u' \sin \theta'}{\gamma (u' \cos \theta' + \beta)}, \tag{2.25}$$

其中 $u' = p'/E'$ 是粒子在 O' 系中的运动速度。还可以把上式写成

$$\tan \theta = \frac{\tan \theta'}{\gamma \left(1 + \dfrac{\beta}{u'_x}\right)}, \tag{2.26}$$

其中 $u'_x = (p'/E') \cos \theta'$。

§2.1.2 洛伦兹变换的快度描写

从前面的讨论可以看到，洛伦兹变换的公式非常麻烦，而在粒子物理实验中，有时候实验室系和计算方便的质心系是不同的，所以经常需要变换。实验上为了方便，我们可以引入快度 Y 代替 β 来描写洛伦兹变换。

四维时空坐标的快度描写：根据前面的讨论可知，时空关系的洛伦兹变换式 (2.3) 可以展开写为

$$t' = \gamma (t - \beta x),$$
$$x' = \gamma (x - \beta t),$$
$$y' = y, \qquad z' = z. \tag{2.27}$$

为了方便，我们可以用快度代替 β 来描写洛伦兹变换。

§2.1 洛伦兹变换

快度的定义:

$$\sinh Y = \frac{1}{2}\left(e^Y - e^{-Y}\right) = \frac{\beta}{\sqrt{1-\beta^2}} = \gamma\beta,$$

$$\cosh Y = \frac{1}{2}\left(e^Y + e^{-Y}\right) = \frac{1}{\sqrt{1-\beta^2}} = \gamma. \tag{2.28}$$

在此定义下,β 与 Y 是一一对应的:

$$\beta : -1 \to 0 \to 1,$$
$$Y : -\infty \to 0 \to +\infty. \tag{2.29}$$

这时式 (2.27) 可以写成

$$x'^{\mu} = Y^{\mu}_{\nu} x^{\nu}, \tag{2.30}$$

其中

$$Y^{\mu}_{\nu} = \begin{pmatrix} \cosh Y & -\sinh Y & 0 & 0 \\ -\sinh Y & \cosh Y & 0 & 0 \\ 0 & 0 & 1 & 0 \\ 0 & 0 & 0 & 1 \end{pmatrix}. \tag{2.31}$$

我们现在讨论速度合成的问题。如图 2.3 所示,考虑三个相对平行运动的惯性坐标系 O, O', O'' 系。设 O' 系相对于 O 系以速度 β' 沿 O 系的 x 轴方向运动,O'' 系相对于 O' 系以速度 β'' 沿 x 轴方向运动。那么,根据相对论速度相加的公式,O'' 系相对于 O 系的速度 β 为

$$\beta = \frac{\beta' + \beta''}{1 + \beta'\beta''}. \tag{2.32}$$

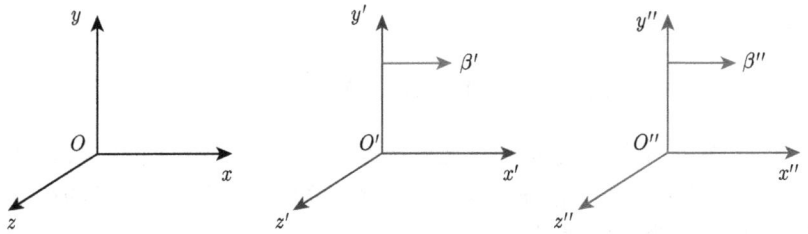

图 2.3 三个相对平行运动的惯性坐标系 O, O', O''

但用快度描写时,快度在洛伦兹变换下可以简单地相加:

$$Y = Y' + Y'', \tag{2.33}$$

这就给计算带来了很大的方便。现在,在高能物理实验中经常用快度代替速度来进行理论分析和计算。

四动量的快度描写:对自由粒子的四动量 $p_\mu = (E, -\boldsymbol{p})$,同样有

$$p'_\mu = Y_\mu^\nu p_\nu. \tag{2.34}$$

根据上式可以证明:如果在一个惯性系 O 中,某粒子的 $\boldsymbol{p}$ 的方向不和 x 轴平行,则该粒子的 E 和 p_x 可以表示为

$$E = m_\perp \cosh Y, \qquad p_x = m_\perp \sinh Y, \tag{2.35}$$

其中横质量 $m_\perp = \sqrt{m_0^2 + p_y^2 + p_z^2}$ 的物理意义是:**如果主要观察粒子在 x 方向运动的变换性质,可以把粒子等效地看成没有 y 和 z 方向的运动,但其质量增加为 $m_\perp$。**

当在另一个相对于 O 系平行运动的 O' 系中观察和描写该粒子的运动情况时,只需将 O' 系相对于 O 系的快度 Y' 从粒子相对于 O 系的快度 Y 中减去就行了。这时,粒子相对于 O' 系的能量和动量可以简单地写为

$$E' = m_\perp \cosh(Y - Y'), \qquad p'_x = m_\perp \sinh(Y - Y'). \tag{2.36}$$

这就是利用快度的方便之处。

两粒子的相对快度:如果两个粒子在 O 系中沿某一方向运动,其快度分别为 Y_1 和 Y_2,在一个相对于 O 系以快度 Y_{01} 沿 x 方向运动的 O' 系看来,它们的快度分别为

$$Y'_1 = Y_1 - Y_{01}, \qquad Y'_2 = Y_2 - Y_{01}. \tag{2.37}$$

两个粒子的快度之差为

$$\Delta Y' = Y'_1 - Y'_2 = Y_1 - Y_2 = \Delta Y. \tag{2.38}$$

即在 O 和 O' 系中,两个粒子的快度之差相等,或者说两粒子之间的相对快度是洛伦兹不变的。如果在第三个沿 x 方向运动的 O'' 系中看,第一个粒子的快度为 Y''_1,第二个粒子的快度为 Y''_2,那么有

$$\Delta Y'' = Y''_1 - Y''_2 = \Delta Y = \Delta Y'. \tag{2.39}$$

两个粒子相对速度就没有这样简单的关系了。

从公式 (2.35) 我们可以得到 $v_x = \tanh Y$, 或者

$$\frac{E + P_x}{E - P_x} = e^{2Y} \tag{2.40}$$

$$Y = \frac{1}{2} \ln \frac{E + P_x}{E - P_x}. \tag{2.41}$$

如果粒子质量 $m = 0$, 则 $E^2 - |P|^2 = 0$, 所以有

$$Y = \frac{1}{2} \ln \frac{|P| + P_x}{|P| - P_x} = \frac{1}{2} \ln \frac{1 + \cos\theta}{1 - \cos\theta}. \tag{2.42}$$

其中 $P_x = |P|\cos\theta$, 角度是探测器最容易测量的量, 可由径迹得到。如果 $m \neq 0$, 则把 $\eta \equiv \frac{1}{2} \ln \frac{1 + \cos\theta}{1 - \cos\theta}$ 称为赝快度。利用 $\cos\theta = 2\cos^2\frac{\theta}{2} - 1 = 1 - 2\sin^2\frac{\theta}{2}$ 得到 $\eta = \ln \frac{\cos\theta/2}{\sin\theta/2} = -\ln\tan\frac{\theta}{2}$。在快度为 0(粒子静止) 附近, 二者差别大一些, 在其他时候 (快速运动粒子) 二者差别不大。实验上定出的是 η, 而理论上要用 Y。

§2.2 实验室坐标系和质心坐标系

§2.2.1 质心坐标系和反应有效能量

质心与质心系：设一组质量分别为 $m_1, m_2, \cdots, m_n$ 的粒子, 它们在实验室系中的坐标分别为 $\boldsymbol{r}_1, \boldsymbol{r}_2, \cdots, \boldsymbol{r}_n$, 定义该粒子系统的质心坐标为

$$\boldsymbol{r}_c = \frac{\sum\limits_i m_i \boldsymbol{r}_i}{\sum\limits_i m_i}. \tag{2.43}$$

那么, 质心在实验室系中的运动速度为

$$\boldsymbol{v}_c = \frac{d\boldsymbol{r}_c}{dt} = \frac{\sum\limits_i m_i \frac{d\boldsymbol{r}_i}{dt}}{\sum\limits_i m_i} = \frac{\sum\limits_i m_i \boldsymbol{v}_i}{\sum\limits_i m_i} = \frac{\sum\limits_i \boldsymbol{p}_i}{\sum\limits_i m_i}. \tag{2.44}$$

我们把与质心相对静止的坐标系称之为质心系。 如果我们用带 "′" 的量表示质心系中的量, 那么有

$$\boldsymbol{r}'_c = \frac{\sum\limits_i m_i \boldsymbol{r}'_i}{\sum\limits_i m_i}, \quad \boldsymbol{v}'_c = 0, \tag{2.45}$$

即在质心系中粒子系统的总动量为零

$$\boldsymbol{p}' = \sum_i \boldsymbol{p}'_i = 0. \tag{2.46}$$

在粒子物理学中，由于粒子系统可能包括静止质量为零，但动量不为零的光子、中微子等粒子，因此以总动量为零的式 (2.46) 来定义一组粒子的质心坐标系更为合适。我们有时也称其为**动量中心系**。

两粒子体系，非相对论情况：我们首先考虑非相对论情况下的两粒子体系。如图 2.4 所示，设在实验室系中，入射粒子 $(m_1, \boldsymbol{v}_1)$ 打在静止靶粒子上 $(m_2, \boldsymbol{v}_2 = 0)$。两粒子体系的总动量、总能量和质心速度分别为

$$\begin{aligned}
\boldsymbol{p} &= m_1 \boldsymbol{v}_1, \\
E &= \frac{1}{2} m_1 v_1^2, \\
\boldsymbol{v}_c &= \frac{m_1 \boldsymbol{v}_1}{m_1 + m_2}.
\end{aligned} \tag{2.47}$$

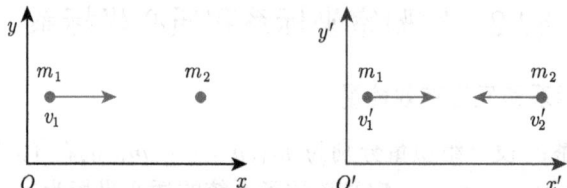

图 2.4 在实验室坐标系 O 和质心坐标系 O' 中两体碰撞前的表示

在质心系中观察，两粒子分别以速度 $\boldsymbol{v}'_1, \boldsymbol{v}'_2$ 对头碰撞，其总动量为零。即

$$\begin{aligned}
\boldsymbol{v}'_1 &= \boldsymbol{v}_1 - \boldsymbol{v}_c = \frac{m_2 \boldsymbol{v}_1}{m_1 + m_2}, \\
\boldsymbol{v}'_2 &= -\frac{m_1 \boldsymbol{v}_1}{m_1 + m_2}, \\
\boldsymbol{p}' &= \boldsymbol{p}'_1 + \boldsymbol{p}'_2 = 0.
\end{aligned} \tag{2.48}$$

该两粒子体系的总能量 E' 为

$$E' = \frac{1}{2} m_1 |\boldsymbol{v}'_1|^2 + \frac{1}{2} m_2 |\boldsymbol{v}'_2|^2 = \frac{1}{2} \left(\frac{m_1 m_2}{m_1 + m_2} \right) |\boldsymbol{v}_1|^2 = \frac{1}{2} \mu |\boldsymbol{v}_1|^2, \tag{2.49}$$

其中定义 $\mu = m_1 m_2 / (m_1 + m_2)$ 为该两粒子体系的约化 (reduced) 质量。显然

$$E' < E = \frac{1}{2} m_1 |\boldsymbol{v}_1|^2. \tag{2.50}$$

一般情况下，有
$$E - E' = \frac{1}{2}m_1|\boldsymbol{v}_1|^2 - \frac{1}{2}\mu|\boldsymbol{v}_1|^2 = \frac{1}{2}(m_1+m_2)|\boldsymbol{v}_c|^2, \quad (2.51)$$
或者写成
$$E = E' + \frac{1}{2}(m_1+m_2)|\boldsymbol{v}_c|^2. \quad (2.52)$$
由该式可以看出：在非相对论情况下，实验室系中入射粒子的动能 (两粒子体系的总能量) 被分成两个部分：

(a) **质心** $(m = m_1 + m_2)$ **以速度 $\boldsymbol{v}_c$ 运动的动能**，这一部分能量对两粒子之间的相互作用没有贡献；

(b) **在质心系中，两粒子相对运动的总能量为 E'**。这一部分能量才是激发粒子体系内部自由度的相互作用有效能量。

两粒子体系，相对论情况： 同样考虑粒子打靶实验。在实验室系中入射粒子 $(m_1, \boldsymbol{p}_1)$ 打在静止的靶粒子 $(m_2, \boldsymbol{p}_2 = 0)$ 上。碰撞前质心以速度 β 相对于实验室系运动，两粒子在实验室系和质心系的四动量分别记为
$$\begin{aligned} p_1 &= (E_1, \boldsymbol{p}_1), \quad p_2 = (m_2, 0), \\ p_1' &= (E_1', \boldsymbol{p}_1'), \quad p_2' = (E_2', \boldsymbol{p}_2'). \end{aligned} \quad (2.53)$$
它们在实验室系和质心系的总动量和总能量分别记为：$\boldsymbol{p}, E$ 和 $\boldsymbol{p}', E' = E_{cm}$。由洛伦兹变换关系式 (2.10) 可得
$$\begin{aligned} \boldsymbol{p}_1 &= \gamma_c \beta_c E', \\ E &= \gamma_c E'. \end{aligned} \quad (2.54)$$

对一般的两粒子体系，由洛伦兹不变式 (2.13) 可知质心系总能量的平方是洛伦兹不变量，即
$$\begin{aligned} E_{cm}^2 &= (E_1' + E_2')^2 - (\boldsymbol{p}_1' + \boldsymbol{p}_2')^2 = (E_1 + E_2)^2 - (\boldsymbol{p}_1 + \boldsymbol{p}_2)^2 \\ &= m_1^2 + m_2^2 + 2E_1 E_2 - 2|\boldsymbol{p}_1||\boldsymbol{p}_2|\cos\theta, \end{aligned} \quad (2.55)$$
其中 θ 是两个粒子运动方向之间的夹角。

对两个粒子的碰撞，E_{cm} 是碰撞后产生的全部粒子质量和的上限。如果这两个粒子是由一个粒子衰变而来的，E_{cm} 就是初态粒子的质量。下面我们考虑几种典型情况。

1. **入射粒子打靶情况：** 这时有
$$E_{cm}^2 = 2E_1 m_2 + m_1^2 + m_2^2. \quad (2.56)$$

对于高能入射粒子，$m_1, m_2 \ll E_1$，

$$E_{cm}^2 \approx 2E_1 m_2 \longrightarrow E_{cm} = \sqrt{2E_1 m_2}. \tag{2.57}$$

由此可见，在高能情况下加速粒子打静止靶时，可用来产生新粒子或者激发内部自由度的反应有效能量——质心系总能量 E_{cm}，与入射粒子能量的平方根 $\sqrt{E_1}$ 成正比。因此，将加速器能量提高 100 倍，反应有效能量才提高 10 倍，能量利用的效率很低。因此，1956 年人们提出设计对撞机：**入射粒子和靶粒子都处于运动状态**。

例如：美国费米实验室的 $p\bar{p}$ 对撞，$E_p = E_{\bar{p}} = 1\text{TeV}$，$E_{cm} = 2\text{TeV}$。如果改成打靶，则需要入射质子束的能量为

$$E_p = \frac{E_{cm}^2}{2m_p} \approx 2000\text{TeV}. \tag{2.58}$$

2. 两个粒子对撞： 到目前为止，人们已经设计建造了 $e^+e^-, pp, p\bar{p}, e^{\pm}p$ 这几种类型的对撞机。两个束流的能量可以相等（对称环：例如 BEPC, BEPC-II, LEP, CERS 等），也可以不相等（不对称环：例如 PEP-II, KEKB, HERA）。当两个高能粒子对撞时，粒子质量远小于粒子被加速的能量可以忽略，这时有

$$E_{cm}^2 = 4E_1 E_2. \tag{2.59}$$

对于对称的两个粒子对撞 ($E_1 = E_2 = E$)，

$$E_{eff} = E_{cm} = 2E, \tag{2.60}$$

效率最高。

3. 不对称对撞机，B 工厂： 在两个 B 介子工厂，为了测量 B 介子衰变过程中的 CP 破坏，电子束流的能量比正电子束流的能量高。这样，经对撞产生的 Υ 介子及其次级衰变产物就会沿高能电子束流的方向高速飞行，这样使产生的粒子寿命延长，有利于 CP 破坏参数的测量。以 KEKB 为例，$E_{e^-} = 8\text{GeV}$，$E_{e^+} = 3.5\text{GeV}$，电子和正电子束流对撞时有一个 ± 11 mrad 的交叉。质心系总能量为

$$E_{cm} \approx \sqrt{4E_{e^-} E_{e^+}} = 10.583 \text{GeV}. \tag{2.61}$$

在 $\Upsilon(4S)$ 的共振产生区 ($m(\Upsilon(4S)) = 10.580\text{GeV}$)，质心的运动速度约为 $0.55c$。图 2.5 是一个示意图，从中可以看出正负电子束流的回旋线路和对撞区，可以读出主要的参数。

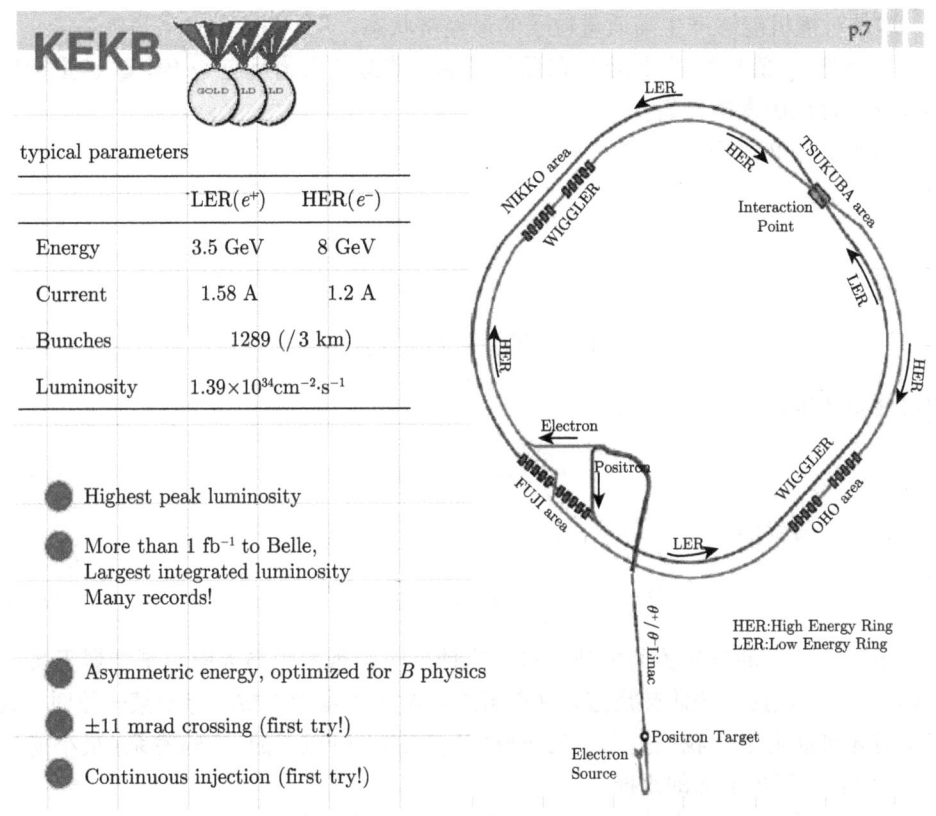

图 2.5　KEKB 正负电子对撞机示意图和主要参数

引入质心系的概念，在描写粒子物理实验和理论分析有很多方便之处。例如：

(1) 两粒子弹性碰撞时，在质心系中两个粒子的动量大小相等，方向相反。碰撞后两粒子向相反方向飞行。

(2) 两体碰撞时，碰撞后次级粒子的角分布在质心系中是轴对称的。如果碰撞的两个粒子是全同粒子，次级粒子的分布对作用面 (通过作用点，垂直于作用轴的平面) 也是对称的。

(3) 自旋为零的粒子衰变时，所产生的次级粒子在质心系中有球对称分布。

因此在粒子物理和核物理中，一般是在实验室系中测量，变换到质心系进行理论分析和计算。然后，可能还需要将计算结果变换回到实验室系中，以便和实验结果比较。

§2.2.2　反应 Q 值和阈能

在质心系 (CMS) 中，由于反应初态粒子和末态粒子的总动量都为零，所以有可能使全部末态粒子处于静止状态，把质心系的总能量全部转化为末态粒子的质量。这是对撞机能够产生高质量粒子的最经济状态。

1. **反应 Q 值与阈能**: 把反应前后粒子的能量差定义为反应 Q 值,Q 值是指反应过程中释放出来的能量。

考虑 $2 \to 2$ 反应:

$$m_1 + m_2 \to m_3 + m_4. \tag{2.62}$$

那么有

$$Q = (T_3 + T_4) - (T_1 + T_2). \tag{2.63}$$

由总能量守恒,

$$E_1 + E_2 = E_3 + E_4. \tag{2.64}$$

在没有粒子激发能时,$E_i = T_i + m_i$,因此有

$$Q = (m_1 + m_2) - (m_3 + m_4). \tag{2.65}$$

(a) $Q > 0$ 的反应称为**放热反应**,这种反应能否发生与入射粒子能量无关;
(b) $Q < 0$ 的反应称为**吸热反应**,只有当入射粒子能量大于或者等于某一值时,吸热反应才可能发生。我们把产生吸热反应所需的入射粒子的 (实验室系) 最小能量 E_{thr},称之为**吸热反应的阈能**。

在阈能反应时,产生的全部末态粒子在质心系中都处于静止状态。那么根据洛伦兹不变关系有

$$\left(\sum_i E_i\right)^2 - \left(\sum_i \boldsymbol{p}_i\right)^2 = \left(\sum_i E_i'\right)^2 = \left(\sum_i m_i\right)^2. \tag{2.66}$$

考虑打静止靶 ($E_2 = m_2$) 的情况,那么有

$$(E_{thr} + m_2)^2 - \boldsymbol{p}_{thr}^2 = (m_3 + m_4)^2,$$

$$E_{thr} = \frac{(m_3 + m_4)^2 - (m_1^2 + m_2^2)}{2m_2}. \tag{2.67}$$

或者

$$T_{thr} = \frac{(m_3 + m_4)^2 - (m_1 + m_2)^2}{2m_2}. \tag{2.68}$$

对一般的吸热反应,

$$a + b \to 1 + 2 + \cdots + n, \tag{2.69}$$

则有

$$E_{thr} = \frac{\left(\sum_i m_i\right)^2 - (m_a^2 + m_b^2)}{2m_b}, \quad (2.70)$$

$$T_{thr} = \frac{\left(\sum_i m_i\right)^2 - (m_a + m_b)^2}{2m_b}. \quad (2.71)$$

2. 例题：$p + p \to p + p + p + \bar{p}$ 反应，其阈能及阈动能分别为

$$E_{thr} = \frac{(4m_p)^2 - 2m_p^2}{2m_p} = 7m_p = 6.57\text{GeV},$$
$$T_{thr} = 6m_p = 5.63\text{GeV}. \quad (2.72)$$

美国伯克利实验室的 Tevatron 同步质子加速器的能量选为 6.8GeV，主要目的之一就是寻找反质子。建成后不久，就在 1955 年发现了反质子，1956 年又发现了反中子。

§2.2.3 微分截面在实验室系-质心系之间的变换关系

微分截面 $\left(\dfrac{d\sigma}{d\Omega}\right) d\Omega$ 表示在一个反应事件中，某一个末态粒子进入特定立体角 $d\Omega$ 的概率。一个特定事件发生的概率，应该是与坐标系无关的。那么，由微分截面的洛伦兹不变性可得

$$\left(\frac{d\sigma}{d\Omega}\right) d\Omega = \left(\frac{d\sigma}{d\Omega}\right)' d\Omega', \quad (2.73)$$

$$\left(\frac{d\sigma}{d\Omega}\right) = \left(\frac{d\sigma}{d\Omega}\right)' \frac{d\Omega'}{d\Omega}. \quad (2.74)$$

其中 $d\Omega = d\cos\theta\, d\phi$，$\theta$ 和 ϕ 是球极坐标的角变量。若考虑 $1 + 2 \to 3 + 4$ 反应，取第一个粒子的动量 $\boldsymbol{p}_1$ 方向为 x 方向，极角 θ 由 x 轴量起，ϕ 为对 x 轴的方位角，两个坐标系沿着 x 轴相对运动。那么，由于 $\phi = \phi'$，可得

$$\left(\frac{d\sigma}{d\Omega}\right) = \left(\frac{d\sigma}{d\Omega}\right)' \frac{d\cos\theta'}{d\cos\theta}. \quad (2.75)$$

下面先推导 $d\cos\theta'/d\cos\theta$ 的表达式。根据四维动量的洛伦兹变换关系，次级粒子

3 和 4 的能量–动量在实验室系和质心系两坐标系之间的变换关系为

$$E' = \gamma_c(E - \beta_c p_x),$$
$$p'_x = \gamma_c(p_x - \beta_c E),$$
$$p'_y = p_y,$$
$$p'_z = p_z. \tag{2.76}$$

考虑到动量分量的投影关系有

$$E' = \gamma_c(E - \beta_c p \cos\theta), \tag{2.77}$$
$$p'\cos\theta' = \gamma_c(p\cos\theta - \beta_c E), \tag{2.78}$$
$$p'\sin\theta' = p\sin\theta. \tag{2.79}$$

在质心系中，次级粒子的 E', p' 与该粒子在实验室系的运动方向无关，因而有

$$\frac{dE'}{d\cos\theta} = 0, \qquad \frac{dp'}{d\cos\theta} = 0. \tag{2.80}$$

利用关系式 $dE/dp = p/E$，将式 (2.77) 和式 (2.78) 对 $\cos\theta$ 求微商，得到

$$p'\frac{d\cos\theta'}{d\cos\theta} = \gamma_c \left(p + \cos\theta \frac{dp}{d\cos\theta} - \beta_c \frac{p}{E}\frac{dp}{d\cos\theta} \right), \tag{2.81}$$

$$0 = \gamma_c \left(\frac{p}{E}\frac{dp}{d\cos\theta} - \beta_c p - \beta_c \cos\theta \frac{dp}{d\cos\theta} \right). \tag{2.82}$$

从上两个式子中消去 $dp/d\cos\theta$，然后得到

$$\frac{d\cos\theta'}{d\cos\theta} = \frac{p^2}{\gamma_c p'(p - \beta_c E \cos\theta)} = \frac{p}{\gamma_c p'\left(1 - \dfrac{\beta_c}{\beta_v}\cos\theta\right)}. \tag{2.83}$$

其中 $\beta_v = p/E$ 是该次级粒子在实验室系中的运动速度。最后有

$$\left(\frac{d\sigma}{d\Omega}\right) = \frac{p}{\gamma_c p'\left(1 - \dfrac{\beta_c}{\beta_v}\cos\theta\right)}\left(\frac{d\sigma}{d\Omega}\right)'. \tag{2.84}$$

为了得到以 θ', E' 为变量的上述关系式，考虑反向洛伦兹变换

$$E = \gamma_c(E' + \beta_c p'\cos\theta'), \tag{2.85}$$
$$p\cos\theta = \gamma_c(p'\cos\theta' + \beta_c E'). \tag{2.86}$$

由式 (2.86)，

$$\frac{\cos\theta}{p} = \frac{p\cos\theta}{p^2} = \frac{1}{p^2}\gamma_c\left(p'\cos\theta' + \beta_c E'\right). \tag{2.87}$$

由式 (2.85) 和式 (2.87)，

$$\frac{\beta_c E}{p}\cos\theta = \frac{1}{p^2}\beta_c\gamma_c^2\left(E' + \beta_c p'\cos\theta'\right)\left(p'\cos\theta' + \beta_c E'\right), \tag{2.88}$$

因此

$$1 - \frac{\beta_c E}{p}\cos\theta = \frac{1}{p^2}\left[p^2 - \beta_c\gamma_c^2\left(E' + \beta_c p'\cos\theta'\right)\left(p'\cos\theta' + \beta_c E'\right)\right]. \tag{2.89}$$

考虑到洛伦兹不变式 (2.13)，可以把 p^2 写成

$$p^2 = E^2 - m^2 = E^2 - E'^2 + p'^2 = p'^2 - E'^2 + \gamma_c^2\left(E' + \beta_c p'\cos\theta'\right)^2. \tag{2.90}$$

代入式 (2.89) 可得

$$1 - \frac{\beta_c E}{p}\cos\theta = \frac{p'^2}{p^2}\left(1 + \beta_c\frac{E'}{p'}\cos\theta'\right), \tag{2.91}$$

代入式 (2.83) 可得

$$\frac{d\cos\theta'}{d\cos\theta} = \frac{p^3}{\gamma_c p'^3\left(1 + \beta_c\dfrac{E'}{p'}\cos\theta'\right)} = \frac{p^3}{\gamma_c p'^3\left(1 + \dfrac{\beta_c}{\beta_v'}\cos\theta'\right)}. \tag{2.92}$$

其中 β_v' 表示该粒子在质心系中的运动速度。最后得到表达式

$$\left(\frac{d\sigma}{d\Omega}\right) = \frac{p^3}{\gamma_c p'^3\left(1 + \dfrac{\beta_c}{\beta_v'}\cos\theta'\right)}\left(\frac{d\sigma}{d\Omega}\right)', \tag{2.93}$$

其中 $\beta_c = v_c$ 表示质心速度，$\beta_v = |\boldsymbol{p}|/E$ 是该次级粒子在实验室系中的运动速度。$\beta_v' = |\boldsymbol{p}'|/E'$ 是该次级粒子在质心系中的运动速度。

关于碰撞过程中末态粒子的角分布 $W(\theta,\phi)$ 或 $W(\cos\theta,\phi)$，动量分布函数 $W(p,\theta,\phi)$ 和能量分布函数 $W(E,\theta,\phi)$ 的详细讨论，可见文献 [9]。

§2.3 相 空 间

§2.3.1 n 体末态相空间

空间体积元 d^3x 不是洛伦兹不变的，时间间隔元 dt 也不是洛伦兹不变的，但四维时空体积元 $d^4x = d^3x\,dt$ 是洛伦兹不变的。同样地，动量相空间体积元 d^3p 不

是洛伦兹不变的，能量间隔元 dE 也不是洛伦兹不变的，但四维动量相空间体积元 $d^4p = d^3p\,dE$ 是洛伦兹不变的。当考虑自由粒子的运动时，粒子的四维动量总要满足质壳条件 $p^2 = E^2 - \bm{p}^2 = m^2$，所以只剩三维积分。

这反映为四维动量相空间体积元 d^4p 总是要和体现质壳条件的 δ 函数 $\delta(E^2 - \bm{p}^2 - m^2)$ 乘在一起，还要乘上反映粒子能量必须大于 0 的函数 $\theta(E)$，因此自由物理粒子的四维动量相空间不变体积元可以写为

$$d^4p\,\delta(E^2 - \bm{p}^2 - m^2)\,\theta(E). \tag{2.94}$$

在对四维动量相空间积分时，dE 的积分是确定的，可以先积出来，得到

$$\int d^4p\,\delta(E^2 - \bm{p}^2 - m^2)\theta(E) = \int d^3p[\delta(E^2 - \bm{p}^2 - m^2)]\frac{d(E^2 - \bm{p}^2 - m^2)}{2E}$$
$$= \frac{d^3p}{2E}\bigg|_{E=\sqrt{m^2 + \bm{p}^2}} = \frac{d^3p}{2E}. \tag{2.95}$$

一个静止质量为 M 的粒子衰变到 n 个粒子的微分宽度可以表示为洛伦兹不变矩阵元 $\mathcal{M}$ 跟相空间的乘积

$$d\Gamma = \frac{(2\pi)^4}{2M}|\mathcal{M}|^2\,d\Phi_n, \tag{2.96}$$

其中 $d\Phi_n$ 是 n 体相空间体积元

$$d\Phi_n(P, p_1, \cdots, p_n) = \delta^4\left(P - \sum_{i=1}^{n} p_i\right)\prod_{i=1}^{n}\frac{d^3p_i}{(2\pi)^3\,2E_i}. \tag{2.97}$$

§2.3.2 不变相空间积分

对于两粒子碰撞反应

$$a + b \to 1 + 2 + 3 + \cdots + n, \tag{2.98}$$

其反应截面的表达式为

$$d\sigma = \frac{(2\pi)^4}{\sqrt{\lambda(s, m_a^2, m_b^2)}}\sum|\mathcal{M}|^2 \cdot d\Phi_n, \tag{2.99}$$

其中

$$\lambda(x, y, z) = x^2 + y^2 + z^2 - 2xy - 2yz - 2xz. \tag{2.100}$$

式 (2.99) 中的振幅 $\mathcal{M}$ 是过程的散射振幅，与具体的相互作用有关的信息都包含在这里。$s = (p_a + p_b)^2$ 是系统质心系总能量的平方，m_a 和 m_b 是两初态粒子的质

§2.3 相 空 间

量，$d\Phi_n$ 是 n 体末态不变相空间体积元：

$$d\Phi_n = \delta^4\left(p_a + p_b - \sum_i p_i\right)\prod_{i=1}^{n}\frac{d^3 p_i}{(2\pi)^3 2E_i}. \tag{2.101}$$

n 个末态粒子的自由度为 $4n$，但在考虑 n 个质壳条件

$$E_i^2 = \boldsymbol{p}_i^2 + m_i^2, \quad E_i \geqslant 0, \quad (i = 1, 2, \cdots, n), \tag{2.102}$$

和 4 个能量和动量守恒条件

$$p_a + p_b = \sum_i^n p_i \tag{2.103}$$

以后，n 个末态粒子体系的自由度降低为 $4n - n - 4 = 3n - 4$ 个。**这时的 $3n-4$ 维空间称为相空间。**

要计算反应过程的总截面，就需要考虑末态粒子处于所有可能的能量、动量状态时跃迁概率贡献的总和。对式 (2.101) 积分，得到不变相空间积分

$$\Phi_n = \int \delta^4\left(p_a + p_b - \sum_i p_i\right)\prod_{i=1}^{n}\frac{d^3 p_i}{(2\pi)^3 2E_i}. \tag{2.104}$$

一般情况下，相空间积分和 $|\mathcal{M}|^2$ 有关。不变相空间的计算通常是在质心系进行，$n=2$ 时二体相空间的计算比较简单。在质心系 (为了式子的简洁，我们把各个量的 "'" 号去掉)，式 (2.104) 可以写为

$$\begin{aligned}(2\pi)^6 \Phi_2 &= \int \delta^4(p_a + p_b - p_1 - p_2)\frac{d^3 p_1}{2E_1}\frac{d^3 p_2}{2E_2} \\ &= \int \delta(E - E_1 - E_2)\frac{d^3 p_1}{4E_1 E_2} \\ &= \int \frac{\delta(E - E_1 - E_2)}{4E_1 E_2}\frac{d^3 p_1}{dE}dE \\ &= \int \frac{\boldsymbol{p}_1^2}{4E_1 E_2}d\Omega\frac{d|\boldsymbol{p}_1|}{dE}. \end{aligned} \tag{2.105}$$

其中 $E = E_a + E_b = E_1 + E_2$ 为质心系总能量，$d^3 p_1 = |\boldsymbol{p}_1|^2 d|\boldsymbol{p}_1|d\Omega$。在质心系中，因为

$$|\boldsymbol{p}_1| = |\boldsymbol{p}_2| = |\boldsymbol{p}|, \tag{2.106}$$

所以有

$$\frac{dE}{d|\boldsymbol{p}_1|} = \frac{dE_1}{d|\boldsymbol{p}_1|} + \frac{dE_2}{d|\boldsymbol{p}_2|} = |\boldsymbol{p}|\left(\frac{1}{E_1} + \frac{1}{E_2}\right) = |\boldsymbol{p}|\frac{E}{E_1 E_2}. \tag{2.107}$$

将上式代入式 (2.105) 可得

$$(2\pi)^6 \Phi_2 = \frac{|\boldsymbol{p}|}{4E} \int d\Omega. \tag{2.108}$$

如果末态粒子在质心系中的分布是各向同性的,那么有

$$(2\pi)^6 \Phi_2 = \frac{\pi |\boldsymbol{p}|}{E}. \tag{2.109}$$

§2.3.3 不变质量谱

在两体碰撞反应中,可能存在极短寿命的中间态粒子。为确认中间态粒子的存在,实验上需要测量每个次级粒子的能量和动量,然后由不变质量公式计算中间态粒子的不变质量 M,

$$p^2 = (E_1 + E_2)^2 - (\boldsymbol{p}_1 + \boldsymbol{p}_2)^2 = (E'_1 + E'_2 + \cdots + E'_n)^2 = M^2. \tag{2.110}$$

从而得到衰变前的中间粒子或共振态是否存在的信息及其质量。

如图 2.6 所示,反应 $\pi^- + p \to \pi^+ + \pi^- + n$ 可以通过两个道进行,

$$\pi^- p \to \pi^+ + \pi^- + n, \tag{2.111}$$

$$\pi^- p \to \rho^0 + n \to (\pi^+ + \pi^-) + n. \tag{2.112}$$

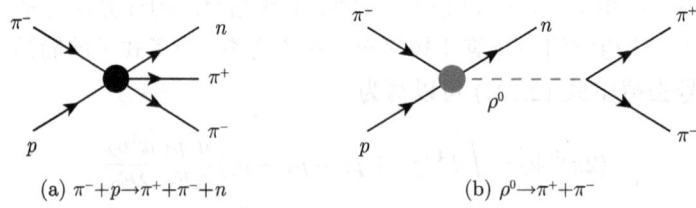

图 2.6 (a) 二体碰撞直接产生三体末态的示意图 $\pi^- + p \to \pi^+ + \pi^- + n$;(b) 二体碰撞先产生二体末态 $\pi^- + p \to \rho^0 + n$,然后其中的 ρ^0 介子随后衰变 $\rho^0 \to \pi^+ + \pi^-$

如果反应是通过式 (2.111) 进行的,那么该反应是一个 $2 \to 3$ 的散射过程,$\pi^+ \pi^-$ 系统的不变质量是由相空间决定的一种统计分布。如果反应是通过式 (2.112) 进行的,那么 $\pi^+ \pi^-$ 系统的不变质量接近于单一值,等于 M_{ρ^0}。实际上该谱线具有一定的宽度,为 Bright-Wigner 共振曲线式的分布,反映谱线的自然宽度和测量仪器的误差。如图 2.7 所示,在实际的反应过程中,两种方式都存在,因而实际的不变质量谱是在统计分布的基础上 ((a)-道的贡献) 有一个共振峰 ((b)-道的贡献)。文献 [9] 中图 2.7 显示的是早期的一个实验测量结果。目前的实验数据是

$$m(\rho(770)) = (769.3 \pm 0.8)\text{MeV}, \quad \Gamma_\rho = (150.3 \pm 1.6)\text{MeV},$$

$$\Gamma_{e^+e^-} = (7.02 \pm 0.11)\text{MeV}, \quad Br(\rho \to \pi\pi) \sim 100\%. \tag{2.113}$$

§2.3 相 空 间

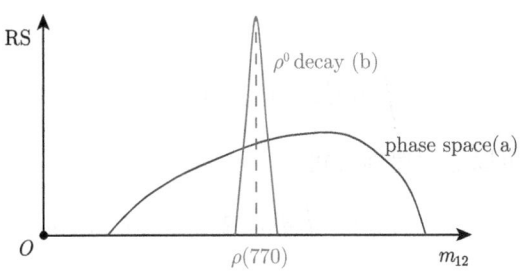

图 2.7 如图 2.6 所示的反应过程 (a) 和 (b) 的不变质量谱

下面讨论如何计算由相空间决定的不变质量统计分布。首先，三体衰变的末态相空间积分是可以计算的，其定义为

$$R_3(M;m_1,m_2,m_3) = \int \delta(p_1^2-m_1^2)\delta(p_2^2-m_2^2)\delta(p_3^2-m_3^2) \\ \times \delta^4(p-p_1-p_2-p_3)d^4p_1d^4p_2d^4p_3. \quad (2.114)$$

利用 δ 函数的性质，有

$$\delta^4(p-p_1-p_2-p_3) = \int d^4p_{12}\delta^4(p-p_{12}-p_3)\delta^4(p_{12}-p_1-p_2), \quad (2.115)$$

其中 $p_{12} = p_1 + p_2$。那么有

$$R_3(M;m_1,m_2,m_3) = \int \delta^4(p-p_{12}-p_3)\delta(p_3^2-m_3^2)d^4p_{12}d^4p_3 \\ \times \int \delta^4(p_{12}-p_1-p_2)\cdot\delta(p_1^2-m_1^2)\delta(p_2^2-m_2^2)\,d^4p_1d^4p_2. \quad (2.116)$$

利用 δ 函数的性质，在上式中插入一个等于 1 的因子

$$\int_{-\infty}^{+\infty} \delta(p_{12}^2-m_{12}^2)\,dm_{12}^2 = 1, \quad (2.117)$$

则得

$$R_3(M;m_1,m_2,m_3) = \int dm_{12}^2 R_2(M,m_{12},m_3)R_2(m_{12};m_1,m_2). \quad (2.118)$$

因此有

$$\int dm_{12}^2 \frac{R_2(M,m_{12},m_3)R_2(m_{12};m_1,m_2)}{R_3(M;m_1,m_2,m_3)} = 1. \quad (2.119)$$

于是就得到了 m_1 和 m_2 系统的相空间不变质量分布为

$$p(m_{12}) = \frac{R_2(M,m_{12},m_3)R_2(m_{12};m_1,m_2)}{R_3(M;m_1,m_2,m_3)}. \quad (2.120)$$

并满足归一化条件

$$\int dm_{12}^2\, p(m_{12}) = 1. \tag{2.121}$$

用完全类似的方法可以证明递推公式：

$$\begin{aligned}R_n(M;m_1,m_2,\cdots,m_n) =& \int dm_l^2\, R_{n-l+1}(M;m_l,m_{l+1},\cdots,m_n)\\&\times R_l(m_l;m_1,m_2,\cdots,m_l).\end{aligned} \tag{2.122}$$

因此 n 个末态粒子组成的体系，其中 l 个粒子的不变质量分布为

$$p(m_l) = \frac{R_{n-l+1}(M,m_l,m_{l+1},\cdots,m_n)R_l(m_l;m_1,m_2,\cdots,m_l)}{R_n(M;m_1,m_2,\cdots,m_n)}. \tag{2.123}$$

只需要计算三个相空间积分，就可以求得分布函数 $p(m_l)$。同时，利用式 (2.122)，可以简化某些相空间的计算。例如，由 R_2 来求 R_3 等。

§2.4 几个典型的运动学问题

§2.4.1 n 个粒子反应的洛伦兹不变量

考虑一个粒子的衰变或两个粒子碰撞所产生的反应，如果初态和末态共涉及 n 个粒子，考察由这 n 个粒子的四维动量可以组成多少个洛伦兹不变量。一般是找洛伦兹标量，以避免坐标系变换。

n 体反应的洛伦兹标量：

例如：考虑 n 粒子体系，$A+B \to C+D+\cdots$ 或者 $A \to B+C+D+\cdots$ 反应过程。对于初态和末态共涉及 n 个粒子的系统，由于能量动量守恒，则这 n 个四动量只有 $n-1$ 个是独立的，2 个四矢量的内积是标量，可以构成 $n(n-1)/2$ 个洛伦兹标量，但是其中的质壳条件有 n 个 ($p_i^2 = m_i^2$，质量是常数，不是变量) 需要去掉。所以 n 个粒子反应中独立的可变的洛伦兹不变量为

$$\frac{n(n-1)}{2} - n = \frac{n(n-3)}{2}. \tag{2.124}$$

从这里也可以看出来二体衰变 $A \to B+C$ 没有独立的洛伦兹标量，末态粒子动量都是确定的。当 $n=4,5,6,7$ 时，独立标量数分别为 $2,5,9,14$。它们随 n 的增加而迅速增长。

§2.4.2 $2\to2$ 反应中的 s,t,u 不变量

对于 $2\to2$ 散射过程的反应 $1+2 \to 3+4$，能动量守恒条件为

$$p_1 + p_2 = p_3 + p_4. \tag{2.125}$$

§2.4 几个典型的运动学问题

可以写出的洛伦兹不变量为

$$s = (p_1 + p_2)^2, \quad t = (p_1 - p_3)^2, \quad u = (p_1 - p_4)^2. \tag{2.126}$$

但是根据公式 (2.124)，4 体过程应该只有两个独立的洛伦兹不变量。实际上 s, t, u 要满足关系

$$s + t + u = \sum_{i=1}^{4} m_i^2. \tag{2.127}$$

确实只有两个是独立的。对于这三个不变量的物理意义可以通过图 2.8 反映出来：$\sqrt{s}$ 为质心系总能量，t 为动量转移的平方。

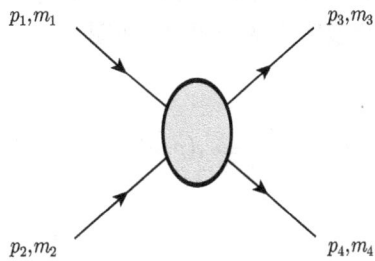

图 2.8 $2 \to 2$ 散射过程的示意图

§2.4.3 二体衰变运动学

考虑质量为 M 的粒子在其静止系 (质心系) 的二体衰变过程：$A \to 1 + 2$。对二体衰变，根据公式 (2.124) 没有独立的洛伦兹不变量，微分衰变宽度为

$$d\Gamma = \frac{(2\pi)^4}{2M} |\mathcal{M}|^2 \, d\Phi_2(p; p_1, p_2). \tag{2.128}$$

利用式 (2.105) 的推导就可以得到

$$\begin{aligned} d\Gamma &= \frac{1}{32M\pi^2} |\mathcal{M}|^2 \frac{|\boldsymbol{p}_1|^2 dp_1}{E_1 E_2} \delta(E - E_1 - E_2) d\Omega \\ &= \frac{1}{32\pi^2} |\mathcal{M}|^2 \frac{|\boldsymbol{p}_1|}{M^2} d\Omega. \end{aligned} \tag{2.129}$$

推导末态粒子动量 ($P = (M, 0), p_1 = (E_1, \boldsymbol{p}_1), p_2 = (E_2, \boldsymbol{p}_2)$)：

$$\begin{aligned} p_1^2 = (P - p_2)^2 &\longrightarrow m_1^2 = M^2 + m_2^2 - 2ME_2 \\ &\longrightarrow E_2 = \frac{M^2 + m_2^2 - m_1^2}{2M}, \end{aligned} \tag{2.130}$$

$$E_1 = M - E_2 = \frac{M^2 + m_1^2 - m_2^2}{2M}. \tag{2.131}$$

所以有

$$|\boldsymbol{p}_1| = |\boldsymbol{p}_2| = \sqrt{E_1^2 - m_1^2} = \frac{\sqrt{[M^2 - (m_1+m_2)^2][M^2 - (m_1-m_2)^2]}}{2M}. \tag{2.132}$$

如果末态粒子的质量都为零,且各向同性,那么有

$$\Phi_2 = \frac{1}{4(2\pi)^5}, \tag{2.133}$$

$$\Phi_3 = \frac{s}{32(2\pi)^7}. \tag{2.134}$$

明显地,三体相空间比二体相空间小。一般地有 $\Phi_{n+1}/\Phi_n = s/[16\pi^2 n(n-1)]$。从运动学上考虑,有限的初态衰变质量,产生的粒子数越多,概率越小。

$W^- \to e^- + \bar{\nu}_e$ **二体衰变宽度的计算**[①]。如图 2.9 所示,该过程的不变振幅可以写为

$$\mathcal{M}(W^- \to e^- \bar{\nu}_e) = -i\frac{g}{\sqrt{2}}\epsilon_\mu(p,\lambda)\left[\bar{u}_e(p_1)\gamma^\mu L v_{\bar{\nu}}(p_2)\right]. \tag{2.135}$$

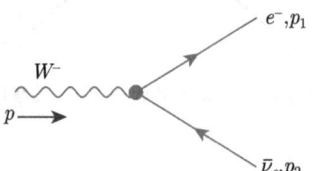

图 2.9 树图水平的 $W^- \to e^- + \bar{\nu}_e$ 二体衰变

其方均为

$$\overline{|\mathcal{M}|^2} = \frac{1}{3}\sum_{spins}|\mathcal{M}|^2$$

$$= \frac{g^2}{6}\left(-g_{\mu\nu} + \frac{p_\mu p_\nu}{m_W^2}\right)\frac{1}{2}\mathrm{tr}\left[\not{p}_1\gamma^\mu \not{p}_2\gamma^\nu(1-\gamma_5)\right]$$

$$= \frac{g^2}{3}\left(-g_{\mu\nu} + \frac{p_\mu p_\nu}{m_W^2}\right)(p_1^\mu p_2^\nu + p_1^\nu p_2^\mu - \gamma^{\mu\nu}p_1 \cdot p_2)$$

$$= \frac{g^2}{3}(p_1 \cdot p_2 + 2p \cdot p_1 p \cdot p_2/m_W^2) = \frac{g^2}{3}m_W^2. \tag{2.136}$$

那么我们有

$$d\Gamma(W^- \to e^- \bar{\nu}_e) = \frac{1}{2m_W}\left(\frac{1}{3}g^2 m_W^2\right)(2\pi)^{4-6}d_2(PS). \tag{2.137}$$

[①] 如果读者对于量子场论计算不熟悉,可以跳过这部分的计算。

§2.4 几个典型的运动学问题

在 W 静止系,二体相空间体积元很容易计算

$$\int d_2(PS) = \frac{1}{8}\int d\Omega = \frac{\pi}{2}. \tag{2.138}$$

最后得到 W 玻色子在树图水平的衰变宽度 Γ_W^0 为

$$\Gamma(W^- \to e^- \bar{\nu}_e) = \frac{g^2 m_W}{48\pi} = \frac{G_F}{\sqrt{2}}\frac{m_W^3}{6\pi} = 0.2276 \text{GeV}. \tag{2.139}$$

其中已取 $m_W = 80.425 \text{ GeV}$, $G_F = 1.16637 \times 10^{-5} \text{GeV}^{-2}$。与目前的实验测量值

$$\Gamma(W \to e\bar{\nu}_e) = (0.2277 \pm 0.0034)\,\text{GeV} \tag{2.140}$$

符合得很好。这也表明,对 W 轻子衰变道的圈图量子修正很小。

§2.4.4 三体衰变运动学

如图 2.10 所示,对三体衰变 $A \to 1+2+3$,可以定义如下的洛伦兹不变的参数

$$p_{ij} = p_i + p_j, \quad m_{ij}^2 = p_{ij}^2. \tag{2.141}$$

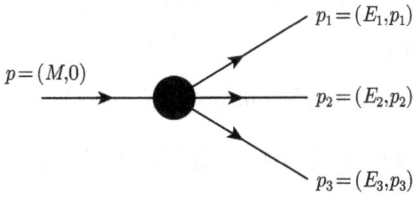

图 2.10 三体衰变示意图

那么有

$$m_{12}^2 = (p_1+p_2)^2 = (p-p_3)^2 = M^2 + m_3^2 - 2ME_3, \tag{2.142}$$

$$m_{13}^2 = (p_1+p_3)^2 = (p-p_2)^2 = M^2 + m_2^2 - 2ME_2, \tag{2.143}$$

$$m_{23}^2 = (p_2+p_3)^2 = (p-p_1)^2 = M^2 + m_1^2 - 2ME_1, \tag{2.144}$$

同时有

$$m_{12}^2 + m_{13}^2 + m_{23}^2 = M^2 + m_1^2 + m_2^2 + m_3^2, \tag{2.145}$$

所以一共只有两个独立的洛伦兹不变量。

根据式 (2.142)~(2.144) 可以证明 3 个末态粒子的 4 动量 p_i 和洛伦兹不变量 m_{ij}^2 之间有如下关系：

$$E_1 = \frac{1}{2M} \left(M^2 + m_1^2 - m_{23}^2 \right),$$

$$E_2 = \frac{1}{2M} \left(M^2 + m_2^2 - m_{13}^2 \right),$$

$$E_3 = \frac{1}{2M} \left(M^2 + m_3^2 - m_{12}^2 \right), \tag{2.146}$$

$$|\boldsymbol{p}_1| = \frac{1}{2M} \lambda^{1/2} \left(M^2, m_1^2, m_{23}^2 \right),$$

$$|\boldsymbol{p}_2| = \frac{1}{2M} \lambda^{1/2} \left(M^2, m_2^2, m_{13}^2 \right),$$

$$|\boldsymbol{p}_3| = \frac{1}{2M} \lambda^{1/2} \left(M^2, m_3^2, m_{12}^2 \right), \tag{2.147}$$

其中

$$\lambda(a, b, c) = a^2 + b^2 + c^2 - 2ab - 2ac - 2bc. \tag{2.148}$$

m_{ij}^2 的取值范围为

$$(m_1 + m_2)^2 \leqslant m_{12}^2 \leqslant (M - m_3)^2, \tag{2.149}$$

$$(m_1 + m_3)^2 \leqslant m_{13}^2 \leqslant (M - m_2)^2, \tag{2.150}$$

$$(m_2 + m_3)^2 \leqslant m_{23}^2 \leqslant (M - m_1)^2, \tag{2.151}$$

这些式子可以利用式 (2.142)~式 (2.144) 加以证明。下面证明 $i = 1$ 的情况。

由式 (2.144) 可得

$$E_1 = \frac{1}{2M} \left(M^2 + m_1^2 - m_{23}^2 \right). \tag{2.152}$$

因为 $E_1^2 = m_1^2 + |\boldsymbol{p}_1|^2$，所以有

$$|\boldsymbol{p}_1|^2 = \frac{1}{4M^2} \left(M^2 + m_1^2 - m_{23}^2 \right)^2 - m_1^2$$

$$= \frac{1}{4M^2} \left(M^4 + m_1^4 + m_{23}^4 - 2M^2 m_1^2 - 2M^2 m_{23}^2 - 2m_1^2 m_{23}^2 \right)$$

$$= \frac{1}{4M^2} \lambda \left(M^2, m_1^2, m_{23}^2 \right). \tag{2.153}$$

那么有

$$|\boldsymbol{p}_1| = \frac{1}{2M} \lambda^{1/2} \left(M^2, m_1^2, m_{23}^2 \right). \tag{2.154}$$

§2.4 几个典型的运动学问题

同理可证其他式子。

证明式 (2.149)。由 m_{12}^2 的定义式

$$m_{12}^2 = (p_1 + p_2)^2 = m_1^2 + m_2^2 + 2p_1 \cdot p_2, \tag{2.155}$$

当 m_1 和 m_2 末态粒子为静止时，$2p_1 \cdot p_2$ 项最小，故有

$$m_{12}^2 \geqslant m_1^2 + m_2^2 + 2m_1 m_2 = (m_1 + m_2)^2. \tag{2.156}$$

另外，由于

$$m_{12}^2 = (P - p_3)^2 = M^2 + m_3^2 - 2ME_3 \leqslant M^2 + m_3^2 - 2Mm_3, \tag{2.157}$$

所以有

$$m_{12}^2 \leqslant (M - m_3)^2, \tag{2.158}$$

即有

$$(m_1 + m_2)^2 \leqslant m_{12}^2 \leqslant (M - m_3)^2 \tag{2.159}$$

式成立。同理可证其余两式。

讨论：

1. 在初态粒子静止系，三个末态粒子的动量 $\boldsymbol{p}_i (i = 1, 2, 3)$ 必须在同一平面内：$\boldsymbol{p}_1 + \boldsymbol{p}_2 + \boldsymbol{p}_3 = 0$。$\boldsymbol{p}_i$ 的空间指向 (相对于母粒子) 可以用 3 个欧拉角 (α, β, γ) 来确定

$$d\Gamma = \frac{1}{(2\pi)^5} \frac{1}{16M} |\mathcal{M}|^2 \, dE_1 dE_2 \, d\alpha \, d(\cos\beta) \, d\gamma. \tag{2.160}$$

2. 如果使用 1-2 粒子的静止系，那么有

$$d\Gamma = \frac{1}{(2\pi)^5} \frac{1}{16M^2} |\mathcal{M}|^2 |\boldsymbol{p}_1^*| |\boldsymbol{p}_3| dm_{12} d\Omega_1^* d\Omega_3, \tag{2.161}$$

其中 Ω_3 是粒子 3 在母粒子静止系中的动量和立体角

$$|\boldsymbol{p}_1^*| = \frac{1}{2m_{12}} \left[\left(m_{12}^2 - (m_{12} + m_3)^2\right) \left(m_{12}^2 - (m_{12} - m_3)^2\right) \right]^{1/2}, \tag{2.162}$$

$$|\boldsymbol{p}_3| = \frac{1}{2M} \left[\left(M^2 - (m_{12} + m_3)^2\right) \left(M^2 - (m_{12} - m_3)^2\right) \right]^{1/2}. \tag{2.163}$$

即把 1-2 粒子体系作为一个等效粒子来对待。

3. 如果母粒子是一个标量粒子，或者我们对其自旋求平均，那么对式 (2.160)，式 (2.161) 中角度的积分可以给出

$$d\Gamma = \frac{1}{(2\pi)^3}\frac{1}{8M}|\mathcal{M}|^2 dE_1 dE_2$$

$$= \frac{1}{(2\pi)^3}\frac{1}{8M}|\mathcal{M}|^2 \frac{dm_{12}^2 \, dm_{23}^2}{4M^2}. \tag{2.164}$$

上式即为 Dalitz 图的标准形式。还可以写成

$$\frac{d\Gamma}{dm_{12}^2 \, dm_{23}^2} = \frac{1}{256\pi^3}\frac{|\mathcal{M}|^2}{M^3}. \tag{2.165}$$

4. **Dalitz 图**: 对于给定的 m_{12}^2 值，m_{23}^2 值的上下限范围决定于 $\bm{p}_2$ 是平行于还是反平行于 $\bm{p}_3$：

$$(m_{23}^2)_{\max} = (E_2^* + E_3^*)^2 - \left(\sqrt{E_2^{*2} - m_2^2} - \sqrt{E_3^{*2} - m_3^2}\right)^2, \tag{2.166}$$

$$(m_{23}^2)_{\min} = (E_2^* + E_3^*)^2 - \left(\sqrt{E_2^{*2} - m_2^2} + \sqrt{E_3^{*2} - m_3^2}\right)^2. \tag{2.167}$$

其中 $E_2^* = (m_{12}^2 - m_1^2 + m_2^2)/(2m_{12})$ 和 $E_3^* = (M^2 - m_{12}^2 - m_3^2)/(2m_{12})$ 是在 m_{12} 静止系中粒子 2 和 3 的能量。在 $m_{12}^2 - m_{23}^2$ 平面内的事例散点图称为 Dalitz 图 (图 2.11)。

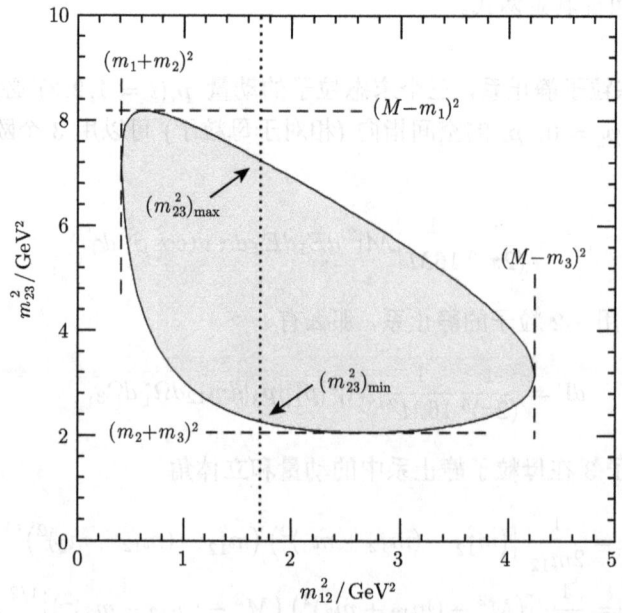

图 2.11　三体衰变的 Dalitz 图表示[1]，能动量守恒限制了所有衰变事例局限在阴影区域

由式 (2.165) 可知，当 $\overline{|\mathcal{M}|^2}$ 是常数时，在 Dalitz 图上事例的散点分布是均匀的。那么，在 Dalitz 图上的非均匀分布可以告诉我们关于 $\overline{|\mathcal{M}|^2}$ 的信息。例如，对 $D \to K\pi\pi$ 衰变过程，当 $m_{K\pi} = m_{K^*(980)}$ 时，Dalitz 图出现带状分布，表明这时的衰变链是：$D \to K^*\pi \to K\pi\pi$，即出现了共振态 K^*，伴随着 $K^* \to K\pi$ 的次级衰变。

§2.4.5 二体反应截面

考虑反应过程 (粒子 1 是入射粒子，粒子 2 是靶粒子)[1]

$$1 + 2 \to 3 + 4 + \cdots + n, \tag{2.168}$$

其微分散射截面为

$$d\sigma = \frac{(2\pi)^4 |\mathcal{M}|^2}{4\sqrt{(p_1 \cdot p_2)^2 - m_1^2 m_2^2}} \cdot d\Phi(p_1 + p_2; p_3, p_4, \cdots, p_{n+2}), \tag{2.169}$$

其中相空间体积元已在式 (2.97) 中给出。

在粒子 2 静止系 (实验室系)，有

$$\sqrt{(p_1 \cdot p_2)^2 - m_1^2 m_2^2} = m_2 p_{1,\text{lab}}. \tag{2.170}$$

在粒子 1 和 2 的质心系，有

$$\sqrt{(p_1 \cdot p_2)^2 - m_1^2 m_2^2} = \sqrt{s} p_{1,cm}. \tag{2.171}$$

对如图 2.8 所示的 $2 \to 2$ 反应过程，截面为

$$\frac{d\sigma}{dt} = \frac{1}{64\pi s} \frac{1}{|p_1'|^2} |\mathcal{M}|^2. \tag{2.172}$$

洛伦兹不变的 Mandelstam 变量为

$$s = (p_1 + p_2)^2 = (p_3 + p_4)^2 = m_1^2 + m_2^2 + 2E_1 E_2 - 2\boldsymbol{p}_1 \cdot \boldsymbol{p}_2, \tag{2.173}$$

$$t = (p_1 - p_3)^2 = (p_2 - p_4)^2 = m_1^2 + m_3^2 - 2E_1 E_3 + 2\boldsymbol{p}_1 \cdot \boldsymbol{p}_3, \tag{2.174}$$

$$u = (p_1 - p_4)^2 = (p_2 - p_3)^2 = m_1^2 + m_4^2 - 2E_1 E_4 + 2\boldsymbol{p}_1 \cdot \boldsymbol{p}_4. \tag{2.175}$$

s, t, u 满足关系式 (2.127).

在质心系，

$$t = (E_1' - E_3')^2 - (p_1' - p_3')^2 - 4p_1' p_3' \sin^2(\theta'/2) = t_0 - 4p_1' p_3' \sin^2(\theta'/2), \tag{2.176}$$

其中 θ' 是粒子 1 和 3 之间的夹角。$t_0(\theta'=0)$ 和 $t_1(\theta'=\pi)$ 是 t 的极限值

$$t_0(t_1) = \left[\frac{m_1^2 - m_2^2 - m_3^2 + m_4^2}{2\sqrt{s}}\right]^2 - (p_1' \mp p_3')^2. \tag{2.177}$$

各个粒子的质心系能量和动量分别为

$$E_1' = \frac{s + m_1^2 - m_2^2}{2\sqrt{s}}, \quad E_2' = \frac{s + m_2^2 - m_1^2}{2\sqrt{s}},$$

$$E_3' = \frac{s + m_3^2 - m_4^2}{2\sqrt{s}}, \quad E_4' = \frac{s + m_4^2 - m_3^2}{2\sqrt{s}},$$

$$p_i' = \sqrt{E_i'^2 - m_i^2}, \quad p_1' = \frac{m_2}{\sqrt{s}} p_{1,\text{lab}}. \tag{2.178}$$

练 习 题

1. 北京正负电子对撞机能够最多把一个电子加速到 2GeV 的能量，如果一个跟电子一样质量 (0.5MeV) 的静止寿命 5ps 的粒子被加速到 2GeV 能量，它的寿命可以延长到多少？

2. 上述的粒子在探测器里平均可以留下多长的径迹？

3. 在 ω 介子静止的参考系中观察 ω 介子的衰变，若 ω 介子的质量为 M_ω，π^+、π^-、π^0 介子的质量都是 M_π，光子的质量为零，且 $M_\omega > 3M_\pi$，求：

(1) $\omega \to \pi^+\pi^-$ 时，π^+(或 π^-) 介子的衰变动量；

(2) $\omega \to \pi^0\gamma$ 时，π^0 介子的衰变动量；

(3) $\omega \to \pi^+\pi^-\pi^0$ 时，π^0 介子衰变动量的最小取值；

(4) $\omega \to \pi^+\pi^-\pi^0$ 时，π^0 介子衰变动量的最大取值。

4. 用动量为 P_A、质量为 M_A 的粒子去碰撞静止的粒子 B，实现了反应 $A + B \to C + D$，若 M_B，M_C，M_D 分别为 B、C、D 粒子的质量，问满足什么条件时，有可能观察到 C 粒子沿 A 粒子入射的相反方向飞出？下述条件是否充分？

(1) $M_C = 0$, $M_A + M_B > M_D$;

(2) $M_C \neq 0$, $M_C < M_A$, $M_A + M_B < M_C + M_D$。

5. 如果用实验室动量为 $P = 800\text{MeV}$ 的 π^- 介子去碰撞静止的质子 p，则能否反应为 $K^0\Lambda$，能不能反应为 $K^0\Sigma^0$？

6. 考虑 $A \to 1 + 2$ 的两体衰变过程，证明母粒子 A 的质量可以写成如下形式：

$$m_A^2 = m_1^2 + m_2^2 + 2E_1 E_2 (1 - \beta_1 \beta_2 \cos\theta), \tag{2.179}$$

其中 $\beta_i = v_i/c (i = 1, 2)$ 表示粒子的速度，θ 是粒子 1 和粒子 2 运动方向之间的夹角。

7. 对于 $1 + 2 \to 3 + 4$ 粒子散射过程，其 Mandelstam 变量 (s, t, u) 可以定义为

$$s = (p_1 + p_2)^2, \quad t = (p_1 - p_3)^2, \quad u = (p_1 - p_4)^2, \tag{2.180}$$

证明：$s + t + u = m_1^2 + m_2^2 + m_3^2 + m_4^2$。

8. 在 HERA 电子–质子对撞机实验中，电子束流的能量是 27.5GeV，质子束流的能量是 820GeV，计算电子–质子对撞时质心系能量。

9. 考虑 $\pi^0 \to 2\gamma$ 衰变过程，如果 π^0 介子的能量是 10GeV，其质量是 $m_{\pi^0} = 135\text{MeV}$，计算两个末态光子之间的最大开角 $\theta_{\max}$。

10. 一个质量为 3GeV 的粒子沿 z 轴正向以动量 $\boldsymbol{p} = 4\text{GeV}$ 飞行，计算该粒子的能量 E 和飞行速度 $\boldsymbol{v}$。

11. BESIII 实验中电子束流的能量是 2GeV，存储环的周长是 237.53m；而 LHC 实验中质子束流的能量是 4TeV，加速环的周长是 26 659m。计算在这两种情况下电子、质子的运动速度，以及它们每秒钟飞行的圈数。

12. 在对撞机实验中，通过与径迹探测器中 "displaced vertex" 相对应的 $\Lambda \to \pi^- p$ 衰变过程来确认重子 Λ。考虑一次这样的衰变过程，实验测得 π^- 和质子 p 的动量分别为 0.75GeV 和 4.25GeV，这两个末态粒子径迹之间的开角为 $9°$，π 介子和质子的质量分别为 139.6MeV 和 938.3MeV：

(a) 计算重子 Λ 的质量；

(b) 平均而言，这个能量的 Λ 重子从产生到衰变飞行的距离约为 0.35m，计算 Λ 重子的寿命 τ_Λ。

13. 在实验室系，一个能量为 E 的质子打在一个静止质子上。计算要使下述反应过程发生：

$$p + p \to p + p + p + \bar{p} \tag{2.181}$$

所需要的入射质子的最小能量。

第3章 轻子和量子电动力学

到目前为止，人们在实验上已经发现了三代轻子。所有轻子不参加强相互作用，中性的中微子也不参与电磁相互作用，只参与弱相互作用。在标准模型理论框架下，弱相互作用只有左手相互作用。由于到目前为止没有测量到中微子的质量，可以假设其质量为 0。这样按照第 1.3 节的讨论，中微子左右手分量就是独立的。其右手分量不参与任何相互作用，也就是不存在的自由度。所有轻子就分别是 $SU(2)_L$ 弱同位旋的"二重态"和"单态"：

$$\begin{pmatrix}\nu_e \\ e^-\end{pmatrix}_L, \begin{pmatrix}\nu_\mu \\ \mu^-\end{pmatrix}_L, \begin{pmatrix}\nu_\tau \\ \tau^-\end{pmatrix}_L, e_R^-, \mu_R^-, \tau_R^-, \tag{3.1}$$

其中右手带电轻子是必须存在的自由度，因为这是质量项中要求的，而且是电磁相互作用要求的。在 10^{-18}m 尺度上，还没有发现轻子的结构，目前可以认为轻子是类点的粒子。1998 年以前的实验均没有发现中微子振荡——不同代中微子之间的相互转化。但是近年来类似日本的 Kamiokanda 等一系列的中微子相关实验却"**证明**"中微子在长距离传播之中发生了互相转化，也就是振荡，这也意味着中微子应该具有非零质量。

§3.1 轻子的基本性质

1895~1897 年，在英国剑桥大学卡文迪许实验室，J. J. Thomson 证实阴极射线是很小的带负电的粒子，测量了荷质比 e/m_e。首先提供了电子存在的直接证据，因此而获得 1906 年诺贝尔物理学奖。1937 年，C. D. Anderson 和 S. H. Neddermeyer[1]在云室宇宙线实验中发现了 μ 子。μ 子和电子非常相似，只是质量不同，μ 子是不稳定粒子。1975 年，在实验中又发现了 τ 轻子。

τ 轻子主要衰变道是强子衰变道，占大约 60%。其轻子衰变道为

$$\tau^+ \rightarrow e^+ + \nu_e + \bar{\nu}_\tau, \quad (17.83\%), \tag{3.2}$$

$$\rightarrow \mu^+ + \nu_\mu + \bar{\nu}_\tau, \quad (17.37\%). \tag{3.3}$$

---

[1] Seth Henry Neddermeyer (1907.9.16~1988.1.29)，美国物理学家。C. D. Anderson 的博士生，合作发现了 μ 轻子。第二次世界大战时参加了制造原子弹的曼哈顿计划，并长期供职于洛斯阿拉莫斯国家实验室。1982 年获得费米奖。

由于 μ 轻子的质量太轻，无法打开强子衰变道，几乎 100% 衰变到 e^-：

$$\mu^- \to e^- + \bar{\nu}_e + \nu_\mu, \quad (\sim 100\%). \tag{3.4}$$

电子是质量最轻的稳定带电粒子，到目前为止还没有发现电子的衰变。 三代轻子的基本性质见表 3.1。可以看出第三代带电轻子质量为 $m_\tau \approx 1777 \text{MeV}$，比质子还要重！

每一代轻子中，都有一个中性的中微子。如果中微子有质量的话，就会造成代与代间的混合，实验上应该观测到中微子振荡的现象，

$$\nu_e \longleftrightarrow \nu_\mu \longleftrightarrow \nu_\tau. \tag{3.5}$$

最近的实验观察到中微子的振荡，但这并不是中微子有质量的充分条件。从表 3.1 可以看到到目前为止，实验上还没有任何中微子质量的直接测量证据。

表 3.1　三代轻子的基本性质[1]

轻子	质量/MeV	磁矩 (μ_B)	寿命	轻子数
e^-	0.511	1.001159652187(4)	$> 4.2 \times 10^{24}$ 年	$L_e = +1$
μ^-	105.658	1.0011659160(6)	$2.197003(4) \times 10^{-6}$s	$L_\mu = +1$
τ^-	$1777.03^{+0.30}_{-0.26}$	?	$(290.6 \pm 1.1) \times 10^{-15}$s	$L_\tau = +1$
ν_e	$< 3 \times 10^{-6}$	0	非常稳定	$L_e = +1$
ν_μ	< 0.19	0	非常稳定	$L_\mu = +1$
ν_τ	< 18.2	0	非常稳定	$L_\tau = +1$

§3.1.1　β 衰变与中微子的发现

历史上最早看到的弱相互作用是中子的 β 衰变。如果认为原子核的 β 衰变是二体衰变：

$$^A_Z X \to\, ^A_{Z+1} Y + e^-, \tag{3.6}$$

那么二体衰变过程末态粒子的能量和动量应该是完全确定的。所以，原子核的衰变能 Q 应按能量–动量守恒的原则分配给核 Y 和 β 电子，

$$E_e = M(Y) - M(X), \tag{3.7}$$

电子的动能就必须是确定的单一取值。1914 年，英国物理学家 J. Chadwick 通过实验发现：**由原子核的 β 衰变产生的电子的能谱是连续分布的**，如图 3.1 所示。人们的预期和实验结果产生了严重的矛盾。人们甚至因此而怀疑能量守恒定律是否成立！

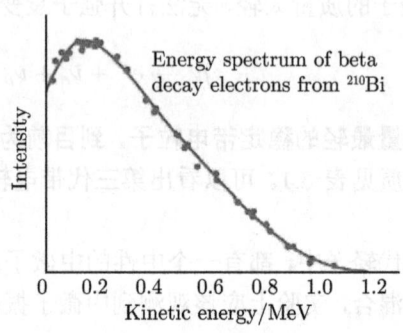

图 3.1 英国物理学家 J. Chadwick 和他观察到的 ^{210}Bi 原子核 β 衰变的电子连续能谱图

1930 年,为了拯救能量守恒定律,泡利① (图 3.2) 提出假设:原子核的 β 衰变是三体衰变,第三个粒子 "neutrino" 是原子核的组分之一。泡利认为 "中微子 ν 的质量应该和电子 e^- 的质量同一个量级,它是中性的,自旋为 1/2"。

$$^A_Z X \to ^A_{Z+1} Y + e^- + \nu, \tag{3.8}$$

这样就可以解释实验结果。为了与比较重的中子相区别,**费米 (图 3.2) 给这个新的轻粒子命名为中微子 "Neutrino"**。

图 3.2 发现弱相互作用的意大利物理学家费米(N. Fermi)和奥地利物理学家泡利(W. Pauli)

实际上,我们现在知道,**在核子层次,任何原子核的三体 β 衰变就是中子的 β 衰变**,即

$$n \to p + e^- + \bar{\nu}_e, \tag{3.9}$$

---

① Wolfgon Pauli (1900.4.25∼1958.12.15),美籍奥地利物理学家。师从 A. Sommerfeld,1921 年获博士学位。1930 年用 "中微子" 假设解释了原子核的 β 衰变。因发现量子力学中的不相容原理而获得 1945 年诺贝尔物理学奖。

§3.1 轻子的基本性质

这是最早发现的由弱相互作用引起的过程。在夸克层次，如图 3.3 所示，就是一个下夸克 (d) 衰变到了上夸克 (u) 和电子以及反中微子，

$$d \to u + e^- + \bar{\nu}_e. \tag{3.10}$$

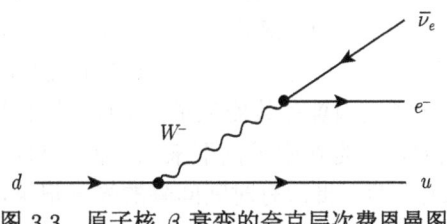

图 3.3 原子核 β 衰变的夸克层次费恩曼图

§3.1.2 反 β 衰变，中微子相互作用

1930 年，泡利提出了中微子的假设来解释 β 衰变中的能量和动量损失，但是这并不能成为中微子存在的充分证据。只有中微子相互作用的发现才能成为直接证据。20 世纪 50 年代，中微子假设已经被广泛接受了，能量、动量甚至自旋的平衡都是正确的，然而还没有谁看见过中微子。在这里"看见"的意思是，在断定它产生于 β 衰变以后，又观察到它在另外的地方干了点什么。例如引起下面的反应：

$$\bar{\nu}_e + p \to n + e^+. \tag{3.11}$$

这是 β 衰变的一种反过程。当然这个要求有点困难。当一个 1MeV 的中微子穿过一光年厚的铅板时，平均才会发生一次相互作用。因而要看到某种相互作用，需要有极强的中微子流量。这个过程的截面为

$$\sigma(\bar{\nu}_e + p \to n + e^+) = \frac{G_F^2}{\pi} \frac{|\mathcal{M}|^2 p^2}{v_i v_f}, \tag{3.12}$$

其中 $v_i \sim v_f \sim c$ 是初末态的相对速度。弱作用矩阵元 $|\mathcal{M}|$ 是无量纲的。普适费米耦合常数 G_F 的量纲是 E^{-2}。所以，截面的量纲是 E^{-2}，或者说是长度的平方 (面积)。在数值上 $|\mathcal{M}|^2 \sim 4$，$G_F = 1.1664 \times 10^{-5} \mathrm{GeV}^{-2}$，$1\mathrm{GeV}^{-1} = 1.975 \times 10^{-14}\mathrm{cm}$。

$$\sigma(\bar{\nu}_e + p \to n + e^+) = 10^{-43}\,\mathrm{E}^2 \mathrm{cm}^2. \tag{3.13}$$

E 以 MeV 为单位。**这是一个非常小的截面，相当于中微子的自由程超过 $10^{20}\mathrm{cm}$，或者说是 50 光年才发生一次相互作用。**

F. Reines[①]和 C. L. Cowan[②]在 1953 年首先观察到了第一个中微子反应。但是直到 1956 年萨凡纳河核反应堆的实验才使他们宣告中微子的实验发现。他们利用一个反应堆作为源。铀裂变碎片是丰中子源，发生中子 β 衰变，发射出电子和反中微子 (每次裂变 6 个，能量在几个 MeV)。**对一个 1000MW 的反应堆，几米远处的通量是 $10^{13}\text{cm}^{-2}\cdot\text{s}^{-1}$ 的量级。因而靠流量补偿，小截面可以被放大，每小时可以有几个事例发生**。探测器使用的是氯化镉和水。当一个中微子与一个氢核相撞反应时，二者相互作用而产生一个正电子和中子，正电子被氯化镉溶液慢化并被一个电子俘获而产生光子，光子由闪烁计数器记录。同时，中子也被慢化并被一个镉核所捕获而产生光子 (镉的作用是在中子慢下来以后捕获它)，这批光子也被记录下来，但比前一批晚数微秒，两个批次有时间间隔的光子记录，是中微子发生相互作用的证据。

§3.1.3 中微子的螺旋度 (helicity) 与手征性 (chirality)

质量为 m 的费米子的自由拉氏量 $\mathcal{L}$ 为

$$\mathcal{L} = \overline{\psi}(x)\,(i\not{\partial} - m)\,\psi(x). \tag{3.14}$$

在动量空间，其运动方程

$$i\frac{\partial}{\partial t}\psi(x) = \mathcal{H}\psi(x), \tag{3.15}$$

有 4 个可能解

$$(\not{p} - m)\,u_s(\boldsymbol{p}) = 0, \qquad (\not{p} + m)\,v_s(\boldsymbol{p}) = 0, \tag{3.16}$$

其中 $s = \pm 1/2$，$u_s(\boldsymbol{p})$ 和 $v_s(\boldsymbol{p})$ 是 4 分量狄拉克旋量。对自由费米子，$\boldsymbol{J} = \boldsymbol{L} + \boldsymbol{s}$，并且有 $[\mathcal{H}, \boldsymbol{J}] = 0$, $[\boldsymbol{J}, \boldsymbol{J}\cdot\boldsymbol{p}] = 0$，所以当轨道角动量 $\boldsymbol{L} = 0$ 时，我们可以选取 $u_s(\boldsymbol{p})$ 和 $v_s(\boldsymbol{p})$ 作为螺旋度投影算符

$$\mathcal{P}_\pm = \pm\frac{\boldsymbol{s}\cdot\boldsymbol{p}}{|\boldsymbol{p}|} \tag{3.17}$$

的本征态基。同时，我们可以定义手征投影算符

$$\mathcal{P}_{L,R} = (L, R) = \frac{1 \mp \gamma_5}{2},$$
$$\psi = \psi_L + \psi_R, \quad \psi_L = L\psi, \quad \psi_R = R\psi. \tag{3.18}$$

[①] Frederick Reines (1918.3.18~1998.8.26)，美国物理学家。因发现中微子与 M. L. Perl 分享了 1995 年诺贝尔物理学奖。

[②] Clyde Lorrain Cowan (1919.12.6~1974.5.24)，美国物理学家。1951~1956 年，与 F. Reines 合作进行核反应堆中微子实验，发现了中微子。

§3.1 轻子的基本性质

在标准模型下,中微子相互作用拉氏量为

$$\mathcal{L}_{int} = \frac{ig}{\sqrt{2}}\left[j_\mu^+ W_\mu^- + j_\mu^- W_\mu^+\right] + \frac{ig}{\sqrt{2}\cos\theta_W} j_\mu^Z Z_\mu, \tag{3.19}$$

其中荷电轻子流和中性轻子流分别为

$$j_\mu^- = \bar{l}_i \gamma_\mu L \nu_i, \quad i = e, \mu, \tau, \quad j_\mu^+ = (j_\mu^-)^\dagger,$$
$$j_\mu^Z = \bar{\nu}_i \gamma_\mu L \nu_i. \tag{3.20}$$

显然,ν_L **参与弱相互作用,而 ν_R 不参与弱相互作用。手征态 ψ_L 和 $\bar{\nu}_R$ 是弱相互作用的物理本征态。** 可以证明,对零质量的自由费米子,它们的螺旋度本征态和手征性本征态是相同的:

$$\mathcal{P}_\pm = \mathcal{P}_{L,R}. \tag{3.21}$$

对质量为 m 的自由费米子,其手征态是两个螺旋度态的组合

$$\mathcal{P}_{L,R} = \mathcal{P}_\pm + \mathcal{O}\left(\frac{m}{p}\right). \tag{3.22}$$

在 1957 年发现弱相互作用过程中有宇称不守恒的现象以后,为了从理论上给出满意的解释,就需要假定中微子的自旋角动量 s 有以下特点:

1. 中微子是左旋的,即 s 与 p 反向。自然界只存在左旋中微子,没有右旋中微子。

2. 反中微子是右旋的,即 s 与 p 同向。自然界只存在右旋反中微子,没有左旋反中微子。

如果中微子只有上面所提的两种状态: $(\nu_L, \bar{\nu}_R)$,那么在作空间反演时,左旋中微子 ν_L 将变成自然界不存在的右旋中微子 ν_R,右旋反中微子 $\bar{\nu}_R$ 也将变成自然界不存在的左旋反中微子 $\bar{\nu}_L$。因此,在二分量中微子理论情况下,空间反演不变性受到破坏,这样就可以理解有中微子参与的弱相互作用过程中宇称不守恒现象的原因。

中微子具有确定的螺旋度,是以中微子静止质量为零为前提的。**对于静止质量不为零的粒子,粒子的运动方向是相对的,因此静止质量不为零的粒子没有固定的螺旋度。**

考虑 $\pi^+ \to \mu^+ + \nu_\mu$ 衰变过程。通过对衰变产物中 μ^+ 的纵向极化测量,可以定出 ν_μ 的螺旋度。在 π 介子静止系中,取 z 轴为衰变产物的运动方向。由于 π 介子自旋为零,角动量守恒要求 μ^+ 和 ν_μ 自旋的 z 分量必须大小相等、方向相反。由于动量守恒,μ^+ 和 ν_μ 的动量 p 也必须大小相等、方向相反。即 μ^+ 和 ν_μ 应向

相反方向运动。因此，如图 3.4 所示，在 π^+ 介子静止系看，μ^+ 和 ν_μ 具有相同的螺旋度。实验测得 μ^+ 是左旋的，所以 ν_μ 也是左旋的。这和其他实验定出的电子中微子的螺旋度是一致的。

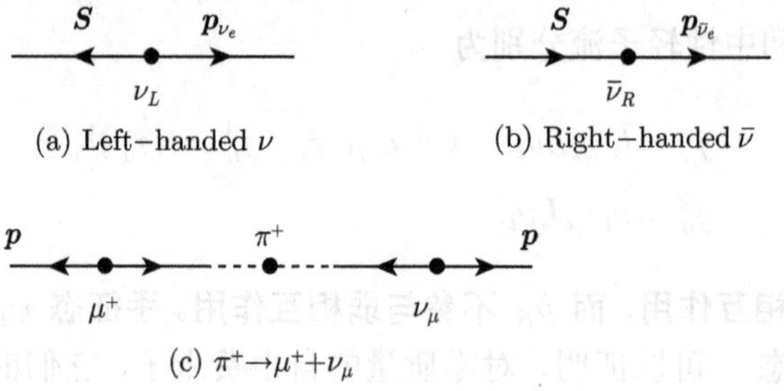

$$\begin{array}{cc}
\underrightarrow{S}\quad\underleftarrow{p_{\nu_e}} & \underrightarrow{S}\quad\underrightarrow{p_{\bar\nu_e}} \\
\nu_L & \bar\nu_R \\
\text{(a) Left-handed } \nu & \text{(b) Right-handed } \bar\nu
\end{array}$$

$$\underleftarrow{p}\ \cdots\ \pi^+\ \cdots\ \underrightarrow{p}$$
$$\mu^+ \qquad\qquad \nu_\mu$$
$$\text{(c) } \pi^+\to\mu^++\nu_\mu$$

图 3.4 $\pi^+ \to \mu^+ + \nu_\mu$ 衰变中在 π^+ 的静止坐标系中观测到的 μ^+ 和 ν_μ 的螺旋度

§3.1.4 电子和 μ 子的磁矩

根据量子力学，电子的轨道磁矩和自旋磁矩的表达式为

$$\mu_L = \frac{-e}{2m_e c}\mathbf{L} = -g_l\mu_B \mathbf{L}/\hbar, \quad \mu_S = \frac{-e}{m_e c}\mathbf{S} = -g_s\mu_B \mathbf{S}/\hbar, \tag{3.23}$$

其中单位磁矩 $\mu_B = e\hbar/(2m_e c)$，$g_l = 1$ 和 $g_s = 2$ 分别称之为轨道回转磁比率和自旋回转磁比率。

在实验测量中发现的 g_s 因子和狄拉克方程的预言是有一定的偏差的，可以定义为

$$a_\mu = (g_s - 2)/2. \tag{3.24}$$

理论上，在量子场论中基本粒子的磁矩需要考虑相互作用的量子修正，通过高级圈图的计算可以得到准确率极高的 g_s 因子。最新的实验测量结果[1] 和标准模型理论预言值分别为

$$a_\mu(\exp) = 11659202(15)\times 10^{-10}, \tag{3.25}$$

$$a_\mu(\text{SM}) = 11659159.6(6.7)\times 10^{-10}, \tag{3.26}$$

$$a_\mu(\exp) - a_\mu(\text{SM}) = 43(16)\times 10^{-10}. \tag{3.27}$$

理论和实验有 2.6σ 的偏差。这在 2001 年成为粒子物理研究的热点之一。

§3.2 轻子数守恒和轻子普适性

中微子被发现之后，有一个难以理解的现象一直困扰着物理学家：所有实验中

§3.2 轻子数守恒和轻子普适性

都一直没有观察到衰变 $\mu^- \to e^- \gamma$, 尽管人们从 1947 年就开始对这些过程进行了徒劳的寻觅。

L. M. Lederman(1922~), M. Schwartz(1932~) 和 J. Steinberger(1921~) 在 1960~1962 年在 BNL 首次用实验室中微子束流做实验, 证实了 Muon 中微子的存在, 并因此获得了 1988 年诺贝尔物理学奖。这个 1962 年的加速器中微子实验第一次给出了中微子味道的证据。也就是说电子中微子和 μ 子中微子是不同的。这是通过带电流的事例来证实的。具体地, 用高能质子打击 Be 靶, 产生大量的次级带电粒子 $\pi^\pm$, $K^\pm$, 这些粒子衰变产生 $\mu^\pm$ 和正反中微子 ν_μ, 带电的粒子通过屏蔽墙被吸收掉, 只让中微子进入探测器, 实验上探测到了反应

$$\nu_\mu + N \to \mu^- + X, \tag{3.28}$$

而没有观测到

$$\nu_\mu + N \to e^- + X. \tag{3.29}$$

另外 β 衰变中产生的电子中微子只能发生反应 $\nu_e + N \to e^- + X$ 却没有 μ 子产生, 实验证实: ν_e 和 ν_μ 是两种不同的中微子。

鉴于上面所有提到的弱相互作用的实验证据都自洽地表明, 不同代的轻子是不会互相混合的。为了描写轻子的这个性质, 我们引入了轻子数的概念: 所有的轻子都有一个守恒的量子数, 我们称其为轻子数:

1. e^-, ν_e 的轻子数 $L_e = 1$, 它们的反粒子的轻子数为 $L_e = -1$。
2. μ^-, ν_μ 的轻子数 $L_\mu = 1$, 它们的反粒子的轻子数为 $L_\mu = -1$。
3. τ^-, ν_τ 的轻子数 $L_\tau = 1$, 它们的反粒子的轻子数为 $L_\tau = -1$。

如果所有的中微子质量都为 0, 则三代轻子数 L_e, L_μ 和 L_τ 是对所有相互作用分别守恒的好量子数。如果中微子有质量, 哪怕是很小的质量, 则会发生代与代的混合, 像夸克混合矩阵一样, 也会有 CP 破坏现象发生。这时轻子数 L_e, L_μ 和 L_τ 将不是好的守恒量子数。但它们的和, 也就是总轻子数 $L = L_e + L_\mu + L_\tau$ 仍然是守恒量。

到目前为止, 所有实验事实都表明, 在各类相互作用中, 电子轻子数 L_e, μ 子轻子数 L_μ, τ 子轻子数 L_τ 总是分别守恒的。轻子不能单独地产生或湮没, 只能和其他轻子同时产生或湮没, 以保持轻子数守恒。即反应前后的轻子数 L_e, L_μ, L_τ 分别守恒。根据轻子数守恒规律, 我们就不难理解下列的反应过程为什么没有在实验上看到

$$e^- + e^- \not\to \pi^- + \pi^-,$$
$$\mu^\pm \not\to e^\pm + \gamma,$$
$$\nu_\mu + N \not\to e^- + N. \tag{3.30}$$

事实上，当初正是因为看不到这些反应过程，启发人们设想有某种量子数的守恒禁戒了这些反应过程，从而引入了轻子数的概念。

在量子电动力学中，电磁相互作用严格正比于费米子的电荷。既然不同的轻子不发生混合，一个自然的问题是，弱相互作用耦合常数是否对所有的轻子都是一样的？或者说，是否所有的轻子都带有相同的弱作用电荷？对于纯轻子相互作用来说，例如，μ 子和 τ 子的衰变。它们都是通过 W 粒子传播的短程相互作用。作用强度正比于费米耦合常数 $G_F \simeq g_2^2/M_W^2$。因为耦合常数或者说弱作用电荷 g_2 是没有量纲的。因而费米耦合常数就有质量量纲的平方倒数。粒子的衰变宽度正比于衰变振幅的平方，也就正比于耦合常数的平方，所以是质量量纲的 4 次方倒数；因为电子和中微子的质量可以忽略不计，因而我们只有一个有量纲的量 m_μ，所以在 μ 轻子的衰变宽度公式中 μ 轻子质量必须以 5 次方的形式出现，以使得宽度的量纲是质量的量纲，所以通过简单的量纲分析我们就得到了 μ 子的衰变宽度

$$\Gamma(\mu^+ \to e^+ \nu_e \bar{\nu}_\mu) = 1/\tau_\mu \propto G_\mu^2 m_\mu^5. \tag{3.31}$$

实际上，量子场论树图级的计算给出的结果是

$$\Gamma(\mu^+ \to e^+ \nu_e \bar{\nu}_\mu) = 1/\tau_\mu = \frac{G_\mu^2 m_\mu^5}{192\pi^3}. \tag{3.32}$$

τ 轻子有很多衰变道，其中的 $\tau^+ \to e^+ \nu_e \bar{\nu}_\tau$ 的分支比 (分宽度/总宽度) 是 17.84%。

$$Br(\tau^+ \to e^+ \nu_e \bar{\nu}_\tau) = \Gamma(\tau^+ \to e^+ \nu_e \bar{\nu}_\tau)/\Gamma_\tau$$
$$= \Gamma(\tau^+ \to e^+ \nu_e \bar{\nu}_\tau)\tau_\tau = \frac{\tau_\tau G_\tau^2 m_\tau^5}{192\pi^3}. \tag{3.33}$$

从 τ 轻子的寿命和上面的衰变公式，我们可以检验耦合常数 G_μ 和 G_τ 的普适性：

$$(G_\tau/G_\mu)^2 = Br(\tau^+ \to e^+ \nu_e \bar{\nu}_\tau)(m_\mu/m_\tau)^5(\tau_\mu/\tau_\tau). \tag{3.34}$$

已知 $\tau_\mu = 2.19703 \times 10^{-6}$s, $m_\mu = 105.658$ MeV, $\tau_\tau = 290.6 \times 10^{-15}$s, $m_\tau = 1776.99$ MeV，由此得到 $G_\tau/G_\mu = 1.00059$。

从 $\tau^+ \to e^+ \nu_e \bar{\nu}_\tau$ 和 $\tau^+ \to \mu^+ \nu_\mu \bar{\nu}_\tau$ 的相对分支比，还可以检验电子和 μ 子的弱耦合的普适性：

$$G_\mu/G_e = 1.001 \pm 0.004.$$

从 $\pi^+ \to e^+ \nu_e$ 和 $\pi^+ \to \mu^+ \nu_\mu$ 的衰变分支比可以得出

$$G_\mu/G_e = 1.001 \pm 0.002.$$

§3.3 中微子质量问题

以上的结果充分说明,不同的轻子对 W 的耦合是一样的。不同的轻子对 Z 玻色子的耦合也是相等的。在日内瓦的 LEP 实验上测到的这些衰变的分宽度在实验误差范围内是相等的:

$$Br(Z^0 \to e^+e^-) : Br(Z^0 \to \mu^+\mu^-) : Br(Z^0 \to \tau^+\tau^-)$$
$$= 1:(0.9999 \pm 0.0032):(1.0012 \pm 0.0036). \tag{3.35}$$

所以,所有的 g_2 或 G_F 都是普适的。

实验上对于普适费米耦合常数的最精确测量 $G_F = 1.1664 \times 10^{-5} \text{GeV}^{-2}$ 是来源于

$$\Gamma(\mu^+ \to e^+ \nu_e \bar{\nu}_\mu) = \hbar/\tau_\mu = 6.582119 \times 10^{-25} \text{GeV} \cdot \text{s}/(2.19703 \times 10^{-6}\text{s})$$
$$= 2.99592 \times 10^{-19} \text{GeV}. \tag{3.36}$$

在 20 世纪 90 年代初,由于 τ 轻子的寿命测量精度的提高,式 (3.34) 的实验测量值偏离轻子普适性的结论已经有 2.4 个标准偏差,轻子普适性遭到了怀疑。北京谱仪合作组于 1991 年 11 月 7 日 ∼1992 年 1 月 20 日,进行了 τ 轻子质量测量的数据获取工作,所获结果: $M_\tau = (1776.9 \pm 0.4 \pm 0.2)\text{MeV}$,与国际 1990 年版数据表 PDG 给出的世界平均值相比,较原实验数据降低了 7.2MeV,纠正了过去约 7 MeV 偏离,精度提高了 8 倍[40]。从而维护了轻子弱相互作用的普适性,为验证弱相互作用的耦合常数是唯一的,进而说明标准模型理论的正确性起了推动作用。

§3.3 中微子质量问题

在粒子物理中,有两类中性玻色子:
1. 纯中性玻色子,其反粒子就是其自身:光子 γ, π^0 介子等。
2. 反粒子与自身不同:K^0, $\bar{K}^0$ 等。

在标准模型中,中微子 ν 是仅有的中性费米子。那么,中微子是不是纯中性费米子? 目前为止,还没有任何的实验证据来解答这个问题,两个可能性都是存在的。

(1) ν 不同于 $\bar{\nu}$: 这时,中微子和反中微子是狄拉克费米子,分别用狄拉克场和狄拉克场的电荷共轭来描写:

$$\nu(x) = \sum_{s,p} \left[a_s(p) u_s(p) e^{-ipx} + b_s^\dagger(p) v_s(p) e^{ipx} \right], \tag{3.37}$$

$$\nu^C(x) = \mathcal{C} \nu \mathcal{C}^{-1} = \eta_C^* \sum_{s,p} \left[b_s(p) u_s(p) e^{-ipx} + a_s^\dagger(p) v_s(p) e^{ipx} \right]$$
$$= -\eta_C^* \mathcal{C} \, \bar{\nu}^{\mathrm{T}}, \tag{3.38}$$

其中 $\mathcal{C} = i\gamma^2\gamma^0$。它们包含两组产生和湮没算符 $(a_s(p), a_s^\dagger(p))$,$(b_s(p), b_s^\dagger(p))$。这 2 个复场可以用 4 个实场 $\left(\nu_L, \nu_R, (\nu_L)^C, (\nu_R)^C\right)$ 来表示

$$\nu = \nu_L + \nu_R, \quad \nu^C = \left((\nu_L)^C + (\nu_R)^C\right). \tag{3.39}$$

(2) $\nu = \bar{\nu}$ 时,中微子是 Majorana 粒子——纯中性费米子,$\nu_M = \nu_M^C$,即

$$\sum_{s,p} \left[a_s(p)u_s(p)e^{-ipx} + b_s^\dagger(p)v_s(p)e^{ipx}\right]$$
$$= \eta_C^* \sum_{s,p} \left[b_s(p)u_s(p)e^{-ipx} + a_s^\dagger(p)v_s(p)e^{ipx}\right]. \tag{3.40}$$

所以我们可以把中微子场重写为

$$\nu_M = \sum_{s,p} \left[a_s(p)u_s(p)e^{-ipx} + \eta_C^* a_s^\dagger(p)v_s(p)e^{ipx}\right]. \tag{3.41}$$

即它包含一组产生和湮没算符 $(a_s(p), a_s^\dagger(p))$。1 个 Majorana 费米子可以用 2 个实场 $(\nu_L, (\nu_L)^C)$ 来表示,同时有

$$\nu_L = (\nu_R)^C, \quad (\nu_L)^C = \nu_R. \tag{3.42}$$

由式 (3.19) 可以看出,在标准模型中,中微子相互作用项只涉及两个实手征场,左手中微子和右手反中微子:

$$\mathcal{P}_L \nu = \nu_L, \quad \bar{\nu}\mathcal{P}_R = \eta_C \left[(\nu_L)^C\right]^T \mathcal{C}^\dagger. \tag{3.43}$$

所以,我们不可能通过弱相互作用过程来确定中微子是狄拉克费米子还是 Majorana 费米子。

费米子的质量项可以写成

$$m_f \bar{f}_L f_R + h.c., \tag{3.44}$$

但该质量项破坏标准模型的 $SU(2)_L$ 规范不变性,因此在标准模型拉氏量中不出现式 (3.44) 这样的质量项。我们知道,标准模型中的费米子质量来自于规范对称性的自发破缺和汤川 (Yukawa) 耦合

$$\mathcal{L}_Y^l = -Y_l \, \overline{\psi_{lL}} \, l_R \phi + h.c., \tag{3.45}$$

其中 ϕ 是 Higgs 二重态。在对称性自发破缺以后,有

$$\phi \xrightarrow{SSB} \begin{pmatrix} 0 \\ \dfrac{v+H^0}{\sqrt{2}} \end{pmatrix} \Longrightarrow \mathcal{L}_{\text{mass}}^l = -\bar{l} M^{(l)} l + h.c. \tag{3.46}$$

§3.3 中微子质量问题

这样费米子就得到了质量 $M^{(l)} = \frac{vY_l}{\sqrt{2}}$,其中 v 是希格斯场的真空期望值。中微子不参与 QED 和 QCD 相互作用,只有左旋分量 ν_L 参与弱相互作用,所以没有必要引入右手分量 ν_R。那么,怎样使中微子获得质量呢?我们有三种方案。

第一种方案,狄拉克质量:

直接引入 ν_R,使其只参与汤川耦合

$$\mathcal{L}_Y^\nu = -Y_\nu \overline{\psi_L} \nu_R \tilde{\phi} + h.c., \qquad \left(\tilde{\phi} = i\tau_2 \phi^*\right). \tag{3.47}$$

在对称性自发破缺以后,通过式 (3.46) 就使得中微子跟其他轻子一样获得了质量 $M^{(\nu)} = \frac{vY_\nu}{\sqrt{2}}$。中微子有质量之后,就会在不同代的中微子之间发生混合和振荡,轻子数就不再分代守恒,但是总轻子数还是守恒量。

第二种方案,Majorana 质量:

不直接引入 ν_R,而是把 $(\nu_L)^C$ 作为右手中微子场,构造洛伦兹不变的质量项

$$\mathcal{L}_{\text{mass}}^{Maj} = -\frac{1}{2} \overline{\nu_L} M_M^{(\nu)} \nu_L^C + h.c., \tag{3.48}$$

其中 $M_M^{(\nu)}$ 是中微子的 Majorana 质量矩阵。但是在任何 $U(1)$ 变换下,有

$$U(1)\nu^C = e^{-i\alpha}\nu^C, \quad U(1)\bar{\nu} = e^{-i\alpha}\bar{\nu} \tag{3.49}$$

也就是说,只有纯中性粒子才能具有 Majorana 质量。荷电费米子不可能有这样的质量项。这时,总轻子数不守恒,$SU(2)_L$ 规范不变性也被破坏。

第三种方案,See-saw 机制:

引入 n 个右手中微子 $\nu_{R,i}$ $(i = 1, 2, \cdots, n)$,写出所有可能的洛伦兹和 $SU(2)_L$ 不变的质量项

$$\mathcal{L}_Y^{(\nu)} = -\frac{\sqrt{2}}{v} \overline{\psi_{L,j}} M_{D,ji}^{(\nu)} \nu_{R,i} \tilde{\phi} - \frac{1}{2} \overline{\nu_{R,j}} M_{N,ji}^{(\nu)} \nu_{R,i}^C + h.c., \tag{3.50}$$

在对称性自发破缺以后,有

$$\begin{aligned}\mathcal{L}_{\text{mass}}^{(\nu)} &= -\overline{\nu_{L,j}} M_{D,ji} \nu_{R,i} - \frac{1}{2} \overline{\nu_{R,j}} M_{N,ji} \nu_{R,i}^C + h.c. \\ &= -\frac{1}{2} \overline{\boldsymbol{\nu}^C} M^\nu \boldsymbol{\nu} + h.c.,\end{aligned} \tag{3.51}$$

其中

$$\boldsymbol{\nu} = \begin{pmatrix} \nu_{L,k} \\ \nu_{R,l}^C \end{pmatrix}, \quad M^\nu = \begin{pmatrix} 0 & M_D \\ M_D^{\mathrm{T}} & M_N \end{pmatrix}. \tag{3.52}$$

当 $M_N \neq 0$ 时，一般有 $3+n$ 个 Majorana 中微子态。相应的 Majorana 质量小到何种程度则依赖于 M_D 和 M_N 之间的差别。这时存在的一个问题是：**总轻子数不守恒**。当然，总轻子数不守恒可以提供宇宙中正反物质不对称的来源，这是其超出标准模型的副产品。

如果我们引入 3 个 $\nu_{R,i}$ ($i=1,2,3$)，那么有

$$\begin{aligned}\mathcal{L}_{\mathrm{mass}}^{(\nu)} &= -\overline{\nu_{L,j}}\, m_{D,ji}\, \nu_{R,i} - \frac{1}{2}\overline{\nu_{R,j}}\, M_{N,ji}\, \nu_{R,i}^C + h.c. \\ &= -\frac{1}{2}\left(\overline{\nu_{R,j}}\, m_{D,ji}\, \nu_{L,i} + \overline{\nu_{L,j}^C}\, m_{D,ij}\, \nu_{R,i}^C\right) - \frac{1}{2}\overline{\nu_{R,j}}\, M_{N,ji}\, \nu_{R,i}^C + h.c. \\ &= -\frac{1}{2}\overline{\boldsymbol{\nu}^C}\, M^{\nu}\, \boldsymbol{\nu} + h.c., \end{aligned} \tag{3.53}$$

其中

$$M^{\nu} = \begin{pmatrix} 0 & m_D \\ m_D^{\mathrm{T}} & M_N \end{pmatrix}. \tag{3.54}$$

如果 $M_N \gg m_D$，那么将导致：

(1) 3 个质量为 $m_{\nu_H} \sim M_N$ 的重中微子和 3 个质量为 $m_{\nu_l} = m_D^{\mathrm{T}} M_N^{-1} m_D \propto 1/m_{\nu_H}$ 的轻中微子。

(2) ν_H 越重，ν_l 就越轻，这就是所谓的**"跷跷板机制"** (see-saw mechanism)。在很多超出标准模型的新物理模型中，有这种 "see-saw 机制"。

当引入右手中微子的时候，就可能存在三代轻子之间的混合。在弱作用基底下，由 3 个荷电轻子和 3 个中微子构成的荷电流和质量项可以写为

$$\mathcal{L}_{CC} + \mathcal{L}_M = -\frac{g}{\sqrt{2}}\overline{l_L^W}\gamma^\mu \nu^W W_\mu^+ - \overline{l_L^W} M_l\, l_R^W - \frac{1}{2}\overline{\nu^{cW}} M_\nu\, \nu^W + h.c. \tag{3.55}$$

做由弱作用基底到质量本征态基底的转动

$$\begin{aligned} l_L^W &= V_L^l\, l_L, \qquad l_R^W = V_R^l\, l_R, \qquad \nu^W = V^\nu\, \nu, \\ V_L^{l\dagger} M_l V_R^l &= \mathrm{diag}(m_e, m_\mu, m_\tau), \\ V^{\nu\dagger} M_\nu^\dagger M_\nu V^\nu &= \mathrm{diag}(m_1^2, m_2^2, m_3^2), \end{aligned} \tag{3.56}$$

其中 $V_{L,R}^l$ 和 V^ν 都是 3×3 幺正矩阵。在质量基下，有

$$\mathcal{L}_{CC} = -\frac{g}{\sqrt{2}}\overline{l_L^i}\gamma^\mu U_{LEP}^{ij}\, \nu_j W_\mu^+, \tag{3.57}$$

其中

$$U_{LEP}^{ij} = \sum_{k=1}^{3}\left(V_L^{l\dagger}\right)^{ik}(V_\nu)^{kj}, \tag{3.58}$$

§3.3 中微子质量问题

是与夸克 CKM 混合矩阵 V_{CKM} 类似的描写轻子混合的 3×3 矩阵。

中微子质量带来的效应：如果中微子具有非零质量，将带来很多动力学效应。首先，如果中微子具有非零质量，那么轻子荷电流将是非对角的：

$$\mathcal{L}_{CC}^{(l)} = \frac{g}{\sqrt{2}} W_\mu^+ \sum_{ij} \left[U_{\text{LEP}}^{ij} \bar{l}_i \gamma^\mu L \nu_j + V_{\text{CKM}}^{ij} \bar{U}_i \gamma^\mu L D_j \right] + h.c. \tag{3.59}$$

与 $\bar{d}_j W^+ u_i$ 耦合类似，将有 $\bar{\nu}_j W^+ l_i$ 荷电轻子流耦合，质量本征态和弱作用本征态将是不同的，轻子数不再按代守恒。总轻子数 $U(1)_L = U(1)_{L_e + L_\mu + L_\tau}$ 是否仍然守恒，取决于这时的中微子是狄拉克费米子还是 Majorana 费米子。

对中微子质量的直接实验限制：

(a) m_{ν_e}：对电子中微子，费米提出可以通过 ^{3}H 的 β 衰变实验

$$^3\text{H} \to {}^3\text{He} + e^- + \bar{\nu}_e \tag{3.60}$$

来测量 m_{ν_e}。目前的实验上限为[1]

$$m_{\nu_e}^{eff} \equiv \sqrt{\sum m_j^2 |U_{ej}|^2} < 2.2\text{eV} \quad (95\%\text{C. L.}). \tag{3.61}$$

(b) m_{ν_μ}：考虑静止 π 介子的二体衰变

$$\pi^- \to \mu^- + \bar{\nu}_\mu. \tag{3.62}$$

由 4 动量守恒可得

$$m_\pi = \sqrt{m_\mu^2 + |\boldsymbol{p}_\mu|^2} + \sqrt{m_\nu^2 + |\boldsymbol{p}_\mu|^2},$$
$$m_\nu^2 = m_\pi^2 + m_\mu^2 - 2m_\pi \sqrt{m_\mu^2 + |\boldsymbol{p}_\mu|^2}. \tag{3.63}$$

如果能够精确测量 $|\boldsymbol{p}_\mu|, m_\pi, m_\mu$，就可以确定 m_{ν_μ}。目前的实验上限为[1]

$$m_{\nu_\mu}^{eff} \equiv \sqrt{\sum m_j^2 |U_{\mu j}|^2} < 190\text{keV} \quad (90\%\text{C. L.}). \tag{3.64}$$

(c) m_{ν_τ}：最好的限制来源于

$$\tau \to n\pi + \nu_\tau \quad (n \geqslant 3) \tag{3.65}$$

的衰变道。目前的实验上限为[1]

$$m_{\nu_\tau}^{eff} \equiv \sqrt{\sum m_j^2 |U_{\tau j}|^2} < 18.2\text{MeV} \quad (95\%\text{C. L.}). \tag{3.66}$$

在最小标准模型中，中微子是左手的 $(\lambda = -1)$，整体 $U(1)$ 对称性 $B \times L_e \times L_\mu \times L_\tau$ 导致 $m_\nu = 0$。对零质量的中微子，其螺旋度本征态和手征本征态是一样的。我们无法区分标准模型中微子是狄拉克中微子还是 Majorana 中微子。

§3.4 中微子振荡

如果中微子有非零质量,不同代中微子之间有混合,那么,就会发生中微子振荡:即在 $t=0$ 时产生的 $\nu_\alpha(t=0)$ 中微子,由于中微子是通过弱作用产生的,ν_α 肯定是弱作用的本征态。在随后的飞行传播中,却必须以质量本征态传播,由于不同的质量本征态的飞行速度不同,质量小的本征态速度快,肯定首先到达探测器。这个质量本征态是不同弱作用本征态的叠加,意味着 $t>0$ 时刻,飞行过距离 L 后,有一定的概率变成另一种中微子 ν_β: $\mathcal{P}_{\alpha\beta} \neq 0$。这种现象称为**中微子振荡**。

按照中微子的来源划分,有宇宙线中微子,例如超新星爆发产生的中微子($E_\nu \sim$ MeV),太阳中微子 ($E_\nu=0.1\sim 20$MeV),大气中微子,反应堆中微子 ($E_\nu \sim$ MeV),加速器中微子 ($0.3 \sim 30$GeV)。在标准模型中,典型的 νN 散射截面是

$$\sigma \sim \frac{G_F^2 E^2}{\pi} \sim 10^{-43} \text{cm}^2, \quad \text{at} \quad E_\nu \sim \text{MeV}. \tag{3.67}$$

所以,当流强为 $\Phi_\nu \sim 10^{10} \text{s}^{-1}$ 的中微子束流射向地球时,每秒钟只有一个中微子被地球物质散射。但实际上中微子束流通过的介质的性质对中微子振荡也有较强的影响。我们在这里只对真空中的中微子振荡作一简单介绍,不涉及介质中传播的情况[41]。

§3.4.1 振荡概率 $\mathcal{P}_{\alpha\beta}$

如果有 N 种质量为 m_i 的中微子,那么混合角的数目等于 $N(N-1)/2$。当 $N=3$ 时,有 3 个混合角。如果中微子是狄拉克型费米子,那么有 $(N-1)(N-2)/2$ 个 CP 破坏相角。对 Majorana 型中微子,有 $N-1$ 个 CP 破坏相角。两种情况的轻子混合矩阵之间的关系为

$$U_{\alpha j}^{Maj} = U_{\alpha j}^{\text{Dir}} \times e^{-i\eta_j}. \tag{3.68}$$

当中微子产生或者被探测时,是处于味道(相互作用)本征态:ν_e, ν_μ, ν_τ。在中微子的传播过程中,是处于质量本征态:$\nu_1, \nu_2, \nu_3, \cdots$。一般地说,味道本征态并不等同于质量本征态,二者之间的变换关系是

$$U(\nu_1, \nu_2, \nu_3) = (\nu_e, \nu_\mu, \nu_\tau). \tag{3.69}$$

其中 U 是幺正混合矩阵。在中微子的传播过程中以质量本征态飞行,味道量子数并不守恒。探测到的中微子类型可能与产生时的中微子类型不一样。我们用 $\mathcal{P}_{\alpha\beta}$ 来表示一个 (产生时)ν_α 中微子被测量成一个 ν_β 中微子的概率。该概率依赖于三个因素:**变换矩阵** U,**传播时质量本征值的变化**,**传播距离** L。

§3.4 中微子振荡

假设一个中微子的味道本征态 $|\nu_\alpha\rangle$ 通过

$$l_\alpha + N \to \nu_\alpha + N' \tag{3.70}$$

散射过程产生,可以把 $|\nu_\alpha\rangle$ 展开成质量本征态 $|\nu_i\rangle(i=1,2,\cdots,n)$ 的线性叠加

$$|\nu_\alpha\rangle = \sum_{i=1}^{n} U_{\alpha i} |\nu_i\rangle. \tag{3.71}$$

那么,在时间 t (或距离 L) 以后,它随时间的演化为

$$|\nu_\alpha(t)\rangle = \sum_{i=1}^{n} U_{\alpha i} |\nu_i(t)\rangle. \tag{3.72}$$

概率 $\mathcal{P}_{\alpha\beta}$ 的表达式为

$$\mathcal{P}_{\alpha\beta} = |\langle \nu_\beta(t)|\nu_\alpha(0)\rangle|^2 = \left|\sum_{i=1}^{n} U_{\alpha i} U_{\beta i}^* \langle \nu_i(t)|\nu_i(0)\rangle\right|^2. \tag{3.73}$$

如果把中微子束流近似为单色平面波

$$|\nu_i(t)\rangle = e^{-iEt}|\nu_i(0)\rangle, \tag{3.74}$$

那么有

$$\mathcal{P}_{\alpha\beta} = \delta_{\alpha\beta} - 4\sum_{j\neq i}^{n} \text{Re}\left[U_{\alpha i}^* U_{\beta i} U_{\alpha j} U_{\beta j}^*\right] \sin^2\left(\frac{\Delta_{ij}}{2}\right)$$
$$+ 2\sum_{j\neq i}^{n} \text{Im}\left[U_{\alpha i}^* U_{\beta i} U_{\alpha j} U_{\beta j}^*\right] \sin\left(\Delta_{ij}\right), \tag{3.75}$$

其中

$$\Delta_{ij} = (E_i - E_j)t. \tag{3.76}$$

E_i 表示中微子 ν_i 的能量。

第二个近似是考虑相对论 (高能) 中微子,即

$$E_i = \sqrt{m_i^2 + |\boldsymbol{p}_i|^2} \approx |\boldsymbol{p}_i| + \frac{m_i^2}{2E_i}. \tag{3.77}$$

第三个近似是假设 $|\boldsymbol{p}_i| \approx |\boldsymbol{p}_j| = p \approx E$,那么有

$$\frac{\Delta_{ij}}{2} = 1.27 \frac{m_i^2 - m_j^2}{eV^2} \frac{L}{E}. \tag{3.78}$$

其中 L 的单位是 km; E 的单位是 GeV。对振荡概率 $\mathcal{P}_{\alpha\beta}$ 的第一项

$$\delta_{\alpha\beta} - 4\sum_{j\neq i}^{n} \mathrm{Re}\left[U_{\alpha i}^{*} U_{\beta i} U_{\alpha j} U_{\beta j}^{*}\right] \sin^2\left(\frac{\Delta_{ij}}{2}\right) \tag{3.79}$$

作代换 $U \to U^*$,即可得到反中微子振荡概率对应的项,该项是 CP 守恒的项。

对反中微子振荡概率,式 (3.75) 中的最后一项

$$2\sum_{j\neq i}^{n} \mathrm{Im}\left[U_{\alpha i}^{*} U_{\beta i} U_{\alpha j} U_{\beta j}^{*}\right] \sin\left(\Delta_{ij}\right) \tag{3.80}$$

改变符号,所以该项破坏是 CP 对称性。

在上述近似下,振荡概率 $\mathcal{P}_{\alpha\beta}$ 依赖于两个理论参数和两个实验参数[41]:

(a) 质量差 $\Delta m_{ij}^2 = m_i^2 - m_j^2$;

(b) 中微子混合角 (狄拉克 phases) $U_{\alpha i}$;

(c) 中微子能量 E 和中微子传播距离 L。

§3.4.2 两个中微子间的振荡

如果只考虑两个中微子之间的振荡,混合矩阵可以简化为

$$U = \begin{pmatrix} \cos\theta & \sin\theta \\ -\sin\theta & \cos\theta \end{pmatrix}. \tag{3.81}$$

这时,出现振荡的概率 $\mathcal{P}_{osc}$ 和再现的概率 $\mathcal{P}_{\alpha\alpha}$ 分别为

$$\mathcal{P}_{osc} = \sin^2(2\theta) \sin^2\left(\frac{\Delta m^2 L}{4E}\right), \tag{3.82}$$

$$\mathcal{P}_{\alpha\alpha} = 1 - \mathcal{P}_{osc}. \tag{3.83}$$

中微子的振荡概率 $\mathcal{P}_{osc}$ 和再现概率 $\mathcal{P}_{\alpha\alpha} = 1 - \mathcal{P}_{osc}$ 随距离 L 的变化如图 3.5 所示。作代换

$$\Delta m^2 \to -\Delta m^2, \qquad \theta \to -\theta + \frac{\pi}{2}, \tag{3.84}$$

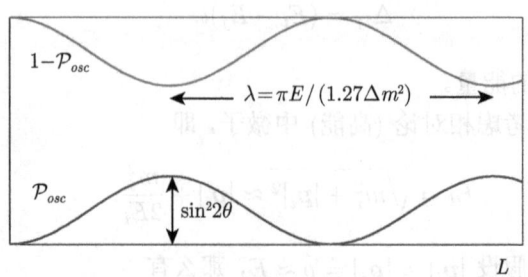

图 3.5 振荡概率 $\mathcal{P}_{osc}$ 和再现概率 $\mathcal{P}_{\alpha\alpha} = 1 - \mathcal{P}_{osc}$ 随距离 L 的变化

§3.4 中微子振荡

相当于重新定义 $\nu_1 \leftrightarrow \nu_2$。我们选取约定

$$\Delta m^2 > 0 \quad \text{和} \quad 0 \leqslant \theta \leqslant \frac{\pi}{2}. \tag{3.85}$$

另外,振荡概率 $\mathcal{P}_{osc}$ 在代换 (3.84) 下是对称的,我们可以选取约定

$$\Delta m^2 > 0 \quad \text{和} \quad 0 \leqslant \theta \leqslant \frac{\pi}{4}. \tag{3.86}$$

当然,该约定只对两个中微子振荡的情况成立。

对实际的中微子振荡,中微子不是单色的,有一个能量分布,需要对能量分布作平均

$$\langle \mathcal{P}_{\alpha\beta} \rangle = \int dE_\nu \, \frac{d\Phi}{dE_\nu} \, \sigma_{CC}(E_\nu) \, \mathcal{P}_{\alpha\beta}(E_\nu). \tag{3.87}$$

平均后的概率分布随距离 L 的变化如图 3.6 所示。

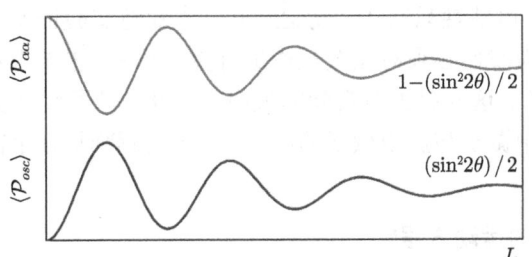

图 3.6 对能量分布作平均后的中微子振荡概率 $\mathcal{P}_{osc}$ 和再现概率 $\mathcal{P}_{\alpha\alpha} = 1 - \mathcal{P}_{osc}$ 随距离 L 的变化

几点讨论:

1. 当 $\Delta m^2 \sim E/L$ 时,振荡最明显 (最大灵敏度);
2. 当 $\Delta m^2 \ll E/L$ 时,没有足够的时间发生振荡,

$$\langle \sin^2 \left(1.27 \Delta m^2 L/E \right) \rangle \approx 0 \longrightarrow \langle \mathcal{P}_{osc} \rangle \approx 0; \tag{3.88}$$

3. 当 $\Delta m^2 \gg E/L$ 时,得到振荡平均值为

$$\langle \sin^2 \left(1.27 \Delta m^2 L/E \right) \rangle \approx \frac{1}{2} \longrightarrow \langle \mathcal{P}_{osc} \rangle \approx \frac{1}{2} \sin^2 (2\theta). \tag{3.89}$$

要观察到两个中微子之间的振荡,必须满足两个条件: θ 不能太小,$\langle L/E \rangle$ 的值和 Δm^2 要匹配。在表 3.2 中,我们列出目前的各种中微子源的 E, L 值和对应的敏感的 Δm^2 值。

表 3.2 各种中微子源的中微子能量、飞行距离和对应的敏感的 Δm^2 值

中微子源	能量/GeV	距离/km	$\Delta m^2/\text{eV}^2$
太阳中微子	10^{-3}	10^7	10^{-10}
大气中微子	$0.1 \sim 10^2$	$10 \sim 10^3$	$10^{-1} \sim 10^{-4}$
反应堆中微子	10^{-3}	SBL: $0.1 \sim 1$	$10^{-2} \sim 10^{-3}$
		LBL: $10 \sim 10^2$	$10^{-4} \sim 10^{-5}$
加速器中微子	10	SBL: 0.1	> 0.01
		LBL: $10^2 \sim 10^3$	$10^{-2} \sim 10^{-3}$

我国大亚湾的中微子实验，在试验运行中即有了重大发现 —— 发现大的中微子混合[2]：

$$\sin^2(\theta_{13}) = 0.092 \pm 0.016(\text{stat}) \pm 0.005(\text{syst}). \tag{3.90}$$

2012 年 3 月 8 日，大亚湾中微子实验合作组宣布发现新的中微子振荡模式。该实验达到了前所未有的精度，测得第三种中微子振荡模式的振荡幅度为 9.2%，误差为 1.7%，无振荡的可能性只有千万分之一[2]。大亚湾实验证实 θ_{13} 并非如人们预计的那样小，这使得我们必须对相关理论进行重新思考，也要求对夸克与轻子的区别做出新的解释[42]。这开启了新实验的大门，使得在轻子部分发现 CP 破坏具有了可能性，为解释中微子与反中微子的区别，甚至为解释早期宇宙间物质不对称的现象提供了基础。

§3.4.3 味本征态的运动方程*

我们可以从味本征态的运动方程的角度来理解中微子振荡。两类中微子 ($|\nu_e\rangle$, $|\nu_X\rangle$) 或者 ($|\nu_1\rangle$, $|\nu_2\rangle$) 的混合态可以写为

$$\Phi(x) = \Phi_e(x)|\nu_e\rangle + \Phi_X(x)|\nu_X\rangle = \Phi_1(x)|\nu_1\rangle + \Phi_2(x)|\nu_2\rangle. \tag{3.91}$$

$\Phi(x)$ 函数的演化由狄拉克方程确定

$$E\Phi_1(x) = \left[-i\alpha_x \frac{\partial}{\partial x} + \beta m_1\right] \Phi_1(x),$$
$$E\Phi_2(x) = \left[-i\alpha_x \frac{\partial}{\partial x} + \beta m_2\right] \Phi_2(x). \tag{3.92}$$

其中 $\beta = \gamma_0, \alpha_x = \gamma_0\gamma_x$(简单起见，这里只需要定义一维空间)。把 $\Phi_i(x)$ 分解为

$$\Phi_i(x) = \nu_i(x)\,\phi_i, \tag{3.93}$$

其中 ϕ 是满足方程

$$\left[\alpha_x \sqrt{E^2 - m_i^2} + \beta m_i\right] \phi_i = E\phi_i \tag{3.94}$$

的狄拉克旋量。由方程 (3.92)~(3.94) 可以分离出 ϕ_i 和 α_x，得到 $\nu_i(x)$ 函数所满足的方程

$$-i\frac{\partial}{\partial x}\nu_1(x) = \sqrt{E^2 - m_1^2}\,\nu_1(x),$$
$$-i\frac{\partial}{\partial x}\nu_2(x) = \sqrt{E^2 - m_2^2}\,\nu_2(x). \tag{3.95}$$

考虑相对论极限，$\sqrt{E^2 - m_i^2} \approx E - \dfrac{m_i^2}{2E}$，有

$$-i\frac{\partial}{\partial x}\begin{pmatrix}\nu_1\\\nu_2\end{pmatrix} = \begin{pmatrix}E - \dfrac{m_1^2}{2E} & 0\\ 0 & E - \dfrac{m_2^2}{2E}\end{pmatrix}\begin{pmatrix}\nu_1\\\nu_2\end{pmatrix}. \tag{3.96}$$

把弱作用基底的本征矢量 ν_α 按 ν_i 展开，$\nu_\alpha = U_{\alpha i}\nu_i$。与上式类似，$\nu_\alpha$ 所满足的运动方程为

$$-i\frac{\partial}{\partial x}\begin{pmatrix}\nu_\alpha\\\nu_\beta\end{pmatrix} = \left[E - \frac{m_1^2 + m_2^2}{2E}\right]I - \frac{\Delta m^2}{4E}\begin{pmatrix}-\cos 2\theta & \sin 2\theta\\ \sin 2\theta & \cos 2\theta\end{pmatrix}\begin{pmatrix}\nu_\alpha\\\nu_\beta\end{pmatrix}. \tag{3.97}$$

一个整体相角自由度 $\nu_\alpha \to e^{i\eta x}\nu_\alpha$，$\nu_\beta \to e^{i\eta x}\nu_\beta$ 是不可测量的。另外，在上式中，与单位矢量 I 成正比的项不影响本征矢量 ν_α 的演化，那么有

$$-i\frac{\partial}{\partial x}\begin{pmatrix}\nu_\alpha\\\nu_\beta\end{pmatrix} = -\frac{\Delta m^2}{4E}\begin{pmatrix}-\cos 2\theta & \sin 2\theta\\ \sin 2\theta & \cos 2\theta\end{pmatrix}\begin{pmatrix}\nu_\alpha\\\nu_\beta\end{pmatrix}. \tag{3.98}$$

如果我们把 $i\dfrac{\partial}{\partial x}\nu_\alpha$ 记作 $\dot{\nu}_\alpha$，那么上式可以写为

$$\ddot{\nu}_\alpha + \omega^2 \nu_\alpha = 0, \tag{3.99}$$
$$\ddot{\nu}_\beta + \omega^2 \nu_\beta = 0, \quad \omega = \frac{\Delta m^2}{4E}. \tag{3.100}$$

这两个方程的解很简单

$$\nu_\alpha = A_1 e^{-i\omega x} + A_2 e^{+i\omega x}, \tag{3.101}$$
$$\nu_\beta = B_1 e^{-i\omega x} + B_2 e^{+i\omega x}, \tag{3.102}$$

其中 A_1, A_2, B_1, B_2 是待定系数，对应的归一化条件为

$$|\nu_\alpha|^2 + |\nu_\beta|^2 = 1. \tag{3.103}$$

由初始条件 $\nu_\alpha(0) = 1, \nu_\beta(0) = 0$，可以确定待定系数

$$A_1 = \sin^2\theta, \quad A_2 = \cos^2\theta,$$
$$B_1 = -B_2 = \sin\theta\cos\theta. \tag{3.104}$$

最后得到中微子跃迁概率为

$$\mathcal{P}(\nu_\alpha \to \nu_\beta) = |\nu_\beta(L)|^2 = B_1^2 + B_2^2 + 2B_1B_2\cos(2\omega L)$$
$$= \sin^2(2\theta)\sin^2\left(\frac{\Delta m^2 L}{4E}\right) \tag{3.105}$$

§3.4.4 目前中微子实验的结果

根据目前各种 (太阳、大气、反应堆和加速器) 中微子实验得到的数据，通过整体拟合给出的结果是：

1. 轻子混合矩阵 U_{LEP} 和夸克混合矩阵 V_{CKM} 显然差别很大：

$$|U_{\text{LEP}}| \simeq \begin{pmatrix} \frac{1}{\sqrt{2}}(1+\mathcal{O}(\lambda)) & \frac{1}{\sqrt{2}}(1-\mathcal{O}(\lambda)) & \epsilon \\ -\frac{1}{2}(1-\mathcal{O}(\lambda)+\epsilon) & \frac{1}{2}(1+\mathcal{O}(\lambda)-\epsilon) & \frac{1}{\sqrt{2}} \\ \frac{1}{2}(1-\mathcal{O}(\lambda)-\epsilon) & -\frac{1}{2}(1+\mathcal{O}(\lambda)-\epsilon) & \frac{1}{\sqrt{2}} \end{pmatrix},$$

$$|V_{\text{CKM}}| \simeq \begin{pmatrix} 1 & \mathcal{O}(\lambda) & \mathcal{O}(\lambda^3) \\ \mathcal{O}(\lambda) & 1 & \mathcal{O}(\lambda^2) \\ \mathcal{O}(\lambda^3) & \mathcal{O}(\lambda^2) & 1 \end{pmatrix}, \tag{3.106}$$

其中 $\lambda \approx 0.2, \epsilon \sim 0.2$。

2. 关于三代中微子的质量平方差和某些混合角的测量结果为

$$\Delta m_{31}^2 \sim 2.4\times 10^{-3}\text{eV}^2, \quad \tan^2\theta_{23} \sim 1.0,$$
$$\Delta m_{21}^2 \sim 7.1\times 10^{-5}\text{eV}^2, \quad \tan^2\theta_{12} \sim 0.42,$$
$$\sin^2\theta_{13} = 0.084 \pm 0.005, \quad |\Delta m_{ee}^2| = \left(2.44^{+0.10}_{-0.11}\right)\times 10^{-3}\text{ eV}^2. \tag{3.107}$$

对中微子物理更多的细节介绍，见参考书 [15]。

§3.5 量子电动力学和轻子的散射过程

§3.5.1 阿贝尔定域规范对称性*

考虑自旋 1/2 的费米子狄拉克场的自由拉氏量

§3.5 量子电动力学和轻子的散射过程

$$\mathcal{L}_0 = i\overline{\psi}(x)\,\displaystyle{\not{\partial}}\,\psi(x) - m\overline{\psi}(x)\psi(x). \tag{3.108}$$

显然，$\mathcal{L}_0$ 具有整体 $U(1)$ 对称性。即在整体 $U(1)$ 规范变换

$$\begin{aligned}\psi(x) &\to \psi'(x) \equiv e^{-iQ\alpha}\psi(x),\\ \overline{\psi}(x) &\to \overline{\psi'}(x) \equiv e^{iQ\alpha}\overline{\psi}(x)\end{aligned} \tag{3.109}$$

下是不变的，其中 Q, α 是任意的实常数。然而，对于定域 $U(1)$ 规范变换 (Q 仍然是任意实常数，但 $\alpha = \alpha(x)$ 与时空坐标有关)

$$\begin{aligned}\psi(x) &\to \psi'(x) \equiv e^{-iQ\alpha(x)}\psi(x),\\ \overline{\psi}(x) &\to \overline{\psi'}(x) \equiv e^{iQ\alpha(x)}\overline{\psi}(x),\end{aligned} \tag{3.110}$$

由于式 (3.108) 中的导数项的变换为

$$\partial_\mu \psi(x) \longrightarrow \partial_\mu \psi'(x) = e^{-iQ\alpha(x)}\left(\partial_\mu - iQ\partial_\mu\alpha(x)\right)\psi(x), \tag{3.111}$$

上式中的第二项破坏了 $\mathcal{L}_0$ 的 $U(1)$ 不变性。如果我们引入一个新的矢量场 $A_\mu(x)$，并定义协变微商 D_μ 为

$$D_\mu \psi(x) \longrightarrow (\partial_\mu + iQA_\mu)\psi(x), \tag{3.112}$$

这时，矢量场 $A_\mu(x)$ 的定域 $U(1)$ 规范变换为

$$A_\mu(x) \longrightarrow A'_\mu(x) = A_\mu(x) + \partial_\mu \alpha(x), \tag{3.113}$$

同时，$D_\mu \psi(x)$ 像场量一样变换

$$D_\mu \psi(x) \longrightarrow [D_\mu \psi(x)]' = e^{-iQ\alpha(x)}\, D_\mu \psi(x), \tag{3.114}$$

使得"扩展的拉氏量" $\mathcal{L}$ 的形式变为

$$\mathcal{L} = \overline{\psi}(x)\left(i\gamma^\mu D_\mu - m\right)\psi(x) = \mathcal{L}_0 - QA_\mu \overline{\psi}(x)\gamma^\mu \psi(x). \tag{3.115}$$

在定域 $U(1)$ 规范变换下的不变性得到恢复。当取 $Q = -e$ (e 表示电子电荷的绝对值) 时，A_μ 就是我们熟悉的 QED 中的光子场 (或者称之为电磁场)。

这样，我们根据规范原理导出了自旋 $1/2$ 的费米子旋量场 $\psi(x)$ 与规范场 $A_\mu(x)$ 的相互作用项，就是我们非常熟悉的 $\gamma f \bar{f}$ 电磁相互作用顶角。为了使 A_μ 成为一个真实的能够传播的场，我们必须在拉氏量中加进涉及 A_μ 的导数项。这种类型的唯一规范不变的洛伦兹标量是

$$\mathcal{L}_A = -\frac{1}{4}F_{\mu\nu}F^{\mu\nu}, \tag{3.116}$$

其中
$$F_{\mu\nu} = \partial_\mu A_\nu - \partial_\nu A_\mu, \qquad (3.117)$$
是电磁场的场强张量。可以验证 $F_{\mu\nu}$ 是规范不变的，协变导数 D_μ 和 $F_{\mu\nu}$ 的关系式为
$$D_\mu D_\nu - D_\nu D_\mu = ieF_{\mu\nu}. \qquad (3.118)$$
这样，包含了动力学项的拉氏量为
$$\mathcal{L} = -\frac{1}{4} F_{\mu\nu} F^{\mu\nu} + i\overline{\psi}(x)\gamma^\mu \partial_\mu \psi(x) - m\overline{\psi}(x)\psi(x) - eA_\mu(x)\overline{\psi}(x)\gamma^\mu\psi(x). \quad (3.119)$$
上式不包含规范场质量项 $m^2 A_\mu A^\mu$，因为这样的项破坏规范对称性。所以光子是无质量的。

式 (3.119) 中的拉氏量还包含如下特点：

(1) 由该拉氏量可以导出著名的 **Maxwell 方程**：
$$\partial_\mu F^{\mu\nu} = J^\nu, \qquad J^\nu = e\overline{\psi}(x)\gamma^\mu\psi(x), \qquad (3.120)$$
其中 J^ν 就是费米子电磁流。这样，我们仅仅从 $U(1)$ 规范不变性出发，导出了 **QED** 的拉氏量，进而得到了非常成功的量子电动力学。

(2) 由于光子不带电荷，拉氏量 (3.119) 不含规范场的自耦合项，即光子场无自相互作用。

(3) 光子和物质场的耦合由对称群下的变换性质所决定。其他的高量纲的规范不变的耦合，如 $\overline{\psi}(x)\sigma_{\mu\nu}\psi(x)F^{\mu\nu}$ 为 QED 的可重整性要求所排除。

量子电动力学的精确检验：

我们知道，对 QED 理论最严格的实验检验来自于对轻子反常磁矩 (anomalous magnetic moment) a_e 和 a_μ 的精确实验测量[1]：
$$a_e^{\text{exp}} = 115965218.076(27) \times 10^{-11}, \qquad a_\mu^{\text{exp}} = 11659209.1(5.4)(3.3) \times 10^{-10}. \quad (3.121)$$
以 μ 轻子为例，狄拉克方程预言了其磁矩为
$$M = -g_\mu \frac{e}{2m_\mu} S, \qquad (3.122)$$
其中 e 表示电子电荷的绝对值；g_μ 为自旋回转磁比率：$g_\mu = 2$。但如果考虑圈图量子效应，则 g_μ 与 2 有小的偏离，称之为反常磁矩。通常定义为
$$a_\mu = (g_\mu - 2)/2. \qquad (3.123)$$

§3.5 量子电动力学和轻子的散射过程

在标准模型理论框架下,可以精确计算 a_μ 的值。在实验上,又可以对 a_μ 做精确测量。这就使得我们能够通过对 a_μ 的研究,精确检验标准模型理论,同时寻找新物理存在的信号或者证据。

在 QED 理论中,对 a_l 有贡献的最低阶圈图如图 3.7 所示。对于 a_l 的 QED 贡献的计算已达到四圈水平[43],解析计算达到三圈[43],领头阶对数项计算达到五圈[44],是目前最精确的理论计算,其误差主要来源于输入参数 $\alpha = e^2/4\pi$ 的不确定性。反过来,可以根据式 (3.121) 中的实验值来确定 α。最新世界平均值的精度已达到 3×10^{-9}[1]。

$$\alpha^{-1} = 137.035\,999\,074(44). \tag{3.124}$$

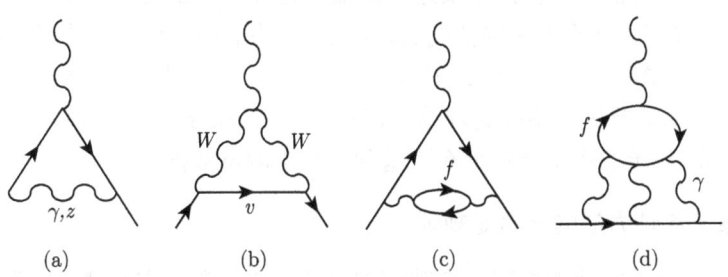

图 3.7 对轻子反常磁矩有贡献的典型低阶费恩曼图

因为重粒子圈图贡献与 m_l^2 成正比,所以和 a_e 相比,a_μ 对重粒子圈图贡献更敏感。由 $W^\pm$ 和 Z^0 玻色子圈图提供的标准模型电弱修正为 $(1.52 \pm 0.03) \times 10^{-9}$。对 a_μ 的理论计算结果,其主要理论误差来源于双圈和三圈强相互作用修正部分。当计算内线光子传播子的轻夸克圈图 (图 3.7(c)) 贡献时,低能强相互作用的非微扰性质导致大的理论误差。

如果我们把标准模型理论预言 a_μ^{SM} 写成三部分之和,即

$$a_\mu^{\text{SM}} = a_\mu^{\text{QED}} + a_\mu^{\text{EW}} + a_\mu^{\text{Had}}. \tag{3.125}$$

其中 QED 部分包含所有来自于光子和轻子圈图的贡献,第二部分包含所有来自于 $W^\pm, Z^0$ 玻色子和 Higgs 粒子圈图的贡献,第三部分则来自于夸克、胶子圈图贡献。这三部分,目前的计算结果是[1]

$$\begin{aligned} a_\mu^{\text{QED}} &= 116584718.95(0.08) \times 10^{-11}, \\ a_\mu^{\text{EW}} &= 153.6(1.0) \times 10^{-11}, \\ a_\mu^{\text{Had}} &= \begin{cases} 6923(42)(3) \times 10^{-11}, & \text{LO 贡献}, \\ 7(26) \times 10^{-11}, & \text{NLO 贡献}. \end{cases} \end{aligned} \tag{3.126}$$

在计算 a_μ^{Had} 时使用了与 $\sigma(e^+e^- \to \text{hadrons})$ 相关的数据。最后得到的标准模型理论预言值为[1]

$$a_\mu^{\text{SM}} = 116591803(1)(42)(26) \times 10^{-11}, \tag{3.127}$$

其中的三个误差分别来源于电弱修正、领头阶强子圈图修正和次领头阶修正。理论与实验测量结果的偏离为

$$\Delta a_\mu = a_\mu^{\text{exp}} - a_\mu^{\text{SM}} = 288(63)(49) \times 10^{-11}. \tag{3.128}$$

标准模型理论预言值和实验测量值之间的偏离为 3.6σ。如果在计算 a_μ^{Had} 时使用 τ 轻子衰变相关数据,那么偏离降低到 2.4σ。这样大小的偏离已经持续了大约 10 年时间,但还不足以说明存在新物理。当然,目前已经有许多工作,试图从新物理的角度解释这个小偏离。要进一步提高理论预言精度,需要关于截面 $\sigma(e^+e^- \to \text{hadrons})$ 和 τ 衰变末态粒子的不变质量分布更精确的实验测量数据。

§3.5.2 量子电动力学的费恩曼规则

经典电动力学成功地描写了宏观范围内的电磁现象。在高速微观范围内,量子电动力学 (QED) 是一种相当完美的电磁相互作用理论。电磁场是 $U(1)_{em}$ 规范场。量子电动力学是最简单的阿贝尔规范场论。量子电动力学认为,带电粒子之间的电磁相互作用是通过交换光子而实现的,电磁相互作用的强度由耦合常数 $\alpha = e^2/(4\pi) \approx 1/137$ 描写,由于 α 很小,微扰论展开的高阶项收敛很快。

1949 年,美国物理学家 R. 费恩曼① 提出用图示的方法来描写粒子的产生和衰变过程:这就是费恩曼图方法。这是一种描写粒子散射、反应和转化过程的形象、直观的方法。我们定义内线和外线,用不同形式的线段表示不同的外线粒子和内线传播子,用不同线段的交叉顶点表示相互作用,在顶点处用费恩曼规则表示粒子间的相互作用——耦合。然后根据费恩曼图来做理论计算。可以根据一个过程的费恩曼图和相应的费恩曼规则,很方便地写出跃迁矩阵元。用最简单的树图表示领头阶贡献,用单圈图表示次领头阶贡献,用多圈图表示更高阶的贡献,进而计算相关的可观测物理量。

1. 对具体过程,画费恩曼图的一些规则:

(1) 时间轴以向右 (上) 为正;

---

① Richard Feynman (1918.5.11~1988.2.15),美国物理学家。1942 年在普林斯顿大学获得博士学位,导师是 J. A. 惠勒。费恩曼在洛斯阿拉莫斯国家实验室参加了制造原子弹的曼哈顿工程。三卷本的《费恩曼物理学讲义》是非常经典的大学物理教科书。因在 QED 重正化方面的工作和 J. Schwinger, S.I. Tomonaga 分享了 1965 年诺贝尔物理学奖。

§3.5 量子电动力学和轻子的散射过程

(2) **费米线和玻色子线**: 用实线表示 $s=1/2$ 的费米子 (正时间方向) 和反费米子 (反时间方向), 用短画线表示自旋 $s=0$ 的玻色子, 用波浪线表示自旋 $s=1$ 的矢量玻色子。

(3) **相互作用顶点 (vertex)**: 三条或多于三条线的连接点是相互作用顶角。顶角处满足相关量子数的守恒定律。顶角处的耦合系数由相互作用的性质 (即费恩曼规则) 决定。

(4) **内线与外线**: 内线为中间过程, 称为 (虚粒子) 传播子。外线表示在初态、末态中观察到的粒子, 是实际存在的粒子。关于外线的具体规定如图 B.1 所示。外线实粒子需要满足两个条件: (a) 初态和末态之间的总能量–动量守恒; (b) 每个实粒子都满足"质壳条件"(on-mass-shell):

$$\mathcal{P}^2 = E^2 - |\boldsymbol{p}|^2 = m^2. \tag{3.129}$$

内线粒子 —— 传播子不需要满足"质壳条件"。

(5) 任何顶角上连续的费米子线必须为偶数条, 箭头朝里和朝外的费米子线的条数相等。

2. 对于每一个费恩曼图, 根据外线、传播子和顶角的费恩曼规则, 可以直接写出相对应过程的振幅。如果一个过程包含几个费恩曼图, 那么该过程的总振幅等于几个分振幅之和。以康普顿散射 $e^- + \gamma \to e^- + \gamma$ 为例, 最低阶的两个费恩曼图如图 3.8 所示。由于光子的全同粒子性质, 可以看到领头阶的费恩曼图是两个 s 道 (图 3.8), 其中包含两个光子交换位置的费恩曼图。

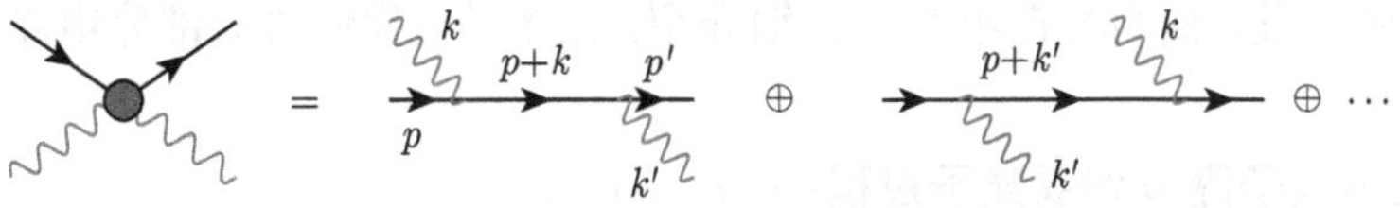

图 3.8 康普顿散射过程 $e^- + \gamma \to e^- + \gamma$ 的领头阶费恩曼图

与两个费恩曼图相对应的领头阶振幅可以写为

$$i\mathcal{M}_a = \bar{u}(p')(-ie\gamma^\mu)\epsilon_\mu^*(k')\frac{i[(\not{p}+\not{k})+m_e]}{(p+k)^2 - m_e^2}(-ie\gamma^\nu)u(p)\epsilon_\nu(k), \tag{3.130}$$

$$i\mathcal{M}_b = \bar{u}(p')(-ie\gamma^\nu)\epsilon_\nu(k)\frac{i[(\not{p}-\not{k}')+m_e]}{(p-k')^2 - m_e^2}(-ie\gamma^\mu)u(p)\epsilon_\nu^*(k'). \tag{3.131}$$

总振幅为两个分振幅之和, 同时有

$$d\sigma \propto |\mathcal{M}|^2 \propto \alpha_{em}^2. \tag{3.132}$$

3. **QED 中的发散图形**: 如图 3.9 所示, 在 QED 中存在三种发散图形: 电子自能图、真空极化图和顶角发散图。可以采用重正化方法逐级地引入抵消项, 来消除发散。

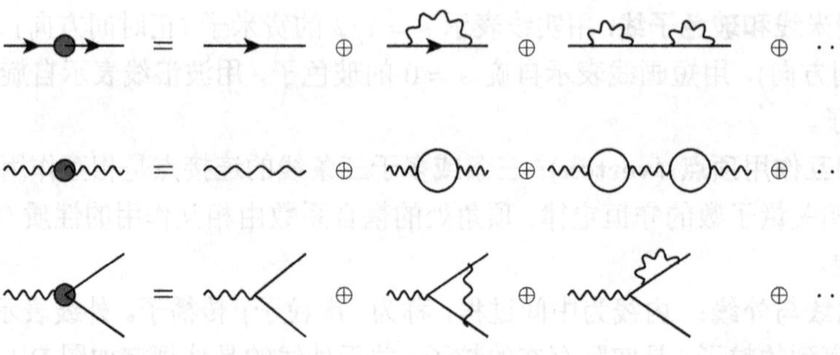

图 3.9 量子电动力学 (QED) 中三种基本发散图形：电子自能图、真空极化图和顶角发散图

4. **量子电动力学的费恩曼规则**：我们使用国际上比较常用的 Tai-Pei Cheng 和 Ling-Feng Li 书中给出的费恩曼规则[17]，作为非阿贝尔规范场的量子电动力学，其费恩曼规则也非常简单，只有电子和光子的传播子、电子和光子三点相互作用顶点等，参见附录 C。

§3.5.3 轻子的电磁散射过程

利用上面推导的费恩曼规则，我们在这一节来讨论一些典型的费米子散射过程。除了上一节提到的康普顿散射过程，轻子湮没产生过程 $e^+e^- \to \mu^+\mu^-$，正负电子湮没到正反夸克对 (强子) 过程 $e^+e^- \to q\bar{q}$ 这两个过程都只有 s 道贡献，也是比较典型的量子电动力学过程，我们将在第 8 章详细介绍这两个过程的计算。由于电子和夸克的散射过程是粒子物理实验研究核子结构函数、强子内部分子分布函数的主要手段，我们将在第 7 章详细介绍。在本节，我们将对部分电磁散射过程作简单介绍。

1. **正负电子湮没到双光子过程**：$e^+e^- \to \gamma\gamma$

根据能动量守恒的限制，正负电子不能湮没到一个光子，最典型的是湮没到两个光子。从图 3.10 可以看出，这里的领头阶贡献来源于一个 t 道和一个 u 道，其实这个湮没过程的费恩曼图就是康普顿散射的两个费恩曼图 (图 3.8) 旋转 90° 就可以得到。所以它们相互作用矩阵元应该是一样的。

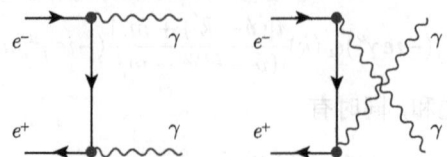

图 3.10 正负电子湮没到两个光子 $e^+e^- \to \gamma\gamma$ 的领头阶费恩曼图

2. **电子和 μ 子散射** $e^-\mu^+ \to e^-\mu^+, e^-\mu^- \to e^-\mu^-$

这个过程在领头阶只有 t 道贡献，见图 3.11。当然在高能时会有 Z^0 玻色子的

贡献，我们这里不考虑。散射过程的公式可以完全由湮没产生过程作一个变换得到

$$\frac{d\sigma}{d\Omega}(e^-\mu^+ \to e^-\mu^+) = \frac{\alpha^2}{8|p|^2}\frac{s^2+u^2}{t^2}$$

$$= \frac{\alpha^2\left(1+\cos^4\frac{\theta}{2}\right)}{8|p|^2\sin^4\frac{\theta}{2}}. \tag{3.133}$$

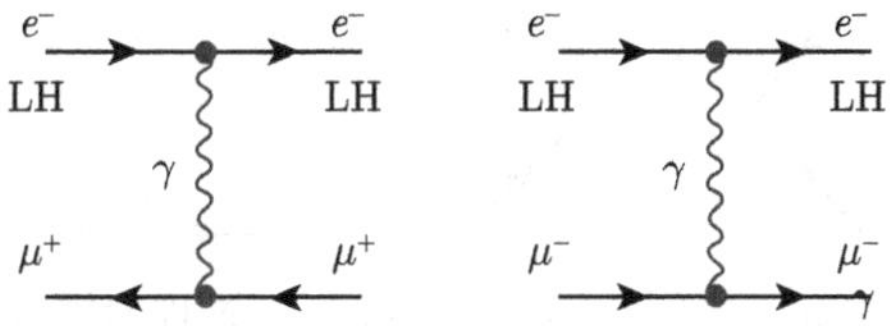

图 3.11　电子和 μ 子散射 $e^-\mu^+ \to e^-\mu^+$, $e^-\mu^- \to e^-\mu^-$ 的领头阶费恩曼图

其中 $|p|$ 是质心系中末态粒子的动量大小。这个在反应质心系下成立的公式是在量子电动力学的一级近似下得到的，并且忽略了轻子的质量。在量子层次，$e^-\mu^+ \to e^-\mu^+$ 和 $e^-\mu^- \to e^-\mu^-$ 这两个过程应该没有差别，没有同电相斥、异号相吸的现象。

3. 强子碰撞中轻子对产生: Drell-Yan 过程

1970 年，S. Drell①和颜东茂②指出在强子对撞实验中，可以通过正反夸克对湮没来产生一对正反轻子对[45]

$$p + p \to \mu^+\mu^- + X, \tag{3.134}$$

领头阶的费恩曼图如图 3.12 所示。可以看出它实际上就是 $e^+e^- \to q\bar{q}$ 过程的时间反演。这个过程的微分截面是

$$\frac{d\sigma}{d\Omega}(q\bar{q} \to \mu^+\mu^-) = \frac{\alpha^2}{4s}(1+\cos^2\theta). \tag{3.135}$$

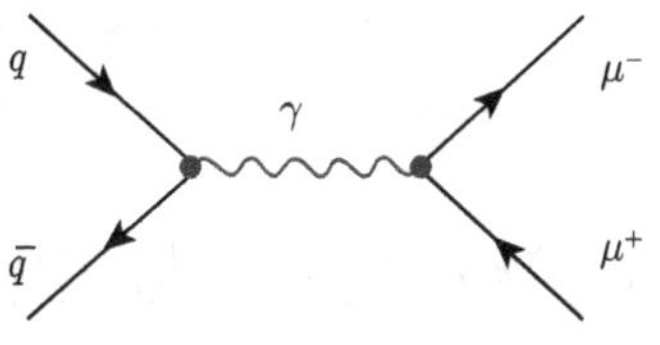

图 3.12　强子碰撞中"Drell-Yan"轻子对产生过程的领头阶费恩曼图

---

① Sidney David Drell (1926.9.13~)，美国理论物理学家。1949 年在伊利诺伊大学 (Univ. of Illinois) 获博士学位，在量子色动力学和粒子物理研究中有重要贡献，2000 年获费米奖，2011 年获得美国国家科学奖。

② Tung-Mow Yan (1937~)，美籍华裔物理学家，康奈尔大学教授。1968 年在哈佛大学获博士学位，师从诺贝尔奖获得者 J. Schwinger 教授。1970 年和 S. Drell 发表了关于强子碰撞中轻子对产生过程的研究论文，被粒子物理学界称之为 Drell-Yan 过程。

高能时也会有 Z^0 玻色子的贡献。此类过程现在都被称作 "Drell-Yan" 过程。

4. Bhabha 弹性散射 $e^+e^- \to e^+e^-$

Bhabha 散射有 s 道和 t 道两个图的贡献，见图 3.13。由于两个图的干涉效应，散射截面公式比较复杂

$$d\sigma/d\Omega(e^+e^- \to e^+e^-) = \frac{\alpha^2}{4s}\left\{1 + \cos^2\theta + 2\frac{1+\cos^4(\theta/2)}{\sin^4(\theta/2)}\frac{4\cos^4(\theta/2)}{\sin^2(\theta/2)}\right\}. \quad (3.136)$$

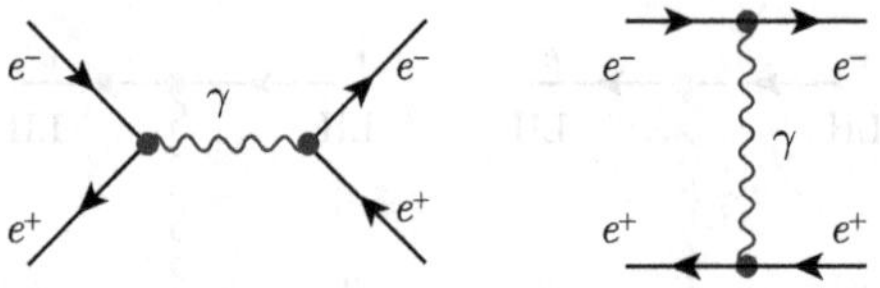

图 3.13 Bhabha 弹性散射 $e^+e^- \to e^+e^-$ 过程的领头阶费恩曼图

在高能时，也会有 Z^0 玻色子的贡献。

5. 弹性散射 $e^-e^- \to e^-e^-$ (Moeller 散射)

这是一个基本的电磁散射过程。通过对这个散射过程的实验测量可以在一定程度上检验量子电动力学。20 世纪 70 年代，根据对这个散射过程的实验测量，并根据当时实验的质心系能量 300~500MeV 和实验精确度确定了在 10^{-16}m 的尺度上仍可以将电子看作点粒子。由于末态的两个电子是全同粒子，因而 Moeller 散射过程有 t 道和 u 道两个图的贡献，见图 3.14。散射微分截面公式为

$$d\sigma/d\Omega = \frac{\alpha^2}{2s}\left\{\frac{2}{\cos^2(\theta/2)\sin^2(\theta/2)} + \frac{1+\cos^4(\theta/2)}{\sin^4(\theta/2)} + \frac{1+\sin^4(\theta/2)}{\cos^4(\theta/2)}\right\}. \quad (3.137)$$

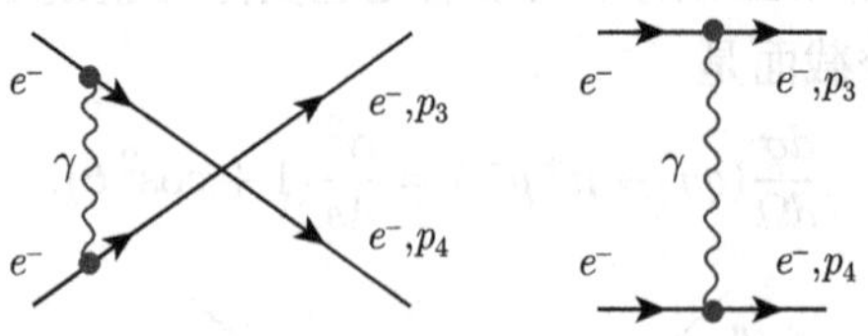

图 3.14 Moeller 散射过程 $e^-e^- \to e^-e^-$ 的领头阶费恩曼图

§3.6 狄拉克方程与正电子

我们首先介绍相对论狄拉克方程，引入正电子的概念。在量子力学中，我们用平面波函数 $\psi(\boldsymbol{x}, t)$ 来描写自由粒子的状态

$$\psi(\boldsymbol{x}, t) = Ne^{i(\boldsymbol{p}\cdot\boldsymbol{x} - Et)}. \quad (3.138)$$

对相对论性粒子，有 $E^2 = \boldsymbol{p}^2 + m^2$，薛定谔方程

$$i\frac{\partial}{\partial t}\psi(\boldsymbol{x}, t) = -\frac{1}{2m}\nabla^2\psi(\boldsymbol{x}, t), \quad (3.139)$$

§3.6 狄拉克方程与正电子

需要换成相应的克莱因–戈尔登 (K-G) 方程

$$\frac{\partial^2}{\partial t^2}\psi(\boldsymbol{x},t) = \nabla^2\psi(\boldsymbol{x},t) - m^2\psi(\boldsymbol{x},t). \tag{3.140}$$

除了"正常的"正能解 ($E>0$) 以外，K-G 方程还有负能解 ($E<0$)

$$\psi^*(\boldsymbol{x},t) = N^* e^{-i(\boldsymbol{p}\cdot\boldsymbol{x}-Et)}. \tag{3.141}$$

可以证明，对自由粒子平面波解，其概率密度 ρ 和概率流矢量 $\boldsymbol{j}$ 可以写为

$$\rho = 2|N|^2 E, \quad \boldsymbol{j} = 2|N|^2 \boldsymbol{p}. \tag{3.142}$$

对负能解 $E<0$，这意味着存在非物理的"负概率密度"。显然，K-G 方程不能对相对论性粒子提供一个自洽的描述。其原因在于 K-G 方程含有对时间的二阶导数，坐标变量和时间不协调[25]。

1928 年，狄拉克提出了著名的相对论性狄拉克方程

$$i\frac{\partial}{\partial t}\Psi = (\boldsymbol{\alpha}\cdot\boldsymbol{p} + \beta m)\Psi, \tag{3.143}$$

其中 α 和 β 分别为 4×4 的矩阵

$$\alpha_i = \begin{pmatrix} 0 & \sigma_i \\ \sigma_i & 0 \end{pmatrix}, \quad \beta = \begin{pmatrix} I & 0 \\ 0 & -I \end{pmatrix}. \tag{3.144}$$

这里，σ_i 即为 2×2 的泡利矩阵 ($i=(1,2,3)$)，I 为 2×2 的单位矩阵。

$$\sigma_x = \begin{pmatrix} 0 & 1 \\ 1 & 0 \end{pmatrix}, \quad \sigma_y = \begin{pmatrix} 0 & -i \\ i & 0 \end{pmatrix}, \quad \sigma_z = \begin{pmatrix} 1 & 0 \\ 0 & -1 \end{pmatrix}, \quad I = \begin{pmatrix} 1 & 0 \\ 0 & 1 \end{pmatrix}. \tag{3.145}$$

α,β 满足反对易关系

$$\{\alpha_i,\alpha_j\} = 2\delta_{ij}, \quad \{\alpha_i,\beta\} = 0, \quad \beta^2 = 1. \tag{3.146}$$

因为 α,β 都是 4×4 的矩阵，旋量波函数 ψ 也应为四维形式

$$\Psi(\boldsymbol{x},t) = \begin{pmatrix} \psi_1 \\ \psi_2 \\ \psi_3 \\ \psi_4 \end{pmatrix}, \tag{3.147}$$

所以狄拉克方程实际上是4个联立的方程，应当有4个独立的解，对应于4个状态。

狄拉克方程的平面波解可以写为

$$\psi(\boldsymbol{x},t) = u(E,\boldsymbol{p})\,e^{i(\boldsymbol{p}\cdot\boldsymbol{x}-Et)}, \tag{3.148}$$

其中的函数 $u(E,\boldsymbol{p})$ 是四分量的狄拉克旋量。波函数 $\psi(\boldsymbol{x},t)$ 满足狄拉克方程：

$$(i\gamma^\mu \partial_\mu - m)\psi = 0. \tag{3.149}$$

式 (3.148) 所描写的自由粒子平面波函数的坐标和时间相关性只包含在 $\psi(\boldsymbol{x},t)$ 的指数函数中。四分量旋量函数 $u(E,\boldsymbol{p})$ 是粒子的能量和动量的函数。所以，可以把狄拉克方程 (3.149) 写成另外一种形式

$$(\gamma^\mu p_\mu - m)u = 0. \tag{3.150}$$

由于狄拉克方程的协变性，上式中 γ^μ 矩阵中的 μ 指标可以看成是四矢量指标。所以，狄拉克方程 (3.150) 没有微商，四分量旋量波函数 $u(E,\boldsymbol{p})$ 是粒子的四动量 p_μ 的函数。这时，概率密度 ρ 和概率流矢量 $\boldsymbol{j}$ 的定义分别为：$\rho = \psi^\dagger \psi$，$\boldsymbol{j} = \psi^\dagger \alpha \psi$。还可以把它们定义为四矢量流

$$j^\mu = (\rho, \boldsymbol{j}) = \psi^\dagger \gamma^0 \gamma^\mu \psi = \overline{\psi}\gamma^\mu \psi. \tag{3.151}$$

其中的 4×4 的狄拉克矩阵的表达式已经在附录中给出。这时，量子力学的连续性方程可以写为

$$\frac{\partial \rho}{\partial t} + \nabla \cdot \boldsymbol{j} = 0. \tag{3.152}$$

可以证明，伴随旋量波函数 $\overline{\psi} = \psi^\dagger \gamma^0$ 的四分量形式为

$$\overline{\psi} = (\psi_1^*, \psi_2^*, -\psi_3^*, -\psi_4^*). \tag{3.153}$$

下面我们从狄拉克方程 (3.150) 出发，给出自由粒子的解。首先考虑 $\boldsymbol{p} = 0$ 粒子静止的情况。这时自由粒子平面波可以写为

$$\psi = u(E,0)\,e^{-iEt}. \tag{3.154}$$

代入方程 (3.150) 可得：$E\gamma^0 u = mu$，写成四维形式：

$$E \begin{pmatrix} 1 & 0 & 0 & 0 \\ 0 & 1 & 0 & 0 \\ 0 & 0 & -1 & 0 \\ 0 & 0 & 0 & -1 \end{pmatrix} \begin{pmatrix} \phi_1 \\ \phi_2 \\ \phi_3 \\ \phi_4 \end{pmatrix} = m \begin{pmatrix} \phi_1 \\ \phi_2 \\ \phi_3 \\ \phi_4 \end{pmatrix}. \tag{3.155}$$

§3.6 狄拉克方程与正电子

由于 γ^0 是对角矩阵，我们得到四个相互正交的解，前两个解可以写为

$$u_1(E,0) = N \begin{pmatrix} 1 \\ 0 \\ 0 \\ 0 \end{pmatrix}, \quad u_2(E,0) = N \begin{pmatrix} 0 \\ 1 \\ 0 \\ 0 \end{pmatrix}, \tag{3.156}$$

它们是正能解：$E = +m$。另外两个解可以写为

$$u_3(E,0) = N \begin{pmatrix} 0 \\ 0 \\ 1 \\ 0 \end{pmatrix}, \quad u_4(E,0) = N \begin{pmatrix} 0 \\ 0 \\ 0 \\ 1 \end{pmatrix}, \tag{3.157}$$

它们是负能解：$E = -m$。其中 N 是归一化系数。这四个波函数也是自旋算符 s_z 的解：$u_1(E,0)$ 和 $u_2(E,0)$ 分别表示自旋向上、自旋向下的正能解；$u_3(E,0)$ 和 $u_4(E,0)$ 分别表示自旋向上、自旋向下的负能解。加上时间相关性，静止的自由粒子含时平面波解可以写为

$$\psi_1 = N \begin{pmatrix} 1 \\ 0 \\ 0 \\ 0 \end{pmatrix} e^{-imt}, \quad \psi_2 = N \begin{pmatrix} 0 \\ 1 \\ 0 \\ 0 \end{pmatrix} e^{-imt},$$

$$\psi_3 = N \begin{pmatrix} 0 \\ 0 \\ 1 \\ 0 \end{pmatrix} e^{imt}, \quad \psi_4 = N \begin{pmatrix} 0 \\ 0 \\ 0 \\ 1 \end{pmatrix} e^{imt}. \tag{3.158}$$

对于一般的 $p \neq 0$ 的自由粒子情况，把自由粒子平面波函数 $\psi(x,t)$ 直接代入狄拉克方程 (3.150)，可以得到

$$(E\gamma^0 - p_x\gamma^1 - p_y\gamma^2 - p_z\gamma^3 - m)u = 0. \tag{3.159}$$

在"狄拉克–泡利"表象下，上式可以写成

$$\left[\begin{pmatrix} I & 0 \\ 0 & -I \end{pmatrix} E - \begin{pmatrix} 0 & \boldsymbol{\sigma}\cdot\boldsymbol{p} \\ -\boldsymbol{\sigma}\cdot\boldsymbol{p} & 0 \end{pmatrix} - m \begin{pmatrix} I & 0 \\ 0 & I \end{pmatrix} \right] u = 0, \tag{3.160}$$

其中 I 是 2×2 的单位矩阵。把四分量旋量波函数 u 写成两个二分量波函数 (u_A, u_B) 的列矢量

$$u = \begin{pmatrix} u_A \\ u_B \end{pmatrix}. \tag{3.161}$$

那么，可以把式 (3.160) 写成

$$\begin{pmatrix} (E-m)I & -\boldsymbol{\sigma}\cdot\boldsymbol{p} \\ \boldsymbol{\sigma}\cdot\boldsymbol{p} & -(E+m)I \end{pmatrix} \begin{pmatrix} u_A \\ u_B \end{pmatrix} = 0. \tag{3.162}$$

由上式可以得到 (u_A, u_B) 满足的关联方程

$$u_A = \frac{\boldsymbol{\sigma}\cdot\boldsymbol{p}}{E-m} u_B, \qquad u_B = \frac{\boldsymbol{\sigma}\cdot\boldsymbol{p}}{E+m} u_A. \tag{3.163}$$

对 u_A，可以取其相互正交的两个解为

$$u_A = \begin{pmatrix} 1 \\ 0 \end{pmatrix}, \qquad u_A = \begin{pmatrix} 0 \\ 1 \end{pmatrix}, \tag{3.164}$$

那么，对应的 u_B 的表达式可以写为

$$u_B = \frac{\boldsymbol{\sigma}\cdot\boldsymbol{p}}{E+m} u_A = \frac{1}{E+m} \begin{pmatrix} p_z & p_x - ip_y \\ p_x + ip_y & -p_z \end{pmatrix} u_A, \tag{3.165}$$

所以，自由粒子狄拉克方程的前两个解为

$$u_1(E,\boldsymbol{p}) = N_1 \begin{pmatrix} 1 \\ 0 \\ \dfrac{p_z}{E+m} \\ \dfrac{p_x + ip_y}{E+m} \end{pmatrix}, \quad u_2(E,\boldsymbol{p}) = N_2 \begin{pmatrix} 0 \\ 1 \\ \dfrac{p_x - ip_y}{E+m} \\ \dfrac{-p_z}{E+m} \end{pmatrix}, \tag{3.166}$$

其中 N_1, N_2 是归一化系数。同理可得 u_3 和 u_4

$$u_3(E,\boldsymbol{p}) = N_3 \begin{pmatrix} \dfrac{p_z}{E-m} \\ \dfrac{p_x + ip_y}{E-m} \\ 1 \\ 0 \end{pmatrix}, \quad u_4(E,\boldsymbol{p}) = N_4 \begin{pmatrix} \dfrac{p_x - ip_y}{E-m} \\ \dfrac{-p_z}{E-m} \\ 0 \\ 1 \end{pmatrix}. \tag{3.167}$$

其中 N_3, N_4 是归一化系数。这样，自由粒子的狄拉克方程的四个相互正交的解为

$$\psi_i = u_i(E,\boldsymbol{p}) e^{i(\boldsymbol{p}\cdot\boldsymbol{x}-Et)}, \quad i=1,2,3,4. \tag{3.168}$$

实际上，狄拉克方程描写的粒子就是自旋量子数为 $1/2$ 的旋量费米子。对于电子的情况，两个正能解 $\psi_{1,2}$ 描写电子，两个负能解 $\psi_{3,4}$ 描写电子的反粒子"正电子"。

§3.6 狄拉克方程与正电子

如图 3.15 所示，狄拉克假定，所谓的物理真空就是负能海洋中的所有能级都被填满，但所有正能级都空着的状态。在负能海中的电子接受到 $\geqslant 2m_ec^2$ 的能量时，就跳到正能级之中，变成普通的正能电子，同时在负能量海洋中出现一个空穴，那就是正电子。能量转化成了正负电子对。电子和正电子互为反粒子。每一个带电粒子都有一个带相反电荷的反粒子。

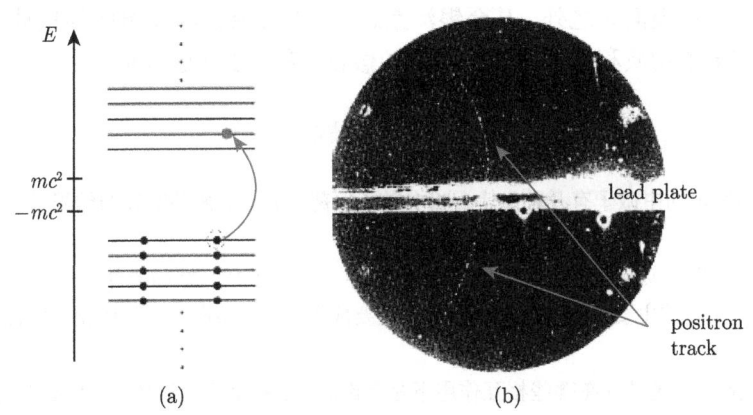

图 3.15　在狄拉克真空中的电子和正电子 (a)；在 Wilson 云室中正电子轨迹照片 (b)

1932 年，年仅 27 岁的博士后 Carl Anderson (1905~1991) 使用伯克利实验室的 Wilson 云室来研究宇宙射线，根据粒子径迹照片来推断粒子的性质。Anderson 在他所拍的第一张云室照片上就发现了电子的反粒子，并命名为正电子 (positron)。与宇宙射线的发现者 V. F. Hess[①] 分享了 1936 年诺贝尔物理学奖。正电子是人类发现的第一个反粒子。后来实验发现所有的粒子均有反粒子。反粒子的发现是 20 世纪物理学最重要的发现之一。人们过去认为由稳定粒子 —— (p,n,e) 组成的物质世界是永恒的，不会消失也不会产生。实际上的物质世界比我们想象的更加丰富多彩。正反粒子可以湮没，也可以成对产生。人们假定在大爆炸开始时，物质和反物质是等量的。由于 CP 破坏导致了我们现在的宇宙中物质和反物质的不对称性。当然，这个问题仍然有待于近一步的研究。

在 20 世纪初，爱因斯坦提出了质能转换关系式，导致了原子能的发现和应用。不同类型的物质变化过程联系着不同程度的质能转化。在化学反应中，原子本身基本上保持不变，只是由一种化合物转变成另一种化合物，化学反应造成的能量变化为 1~10eV，而对应的静止质量的变化只有原子量的 $10^{-9} \sim 10^{-10}$ 数量级。原子核反应造成的能量变化约为 1MeV 量级，约占核子本身质量的千分之一。正反粒子的湮没过程是最强的质-能转化过程。在正、反粒子湮没时，全部的静止质量几乎

---

①Victor Francis Hess(1883.6.24~1964.12.17)，美国物理学家。因发现宇宙射线而和 C. Anderson 分享了 1936 年诺贝尔物理学奖。

都转化为动能。这种最强的能量转换形式如能在技术上加以利用(如正反物质火箭发电机)，则比目前已知的核反应堆，在质-能转换效率上高上千倍。正反物质是最理想的燃料。

根据现代物理学，物理规律对于粒子和反粒子，物质和反物质是对称的。据目前的了解，太阳系是由 (p, n, e^-) 等粒子组成的，反粒子很少，而且会和粒子很快地湮没掉。但在银河系之外，甚至银河系之内，有没有反物质组成的星体，我们还不知道。宇宙中物质和反物质共同存在的假设，有待于实验验证。

练 习 题

1. 已经发现的中微子有几种？什么叫中微子振荡？中微子振荡实验的结果有什么重要意义？

2. 对大亚湾反应堆中微子实验做一个调研报告，回答下列问题：(a) 实验仪器设备的布局和设计；(b) 实验的主要内容和目标，目前的主要成果；(c) 列举 2 个其他相关中微子实验的基本情况。

3. 试判断，下述过程在哪些相互作用下是允许的，哪些是不允许的？为什么？

$$
\begin{aligned}
&(1)\ \pi^0 \to e^+\pi^-; \quad (2)\ p \to e^+\gamma; \quad (3)\ e^-\mu^- \to e^-\mu^-;\\
&(4)\ \mu^- \to e^-\bar{\nu}_e\nu_\mu; \quad (5)\ n \to pe^-\nu_e; \quad (6)\ \tau^+ \to \mu^+\nu_\mu\bar{\nu}_\tau.
\end{aligned}
\tag{3.169}
$$

4. 穆勒 (Moeller) 散射和巴巴 (Bhabha) 散射有什么区别？试画出它们各自的领头阶费恩曼图。

5. 考虑一个动量为 $\boldsymbol{k}$、能量为 $E = |\boldsymbol{k}| = k$ 的入射光子与处于静止状态的电子的康普顿散射。如果把散射光子和电子的四动量分别写为 k' 和 p'，初末态粒子的四动量守恒关系式为 $k + p = k' + p'$。由关系式 $p'^2 = m_e^2$，试证明散射光子的能量 E' 可以写为

$$
E' = \frac{E}{1 + (E/m_e)(1-\cos\theta)},
\tag{3.170}
$$

其中 θ 是光子的散射角。

6. 电子的自旋角动量量子数 $s = 1/2$，其自旋角动量的空间指向只有两个：即 $s_z = \pm\hbar/2$(国际单位制)。电子的自旋角动量算符满足一般的角动量对易关系：$[\hat{s}_i, \hat{s}_j] = i\hbar\epsilon_{ijk}\hat{s}_k$。

(a) 证明 $\hat{s}_i$ 的矩阵表示可以写成如下形式：

$$
\hat{s}_x = \frac{\hbar}{2}\begin{pmatrix} 0 & 1 \\ 1 & 0 \end{pmatrix}, \quad \hat{s}_y = \frac{\hbar}{2}\begin{pmatrix} 0 & -i \\ i & 0 \end{pmatrix}, \quad \hat{s}_z = \frac{\hbar}{2}\begin{pmatrix} 1 & 0 \\ 0 & -1 \end{pmatrix};
\tag{3.171}
$$

(b) 证明在 $(\hat{s}^2, \hat{s}_z)$ 共同本征表象下，电子的自旋本征波函数可以写为

$$
\chi_{\frac{1}{2}} = \begin{pmatrix} 1 \\ 0 \end{pmatrix}, \quad \chi_{-\frac{1}{2}} = \begin{pmatrix} 0 \\ 1 \end{pmatrix}.
\tag{3.172}
$$

练 习 题

7. 要观察到两个中微子之间的振荡，必须满足的条件是什么？为什么？

8. 日本 Super-Kamiokande 的中微子实验和中国大亚湾的中微子实验的主要区别有哪些？对 Super-Kamiokande 的中微子实验的主要结果做一个简述。

9. 在距离核反应堆 300m 处，KamLAND 类型的中微子实验测量 $\bar{\nu}_e$ 的流量，所得结果是 (不存在振荡时的) 期望值的 $90\% \pm 10\%$。假定只考虑二味中微子混合和最大混合角 ($\theta = 45°$)，并且中微子的平均能量是 2.5MeV，请估算 Δm_{1j}^2。

10. 试证明：满足狄拉克方程 (3.143) 的费米子具有内禀自旋角动量，自旋量子数为 $s = 1/2$。

11. 目前流行的轻子混合方案有哪些？举例说明。和已经取得巨大成功的 CKM 夸克混合矩阵相比，目前流行的轻子混合方案还存在哪些问题？如何解决？

第 4 章 强子与强子间相互作用

顾名思义，强子就是参与强相互作用的粒子，包含介子 (玻色子) 和重子 (费米子) 两大类粒子。在本章，我们将介绍强子的基本性质和相关的基本理论知识。

描写强相互作用的成功理论是量子色动力学 (QCD)，传递强相互作用的媒介粒子是色八重态的胶子。例如，2 个 u 夸克和 1 个 d 夸克通过强相互作用 (交换胶子) 构成质子: $p = uud$。对于夸克模型的具体细节我们将留到第 6 章再详细阐述，这里我们将在强子层次研究核力的基本性质。核力把质子和中子束缚在一起，形成原子核，是强相互作用的剩余相互作用，也属于强相互作用。核力具有以下几个特点:

(1) 力程短，$\sim 10^{-15}$m；作用强、快，$t \sim 10^{-23}$s。
(2) 核力具有电荷无关性。
(3) 核力不仅具有中心力的成分，也具有与自旋相关的非中心力成分。
(4) 一个核子只与其近旁的少数几个核子发生作用，称之为核力的饱和性。

在 20 世纪 40 年代，人们用 π 介子云来解释核力。现在，人们用夸克之间的 QCD 强相互作用的剩余作用来解释核子之间的核力。

§4.1 核力的汤川势和 π 介子的理论预言

1. 关于 π 介子的理论预言: 1935 年，汤川秀树[①] 发表了解释核内强相互作用的介子理论。汤川秀树把核力场与电磁场做了类比，假设核子间存在 (图 4.1) 由交换 π 介子而产生的核力场，预言了 π 介子的存在，并估算了其质量 ($m_\pi \approx 275 m_e$)。

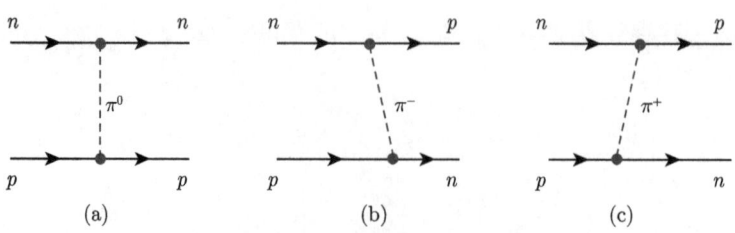

图 4.1 核力的汤川模型: 直接作用 (a) 和交换作用 (b,c)

[①] Hideki Yukawa (1907.1.23~1981.9.8)，日本物理学家。因提出描写强相互作用的 π 介子理论而获得 1949 年诺贝尔物理学奖。是第一位获得诺贝尔奖的日本人。

§4.1 核力的汤川势和 π 介子的理论预言

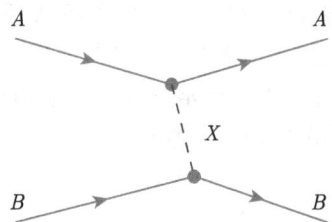

图 4.2 粒子 A 和 B 之间通过交换一个重玻色子 X 而发生相互作用

我们知道，荷电粒子之间的电磁相互作用是长程的，是通过交换零质量的光子产生的。考虑到核力的短程性，两个强子 A, B 之间可能通过交换一个重的玻色子 X 产生核力，如图 4.2 所示。在强子 A 静止系，考虑跃迁过程

$$A(p_A) \to A(p'_A) + X(p_X), \tag{4.1}$$

其中

$$p_A = (m_A, 0), \quad p'_A = (E_A, \boldsymbol{p}), \quad p_X = (E_X, -\boldsymbol{p}), \tag{4.2}$$

其中 $E_A = \sqrt{m_A^2 + |\boldsymbol{p}|^2}, E_X = \sqrt{m_X^2 + |\boldsymbol{p}|^2}$。根据能量–动量测不准关系，我们可以估算在被重新吸收以前，重 X 玻色子所能传播的最远距离。因为能量的不确定度为 $\Delta E = E_X + E_A - m_A \geqslant m_X$，如果 ΔE 存在的时间间隔为 Δt，那么根据能量–动量测不准关系有 $\Delta t \approx \hbar/\Delta E$，所以 X 玻色子传播的距离，亦即这种相互作用的力程为

$$R \approx c\hbar/m_X. \tag{4.3}$$

我们已经知道核力被局限在原子核的范围内，力程是 10^{-15}m，所以汤川秀树通过上面的公式反推出传递核力的中间玻色子质量是 100MeV 的量级。

C. F. Powell(1903.12.5~1969.8.9，英国物理学家) 发展了研究核反应过程的照相乳胶记录法，并用此方法在 1947 年发现了 π 介子。因而获得了 1950 年诺贝尔物理学奖。

如果把交换的重玻色子作为一个"等效势场"$V(r)$ 来处理，那么这个等效势所满足的 K-G 方程为

$$\nabla^2 V(r) = m_X^2 V(r). \tag{4.4}$$

其解为

$$V(r) = \frac{g^2}{4\pi r} e^{-r/R}. \tag{4.5}$$

其中 g 是积分常数,可以被理解为是 A,B 粒子和 X 玻色子之间的耦合常数。上式中的 $V(r)$ 就是 1935 年汤川提出的"汤川势"。

在汤川介子理论中,相互作用耦合常数 g 与量子电动力学中的电荷 e 类似,所以可以定义在 $r \leqslant R$ 的力程范围内核力耦合强度为

$$\alpha_X = \frac{g^2}{4\pi}. \tag{4.6}$$

当一个粒子 (平面波) 被这样一个势场 $V(r)$ 散射时,动量转移为 $\boldsymbol{q}$。在动量空间,散射振幅可以写成

$$f(\boldsymbol{q}) = \int V(\boldsymbol{r}) e^{i\boldsymbol{q}\cdot\boldsymbol{r}} d^3\boldsymbol{r}. \tag{4.7}$$

取极坐标系,并取近似 $V(\boldsymbol{r}) = V(r)$,那么有

$$f(\boldsymbol{q}) = 4\pi g \int V(r) \frac{\sin qr}{qr} r^2 dr = \frac{-g^2}{q^2 + m_X^2}. \tag{4.8}$$

对类点相互作用,$q^2 \ll m_X^2$,$f(\boldsymbol{q})$ 变成一个由 α_X 和 m_X 确定的常数

$$f(\boldsymbol{q}) = -G = \frac{-4\pi\alpha_X}{m_X^2}. \tag{4.9}$$

更细致的研究表明,当发生核反应的强子之间的距离比较远 (低能核反应) 时,可以用汤川势 (4.5) 描写这样的反应。但当距离很小 (高能入射粒子) 时,汤川介子理论失效。**这表明,对高能核反应,必须考虑核子的内部结构!**

2. **π 介子性质**:$J^P = 0^-$,**赝标介子**。

(a) π 介子是 0^- 赝标介子。有 3 种 π 介子:π^+, π^0, π^-。

(b) π^+ 介子的质量可以通过测量 π^+ 介子在磁场中的轨迹确定其动量,另外测量 π^+ 介子在介质中的电离或射程以确定其速度或能量后,计算出其质量。

$$m_{\pi^\pm} = 139.57018(35)\text{MeV}, \quad \tau_{\pi^+} = 2.6033(5) \times 10^{-8}\text{s},$$
$$Br(\pi^+ \to \mu^+ \nu_\mu) = 99.98770(4)\%. \tag{4.10}$$

对 π^0 介子质量的测量较为复杂,需要通过测量其衰变末态两个光子的能量来获得[1]。

$$m_{\pi^0} = 134.9766(6)\text{MeV}, \quad \tau_{\pi^0} = 8.4(6) \times 10^{-17}\text{s},$$
$$Br(\pi^0 \to \gamma\gamma) = 98.798(32)\%. \tag{4.11}$$

由于 π^0 介子主要衰变道是电磁相互作用,较 π^+ 的弱相互作用衰变强很多,因而其寿命短很多。

§4.1 核力的汤川势和 π 介子的理论预言

(c) π 介子的自旋量子数为 0。π^+ 介子的自旋可以根据细致平衡原理通过测量其和氘核 d 的可逆反应

$$\pi^+ + d \longleftrightarrow p + p \tag{4.12}$$

的正、反向作用截面来确定。由正反粒子性质知道 π^- 和 π^+ 介子具有相同的自旋。π^0 介子的自旋可以通过研究 $\pi^0 \to 2\gamma$ 衰变来确定。

(d) π 介子的宇称为 -1。π^- 介子的宇称可以通过研究氘核俘获低能 π^- 介子产生两个中子的反应

$$\pi^- + d \longleftrightarrow n + n \tag{4.13}$$

来确定：$P_{\pi^-} = -1$。氘核内两核子 p, n 的轨道角动量为偶数值 (约 94% 的 s 态，和 4% 的 d 态)。同样通过正反粒子性质定义 π^+ 和 π^- 介子具有相同的宇称。

π^0 介子的宇称可以通过研究反应

$$\pi^- + d \to n + n + \pi^0 \tag{4.14}$$

来确定。该反应不能实现，说明 π^0 介子的宇称也为 -1。通过研究 $\pi^0 \to \gamma\gamma$ 衰变所产生的两个 γ 光子极化平面的取向来确定它的宇称。实验测得两个 γ 光子极化平面是垂直的，因此判定也应具有负宇称。

3. 用 π 介子理论定性解释质子和中子反常磁矩：

根据狄拉克方程，$\mu_p = \mu_N$，$\mu_n = 0$。但实验测量值为

$$\mu_p = +2.7928\mu_N, \quad \mu_n = -1.9131\mu_N, \tag{4.15}$$

其中 $\mu_N = e\hbar/(2m_p c)$ 称之为核磁子。差值 $\Delta\mu_p = 1.7928\mu_N$，$\Delta\mu_n = -1.9131\mu_N$ 称之为核子的反常磁矩。我们可以用 $p \to \pi^+ n$ 的虚过程来定性地解释核子的反常磁矩。由于 π^+ 介子自旋为 0，本身没有磁矩。但在其围绕中子运动中形成小环状电流，产生磁矩，对质子的磁矩有贡献。在 $p \to \pi^+ n$ 虚过程中，总角动量及宇称守恒。孤立的质子，没有轨道角动量。若选质子自旋角动量方向为 Z 轴正向，则有：$(s, s_z)|_{\text{proton}} = (1/2, 1/2)$，质子、中子和 π 介子的宇称量子数分别为 $(\pi_p = +1, \pi_n = +1, \pi_\pi = -1)$，即有

$$\begin{array}{cccc}
p & \longrightarrow & \pi^+ & + \quad n, \\
s = \dfrac{1}{2} & & 0 & s = \dfrac{1}{2} \\
s_z = \dfrac{1}{2} & & 0 & s_z = \pm\dfrac{1}{2} \\
\pi_p = 1 & & -1 & 1
\end{array} \tag{4.16}$$

所以 $n-\pi$ 系统的总宇称为

$$\pi_\pi \pi_n (-1)^L = (-1)^{L+1}, \tag{4.17}$$

其中 L 为 $\pi - n$ 质心系中的轨道角动量。总宇称守恒要求 L 是奇数，总角动量守恒要求 $L = 0, 1$。因此，L 只能取 1。由 J_z 守恒，

$$\left(J_z = \frac{1}{2}\right)\Big|_i = \left[\left(L_z = 1, s_z = -\frac{1}{2}\right) \text{ 或 } \left(L_z = 0, s_z = \frac{1}{2}\right)\right]\Big|_f. \tag{4.18}$$

$L_z = -1$ 的态不能出现。因此，π^+ 介子围绕中子运动所产生的磁矩与原来质子磁矩的方向相同，使质子磁矩增加。同理，可以解释中子反常磁矩为负的情况。当然，**这只是一个定性的解释。**

§4.2 核力与同位旋

§4.2.1 核力的电荷无关性和同位旋的引入

质子和中子的自旋相同 ($s = 1/2$)，质量相近 ($m_p = 938.3$ MeV, $m_n = 939.6$ MeV)，相差只有 1.3MeV，但电荷不同。质子和中子都参与强相互作用过程，强相互作用性质相似，但电磁相互作用和弱相互作用性质不同。类似的情况还有 π 介子，它们有三种荷电状态 (π^+, π^0, π^-)。如果首先考察强相互作用，略去远比强相互作用弱的其他几种相互作用，那么根据大量实验数据得到的结论是：**可以把质子 p 和中子 n 看作是同一种粒子（"核子" N）的不同带电状态，把 π^+, π^0, π^- 看作是 π 介子的不同带电状态。**

镜像核： 两种原子核，其核子总数一样，而一个核的中子数等于另一个核的质子数。如 $^3_1$H 和 $^3_2$He，$^7_3$Li 和 $^7_4$Be，$^{14}_6$C 和 $^{14}_8$O 等。

实验测量发现：(a) 如图 4.3 所示，"镜像核"之间的能级分布相似；(b) "镜像核"的基态结合能相差不大，而且结合能的差值基本上等于"镜像核"的库仑位能差（表 4.1）。我们把 pp 和 nn 之间的强相互作用相同称为核力的电荷对称性；而把在相同状态下，pp、np 和 nn 之间的强相互作用都相同称为核力的电荷无关性。

表 4.1 一些"镜像核"的基态结合能

镜像核	$^3_1$H 和 $^3_2$He	$^7_3$Li 和 $^7_4$Be	$^{14}_6$C 和 $^{14}_8$O
结合能/MeV	8.33, 7.60	38.96, 37.33	104.70, 98.14
结合能差/MeV	0.73	1.65	6.55
库仑位能差/MeV	0.8	1.8	6.7

§4.2 核力与同位旋

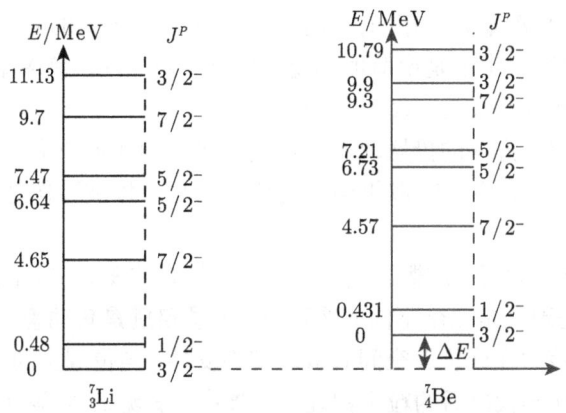

图 4.3 镜像核 ^7_3Li 和 ^7_4Be 能级比较图

同位旋是粒子物理学中最早遇到的重要的内部对称性。根据质子、中子在强相互作用过程中的相似性，1932 年，海森伯提出了同位旋的概念：在强相互作用中，把质子和中子看作是同一种粒子的两种荷电状态。

$$\begin{pmatrix} p \\ n \end{pmatrix}, \quad [I=1/2, I_3 = \pm 1/2], \quad Q = I_3 + Y/2 \tag{4.19}$$

从群论的角度，可以把同位旋与粒子的自旋做类比。电子的自旋是 $1/2$，它在某一特定的方向上的投影可以有 $1/2$ 和 $-1/2$ 两个值；如果另一种粒子的自旋为 1，则它在 z 方向的投影可以有 $1,0,-1$ 三个值。自旋在 z 方向的投影取不同值是同一种粒子的不同运动状态。类似地，也可以认为核子具有某种类似于自旋的 "旋"，称为同位旋。

自旋是和空间中的旋转对应的某种角动量，用群论的语言来说，自旋角动量是由空间三个方向转动的生成元所构成。类似地，同位旋也是和一种抽象空间中的旋转对应的某种 "角动量"。粒子物理学对这类反映粒子对称性质的抽象空间统称为内部空间，以和普通的三维空间相区分，和同位旋相联系的内部空间通常称为同位旋空间。

实验显示的规律性和特征可以被概括为：可以引入一个内部抽象空间上的 $SU(2)$ 变换群，强相互作用在这个内部空间的 $SU(2)$ 群变换下具有不变性，相应的三个生成元构成一个具有三个分量的抽象空间中的矢量。考虑到这个内部对称性的数学结构和自旋相同，称这个内部 $SU(2)$ 对称性为同位旋对称性。与自旋对应，称这个量为同位旋。**同位旋是强相互作用下的守恒量，所有的强子都具有确定的同位旋。**

在同位旋空间里也可以选定一个特殊方向。同位旋为 I 的粒子，其同位旋在这特殊方向 (通常称为第三方向) 的投影 I_3 的可取值为 $I, I-1, \cdots, -I+1, -I$，共

$2I+1$ 个值，这和角动量完全相同；由于同位旋把不同电荷的粒子统一起来，因此可以规定 I_3 的本征态也就是电荷取确定值的态，同一同位旋多重态内不同 I_3 本征值的改变等于电荷的改变：$\Delta I_3 = \Delta Q$。

自旋在某一特定方向的投影取不同值的电子是电子的不同运动状态。与此相应，一个同位旋多重态中，I_3 取不同值的诸分量也可以被看作是同一种粒子的不同带电状态。

如前所述，核子的同位旋概念完全是比照电子自旋概念引入的。在数学处理上类似，但它们在物理上是完全不同的物理量。**电子自旋是角动量，同位旋表示内部空间的对称性**。核力在同位旋空间具有旋转不变性，与位置空间完全无关。

在 20 世纪 50 年代以后的粒子物理的发展中，发现 π，K 等强相互作用粒子都具有同位旋。在它们参与的强相互作用过程中，同位旋守恒定律具有普遍的意义。因此，在粒子物理研究中，同位旋是一个非常有用的概念。

§4.2.2 两个核子体系的同位旋

把两个核子的同位旋分别记为：$\hat{I}^{(1)}$，$\hat{I}^{(2)}$，那么，两核子系统的总同位旋 $\hat{I}$ 为两个核子的同位旋的矢量和：

$$\hat{I} = \hat{I}^{(1)} \oplus \hat{I}^{(2)}: \quad 1/2 \oplus 1/2 \to 1, 0. \tag{4.20}$$

两核子同位旋的第三分量之和遵守普通代数加法。

核子的同位旋波函数是算符 (I, I_3) 的共同本征波函数 χ_{I,I_3}。质子的同位旋波函数是 $\chi_{\frac{1}{2},\frac{1}{2}}$，中子的同位旋波函数是 $\chi_{\frac{1}{2},-\frac{1}{2}}$。对两核子体系，同位旋波函数 χ_{I,I_3} 有四种可能状态列在表 4.2 中，其中前三个是总同位旋为 1 的三个不同同位旋投影分量波函数，它们是对称状态；最后一个是总同位旋为 0 的反对称状态。

表 4.2 两核子体系的同位旋量子数和波函数

对称性	I	I_3	χ_{I,I_3}	物理态
对称	1	+1	$\chi^1_{\frac{1}{2},\frac{1}{2}} \chi^2_{\frac{1}{2},\frac{1}{2}}$	pp
对称	1	0	$\frac{1}{\sqrt{2}}\left[\chi^1_{\frac{1}{2},\frac{1}{2}} \chi^2_{\frac{1}{2},-\frac{1}{2}} + \chi^2_{\frac{1}{2},\frac{1}{2}} \chi^1_{\frac{1}{2},-\frac{1}{2}}\right]$	pn
对称	1	−1	$\chi^1_{\frac{1}{2},-\frac{1}{2}} \chi^2_{\frac{1}{2},-\frac{1}{2}}$	nn
反对称	0	0	$\frac{1}{\sqrt{2}}\left[\chi^1_{\frac{1}{2},\frac{1}{2}} \chi^2_{\frac{1}{2},-\frac{1}{2}} - \chi^2_{\frac{1}{2},\frac{1}{2}} \chi^1_{\frac{1}{2},-\frac{1}{2}}\right]$	pn

两核子体系的总波函数为空间波函数 $\psi(\boldsymbol{r}_1, \boldsymbol{r}_2)$、自旋波函数 χ_{s,s_z} 和同位旋波函数 χ_{I,I_3} 的乘积

$$\psi = \psi(\boldsymbol{r}_1, \boldsymbol{r}_2) \cdot \chi_{s,s_z} \cdot \chi_{I,I_3}. \tag{4.21}$$

§4.2 核力与同位旋

在引入了同位旋波函数以后，质子和中子为全同粒子，遵守推广了的泡利原理：**在核子体系波函数中，对于任意两个核子的交换，核子体系总波函数应是反对称的。** 若只考虑在质心系中系统的轨道角动量 $L=0$ 的状态，那么这时体系波函数的空间部分 $\psi(\boldsymbol{r}_1,\boldsymbol{r}_2)$ 对于两个核子的交换是对称的，则自旋波函数 χ_{s,s_z} 和同位旋波函数 χ_{I,I_3} 的乘积必须是反对称的。表 4.3 中给出了由 χ_{s,s_z} 和 χ_{I,I_3} 构成的六种可能反对称态，也就是说自旋波函数和同位旋波函数必须一个对称，另一个反对称。

表 4.3　两核子体系轨道角动量 $L=0$ 时波函数 ψ 的六种可能状态

$\psi(\boldsymbol{r}_1,\boldsymbol{r}_2)$	自旋波函数 χ_{s,s_z}	同位旋波函数 χ_{I,I_3}	状态数目
对称	对称: $s=1, s_z=0,\pm 1$	反对称: $I=0, I_3=0$	3
对称	反对称: $s=0, s_z=0$	对称: $I=1, I_3=0,\pm 1$	3

广义泡利原理对两核子体系的量子数 L,s,I 给出的限制是

$$(-1)^L(-1)^{s+1}(-1)^{I+1}=(-1)^{L+s+I}=-1. \tag{4.22}$$

若不考虑同位旋，质子和中子不是全同粒子。处在 $L=0$ 状态的两核子体系也有六种可能状态。这时，两核子体系的波函数为

$$\psi_{L,s,s_z}=\psi(\boldsymbol{r}_1,\boldsymbol{r}_2)\cdot\chi_{s,s_z}, \tag{4.23}$$

可以有以下三种具体情况：

1. 两核子为全同 nn 系统，泡利原理起作用。对于 $L=0$ 态，空间部分 $\psi(\boldsymbol{r}_1,\boldsymbol{r}_2)$ 对于两个核子的交换是对称的，则自旋部分 χ_{s,s_z} 只能是反对称的单态 $\chi_{0,0}$。总波函数也只有一个 $\psi_{0,0,0}$ 态。

2. 两核子为全同 pp 系统。同理可以证明总波函数也只有一个 $\psi_{0,0,0}$ 态。

3. 两核子为 np 系统，泡利原理不起作用。对于 $L=0$ 态，空间部分 $\psi(\boldsymbol{r}_1,\boldsymbol{r}_2)$ 对于两个核子的交换是对称的，但自旋部分 χ_{s,s_z} 可以是反对称的单态 $\chi_{0,0}$，也可以是对称的三重态 $\chi_{1,1},\chi_{0,1},\chi_{1,-1}$。总波函数有四个。

所以不考虑同位旋波函数时得到的状态数目和引入同位旋波函数时得到的独立状态数目是完全相同的。

§4.2.3　核子同位旋算符及波函数的矩阵表示*

核子同位旋波函数：

$$\chi_{\frac{1}{2},\frac{1}{2}}=\alpha=\begin{pmatrix}1\\0\end{pmatrix}\to\text{proton},\quad \chi_{\frac{1}{2},-\frac{1}{2}}=\beta=\begin{pmatrix}0\\1\end{pmatrix}\to\text{neutron}, \tag{4.24}$$

核子同位旋算符：

$$\hat{I}_1 = \frac{1}{2}\begin{pmatrix} 0 & 1 \\ 1 & 0 \end{pmatrix}, \quad \hat{I}_2 = \frac{1}{2}\begin{pmatrix} 0 & -i \\ i & 0 \end{pmatrix}, \quad \hat{I}_3 = \frac{1}{2}\begin{pmatrix} 1 & 0 \\ 0 & -1 \end{pmatrix}. \tag{4.25}$$

除了 1/2 因子外，同位旋算符和自旋算符的泡利矩阵 σ 形式上完全一样，满足同样的对易关系

$$[I_i, I_j] = i\epsilon_{ijk} I_k. \tag{4.26}$$

$\hat{I}^2$ 和 $\hat{I}_3$ 算符的本征方程为

$$\begin{aligned} \hat{I}^2 \chi_{I,I_3} &= I(I+1) \chi_{I,I_3}, \\ \hat{I}_3 \chi_{I,I_3} &= I_3 \chi_{I,I_3}, \end{aligned} \tag{4.27}$$

另外，还可以定义同位旋"升"、"降"算符 $\hat{I}_+$、$\hat{I}_-$，以及两个投影算符 $\hat{I}_p$、$\hat{I}_n$

$$\hat{I}_+ = I_1 + iI_2 = \begin{pmatrix} 0 & 1 \\ 0 & 0 \end{pmatrix}, \quad \hat{I}_- = I_1 - iI_2 = \begin{pmatrix} 0 & 0 \\ 1 & 0 \end{pmatrix}, \tag{4.28}$$

$$\hat{I}_p = \frac{1}{2} + I_3 = \begin{pmatrix} 1 & 0 \\ 0 & 0 \end{pmatrix}, \quad \hat{I}_n = \frac{1}{2} - I_3 = \begin{pmatrix} 0 & 0 \\ 0 & 1 \end{pmatrix}. \tag{4.29}$$

将"升"、"降"算符 $\hat{I}_+$、$\hat{I}_-$ 作用在质子和中子波函数上，得到

$$\hat{I}_+ \chi_{\frac{1}{2},\frac{1}{2}} = 0, \quad \hat{I}_+ \chi_{\frac{1}{2},-\frac{1}{2}} = \chi_{\frac{1}{2},\frac{1}{2}}, \tag{4.30}$$

$$\hat{I}_- \chi_{\frac{1}{2},\frac{1}{2}} = \chi_{\frac{1}{2},-\frac{1}{2}}, \quad \hat{I}_- \chi_{\frac{1}{2},-\frac{1}{2}} = 0. \tag{4.31}$$

将投影算符 $\hat{I}_p$、$\hat{I}_n$ 作用在质子和中子波函数上，得到

$$\hat{I}_p \chi_{\frac{1}{2},\frac{1}{2}} = \chi_{\frac{1}{2},\frac{1}{2}}, \quad \hat{I}_p \chi_{\frac{1}{2},-\frac{1}{2}} = 0, \tag{4.32}$$

$$\hat{I}_n \chi_{\frac{1}{2},\frac{1}{2}} = 0, \quad \hat{I}_n \chi_{\frac{1}{2},-\frac{1}{2}} = \chi_{\frac{1}{2},-\frac{1}{2}}. \tag{4.33}$$

对于一般的状态

$$\chi(N) = a\chi_{\frac{1}{2},\frac{1}{2}} + b\chi_{\frac{1}{2},-\frac{1}{2}}, \tag{4.34}$$

则有

$$\hat{I}_p \chi(N) = a\chi_{\frac{1}{2},\frac{1}{2}}, \quad \hat{I}_n \chi(N) = b\chi_{\frac{1}{2},-\frac{1}{2}}. \tag{4.35}$$

即把投影算符 $\hat{I}_p$、$\hat{I}_n$ 作用到任意波函数上，分别挑出质子态或中子态。

§4.2 核力与同位旋

π 介子的同位旋量子数为 1，对应 (π^+, π^0, π^-) 三个状态。引入同位旋空间的升降算符，则有

$$\hat{I}_\pm = \hat{I}_1 \pm i\hat{I}_2,$$
$$\hat{I}_\pm |I, I_3\rangle = \sqrt{I(I+1) - I_3(I_3 \pm 1)}|I, I_3 \pm 1\rangle. \tag{4.36}$$

§4.2.4 πN 系统的同位旋

在无耦合表象下，πN 系统有 6 种可能的物理状态 ($|\pi^+ p\rangle$, $|\pi^+ n\rangle$, $|\pi^0 p\rangle$, $|\pi^0 n\rangle$, $|\pi^- p\rangle$, $|\pi^- n\rangle$)。其波函数构成无耦合表象的一组基矢：

$$\psi_{\pi^+ p} = |1,1\rangle \left|\frac{1}{2}, \frac{1}{2}\right\rangle, \qquad \psi_{\pi^+ n} = |1,1\rangle \left|\frac{1}{2}, -\frac{1}{2}\right\rangle,$$
$$\psi_{\pi^0 p} = |1,0\rangle \left|\frac{1}{2}, \frac{1}{2}\right\rangle, \qquad \psi_{\pi^0 n} = |1,0\rangle \left|\frac{1}{2}, -\frac{1}{2}\right\rangle,$$
$$\psi_{\pi^- p} = |1,-1\rangle \left|\frac{1}{2}, \frac{1}{2}\right\rangle, \qquad \psi_{\pi^- n} = |1,-1\rangle \left|\frac{1}{2}, -\frac{1}{2}\right\rangle. \tag{4.37}$$

在耦合表象下，$1 \times 1/2 \to I = 3/2, 1/2$，$\pi N$ 系统也有 6 种可能的物理状态。其波函数构成耦合表象的一组基矢：

$$\psi_{\frac{3}{2},\frac{3}{2}} = \left|\frac{3}{2}, \frac{3}{2}\right\rangle, \qquad \psi_{\frac{3}{2},\frac{1}{2}} = \left|\frac{3}{2}, \frac{1}{2}\right\rangle,$$
$$\psi_{\frac{3}{2},-\frac{1}{2}} = \left|\frac{3}{2}, -\frac{1}{2}\right\rangle, \qquad \psi_{\frac{3}{2},-\frac{3}{2}} = \left|\frac{3}{2}, -\frac{3}{2}\right\rangle,$$
$$\psi_{\frac{1}{2},\frac{1}{2}} = \left|\frac{1}{2}, \frac{1}{2}\right\rangle, \qquad \psi_{\frac{1}{2},-\frac{1}{2}} = \left|\frac{1}{2}, -\frac{1}{2}\right\rangle. \tag{4.38}$$

可以将无耦合表象下的物理状态按照耦合表象下的物理状态通过 Clebesh-Gorde 系数展开为

$$\psi_{\pi^+ p} = \psi_{\frac{3}{2},\frac{3}{2}}, \tag{4.39}$$

$$\psi_{\pi^0 p} = \sqrt{\frac{2}{3}} \psi_{\frac{3}{2},\frac{1}{2}} - \sqrt{\frac{1}{3}} \psi_{\frac{1}{2},\frac{1}{2}}, \tag{4.40}$$

$$\psi_{\pi^- p} = \sqrt{\frac{1}{3}} \psi_{\frac{3}{2},-\frac{1}{2}} - \sqrt{\frac{2}{3}} \psi_{\frac{1}{2},-\frac{1}{2}}, \tag{4.41}$$

$$\psi_{\pi^- n} = \psi_{\frac{3}{2},-\frac{3}{2}}, \tag{4.42}$$

$$\psi_{\pi^0 n} = \sqrt{\frac{2}{3}} \psi_{\frac{3}{2},-\frac{1}{2}} + \sqrt{\frac{1}{3}} \psi_{\frac{1}{2},-\frac{1}{2}}, \tag{4.43}$$

$$\psi_{\pi^+ n} = \sqrt{\frac{1}{3}} \psi_{\frac{3}{2},\frac{1}{2}} + \sqrt{\frac{2}{3}} \psi_{\frac{1}{2},\frac{1}{2}}. \tag{4.44}$$

同理，也可以将耦合表象下的物理状态按照无耦合表象下的物理状态展开为

$$\psi_{\frac{3}{2},\frac{3}{2}} = \psi_{\pi^+ p}, \tag{4.45}$$

$$\psi_{\frac{3}{2},\frac{1}{2}} = \sqrt{\frac{2}{3}}\psi_{\pi^0 p} + \sqrt{\frac{1}{3}}\psi_{\pi^+ n}, \tag{4.46}$$

$$\psi_{\frac{3}{2},-\frac{1}{2}} = \sqrt{\frac{1}{3}}\psi_{\pi^- p} + \sqrt{\frac{2}{3}}\psi_{\pi^0 n}, \tag{4.47}$$

$$\psi_{\frac{3}{2},-\frac{3}{2}} = \psi_{\pi^- n}, \tag{4.48}$$

$$\psi_{\frac{1}{2},\frac{1}{2}} = \sqrt{\frac{2}{3}}\psi_{\pi^+ n} - \sqrt{\frac{1}{3}}\psi_{\pi^0 p}, \tag{4.49}$$

$$\psi_{\frac{1}{2},-\frac{1}{2}} = \sqrt{\frac{1}{3}}\psi_{\pi^0 n} - \sqrt{\frac{2}{3}}\psi_{\pi^- p}. \tag{4.50}$$

§4.3 同位旋对称性的应用

同位旋守恒在强相互作用系统具有非常广泛的应用，能够对很多相互作用过程给出很强的限制，而且在弱作用过程中也有很多应用，给出很强的限制。

§4.3.1 同位旋守恒定律

同位旋概念的物理基础是强相互作用的电荷无关性。在强相互作用过程中，I 和 I_3 都是守恒量。在电磁相互作用中，I 不守恒，但 I_3 是守恒量；在弱相互作用中，I 和 I_3 都不是守恒量。体系的哈密顿量可以写成

$$\mathcal{H} = \mathcal{H}_S(I) + \mathcal{H}_{EM}. \tag{4.51}$$

由于电磁相互作用 $\mathcal{H}_{EM}$ 与 (I, I_3) 有关，破坏同位旋守恒，因此总哈密顿量 $\mathcal{H}$ 不再具有完全的同位旋对称性。

如果首先考察强相互作用，略去远比强相互作用弱，从而可以作为小的修正的其他几种相互作用，那么在强子参加的强相互作用过程中同位旋是守恒量。

同位旋守恒对强相互作用的过程给出很强的限制和预言。同位旋守恒要求系统在同位旋空间中的状态在反应过程中保持不变。由于系统在同位旋空间所处的状态可以完全地通过系统的同位旋 I 及其在第三方向的投影 I_3 来描写，同位旋守恒直接表现为系统的 I 和 I_3 在反应前到反应后不变。

根据同位旋守恒定律可以得到一些反应截面之间的比例关系。例如对反应

$$n + p \to d + \pi^0, \tag{4.52}$$

$$p + p \to d + \pi^+, \tag{4.53}$$

§4.3 同位旋对称性的应用

其反应截面之间的关系为

$$\sigma(n+p \to d+\pi^0) = 1/2 \cdot \sigma(p+p \to d+\pi^+) \tag{4.54}$$

证明：由于氘核 d 的同位旋 $I_d = 0$，所以两个反应过程的末态的同位旋均为 1，而初态的同位旋则不同。对反应 (4.53) 的初态 pp 系统有：$I = I_3 = 1$。而反应 (4.52) 的初态 np 系统有 $I_3 = 0$, $I = 0,1$。**如果把质子–中子无耦合表象的同位旋波函数按照耦合表象的同位旋波函数展开**，则根据 C-G 系数得到

$$\chi_{\frac{1}{2},\frac{1}{2}}(q_1)\chi_{\frac{1}{2},\frac{1}{2}}(q_2) = \chi_{1,1}, \tag{4.55}$$

$$\chi_{\frac{1}{2},\frac{1}{2}}(q_1)\chi_{\frac{1}{2},-\frac{1}{2}}(q_2) = \frac{1}{\sqrt{2}}\left[\chi_{1,0} + \chi_{0,0}\right], \tag{4.56}$$

$$\chi_{\frac{1}{2},-\frac{1}{2}}(q_1)\chi_{\frac{1}{2},\frac{1}{2}}(q_2) = \frac{1}{\sqrt{2}}\left[\chi_{1,0} - \chi_{0,0}\right], \tag{4.57}$$

$$\chi_{\frac{1}{2},-\frac{1}{2}}(q_1)\chi_{\frac{1}{2},-\frac{1}{2}}(q_2) = \chi_{1,-1}. \tag{4.58}$$

那么，由式 (4.56) 和式 (4.57) 可以看出，初态 np 系统处于 $I=0$ 和 $I=1$ 态的概率各为 $1/2$。在反应 (4.52) 中，如果同位旋守恒，则只有 $\chi_{1,0}$ 态对截面有贡献 (电磁相互作用对这些反应的贡献可以忽略)，因此有式 (4.54) 的截面关系成立。实验测量结果与式 (4.54) 符合得很好。

我们再以 π 介子与核子 N 的散射为例，来看同位旋守恒给出的限制和预言。电荷守恒允许存在下述十个过程：

$$\begin{array}{ll}
\pi^+ p \to \pi^+ p, \ (\sigma_1), & \pi^- n \to \pi^- n, \ (\sigma_2), \\
\pi^+ n \to \pi^+ n, \ (\sigma_3), & \pi^- p \to \pi^- p, \ (\sigma_4), \\
\pi^0 p \to \pi^0 p, \ (\sigma_5), & \pi^0 n \to \pi^0 n, \ (\sigma_6),
\end{array} \tag{4.59}$$

$$\pi^+ n \to \pi^0 p, \ (\sigma_7), \quad \pi^0 p \to \pi^+ n, \ (\sigma_8), \tag{4.60}$$

$$\pi^0 n \to \pi^- p, \ (\sigma_9), \quad \pi^- p \to \pi^0 n, \ (\sigma_{10}). \tag{4.61}$$

我们用 $\sigma_1, \cdots, \sigma_{10}$ 分别表示这十个过程的截面。其中前六个是弹性散射过程，后面四个是电荷交换散射过程。如果没有同位旋守恒，也没有其他对称性的限制，这十个截面是互相独立的，需要独立进行测量。

但是过程 7,8 互为逆过程，过程 9,10 也互为逆过程。如果考虑了时间反演不变性，应有 $\sigma_7 = \sigma_8$ 和 $\sigma_9 = \sigma_{10}$，也就是说只有八个互相独立的截面，需要用八个独立的跃迁振幅来描写。**若考虑同位旋不变性后，这八个过程最后将只需要用两个独立振幅及其相对相位来描写。**

强相互作用在同位旋空间转动时具有不变性。考虑在同位旋空间绕垂直于第三轴的任意轴转 $180°$，这样就把第三轴的方向反向了，所有的粒子的 I 不变，但 I_3 变号。在这样的转动下，过程 1,2 互换，过程 3,4 互换，过程 5,6 互换，过程 7,10 互换，过程 8,9 互换，同位旋空间转动不变性给出 $\sigma_1 = \sigma_2$, $\sigma_3 = \sigma_4$, $\sigma_5 = \sigma_6$, $\sigma_7 = \sigma_{10}$, $\sigma_8 = \sigma_9$。**再加上时间反演**，$\sigma_7 = \sigma_8 = \sigma_9 = \sigma_{10}$，**这样从同位旋空间转动不变性出发，即使不作定量计算，已经可以得出最多只有四个独立的截面。**

πN 强相互作用的同位旋守恒定律要求 $H = H(I)$，与 I 有关，但与 I_3 无关。因为 πN 系统的总同位旋 $I = 1/2, 3/2$，基本的散射矩阵元只有两个，分别对应 $1/2 \to 1/2$ 和 $3/2 \to 3/2$ 的跃迁，即

$$f = \langle \psi_{\frac{3}{2}, fs} | \hat{H} | \psi_{\frac{3}{2}, is} \rangle, \quad i.e., \quad \frac{3}{2} \longrightarrow \frac{3}{2}, \tag{4.62}$$

$$g = \langle \psi_{\frac{1}{2}, fs} | \hat{H} | \psi_{\frac{1}{2}, is} \rangle, \quad i.e., \quad \frac{1}{2} \longrightarrow \frac{1}{2}. \tag{4.63}$$

因此，由于反应前后同位旋及第三分量守恒，根据第 4.2.4 节的 C-G 系数，我们可以得到下列各组反应截面：

$$\begin{cases} \pi^+ p \to \pi^+ p \\ \pi^- n \to \pi^- n \end{cases}, \quad \mathcal{M}_1 = f, \tag{4.64}$$

$$\begin{cases} \pi^0 p \to \pi^0 p \\ \pi^0 n \to \pi^0 n \end{cases}, \quad \mathcal{M}_2 = \frac{2}{3} f + \frac{1}{3} g, \tag{4.65}$$

$$\begin{cases} \pi^0 p \to \pi^+ n \\ \pi^0 n \to \pi^- p \\ \pi^- p \to \pi^0 n \\ \pi^+ n \to \pi^0 p \end{cases}, \quad \mathcal{M}_3 = \frac{\sqrt{2}}{3} [f - g], \tag{4.66}$$

$$\begin{cases} \pi^- p \to \pi^- p \\ \pi^+ n \to \pi^+ n \end{cases}, \quad \mathcal{M}_4 = \frac{1}{3} f + \frac{2}{3} g. \tag{4.67}$$

显然，只有四个独立的振幅，也就是只有四个独立的截面。

由于反应截面正比于跃迁振幅绝对值的平方 ($\sigma_i \propto |\mathcal{M}_i|^2$)，所以和测量有直接关系的是这两个跃迁振幅的绝对值 $|f|$, $|g|$ 和它们之间的相对相角 θ，亦即在式 (4.64)~(4.67) 的 4 个振幅 $\mathcal{M}_i$ 中，只有 $|f|$, $|g|$ 和 f 与 g 之间的相对相角 θ 三个需要独立测量的量。根据上述 4 个方程式可以找到反应截面之间的关系

$$|\mathcal{M}_1|^2 + |\mathcal{M}_4|^2 = 2|\mathcal{M}_2|^2 + |\mathcal{M}_3|^2, \quad \sigma_1 + \sigma_4 = 2\sigma_2 + \sigma_3. \tag{4.68}$$

所以对应的反应截面也只有三个是独立的。

§4.3 同位旋对称性的应用

例 1: (3, 3) 共振问题。 在 πN 系统强相互作用过程中，如果在某些能量下 $g = 0$，只有跃迁矩阵元 f 贡献时，式 (4.64) 和式 (4.67) 中所表示的各反应截面为

$$\sigma_1 = |\mathcal{M}_1|^2 = |f|^2, \tag{4.69}$$

$$\sigma_2 = |\mathcal{M}_2|^2 = \frac{4}{9}|f|^2, \tag{4.70}$$

$$\sigma_3 = |\mathcal{M}_3|^2 = \frac{2}{9}|f|^2, \tag{4.71}$$

$$\sigma_4 = |\mathcal{M}_4|^2 = \frac{1}{9}|f|^2, \tag{4.72}$$

据此，应有下述截面关系：

$$\sigma_2(\pi^0 p \to \pi^0 p) : \sigma_4(\pi^- p \to \pi^- p) = 4:1,$$

$$\sigma_1(\pi^+ p \to \pi^+ p) : \left[\sigma_4(\pi^- p \to \pi^0 n) + \sigma_3(\pi^- p \to \pi^- p)\right] = 3:1. \tag{4.73}$$

实验观测数据证实了式 (4.73)。这就是历史上发现的第一个共振态: (3, 3) 共振。

§4.3.2 同位旋的破坏

大量的实验结果表明，在电磁相互作用下，同位旋量子数 I 是不守恒的。但同位旋量子数 I 的改变仅为 0 或 1。因此可以总结出电磁作用下同位旋改变的选择定则：$|\Delta I_3| = 0$，$|\Delta I| = 0$ 或 1。

例如：$\pi^0 \to \gamma\gamma$ 衰变，光子无同位旋，因为只有强子才有，初态 π^0 介子同位旋为 1，所以 $|\Delta I| = 1$，但 π^0 介子同位旋第三分量为 0，所以反应前后不变。类似的反应还有 $\Sigma^0 \to \Lambda\gamma$。

弱作用下，总同位旋和其第三分量都不守恒，但大量实验结果表明，在大多数弱作用过程中，总有 $|\Delta I| \leqslant 1$，这叫做最小破坏原理。

根据目前的实验测量，在强相互作用过程中同位旋的破坏一般小于 5%。

考虑 ϕ 介子衰变。 ϕ 介子的质量为 (1019.6 ± 0.1)MeV，其同位旋为零，自旋为 1 (矢量介子)。根据强相互作用的规律分析，ϕ 介子可以通过强相互作用衰变为 $K^+ K^-$ 或 $K^0 \bar{K}^0$ 末态。同位旋守恒要求 $\phi \to K^+ K^-$ 和 $\phi \to K^0 \bar{K}^0$ 的衰变振幅相等。如果 $K^\pm$ 粒子的质量和 K^0 粒子的质量相同，则立刻可以推断这两种衰变方式的衰变分支比相同。但实际上，它们的质量略有差别：$m_{K^0} = (497.671 \pm 0.030)$MeV，$m_{K^+} = (493.646 \pm 0.009)$MeV。这个微小差别导致在 ϕ 的质心系中，两种衰变方式的衰变动量分别为 110MeV 和 127MeV，这个差别将导致这两种衰变方式的分支比有所不同。由于 K 介子的自旋为零，这两种衰变方式应该通过轨道角动量为 1 的分波进行。根据量子力学中一般证明的离心位垒的性质——粒子衰变

轨道角动量为 L 时,其衰变概率正比于质心系衰变动量 p 的 $2L+1$ 次方,可以得出在同位旋守恒的基础上并考虑了质量微小差别的影响后,这两种衰变方式的相对分支比为

$$R = (p_{K^+K^-}/p_{K^0\bar{K}^0})^3 = (127/110)^3 = 1.54. \tag{4.74}$$

如果进一步考虑到 ϕ 的质量有宽度为 4.22MeV 的分布,对这两种衰变方式相对分支比的更精确的理论估算为

$$R = 1.37. \tag{4.75}$$

现有实验值约为 1.44 ± 0.05,与理论预言值符合得很好。这个结果表明,在讨论强相互作用过程中同位旋破坏的影响时,可以在处理相互作用过程时按同位旋守恒来处理,而同位旋破坏的影响可以主要归结为同位旋多重态中不同分量之间质量差引起的运动学效应。

§4.3.3 同位旋在弱衰变中的应用

虽然同位旋在弱作用中并不是守恒量,而且破坏程度也很大,但是同位旋对称性在弱相互作用中也有着非常大的应用,特别是在很多介子弱衰变中,人们利用同位旋对称性推导出了很多同位旋求和规则,对于弱衰变的性质研究以及计算起到了很重要的作用。例如,在 B 介子的弱衰变中,三个二体 $B \to D\pi$ 衰变道的衰变振幅就有如下的同位旋求和规则:

$$\sqrt{2}M(B^0 \to \pi^0 \bar{D}^0) + M(B^0 \to \pi^+ D^-) = M(B^+ \to \pi^+ \bar{D}^0). \tag{4.76}$$

由于衰变振幅一般都是复数量,所以这个求和规则在复平面上就组成一个三角图形,如图 4.4 所示。

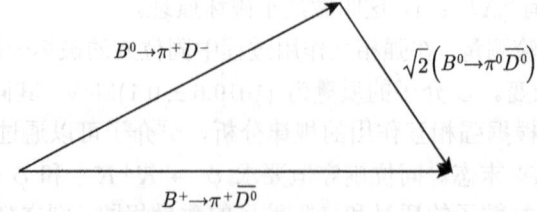

图 4.4 三个 $B \to D\pi$ 衰变道的衰变振幅在复平面上形成的三角形同位旋关系示意图

首先,这三个衰变的初态粒子 (B^+, B^0) 是一个同位旋二重态。在夸克层次这三个衰变是通过 $\bar{b} \to \bar{c}u\bar{d}$ 的弱相互作用有效哈密顿量进行的,也就是弱作用在这里能够改变同位旋 $\Delta I = 1$,而且同位旋第三分量也有改变 $\Delta I_3 = 1$,$|H_{eff}\rangle = |1,1\rangle$。所以与强相互作用同位旋守恒、不改变同位旋不同,这里的初态粒子必须跟弱作

用有效哈密顿量的同位旋耦合才能变成末态粒子的同位旋。考虑 1/2 与 1 的耦合，我们得到 1/2 和 3/2 两种同位旋振幅 $A_{1/2}, A_{3/2}$。由 $|B^0\rangle = |1/2, -1/2\rangle$，通过 C-G 系数表[1] 得到

$$\langle B^0|H_{eff} = \left\langle \frac{1}{2}, -\frac{1}{2}; 1, 1\right| = \frac{1}{\sqrt{3}}\left\langle \frac{3}{2}, \frac{1}{2}\right| + \sqrt{\frac{2}{3}}\left\langle \frac{1}{2}, \frac{1}{2}\right|. \tag{4.77}$$

衰变末态中的 π 介子是同位旋三重态，而 $(\bar{D}^0, D^-)$ 是同位旋二重态，则有

$$|\pi^+ D^-\rangle = \left|1, 1; \frac{1}{2}, -\frac{1}{2}\right\rangle = \frac{1}{\sqrt{3}}\left|\frac{3}{2}, \frac{1}{2}\right\rangle + \sqrt{\frac{2}{3}}\left|\frac{1}{2}, \frac{1}{2}\right\rangle. \tag{4.78}$$

衰变初态 (4.77) 中的同位旋必须等于末态 (4.78) 中的同位旋，所以有

$$M(B^0 \to \pi^+ D^-) = \frac{1}{3}A_{3/2} + \frac{2}{3}A_{1/2}. \tag{4.79}$$

同理，

$$|\pi^0 \bar{D}^0\rangle = \left|1, 0; \frac{1}{2}, \frac{1}{2}\right\rangle = \sqrt{\frac{2}{3}}\left|\frac{3}{2}, \frac{1}{2}\right\rangle - \frac{1}{\sqrt{3}}\left|\frac{1}{2}, \frac{1}{2}\right\rangle, \tag{4.80}$$

所以有

$$M(B^0 \to \pi^0 \bar{D}^0) = \frac{\sqrt{2}}{3}(A_{3/2} - A_{1/2}). \tag{4.81}$$

由 $|B^+\rangle = |1/2, 1/2\rangle$，可以得到

$$\langle B^+|H_{eff} = \left\langle \frac{1}{2}, \frac{1}{2}; 1, 1\right| = \left\langle \frac{3}{2}, \frac{3}{2}\right|. \tag{4.82}$$

而

$$|\pi^+ \bar{D}^0\rangle = \left|1, 1; \frac{1}{2}, \frac{1}{2}\right\rangle = \left|\frac{3}{2}, \frac{3}{2}\right\rangle, \tag{4.83}$$

所以有

$$M(B^+ \to \pi^+ \bar{D}^0) = A_{3/2}. \tag{4.84}$$

最后我们通过求解式 (4.79)、式 (4.81) 和式 (4.84) 就得到了同位旋三角关系 (4.76)。从这里我们可以看到，虽然弱相互作用中同位旋不守恒，但是只要起作用的弱作用有效哈密顿量能够改变的同位旋数值是确定的，就可以通过把这个同位旋改变量计算进去的方法，利用同位旋守恒得到我们需要的同位旋关系。

§4.4 奇异粒子: K 介子和超子

§4.4.1 奇异粒子的发现

1947 年，人们在宇宙线实验中观察到了后来被称为奇异粒子的粒子。因为中性粒子在云室中不能留下径迹，所以只观察到两个末态带电粒子留下的叉形径迹。

通过对带磁场的云室中带电粒子径迹的偏转曲率以及电离密度的测量分析,知道这两个末态粒子一个是质子,一个是 π^- 介子。通过测量末态粒子的能量和动量可以定出这个中性粒子的质量。它的质量显然比质子大。这是当时所知的质子、中子、电子、光子和 π 介子之外的一个新粒子。新粒子的发现引起了人们的广泛注意。后来又发现了另一类 "V" 形事例,末态是 π^- 和 π^+,其质量是电子质量的 1000 倍,当时称为 θ^0 介子,其寿命为 10^{-10}s。

$$V_1^0 \to p + \pi^-, \quad V_2^0 \to \pi^+ + \pi^-. \tag{4.85}$$

V_1^0 粒子后来称之为 Λ^0 粒子 (超子)。V_2^0 粒子的质量比质子小,后来称之为 K^0 介子。到 1954 年在美国布鲁克海文 (Brookhaven) 国家实验室 3GeV 质子同步加速器实验中产生了大量奇异粒子后,它们的"奇异"特性才展现出来并得到系统的研究。"奇异粒子"是当时新发现的一批粒子的总称,它们具有以下几个明显的特性:

1. 奇异粒子经强相互作用协同(成对)产生,单独地衰变为非奇异粒子。 例如:

$$\pi^- + p \to \Sigma^- + \pi^0 + K^+, \quad K^+ \to \mu^+ \nu_\mu, \quad \Sigma^- \to n\pi^-, \tag{4.86}$$

$$p + p \to p + \Lambda^0 + K^+, \quad K^+ \to \pi^+ + \pi^0, \quad \Lambda^0 \to n + \pi^0. \tag{4.87}$$

2. 快产生 $(t \sim 10^{-23}$s, **强相互作用**)**, 慢衰变** $(\tau \sim 10^{-8} - 10^{-10}$s, **弱衰变**)。奇异粒子 K^+ 和 Λ^0 的主要衰变道和分支比分别为

$$\begin{aligned}
K^+ &\to \mu^+ + \nu_\mu, \quad (Br \approx 64\%), \quad \tau_{K^\pm} = 1.2 \times 10^{-8}\text{s}, \\
K^+ &\to \pi^+ + \pi^0, \quad (Br \approx 21\%),
\end{aligned} \tag{4.88}$$

$$\begin{aligned}
\Lambda^0 &\to \pi^- + p, \quad (Br = 64\%), \quad \tau_{\Lambda^0} = 2.6 \times 10^{-10}\text{s}, \\
\Lambda^0 &\to \pi^0 + n, \quad (Br = 36\%).
\end{aligned} \tag{4.89}$$

第一个衰变道显然是弱衰变过程 (末态只含轻子)。Λ 超子的两个主要衰变道看起来很像是强衰变。但我们知道,强衰变的特征时间是 10^{-23}s,所以 Λ 超子的两个主要衰变道只能是弱衰变过程。

现在所知道的奇异粒子主要包括 $[I(J^P)]$:

$$\begin{aligned}
\frac{1}{2}(0^-) &: \quad (K^+, K^0, \bar{K}^0, K^-); \\
0\left(\frac{1}{2}^+\right) &: \quad \Lambda^0; \\
1\left(\frac{1}{2}^+\right) &: \quad (\Sigma^+, \Sigma^0, \Sigma^-); \\
\frac{1}{2}\left(\frac{1}{2}^+\right) &: \quad (\Xi^-, \Xi^0); \\
0\left(\frac{3}{2}^+\right) &: \quad \Omega^-.
\end{aligned} \tag{4.90}$$

§4.4 奇异粒子: K 介子和超子

这里除了 K 介子比核子轻以外,其他奇异粒子都比核子重,称之为重子。

§4.4.2 奇异粒子的性质

1. **奇异数** S: 如图 4.5 所示,奇异粒子经强相互作用协同产生,经弱相互作用单独地衰变为非奇异粒子。但有些协同产生过程虽然阈能很低,但实验上却始终没有发现过。例如:

$$n + n \to \Lambda^0 + \Lambda^0 \tag{4.91}$$

的过程是被严格禁戒的。为了解释这类现象,1953 年西岛 (Nishijima) 提出奇异数的概念,说明上述反应被严格禁戒的原因在于奇异数不守恒。

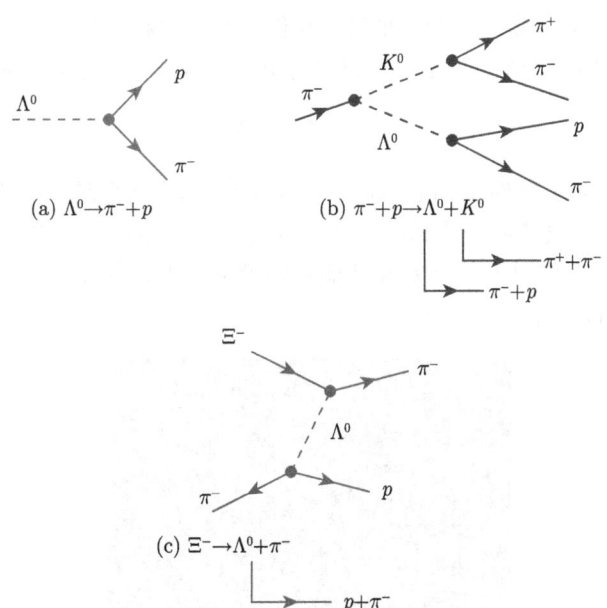

图 4.5 (a) 奇异粒子的 V 形衰变;(b) $\pi^- + p \to \Lambda^0 + K^0$ 反应,产生的奇异粒子随后发生弱衰变 $\Lambda^0 \to p + \pi^-$ 和 $K^0 \to \pi^+ + \pi^-$;(c) 双 V 形衰变: $\Xi^- \to \pi^- + \Lambda^0$ 衰变,随后 $\Lambda^0 \to \pi^- + p$ 衰变

奇异数 S 的规定: 非奇异粒子奇异数为零,奇异粒子的奇异数由实验确定。最初人们确定,在反应过程

$$\pi^- + p \to \Lambda^0 + K^0 \tag{4.92}$$

中,K^0 和 Λ^0 的奇异数必须大小相等,符号相反,以保证末态奇异数为零,满足守恒要求。对奇异数的具体规定只有相对意义,而无绝对意义。人们规定:

$$S_{K^+,K^0} = +1, \quad S_{\Lambda^0} = -1. \tag{4.93}$$

其他奇异粒子的奇异数根据反应过程来确定。例如

$$\pi^- + p \to \Sigma^- + K^+ \Longrightarrow S_{\Sigma^-} = -1,$$
$$\pi^- + p \to \Sigma^0 + K^0 \Longrightarrow S_{\Sigma^0} = -1,$$
$$\pi^+ + p \to \Sigma^+ + K^+ \Longrightarrow S_{\Sigma^+} = -1,$$
$$\pi^- + p \to K^0 + K^+ + \Xi^- \Longrightarrow S_{\Xi^-} = -2,$$
$$K^- + p \to \Xi^0 + K^0 \Longrightarrow S_{\Xi^0} = -2,$$
$$\to \Xi^- + K^+ \Longrightarrow S_{\Xi^-} = -1. \tag{4.94}$$

2. 奇异数守恒：实验表明，在强相互作用和电磁相互作用中奇异数都是守恒的。在强相互作用过程中，为了保证奇异数守恒，奇异粒子必须成对产生，例如

$$\pi^- + p \longrightarrow K^0 + \Lambda^0. \tag{4.95}$$

1952 年，人们发明了气泡室 (bubble chambers)[①] 作为新型粒子探测器，同时也提供了作为靶粒子的质子源。图 4.6 就是一张核反应 $\pi^- + p \longrightarrow K^0 + \Lambda^0$ 的气泡室照片。到 1974 年，人们借助气泡室和其他高精度的仪器，发现了几百个由 u, d, s 三种轻夸克构成的强子。

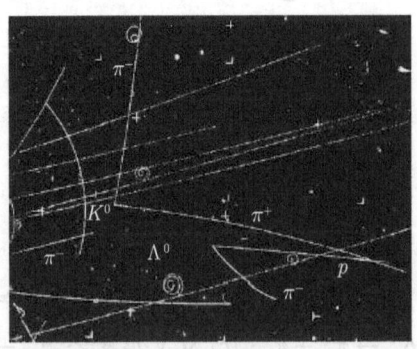

图 4.6　$\pi^- + p \longrightarrow K^0 + \Lambda^0 \longrightarrow (K^0 \to \pi^+ + \pi^-) + (\Lambda \to \pi^- + p)$ 反应的气泡室照片

在弱相互作用中，奇异数不守恒，但存在 $|\Delta S| = 1, 0$ 的选择定则。例如

$$\Lambda^0 \to p + \pi^-, \text{ 或 } n + \pi^0, \tag{4.96}$$
$$\Sigma^+ \to p + \pi^0, \text{ 或 } n + \pi^+. \tag{4.97}$$

---

① 气泡室：把液体 (如液态氢) 装在高压容器内，入射粒子和经核反应产生的次级粒子沿它们的飞行径迹使液体发生电离，当容器内的压强降低时，沿飞行径迹的电离液体发生沸腾，产生气泡，经照相完成径迹测量。

§4.4 奇异粒子: K 介子和超子

在弱相互作用中，虽然 $|\Delta S| = 2$ 的情况也存在，但其概率是非常小的。例如 $\Xi^0 \to p + \pi^-$ 和 $\Xi^- \to n + \pi^-$ 衰变的分支比小于 10^{-3}。

3. 常见奇异粒子的质量和寿命:

$$m_{K^\pm} = 493.7\text{MeV}, \quad \tau_{K^\pm} = 1.2386 \times 10^{-8}\text{s};$$
$$m_{K^0} = 497.7\text{MeV}, \quad \tau_{K_L} = 5.17 \times 10^{-8}\text{s}; \quad \tau_{K_S} = 0.8935 \times 10^{-10}\text{s};$$
$$m_{\Lambda^0} = 1115.7\text{MeV}, \quad \tau_{\Lambda^0} = 2.632 \times 10^{-10}\text{s};$$
$$m_{\Sigma^+} = 1189.4\text{MeV}, \quad \tau_{\Sigma^+} = 0.802 \times 10^{-10}\text{s};$$
$$m_{\Sigma^0} = 1192.6\text{MeV}, \quad \tau_{\Sigma^0} = 7.4 \times 10^{-20}\text{s};$$
$$m_{\Sigma^-} = 1197.5\text{MeV}, \quad \tau_{\Sigma^-} = 1.479 \times 10^{-10}\text{s};$$
$$m_{\Xi^-} = 1321.3\text{MeV}, \quad \tau_{\Xi^-} = 1.639 \times 10^{-10}\text{s};$$
$$m_{\Xi^0} = 1314.8\text{MeV}, \quad \tau_{\Xi^0} = 2.90 \times 10^{-10}\text{s};$$
$$m_{\Omega^-} = 1672.5\text{MeV}, \quad \tau_{\Omega^-} = 0.821 \times 10^{-10}\text{s}. \tag{4.98}$$

可以发现这些粒子中，除了 Σ^0 因为能够发生电磁衰变，因而具有非常短的寿命，其他只能发生奇异数改变的弱衰变的粒子寿命都很长。

§4.4.3 重子数 b

质子的质量是电子质量的 1836 倍，按照已知的守恒定律的限制，质子应能衰变，例如 $p \to \pi^0 + e^+$ 或 $p \to e^+ + \gamma$。但质子是稳定的，并没有观察到质子的衰变，其寿命 $\tau_p > 10^{31}$ 年。自由中子虽然可以衰变，但它衰变时转化成比它略轻的质子。这表明还存在一个相加性守恒量: 重子数 b。质子和中子的重子数为 1，介子、电子和光子的重子数都是 0。实验表明重子数是一个严格的内部相加性守恒量，违背重子数守恒定律的反应过程都是严格禁戒的。所有重子的重子数为 1，所有反重子的重子数为 -1，所有非重子的重子数为 0。

电荷，重子数，奇异数都是内部相加性守恒量，它们之间的共同点和区别有哪些呢? 它们的相同点在于: 可能取值都是整数，数学结构相同，都是和 $U(1)$ 相角变换相联系。它们之间的差别表现在物理上: 首先是守恒的程度不同，电荷和重子数是严格守恒量，奇异数在弱相互作用下不守恒。另一差别表现在如何测量上: 电荷的测量可以看粒子走过的径迹，用电动力学来计算和分析。这是因为电荷是电磁相互作用的相互作用常数，它决定了电磁相互作用的强度，从而可以通过电磁相互作用来测量。重子数和奇异数则不能通过类似的动力学效应来测量。这些内部量子数只能根据守恒定律，通过已知粒子的重子数和奇异数来确定未知粒子的重子数和奇异数。

重子数作为一个严格的内部相加性守恒量，远早于奇异数就被人们所认识。**既然重子数和电荷一样，也是一个严格的内部相加性守恒量，那么是否也是某种** $U(1)$ **规范场的相互作用常数？**如果存在这种重子数规范场，这种规范场的量子也应和光子一样，是质量为零的粒子。这种相互作用也应是长程的，静作用力也应和库仑力类似，与两个粒子重子数的乘积成正比，与两个粒子之间的距离平方成反比。由于这种重子数相互作用随距离的变化和引力相互作用完全相同，两物体之间的重子数相互作用将完全与引力相互作用混在一起。

李政道和杨振宁研究过如何从实验上来检验重子数相互作用是否确实存在：原子核的质量数等于它的重子数，引力相互作用与质量成正比，**但原子核的质量和质量数并不严格相等**，存在由于质子和中子的质量差以及它们结合成各种不同的原子核时结合能的不同造成的微小的差别。如果重子数相互作用确实存在，利用这个微小的差别，就可以通过精确测量引力相互作用而检测出来。他们分析了当时的实验，发现在相当高的精度下找不到差别，**这表明重子数不对应规范相互作用，没有动力学效应。** 由此可以看到，粒子物理中遇到的内部相加性守恒量，有些是某种相互作用的动力学荷，有动力学效应；有些则不是，没有直接的动力学效应。

§4.4.4 超荷 Y，盖尔曼–西岛关系

各粒子奇异数 S 的值是根据奇异数守恒的要求以及实验结果分析而赋予的。从这两方面的要求来说，各粒子的 S 值并没有完全确定下来。事实上如果把上面所给出各粒子的 S 值都乘一共同常数值作为新定义的 S 值，则上述要求仍满足。如果把上面所给出各粒子的 S 值再加一个强相互作用过程中守恒的相加性量子数作为新定义的守恒量，上述要求亦仍满足。为了避免这些不确定性带来的任意性，粒子物理学家实际上采取了自然的约定，即以最初确定的上述粒子的奇异数值为标准来确定其他粒子的奇异数值。按照这样规定的奇异数值，不久就总结出强子的**盖尔曼–西岛关系**：

$$Q = I_3 + \frac{Y}{2}, \qquad Y = b + S. \tag{4.99}$$

其中 Y 表示超荷量子数。Y 也是可加性量子数，在强相互作用和电磁相互作用中超荷量子数 Y 都是守恒的。后来的实验充分证明了盖尔曼–西岛关系的普遍性，这个关系在 20 世纪 60 年代强子对称性及分类理论的探索中是一个重要的基本关系式。

奇异粒子经强相互作用产生，根据强相互作用电荷无关性的要求，可以对奇异粒子定义同位旋量子数 I 和 I_3（表 4.4）。

§4.4 奇异粒子: K 介子和超子

表 4.4 一些奇异重子的量子数

重子	质量/GeV	S	b	Q	I	I_3
Λ	1.1157	-1	1	0	0	0
Σ^+	1.1894	-1	1	$+1$	1	$+1$
Σ^0	1.1926	-1	1	0	1	0
Σ^-	1.1974	-1	1	-1	1	-1
Ξ^0	1.3149	-2	1	0	1/2	$+1/2$
Ξ^-	1.3217	-2	1	-1	1/2	$-1/2$
Ω^-	1.6725	-3	1	-1	0	0

K 介子系统的 I 和 I_3 的确定比较复杂。 三个 K 介子质量相近, 但如果定义其 $I=1$, 将导致强相互作用过程中同位旋不守恒。考虑反应

$$\pi^- + p \to \Lambda^0 + K^0, \tag{4.100}$$

初态同位旋为 $I=1/2$ 或者 $3/2$, $I_3 = -1/2$。末态 Λ^0 的同位旋为 0, 那么 K^0 介子的同位旋只能是 $I=1/2$ 或者 $3/2$, 才能使同位旋量子数 I 和 I_3 守恒。

根据对强相互作用过程的分析, 证明 $K^0 \neq \bar{K}^0$。这样, K 介子系统就构成了两个同位旋二重态

$$\begin{pmatrix} K^+ \\ K^0 \end{pmatrix}, \quad \begin{pmatrix} \bar{K}^0 \\ K^- \end{pmatrix}. \tag{4.101}$$

奇异数的引入很好地解释了奇异粒子的特性。在这以前, 粒子物理学中所认识到的守恒量除能量、动量、角动量、电荷外, 按加法计算的守恒量只有同位旋的分量, 奇异数完全是根据实验的规律性独立地总结出来的客观存在的守恒量。

奇异量子数的下述两个特点对粒子物理学的发展是有启示意义的:

1. 它是一个"近似"守恒的相加性守恒量, 在强相互作用和电磁相互作用下严格守恒但是在弱相互作用下可以不守恒。

2. 与电荷不同, 奇异数本身不是某种相互作用的"荷", 因此它的确定只能通过实验的分析总结, 不能像电荷那样通过它所体现的相互作用性质的动力学效应来测定。

奇异数的存在和被认识给人们以启示: 粒子物理中丰富多彩的内容表现之一就是自然界中客观上还可能存在其他一些反映粒子内部性质的量子数, 它们有可能是"近似"守恒量, 有可能并不是某种相互作用的"荷"。事实上, 1974 年以后发现的粲数 C 和底数 B, 都是属于这类量子数。考虑到强子物理的这些发展, 盖尔曼–西岛关系已经推广为

$$Q = I_3 + \frac{1}{2}Y, \quad Y = b + S + C + B + T, \tag{4.102}$$

其中 T 为顶数, 这个量子数的存在理论上早有预言。在第 6 章中我们将看到这些量子数都对应于夸克的"味"道。

§4.4.5 奇异粒子的自旋和宇称

1. K^0 介子的自旋: K^0 介子的自旋可以通过 $K^0 \to \pi^0\pi^0$ 衰变来确定。由于 π^0 介子的自旋为 0, 双 π^0 系统的波函数应该是对称的, 即双 π^0 系统的轨道角动量 L 应为偶数: $L = 0, 2, 4, \cdots$。在 K^0 介子质心系中, 分析末态 π^0 介子角分布时, 未见各向异性, 这说明 K^0 介子的自旋为 0。

2. K^+ 介子的自旋: 通过对 $K^+ \to \pi^+\pi^+\pi^-$ 三体衰变过程的研究, 由 Dalitz 图分析法可以确定 K^+ 介子的自旋。

3. 奇异粒子的宇称: 由于奇异粒子的衰变大多属于弱作用过程, 宇称不守恒, 因而只能利用宇称守恒的强相互作用过程来确定奇异粒子的宇称。但在奇异粒子的产生 (强作用) 过程中, 奇异粒子总是协同产生的, 因而难以分别确定单个奇异粒子的宇称。我们一般是首先指定一个奇异粒子的宇称, 然后确定其他奇异粒子的相对宇称。

例如, 目前已经确定了如图 4.7 所示的 $J^P = 0^-$ 的介子八重态: $(K^{\pm,0}, \bar{K}^0, \pi^{\pm,0}, \eta) \oplus \eta'$; 和 $J^P = \dfrac{1}{2}^+$ 的重子八重态: $(n, p, \Sigma^{\pm,0}, \Lambda^0, \Xi^{-,0})$。

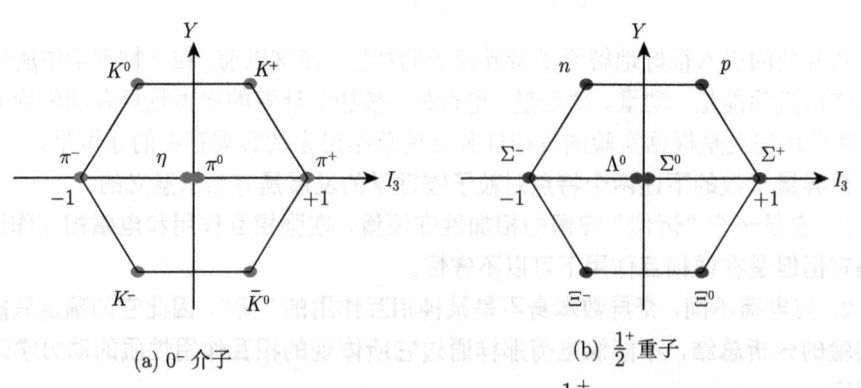

图 4.7 (a) $SU(3)$ 八重态的 0^- 介子; (b) $\dfrac{1}{2}^+$ 的重子八重态

§4.5 共振态

§4.5.1 弹性散射的分波分析*

在量子力学中, 已经讨论过散射问题: 分波法和玻恩近似。考虑一束无自旋粒

§4.5 共 振 态

子轰击一个无自旋的靶，薛定谔方程为

$$\left[-\frac{1}{2\mu}\nabla^2 + V(r)\right]\psi(\boldsymbol{r}) = E\psi(\boldsymbol{r}). \tag{4.103}$$

设入射粒子是具有单一能量的平面波：

$$\psi_i(r,\theta) = e^{i\boldsymbol{k}\cdot\boldsymbol{r}} = \frac{i}{2kr}\sum_{L=0}^{\infty}(2L+1)\left[(-1)^L e^{-i\boldsymbol{k}\cdot\boldsymbol{r}} - e^{i\boldsymbol{k}\cdot\boldsymbol{r}}\right]P_L(\cos\theta). \tag{4.104}$$

上式方括号中的第一、二项分别代表入射和出射 L 分波部分。在 $V(r)$ 的作用下，出射 L 分波的振幅和相位都发生变化。若以 $2\delta_L$ 表示 L 分波相位的变化，以 η_L 表示 L 分波振幅的变化，那么，当 $r \to \infty$ 时，薛定谔方程的渐近解为

$$\psi_i(r,\theta) = \frac{i}{2kr}\sum_{L=0}^{\infty}(2L+1)\left[(-1)^L e^{-i\boldsymbol{k}\cdot\boldsymbol{r}} - \eta_L e^{2i\delta_L} e^{i\boldsymbol{k}\cdot\boldsymbol{r}}\right]P_L(\cos\theta), \tag{4.105}$$

其中 $0 < \eta \leqslant 1$ 称为非弹性系数。由式 (4.104) 和式 (4.105) 相减得到散射波函数

$$\psi_{sc}(r,\theta) = \frac{e^{ikr}}{kr}\sum_L (2L+1)\frac{\eta_L e^{2i\delta_L} - 1}{2i}P_L(\cos\theta), \tag{4.106}$$

或写为

$$\psi_{sc}(r,\theta) = f(k,\theta)\frac{e^{ikr}}{r}, \tag{4.107}$$

其中

$$f(k,\theta) = \frac{1}{k}\sum_L (2L+1)f_L P_L(\cos\theta), \tag{4.108}$$

$$f_L = \frac{1}{2i}\left[\eta_L e^{2i\delta_L} - 1\right]. \tag{4.109}$$

其中 $f(k,\theta)$ 和 f_L 分别称为散射振幅和第 L 分波散射振幅。

根据弹性散射微分截面的表达式，可以求得总的弹性散射截面

$$\sigma_{el} = \frac{4\pi}{k^2}\sum_L (2L+1)\left|\frac{\eta_L e^{2i\delta_L} - 1}{2i}\right|^2. \tag{4.110}$$

另外，可以算出 $\eta_L < 1$ 时非弹性散射截面为

$$\sigma_{iel} = \frac{\pi}{k^2}\sum_L (2L+1)\left(1 - |\eta_L|^2\right). \tag{4.111}$$

因此，总散射截面为

$$\sigma_T = \sigma_{el} + \sigma_{iel} = \frac{2\pi}{k^2}\sum_L (2L+1)(1-\eta_L\cos 2\delta_L). \tag{4.112}$$

当 $\theta = 0$ 时，由式 (4.108) 可得

$$\mathrm{Im} f(k,0) = \frac{1}{2k}\sum_L(2L+1)(1-\eta_L\cos 2\delta_L) = \frac{k}{4\pi}\sigma_T. \tag{4.113}$$

该式通常称之为**光学定理**。由式 (4.110) 和式 (4.111) 可得 L 分波的最大 ($\delta_L = \pi/2$) 弹性散射截面和最大 ($\eta_L = 0$) 非弹性散射截面为

$$(\sigma_{el})^L_{\max} = \frac{4\pi}{k^2}(2L+1), \tag{4.114}$$

$$(\sigma_{iel})^L_{\max} = \frac{\pi}{k^2}(2L+1). \tag{4.115}$$

§4.5.2 共振态的产生和描写

在前面，我们是以平面波来描写入射粒子的。但实际上，入射粒子不可能是单色平面波，而应该看成是一个定域的波包，是具有各种能量的平面波的叠加。入射波包 $\psi_i(\boldsymbol{r},t)$ 和散射波包 $\psi_{sc}(\boldsymbol{r},t)$ 可以分别写为

$$\psi_i(\boldsymbol{r},t) \simeq e^{i\lambda(t)}\psi_i(\boldsymbol{r}-\boldsymbol{v}t,0), \tag{4.116}$$

$$\psi_{sc}(\boldsymbol{r},t) \simeq \sum_L(2L+1)R_L(r,t)P_L(\cos\theta). \tag{4.117}$$

当波包通过位势 $V(r)$ 区域时，受到一个时间迟滞 τ_L，当此时间迟滞 τ_L 比较长时，也就是说 $\delta_L(k)$ 在 k_0 附近变化急剧的时候，我们就说系统中形成了一个角动量为 L 的**共振态**，如图 4.8 所示。

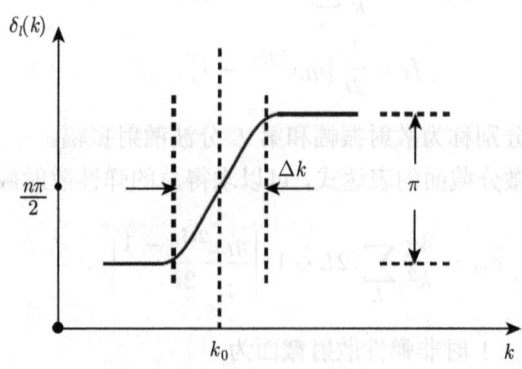

图 4.8　在 k_0 处有共振态时，$\delta_l(k)$ 随 k 变化的关系

§4.5 共振态

第 L 分波散射振幅 f_L 是一个复数量,可以用复平面上的一个矢量表示,如阿贡 (Argand) 图 4.9 所示 (弹性散射: $\eta_L = 1$)。阿贡图上回路最高点处的质心系总能量就相当于共振态粒子的能量。

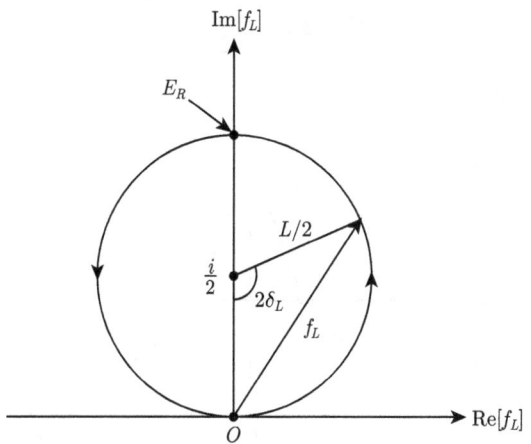

图 4.9 $\eta_L = 1$ 时的阿贡图,E_R 为共振态能量

在 k_0 附近,将分波散射振幅 f_L 重新写为 ($\delta_L = 1$ 时)

$$f_L = e^{i\delta_L(E)} \sin \delta_L(E) = 1/[\cot \delta_L(E) - i], \tag{4.118}$$

对 $\cot \delta_L(E)$ 在 E_k 附近作泰勒展开:

$$\cot \delta_L(E) = \cot \delta_L(E_k) + (E - E_k)\left[\frac{d}{dE} \cot \delta_L(E)\right]_{E=E_k} + \cdots$$

$$\simeq -(E - E_k)\frac{2}{\Gamma}, \tag{4.119}$$

其中 $\cot \delta_L(E_k) = 0$,并定义

$$\frac{2}{\Gamma} = -\left[\frac{d}{dE} \cot \delta_L(E)\right]_{E=E_k}. \tag{4.120}$$

忽略高次项就得到

$$f_L = \frac{\frac{\Gamma}{2}}{(E - E_R) - i\frac{\Gamma}{2}}. \tag{4.121}$$

同时,L 分波的弹性散射截面为

$$\sigma_{el}^L = \frac{4\pi}{k^2}(2L+1)\frac{(\Gamma/2)^2}{(E - E_R)^2 + (\Gamma/2)^2}. \tag{4.122}$$

此式称为 Breit-Wigner 公式。共振曲线如图 4.10 所示。在 $E = E_R$ 处有一共振峰，宽度为 Γ，寿命为 $\tau_L = 1/\Gamma$。我们也可以说，一个共振态就对应于分波振幅在复能量

$$E = E_R - i\frac{\Gamma}{2} \tag{4.123}$$

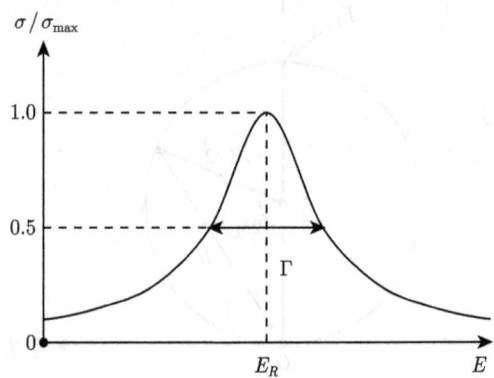

图 4.10 Breit-Wigner 共振曲线示意图

处的一个极点。

§4.5.3 重子共振态

1. πN 散射中的共振

(a) 可以通过总截面曲线上出现的共振峰发现共振态，例如 (3,3) 共振 $\Delta(1236)$；

(b) 当较多的共振态叠加在一起时，就不可能分辨出各个共振峰。这时，可以通过对 πN 散射的实验数据作相移分析，画出不同状态的阿贡图，就可以确定在该态中是否有共振态粒子存在。1970 年，阿叶德等在实验上发现了 $P_{33}(1236)$, $P_{11}(1440)$, $D_{13}(1520)$, $F_{15}(1680)$ 等共振态。

2. πN 共振态自旋的确定

(a) 我们可以用测量末态粒子角分布的方法来确定 πN 共振态的自旋。

以 $\Delta(1236)$ 为例，考虑在 π 介子入射方向上产生的 $\Delta(1236)$ 共振态的衰变：

$$\Delta(1236) \to N + \pi. \tag{4.124}$$

根据理论计算可知：如果 $\Delta(1236)$ 的自旋为 $3/2$，那么，末态 π 介子的角分布应为

$$W(\theta) \propto 1 + 3\cos^2\theta. \tag{4.125}$$

如果 $\Delta(1236)$ 的自旋为 $1/2$，则末态 π 介子的角分布是各向同性的。实验测得在这种情况下末态 π 介子的角分布与式 (4.125) 符合，因此确定 $\Delta(1236)$ 的自旋为 $3/2$。

(b) 我们可以用测量末态粒子能量或动能分布的 Dalitz 图的方法来确定 πN 共振态的自旋。

(c) 因为 $I = 3/2$, Δ 组的粒子有 4 个: $\Delta^{++}, \Delta^+, \Delta^0$ 和 Δ^-, 都已经在实验上发现。

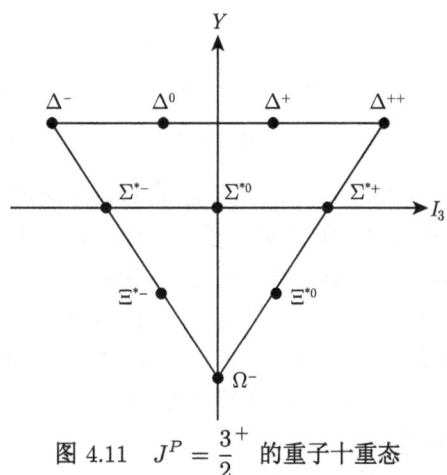

图 4.11 $J^P = \dfrac{3^+}{2}$ 的重子十重态

3. Ω^- 超子的发现

1962 年盖尔曼提出的 $SU(3)$ 夸克模型预言了 $J^P = \dfrac{3^+}{2}$ 十重态。这时，该十重态中的 9 个粒子已经被发现。根据盖尔曼的夸克模型预言了的 Ω^- 粒子的性质: $J^P = \dfrac{3^+}{2}$, $I = 0$, $S = -3$, $m \approx 1680$ MeV。1964 年, Barnes 等在美国布鲁克海文国家实验室的 AGS 加速器上发现了 Ω^-, 并精确测量了其质量为 $m = 1672.5$ MeV。Ω^- 超子的发现是对强子结构的 $SU(3)$ 幺正对称性的有力支持。

§4.5.4 介子共振态

1. $\rho(770)$ **介子**: $I^G(J^{PC}) = 1^+(1^{--})$, $m_\rho = (769.3 \pm 0.8)$ MeV, $\Gamma_\rho = (150.2 \pm 0.8)$ MeV, $Br(\rho \to \pi\pi) \sim 100\%$。

O. R. Erwin 等在 1961 年实验测量了 $\pi^- + p \to \pi^+ + \pi^- + n$ 和 $\pi^- + \pi^0 + p$ 反应过程中 $\pi\pi$ 系统的不变质量谱 (图 2.7), 发现了共振峰 $\rho(770)$。ρ 介子有三个荷电状态: $\rho^\pm, \rho^0$。同时由于 ρ 是 2π 共振态, 它们的同位旋只能是 1 或 2。但实验上没有发现反应 $\pi^+ + p \to \pi^+ + \pi^+ + n$ 中有 $\pi^+\pi^+$ 共振态, 这就证明 ρ 的同位旋只能是 1。由于在 ρ 介子的两 π 衰变中, 末态两 π 介子是玻色子, 要求两 π 系统的波函数具有交换对称性。而 $I = 1$ 的同位旋波函数是反对称的, 因此要求空间波函数也必须是反对称的, 即 2π 的相对轨道角动量 $L = 1, 3, 5, \cdots$。实验上测得反应

$$\pi^- + p \to \pi^+ + \pi^- + n, \quad \pi^- + \pi^0 + p \tag{4.126}$$

中的 π 介子角分布具有形式

$$W(\theta) = A + B\cos\theta + C\cos^2\theta, \tag{4.127}$$

与 $L=1$ 情况相符合，由此确定 ρ 介子的自旋 $J=1$，其宇称为 -1。

2. $\omega(782)$ **介子**：$I^G(J^{PC}) = 0^-(1^{--})$，$m_\omega = (782.57 \pm 0.12)$ MeV，$\Gamma_\omega = (8.44 \pm 0.098)$ MeV，$Br(\omega \to \pi^+\pi^-\pi^0) = 88.8\% \pm 0.7\%$。

1961 年，Maglice 等发现在 $\bar{p}p$ 湮没产生的 π 介子末态中有 3π 共振态：

$$\bar{p}+p \to \omega + \pi^+ + \pi^- \to [\pi^+ + \pi^- + \pi^0] + \pi^+ + \pi^- \tag{4.128}$$

根据对 $\pi^+ + d \to pp\pi^+\pi^-\pi^0$ 反应中 3π 共振态的 Dalitz 图理论分析和实验结果 (图 4.12)，确定 ω 介子是 $J^P = 1^-$ 的矢量介子。另外，根据对 3π 共振态的不变质量谱进行分析来确定 ω 介子的质量。他们在 2500 个四叉事例中找到了 800 个有 π^0 的事例，做出这 800 个事例的 3π 不变质量谱，发现在组态 $\pi^+\pi^-\pi^0$ 的不变质量谱在 790MeV 附近有一个尖锐的峰，这就是 $J^P = 1^-$ 的 ω 介子。图 4.12 右边的图就显示 $\pi^+ + d \to pp\pi^+\pi^-\pi^0$ 反应中 3π 不变质量谱。右边那个尖锐的峰对应共振态 ω，另一个较低的峰对应共振态 η。

3. $\eta(547)$ **介子**：$I^G(J^{PC}) = 0^+(0^{-+})$，$m_\eta = (547.30 \pm 0.12)$ MeV，$\Gamma_\eta = (1.18 \pm 0.11)$ MeV，$Br(\eta \to 2\gamma) = 39.33\% \pm 0.25\%$，$Br(\eta \to \pi^+\pi^-\pi^0) = 32.24\% \pm 0.29\%$。

η 介子是 1961 年在反应

$$\pi^+ + d \to p + p + \eta \to p + p + [\pi^+ + \pi^- + \pi^0] \tag{4.129}$$

中伴随着 ω 介子一起被发现的。如图 4.12 所示，那个较低的峰对应 η 介子，其峰值对应 η 介子的质量。

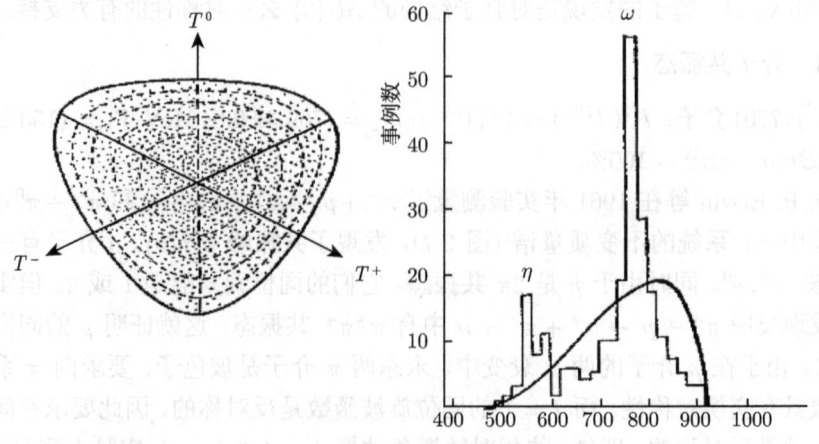

图 4.12　左图表示实验给出的 ω 衰变的 Dalitz 图；右图表示 $\pi^+ + d \to pp\pi^+\pi^-\pi^0$ 反应中 3π 不变质量谱

§4.5 共振态

4. $\phi(1020)$ **介子**：$I^G(J^{PC}) = 0^-(1^{--})$, $m_\phi = (1019.417 \pm 0.014)$ MeV, $\Gamma_\eta = (4.458 \pm 0.032)$ MeV, $Br(\phi \to K^+K^-) = 49.2\% \pm 0.7\%$, $Br(\phi \to K_L^0 K_S^0) = 33.8\% \pm 0.6\%$。

$\phi(1020)$ 介子是 1963 年在研究反应

$$K^- + p \to \Lambda + K^+ + K^-,$$
$$\to \Lambda + K^0 + \bar{K}^0 \tag{4.130}$$

中 $2K$ 系统的 $K\bar{K}$ 不变质量谱时发现的。没有找到它的荷电态，它属于 $I=0$ 的同位旋单态。实验上测量衰变

$$\phi \to K^+ + K^- \tag{4.131}$$

中末态 K 介子的角分布，确定其自旋为 1。再由宇称守恒定出其宇称为 -1。

5. $K^*(892)$ **介子**：$I(J^{PC}) = 1/2(1^-)$, $m(K^*(892)^\pm) = 891.66$ MeV, $m(K^*(892)^0) = 896.10$ MeV, $\Gamma(K^*(892)) = 50.8$ MeV, $Br(K^* \to K\pi) \sim 100\%$。

K^* 是最早确认的 $S = \pm 1$ 的矢量介子共振态。K^* 首先是在反应

$$K^- + p \to K^- + \pi^0 + p, \tag{4.132}$$
$$\to \bar{K}^0 + \pi^- + p \tag{4.133}$$

中发现的。反应机制可以写为

$$K^{*-} \to K^-\pi^0, \quad \text{或} \quad \bar{K}^0 + \pi^-. \tag{4.134}$$

K^* 共振态还出现在其他一些反应中。

K^* 和 $\rho^{\pm,0}, \omega, \phi$ 都是 $J^P = 1^-$ 的矢量介子，在强子结构 $SU(3)$ 理论中，如图 4.13 所示，可以将它们归于另一个 1^- 矢量介子八重态和单态。

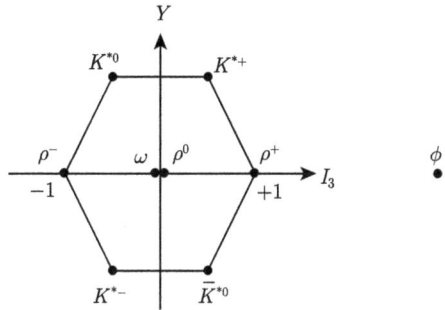

图 4.13　$J^P = 1^-$ 的矢量介子八重态和单态

所有强子都参与强相互作用，它们遵守最多种守恒定律。除了普遍遵守的能量、动量、角动量、电荷、轻子数、重子数守恒定律外，强相互作用还遵守空间反射、时间反演、电荷共轭、奇异数、G 变换等守恒定律。

练 习 题

1. 试判断，下述过程在哪些相互作用下是允许的，哪些是不允许的？为什么？
   (1) $\pi^- p \to K^- \Sigma^+$;   (2) $pp \to nK^+ \Sigma^+$;   (3) $\pi^- p \to \pi^+ \rho^-$;
   (4) $K^- p \to \Lambda \pi^+ \pi^-$;   (5) $p\bar{p} \to K^+ \pi^- n\bar{n}$;   (6) $p\bar{n} \to K^+ K^0 \pi^0$;
   (7) $K^0 n \to \Lambda \pi^0$;   (8) $p\bar{p} \to K^+ \pi^- \bar{n}$;   (9) $\Lambda \to p\pi^0$.

2. (D^+, D^0) 介子是同位旋的二重态，其主要衰变道都是弱衰变，其中 $D^0 \to \pi^+ K^-$, $D^0 \to \pi^0 \bar{K}^0$ 和 $D^+ \to \pi^+ \bar{K}^0$ 的衰变是通过 $\Delta I = 1$, $\Delta I_3 = 1$ 的弱作用有效哈密顿量进行的。试推导这三个衰变过程之间存在的同位旋三角关系。

3. 考虑同位旋对称性，证明三个 $B \to D\pi$ 衰变过程的衰变振幅 $\sqrt{2}M(B^0 \to \bar{D}^0 \pi^0)$, $M(B^0 \to D^- \pi^+)$ 和 $M(B^+ \to \bar{D}^0 \pi^+)$ 构成复平面上的三角关系。见图 4.4。

4. 考虑 π 介子与核子 $N = (p, n)$ 的强相互作用散射过程，电荷守恒允许如式 (4.59)～式 (4.61) 所示的 10 个过程的存在。根据强相互作用同位旋守恒，证明这 10 个可能的散射过程，只有 4 个独立的截面。

5. 证明对两核子体系的波函数，考虑与不考虑同位旋波函数时，得到的状态数目是一样的。

6. 对下列散射或者衰变过程，根据初末态粒子和可能的守恒量，判断它们是什么类型的相互作用引起的过程？

(a) $\pi^- \to \pi^0 + e^- + \bar{\nu}_e$;   (b) $\gamma + p \to \pi^+ + n$;
(c) $p + \bar{p} \to \pi^+ + \pi^- + \pi^0$;   (d) $D^- \to K^+ + \pi^- + \pi^-$;   (4.135)
(e) $\Lambda + p \to K^- + p + p$;   (f) $\pi^- + p \to n + e^+ + e^-$.

第5章 对称性和守恒定律

众所周知，对称性在粒子物理研究中具有非常重要的地位：

(1) 在对相互作用动力学机制缺乏了解的情况下，通过对称性的研究可以获得很多有关相互作用的重要知识。可以根据对称性和相关的守恒定律，对动力学的哈密顿量给出一定的限制。关于 QCD 理论的早期研究就是一个很好的例子。

(2) 在有些情况下，虽然已经有了很好的动力学理论，但一些具体问题的计算却非常复杂。利用对称性理论则可以很简洁地算出同样结果。

(3) 在粒子物理学中，有些对称性是严格的，另外一些对称性是破缺的。

在本章，我们将对粒子物理中各种基本对称性的定义和性质，对称性与守恒量之间的关系作详细的介绍。重点研究强相互作用中的 G 宇称守恒、弱相互作用中的宇称 (P) 破坏，研究 K 介子、B 介子系统的 CP 破坏等。

§5.1 守恒量的一般性质

§5.1.1 对称和破缺

对称性是人们在观察自然和认识自然过程中所产生的一种观念。在自然界千变万化的运动演化过程中，显现出各式各样的对称性。

太阳是一个球体，而球体在绕过中心的任意轴旋转某一角度后，其形状和位置都不显现任何可以察觉的变化。这种性质称为绕球心旋转对称性。没有人会说看到太阳横过来或倒过来了。如果要想确切判断球体是否绕过中心的任意轴转了一个角度，就需要在球上添加某些记号，根据这些记号的位置变化来判断球是否做了转动。实际上，这些记号的作用就是使球不再具有严格的旋转对称性，亦即在一定程度上破坏了旋转对称性。**物理学上称这种情况为对称性的破缺。**

自然界千变万化的运动演化，从一个侧面来说，就体现为显现出各式各样的对称性，同时又通过这些对称性的演化和破缺来反映出运动演化的特点。**日夜交替是人们最熟知的自然现象**，24 小时的昼夜循环，**在时间上显现出具有周期性的平移对称**。但是，我们无法根据日夜交替的特点来区分任何两天。为了能够区分和判断它，就需要找到对称性破缺的表现。人们在长期的生活中，发现昼夜的时间长短比例和夜间星群的分布都有相似的周期性变化，而且月亮每天的位置和形状也不相同，后来，逐渐有了年的概念，并产生了历法。**从对称性的角度来看，地球上的**

生活环境显现出以 24 小时为周期的时间平移对称性，但这个对称性又有微小的破缺，它提供了不同的两天之间的区分依据。同时通过这个破缺又显现出年的周期对称性和农历月的周期对称性。如果日 (或者天) 的周期对称性是严格的，没有微小的破缺，那就不可能显现出年的周期对称性和农历月的周期对称性。

因此研究自然现象中显现的各种对称性，研究它们产生和破缺的演化规律，是人们认识自然规律的一个重要方面。

§5.1.2 变换和对称的分类

无论什么样的对称现象，都是与将两种不同的情况相比较分不开的。一个球具有绕球心的旋转对称性，这是将球在转动前和绕球心转某一角度后的情况进行比较而得出的结论。**在数学上，将两种情况之间通过确定的规则对应起来的关系，称为从一种情况到另一种情况的变换。**物理学中对称性的观念可以概括为：**如果某一现象或系统在某一变换下不改变，则说该现象或系统具有与该变换所对应的对称性。**

既然每一种对称性都和某种特定的变换相联系，那么对称性的千差万别也就集中反映在与之相联系的各种变换上。因此，可以根据变换所涉及的对象以及变换的性质来对对称性进行分类。

对空间性质进行变换所对应的对称性统称为空间对称性。对时间性质进行变换所对应的对称性统称为时间对称性。空间对称性和时间对称性是最基本、最常见的对称性，但并不是所有的对称性都能归入这两类对称性之中。

现在来看图 5.1 的左图，它是由 4 个全同的小正方形构成的正方形平面图形，具有如下的对称性：(a) **在平面上，绕图形中心转 90° 的任意整数倍，图形不变**；(b) **绕过图形中心并过四边形的一个角或一个边的中点的轴线转 180°，图形不变**。

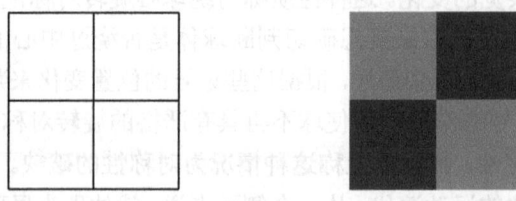

图 5.1　由 4 个全同 (左图) 或大小相同但颜色不同的小正方形构成的正方形 (右图)

如果将图形中的小正方形分别涂上深、浅两种颜色，则原来所具有的许多对称性便破缺了，这时只剩下在平面上绕图形中心转 180° 角或绕过图形中心并过四边形的一个角的中点的轴线转 180°，图形不变。但正是由于有了颜色，图形又显现出新的对称性来：**在平面上将图形绕中心转 90°，然后把深色变成浅色，浅色变成深色，在这样的复合变换下，原图形完全不变。**绕过图形中心并过四边形的一个边的中点的轴转 180°，然后再把浅色和深色互换，在这样的复合变换下，原图形也是完全不变的。

这些复合变换涉及的不仅是空间性质，还涉及颜色。显然，颜色是物体的一种基本属性，原则上它与物体的空间性质是互相独立的，通过颜色体现的变换，不能简单地用某种空间变换来替代。由此可见，各种物体的性质及其运动的不同，不仅体现在对空间和时间的描述上，还体现在一些与空间和时间的描述相独立的其他性质上。

物理学中把通过与空间和时间相独立的其他性质的变换所体现的对称性，称为内部对称性。在宏观物理学的范围里，内部对称性常常具有很强的直观性，因此认识其存在并没有很大的困难。在微观范围里，内部对称性的直观性减弱了，对内部对称性的认识和理解的难度增加了。但这并不表明内部对称性的重要性减少了。事实上，随着物理学对微观世界的探索日益深入，认识到的内部对称性也愈来愈多。这些内部对称性对我们认识和理解自然界及其运动规律起着愈来愈重要的作用。

§5.1.3 守恒量分类，严格守恒和近似守恒

从守恒量的数学表述来看，基本的守恒量可以区分为两大类：

(1) 第一类守恒量：一个复合体系的总守恒量是其各组成部分所贡献该守恒量的代数和。

(2) 第二类守恒量：一个复合体系的总守恒量是其各组成部分该守恒量的乘积。

这两类守恒量可以分别称为相加性守恒量和相乘性守恒量。

(1) **能量、动量、角动量、电荷、同位旋、奇异数、粲数、底数、轻子数、重子数都是相加性守恒量。**

(2) **P 宇称、C 宇称、G 宇称、CP 宇称都是相乘性守恒量。**

一般地讲，有经典对应的守恒量都是相加性守恒量，相乘性守恒量都是无经典对应的守恒量。

既然守恒定律的表现形式为一个孤立系统某物理量的总量在运动过程中不随时间改变，那么守恒定律的成立与否就直接和孤立系统的运动规律有关，特别是与相互作用有关。从这个关系上来考察，又可以把守恒定律分为两类，从而守恒量也分为两类。

1. **如果一个守恒定律对各种相互作用都成立则称为严格守恒律；**

2. **如果一个守恒定律对某些相互作用成立，但对另一些相互作用不成立，并且在运动过程中后者影响是次要的，则称为近似守恒定律 (或部分守恒定律)。**

按照上述区分，能量、动量、角动量、电荷是有经典对应的相加性严格守恒量；

同位旋、奇异数是无经典对应的相加性近似守恒量；P 宇称、C 宇称、CP 宇称是无经典对应的相乘性近似守恒量。

§5.2 Noether 定理

§5.2.1 经典物理中的 Noether 定理

当人们熟悉了对称性的观念之后，便想要弄清对称性和自然规律的关系是什么，如何通过已经观察到的对称性来探索未知的物理规律。

守恒定律与物理学运动规律在一定的变换下的不变性有密切联系。物理学在这方面探索的一个重要进展是建立了艾米·诺特定理[①]，这个定理首先是在经典物理学中给出的；后来推广到量子物理范围内也得到了普遍证明。

Noether 定理[46]：如果运动规律在某一不明显依赖于时间的变换下具有不变性，则必然存在一种对应的守恒定律。

1. **空间平移不变性与动量守恒定律**。用体系的广义坐标 q 和拉氏量

$$\mathcal{L} = \mathcal{L}(q_i, \dot{q}_i, t) \tag{5.1}$$

描写一个体系时，系统的拉氏方程为

$$\frac{d}{dt}\left(\frac{\partial \mathcal{L}}{\partial \dot{q}_i}\right) - \frac{\partial \mathcal{L}}{\partial q_i} = 0. \tag{5.2}$$

如果空间是均匀的，则 $\mathcal{L}$ 不依赖于广义坐标 q，这时

$$\frac{\partial \mathcal{L}}{\partial q_i} = 0. \tag{5.3}$$

因此拉氏方程 (5.2) 变为

$$\frac{d}{dt}\left(\frac{\partial \mathcal{L}}{\partial \dot{q}_i}\right) = 0, \tag{5.4}$$

即

$$\frac{\partial \mathcal{L}}{\partial \dot{q}_i} = \boldsymbol{P}_i = \text{const}, \tag{5.5}$$

系统的总动量守恒。

---

① Amalie Emmy Noether(1882.3.23～1935.4.14)，德国数学家和物理学家。她对抽象代数和理论物理中的对称性与守恒定律有重要贡献。1915 年，应著名数学家 E. 希尔伯特的邀请到哥廷根大学数学系任教，1919 年得到教师资格。1918 年发表了关于 Noether 定理证明的论文。Noether 定理解释了自然界中的对称性和物理学中的守恒量之间的关系。

§5.2 Noether 定理

2. **空间转动不变性与角动量守恒定律**。当选广义坐标 q 为角度时,广义动量 $\partial \mathcal{L}/\partial \dot{q}_i$ 表示体系的角动量。因此,空间的各向同性,即空间绝对方向的不可测量性,导致空间转动不变性,进而得到总角动量守恒定律。

3. **时间平移不变性与能量守恒定律**。如果考虑到没有时间的绝对原点,即时间也具有均匀性,引起系统对时间平移的不变性时,拉氏量与时间无关,即

$$\frac{\partial \mathcal{L}}{\partial t} = \frac{\partial \mathcal{H}}{\partial t} = 0, \tag{5.6}$$

系统的总能量守恒。

§5.2.2 量子力学中的对称性

1. 在量子力学中,体系的状态由波函数 $\psi(\boldsymbol{r},t)$ 描写。$\psi(\boldsymbol{r},t)$ 满足薛定谔方程

$$i\hbar \frac{\partial}{\partial t} \psi(\boldsymbol{r},t) = H\psi(\boldsymbol{r},t). \tag{5.7}$$

对任意可观测物理量 $\boldsymbol{F}$,在 $\psi(\boldsymbol{r},t)$ 态下的期待值为

$$\overline{\boldsymbol{F}} = \langle \psi(\boldsymbol{r},t)|\boldsymbol{F}|\psi(\boldsymbol{r},t)\rangle. \tag{5.8}$$

对上式作时间微分,得到

$$\frac{\partial}{\partial t}\overline{\boldsymbol{F}(t)} = \overline{\frac{\partial \widehat{\boldsymbol{F}}}{\partial t}} + \frac{1}{i\hbar}\overline{[\widehat{\boldsymbol{F}}, \mathcal{H}]}. \tag{5.9}$$

当算符 $\widehat{\boldsymbol{F}}$ 不显含时间 t 并且和 $\mathcal{H}$ 对易时,有

$$\frac{\partial}{\partial t}\boldsymbol{F} = 0. \tag{5.10}$$

即,力学量 $\boldsymbol{F}$ 是运动积分,$\boldsymbol{F}$ 的本征值是守恒量。

2. 另外,在量子理论中,分立变换的不变性也可以导致存在一个守恒量,这类守恒量在经典理论中是不存在的。可以引入一个一般的变换 U 描写不变性:

$$\psi'(\boldsymbol{r},t) = U\psi(\boldsymbol{r},t). \tag{5.11}$$

如果量子系统的运动规律在 U 变换下具有不变性,即 $U\psi(\boldsymbol{r},t)$ 仍然满足薛定谔方程

$$\mathcal{H}[U\psi(\boldsymbol{r},t)] = i\hbar \frac{\partial}{\partial t}[U\psi(\boldsymbol{r},t)]. \tag{5.12}$$

这时,波函数的归一化要求 U 是幺正的:$U^+U = UU^+ = I$。由式 (5.12) 可得

$$U^+\mathcal{H}U\psi = i\hbar \frac{\partial}{\partial t}\psi, \tag{5.13}$$

即

$$[U, H] = 0. \tag{5.14}$$

一般情况下，U 不是厄米的，没有可观测量与之对应。对有些分立变换，U 既是么正的，又是厄米的，在这些分立变换下，U 就代表一个可观测的物理量。

根据 Noether 定理，可以用运动规律所满足的对称性来对相应的守恒量进行分类。如果对称性是属于场和粒子的时空性质的某种变换，称为时空对称性，相应的守恒量称为时空对称性守恒量。

例如，时间平移不变性决定能量守恒；空间平移不变性决定动量守恒；空间转动不变性决定角动量守恒；空间反射不变性决定 P 宇称守恒，这些都是时空对称性守恒量。时间反演变换 T 本身是直接施于时间的，运动规律满足时间反演变换不变性并不表明存在相应的守恒定律和守恒量。

如果对称性是属于场和粒子的独立于时空性质的某种变换，则称为内部对称性，相应的守恒量称为内部对称性守恒量。电荷、同位旋、奇异数、粲数、底数、重子数、轻子数、C 宇称、G 宇称等都属于内部对称性守恒量。

§5.2.3 复合对称性守恒量

相乘性守恒量中，两个不守恒量乘起来就可能守恒，例如，弱作用中空间反射 $\mathcal{P}$ 和粒子反演 $\mathcal{C}$。相加性守恒量则没有这样的性质。如果两个变换均守恒，则复合变换也守恒，相乘性或者相加性都可以，但是这并没有增加守恒量个数。

考虑相乘性守恒量 P 和相加性守恒量 Q，若定义 $P' = Pe^{iQ}$ 或 $P' = Pe^{iaQ}$，那么 P' 是相乘性守恒量。

证明：考虑到

$$\sum_i Q_i = \sum_f Q_f, \quad \prod P_i = \prod P_f, \tag{5.15}$$

所以有

$$\prod P'_i = \prod P_i e^{iaQ_i} = \left(\prod P_i\right) e^{ia(\sum Q_i)}$$
$$= \left(\prod P_f\right) e^{ia(\sum Q_f)} = \prod P'_f \tag{5.16}$$

成立。

§5.2.4 对称性和群

人们在对物质结构的研究中，很早就注意到了对称性研究的重要性。这种对称性通常表现为物质体系在某些对称操作下的不变性，**这些对称操作的集合就构成了数学上的群。**

§5.2 Noether 定理

群论的研究和应用，对粒子物理学的发展起了重要的作用。例如，李群 $SU(2)$ 很好地描写了同位旋守恒所反映的对称性；李群 $SO(3)$ 很好地描写了角动量守恒的对称性；$U(1)$ 群很好地描写了电荷、轻子数、重子数、奇异粒子数等相加性量子数的守恒定律。对称性质相同，但物理性质完全不同的概念，可以利用群论进行统一地描写。

描写强子结构的夸克模型：$SU(3)$ 群；

标准模型理论：$SU(3)_c \times SU(2)_L \times U(1)_Y$ 半单群等。

在群论中，定义群为一组元素的集合：

$$G = \{g_0, g_1, g_2, \cdots, g_i\}, \tag{5.17}$$

其中任意两个元素 g_i 和 g_j 的乘积 $g_i g_j$ 仍然是此群的元素。对称变换的特点符合这种要求，因而可以用群的理论和方法处理这些对称变换的问题。群论也可以称为描写对称性的数学。

在粒子物理中常用的群又分为"Abel"群和"非 Abel 群"两类。连续两次变换的结果和两次变换的顺序无关的群，如 $U(1)$ 群称为 Abel 群，否则称为非 Abel 群（如 $SU(3)$ 群）。如图 5.2 所示的非 Abel 转动 $AB - BA = C \neq 0$ 就是一个例子。

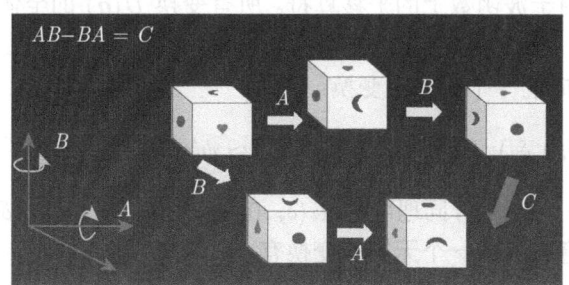

图 5.2 一个在外表面上绘有图形的正立方体的非 Abel 转动

一个群的元素，是在一定区间内连续变化的变量的函数时，称为连续群。当一个群的元素可以用分立的符号，如 $g_0, g_1, g_2, \cdots$ 标记时，称为分立群。

量子系统的对称群确定系统的多重态结构，这涉及群的表示问题。一个群在不同的空间中有不同的表示。如果在某个 n 维空间中，和群 G 对应的是 n 维空间的一个线性变换，它就给出群 G 的一个线性表示，记为 $D(G)$。n 维空间的线性变换群可以写成 $n \times n$ 矩阵。群的不可约表示的意思是：这种表示不能再约化为其他两种表示的直和。

两个 $SU(3)$ 群的基础表示"3"的直积可以约化为两个不可约表示的直和：

$$\mathbf{3} \otimes \mathbf{3} = \mathbf{3} \oplus \mathbf{6}, \quad \mathbf{3} \otimes \bar{\mathbf{3}} = \mathbf{1} \oplus \mathbf{8}. \tag{5.18}$$

现在需要考察的是：如果一个变换是某一个变换群的元素，运动规律不仅对这一个特定的变换，而且对这个变换群中一切元素所代表的变换都是不变的时候，相应的守恒量具有什么性质。

一般说来，如果运动规律在某一李群 G 变换下不变，群 G 的维数为 m，即群 G 中任意元素都对应 m 个群参数的一组值，则对应 m 个群参数 ξ_i，$i=1,\cdots,m$，将有 m 个守恒量 Q_i，又称守恒荷。值得注意的是，守恒荷的个数等于生成元的个数，守恒荷与生成元是一一对应的，同时守恒荷既与具体表示无关又与时空坐标无关，它们之间满足与生成元相同的李代数关系。因此这些守恒荷与生成元在数学上同构，实际上就是生成元在理论中的具体形式。正因为如此，我们都用 Q_i 来标记。

§5.3 连续时空对称性*

§5.3.1 空间平移不变性和动量守恒定律

在空间平移变换下，体系的波函数将作如下变换：

$$\psi(\boldsymbol{r}) \to \psi'(\boldsymbol{r}) = U(\boldsymbol{a})\psi(\boldsymbol{r}) = \psi(\boldsymbol{r}-\boldsymbol{a}), \tag{5.19}$$

其中 $U(\boldsymbol{a})$ 是作用于波函数上的平移算符。所有变换 $U(\boldsymbol{a})$ 的全体，形成了空间平移变换群。

考虑沿 z 方向的一个无穷小变换：

$$U(0,0,\delta_z)\psi(\boldsymbol{r}) = \psi(x,y,z-\delta_z) \approx \psi(\boldsymbol{r}) - \delta_z \frac{\partial}{\partial z}\psi(\boldsymbol{r}), \tag{5.20}$$

其中 $U(0,0,\delta_z) = 1-i\delta_z P_z$。同理可得：$U(\delta_x,0,0) = 1-i\delta_x P_x$，$U(0,\delta_y,0) = 1-i\delta_y P_y$。因此，对于沿任意方向的一个无穷小变换有

$$\boldsymbol{r} \to \boldsymbol{r}' = \boldsymbol{r} + \boldsymbol{\delta_a}; \quad U(\boldsymbol{a}) = 1 - i\boldsymbol{\delta_a} \cdot \boldsymbol{p}. \tag{5.21}$$

动量 $\boldsymbol{p}$ 称为该平移变换群的**生成元**。有限变换可以看成是无穷小变换的累积

$$U(\boldsymbol{a})\psi(\boldsymbol{r}) = e^{-i\boldsymbol{a}\cdot\boldsymbol{p}}\psi(\boldsymbol{r}). \tag{5.22}$$

如果在波函数空间取动量的本征矢作为基矢，则得

$$\psi_p(\boldsymbol{r}-\boldsymbol{a}) = U(\boldsymbol{a})\psi(\boldsymbol{r}) = e^{-i\boldsymbol{a}\cdot\boldsymbol{p}_E}\psi(\boldsymbol{r}), \tag{5.23}$$

其中 p_E 表示动量算符的本征值。空间平移不变性要求算符 $U(\boldsymbol{a})$ 和 $\mathcal{H}$ 对易

$$[U(\boldsymbol{a}), \mathcal{H}] = 0, \tag{5.24}$$

即有 $[\boldsymbol{p}, \mathcal{H}] = 0$。即动量 $\boldsymbol{p}$ 是守恒量。

§5.3.2 空间转动不变性和角动量守恒定律

三维空间的纯转动构成 $SO(3)$ 群。若空间坐标系受到一个转动 g，其坐标和波函数的变换为

$$\boldsymbol{r} \to \boldsymbol{r}' = g\boldsymbol{r}, \tag{5.25}$$

$$\psi(\boldsymbol{r}) \to \psi'(\boldsymbol{r}'). \tag{5.26}$$

对于表征粒子客观状态的波函数，显然应有

$$\psi'(\boldsymbol{r}') = \psi(\boldsymbol{r}) = \psi(g^{-1}\boldsymbol{r}'), \tag{5.27}$$

即

$$\psi'(\boldsymbol{r}) = \psi(g^{-1}\boldsymbol{r}). \tag{5.28}$$

该式表达了转动态和原始态之间的关系。我们可以用一个转动算符 $\hat{R}(\boldsymbol{n}, \theta)$ 来描述状态之间的这种变换性质

$$\psi'(\boldsymbol{r}) = \hat{R}(\boldsymbol{n}, \theta)\psi(\boldsymbol{r}). \tag{5.29}$$

若仅考虑绕 z 轴的转动，则可以证明

$$g = g(\hat{z}, \theta) = \begin{pmatrix} \cos\theta & -\sin\theta & 0 \\ \sin\theta & \cos\theta & 0 \\ 0 & 0 & 1 \end{pmatrix}, \tag{5.30}$$

而

$$g^{-1} = \tilde{g}(\hat{z}, \theta) = \begin{pmatrix} \cos\theta & \sin\theta & 0 \\ -\sin\theta & \cos\theta & 0 \\ 0 & 0 & 1 \end{pmatrix}. \tag{5.31}$$

如果只考虑一个绕 z 轴的无穷小转动 $\delta\theta$，则有

$$g = g(\hat{z}, \theta) = \begin{pmatrix} 1 & -\delta\theta & 0 \\ \delta\theta & 1 & 0 \\ 0 & 0 & 1 \end{pmatrix}, \tag{5.32}$$

$$g^{-1} = \tilde{g}(\hat{z}, \theta) = \begin{pmatrix} 1 & \delta\theta & 0 \\ -\delta\theta & 1 & 0 \\ 0 & 0 & 1 \end{pmatrix}. \tag{5.33}$$

故有

$$\psi'(\boldsymbol{r}) = \hat{R}(\hat{z}, \delta\theta)\psi(\boldsymbol{r}) = \psi(g^{-1}\boldsymbol{r}) = \psi(x + y\delta\theta, -x\delta\theta + y, z)$$

$$= \left[1 + \delta\theta\left(y\frac{\partial}{\partial x} - x\frac{\partial}{\partial y}\right)\right]\psi(\boldsymbol{r})$$

$$= \left[1 - i\delta\theta\left(-ix\frac{\partial}{\partial y} + iy\frac{\partial}{\partial x}\right)\right]\psi(\boldsymbol{r})$$

$$= (1 - i\delta\theta\hat{L}_z)\psi(\boldsymbol{r}), \tag{5.34}$$

即有

$$\hat{R}(\hat{z}, \delta\theta) = 1 - i\delta\theta\hat{L}_z. \tag{5.35}$$

同理可有

$$\hat{R}(\hat{x}, \delta\theta) = 1 - i\delta\theta\hat{L}_x, \tag{5.36}$$

$$\hat{R}(\hat{y}, \delta\theta) = 1 - i\delta\theta\hat{L}_y. \tag{5.37}$$

因此，对绕任意方向 $\boldsymbol{n}$ 的无穷小转动 $\delta\theta$ 有

$$\hat{R}(\boldsymbol{n}, \delta\theta) = 1 - i\delta\theta\boldsymbol{n}\cdot\hat{\boldsymbol{L}}, \tag{5.38}$$

其中 $\boldsymbol{n}$ 表示一个单位矢量，$\hat{R}(\boldsymbol{n}, \delta\theta)$ 是群元素 $g(\boldsymbol{n}, \delta\theta)$ 的表示。$\hat{\boldsymbol{L}}$ 是 $SO(3)$ 群的生成元，它满足如下的对易关系：

$$[L_i, L_j] = i\,\epsilon_{ijk}\,L_k. \tag{5.39}$$

有限转动可以看成是无穷多个无穷小转动相继作用的累积结果。因此可以证明对有限转动

$$\hat{R}(\boldsymbol{n}, \theta) = e^{-i\theta\boldsymbol{n}\cdot\hat{\boldsymbol{L}}}, \quad \text{或}\quad e^{-i\theta\boldsymbol{n}\cdot\hat{\boldsymbol{J}}}, \tag{5.40}$$

其中 $\boldsymbol{J} = \boldsymbol{L} + \boldsymbol{S}$ 是总角动量。体系的哈密顿量 $\hat{H}$ 在转动变换下的不变性意味着对任何群元有

$$\left[\hat{H}, \hat{R}\right] = 0, \quad \text{或}\quad \left[\hat{H}, \hat{\boldsymbol{J}}\right] = 0. \tag{5.41}$$

所以总角动量守恒。$H, \boldsymbol{J}^2, J_z$ 组成一组相互对易的力学量完全集合，共同本征波函数为 Ψ_{njm} (其中 (n, j, m) 是与哈密顿算符 H、总角动量平方算符 $\boldsymbol{J}^2$ 和总角动量第三分量算符 $\boldsymbol{J}_z$ 对应的好量子数)。

§5.3.3 时间平移不变性和能量守恒定律

考虑量子系统波函数 $\psi(t)$ 在时间平移变换

$$t \to t' = t + \tau \tag{5.42}$$

下的变换性质。这时 $\psi(t)$ 变为 $\psi'(t')$,时间平移不变性要求

$$\psi'(t') = \psi(t) = \psi(t' - \tau), \tag{5.43}$$

即有

$$\psi'(t) = \widehat{U}(\tau)\psi(t) = \psi(t - \tau). \tag{5.44}$$

对无穷小变换 $t' = t + \delta t$ 有

$$\begin{aligned}\widehat{U}(\delta t)\psi(t) &= \psi(t - \delta t) = \left(1 - \delta t\frac{\partial}{\partial t}\right)\psi(t) \\ &= (1 + i\delta t\widehat{\boldsymbol{H}})\psi(t),\end{aligned} \tag{5.45}$$

所以有

$$\widehat{U}(\delta t) = 1 + i\delta t\widehat{\boldsymbol{H}}, \tag{5.46}$$

其中哈密顿算符 $\widehat{\boldsymbol{H}}$ 是时间平移变换的生成元,是守恒的力学量,即总能量守恒。

同样可以证明,对有限的时间平移变换式 (5.42) 有

$$\widehat{U}(\tau) = e^{i\tau\widehat{\boldsymbol{H}}}. \tag{5.47}$$

时间平移群的最小不可约表示也构成 $U(1)$ 群。

根据时空对称性理论,可以导出三个基本的守恒定律:总动量、总角动量和总能量守恒定律。这些定律表明:所有物理规律在任何地方、任何时间都是一样的,而且和空间取向无关。

§5.4 空间反射变换和宇称守恒

§5.4.1 空间反射变换和宇称

空间反射变换简称 P 变换,定义为空间坐标都反号,但时间不变的变换,即

$$\boldsymbol{r} \to -\boldsymbol{r}, \ t \to t. \tag{5.48}$$

在 P 变换下，每一个运动状态变为另一个状态。虽然对于一个特定的点来说，P 变换的效果等价于某种转动。但对于一个物体的描写来说，它就不能完全等效于某种转动。一般来说，P 变换是一种典型的分立变换，它不能等价于某种特殊的连续变换。在经典物理范围，P 变换不变性并不对应存在某种守恒定律。但在微观物理范围内，P 变换不变性直接和宇称守恒相联系。

在 P 变换下

$$r \to -r, \quad p \to -p, \quad E \to E, \quad L = r \times p \to (-r) \times (-p) = L. \tag{5.49}$$

即，动量 p 是矢量在 P 变换下变号，能量 E 是标量不变号，角动量是轴矢量也不变号。所以角动量和 P 变换是可以对易的，有共同的本征态。

1. 轨道宇称和内禀宇称

按照定义，P 变换满足

$$P^2 = 1. \tag{5.50}$$

因此 P 的本征值可取值为 ± 1，P 的本征值又称 P 宇称。当系统轨道角动量为 L 时，其本征函数为 $Y_{lm}(\theta, \phi)$，在 P 变换下

$$\theta \to \pi - \theta, \quad \phi \to \pi + \phi, \tag{5.51}$$

从而有

$$\widehat{P} Y_{Lm}(\theta, \phi) = Y_{Lm}(\pi - \theta, \pi + \phi) = (-1)^L Y_{Lm}(\theta, \phi), \tag{5.52}$$

即轨道宇称为 $(-1)^L$。在 P 变换下，粒子内部波函数也有 P 宇称，称内禀宇称 (记为 P' 或者 η_P)，其数值只能由实验确定。

2. 内禀宇称, 相对宇称和总宇称

(a) 纯中性粒子 (所有内部相加性守恒量，如电荷、奇异数、重子数等都等于 0 的粒子, 例如 γ 和 π^0) 的内禀宇称由实验来决定，例如：

$$P'(\gamma) = -1, \quad P'(\pi^0) = -1; \tag{5.53}$$

(b) 根据电子偶素实验和波函数反对称要求，自旋为 $1/2$ 的费米子 f 与其反粒子 $\bar{f}$ 的相对 (内禀) 宇称为 -1，即 $P'(f\bar{f}) = (-1)$。而对于一对正反玻色子则有 $P'(b\bar{b}) = +1$。那么，由一对正反粒子组成的纯中性系统的总宇称 P 为

$$P(f\bar{f}) = (-1)^L \cdot P'(f\bar{f}) = (-1)^{L+1}, \quad P(b\bar{b}) = (-1)^L \cdot P'(b\bar{b}) = (-1)^L, \tag{5.54}$$

其中 $(-1)^L$ 是轨道角动量的贡献。

(c) 对于非纯中性粒子的内禀宇称只是相对的，针对各种不同的内部对称性相加性守恒量，约定以下的标准以消除不确定性 (表 5.1)。现在基本粒子表中列出的宇称实验值，都是按上述约定标准定出来的。

表 5.1　守恒量与内禀宇称的标准

守恒量	内禀宇称的标准
电荷 Q	同一同位旋多重态的不同电荷态, 宇称相同
重子数 b	$P'(N) = +1$, 反核子则为 -1
e 轻子数 L_e	$P'(e^-) = +1$
μ 轻子数 L_μ	$P'(\mu^-) = +1$
τ 轻子数 L_τ	$P'(\tau^-) = +1$
奇异数 S	$P'(K) = P'(\pi) = -1$
粲数 C	$P'(D) = P'(\pi) = -1$
底数 B	$P'(B) = P'(\pi) = -1$

3. 两粒子、三粒子系统的 (总) 宇称

对于内禀宇称分别为 $P'(1)$ 和 $P'(2)$，轨道角动量量子数为 L 的两粒子系统，其 (总) 宇称可以写为: $P = P'(1) P'(2) (-1)^L$。对于两粒子体系的宇称和总角动量的本征值，其选取受到限制。对两 π 体系，因为轨道宇称为 $(-1)^L$，所以有：$J^P = 0^+, 1^-, 2^+, 3^-, \cdots$。对双光子系统，除了 $J^P = 1^\pm, 3^-, 5^-, \cdots, (2N+1)^- (N \geqslant 1)$，其他 J^P 组合都是允许的。

对于内禀宇称分别为 $P'(i)$ 的三粒子系统，其宇称可以写为：$P = P'(1)P'(2)P'(3) \cdot (-1)^{L+l}$，其中量子数 L 表示粒子 "1" 和 "2" 在它们的质心系的轨道角动量，量子数 l 表示第 "3" 个粒子相对于粒子 "1-2" 的质心的轨道角动量。

§5.4.2　宇称守恒和宇称不守恒

物理规律在空间反射下的不变性导致宇称守恒。这时要求哈密顿量和空间反射算符对易，即

$$[\widehat{H}, \widehat{\mathcal{P}}] = 0. \tag{5.55}$$

发现奇异粒子后，在对最轻的奇异粒子衰变过程的研究中遇到了一个疑难，即 "$\theta - \tau$" 疑难。这个疑难表现为：实验中发现了两种质量、寿命和电荷都相同的粒子 θ 和 τ，衰变时，θ 衰变为两个 π 介子，τ 衰变为三个 π 介子。实验结果的分析表明，三个 π 介子的总角动量为零，宇称为负；而两个 π 介子的总角动量为零，则宇称只能是正。因此从质量、寿命和电荷来看，θ 和 τ 似乎应是同一种粒子，但是从衰变行为来看，如果宇称是守恒量，则 θ 和 τ 就不可能是同一种粒子。

在宏观范围内运动规律具有很好的左右对称性，亦即在空间反射变换下具有不变性，但在宏观范围内这种不变性并不导致守恒定律。在微观范围内如果运动规

律具有左右对称性,则对应存在 P 宇称守恒定律.

李政道[①]和杨振宁[②]当时对"$\theta-\tau$"疑难问题十分重视[47]。在 1955 年底到 1956 年初,他们做了许多尝试,都没有成功。其中一条道路是提议宇称不守恒,但是当时很多实验都验证了宇称守恒,却没有发现任何的不守恒现象。其实当时他们和其他的物理学家都没有想到关键的一点:宇称不守恒只在弱相互作用中发生。不但没有想到这一点,而且还有一个错误印象,以为过去的 β 衰变实验已经证明了弱相互作用中的宇称守恒。所以"$\theta-\tau$"之谜没有答案。

1956 年 4 月底 5 月初的一天,他们想到了这一关键点。调研发现:**所有证实了宇称守恒的实验都是在强相互作用或者电磁相互作用过程中做的,但是在弱相互作用过程中宇称守恒并没有得到实验的判定性检验**。李政道和杨振宁提出,这个疑难产生的原因在于弱相互作用过程中宇称可以不守恒。他们建议可以通过 ^{60}Co 的 β 衰变实验来对这一点进行判定性检验

$$^{60}\text{Co} \to {}^{60}\text{Ni} + e^- + \bar{\nu}_e. \tag{5.56}$$

实验的原理是利用核磁技术使 ^{60}Co 的原子核极化,即原子核的自旋方向沿确定方向排列,观察 ^{60}Co 通过 β 衰变 (弱作用) 放出电子的方向分布。如果宇称是守恒的,则沿自旋轴正向的半球方向内射出的电子数应与包含自旋轴负向的半球方向内射出的电子数相近 (自旋与角动量在镜像变换下不变),即左右对称;反之如果这两个半球方向内射出的电子数不相等,即表现出明显的左右不对称性,则表明弱相互作用过程中宇称可以不守恒。

他们的文章 (图 5.3)[48] 并未被当时的物理学界所赞同。泡利在写给韦斯科夫的一封著名的信中说:"我不相信上帝是一个弱作用的左撇子……"另一方面,对实验物理学家来说,由于他们所建议的几个实验都不简单,而大家又不相信他们解决问题的方向是对的,所以很少有人动手去做那些实验。

哥伦比亚大学的吴健雄[③]是李政道和杨振宁的朋友和同事,也是 β 衰变研究的名家,她与美国国家标准局的四位物理学家合作,做了李-杨建议的实验之一:^{60}Co 的 β 衰变实验。1957 年初,他们完成了实验,公布了他们的实验结果[49]:**在 β 衰变中宇称确实不守恒**。这项结果引起了物理学界的震惊!各个实验室竞相做其他

[①] 李政道 (1926.11.24~),美籍华人物理学家。费米的博士生,1950 年在芝加哥大学获得博士学位。以弱相互作用中宇称不守恒和非拓扑孤立子理论闻名于世,与杨振宁分享 1957 年诺贝尔物理学奖。

[②] 杨振宁 (1922.10.1~),美籍华人物理学家。泰勒的博士生,1948 年在芝加哥大学获得博士学位。以弱相互作用中宇称不守恒、Yang-Mills 规范场和 Yang-Baxter 方程闻名于世,与李政道分享 1957 年诺贝尔物理学奖。

[③] 吴健雄 (1912.5.31~1997.2.16),美籍华人物理学家。E. 劳伦斯的博士生,1940 年在加州大学伯克利分校获得博士学位。在 β 衰变研究和宇称不守恒实验测量方面有重要贡献,曾获得沃尔夫奖和美国国家科学奖。

的弱作用的实验。**所有相关实验均证明：在弱相互作用过程中宇称不守恒。**

过去人们对于守恒定律的理解比较简单，没有想到适用范围的问题，弱相互作用宇称不守恒的实验证明告诉人们：各种守恒定律的适用范围可以不同，有的物理量在一切相互作用过程中都是守恒的，而有些物理量则只在某些相互作用过程中才是守恒的。宇称就是人们认识的第一个只在某些相互作用过程中才守恒的相乘性守恒量。在研究各种守恒定律时，无论涉及的是相加性守恒量还是相乘性守恒量，都要注意和研究这些守恒定律的适用范围。

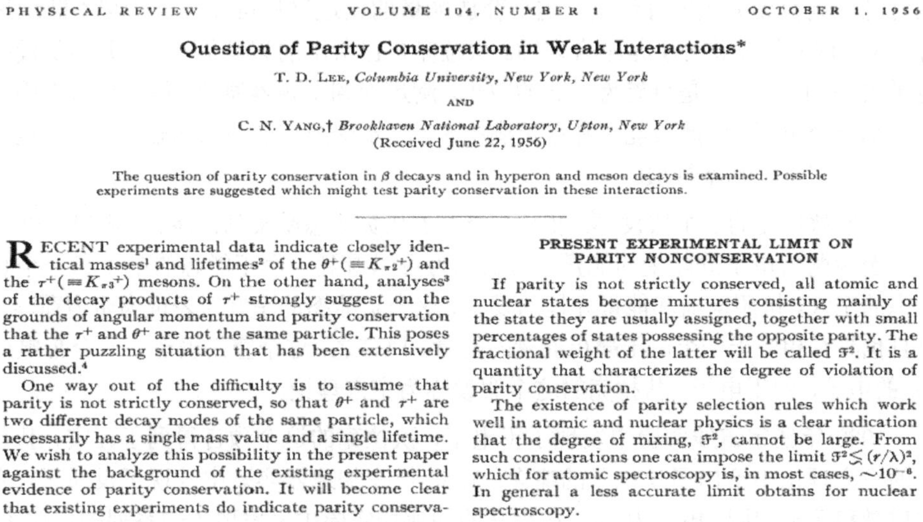
PHYSICAL REVIEW VOLUME 104, NUMBER 1 OCTOBER 1, 1956

Question of Parity Conservation in Weak Interactions*

T. D. LEE, *Columbia University, New York, New York*

AND

C. N. YANG,† *Brookhaven National Laboratory, Upton, New York*

(Received June 22, 1956)

The question of parity conservation in β decays and in hyperon and meson decays is examined. Possible experiments are suggested which might test parity conservation in these interactions.

RECENT experimental data indicate closely identical masses[1] and lifetimes[2] of the $\theta^+(\equiv K_{\pi 2}^+)$ and the $\tau^+(\equiv K_{\pi 3}^+)$ mesons. On the other hand, analyses[3] of the decay products of τ^+ strongly suggest on the grounds of angular momentum and parity conservation that the τ^+ and θ^+ are not the same particle. This poses a rather puzzling situation that has been extensively discussed.[4]

One way out of the difficulty is to assume that parity is not strictly conserved, so that θ^+ and τ^+ are two different decay modes of the same particle, which necessarily has a single mass value and a single lifetime. We wish to analyze this possibility in the present paper against the background of the existing experimental evidence of parity conservation. It will become clear that existing experiments do indicate parity conserva-

PRESENT EXPERIMENTAL LIMIT ON PARITY NONCONSERVATION

If parity is not strictly conserved, all atomic and nuclear states become mixtures consisting mainly of the state they are usually assigned, together with small percentages of states possessing the opposite parity. The fractional weight of the latter will be called $\mathfrak{F}^2$. It is a quantity that characterizes the degree of violation of parity conservation.

The existence of parity selection rules which work well in atomic and nuclear physics is a clear indication that the degree of mixing, $\mathfrak{F}^2$, cannot be large. From such considerations one can impose the limit $\mathfrak{F}^2 \lesssim (r/\lambda)^2$, which for atomic spectroscopy is, in most cases, $\sim 10^{-6}$. In general a less accurate limit obtains for nuclear spectroscopy.

图 5.3 李政道和杨振宁关于宇称不守恒的文章的第一页 (扫描自*Phys. Rev.* 104 (1956) 254)

P **宇称在强相互作用和电磁相互作用过程中守恒，但在弱相互作用过程中不守恒。**因此对不直接参与强相互作用和电磁相互作用的中微子，没有确定的 P 宇称，因为不能从任何实验中确定。

§5.5 电荷共轭变换、G 变换和 C、G 宇称守恒

1. 粒子与反粒子

在第 3 章我们已经提到狄拉克提出的描写费米子运动的相对论性运动方程，即相对论量子力学的狄拉克方程。利用这个方程来研究氢原子能级分布时，给出了氢原子能级的精细结构，与实验很好地符合。从这个方程可以自动导出电子自旋与轨道角动量不同：轨道角动量沿某一特定方向的投影的取值为普朗克常数的整数倍，而电子自旋角动量沿某一特定方向的投影的取值却应为 $\pm 1/2$，这也是当时已经从原子光谱的实验研究中总结出的认识，而狄拉克方程对之给出了自然的理论

解释。经典物理学中已熟知，量子力学中也已普遍证明了带电粒子的轨道运动磁矩和轨道角动量之比（即回磁比）为 $e/2m$。但狄拉克方程却预言电子自旋的回磁比为轨道角动量的回磁比的两倍，这也很好地与实验符合。这些成就促使人们相信狄拉克方程是一个正确地描写电子运动的相对论性量子力学方程。

根据狄拉克方程，电子除了有正能态外，还有负能态，并且正能态和负能态的分布对能量为零点是完全对称的。这个结果表明：如果有一个电子处于某正能态，则任意小的扰动都有可能促使它跳到负能态而放出能量。同时，由于负能态的分布包含延伸到负无穷大的连续谱，这个释放能量的跃迁过程可以一直持续不断地进行下去，这显然在物理上是不合理的。狄拉克自己给出的假设是，真空并不是没有电子的态。由于电子是自旋为 1/2 的粒子，满足泡利不相容原理，每一个状态中只能容纳一个电子，因此负能态都已填满电子，它不能放出能量从而输出信号，这也正符合真空态的基本性质。

按照狄拉克的这个假设，如果把一个电子从负能态激发到正能态，需要从外界输入至少两倍电子静能量的能量。这表现为可以看到一个正能态的电子和一个负能态的空穴。按照电荷和能量守恒的要求，这个负能态的空穴应表现为带电荷 $+e$，并且也具有相当于一个电子静止能量的能量。换言之，这个空穴表现为一个带电荷 $+e$ 的电子，即正电子。狄拉克的这个假设称为空穴理论。

1932 年在宇宙线实验中发现了正电子，狄拉克的这个预言得到了证实，狄拉克的空穴理论中给出了反粒子的概念；1955 年在加速器实验中发现了反质子，它的质量和质子相同，电荷为 $-e$，在后来的加速器实验中又发现了一系列的反粒子。实验表明，各种粒子都有相应的反粒子存在，这个规律是普遍的。

在粒子物理中，我们已不再采用狄拉克的空穴理论来认识正反粒子之间的关系，而是从正反粒子完全对称的场论观点来认识。按照量子场论提供的图像，一般说来，场的激发态表现为粒子。场的任一种激发状态都有与之对应的复共轭的激发状态，这在物理上相应于粒子与反粒子。粒子和反粒子的质量、寿命、自旋相同，但它们的一切内部相加性守恒量都互相反号。也有可能，某些粒子的一切内部相加性守恒量都为零，反粒子就是它们自己，这些粒子称为 Majorana 粒子或纯中性粒子，相应的场称为 Majorana 场或纯中性场。各种粒子都有与之相对应的反粒子，这个普遍结论被几十年的粒子物理的发展不断印证。那么是否存在没有反粒子的粒子？中微子如果没有质量，就可能是这样的粒子。

2. 电荷共轭 (C) 变换

电荷共轭变换又称正反粒子变换，是指在一个系统中，把一切粒子换成与它们相应的反粒子。在 C 变换下，所有相加性量子数 (Q, L, B, S 等) 都要变号，电磁场强度 $\boldsymbol{E}$、$\boldsymbol{H}$ 也要变号。但时间、空间、动量、角动量等则保持不变。

在 C 变换下，
$$\hat{C}\psi_A = \eta_A \psi_{\bar{A}}, \tag{5.57}$$

其中 η_A 是一个相因子。由归一化条件可得: $\eta_A \eta_A^* = 1$。如果对某一粒子态作两次 C 变换，则应回到原来的粒子态
$$\hat{C}^2 \psi_A = \hat{C}\eta_A \psi_{\bar{A}} = \eta_A \eta_{\bar{A}} \psi_A = \psi_A. \tag{5.58}$$

所以应有
$$\eta_A \eta_{\bar{A}} = 1, \tag{5.59}$$

即
$$\eta_{\bar{A}} = \eta_A^*. \tag{5.60}$$

正反粒子的 C 变换相因子互为复共轭。

如果 Q 是一个相加性守恒量，$|A\rangle$ 是 Q 的任意本征态，则有
$$\hat{Q}\hat{C}|A\rangle = \hat{Q}\eta_C(A)|\bar{A}\rangle = -Q'(A)\eta_C(A)|\bar{A}\rangle, \tag{5.61}$$
$$\hat{C}\hat{Q}|A\rangle = Q'(A)\hat{C}|A\rangle = Q'(A)\eta_C(A)|\bar{A}\rangle, \tag{5.62}$$

即
$$(\hat{Q}\hat{C} + \hat{C}\hat{Q})|A\rangle = 0. \tag{5.63}$$

考虑到任意态总可以用 Q 的本征态展开，因此一般地都有
$$(\hat{Q}\hat{C} + \hat{C}\hat{Q}) = 0. \tag{5.64}$$

这就是说，所有的相加性守恒量都和 C 变换反对易。因此一般来说，相加性守恒量和 C 变换没有共同本征态，只有所有的内部相加性守恒量取值为零的态才可能同时又是 C 变换的本征态。

§5.5.1 纯中性态和 C 宇称

根据 C 变换的定义式 (5.57)，**C 变换的本征态一定是纯中性粒子** (γ, π^0, η, ρ^0, ω, ϕ, $\cdots$)，**或纯中性系统** ($e^+ - e^-$, $p - \bar{p}, \cdots$)。对纯中性粒子或纯中性系统，有
$$\hat{C}\psi_n = \eta_n \psi_n = \pm \psi_n, \tag{5.65}$$

我们称 $\eta_n = \pm 1$ 的态为正、负 C 宇称态。这时 η_n 是好量子数。

可以证明：$\eta_C(\gamma) = -1$, $\eta_C(\pi) = +1$。对于光子，由于 C 变换时电荷及电流变号，相应的电场和磁场也变号，即

$$\boldsymbol{E} \longrightarrow -\boldsymbol{E}, \quad \boldsymbol{B} \longrightarrow -\boldsymbol{B}, \tag{5.66}$$

$$A_\mu = (\boldsymbol{A}, i\phi) \longrightarrow (-\boldsymbol{A}, -i\phi) = -A_\mu, \tag{5.67}$$

所以光子具有负 C 宇称。由于 C 宇称是相乘性量子数，所以 n 个光子系统的 C 宇称为

$$\eta_C(n\gamma) = (-1)^n. \tag{5.68}$$

π^0 介子可以通过电磁相互作用衰变到两个光子，因此 π^0 介子的 C 宇称是正的：$\eta_C(\pi^0) = +1$。

对于具有确定轨道角动量 $\boldsymbol{L}$ 和总自旋 $\boldsymbol{S}$ 的正、反费米子，或正、反玻色子构成的纯中性系统，也具有确定的 C 宇称，理论上可以证明：不论组成系统的正反粒子是费米子还是玻色子，这个纯中性系统的 C 宇称由其轨道角动量和总自旋量子数确定：

$$\eta_C = (-1)^{L+S}. \tag{5.69}$$

这个结果非常重要，在粒子物理的对称性分析中经常使用。我们可以通过简单的分析理解这个公式成立的原因：在坐标表象质心系中考察一对正反粒子组成的纯中性系统，设系统的轨道角动量为 L，总自旋为 S，系统的态可以用 $|x, s_1; -x, s_2\rangle$ 描写，其中第一组量描写正粒子，第二组量描写反粒子，$2x$ 为两粒子间相对径矢，s_1, s_2 分别描写两粒子的自旋状态。对这个态作 CP 变换，可以得到

$$CP|x, s_1; -x, s_2\rangle = C|-x, s_1; x, s_2\rangle \tag{5.70}$$

$$= |x, s_2; -x, s_1\rangle. \tag{5.71}$$

再交换两个粒子的自旋给出

$$CP|x, s_1; -x, s_2\rangle = \begin{cases} (-1)^{S+1}|x, s_1; -x, s_2\rangle, & \text{费米子}; \\ (-1)^S |x, s_1; -x, s_2\rangle, & \text{玻色子}. \end{cases} \tag{5.72}$$

所以得到

$$\eta_C P' = \begin{cases} (-1)^{S+1}, & \text{费米子}; \\ (-1)^S, & \text{玻色子}. \end{cases} \tag{5.73}$$

但已知正反费米子对系统的 P 宇称 $P = (-1)^{L+1}$；正反玻色子对系统的 P 宇称为 $P = (-1)^L$，其中 $(-1)^L$ 是轨道角动量的贡献，因此一对正反粒子组成系统的内禀 C 宇称为 $\eta_C = (-1)^{L+S}$。

§5.5.2 C 变换不变和 C 宇称守恒

根据现有实验，在强相互作用和电磁相互作用中，C 宇称是守恒的，实际上，从强相互作用和电磁相互作用的拉氏量也可以看出它们是在 C 变换下不变的。

在 C 宇称守恒的条件下，如果把反应过程初态和末态粒子全部换成相应的反粒子，则反应概率 (表现在反应截面上)、角分布、动量、自旋和轨道角动量等量都是相同的。例如 $m = (892.1\pm0.3)\mathrm{MeV}$ 的 K^{*+} 介子，它的宽度为 $\Gamma = (51.3\pm0.8)\mathrm{MeV}$，它的主要衰变方式是通过强相互作用衰变为 $K^+\pi^0$ 和 $K^0\pi^+$。同时它还可以通过电磁相互作用衰变为 $K^+\gamma$，分支比为 (0.10 ± 0.01)。C 变换不变性要求 K^{*+} 介子的反粒子 K^{*-} 介子的质量也是 $m = (892.1 \pm 0.3)\mathrm{MeV}$，它的宽度也应为 $\Gamma = (51.3 \pm 0.8)\mathrm{MeV}$，它的主要衰变方式也是通过强相互作用衰变为 $K^-\pi^0$ 和 $\bar{K}^0\pi^-$。同时它也应还可以通过电磁相互作用衰变为 $K^-\gamma$，分支比为 (0.10 ± 0.01)。(粒子数据表据此只列出正粒子性质，不列反粒子。)

如果反应过程的初态是 C 算符的本征态，在 C 宇称守恒的条件下，末态也一定是 C 算符相同本征值的本征态。例如，对 $e^+ + e^- \to n\gamma$ 过程，C 宇称守恒对 n 的可能取值给出了限制。由式 (5.68) 和式 (5.69) 和电磁衰变过程中 C 宇称守恒的要求，应有

$$(-1)^{L+S} = (-1)^n. \tag{5.74}$$

因此，如果电子偶素的衰变是在基态 ($L = 0$) 进行的，则衰变过程有两种可能：

(1) 在 $L = S = J = 0$ 的单态 $^1S_0$ 进行衰变时，n 应为偶数，即主要衰变为两个 γ 光子。衰变成四个 γ 的概率要小四个数量级 ($\alpha^2 \approx 10^{-4}$)。

(2) 在 $L = 0, J = S = 1$ 的三重态 $^3S_1$ 进行衰变时，n 应为奇数，即主要衰变为三个 γ 光子。(变成一个光子的可能性被能量、动量守恒禁戒。)

$\pi^0 \to \gamma\gamma$ 的衰变是另一个例子。π^0 介子的 C 宇称为正，光子的 C 宇称为负，因此 π^0 介子可以衰变成两个光子，但不能衰变成三个光子。实验数据表明：

$$Br(\pi^0 \to 3\gamma)/Br(\pi^0 \to 2\gamma) < 3.1 \times 10^{-8}. \tag{5.75}$$

在弱相互作用中，现有实验发现 C 宇称不守恒，而在后面的弱作用章节中也可以看出弱相互作用的拉氏量在 C 变换下没有不变性。

§5.5.3 G 变换和 G 宇称

C 宇称守恒对于通过强相互作用和电磁相互作用实现的过程给出了很强的预言，但是由于只有纯中性粒子和某些纯中性系统才有确定的 C 宇称，它的适用范围受到很大的限制。人们期望能找到适用范围更大的类似的守恒定律。除了同位旋对称性所包含的相加性守恒量 I_3 以及与 I_3 相关的电荷 Q 之外，其他内部相加性

守恒量都为零的粒子称为普通介子 (根据盖尔曼–西岛关系, $Q = I_3$)。例如 $\pi^\pm$ 不是 C 算符的本征态, 没有确定的 C 宇称。

$$\widehat{C}\psi_{\pi^+} = \eta_\pi \psi_{\pi^-}. \tag{5.76}$$

ψ_{π^+} 和 ψ_{π^-} 都不是算符 $\widehat{C}$ 的本征态, 就谈不上本征值。普通介子满足新的对称性要求, 这个对称性是由同位旋和 C 变换所复合组成的。这就是只在强相互作用中守恒的量子数 ——G 宇称, 它是讨论强子性质时用到的一个重要概念。

$\widehat{G}$ **变换的定义是**: **一个系统在进行绕同位旋空间第二坐标轴 I_2 旋转 $180°$ 后, 再作电荷共轭变换**:

$$\widehat{G} = CR_2 = Ce^{i\pi I_2}. \tag{5.77}$$

对普通中性介子 (如 π^0), 其同位旋波函数为 $\chi(1,0)$。在同位旋空间中绕第二坐标轴 I_2 旋转 $180°$ 的问题和角动量波函数 $Y_L^0(\theta,\phi)$ 在普通位置空间中绕 Y 轴旋转 $180°$ 的情况在形式上是相似的。可以用相同的算符 $R_2' = e^{i\pi L_y}$ 表示, 计算方法也一样。算符 R_2 和 R_2' 的作用结果都是将 θ 换成 $\pi - \theta$。对 $Y_L^0(\theta,\phi)$ 和 $\chi(I,0)$ 的 R_2'、R_2 变换分别为

$$Y_L^0(\theta,\phi) \to (-1)^L Y_L^0(\theta,\phi),$$
$$\chi(I,0) \to (-1)^I \chi(I,0). \tag{5.78}$$

以 π^+ 介子为例, 算符 R_2 使 I_3 改变符号, 即 $R_2 \pi^+ \to \pi^-$, 而 $\widehat{C}$ 算符又把它变回来 $\widehat{C}\pi^- \to \pi^+$, 因而有

$$\widehat{G}(\pi^+, \pi^0, \pi^-) \to \pm(\pi^+, \pi^0, \pi^-). \tag{5.79}$$

符号怎样选择呢? 以 π^0 为例: π^0 衰变为两个光子, 其 $\widehat{C}$ 算符的本征值 $\eta_C = +1$。算符 R_2 作用到 π^0 波函数上, 其本征值为 $(-1)^I = -1$, 因此

$$\widehat{G}\psi_{\pi^0} = (-1)^I \psi_{\pi^0} = -\psi_{\pi^0}. \tag{5.80}$$

同时, 我们可以选择 $\pi^\pm$ 的 G 宇称与 π^0 的 G 宇称相同, 均为 -1。一般地, 对于单个普通介子我们有

$$G' = \eta_C (-1)^I. \tag{5.81}$$

这种讨论可以推广到 $I_3 = 0$ 的其他中性粒子系统。例如, 对于一个核子–反核子系统, 其总自旋为 S, 轨道角动量为 L, $\widehat{C}$ 算符的作用结果给出一个因子: $(-1)^{L+S}$。对中性核子–反核子系统, 这时 $\widehat{G} = \widehat{C}R_2$ 算符的作用结果为

$$\widehat{G}\psi = (-1)^{L+S+I}\psi. \tag{5.82}$$

§5.5 电荷共轭变换、G 变换和 C、G 宇称守恒

由于强作用具有电荷无关性，所以上式对 $I_3 \neq 0$ 的一般情况也是适用的。所以对于由一对正反粒子组成的具有确定轨道角动量 L 和总自旋 S 的系统，其 G 宇称为

$$G' = (-1)^{L+S+I}. \tag{5.83}$$

在抽象的同位旋空间里绕第二轴转 π 角相当于把第一轴和第三轴都反向，这样粒子的 I_3 就将变号。再经过 C 变换时，粒子的所有的内部相加性守恒量都变号，I_3 就将又再变一次号，又回到了初始的值。因此实际上 G 变换不改变 I_3 的值，但把除 I_3 以外的其他所有的内部相加性守恒量都变号。对于普通介子，除 I_3 以外的其他所有的内部相加性守恒量都为零，实际上就是 G 变换的本征态，其本征值称为 G 宇称。一切强子都有确定的 G 变换，但只有普通介子才是 $\hat{G}$ 算符的本征态，具有确定的 G 宇称。同一组同位旋多重态具有相同的 G 宇称。G 宇称是相乘性量子数。在强相互作用中，G 宇称量子数是守恒量。

由几个具有确定的 G 宇称的子系统所组成的系统也具有确定的 G 宇称，其值等于各子系统 G 宇称的乘积。由于 π 介子的 G 宇称为 -1，n 个 π 介子组成系统的 G 宇称等于 $(-1)^n$。

§5.5.4 G 宇称守恒

由于强相互作用在 C 变换和同位旋转动下是不变的，因此它在 G 变换下也是不变的。但是在电磁相互作用下，由于同位旋不守恒了，G 宇称也就不守恒了。G 宇称的这个性质在研究和分析普通介子的强衰变时特别重要，它给出很强的限制和预言。

作为一个例子，我们看 G 宇称守恒在分析 ρ 介子性质时的应用。在研究强子碰撞产生的多个 π 介子的末态中，发现 $\pi^+\pi^0$, $\pi^+\pi^-$, $\pi^-\pi^0$ 的不变质量在 $(770\pm3)\mathrm{MeV}$ 处有一个很宽的峰，宽度为 $(153\pm2)\mathrm{MeV}$（很宽，强衰变），但在 $\pi^+\pi^+$ 和 $\pi^-\pi^-$ 的不变质量中却没有看到相应的峰。这些峰的出现表明存在一个短寿命的粒子，称为 ρ 介子。由于它的宽度值远大于 MeV 的量级，可以推测它是通过强相互作用而衰变的。由于它只在电荷 $Q = 1, 0$ 和 -1 的态中被发现，并且末态中只有普通介子，可以判定它是 $I = 1$ 的普通介子。由 G 宇称守恒定出 ρ 介子的 G 宇称为 $+1$，进而可以定出 ρ^0 介子的 C 宇称为 -1。这样可以预言 ρ 介子通过强相互作用衰变到三个 π 介子末态是严格禁戒的（G 宇称守恒），ρ^0 介子通过电磁相互作用衰变到两个光子末态也是严格禁戒的（C 宇称守恒），这些预言都已被实验很好地验证了。由于 $\pi\pi$ 系统的总自旋为零，由 $\eta_C = (-1)^{L+S}$ 得到 $\pi^+\pi^-$ 系统的 C 宇称为 $(-1)^L$，其中 L 为 $\pi^+\pi^-$ 之间的轨道角动量。前面已经定出 ρ^0 介子的 C 宇称为 -1，由此决定了 L 必须为奇数。角动量守恒决定 ρ^0 介子的自旋 J 等于 $\pi^+\pi^-$ 之间的轨道角动量 L，从而 J 也必须是奇数。进一步的实验确定了 ρ 介子的 $J = 1$。

再看一个例子。在研究强子碰撞产生的多个 π 介子的末态中,发现 $\pi^+\pi^-\pi^0$ 的不变质量在 782.0MeV 处有一个峰,宽度为 8.5MeV。但在 $\pi^+\pi^-\pi^+$ 和 $\pi^+\pi^-\pi^-$ 的不变质量中却没有看到相应的峰。这表明存在一个短寿命的粒子,称为 ω 粒子;由于它的宽度值为 MeV 的量级,可以推测它主要是通过强相互作用而衰变的。由于它只在电荷 $Q=0$ 的态中被发现,并且末态中只有普通介子,可以判定它是 $I=0$ 的普通介子。由 G 宇称守恒定出 ω 介子的 G 宇称为 -1,进而可以定出 ω 介子的 C 宇称为 -1。这样可以预言 ω 介子通过强相互作用衰变到 $\pi\pi$ 末态是严格禁戒的(G 宇称守恒),ω 介子通过电磁相互作用衰变到 $\gamma\gamma$, $\pi^0\pi^0$, $\pi^0\pi^0\pi^0$ 等末态也是严格禁戒的 (C 宇称守恒),但它通过电磁相互作用衰变到 $\pi^0\gamma$ 末态却是允许的,这些预言都已被实验很好地验证了。ω 介子虽然由于 G 宇称守恒的限制,不能通过强相互作用衰变到 $\pi^+\pi^-$ 末态,但是如果 ω 介子的自旋 $J=$ 奇数,它仍可通过电磁作用而衰变到 $\pi^+\pi^-$ 末态。因为这时 $\pi^+\pi^-$ 系的 C 宇称也是 -1。实验上后来发现 ω 介子有 $1.7\% \pm 0.3\%$ 的分支比衰变到 $\pi^+\pi^-$ 末态,这也印证了 ω 介子的自旋 $J=$ 奇数。实验确定了 ω 介子的自旋也是 $J=1$。ω 介子的这些衰变道的性质总结在表 5.2 中。

表 5.2　ω 介子一些衰变道的总结:× 表示禁戒,○ 表示可以衰变

衰变道	$\omega \to \pi^+\pi^-$	$\pi^0\pi^0$	$\pi^0\pi^0\pi^0$	$\gamma\gamma$	$\pi^0\gamma$	$\pi^+\pi^-\pi^0$
电磁作用	○	×	×	×	○	○
强作用	×	×	×	×	×	○

η 介子: 在研究强子碰撞产生多个 π 介子的末态中,发现 $\pi^+\pi^-\pi^0$ 和 $\pi^0\pi^0\pi^0$ 的不变质量在 548MeV 处有一个峰,当时观察到的宽度为 $\Gamma < 1$MeV。但在 $\pi^+\pi^-\pi^-$ 和 $\pi^+\pi^-\pi^+$ 的不变质量谱中没有发现类似的结构。这表明存在一个强子共振态,命名为 η 粒子。由于只在电荷 $Q=0$ 的态中发现,而且末态中只有普通介子,所以 η 介子的同位旋为 0,通过 C 宇称守恒,由 $\eta \to \pi^0\pi^0\pi^0$ 可以定出其 C 宇称为 $\eta_C(\eta) = +1$,因而 η 介子的 G 宇称应为

$$G'(\eta) = +1(-1)^0 = +1. \tag{5.84}$$

受 G 宇称守恒的限制,η 介子不能通过强相互作用衰变到 3π 末态。所以 η 的主要衰变都只能通过二级电磁相互作用进行。例如 $\eta \to \gamma\gamma$, $\eta \to \pi^+\pi^-\gamma$ 等。所以 η 介子的宽度应该远小于 MeV 的量级。现在实验测定 η 介子的总宽度为 keV 量级。那么 η 介子为什么不能衰变到两个 π 介子呢? 答案是: 衰变到两个 π 介子的过程虽然是 G 宇称守恒,但却是 P 宇称不守恒的过程,因而不能通过电磁或者强作用过程进行。

表 5.3 给出了一些介子共振态的有关量子数。

表 5.3　一些介子、共振态的有关量子数

粒子质量/MeV	$\pi(140)$	$\rho(770)$	$\omega(783)$	$\phi(1020)$	$\eta(549)$	$\eta'(958)$
自旋宇称 (J^P)	0^-	1^-	1^-	1^-	0^-	0^-
同位旋 (I)	1	1	0	0	0	0
C 宇称	+1	−1	−1	−1	+1	+1
G 宇称	−1	+1	−1	−1	+1	+1
π 介子主要衰变道		2π	3π	3π	3π	5π

§5.6　CP 变换，CP 守恒与破坏，CPT 定理

1957 年发现了"弱相互作用下 P 不守恒"，这就提出了一个问题：在弱相互作用下 C 是不是守恒？CP 是不是守恒？是不是 C 和 CP 都不守恒？

1957~1958 年建立的普适费米弱相互作用理论，很好地概括了弱相互作用过程中宇称可以不守恒的要求，并且很快地得到实验的验证。按照这个理论，弱相互作用过程中 C 宇称也可以不守恒；但是弱相互作用具有 CP 不变性，也就是说在弱相互作用过程中 CP 宇称还是守恒的。

CP 变换不变性的物理含义是：两个通过 CP 变换相联系的过程，其演化性质和概率分布完全相同。例如对于 π^+ 介子的衰变过程 $\pi^+ \to \mu^+ + \nu_\mu$，考虑经过 CP 变换，π^+ 介子将变为 π^- 介子，同时运动方向将反向，但自旋方向不变，这反映为左旋将变为右旋，右旋将变为左旋；中微子 ν_μ 也将变为它自己的反粒子 $\bar{\nu}_\mu$，中微子的自旋为 1/2，由于它的静止质量为零，左旋分量和右旋分量是分开的，它只有左旋分量，这样经过 CP 变换后得到的反中微子应该是一个自旋为 1/2，静止质量为零的右旋粒子。

弱相互作用的 CP 不变性要求 π^+ 介子和 π^- 介子的这两个衰变过程的性质和衰变宽度完全相同，实验也确实很好地验证了这一点。在第 8 章中，我们将看到弱相互作用的带电流只有左手相互作用，而没有右手相互作用很好地解释了 C 和 P 宇称在弱作用中的最大破坏，而 CP 联合变换不变的拉氏量特点。

要特别强调的是，由于中微子不直接参与强相互作用和电磁相互作用但可以直接参与弱相互作用，中微子和反中微子之间不是由 C 变换相联系而是由 CP 变换相联系，表现为中微子是左旋就决定了反中微子是右旋，实验很好地验证了这个预言，如图 5.4 所示。

§5.6.1　CP 破坏

1964 年 7 月 10 日，J. W. Cronin 等 4 人发现了中性 K 介子系统弱衰变过程的 CP 破坏[50]，J. Cronin 和 V. Fitch 因此次发现获得了 1980 年的诺贝尔物理学奖。

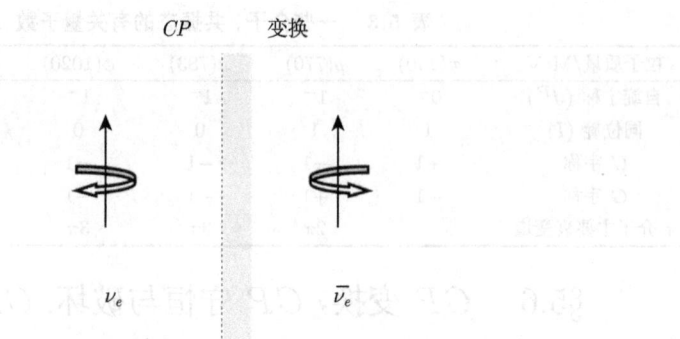

图 5.4 中微子和反中微子之间通过 CP 变换相联系

中性 K 介子衰变时，一部分衰变得很快，平均寿命为 0.8922×10^{-10}s，称为短寿命 K 介子，记为 K_S。另一部分衰变得慢，平均寿命为 5.184×10^{-8}s，称为长寿命 K 介子，记为 K_L。如果弱相互作用具有 CP 变换不变性，则 K_S 和 K_L 都应该是 CP 变换的本征态，K_S 的 CP 宇称为正，K_L 的 CP 宇称为负。这样 K_S 可以衰变到两个 π 介子，而 K_L 则不能。1964 年的实验发现长寿命的 K_L 粒子也有一小部分可以衰变到两个 π 介子，短寿命的 K_S 粒子也有一小部分可以衰变到三个 π 介子

$$\begin{aligned}K_L &\to 3\pi,\quad (CP=-1, Br=68\%);\\ &\, 2\pi,\quad (CP=+1, Br=3\times 10^{-3});\\ K_S &\to 2\pi,\quad (CP=+1, Br=99.999\%);\\ &\, 3\pi,\quad (CP=-1, Br=3.2\times 10^{-7}).\end{aligned} \quad (5.85)$$

这表明在弱相互作用过程中 CP 变换不变性有很小的破缺：称之为 CP 破坏。

为了给弱相互作用下 CP 破坏的程度以定量的描写，可以通过 K_L 介子和 K_S 介子的双 π 衰变来测量：

$$|\eta_{+-}| = \left[\Gamma(K_L\to\pi^+\pi^-)/\Gamma(K_S\to\pi^+\pi^-)\right]^{1/2}, \quad (5.86)$$

$$|\eta_{00}| = \left[\Gamma(K_L\to\pi^0\pi^0)/\Gamma(K_S\to\pi^0\pi^0)\right]^{1/2}. \quad (5.87)$$

如果弱相互作用具有 CP 变换不变性，则 $|\eta_{+-}|=|\eta_{00}|=0$。实验测量给出的结果为

$$|\eta_{+-}|=2.286\times 10^{-3}, \quad (5.88)$$

$$|\eta_{00}|=2.274\times 10^{-3}. \quad (5.89)$$

这说明在弱相互作用下 CP 破坏效应约占 0.2% 左右。

CP 破坏效应是否存在还可以通过 K_L 粒子的半轻子衰变的测量来判断。如果弱相互作用具有 CP 变换不变性，则在 K_L 的各衰变道中由 CP 变换互相联系的两个衰变道的衰变分宽度应相同。定义

$$A_{CP}(K_L \to \pi^- + \mu^+ + \nu_\mu) = \frac{\Gamma(K_L \to \pi^- \mu^+ \nu_\mu) - \Gamma(K_L \to \pi^+ \mu^- \bar{\nu}_\mu)}{\Gamma(K_L \to \pi^- \mu^+ \nu_\mu) + \Gamma(K_L \to \pi^+ \mu^- \bar{\nu}_\mu)}, \quad (5.90)$$

CP 变换不变性要求 $A_{CP}(K_L \to \pi^- + \mu^+ + \nu_\mu)$ 严格为 0。实验给出的结果为

$$A_{CP}(K_L \to \pi^- + \mu^+ + \nu_\mu) = 0.64\% \pm 0.08\%, \quad (5.91)$$

$$A_{CP}(K_L \to \pi^- + e^+ + \nu_e) = 0.666\% \pm 0.028\%. \quad (5.92)$$

这说明弱相互作用下 CP 变换不变性在相当好的近似下保持，但在某些弱相互作用过程中，观察到有约千分之几的 CP 破坏效应。

CP 破坏是宇宙大爆炸理论中，物质–反物质不对称来源的必要条件之一[1]，也是物质世界和反物质世界可以用来交流，以确定对方物质或反物质性质的几乎唯一的实验。假设遥远的地方，有一个新发现的文明世界。在互相访问之前，应该首先搞清楚是否互为反物质。这是非常重要的。但是由于正反粒子的定义，以及正负电荷和左右的定义都是相对的，根本无法沟通。但是通过 CP 破坏的 K_L 衰变能区分出电荷的定义。由公式 (5.91) 知道，衰变概率约为千分之几的衰变道中的轻子在地球上是定义为正电荷，然后才可以确定正反物质和左右的定义。

§5.6.2 CP 破坏的来源

K 介子系统的 CP 破坏的发现，是 20 世纪物理学的重要发现之一。弱相互作用下 CP 破坏现象发现后，人们曾试图给出理论解释，也曾致力于寻找除中性 K 介子的衰变外还有哪些实验中可以观察到 CP 破坏的效应。在 60 年代的各种理论探索中，超弱相互作用理论是最为多数人所接受的理论[51]。按照这个理论，CP 破坏效应来自于与弱相互作用不同的超弱相互作用，并且 CP 破坏效应也将只能在中性 K 介子的衰变中被观察到。除了中性 K 介子的弱衰变过程，当时确实没有在其他实验中观察到 CP 破坏现象。如果存在超弱作用，这种超弱作用的来源和机理，仍然是理论上需要回答的问题。

为了发现 B 介子系统 CP 破坏，日本和美国分别建造了一个 B 介子工厂。BaBar 和 Belle 实验组在 2001 年第一次发现了 B 介子系统的 CP 破坏，并在 2003 年宣布发现了 B 介子系统的直接 CP 破坏。目前，对 $A_{CP}^{\text{Dir}}(B^0 \to K^+\pi^-)$, $A_{CP}^{\text{Dir}}(B_s^0 \to$

$K^-\pi^+$) 和 $\sin 2\beta$ 实验测量结果为[1,52]

$$A_{CP}^{\text{Dir}}(B^0 \to K^+\pi^-) = -0.087 \pm 0.008, \tag{5.93}$$

$$A_{CP}^{\text{Dir}}(B_s \to K^-\pi^+) = 0.39 \pm 0.17, \tag{5.94}$$

$$\sin 2\beta = 0.679 \pm 0.020. \tag{5.95}$$

现有的包括 K 介子和 B 介子衰变的 CP 破坏实验已经排除了超弱作用理论。70 年代规范场论的发展还给出 CP 破坏现象的另一个可能的来源：强 CP 破坏。强相互作用的物理机理是一种规范相互作用。按照量子色动力学，基本的拉格朗日量中可以存在一项

$$L_\theta = i\theta \frac{g^2}{32\pi^2} \epsilon_{\mu\nu\alpha\beta} F^{\mu\nu} F^{\alpha\beta} \tag{5.96}$$

其中 θ 是一个无量纲的常量，$\theta \neq 0$ 时将导致强相互作用中有 CP 破坏出现，通常称为强 CP 破坏。这是实验上发现的 CP 破坏现象的一个可能的来源。如果实验上发现的 CP 破坏现象有来自强 CP 破坏的贡献，则参量 θ 的值应约为 10^{-8}。为什么 θ 的值会取这样一个非常接近于零而不等于零的数，这个问题又需要理论进一步给出回答。

在过去的 50 年中，人们已经对 CP 对称性及其破坏做了全面的实验和理论研究。1963 年，N. Cabibbo[①] 提出了两代夸克混合矩阵[53]。1973 年，两位日本物理学家小林诚[②] 和益川敏英[③] 又把 Cabibbo 的两代夸克的混合推广到了三代夸克混合的情形，给出了 3×3 的 CKM 混合矩阵[53]。过去 50 年的研究证明，在三代费米子标准模型理论框架下，我们可以用 CKM 夸克混合矩阵[53] 对 K、B 介子系统的 CP 破坏给出很好的解释。

弱相互作用过程的 CP 破坏是一个非常重要的研究领域。在标准模型中弱相互作用只有左手耦合，没有右手耦合，而拉氏量中的质量项一定是左右对称的，这就造成了弱作用的夸克本征态和质量本征态可以是不同的本征态。它们之间的变换可以用一个混合矩阵来表示。如果自然界存在 N 代费米子，数学上用一个复空间的 $N \times N$ 幺正变换来描写不同代夸克之间的混合。这个幺正变换的变换矩阵有 N^2 个复矩阵元，但其自由度为 $2N^2$，包含 N^2 个实参数 $|N_{ij}|$ 和 N^2 个相角 ϕ_{ij}。首先，$N \times N$ 的幺正变换矩阵的幺正性给出 N^2 个独立的约束方程，使幺正变换

---

① Nicola Cabibbo (1935.4.10~2010.8.6)，意大利理论物理学家。提出了前两代夸克的 Cabibbo 混合，定义了混合角 θ_c。1989 年获得 Sukura 奖，2010 年获得狄拉克奖。

② M. Kobayashi (1944.4.7~)，日本理论物理学家。师从坂田昌一 (Shoichi Sakata)，1972 年在广岛大学获得博士学位。因提出 3 代夸克混合的 KM 矩阵而与 T. Maskawa 获得 2008 年诺贝尔物理学奖。

③ T. Maskawa (1940.2.7~)，日本理论物理学家。1967 年在广岛大学获得博士学位，师从坂田昌一。与 M. Kobayashi 获得 2008 年诺贝尔物理学奖。

矩阵的自由度下降到 N^2 个：包括欧拉角和相因子

$$N^2 = \underbrace{\frac{1}{2}N(N-1)}_{\text{欧拉角}} + \underbrace{\frac{1}{2}N(N+1)}_{\text{相因子}} \tag{5.97}$$

这个幺正变换所联系的两组 N 维复空间基矢共有 $2N$ 个，它们之间有 $2N-1$ 个相对相角，这些相对相角可以用重新定义费米子波函数的方法而去掉，这样总的独立自由度只有 $N^2 - (2N-1) = (N-1)^2$ 个。独立的不可去掉的相因子还剩下

$$\frac{1}{2}N(N+1) - (2N-1) = \frac{1}{2}(N-1)(N-2) \tag{5.98}$$

个。可以看出当 $N=1$ 或者 $N=2$ 时，没有不可以去掉的相因子，混合矩阵是实数矩阵，不可能出现 CP 破坏现象。

在标准模型中，根据 Kobayashi 和 Maskawa 的理论[53]，我们采用 3×3 的 CKM 矩阵 V_{CKM} 描写三代夸克之间的混合，这样就有三个独立的欧拉角和一个独立的 CP 破坏相角 δ。CKM 混合矩阵[53] 可以写为

$$V_{\text{CKM}} = \begin{pmatrix} V_{ud} & V_{us} & V_{ub} \\ V_{cd} & V_{cs} & V_{cb} \\ V_{td} & V_{ts} & V_{tb} \end{pmatrix} \tag{5.99}$$

若采用 Wolfenstein 参数化方案，有四个独立变量 (A, λ, ρ, η)。在领头阶近似下 CKM 矩阵可以按照参数 $\lambda = |V_{us}|$ 展开为

$$V_{\text{CKM}} = \begin{pmatrix} 1-\dfrac{\lambda^2}{2} & \lambda & A\lambda^3(\rho-i\eta) \\ -\lambda & 1-\dfrac{\lambda^2}{2} & A\lambda^2 \\ A\lambda^3(1-\rho-i\eta) & -A\lambda^2 & 1 \end{pmatrix} + \mathcal{O}(\lambda^4). \tag{5.100}$$

该表达式已经考虑了 CKM 矩阵的幺正性：$V^\dagger V = VV^\dagger = 1$。在次领头阶近似下（保留到 λ^5 项），CKM 矩阵可以写为

$$V = \begin{pmatrix} 1-\dfrac{\lambda^2}{2}-\dfrac{\lambda^4}{8} & \lambda & A\lambda^3(\rho-i\eta) \\ -\lambda+A^2\lambda^5\left(\dfrac{1}{2}-\rho-i\eta\right) & 1-\dfrac{\lambda^2}{2}-\lambda^4\left(\dfrac{1}{8}+\dfrac{A^2}{2}\right) & A\lambda^2 \\ A\lambda^3(1-\rho-i\eta)+A\lambda^5(\rho+i\eta) & -A\lambda^2+A\lambda^4\left(\dfrac{1}{2}-\rho-i\eta\right) & 1-\dfrac{A^2\lambda^4}{2} \end{pmatrix}. \tag{5.101}$$

由 CKM 矩阵的幺正性，得到矩阵元 V_{ij} 所满足的 12 个方程。其中的 6 个方程 $[(ij) = (ds, sb, bd), (kl) = (uc, ct, tu)]$ 在几何上对应 6 个复平面上的三角形。其中

唯象上最感兴趣的与 $b \to d$ 跃迁对应的三角形就是著名的"幺正三角形"(unitary triangle), 其三个相角为: (α, β, γ) 或者 (ϕ_2, ϕ_1, ϕ_3)[16]。发现 B 介子系统的 CP 破坏, 测量幺正三角形的三个相角是两个 B 介子工厂最重要的研究目标。

在标准模型理论框架下, 在考虑了夸克混合以后的带电流夸克耦合可以写为

$$-i\frac{g_W}{\sqrt{2}}(\bar{u}, \bar{c}, \bar{t})\gamma_\mu \begin{pmatrix} V_{ud} & V_{us} & V_{ub} \\ V_{cd} & V_{cs} & V_{cb} \\ V_{td} & V_{ts} & V_{tb} \end{pmatrix} \frac{1}{2}(1-\gamma_5) \begin{pmatrix} d \\ s \\ b \end{pmatrix}. \tag{5.102}$$

众所周知, 经过上千位科学家近 20 年的努力工作, 在日本 KEK 和美国 SLAC 的两个 B 介子工厂实验取得了巨大的成功。对 B 介子系统的实验测量结果与标准模型理论预言一致。我们可以采用标准模型的 CKM 矩阵对实验上观察到的 B 介子系统的 CP 破坏给出很好的解释。B 介子工厂实验的成功直接导致两位日本物理学家 M. Kobayashi 和 T. Maskawa 获得 2008 年度诺贝尔物理学奖。对 K, D 和 B 介子系统 CP 破坏的物理来源和机理的实验和理论研究是当前粒子物理领域最重要的前沿研究课题之一。目前正在进行的 LHCb 实验已经取得了重要成果 (尤其是对 B_s 介子系统), 即将投入运行的 Belle-II 超级 B 介子工厂实验将把数据量提高 2 个量级。我们将在后面的章节内对 K 介子系统和 B 介子系统的 CP 破坏问题作更多的讨论。对 B 介子物理和 CP 破坏更系统的研究内容可见近期出版的几本相关参考书 [14, 16, 24]。

§5.6.3 时间反演和 T 不变性

在经典物理学中, 人们对时间反演守恒或者不守恒的概念是熟悉的。牛顿第二定律 $\boldsymbol{F} = m\boldsymbol{a}$ 在时间反演下是不变的。但热传导和热扩散的情况则完全不同, 因为这些过程和时间的一阶微商有关。在微观世界里, 原子或分子间的弹性碰撞过程是时间反演不变的。但对于宏观过程, 由于系统包含了大量的粒子, 过程将遵守统计规律, 总是从有序到无序。例如, 气体经过小孔的膨胀过程, 在现实世界中是不可逆的。

在量子力学中, 时间反演的定义是

$$\psi(\boldsymbol{r}, t) \xrightarrow{T} \psi(\boldsymbol{r}, -t). \tag{5.103}$$

量子力学体系的薛定谔方程为

$$\hat{H}\psi(\boldsymbol{r}, t) = i\hbar \frac{\partial \psi(\boldsymbol{r}, t)}{\partial t} \tag{5.104}$$

如果 $\hat{H}$ 有时间反演不变性, 那么对上式作时间反演变换, 可得

$$\hat{H}\psi(\boldsymbol{r}, -t) = -i\hbar \frac{\partial \psi(\boldsymbol{r}, -t)}{\partial t} \tag{5.105}$$

§5.6 CP 变换, CP 守恒与破坏, CPT 定理

上两式并不相同。即 $\psi(\boldsymbol{r},t)$ 和 $\psi(\boldsymbol{r},-t)$ 遵守不同的运动方程。如果我们对式 (5.105) 两端取复数共轭，则得

$$\widehat{H}^*\psi^*(\boldsymbol{r},-t) = i\hbar\frac{\partial \psi^*(\boldsymbol{r},-t)}{\partial t} \tag{5.106}$$

比较式 (5.104)~(5.106) 可知，当 $\widehat{H} = \widehat{H}^*$ 时，$\psi(\boldsymbol{r},t)$ 和 $\psi^*(\boldsymbol{r},-t)$ 是等价的。**因此，可以把 $\psi^*(\boldsymbol{r},-t)$ 定义为 $\psi(\boldsymbol{r},t)$ 的时间反演态。$\widehat{H} = \widehat{H}^*$ 是时间反演不变性成立的条件。** 因此在量子场论构造的拉氏量中，人们都要求它是厄米的。

如果引进时间反演算符 T，可以把时间反演态的定义形式写成:

$$T\psi(\boldsymbol{r},t) = \psi^*(\boldsymbol{r},-t). \tag{5.107}$$

显然有 $T^2 = 1, T = T^{-1}$。T 是一个反线性算符 (反幺正算符): $TOT^{-1} = O^*$。可以验证:

$$\begin{aligned} T\boldsymbol{r}T^{-1} &= \boldsymbol{r}^* = \boldsymbol{r}; \\ T\boldsymbol{p}T^{-1} &= \boldsymbol{p}^* = -\boldsymbol{p}; \\ T\boldsymbol{J}T^{-1} &= \boldsymbol{J}^* = -\boldsymbol{J}. \end{aligned} \tag{5.108}$$

细致平衡原理: 时间反演不变性要求一个反应的正向、逆向进行时的跃迁振幅相等，即**细致平衡原理**。如果能够在实验上证实细致平衡原理，也就检验了量子力学中的时间反演不变性。量子力学微扰计算表明，单位时间内状态的跃迁概率为

$$W_{if} = 2\pi|M_{if}|^2\rho_f, \tag{5.109}$$

其中

$$M_{if} = \langle\psi_f|\widehat{H}|\psi_i\rangle \tag{5.110}$$

为跃迁矩阵元，ρ_f 为末态相空间单位能量能级密度。时间反演不变性要求正、逆向反应过程的跃迁振幅相等。因此，正、逆向反应过程的反应截面应分别与其末态能级密度成正比。例如考虑可逆二体散射过程

$$A + B \longleftrightarrow C + D, \tag{5.111}$$

细致平衡原理要求，在相同质心系能量情况下两散射截面有以下关系:

$$\frac{d\sigma(AB \to CD)}{d\Omega} = \frac{(2s_C+1)(2s_D+1)}{(2s_A+1)(2s_B+1)}\frac{p_f^2}{p_i^2} \cdot \frac{d\sigma(CD \to AB)}{d\Omega} \tag{5.112}$$

其中 s_A, s_B, s_C 和 s_D 分别为 A, B, C 和 D 粒子的自旋，p_i 是 A, B 质心系的动量，p_f 是 C, D 质心系的动量。这里假定了初态粒子没有极化，末态对所有的自旋态都进行了测量。因而计算中要对初态粒子自旋求平均，对末态粒子自旋求和。要注意，这里是对相同的质心系总能量和相同的质心系散射角而言的。

细致平衡原理得到了实验的支持。1968 年，V. Witsch 等的实验

$$p + {}^{27}\text{Al} \longleftrightarrow \alpha + {}^{24}\text{Mg}, \tag{5.113}$$

结果表明，在实验误差 (0.5%) 范围内，两组反应截面基本重合，符合细致平衡原理。

电磁相互作用中的时间反演不变性也经实验

$$n + p \longleftrightarrow d + \gamma \tag{5.114}$$

所证实。

根据下一节的 CPT 守恒定律，在弱相互作用中既然 CP 不守恒，那么时间反演 T 在弱作用过程中也应不守恒，以保证 CPT 联合守恒。目前实验上已经通过对 B 介子衰变与混合过程的研究确认了 B 介子系统的 CP 破坏，我们原则上同样可以研究衰变过程的 T 破坏与混合过程的 T 破坏。但到目前为止，还没有找到方法来研究 B 介子系统任何 T 破坏的直接实验。目前检验时间反演不变性的精确方法是关于中子电偶极矩的实验测量。

如果把中子放在电磁场中，电场强度为 $\boldsymbol{E}$，磁场强度为 $\boldsymbol{B}$，那么与场相关的中子的哈密顿量 (附加能量) 可以写为

$$\mathcal{H} = -2\left(d_n \boldsymbol{S} \cdot \boldsymbol{E} + \mu_n \boldsymbol{S} \cdot \boldsymbol{B}\right) = -\left(d_n \boldsymbol{\sigma} \cdot \boldsymbol{E} + \mu_n \boldsymbol{\sigma} \cdot \boldsymbol{B}\right) = \mathcal{H}_D + \mathcal{H}_\mu, \tag{5.115}$$

其中 $\boldsymbol{S} = \dfrac{\hbar}{2}\boldsymbol{\sigma}$ 表示中子的自旋角动量，d_n 和 μ_n 分别表示中子的电偶极矩和磁偶极矩的大小。在中子静止系，其自旋角动量 $\boldsymbol{S}$ 的指向定义了中子电偶极矩矢量 $\boldsymbol{d}$ 和磁偶极矩矢量 $\boldsymbol{\mu}$ 的方向。对式 (5.115) 中的哈密顿量分别作宇称变换 $\boldsymbol{P}$ 和时间反演变换 $\boldsymbol{T}$，那么有

$$\boldsymbol{P}\mathcal{H}\boldsymbol{P}^{-1} = -\left(d_n \boldsymbol{\sigma} \cdot (-\boldsymbol{E}) + \mu_n \boldsymbol{\sigma} \cdot \boldsymbol{B}\right) = -\mathcal{H}_D + \mathcal{H}_\mu, \tag{5.116}$$

$$\boldsymbol{T}\mathcal{H}\boldsymbol{T}^{-1} = -\left(d_n(-\boldsymbol{\sigma}) \cdot \boldsymbol{E} + \mu_n(-\boldsymbol{\sigma}) \cdot (-\boldsymbol{B})\right) = -\mathcal{H}_D + \mathcal{H}_\mu, \tag{5.117}$$

也就是说：$\mathcal{H}_\mu$ 在 $\boldsymbol{P}$ 和 $\boldsymbol{T}$ 变换下是不变的，但 $\mathcal{H}_D$ 在 $\boldsymbol{P}$ 和 $\boldsymbol{T}$ 变换下是变的。只有当 $d_n = 0$ 时，才能够保持中子电偶极矩 ($\mathcal{H}_D$) 在 $\boldsymbol{P}$ 和 $\boldsymbol{T}$ 变换下的不变性。**换句话说就是：时间反演不变性和宇称守恒均要求中子的电偶极矩为 0。**

在测量中子电偶极矩的实验上，我们就是通过改变加到中子上的外电场 E 和外磁场 B 的方向，同时测量中子自旋角动量的进动频率的变化 $\nu_\pm$ 来测量中子电偶极矩的。对中子电偶极矩，标准模型的理论预言值为[1]

$$d_n^{\rm SM} \sim 10^{-31} {\rm e \cdot cm}. \tag{5.118}$$

在部分超出标准模型的新物理模型框架下，可以存在比较大的中子电偶极矩。实验上通过 60 多年的努力，仍然没有发现 $d_n \neq 0$。目前对中子和电子的电偶极矩测量的实验上限 (90% C.L.) 为[1]：

$$\text{中子:} \quad \langle n|d|n\rangle < 2.9 \times 10^{-26} \, {\rm e \cdot cm}, \tag{5.119}$$

$$\text{电子:} \quad \langle e|d|e\rangle < (10.5 \pm 0.07) \times 10^{-28} \, {\rm e \cdot cm}. \tag{5.120}$$

尽管对电偶极矩 d_n 的测量是目前最精确的几个测量之一，但要达到标准模型预言的 10^{-31} 的量级，估计还需要几十年的努力。在表 5.4 中，我们给出了在 C、P 和 T 变换下，一些常见物理量的变换性质。

表 5.4 在 C、P 和 T 变换下，一些常见物理量的变换关系。其中 σ 表示自旋角动量

物理量	C(电荷共轭)	P(空间反射)	T(时间反演)
r(空间坐标)	r	$-r$	r
t(时间坐标)	t	t	$-t$
p(矢量)	p	$-p$	$-p$
L(轴矢量)	L	L	$-L$
σ(轴矢量)	σ	σ	$-\sigma$
E(电场)	$-E$	$-E$	E
B(磁场)	$-B$	B	$-B$
Q(电荷)	$-Q$	Q	Q
$\sigma \cdot E$	$-\sigma \cdot E$	$-\sigma \cdot E$	$-\sigma \cdot E$
$\sigma \cdot B$	$-\sigma \cdot B$	$\sigma \cdot B$	$\sigma \cdot B$
$\sigma \cdot p$(纵向极化)	$\sigma \cdot p$	$-\sigma \cdot p$	$\sigma \cdot p$
$\sigma \cdot (p_1 \times p_2)$(横向极化)	$\sigma \cdot (p_1 \times p_2)$	$\sigma \cdot (p_1 \times p_2)$	$-\sigma \cdot (p_1 \times p_2)$

§5.6.4 CPT 定理

量子场论中证明了一个基本定理——CPT 定理。这个定理指出：**如果所讨论的场是定域场，场具有相对论所要求的洛伦兹协变性，满足自旋统计关系，则运动规律在 CPT 联合变换下不变。**

CPT 定理的一个直接的推论是反粒子和粒子的质量、寿命、自旋磁矩的 g 因子都完全相同。可以通过实验检验这些推论来对 CPT 定理进行检验，CPT 定理已经在相当高的精度下为实验所证实。另一方面，由于 CPT 定理成立的三个基

本条件都是相当基本的,一般总是能够满足的,它被实验很好地证实也是容易理解的。

对中性介子系统 $P^0 - \bar{P}^0$ 混合相干性 (interferometry) 的研究是测量 CPT 破坏的自然而且非常敏感的方法。以前的研究主要集中在 $K^0 - \bar{K}^0$ 系统,现在已经开始涉及对 D^0, B^0, B_s^0 系统的研究[54]。

CPT 破坏是与洛伦兹不变性的破坏 (Lorentz violation) 相互关联的,CPT 破坏的物理可观测量一定破坏洛伦兹协变性。在 SME(standard model extension) 理论框架下[55],CPT 不变性的自发破缺和洛伦兹不变性的破坏同时出现在低能有效场论中。CPT 破坏的大小受到因子 m^2/M_P^2 的强烈压低,其中 $M_P \approx 10^{19}$GeV 是 Planck 能标,m 是对应的低能能标。考虑中性介子系统 $P^0 - \bar{P}^0$,哈密顿量 $\mathcal{H}$ 的质量本征态可以写为

$$|P_L\rangle = p\sqrt{1-z}|P^0\rangle + q\sqrt{1+z}|\bar{P}^0\rangle$$
$$|P_H\rangle = p\sqrt{1+z}|P^0\rangle - q\sqrt{1-z}|\bar{P}^0\rangle, \qquad (5.121)$$

其中的 CPT 破坏复参数 z 可以定义为[56]

$$z = \frac{\delta m - i\delta\Gamma/2}{\Delta m - i\Delta\Gamma/2}, \qquad (5.122)$$

其中 $\delta m \equiv (M_{11} - M_{22})$ 和 $\delta\Gamma \equiv (\Gamma_{11} - \Gamma_{22})$ 表示哈密顿量 $\mathcal{H}$ 的对角质量差和对角衰变宽度差;$\Delta m = m_H - m_L$,$\Delta\Gamma = \Gamma_H - \Gamma_L$ 分别表示两个质量本征态的质量差和宽度差。测量 $P^0/\bar{P}^0$ 到末态 $f/\bar{f}$ 的时间相关的衰变分支比,就可以抽取参数 z。如果我们只考虑 $P^0 - \bar{P}^0$ 混合的 CPT 破坏,那么在实验上很难把直接 CP 破坏与直接 CPT 破坏分离开来。对初态的 $P^0/\bar{P}^0$ 到末态 $f/\bar{f}$ 的衰变,我们可以定义四个衰变振幅:

$$A_f = \langle f|\mathcal{H}|P^0\rangle, \quad A_{\bar{f}} = \langle \bar{f}|\mathcal{H}|P^0\rangle, \quad \bar{A}_f = \langle f|\mathcal{H}|\bar{P}^0\rangle, \quad \bar{A}_{\bar{f}} = \langle \bar{f}|\mathcal{H}|\bar{P}^0\rangle. \qquad (5.123)$$

进而定义 CPT 破坏观测量 A_{CPT} 为

$$A_{CPT}(t) \equiv \frac{\bar{P}_{\bar{f}}(t) - P_f(t)}{\bar{P}_{\bar{f}}(t) + P_f(t)}, \qquad (5.124)$$

其中 P_f ($\bar{P}_{\bar{f}}$) 表示 $P \to f$ ($\bar{P} \to \bar{f}$) 含时衰变概率。

考虑一种特殊情况:如果 $(A_f, \bar{A}_{\bar{f}}) \neq 0$ 但是 $A_{\bar{f}} = \bar{A}_f = 0$,那么就有

$$A_{CPT}(t) = A_{CP}^{\text{Dir}} + \frac{2\text{Re}(z)\sinh(\Delta\Gamma t/2) - 2\text{Im}(z)\sin(\Delta m t)}{(1+|z|^2)\cosh(\Delta\Gamma t/2) + (1-|z|^2)\cos(\Delta m t)}, \qquad (5.125)$$

其中 A_{CP}^{Dir} 表示该衰变过程的直接 CP 破坏

$$A_{CP}^{\text{Dir}} = \frac{|\overline{A}_{\bar{f}}|^2 - |A_f|^2}{|\overline{A}_{\bar{f}}|^2 + |A_f|^2}. \tag{5.126}$$

考虑另外一种情况：如果末态是 CP 本征态，$f = \bar{f}$，那么这时 $A_{CP}(t)$ 与 $A_{CPT}(t)$ 等价，且有

$$A_{CP}(t) = A_{CPT}(t) = \left[\frac{A^{\text{mix}}}{2} + D_f \text{Re}(z)\right] \cosh(\Delta\Gamma t/2) - \left[C_f + D_f \text{Re}(z)\right] \cos(\Delta m t)$$

$$+ \left[\frac{A^{\text{mix}}}{2} D_f + \text{Re}(z)\right] \sinh(\Delta\Gamma t/2) + \left[S_f - \text{Im}(z)\right] \sin(\Delta m t), \tag{5.127}$$

其中

$$C_f = \frac{1 - |\lambda_f|^2}{1 + |\lambda_f|^2}, \quad S_f = \frac{2\text{Im}(\lambda_f)}{1 + |\lambda_f|^2}, \quad D_f = \frac{2\text{Re}(\lambda_f)}{1 + |\lambda_f|^2}, \tag{5.128}$$

$$A^{\text{mix}} = \frac{1 - |q/p|^4}{1 + |q/p|^4}, \quad \lambda = \frac{q}{p} \frac{\overline{A}_f}{A_f}. \tag{5.129}$$

比较式 (5.125) 和式 (5.127) 可以看出，这两类衰变过程对于 $\text{Re}(z)$ 和 $\text{Im}(z)$ 的依赖性是相关、互补的。在论文[54]中，作者研究了如何通过 LHCb 实验导出对 CPT 破缺参数的可能限制。我们把该论文的主要结果列在表 5.5 中，供读者参考。

表 5.5 根据 LHCb 实验 (3fb^{-1}) 可能得到的对 CPT 破缺参数 z 的限制[54]

介子	参数/%	目前最强限制	LHCb(3fb^{-1})	相关衰变道
D^0	$|\text{Re}(z)y - \text{Im}(z)x|$	0.83 ± 0.77	0.02	$D^0 \to K^-\pi^+$
B^0	$\text{Im}(z)$	-0.8 ± 1.4	0.1	$B^0 \to D^{(*)-}\mu^+\nu_\mu$
	$\text{Re}(z)$	1.9 ± 4.0	7	$B^0 \to J/\psi K_S^0$
B_s^0	$\text{Im}(z)$	—	0.4	$B_s^0 \to D_s^-\pi^+$
	$\text{Re}(z)$	—	2	$B_s^0 \to J/\psi\phi$

最近，在意大利 ϕ 介子工厂工作的 KLOE-2 国际合作组使用他们采集到的 1.7fb^{-1} 的实验数据，对 $\phi \to K_L K_S \to \pi^+\pi^-\pi^+\pi^-$ 衰变过程做了分析。他们在 SME 理论[55] 框架下，对 CPT 不变性破缺参数 Δa_μ 做了测量，给出了对 Δa_μ 的最新实验测量结果[57]：

$$\Delta a_0 = (-6.0 \pm 7.7(\text{stat}) \pm 3.1(\text{syst})) \times 10^{-18} \text{ GeV},$$

$$\Delta a_x = (0.9 \pm 1.5(\text{stat}) \pm 0.6(\text{syst})) \times 10^{-18} \text{ GeV},$$

$$\Delta a_y = (-2.0 \pm 1.6(\text{stat}) \pm 0.5(\text{syst})) \times 10^{-18} \text{ GeV},$$

$$\Delta a_Z = (3.1 \pm 1.7(\text{stat}) \pm 0.5(\text{syst})) \times 10^{-18} \text{ GeV}. \tag{5.130}$$

更多的对 CPT 不变性及其破缺的相关研究可以参看论文 [54–58]。

§5.7 全同粒子交换变换

考察 n 个全同粒子组成的系统，定义 P_{ij} 为第 i 个粒子与第 j 个粒子交换的变换。显然，P_{ij} 与 C 变换和 P 变换类似，也是一个 $P_{ij}^2 = 1$ 的分立变换。对于 n 个全同粒子组成的系统，更广地可以考虑这 n 个粒子间的任意置换，所有这些置换的整体构成一个 S_n 群。然而，S_n 群中的所有置换都可以分解成许多交换变换的连续进行，因此重要的是研究最简单的交换变换 P_{ij}，P_{ij} 和单位元 1 构成一个 S_2 群。

按照全同性原理，P_{ij} 对全同粒子的作用并不改变态，并且运动规律对全同粒子是不可分辨的，因此在 P_{ij} 作用下哈密顿量 H 不变，即 $P_{ij}H = HP_{ij}$。按照艾米·诺特尔 (E. Noether) 定理，P_{ij} 在各种相互作用下都是守恒量。P_{ij} 的本征值为 ± 1，它把一切粒子分为两大类。自旋统计关系的研究给出：本征值为正的粒子自旋为整数，波函数为完全对称的，这类粒子统称玻色子；本征值为负的粒子自旋为半整数，波函数为完全反对称的，这类粒子统称费米子。P_{ij} 是一个严格守恒量的物理含义在于：每一种粒子是费米子还是玻色子是确定的，任一种粒子在其存在的时间内不可能改变 P_{ij} 的本征值，亦即其波函数是完全对称的还是完全反对称的这两种情况不能互相转化。

全同粒子交换变换 P_{ij} 和 C 变换、P 变换都是分立变换，但它们的性质还是有所不同的。C 变换和 P 变换在弱相互作用过程中不守恒而 P_{ij} 则是严格守恒量；然而 P_{ij} 是定义在全同粒子存在的时间，亦即只对交换所涉及的粒子数不改变的过程中 P_{ij} 才有明确的含义。另一方面对于任何全同粒子来说，P_{ij} 的含义都是明确的，并取本征值 $+1$ 或 -1。对于 C 变换来说，只有纯中性粒子才是 C 变换的本征态。P 变换下粒子内部波函数的变换性质需要利用 P 不变性来确定。这些都是它们之间的差异，是由这几种变换物理上含义的不同所带来的。

§5.7.1 全同粒子组成系统的选择规则

对于由两个全同费米子组成的系统，轨道角动量 L，总自旋 S，根据自旋统计关系，其波函数必须反对称 $(-1)^{L+S+1} = -1$，而对于两个全同玻色子系统，波函数必须是全对称的 $(-1)^{L+S} = +1$，因此不论费米子还是玻色子，两个全同粒子组成的系统都必须满足 $L + S =$ 偶数。

强相互作用下同位旋守恒的客观规律把同一同位旋多重态中的不同电荷态联系在一起，可以作为同一种粒子在同位旋空间中的不同状态。因此只要考虑了同位旋空间中的全同粒子交换算符本征态的贡献，可以把同一同位旋多重态中各粒子都作为全同粒子来对待。类似于粒子的不同自旋极化方向。

§5.7 全同粒子交换变换

同位旋对交换算符本征值的贡献与自旋类似，即对半整数同位旋粒子贡献 $(-1)^{I+1}$；对整数同位旋粒子贡献 $(-1)^I$，其中 I 为两个粒子的总同位旋。因此考虑同位旋的全同性后的选择定则也可以表为：对半整数同位旋粒子，要求 $L+S+I$ = 奇数，对整数同位旋粒子则要求 $L+S+I$ = 偶数，也就是统一要求 $L+S+I+2i$ = 偶数，其中 i 为单个粒子的同位旋。

例一，考虑氘核，它由质子 p 和中子 n 组成，因为它们的自旋和同位旋都是 $1/2$，按上面的讨论有 $L+S+I+2i=$ 偶数。实验上已确定 $S=1$，L 是 0 和 2 的混合，因此 I 必须为偶数。但 I 只能是 0 或 1，所以 I 只能是零。也就是说没有与氘核对应的 (pp) 或 (nn) 束缚态存在，实验上也确实没有观察到这样的态存在。

例二：两个 π 介子组成的系统，因为 π 介子自旋为 0，同位旋为 1，玻色统计性要求 $(-1)^{L+I}=+1$，因此 I 与 L 的奇偶性应相同，即 $I=0,2$ 时，$L=$ 偶数，$I=1$ 时，$L=$ 奇数。另一方面，两个 π 介子组成的系统的总角动量等于轨道角动量 $J=L$，宇称为 $P=(-1)^L$。两个 π 介子的 G 宇称为正，相应中性分量的 C 宇称为 $\eta_C = G'(-1)^I = (-1)^I$。因为 L，I 奇偶性相同，所以只有 $P=\eta_C$，两个 π 介子系统的 C 和 P 宇称必须相同。这样两个 π 介子组成的系统的量子数只能取表 5.6 中的值。

表 5.6 两个 π 介子组成的系统的量子数的可能取值

J^{PC}	I^G	粒子组态
偶 ++	0^+	$\pi^+\pi^-$, $\pi^0\pi^0$
偶 ++	2^+	$\pi^+\pi^-$, $\pi^0\pi^0$, $\pi^+\pi^0$, $\pi^-\pi^0$, $\pi^+\pi^+$, $\pi^-\pi^-$
奇 --	1^+	$\pi^+\pi^-$, $\pi^+\pi^0$, $\pi^-\pi^0$ (无 $\pi^0\pi^0$)

其中 C 宇称的值是指中性分量的 C 宇称，$\pi^0\pi^0$ 系统的 C 宇称为正，因此在 $J^{PC}=$ 奇$^{--}$ 情形不会有 $\pi^0\pi^0$ 出现。例如，ρ，ω 介子为 1^{--} 粒子，都不能衰变到 $\pi^0\pi^0$；η,η' 都是 0^{-+} 的赝标粒子，不能衰变到两个 π 介子。

§5.7.2 正反费米子组成系统的对称性

粒子和反粒子是同一种场的不同激发态，它们之间通过 C 变换联系起来。因此，粒子和反粒子之间应存在有通过 C 变换来实现的全同性。这样在正反粒子之间应该用 CP_{ij} 来代替 P_{ij}。考察一对正反粒子组成的系统，这是一个纯中性系统。如果把正反粒子交换，系统末变但态变了，但如再作 C 变换则态仍复原。若这系统的 C 宇称为 η_C，则 CP_{ij} 作用的结果为：对费米子有 $\eta_C(-1)^{L+S+1}=-1$；对玻色子有 $\eta_C(-1)^{L+S}=+1$，因此不论对费米子还是玻色子，一对正反粒子组成的系统，其 C 宇称为 $\eta_C=(-1)^{L+S}$。这正是 §5.6 节用过的公式。

在现代强子结构模型中，介子的某些主要性质都可以把介子看作是一对自旋

1/2 的正反费米子 (正反夸克) 的束缚态,因此重要的是首先要判定由一对自旋 1/2 的正反粒子所组成的系统应具有哪些量子数,以及这样的系统有哪些定性特征。首先系统的总自旋 S 可取值为 0 和 1,轨道角动量 L 可取任意非负整数值,系统的总角动量 J 可取值为 $J = |L-S|, |L-S|+1, \cdots, L+S$,系统的 C 宇称为 $\eta_C = (-1)^{L+S}$,P 宇称为 $P = (-1)^{L+1}$。如果把这系统整体当作一个粒子看待,J 也就是观察到的该复合粒子的自旋。由上面的讨论得到这个系统的 J^{PC} 量子数可取值如表 5.7 所示。

表 5.7 由正反费米子构成的复合粒子系统 J^{PC} 量子数的可能取值

L	$S=0$	$S=1$
0	0^{-+}	1^{--}
1	1^{+-}	$0^{++}, 1^{++}, 2^{++}$
2	2^{-+}	$1^{--}, 2^{--}, 3^{--}$
3	3^{+-}	$2^{++}, 3^{++}, 4^{++}$

如果原组成成分的费米子是同位旋 $I=0$ 的粒子,则这一对正反费米子组成的体系的 $I=0$,并且 $G' = \eta_C$。如果原组成成分的费米子是 $I=1/2$ 的态,则表 5.6 中每一组量子数所代表的态又代表了一个 $I=0$, $G' = \eta_C$ 的态和一个 $I=1$, $G' = -\eta_C$ 的态。

如果介子是由一对正反费米子对组成的束缚态,可以估计 $L=0$ 的态应为基态,其能量应为最低。按表 5.7,基态量子数应为 $J^{PC} = 0^{-+}$ (赝标量) 和 1^{--} (矢量),而 $J^{PC} = 0^{++}$ (标量) 的态尽管其 J 值很小,却是 P 波激发态,从而应具有较高的能量。实验上发现介子质量谱的排列符合上面表格要求的基本定性特征,π、K 等介子是 $J^{PC} = 0^{-+}$ 的质量最低的介子,而 ω、ρ、K^* 等粒子则是质量较大的矢量介子 $J^{PC} = 1^{--}$。这是对认为介子是由一对正反费米子组成的观点的重要支持。上面表格还说明了具有哪些量子数的介子可以和一对正反费米子耦合 (即如果能量允许的话,衰变成一对正反费米子),以及耦合 (及衰变) 是通过什么分波。一个值得注意的特征是:只有 $J \geqslant 1$ 并且 $P = \eta_C$ 的介子才有可能同时与相差 2 的两种轨道角动量的正反费米子对耦合,这种介子的衰变将比较复杂,需要作分波分析;$J < 1$ 或 $P = -\eta_C$ 的介子都只能与一种轨道角动量的正反费米子对耦合。这个特征对分析新发现的重介子的量子数是重要的。

§5.7.3 正反玻色子组成的系统

现在考察由一对自旋为 0 或 1 的正反玻色子组成的系统。按照上面类似的讨论,J^{PC} 结果如表 5.8 所示。

§5.7 全同粒子交换变换

表 5.8 由一对自旋为 0 或 1 的正反玻色子组成的粒子系统 J^{PC} 量子数的可能取值

	粒子 $S=0$		粒子 $S=1$	
L	$S=0$	$S=0$	$S=1$	$S=2$
0	0^{++}	0^{++}	(1^{+-})	2^{++}
1	(1^{--})	(1^{--})	$0^{-+}, 1^{-+}, 2^{-+}$	$(1^{--}, 2^{--}, 3^{--})$
2	2^{++}	2^{++}	$(1^{+-}, 2^{+-}, 3^{+-})$	$0^{++}, 1^{++}, 2^{++}, 3^{++}, 4^{++}$

注: 当正反玻色子为纯中性全同粒子时，表中所有 $\eta_C = C = -1$ 的加括号的态是不允许的

把这个表和一对正反费米子组成的系统的结果相比较，可以看到基态的量子数完全变了。在正反玻色子组成的系统中，1^{--} 态至少是 P 波激发态，0^{-+} 态则只在组成成分自旋为 1 时的 P 波激发态中出现。如果组成成分的玻色子是纯中性粒子，即粒子与反粒子相同，按统计对称性要求还要受 $L+S=$ 偶数的限制，亦即相当于在表中把所有 $\eta_C = -1$ 的加括号的态去掉而仅保留 $\eta_C = +1$ 态的结果。将现已发现的介子质量谱和上表的基本定性特征相比较并不相符，这表明不支持把介子看作是正反玻色子所组成的束缚态。这个表在分析普通介子的强和电磁衰变行为时是很有用的。例如：可以衰变到一对正反赝标介子的态量子数可以是 $J^{PC} = 0^{++}, 1^{--}, 2^{++}, 3^{--}, \cdots$，但可以衰变到一对纯中性赝标介子的态则只能是 $J^{PC} = 0^{++}, 2^{++}, \cdots$，按照这个规则，$J^{PC} = 1^{--}$ 的 ρ^0 介子衰变到 $\pi^+\pi^-$ 态是允许的，但衰变到 $\pi^0\pi^0$ 态则是不允许的。再如，只有 $\eta_C = +1$ 的态才有可能衰变为两个光子。所以 1^{--} 的 ρ、ω、J/Ψ 等都不能衰变到两个光子。

如果在讨论普通介子的衰变行为时要考虑 G 宇称，则只要把关于 G 宇称的分析加进去就行了。实验和理论的研究表明，介子可以看作是一对正反夸克所组成的，夸克是自旋为 1/2 的费米子。但是理论上也曾研究在夸克的基础上构造另一类束缚态。首先两个夸克结合成一个称为 "双夸克" 的集团，双夸克内部轨道角动量为零，从而双夸克的总角动量 (通常称自旋) 为 0 或 1；再由一对正反双夸克结合成一个束缚态。这类束缚态称为四夸克态，由一对正反双夸克结合成四夸克态的量子数规则由正反玻色子组成的系统的表描写。人们曾仔细对高能物理实验作过分析，试图找寻关于四夸克态存在的证据，但直到现在还没有肯定的实验证据。$\sigma(600)$，$f_0(980)$，$a_0(980)$ 有可能是四夸克态，因为它们的质量太低，不太像两夸克态。2013 年在中国的北京谱仪 III(BESIII) 和在日本的 Belle 合作组发现了一个 "神秘粒子"[59]，它可能含有四个夸克。虽然人们对这个被称为 $Z_c(3900)$ 的粒子的性质有多种解释，特别是分子态的解释，但 "四夸克态" 的解释得到更多关注。BESIII 实验近来又发现了一系列可能含四个夸克的粒子 $Z_c(4020)$ 等。

从上面的讨论可以看到，由一对正反费米子不可能组成 J^{PC} 为 $0^{--}, 0^{+-}, 1^{-+}, 2^{+-}, 3^{-+}, \cdots$ 的态，这些态称为奇特态。现有实验已发现的大量介子中，还没有一个属于奇特态，这是对介子由一对正反夸克所组成的观点的又一重要支持。从表

中还可以看出，由自旋为 1 的正反玻色子所组成的系统，可以具有下述奇特态的量子数：

$$J^{PC} = 1^{-+}, 2^{+-}, 3^{-+}, \cdots \tag{5.131}$$

因此如果实验上发现了具有这些量子数的奇特态粒子，则它们不可能是一对正反夸克所组成的介子，但可能是由正反双夸克所组成的四夸克态或胶球。从两个表的对比可以看出，零自旋的奇特态 $J^{PC} = 0^{+-}$ 和 0^{--} 不可能由自旋$\leqslant 1$ 的一对正反粒子所构成。现在考虑一般的情形，如果一个由一对正反粒子所组成的系统总自旋 $J = 0$，则要求 $L = S$，这样的系统一定有 $\eta_C = (-1)^{L+S} = +1$，也就是说不论组成成分的自旋为什么值，不论通过什么轨道角动量分波，一对正反粒子组成的系统都不能构成零自旋的奇特态。因此在奇特态中，零自旋的奇特态是"绝对奇特态"，在高能物理的研究中，探寻奇特态存在的实验迹象一直是人们密切注视的问题。

现代粒子物理理论认为，强相互作用是一种具有某种定域 $SU(3)$ 内部对称性的规范相互作用。这种对称性称为色对称性，这种相互作用称为色相互作用。夸克在 $SU(3)$ 对称性下按基础表示变化，$SU(3)$ 对称性的基础表示是 3 维表示，反映为每种夸克又各有 3 种"颜色"，夸克与夸克之间的相互作用由称为胶子的规范粒子来实现。胶子共有 $3^2 - 1 = 8$ 种，分别对应 $SU(3)$ 群的 8 个生成元，构成 $SU(3)$ 群的伴随正规表示。量子色动力学认为，色相互作用具有禁闭作用，即只有属于色 $SU(3)$ 单态的系统才能独立存在。按照这个性质，自由夸克和自由胶子都不可能自由地单独存在。介子和重子都是由夸克及反夸克组合而成的色 $SU(3)$ 单态。两个或两个以上的胶子也有可能组成一个色 $SU(3)$ 单态，这样的复合态统称胶球。近年来关于胶球的研究无论从实验上还是理论上都相当活跃，受到了广泛的关注。考察由两个胶子组成的胶球，由于考虑了色 $SU(3)$ 对称性后 8 种胶子是全同粒子，它们满足玻色统计。由于胶球必须是色 $SU(3)$ 单态，在色空间是对称的，因此在时空性质上也必须是对称的。这样要求 $L + S =$ 偶数。在上表中可以看到，两个胶子组成的胶球量子数只能是

$$J^{PC} = 0^{++}, 0^{-+}, 1^{++}, 1^{-+}, 2^{++}, 2^{-+}, \cdots \tag{5.132}$$

但是由于胶子是规范粒子，它要满足规范不变性，静质量为零。根据杨振宁定理，两个胶子组成的系统总角动量不能为 1。这样，两个胶子组成的胶球量子数只能是 $J^{PC} = 0^{++}, 0^{-+}, 2^{++}, 2^{-+}, \cdots$ 三个胶子组成的胶球则可以取各种可能的量子数。

§5.8 幺 正 群*

根据前面的讨论可知，一些物理内容根本不同的对称性，可以用相同的群来

描写。例如，几种相加性量子数 ($Q, L, B, S, L_e, L_\mu, L_\tau$ 等) 的守恒定律，都可以用 $U(1)$ 群来描写。强作用和弱作用的同位旋对称性，都可以用 $SU(2)$ 群来描写。而 $SU(3)$ 群可以用来描写夸克味道或颜色的幺正不变性等。

§5.8.1 $U(1)$ 规范不变性

前面讨论了 Q, L, B, S 等相加性量子数的守恒定律。这些守恒定律的实质在于物理规律在 $U(1)$ 规范变换下的不变性。例如，电荷守恒定律反映了粒子波函数相对位相的不可测量性。这种 $U(1)$ 规范不变性导致电荷守恒。

由于系统的相位不能绝对测量，因此，在对系统的波函数 ψ_Q 作相位变换

$$\psi_Q \longrightarrow \psi'_Q = e^{i\lambda Q}\psi_Q \tag{5.133}$$

时，应有规范不变性。即 ψ_Q、ψ'_Q 均满足薛定谔方程：

$$i\frac{\partial}{\partial t}\psi_Q = \widehat{H}\psi_Q; \tag{5.134}$$

$$i\frac{\partial}{\partial t}\psi'_Q = \widehat{H}\psi'_Q; \tag{5.135}$$

其中 ψ_Q 为具有电荷 Q 的系统状态波函数。λ 是与时空点无关的任意实参数。Q 为电荷算符，也是这种变换的生成元。由方程 (5.133)~(5.135) 可得

$$i\frac{\partial}{\partial t}\psi_Q = \left[e^{-i\lambda Q}\widehat{H}e^{i\lambda Q}\right]\psi_Q. \tag{5.136}$$

和式 (5.133) 相比，规范不变性要求

$$e^{-i\lambda Q}\widehat{H}e^{i\lambda Q} = \widehat{H}. \tag{5.137}$$

考虑无穷小变换，可得

$$[Q, \widehat{H}] = 0, \tag{5.138}$$

即电荷守恒。

这种变换是一种连续变换，变换元素的全体构成 $U(1)$ 群。它所对应的量子数是相加性的。如果一个系统包含 n 个粒子，分别具有电荷量子数 $Q_1, Q_2, \cdots, Q_n$，在系统的总波函数进行变换时，各粒子波函数分别进行变换：

$$\psi'_Q = e^{i\lambda Q_1} \cdots e^{i\lambda Q_n}\psi_Q = e^{i\lambda Q}\psi_Q, \tag{5.139}$$

其中

$$Q = \sum_i^n Q_i, \tag{5.140}$$

即系统的总电荷守恒。

§5.8.2 $SU(2)$ 群和同位旋

同位旋空间的旋转不变性，可以用 $SU(2)$ 群来描写。$SU(2)$ 群的基础表示是二维表示，基矢是协变基矢

$$\phi_1 = \begin{pmatrix} 1 \\ 0 \end{pmatrix}, \quad \phi_2 = \begin{pmatrix} 0 \\ 1 \end{pmatrix}. \tag{5.141}$$

$SU(2)$ 群元素作用于此协变基矢上得到基础表示。任一态矢量可以表示成 ϕ_1, ϕ_2 的线性组合

$$|\chi\rangle = \begin{pmatrix} a_1 \\ a_2 \end{pmatrix} = a_1 \begin{pmatrix} 1 \\ 0 \end{pmatrix} + a_2 \begin{pmatrix} 0 \\ 1 \end{pmatrix} \tag{5.142}$$

当我们用 $SU(2)$ 群描写同位旋空间的旋转不变性时，常用 $u = \phi_1, d = \phi_2$ 来表示 $I_3 = \pm 1/2$ 的粒子。对质子-中子系统，u, d 分别表示质子和中子

$$u = \begin{pmatrix} 1 \\ 0 \end{pmatrix}, \quad d = \begin{pmatrix} 0 \\ 1 \end{pmatrix}. \tag{5.143}$$

在绕某一轴，例如 I_2 轴转动 θ 角度时，有

$$\chi' = U\chi = \begin{pmatrix} \cos\frac{\theta}{2} & \sin\frac{\theta}{2} \\ -\sin\frac{\theta}{2} & \cos\frac{\theta}{2} \end{pmatrix} \chi, \tag{5.144}$$

变换函数 U 的一般形式可以写为

$$U = \exp\left[\frac{1}{2}i\theta n \cdot \sigma\right], \tag{5.145}$$

其中 θ 表示绕 n 轴的转动角。σ 是我们所熟知的泡利矩阵，无穷小变换的生成元

$$\sigma_1 = \begin{pmatrix} 0 & 1 \\ 1 & 0 \end{pmatrix}, \quad \sigma_2 = \begin{pmatrix} 0 & -i \\ i & 0 \end{pmatrix}, \quad \sigma_3 = \begin{pmatrix} 1 & 0 \\ 0 & -1 \end{pmatrix}. \tag{5.146}$$

σ 矩阵与 $SU(2)$ 同位旋群生成元 $\boldsymbol{S}$ 之间的关系为 $S_i = \sigma_i/2$，S_i 或 σ_i 之间的其他对易关系与量子力学中相同，例如对易关系

$$[\hat{S}_i, \hat{S}_j] = i\epsilon_{ijk}\hat{S}_k, \tag{5.147}$$

其中 ϵ_{ijk} 是 $SU(2)$ 群的结构常数。$\hat{S}^2$ 算符为 $SU(2)$ 同位旋群的 Casimir 算符 $\hat{C} = \hat{S}^2$。我们还可以定义升、降算符

$$\hat{S}^\pm = \frac{1}{\sqrt{2}}\left[\hat{S}_1 \pm i\hat{S}_2\right]. \tag{5.148}$$

§5.8 幺正群*

可以把二维情况的结果推广到 N 维情况。用 $\hat{S}^2$ 和 $\hat{S}_3$ 的共同本征态来描写粒子态。对每一个不可约表示（对于给定的 S），$\hat{S}^2$ 的本征值为 $S(S+1)$ 是一个固定值。在此表示内的多重态可以用 S_3 的不同本征值来区别。

如果我们能够找到一组 $N \times N$ 维矩阵 $I, I_1, I_2, \cdots, I_N$，同样能够满足对易关系

$$[I_i, I_j] = i\epsilon_{ijk} I_k, \tag{5.149}$$

那么就说它们构造了 $SU(2)$ 群代数的一个 N 维表示。同位旋为 I 的多重态有 $2I+1$ 个成员：例如对 π 介子，$I=1$，有三个成员，分别为 $\pi^\pm, \pi^0$。

一般地说，$SU(N)$ 群的基础表示为 N，其共轭表示为 N^*。在 $SU(2)$ 的情况下，2 和 2^* 在转动中具有相同的变换方式。而对于 $N=3,4,\cdots$ 情况则不同。例如，$SU(3)$ 群的基础表示 3 与其共轭表示 3^* 在转动中具有不同的变换方式。

$SU(N)$ 群的正则表示：$SU(N)$ 群生成元最简单的表示是 N^2-1 个厄米无迹 $N \times N$ 矩阵。例如，$SU(2)$ 群生成元最简单的表示是 3 个泡利矩阵。用这些矩阵，我们可以定义 $SU(N)$ 群的 N^2-1 维表示，称为正则表示 (regular representation)。

在 $SU(2)$ 的情况下，正则表示就是三维矢量表示。如果选取 $\hat{S}_3$ 为对角形式，则三维矩阵表示为

$$\hat{S}_3 = \begin{pmatrix} 1 & 0 & 0 \\ 0 & 0 & 0 \\ 0 & 0 & -1 \end{pmatrix}, \quad \hat{S}_1 = \frac{1}{\sqrt{2}} \begin{pmatrix} 0 & -1 & 0 \\ -1 & 0 & 1 \\ 0 & 1 & 0 \end{pmatrix}, \quad \hat{S}_2 = \frac{i}{\sqrt{2}} \begin{pmatrix} 0 & 1 & 0 \\ -1 & 0 & -1 \\ 0 & 1 & 0 \end{pmatrix}. \tag{5.150}$$

它们满足 $SU(2)$ 代数。以本征态 $(I=1)$ 作为基矢，$\hat{S}_3$ 作用于其上时，得到本征值 $S_3 = 1, 0, -1$。例如，π 介子的三个荷电状态：π^+, π^0, π^-，就属于 $SU(2)$ 同位旋群的一个三维表示。

§5.8.3 $SU(3)$ 群

如果我们把基矢由 u, d 扩大到 u, d, s，则可将 $SU(2)$ 群扩充为 $SU(3)$ 群。$SU(3)$ 群的基础表示为

$$\phi = \begin{pmatrix} u \\ d \\ s \end{pmatrix}, \tag{5.151}$$

其中

$$u = \begin{pmatrix} 1 \\ 0 \\ 0 \end{pmatrix}, \quad d = \begin{pmatrix} 0 \\ 1 \\ 0 \end{pmatrix}, \quad s = \begin{pmatrix} 0 \\ 0 \\ 1 \end{pmatrix}, \tag{5.152}$$

把变换定义为
$$\phi' = U\phi, \tag{5.153}$$
其中
$$U = \exp\left[\frac{1}{2}i\hat{\theta}\hat{n}\cdot\lambda\right] \tag{5.154}$$

和 $SU(2)$ 中的 σ 相似，λ 是 8 个独立的厄米无迹 3×3 矩阵。1962 年盖尔曼给出的矩阵表示为

$$\lambda_1 = \begin{pmatrix} 0 & 1 & 0 \\ 1 & 0 & 0 \\ 0 & 0 & 0 \end{pmatrix},\quad \lambda_2 = \begin{pmatrix} 0 & -i & 0 \\ i & 0 & 0 \\ 0 & 0 & 0 \end{pmatrix},\quad \lambda_3 = \begin{pmatrix} 1 & 0 & 0 \\ 0 & -1 & 0 \\ 0 & 0 & 0 \end{pmatrix},$$

$$\lambda_4 = \begin{pmatrix} 0 & 0 & 1 \\ 0 & 0 & 0 \\ 1 & 0 & 0 \end{pmatrix},\quad \lambda_5 = \begin{pmatrix} 0 & 0 & -i \\ 0 & 0 & 0 \\ i & 0 & 0 \end{pmatrix},\quad \lambda_6 = \begin{pmatrix} 0 & 0 & 0 \\ 0 & 0 & 1 \\ 0 & 1 & 0 \end{pmatrix}, \tag{5.155}$$

$$\lambda_7 = \begin{pmatrix} 0 & 0 & 0 \\ 0 & 0 & -i \\ 0 & i & 0 \end{pmatrix},\quad \lambda_8 = \frac{1}{\sqrt{3}}\begin{pmatrix} 1 & 0 & 0 \\ 0 & 1 & 0 \\ 0 & 0 & -2 \end{pmatrix}. \tag{5.156}$$

$SU(3)$ 中包含 3 个 $SU(2)$ 子群：λ_1 和 λ_2 构成 (u,d) 同位旋 $SU(2)$ 群，$F_3 = \lambda_3/2$ 是和 I_3 对应的算符；λ_6 和 λ_7 构成 $(d,s)U$ 旋 $SU(2)$ 群；λ_4 和 λ_5 构成 $(u,s)V$ 旋 $SU(2)$ 群。如图 5.5 所示，$SU(3)$ 三重态包含 I,U,V 三个 $SU(2)$ 二重态。

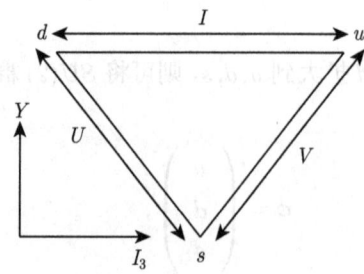

图 5.5 $SU(3)$ 三重态包含 I,U,V 三个 $SU(2)$ 二重态

重子数 B，I_3 和 Y 与 λ_i 的关系是
$$B = \frac{1}{3}\lambda_0,\quad I_3 = \frac{1}{2}\lambda_3,\quad Y = \frac{1}{\sqrt{3}}\lambda_3, \tag{5.157}$$

其中 λ_0 为单位矩阵。矩阵 $\lambda_i/2$ 的对易和反对易关系为

$$\left[\frac{1}{2}\lambda_i, \frac{1}{2}\lambda_j\right] = if_{ijk}\left(\frac{1}{2}\lambda_k\right), \tag{5.158}$$

$$\left\{\frac{1}{2}\lambda_i, \frac{1}{2}\lambda_j\right\} = \frac{1}{3}\delta_{ij} + d_{ijk}\left(\frac{1}{2}\lambda_k\right), \tag{5.159}$$

其中 $SU(3)$ 群的结构常数 f_{ijk} 是反对称的，d_{ijk} 是对称的。它们的非零独立元素值如下

$$\begin{aligned}
&f_{123}=1, \quad f_{147}=f_{246}=f_{237}=f_{345}=f_{516}=f_{637}=1/2,\\
&f_{458}=f_{678}=\sqrt{3}/2,\\
&d_{118}=d_{228}=d_{338}=-d_{888}=1/\sqrt{3},\\
&d_{146}=d_{157}=d_{256}=d_{344}=d_{355}=1/2,\\
&d_{247}=d_{366}=d_{377}=-1/2,\\
&d_{448}=d_{558}=d_{668}=d_{778}=-\frac{1}{2\sqrt{3}}.
\end{aligned} \tag{5.160}$$

练 习 题

1. 强子碰撞的实验中发现了一个粒子，称为 b_1，其质量和宽度分别为 $m=(1230\pm 3)\text{MeV}$，$\Gamma=(142\pm 9)\text{MeV}$，它主要在 $\omega\pi^+$，$\omega\pi^0$，$\omega\pi^-$ 的末态中发现，试分析 b_1 的量子数 S, b, I^G, J^{PC} 的可能取值。

2. ρ^0, ρ^+, ρ^- 是自旋为 1，同位旋为 1 的普通介子，质量为 770MeV。它能通过强相互作用衰变为一对自旋为 0 的 π 介子。试说明，为什么 $\rho^\pm \to \pi^\pm\pi^0$ 和 $\rho^0 \to \pi^+\pi^-$ 的衰变可以发生，而 $\rho^0 \to \pi^0\pi^0$ 的衰变却是禁戒的。

3. $\rho^0(770)$ 介子的自旋为 1，$f_2(1275)$ 介子的自旋为 2，它们都衰变到 $\pi^+\pi^-$。请问它们的 C 和 P 宇称是什么？$\rho^0 \to \pi^0\gamma$ 和/或 $f_2 \to \pi^0\gamma$ 的衰变是允许的还是禁戒的，为什么？

4. D^+（同位旋 $I=1/2$，第三分量 $I_3=1/2$）和 D_s^+（同位旋为 0）都是 $J^P=0^-$ 的赝标量粒子，D^+ 可以通过弱作用衰变到两个 π 介子（$\pi^+\pi^0$），讨论这两个 π 介子可能的同位旋组成并说明理由，D_s^+ 则不能衰变到两个 π 介子，说明原因（弱衰变 $\Delta I \leqslant 3/2$）。

5. 在强相互作用过程中，奇异数 S 是守恒的。考虑强相互作用过程（π^- 介子打在静止的质子 p 上）

$$(1)\ \pi^- + p \to K^0 + X; \quad (2)\ \pi^- + p \to \bar{K}^0 + Y, \tag{5.161}$$

解释为什么引起第 1 个过程的入射 π 介子的"阈能"比引起第 2 个过程的入射 π 介子的"阈能"低。

6. 氘核 $d=(pn)$ 是由质子和中子构成的束缚态，其自旋量子数 $S=1$，空间宇称 $P_d=1$。请证明氘核只能是 (p,n) 系统的 $^3S_1$ 和 $^3D_1$ 态。

7. 如果处于静止状态的 $p, \bar{p}$ 经湮没过程演化为 S 态，并且只考虑强和电磁相互作用，那么请解释 $p + \bar{p} \to \pi^0 \pi^0$ 为什么被禁戒？

8. 人们常说：由于 C 字称守恒的限制，一个矢量介子不能衰变到两个光子或者两个胶子。如何理解这一点。

9. $\eta(549)$ 是赝标量介子，其寿命为 $\tau_\eta \approx 6 \times 10^{-19}$s，三个主要衰变道和对应的衰变分支比是

(1) $\eta \to \gamma + \gamma;$ $Br = 0.39;$
(2) $\eta \to 3\pi^0;$ $Br = 0.33;$ (5.162)
(3) $\eta \to \pi^+ + \pi^- + \pi^0; Br = 0.23;$

使用这些信息，判断 η 介子的 P 宇称和 C 宇称。并解释为什么没有在实验上看到 $\eta \to \pi^+ \pi^-, \pi^0 \pi^0$ 衰变道。

10. π^- 介子的宇称量子数首先是通过 π 介子俘获反应

$$\pi^- + d \to n + n \tag{5.163}$$

确定的，其中 d 是氘核，n 是中子。已知氘核 $d = (pn)$ 是质子和中子的 S 波束缚态，自旋量子数为 1，宇称量子数 $P_d = +1$，由此推证 $P_{\pi^-} = -1$。

第6章 强子结构、夸克模型

到 20 世纪 60 年代初，人们已经发现了 π, ρ, ω 等 200 多个强子，人们自然要问：这些粒子都是基本的吗？是否存在更深入的物质结构层次呢？下一个层次的"基本粒子"是什么样子？其电荷是多少？自旋量子数是什么？是什么样的相互作用使它们形成在实验上看到的"束缚态强子"？所有这些问题在 20 世纪 60 年代初都是未知的！

1964 年 1 月，美国物理学家 M. Gell-Mann[①]和在欧洲核子研究中心 (CERN) 工作的年轻博士 G. Zweig[②] 在他们的论文中[60,61] 分别独立地提出将夸克 (或 Aces) 作为下一层次的"基本粒子"来构造 K, π 等介子和 p, n 等重子。

夸克很奇怪，带有分数电荷，电荷数为 $Q_u = +2/3$，$Q_d = Q_s = -1/3$，自旋量子数为 $s = 1/2$，重子数为 $1/3$。一个质子由 3 个 "u" 夸克组成 ($p = |uud\rangle$)，一个 π 介子由一对夸克-反夸克组成 ($\pi^+ = |u\bar{d}\rangle$)。为了解释强子束缚态的形成以及自旋统计问题，美国马里兰大学的 O. W. Greenberg 教授[③]提出了夸克带有 "color" 自由度的设想[62]，M. Gell-Mann 和 H. Fritzsch 等提出夸克通过交换 "gluon" 而构成色单态的强子束缚态[63]，1973 年"夸克"和"颜色"的概念得到深度非弹性散射实验的证实，描写强相互作用的"量子色动力学"(quantum chromodynamics) 终于诞生[64,65]。

§6.1 强子分类

物理学家对强子内部结构及其动力学的探索，可以追溯到 20 世纪 40 年代。1949 年，费米–杨振宁提出了第一个强子结构模型，试图用更"基本"的粒子解释一些强

[①] M. Gell-Mann (1923.9.15~)，美国物理学家。1951 年在 MIT 获得博士学位，导师是 Victor Weisskopf 教授。1958 年和 R. Feynman 等发现了弱相互作用的手征结构。由于在强子八重态理论和夸克模型方面的工作而获得 1969 年诺贝尔物理学奖。

[②] G. Zweig (1937.5.30~)，美国物理学家和神经生理学家。1964 年在加州理工学院 (Caltech) 获得博士学位，导师是 R. Feynman 教授，M. Gell-Mann 教授是副导师。1963~1964 年，G. Zweig 在 CERN 访问期间，独立提出了他的"夸克模型"。他给下一层次的"夸克"起的名字是扑克牌的"Aces"。1964 年 G. Zweig 又回到加州理工学院，做物理学教授。70 年代初转行研究"听觉传导"和神经生理学。1981 年获得"麦克阿瑟天才奖"，1996 年获美国科学院奖。

[③] Oscar Wallace Greenberg(1932.2.28~)，美国理论物理学家。1964 年提出夸克具有新的颜色自由度的假设。

子态。费米-杨振宁用 $N\bar{N}$ 的复合态来解释 π,η 介子。但费米-杨振宁模型不能解释奇异粒子的构成,是错误的。

1955 年,在奇异数 S 概念提出不久,盖尔曼-西岛发现了描写强子的几个量子数 Q, I_3, B, S 之间的一个关系:

$$Q = I_3 + \frac{B+S}{2} = I_3 + \frac{Y}{2}. \tag{6.1}$$

由盖尔曼-西岛关系得到的一些推论:

1. 超荷 Y 为偶数的粒子,同位旋 I 为整数。Y 为奇数的粒子,I 为半整数。
2. 任何一组同位旋多重态的平均电荷均为 $Y/2$。
3. 在强相互作用中,Q, B, S, I 和 I_3 均为守恒量。在弱相互作用中,电荷 Q、重子数 B 为守恒量,但由于 S 的不守恒,导致 I 和 I_3 也不守恒。
4. 在强子参与的电磁相互作用中,I_3 守恒,但 I 不守恒,其变化只能是整数。

坂田模型。 1956 年,日本名古屋大学的坂田昌一[①]将更基本的粒子扩充到 3 个,认为所有的强子都是由质子 p、中子 n 和超子 Λ 以及它们的反粒子所组成。由于它们的自旋都是 1/2,质量相近,相互作用性质相近,由它们组成的强子应该很好地满足 $SU(3)$ 对称性。可以用坂田模型解释介子八重态,但坂田模型在解释重子组成中遇到困难。上述尝试尽管后来证明都是不完全正确的,但这些工作都给强子分类及强子结构理论的发展创造了条件。

强子的超多重态。 寻找同一个 J^P 多重态强子之间的关系,有四族较低质量的强子超多重态:

0^- 介子: $(\pi^\pm, \pi^0, K^\pm, K^0, \bar{K}^0, \eta) \oplus \eta'$;

1^- 介子: $(\rho^\pm, \rho^0, K^{*\pm}, K^{*0}, \bar{K}^{*0}, \omega) \oplus \phi$;

$\frac{1}{2}^+$ 重子: $(n, p, \Sigma^\pm, \Sigma^0, \Lambda^0, \Xi^{-,0})$;

$\frac{3}{2}^+$ 重子: $(\Delta^{++,+,0,-}, \Sigma^{*+,*0,*-}, \Xi^{*0,*-}, \Omega^-)$;

其中 0^- 赝标介子八重态和 $\frac{1}{2}^+$ 重子已经在图 4.7 上标出。1^- 矢量介子八重态和单态在图 4.13 上标出。$\frac{3}{2}^+$ 重子十重态在图 4.11 上标出。

八正法 (eightfold way): 1961 年,Y. Neuman[②] 和盖尔曼提出八正法理论,这个理论提出介子和重子都属于 $SU(3)$ 群的八维表示 8 或由八维表示直乘分解所得

[①] S. Sakata(1911.1.18~1970.12.16),日本物理学家。在 1956 年提出强子结构的坂田模型。2008 年获得诺贝尔物理学奖的小林诚和益川敏英都是他的博士生。

[②] Yuval Neuman(1925.5.14~2006.4.26),以色列理论物理学家。师从诺贝尔奖获得者萨拉姆,1960 年在伦敦帝国学院获得博士学位。1961 年,独立提出对强子进行分类的"八正法理论"。

§6.1 强子分类

到的表示。按照 $SU(3)$ 群的性质有

$$8 \times 8 = 1 + 8 + 8 + 10 + 10^* + 27. \tag{6.2}$$

介子的分类和坂田模型相同，八个 $\frac{1}{2}^+$ 重子归入一个八维表示，克服了坂田模型的困难。当时在实验上已经发现了九个 $\frac{3}{2}^+$ 重子，它们刚好可以归入一个十维表示，并预言了当时尚未发现的第十个 $\frac{3}{2}^+$ 重子 Ω 的存在。八正法理论在对强子的分类等方面克服了坂田模型的困难，取得了成功，同时也就自然地进一步提出了两个问题：

(1) 在实验上去寻找十维表示中尚未发现的第十个 $\frac{3}{2}^+$ 重子。

(2) 在理论上解释为什么介子只有表示 1 和 8，重子只有表示 8 和 10，而表示 10^* 和 27 并不出现。

这两个问题在 1964 年都取得了突破。

同位旋多重态粒子的质量差。 实验测量结果显示，同一组同位旋多重态中的粒子，其质量略有差异，例如：$M(\pi^\pm) - M(\pi^0) = 4.6$ MeV。根据同位旋理论，这种质量差异是由电磁相互作用引起的。如图 6.1 所示，如果忽略电磁相互作用，同一组同位旋多重态中的粒子其质量应当相同。在强相互作用中，$\pi^\pm, \pi^0$ 原来是一种粒子。

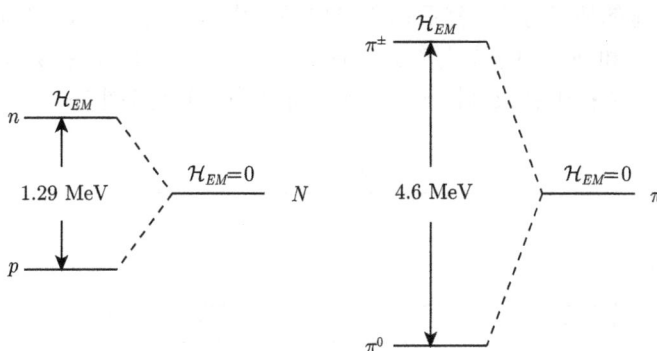

图 6.1 根据同位旋理论，同位旋多重态 (n,p) 和 $(\pi^\pm, \pi^0)$ 中粒子的质量差是由电磁相互作用引起的

在第 4 章所研究的介子和重子多重态粒子中，不同 Y 量子数的各组同位旋多重态之间的质量差异比较大，例如在 $\frac{1}{2}^+$ 的一组重子中，质量差异为

$$\frac{m(\Sigma) - m(N)}{m(\Sigma) + m(N)} \approx 12\%, \tag{6.3}$$

$$\frac{m(\Xi) - m(N)}{m(\Xi) + m(N)} \approx 17\%, \tag{6.4}$$

这种质量差异比由电磁相互作用造成的质量劈裂相对要大。是什么原因导致这些不同同位旋多重态粒子之间的质量差异？

0^- 介子族质量差。在 0^- 介子族,其质量差异为

$$\frac{m(K) - m(\pi)}{m(K) + m(\pi)} \approx 56\%, \tag{6.5}$$

这么大的质量差异,不能说是电磁质量劈裂。由电磁质量劈裂造成的 π 介子之间的电磁质量劈裂只有几个 MeV,

$$\frac{m(\pi^\pm) - m(\pi^0)}{m(\pi^\pm) + m(\pi^0)} \approx 1.6\%. \tag{6.6}$$

如果把体系的哈密顿量 $\mathcal{H}$ 根据相互作用的不同写成几个部分之和,即有

$$\mathcal{H} = \mathcal{H}_S + \mathcal{H}_W + \mathcal{H}_{EM} + \mathcal{H}'_h \tag{6.7}$$

其中 $\mathcal{H}_S$ 代表强相互作用的部分, $\mathcal{H}_W$ 代表弱相互作用的部分, $\mathcal{H}_{EM}$ 代表电磁相互作用的部分,不同的 Y 的各组同位旋多重态之间的质量差异则看成是主要由 $\mathcal{H}'_h$ 项引起的,这个与奇异数相关的哈密顿量则可以解释一百多个 MeV 的质量差异。如图 6.2 所示, 9 个 0^- 介子首先由于 $\mathcal{H}_S + \mathcal{H}'_h$ 的不同造成不同奇异数的各个不同的同位旋多重态的质量分裂,然后由于电磁相互作用 $\mathcal{H}_{EM}$ 造成 $\pi^\pm$ 和 π^0 的质量劈裂,以及 $K^\pm$ 和 K^0 的质量劈裂。最后,由于弱相互作用 $\mathcal{H}_W$ 会造成进一步的质量分裂。这 9 个粒子看成是同一个家族,称之为一族超多重态。

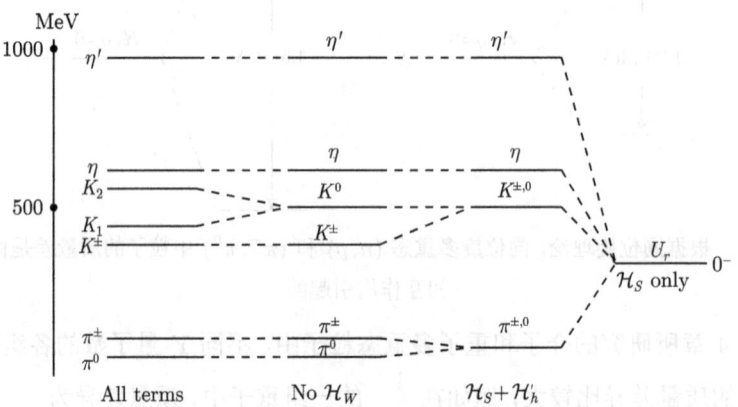

图 6.2 0^- 介子超多重态结构。$\mathcal{H} = \mathcal{H}_S + \mathcal{H}_W + \mathcal{H}_{EM} + \mathcal{H}'_h$

在 $\frac{3}{2}^+$ 的一组重子中,具有不同的奇异数的粒子之间的质量差异大约是 150MeV。由此可以估算出 Ω^- 的质量为 $m(\Omega^-) = 1676$MeV。由于质量的限制,

不能经强相互作用衰变到 $\Xi^0 + K^-$。假设 Ω^- 按 $\Delta S = 1$ 的规律衰变时，应有

$$\Omega^- \to \Lambda + K^-, \ \Xi^- + K^0, \ \Xi^0 + \pi^-. \tag{6.8}$$

因为是弱衰变，其寿命应为 10^{-10}s。1964 年，实验上发现了 Ω^- 粒子，测得其质量为 $m(\Omega^-) = 1672$ MeV。

强子的幺正对称性，U 旋和 V 旋。从衰变前后粒子奇异数是否变化，可以把强子衰变分成两类。第一类强子衰变是沿 I_3 方向进行的。例如：$n \to p + l^- + \bar{\nu}_l$，选择定则为

$$\Delta S = 0, \ \Delta I = 0, \ \Delta I_3 = \pm 1. \tag{6.9}$$

第二类强子衰变是沿 U_3 或 V_3 方向进行的。例如：$\Lambda^0 \to p + \pi^-$(沿 V 旋方向)，$\Lambda^0 \to n + \pi^0$(沿 U 旋方向)。选择定则为

$$\Delta S = 1, \ \Delta I = \frac{1}{2}, \ \Delta I_3 = \pm \frac{1}{2}. \tag{6.10}$$

实验表明，S 和 I 之间有联系。U 旋和 V 旋对应着另外两个 $SU(2)$ 群 (图 6.3)。

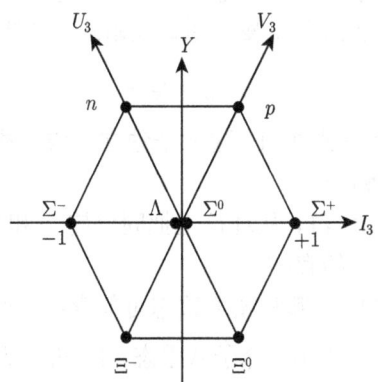

图 6.3 $\frac{1}{2}^+$ 重子八重态。强子的幺正对称性，U 旋和 V 旋

$SU(3)_F$ **味道对称群的理论可以用来描写强子的超多重态现象**。如果 $SU(3)_F$ 对称性是严格的，那么属于 $SU(3)_F$ 的不可约表示 "1"、"8" 和 "10" 的各组超多重态粒子的质量应该是简并的。但事实不是这样。这说明 $SU(3)_F$ 味道对称性是近似的对称性。

我们用 $SU(2)_V$ 来表示 V 旋: V_+, V_-, V_3 是 $SU(2)_V$ 的生成元：

$$[V_i, V_j] = i\epsilon_{ijk}V_k, \ \ i,j,k = 1,2,3. \tag{6.11}$$

V_+ 和 V_- 的定义是

$$V_\pm = V_1 \pm iV_2, \ [V_+, V_-] = 2V_3. \tag{6.12}$$

我们用 $SU(2)_U$ 来表示 U 旋：U_+, U_-, U_3 是 $SU(2)_U$ 的生成元：

$$[U_i, U_j] = i\epsilon_{ijk} U_k, \quad i,j,k = 1,2,3. \tag{6.13}$$

U_+ 和 U_- 的定义是

$$U_\pm = U_1 \pm iU_2, \quad [U_+, U_-] = 2U_3. \tag{6.14}$$

通常用盖尔曼矩阵定义同位旋，U 旋和 V 旋的 9 个生成元的算符形式：

$$I_1 = \frac{1}{2}\lambda_1, \quad I_2 = \frac{1}{2}\lambda_2, \quad I_3 = \frac{1}{2}\lambda_3, \tag{6.15}$$

$$V_1 = \frac{1}{2}\lambda_4, \quad V_2 = \frac{1}{2}\lambda_5, \quad V_3 = \frac{1}{4}(\lambda_3 + \sqrt{3}\lambda_8), \tag{6.16}$$

$$U_1 = \frac{1}{2}\lambda_6, \quad U_2 = \frac{1}{2}\lambda_7, \quad U_3 = \frac{1}{4}(-\lambda_3 + \sqrt{3}\lambda_8), \tag{6.17}$$

在此定义下，可以证明下述关系：

$$I_3 = Q - \frac{Y}{2}, \quad U_3 = -\frac{Q}{2} + Y, \quad V_3 = \frac{1}{2}(Q + Y). \tag{6.18}$$

其中的第一个式子就是著名的盖尔曼 - 西岛关系式。另外，由于

$$I_3 + U_3 + V_3 = Q + Y. \tag{6.19}$$

这 9 个生成元中只有 8 个是独立的，这 8 个独立生成元构成 $SU(3)$ 群。

$SU(3)$ **幺正对称性的特点：**

1. 幺正对称性的 $SU(3)$ 群，从理论上把同位旋 I 和自旋角动量 S 联系起来，预言了超多重态中 Ω^- 粒子的存在。

2. 但是，$SU(3)$ 只能预言哪些超多重态可能存在，但不能肯定哪个超多重态一定存在。在 $SU(3)$ 对称性下 0^- 介子八重态，1^- 介子八重态和 $\frac{1}{2}^+$ 重子八重态分别为

$$M = \begin{pmatrix} \frac{\pi^0}{\sqrt{2}} + \frac{\eta^0}{\sqrt{6}} & \pi^+ & K^+ \\ \pi^- & \frac{-\pi^0}{\sqrt{2}} + \frac{\eta^0}{\sqrt{6}} & K^0 \\ K^- & \bar{K}^0 & \frac{-2\eta^0}{\sqrt{6}} \end{pmatrix}, \tag{6.20}$$

$$V = \begin{pmatrix} \frac{\rho^0}{\sqrt{2}} + \frac{\omega^0}{\sqrt{6}} & \rho^+ & K^{*+} \\ \rho^- & \frac{-\rho^0}{\sqrt{2}} + \frac{\omega^0}{\sqrt{6}} & K^{*0} \\ K^{*-} & \bar{K}^{*0} & \frac{-2\omega^0}{\sqrt{6}} \end{pmatrix}, \tag{6.21}$$

$$B = \begin{pmatrix} \frac{\Sigma^0}{\sqrt{2}} + \frac{\Lambda^0}{\sqrt{6}} & \Sigma^+ & p \\ \Sigma^- & \frac{-\Sigma^0}{\sqrt{2}} + \frac{\Lambda^0}{\sqrt{6}} & n \\ \Xi^- & \Xi^0 & \frac{-2\Lambda^0}{\sqrt{6}} \end{pmatrix}. \tag{6.22}$$

3. $SU(3)$ 对称性是近似的对称性，在同一族超多重态中，有较大的质量差别。如果不考虑 0^- 介子的情况，多数情况下可以认为 $SU(3)$ 对称性在 15% 以内是正确的。

我们可以把体系的强相互作用哈密顿量 H_S 分成两部分

$$H_S = H_{SU(3)} + \epsilon H_{MS} \tag{6.23}$$

其中 H_{MS} 部分造成 $SU(3)$ 对称性的破坏。

§6.2 夸克模型和轻强子系统

受 $SU(3)$ 超多重态理论的启发，1964 年 M. Gell-Mann[60] 和 G. Zweig[61] 分别独立地提出了 "Quark/Aces" 模型。他们认为：强子 (介子和重子) 是由三种更基本的费米子 "Quark" (或者 "Aces") 组成的。同一时期，中国物理学家提出了 "层子模型"。

图 6.4 所示是 M. Gell-Mann 发表在 *Phys. Lett.* 的论文和 G. Zweig 论文的 CERN 预印本首页。从他们的论文中可以清楚地看出他们如何用下一个层次的 "Quark/Aces" 来构造介子和重子。如图 6.5 所示，在 Gell-Mann 的 "夸克模型" 中，三个轻的 (u, d, s) 夸克填充 $SU(3)$ 的 "3" 表示，对应的反夸克 $(\bar{u}, \bar{d}, \bar{s})$ 填充 $SU(3)$ 的 "$\bar{3}$" 表示。它们的量子数在表 6.1 中给出。

这些夸克的量子数完全满足盖尔曼-西岛关系：表中所列的三味夸克是夸克模型建立时所提出存在的三种夸克，后来理论和实验发展中又补充了另外三种夸克：粲夸克 (c, 电荷 2/3)、底夸克 (b, 电荷 $-1/3$) 和顶夸克 (t, 电荷 2/3)。夸克的质量常用的有两种，一是流夸克质量，是指它们在量子场论拉氏量中的质量，另一种组分夸克质量是指考虑了它们组成强子时候包含了与胶子的相互作用之后的等效质量。根据目前的实验测量或者理论分析，得到的对 6 种夸克的组分质量和流质量的估计值在表 6.2 中给出。前三味夸克 (u, d, s) 质量轻，统称为轻夸克；后三味夸克 (c, b, t) 质量重，统称为重夸克。夸克模型认为介子由一对正反夸克组成；重子由三个夸克组成。

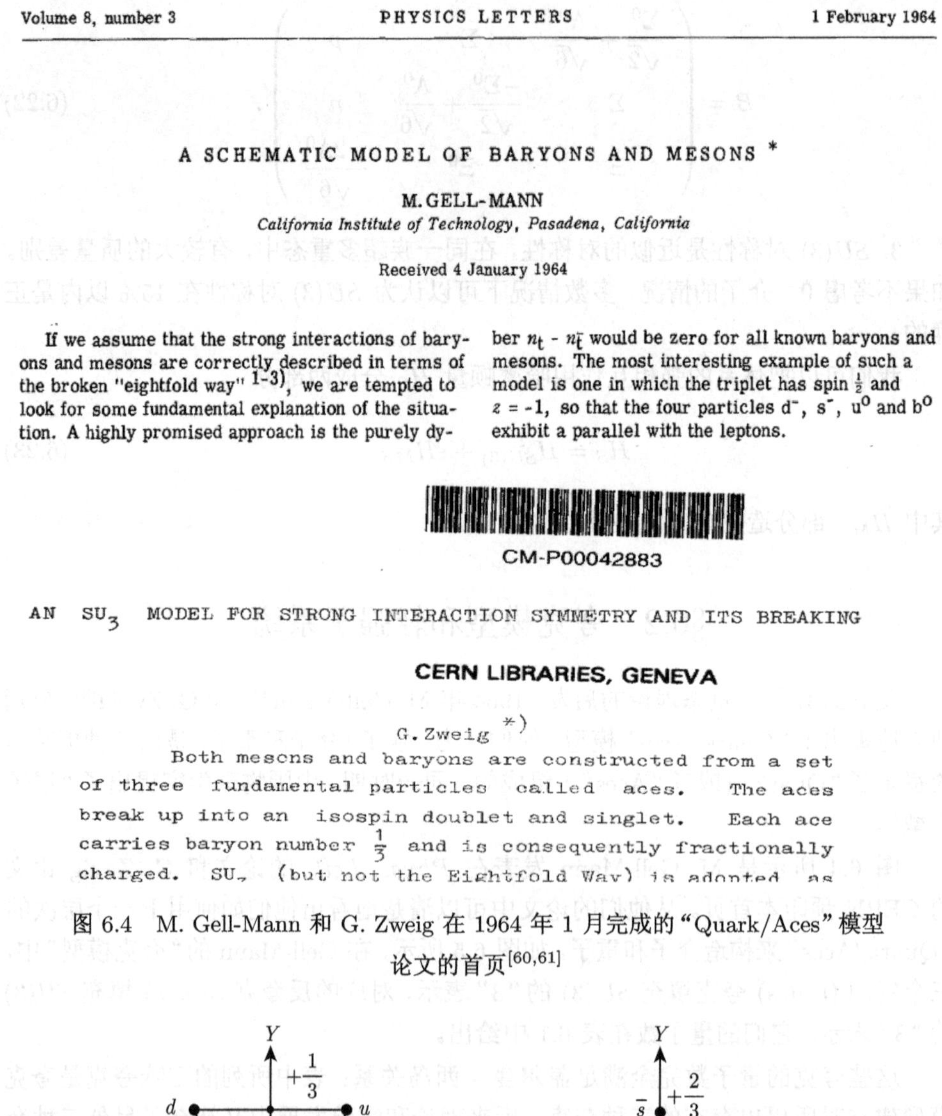

Volume 8, number 3   PHYSICS LETTERS   1 February 1964

A SCHEMATIC MODEL OF BARYONS AND MESONS *

M. GELL-MANN
California Institute of Technology, Pasadena, California

Received 4 January 1964

If we assume that the strong interactions of baryons and mesons are correctly described in terms of the broken "eightfold way" [1-3], we are tempted to look for some fundamental explanation of the situation. A highly promised approach is the purely dynamical one. A highly promised approach is the purely dy-

ber $n_t - n_{\bar{t}}$ would be zero for all known baryons and mesons. The most interesting example of such a model is one in which the triplet has spin $\frac{1}{2}$ and $z = -1$, so that the four particles d^-, s^-, u^0 and b^0 exhibit a parallel with the leptons.

CM-P00042883

AN SU_3 MODEL FOR STRONG INTERACTION SYMMETRY AND ITS BREAKING

CERN LIBRARIES, GENEVA

G. Zweig *)

Both mesons and baryons are constructed from a set of three fundamental particles called aces. The aces break up into an isospin doublet and singlet. Each ace carries baryon number $\frac{1}{3}$ and is consequently fractionally charged. SU_3 (but not the Eightfold Way) is adopted as

图 6.4 M. Gell-Mann 和 G. Zweig 在 1964 年 1 月完成的 "Quark/Aces" 模型论文的首页[60,61]

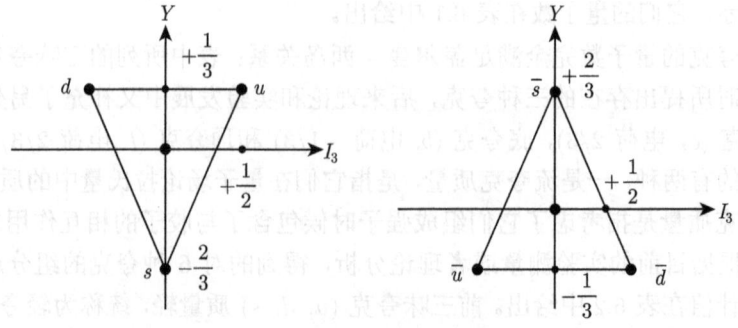

图 6.5 $SU(3)$ 的基础表示 "3" 和复共轭表示 "$\bar{3}$"：$3 = (u, d, s)$, $\bar{3} = (\bar{u}, \bar{d}, \bar{s})$

§6.2 夸克模型和轻强子系统

表 6.1 盖尔曼的 3 味轻夸克 (u,d,s) 以及对应的反夸克的量子数

夸克	电荷 Q	同位旋 I	I_3	超荷 Y	奇异数 S	重子数 B
u	2/3	1/2	1/2	1/3	0	1/3
d	−1/3	1/2	−1/2	1/3	0	1/3
s	−1/3	0	0	−2/3	−1	1/3
$\bar{u}$	−2/3	1/2	−1/2	−1/3	0	−1/3
$\bar{d}$	1/3	1/2	1/2	−1/3	0	−1/3
$\bar{s}$	1/3	0	0	2/3	1	−1/3

表 6.2 对 6 味轻、重夸克的流质量和组分质量的实验测量或者理论估算值

夸克种类	u	d	c	s	t	b
流质量	3 MeV	7 MeV	1.4 GeV	120 MeV	174 GeV	4.2 GeV
组分质量	310 MeV	310 MeV	1.6 GeV	500 MeV	174 GeV	4.6 GeV

§6.2.1 重子十重态

我们先来讨论由 (u,d,s) 这三味轻夸克组成的重子。如果三个夸克之间的两个相对轨道角动量均为零 $(L=0)$，(qqq) 体系自旋角动量的耦合为：$(1/2, 1/2, 1/2) \to (1/2, 2/3)$；则重子的自旋和宇称量子数为 $J^P = \dfrac{1}{2}^+$ 和 $\dfrac{3}{2}^+$。质量最低的重子是 $J^P = \dfrac{1}{2}^+$ 的重子八重态，实验和理论预期是一致的。

重子是由三个夸克组成的，$SU(3)$ 味对称群的三个基础表示 "3" 的乘积与分解为

$$3 \otimes 3 \otimes 3 = 1 \oplus 8 \oplus 8 \oplus 10. \tag{6.24}$$

重子的夸克组成如表 6.3 所示。它们作为 $SU(3)$ 的十重态在超荷 - 同位旋平面图的表示已经在第 4 章的图 4.11 显示。$\dfrac{3}{2}^+$ 重子十重态包含四组同位旋多重态粒子：

(1) 同位旋四重态 $\Delta(1232)$：$\Delta^-, \Delta^0, \Delta^+, \Delta^{++}$；$I=3/2, S=0$。
(2) 同位旋三重态 $\Sigma(1384)$：$\Sigma^{*-}, \Sigma^{*0}, \Sigma^{*+}$；$I=1, S=-1$。
(3) 同位旋二重态 $\Xi(1530)$：Ξ^{*-}, Ξ^{*0}；$I=1/2, S=-2$。
(4) 同位旋单态 $\Omega^-(1672)$，$I=0, S=-3$。

每一个同位旋多重态中的成员都具有相同的中心质量，相差只有几个 MeV，而这正是同位旋多重态中的电磁质量分裂尺度。原因是 u,d 夸克的质量差别很小，也就是几个 MeV。对重子十重态，相邻同位旋多重态之间的质量差比较接近，~ 150MeV。这个差别也就是奇异夸克的质量大小。Ω^- 粒子就是基于这个质量差而在其发现前三年先被理论预言的。

表 6.3 $\frac{1}{2}^+$ 和 $\frac{3}{2}^+$ 重子的夸克组分

Y	I	夸克组分	$J^P = \frac{1}{2}^+$	$J^P = \frac{3}{2}^+$	质量/MeV
1	$\frac{1}{2}$	ddu, uud	n, p		936
0	0	$s(du-ud)/\sqrt{2}$	Λ		1116
0	1	$sdd, s(du+ud)/\sqrt{2}, suu$	$\Sigma^-, \Sigma^0, \Sigma^+$		1193
-1	$\frac{1}{2}$	ssd, ssu	Ξ^-, Ξ^0		1318
1	$\frac{3}{2}$	ddd, ddu, duu, uuu		$\Delta^-, \Delta^0, \Delta^+, \Delta^{++}$	1235
0	1	sdd, sdu, suu		$\Sigma^{*-}, \Sigma^{*0}, \Sigma^{*+}$	1383
-1	$\frac{1}{2}$	ssd, ssu		Ξ^{*-}, Ξ^{*0}	1530
-2	0	sss		Ω^-	1670

重子十重态主要衰变到质量较轻的 $1/2^+$ 重子，它们不能衰变到只有介子和光子的末态，因为重子数守恒要求 (反重子与重子衰变一样，只是 CP 变换)：

$$\begin{aligned} \Delta &\to N\pi, \quad 99\%, \quad\quad \Gamma = 120\text{MeV}, \\ &\to N\gamma, \quad 0.5\%, \\ \Sigma^*(1385) &\to \Lambda\pi, \quad 88\%, \quad\quad \Gamma = 37\text{MeV}, \\ &\to \Sigma\pi, \quad 12\%, \end{aligned} \quad (6.25)$$

这里除了末态有光子的第二个 Δ 衰变过程是电磁衰变，其他都是强衰变过程，所以衰变宽度都是超过兆电子伏特的量级。下面的 Ξ^* 衰变也是类似的

$$\begin{aligned} \Xi^*(1385) &\to \Xi\pi, \quad 100\%, \quad\quad \Gamma = 9\text{MeV}, \\ &\to \Xi\gamma, \quad <4\%, \\ \Omega^- &\to \Lambda K^-, \quad 67.8\%, \quad\quad \tau = 0.82 \times 10^{-10}\text{s}, \\ &\to \Xi^0\pi^-, \quad 23.6\%, \end{aligned} \quad (6.26)$$

这里最重的 Ω 重子不是给出的宽度而是寿命，这么长的寿命意味着它上面的衰变是弱衰变，因为奇异数不守恒，实际上，在第 6.2.3 节中可以看到，$1/2^+$ 的重子中不存在奇异数为 -3 的伙伴，所以为了保持重子数守恒，Ω 重子只能有弱衰变。

§6.2.2 夸克与颜色自由度

最轻的十个 $J^P = 3/2^+$ 重子属于 $SU(3)$ 群的表示 10，它由三个三维表示 3 直乘给出时是完全对称态，即味空间是完全对称态。例如：$\Delta^-(ddd)$，$\Omega(sss)$ 和 $\Delta^{++}(uuu)$ 都是由三个相同夸克组成的重子，交换其中任意两个夸克，重子状态都

§6.2 夸克模型和轻强子系统

是不变的，这三个重子态很明显是完全对称的，而 $\Sigma^0 = dus$,

$$dus = (dsu + uds + sud + sdu + dus + usd)/\sqrt{6} \tag{6.27}$$

也是对称的。总而言之，这个十重态是味空间完全对称的。由于夸克是费米子，自旋统计关系要求三个夸克组成重子时波函数应是完全反对称态。这样就要求坐标空间是完全反对称态。但是对于质量最低的基态，三个夸克之间的两个相对轨道角动量均为零，也属于完全对称态，而三个夸克的总自旋为 3/2，每一个夸克的极化方向一致，也是完全对称态，这样就和自旋统计关系的要求矛盾。

为了解决这个理论上的困难，人们作了多方面的试探。1964 年，O. W. Greenberg 引入了夸克的颜色自由度。夸克的内部对称性除了味对称性外，还有色对称性。每味夸克都有三色，它们满足色 $SU(3)_c$ 对称性，构成色 $SU(3)_c$ 的三维表示。三个夸克组成重子时，重子属于色 $SU(3)_c$ 的单态 (一维) 表示

$$3 \otimes 3 \otimes 3 = 1 \oplus 8 \oplus 8 \oplus 10. \tag{6.28}$$

这时三个夸克在色空间是完全反对称态，总波函数是相乘关系：$\Phi_c \times \Phi_f \times \Phi_s =$ 反对称 × 对称 × 对称 = 反对称，自旋统计关系仍然保持。同样地，正反夸克组成介子时也是构成色空间的一维表示，对称性方面合起来应属于完全对称态。

关于颜色自由度的数目，已经有许多实验证明：$N_C = 3$。

(1) 考虑如图 6.6 所示的 $\pi^0 \to \gamma\gamma$ 电磁衰变过程，在 $\pi^0 \to \gamma\gamma$ 衰变概率的计算中，如果不考虑夸克的三种颜色，则理论值与实验值相差九倍。如果假定夸克具有三种颜色，由于衰变概率与颜色数的平方成正比，则理论值与实验值符合得很好。

$$\Gamma(\pi^0 \to 2\gamma) = \left(\frac{N_C}{3}\right)^2 \frac{\alpha^2 m_\pi^3}{64\pi^3 f_\pi^2} = 7.73 \cdot \frac{N_C^2}{9} \text{eV}. \tag{6.29}$$

实验给出：$\Gamma(\pi^0 \to 2\gamma) = (7.7 \pm 0.6)\text{eV}$。所以有 $N_C = 3$。

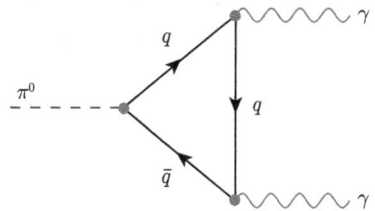

图 6.6 通过夸克三角图进行的 $\pi^0 \to 2\gamma$ 衰变

(2) **R 值的测量**：如果定义

$$R = \frac{\sigma(e^+e^- \to \text{all hadrons})}{\sigma(e^+e^- \to \mu^+\mu^-)}, \tag{6.30}$$

那么，分别考虑 $e^+e^- \to q\bar{q} \to$ all hadron 和 $e^+e^- \to \mu^+\mu^-$ 这两个过程，关于 R 值的标准模型理论预言则可以写为

$$R = N_C \sum_{i=1}^n Q_i^2 = \begin{cases} \dfrac{2}{3} N_C & \text{for} \quad q = u, d, s; \\ \dfrac{10}{9} N_C & \text{for} \quad q = u, d, s, c; \\ \dfrac{11}{9} N_C & \text{for} \quad q = u, d, s, c, b; \end{cases} \tag{6.31}$$

如果考虑单圈图 QCD 修正，那么有

$$R = N_C \sum_{i=1}^n Q_i^2 \cdot \left(1 + \frac{\alpha_s(\mu)}{\pi}\right), \tag{6.32}$$

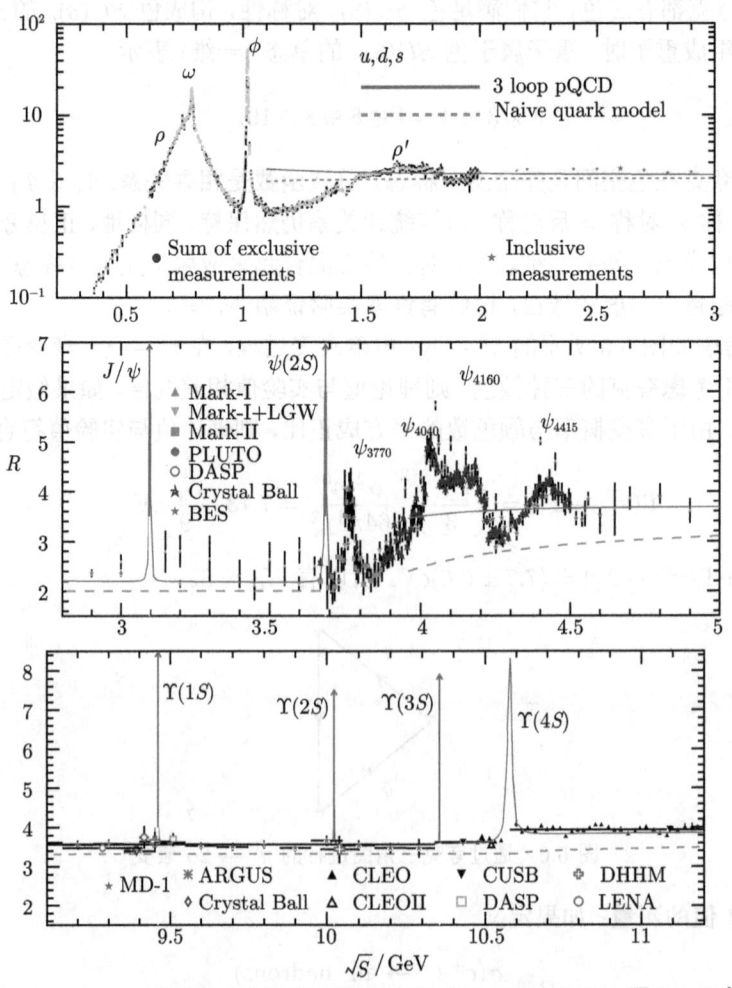

图 6.7 e^+e^- 对撞实验中产生截面比值 R 随质心系有效能量 $\sqrt{S}$ 的变化[1]

将提供大约 10% 的增强。在不同能区，对比值 R 的实验测量结果如图 6.7 所示[1]。显然，在较低的 (u,d,s) 能区，中间的 J/ψ 能区和较高的 Υ 能区的实验测量数据都支持 $N_C = 3$。**中国科学院高能物理研究所 BES 实验组在 BEPC 上对 R 比值做了精确测量，大幅度降低了实验测量误差**[66]。

(3) 标准模型理论的可重正化要求每一代的轻子和夸克的总电荷为零：

$$Q = -1 + N_C \left(-\frac{1}{3} + \frac{2}{3}\right) = 0, \tag{6.33}$$

即 $N_C = 3$。

(4) 实验上看到的介子和重子都是无色的 "Colorless"。综合已有实验事实，可以证明：夸克带有颜色，颜色只能有三种。QCD 认为，夸克是通过胶子场 (gluon) 发生强相互作用，成为强子束缚态。胶子的颜色自由度为 8，有自相互作用。

§6.2.3 重子八重态

味八重态重子的自旋 $J^P = \frac{1}{2}^+$ 是混合对称的。两夸克组成反对称态，再与第三夸克形成混合对称。味空间也是混合对称的。质子和中子构成同位旋二重态，质子是最轻的重子。如图 6.8 所示，三个夸克在胶子引起的强相互作用下构成束缚态。质子和中子是它们历史上的名字，实际上它们应该统称核子，所以它们的激发态都是用 $N^+(xxx), N^0(xxx)$ 来表示，括号里一般写该粒子的质量。如表 6.3 所示，$\Sigma(1193)$ 是同位旋三重态；$\Xi(1318)$ 是同位旋二重态；$\Lambda(1116)$ 是同位旋单态。这八个粒子组成的 $SU(3)$ 八重态表示图已经在第 4 章的图 4.7(b) 中给出。

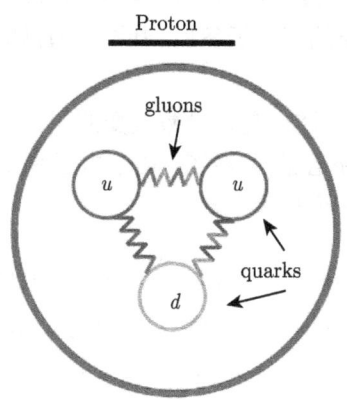

图 6.8 夸克模型下质子的三夸克结构示意图

重子十重态中，不同的同位旋多重态粒子的质量差应该给出奇异夸克的质量大小。实验数据表明，在 Δ, Σ, Ξ 和 Ω^- 同位旋多重态之间的质量差依次为：152MeV，

149 MeV 和 139 MeV。理论和实验符合得还不错。但对重子八重态，在 $N(939)$，$\Lambda(1116)$，$\Sigma(1193)$ 和 $\Xi(1317)$ 同位旋多重态之间的质量差为

$$\Delta M(\Lambda - N) = 177\text{MeV}, \quad \Delta M(\Xi - \Lambda) = 202\text{MeV}, \quad \Delta M(\Sigma - \Lambda) = 77\text{MeV}. \quad (6.34)$$

这里的差别就比较大了。

同一组同位旋多重态粒子之间的质量差可以理解为电磁质量差。例如质子和中子之间的质量差为 $m_n(939.6) - m_p(938.3) = 1.3\text{MeV}$。

八重态的重子是质量最轻的重子，由于重子数守恒，它们的衰变受到了很多的限制：

(1) 质子 ($p = uud$)：稳定粒子，质量最轻的重子，由于重子数守恒，所以不衰变。但是大统一理论下可以衰变，目前实验测到的寿命下限为 $\tau > 1.6 \times 10^{31}$ 年。

(2) 中子 ($n = udd$)：β 衰变：$Br(n \to p + e^- + \bar{\nu}_e) = 100\%$。弱衰变，夸克味改变，同位旋三分量改变。$\tau = 886\text{s} \sim 15\text{ min}$。由于初、末态质量限制，$n \to p + \pi$ 的强子衰变道没有打开。

(3) $\Lambda(1116), \tau(\Lambda) = 2.632 \times 10^{-10}\text{s}$：主要衰变道是弱作用的强子衰变道：

$$\begin{aligned}
\Lambda &\to p + \pi^- \quad (63.9\%); \\
&\to n + \pi^0 \quad (35.8\%); \\
&\to n + \gamma \quad (0.175\%).
\end{aligned} \quad (6.35)$$

$\Lambda(1116)$ 是带奇异数的质量最轻的重子，所以不能强衰变，也不能电磁衰变。上面式子中的最后一个衰变道虽然有光子参加，却不是通常的电磁衰变，而是电弱圈图衰变，因为奇异数发生了改变。

(4) $\Sigma^{\pm}$ 重子的主要衰变道也是奇异数改变的弱作用强子衰变道，但是 Σ^0 却可以通过电磁衰变到质量更轻的 Λ 粒子，由于电磁衰变比弱作用强很多，因而其寿命则相应短很多，相差 9 个量级之多。

$$\begin{aligned}
\Sigma^+ &: \quad p\pi^0, \quad 51.6\%; \quad n\pi^+, \quad 48.3\%; \quad p+\gamma, \quad 0.12\%; \quad \tau = 0.80 \times 10^{-10}\text{s}, \\
\Sigma^0 &: \quad \Lambda\gamma, \quad 100\%; \quad \Lambda e^+ e^-, \quad 0.5\%; \quad \tau = 7.4 \times 10^{-20}\text{s}, \\
\Sigma^- &: \quad n\pi^-, \quad 99.8\%; \quad ne^-\bar{\nu}_e, \quad 0.10\%; \quad \tau = 1.479 \times 10^{-10}\text{s}.
\end{aligned} \quad (6.36)$$

需要注意的是，Σ^+ 和 Σ^- 不是互为正反粒子，衰变宽度和末态很不同，寿命差别也较大，其反粒子分别是 $\overline{\Sigma^+}$ 和 $\overline{\Sigma^-}$，不能类比于 π 介子。

(5) $\Xi^{0,-}$ 重子是质量最轻的奇异数 $S = -2$ 的重子，因而只能发生奇异数改变

的弱衰变：

$$\Xi^0(1315): \quad \Lambda\pi^0, \quad 99.5\%; \quad \Lambda\gamma, \ 1.2\times 10^{-3}; \quad \tau = 2.9\times 10^{-10}\text{s},$$
$$\Xi^-(1321): \quad \Lambda\pi^-, \quad 99.9\%; \quad \Sigma^-\gamma, \ 1.3\times 10^{-4}; \quad \tau = 1.6\times 10^{-10}\text{s}. \tag{6.37}$$

§6.2.4 盖尔曼–大久保质量公式

由重子和介子的质量关系式可以看出，强子质量对 s 夸克的个数有较强的依赖关系。分析各种态的质量后可以认为

$$m_u \approx m_d, \quad m_s \gg m_u. \tag{6.38}$$

从图 6.9 可以看出，含有不同 s 夸克的粒子间，能级间隔并不相等。这是由于不同介子或重子内部的结合能不一定相同所致。图 6.9 中各能级间距只是 m_s 值的粗略反映，除了 0^- 赝标量介子由于手征对称性造成的戈德斯通 (Goldstone) 粒子效应外，从其他粒子可以看出 m_s 在 150 MeV 左右。

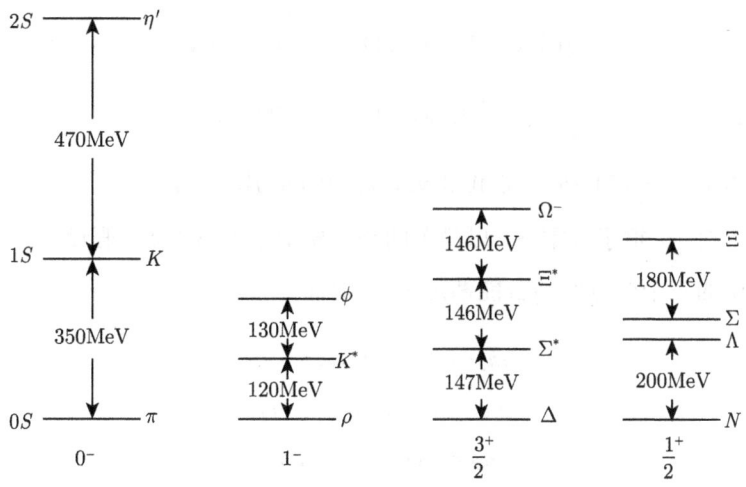

图 6.9 粒子的静质量和不同的 $SU(2)$ 同位旋多重态之间的质量差示意图。$0S, 1S, 2S$ 表示粒子包含的 s 夸克的数目

由于同一个同位旋多重态之间的质量差别比较小，$SU(2)$ 同位旋对称性是一个好的对称性。如果 $SU(3)$ 对称性也是一个好的对称性，u, d, s 夸克的质量相同，同一族超多重态粒子的质量应当相同。但实验事实表明，$SU(3)$ 对称性是破缺的，s 夸克的质量远大于 u, d 夸克的质量。

在对重子八重态和重子十重态粒子的质量进行分析以后，可以得到盖尔曼–大

久保质量公式:
$$M = a + bY + c\left[I(I+1) - \frac{1}{4}Y^2\right] \tag{6.39}$$

对 $\frac{1}{2}^+$ 重子八重态，由上式可得

$$M_N = a + b + \frac{c}{2}, \quad M_\Sigma = a + 2c,$$
$$M_\Xi = a - b + \frac{c}{2}, \quad M_\Lambda = a \tag{6.40}$$

进而导出质量关系

$$\frac{1}{2}(M_N + M_\Xi) = \frac{3}{4}M_\Lambda + \frac{1}{4}M_\Sigma \tag{6.41}$$

为了减小电磁质量劈裂效应的影响，沿 U 旋方向 (图 6.3) 选择中性粒子，利用实验值 ($M(n) = 939.6$MeV, $M(\Sigma^{+,0,-}) = (1189.4, 1192.6, 1197.5)$MeV, $M(\Lambda) = 1115.7$ MeV, $M(\Xi^{0,-}) = (1314.8, 1321.3)$ MeV) 得到

$$\frac{1}{2}(M_n + M_{\Xi^0}) = (1127.2 \pm 0.7)\text{MeV}, \tag{6.42}$$

$$\frac{3}{4}M_\Lambda + \frac{1}{4}M_{\Sigma^0} = (1134.9 \pm 0.2)\text{MeV}, \tag{6.43}$$

两者之差为 (7.7 ± 0.7) MeV，理论和实验之间的差别比较小。

实际上对 $\frac{1}{2}^+$ 重子八重态，以简单的夸克模型作为出发点，假设 $m_u = m_d$，所有的重子中的三个夸克间结合能都是 m_0，则有

$$m_N = m_0 + 3m_u, \tag{6.44}$$
$$m_\Sigma = m_0 + 2m_u + m_s, \tag{6.45}$$
$$m_\Xi = m_0 + m_u + 2m_s, \tag{6.46}$$
$$m_\Lambda = m_0 + 2m_u + m_s, \tag{6.47}$$

消去 m_0, m_u, m_s，也可以得到式 (6.41) 所示的质量关系式。

同理，对 $\frac{3}{2}^+$ 重子十重态，有

$$m_\Omega - m_{\Xi^*} = m_{\Xi^*} - m_{\Sigma^*} = m_{\Sigma^*} - m_\Delta. \tag{6.48}$$

事实上，在实验上发现 Ω^- 之前人们就是根据该关系式预言了 m_{Ω^-} 的值。

§6.3 轻介子系统

我们用量子数 J^{PC} 对介子进行分类：如果正反夸克之间的轨道角动量为零 ($L=0$)，则介子的自旋、宇称和 C 宇称量子数为 $J^{PC} = 0^{-+}$ 和 1^{--}。轨道角动量为 1 时，$J^{PC} = 0^{++}$ (标量), 1^{+-} 和 1^{++} (轴矢量), 2^{++} (张量)。[①]由前一章的讨论我们知道，由正反费米子组成的系统，其基态应该是轨道角动量为 0 的态。实验上发现质量最低的介子果然是 $J^{PC} = 0^{-+}$ 和 1^{--}，其中最轻的 $J^{PC} = 0^{-+}$ 是赝标量介子。在夸克模型中，介子是由夸克和反夸克构成的束缚态：$M = (q\bar{q}')(q, q'$ 可以具有不同味道)。三种轻夸克和三种反夸克一共可以组成 9 种介子

$$u\bar{u}, d\bar{u}, s\bar{u}, u\bar{d}, d\bar{d}, s\bar{d}, u\bar{s}, d\bar{s}, s\bar{s} \tag{6.49}$$

以三味轻夸克为基础所组成的这 9 种介子应该可以按 $SU(3)$ 群的不可约表示分类

$$3 \otimes \bar{3} = 1 \oplus 8 \tag{6.50}$$

夸克模型在粒子分类方面很好地解决了八正法理论所存在的问题，原来在八正法理论中可以出现的表示 10* 和 27 这里自动不出现。

§6.3.1 赝标量介子

我们首先讨论质量最低的 0^- 赝标介子八重态和单态，式 (6.49) 中的 $u\bar{u}, d\bar{d}, s\bar{s}$ 是同位旋 $I = 0$，没有任何夸克味道的态，它们可以互相混合组成新的态。当然独立的态数还是三个，不能增加或者减少。它们重新组合成的反对称态 $(u\bar{u} - d\bar{d})/\sqrt{2}$ 和 $u\bar{d}、d\bar{u}$ 两个态一起组成 π 介子的同位旋三重态，夸克组合在表 6.4 中给出，其中还有两个 K 介子二重态和两个同位旋单态 η_1 和 η_8，其中的 η_1 是式 (6.50) 中的 $SU(3)$ 单态，其余的 8 个态组成其中的八重态。

表 6.4 0^- 和 1^- 介子的夸克组成

Y	I	夸克组分	$J^P = 0^-$	$J^P = 1^-$
0	1	$\bar{u}d, (u\bar{u} - d\bar{d})/\sqrt{2}, u\bar{d}$	π^-, π^0, π^+	ρ^-, ρ^0, ρ^+
1	1/2	$\bar{s}d, \bar{s}u$	K^0, K^+	K^{*0}, K^{*+}
-1	1/2	$\bar{u}s, \bar{d}s$	$K^-, \bar{K}^0$	$K^{*-}, \bar{K}^{*0}$
0	0	$(u\bar{u} + d\bar{d} - 2s\bar{s})/\sqrt{6}$	η_8	
0	0	$(u\bar{u} + d\bar{d} + s\bar{s})/\sqrt{3}$	η_1	
0	0	$(u\bar{u} + d\bar{d})/\sqrt{2}$		$\omega(784)$
0	0	$s\bar{s}$		$\phi(1020)$

[①] 根据前面的讨论，由正反夸克对组成的介子态，当 $L = 0$ 时，$J = L \oplus S = S = 0, 1$；当 $L = 1$ 时，$J = L \oplus S = 1$ (如果 $S = 0$)，$J = 2, 1, 0$ (如果 $S = 1$)。

在实验上看到的质量本征态 η 和 η' 介子是味单态 η_1 和味八重态 η_8 的混合

$$\begin{pmatrix} \eta \\ \eta' \end{pmatrix} = R \begin{pmatrix} \eta \\ \eta' \end{pmatrix} = \begin{pmatrix} \cos\theta_p & -\sin\theta_p \\ \sin\theta_p & \cos\theta_p \end{pmatrix} \begin{pmatrix} \eta_8 \\ \eta_1 \end{pmatrix}, \quad (6.51)$$

其中

$$\eta_8 = \frac{1}{\sqrt{6}}\left(u\bar{u} + d\bar{d} - 2s\bar{s}\right), \quad \eta_1 = \frac{1}{\sqrt{3}}\left(u\bar{u} + d\bar{d} + s\bar{s}\right). \quad (6.52)$$

混合角 θ_p 是由许多相关实验确定的。根据目前的研究可知混合角在 $-20°$ 和 $-10°$ 之间。

η_1 和 η_8 的质量矩阵可以写为

$$M = \begin{pmatrix} m_{11}^2 & m_{81}^2 \\ m_{18}^2 & m_{88}^2 \end{pmatrix}. \quad (6.53)$$

物理态 η 和 η' 的质量本征值 m_η 和 $m_{\eta'}$ 为

$$R^{\mathrm{T}} M R = \begin{pmatrix} m_\eta^2 & 0 \\ 0 & m_{\eta'}^2 \end{pmatrix}. \quad (6.54)$$

对 $\eta - \eta'$ 介子混合的问题, 除了用 "单态–八重态基" 的混合来描写, 还可以用味道本征态 η_q 和 η_s 的混合来描写物理态 η 和 η' 介子, 混合角是 ϕ

$$\begin{pmatrix} \eta \\ \eta' \end{pmatrix} = U(\phi) \begin{pmatrix} \eta_q \\ \eta_s \end{pmatrix} = \begin{pmatrix} \cos\phi & -\sin\phi \\ \sin\phi & \cos\phi \end{pmatrix} \begin{pmatrix} \eta_q \\ \eta_s \end{pmatrix}, \quad (6.55)$$

其中

$$\eta_q = \frac{1}{\sqrt{2}}\left(u\bar{u} + d\bar{d}\right), \quad \eta_s = s\bar{s}. \quad (6.56)$$

这两种不同的混合描述应该是等价的, 夸克味道本征态的描写在理论上比较容易定义介子的衰变常数。相关的衰变常数 $f_q, f_s, f_\eta^{q,s}$ 和 $f_{\eta'}^{q,s}$ 的定义是

$$\langle 0|\bar{q}\gamma^\mu \gamma_5 q|\eta_q(P)\rangle = \frac{i}{\sqrt{2}} f_q P^\mu, \quad \langle 0|\bar{s}\gamma^\mu \gamma_5 s|\eta_s(P)\rangle = i f_s P^\mu, \quad (6.57)$$

$$\langle 0|\bar{q}\gamma^\mu \gamma_5 q|\eta^{(\prime)}(P)\rangle = \frac{i}{\sqrt{2}} f_{\eta^{(\prime)}}^q P^\mu, \quad \langle 0|\bar{s}\gamma^\mu \gamma_5 s|\eta^{(\prime)}(P)\rangle = i f_{\eta^{(\prime)}}^s P^\mu, \quad (6.58)$$

衰变常数 $f_\eta^{q,s}$ 和 $f_{\eta'}^{q,s}$ 与衰变常数 f_q 和 f_s 之间的关系为

$$\begin{pmatrix} f_\eta^q & f_\eta^s \\ f_{\eta'}^q & f_{\eta'}^s \end{pmatrix} = U(\phi) \begin{pmatrix} f_q & 0 \\ 0 & f_s \end{pmatrix}. \quad (6.59)$$

§6.3 轻介子系统

相关的实验数据给出了[67] 三个输入参数 f_q, f_s 和混合角 ϕ 之间的关系:

$$f_q = (1.07 \pm 0.02)f_\pi, \quad f_s = (1.34 \pm 0.06)f_\pi, \quad \phi = 39.3° \pm 1.0°, \tag{6.60}$$

其中 $f_\pi = 130$ MeV。

如果把盖尔曼–大久保质量公式 (6.41) 应用于 0^- 介子八重态,则有

$$M_K = \frac{3}{4}M_\eta + \frac{1}{4}M_\pi, \tag{6.61}$$

但是实验给出的上式左右两边数值分别为 $497.7 \neq 444.2$,理论和实验之间的差别很大。如果以质量平方的形式写下盖尔曼–大久保公式,即

$$M^2 = m_a^2 + m_b^2 Y + m_c^2 \left[I(I+1) - \frac{1}{4}Y^2 \right] \tag{6.62}$$

那么有

$$4M_K^2 = 3M_\eta^2 + M_\pi^2, \quad i.e., \quad 0.98 \sim 0.92. \tag{6.63}$$

理论值和实验值就符合得比较好。实际上 0^- 的赝标量粒子的质量公式与其他介子或者重子不同的原因是因为这些粒子是手征对称性自发破缺后的 Goldstone 粒子,而不仅仅是一般的介子。这些粒子的不同也可以通过其与众不同的质量看出。由于一个 u 或者 d 夸克的组分夸克质量应该是一个核子质量的三分之一,约 300MeV,所以 π 介子由两个组分夸克组成,其质量应该是 600MeV 左右,而实际上 π 介子质量很轻,140MeV 是非常不合理的,而 ρ 介子的质量是 770 MeV,由于自旋分裂增加 100 多 MeV 应该是合理的,这可以从表 6.5 中与重夸克的对比看出来。

表 6.5 夸克组分相同的矢量介子与赝标量介子之间的质量差

矢量介子	赝标介子	质量差/MeV
$\rho(770)$	$\pi(140)$	~ 600
$K^*(890)$	$K(490)$	~ 400
$J/\psi(3097)$	$\eta_c(2980)$	~ 100

表 6.5 中最后一行的重夸克偶素之间的质量差才是正常的,而轻夸克介子之间的质量差是不正常的,自旋分裂造成的质量差别应该是很小的。这个质量的差别和公式 (6.62) 的与众不同都可以从 QCD 的手征对称性理论 (chiral symmetry theory) 推导出。三种轻夸克由于质量很轻,它们的对称性比重夸克不同。按照前面第 1 章的讨论,如果一个费米子的质量为 0,它的螺旋度就是好量子数,左旋和右旋就是分离的,而 QCD 是宇称守恒的,所以对于 QCD 理论来说,就相当于两个粒子,味道空间的 $SU(3)$ 对称性在这里就扩大成了 $SU(3)_L \times SU(3)_R$ 的更高的

对称性，但是这三个夸克质量虽然小，却并不是 0，因而这个对称性是破缺的。而按照 Goldstone 定理，对称性破缺必然存在零质量的 Goldstone 粒子，$SU(3)$ 群的对称性破缺就应该有 $3^2 - 1 = 8$ 个粒子，这就是 0^- 的八重态，当然由于三个夸克是有质量的，它们并不是零质量的 Goldstone 粒子，而是质量比一般组分夸克质量还小的赝标量粒子。式 (6.63) 的质量公式也是可以利用手征对称性理论推导出来的。

赝标量介子是质量最轻的介子，只能发生味道改变的弱衰变或者电磁衰变，例如 π^+ 的弱衰变

$$\pi^+ \to \mu^+\nu_\mu,\ 99.99\%;$$
$$\to e^+\nu_e,\ 1.230 \times 10^{-4}. \tag{6.64}$$

由于电子比 μ 子的质量小，其中第二个衰变道比第一个的相空间要大，但是实际上分支比却小很多的原因是螺旋度压低。中微子几乎没有质量，螺旋度是好量子数，弱相互作用是左手相互作用，中微子是左旋的，正电子是反粒子则是右旋的，在 π 介子的质心系，二者背对背飞出，意味着它们的角动量之和是 1，但是 π 介子的自旋是 0，意味着角动量不守恒。当然正电子不是零质量的，所以会有小部分左旋成分，所以反应还是会发生的，只是高度压低。通过具体的量子场论计算可以知道这个衰变的分宽度是正比于末态轻子的质量平方的，而 μ 子和电子的质量相差两个数量级，因而分支比差 4 个数量级。

由于 π 介子只能是弱衰变，所以寿命较长，$\tau = 2.6033 \times 10^{-8}$s。而对于中性的 π^0 介子，由于主要的衰变是电磁衰变 $\pi^0 \to \gamma\gamma$，则寿命就短了很多，$\tau = 8.4 \times 10^{-17}$s。由于 K 介子是带奇异数的最轻的介子，它们的衰变产物肯定是没有奇异数的粒子，因而也只能是弱衰变，寿命较长，$\tau = 1.2384 \times 10^{-8}$s。

$$K^+ \to \mu^+\nu_\mu,\ 63.43\%;$$
$$\to e^+\nu_e,\ 1.581 \times 10^{-5};$$
$$\to \pi^+\pi^0,\ 21.13\%;$$
$$\to \pi^+\pi^0\pi^0,\ 1.73\%;$$
$$\to \pi^+\pi^-\pi^+,\ 5.576\%. \tag{6.65}$$

由于 $\eta(547)$ 介子质量较重，相空间较大，而且衰变道多，虽然没有强衰变过程，其电磁衰变道已经可以使其寿命足够短，我们用宽度来标记，$\Gamma = 1.18$keV，

$$\eta \to \gamma\gamma,\ 39.43\%;$$
$$\to 3\pi^0,\ 32.51\%;$$
$$\to \pi^+\pi^-\pi^0,\ 22.6\%. \tag{6.66}$$

§6.3 轻介子系统

第一个衰变道的末态是两个光子,显然是电磁衰变;后面两个衰变道的末态都是强子,但也都是电磁衰变,因为三个 π 介子的 G 宇称为负,但是 η 的 G 宇称为正,G 宇称不守恒。那么末态如果是两个 π 介子,G 宇称为正呢?两个 π 介子虽然 G 宇称为正,但是其 P 宇称也为正,而 η 的 P 宇称为负,所以强和电磁衰变都不能发生,而且两个 π 介子的 CP 联合宇称也为正,而 η 为负,CP 联合宇称也是不守恒的。目前实验上限为 $Br(\eta \to 2\pi) < 3.3 \times 10^{-4}$;而 $Br(\eta \to 3\gamma) < 5 \times 10^{-4}$ 则是 C 宇称不守恒的。

对于 $\eta'(958)$,由于质量很重,衰变道更多,而且可以强相互作用衰变,

$$\begin{aligned} \eta' &\to \pi^+\pi^-\eta, \ 44.3\%; \\ &\to \pi^0\pi^0\eta, \ 20.9\%. \end{aligned} \qquad (6.67)$$

其衰变宽度因而更宽了 $\Gamma = 202\text{keV}$。当然由于二体衰变都是 P 宇称和 CP 宇称不守恒的,上面的强相互作用衰变道都是三体衰变,相空间要比二体衰变小,才使其衰变宽度小于一般的强衰变粒子的兆电子伏特量级。而且它们的分支比跟电磁衰变都是同量级的

$$\begin{aligned} \eta' &\to \rho^0\gamma, \ 29.5\%; \\ &\to \gamma\gamma, \ 2\%. \end{aligned} \qquad (6.68)$$

上面第二个衰变道比第一个的分支比小的原因是第一个衰变道是一级电磁衰变,而第二个是二级电磁衰变。

§6.3.2 1^- 矢量介子

与赝标量介子类似,1^- 矢量介子也是一个单态和一个八重态。与 π 介子同位旋三重态对应的矢量介子同位旋三重态是 ρ 介子。与两个 K 介子二重态对应的矢量介子二重态是 K^*。它们的夸克组成列在表 6.4 中。实验上观察到的两个同位旋单态的质量本征态 $\omega(782)$ 和 $\phi(1020)$ 是 $SU(3)$ 的八重态 ϕ_8 和单态 ϕ_1 的混合。

ϕ_8 和 ϕ_1 的质量矩阵可以写为

$$M = \begin{pmatrix} m_{11}^2 & m_{81}^2 \\ m_{18}^2 & m_{88}^2 \end{pmatrix}, \qquad (6.69)$$

其本征波函数可以写为

$$\begin{aligned} \phi_1 &= (\bar{u}u + \bar{d}d + \bar{s}s)/\sqrt{3}, \\ \phi_8 &= (\bar{u}u + \bar{d}d - 2\bar{s}s)/\sqrt{6}, \end{aligned} \qquad (6.70)$$

质量矩阵 M 的本征值为 m_ω 和 m_ϕ

$$R^{\mathrm{T}} M R = \begin{pmatrix} m_\omega^2 & 0 \\ 0 & m_\phi^2 \end{pmatrix}. \tag{6.71}$$

其中

$$R = \begin{pmatrix} \cos\theta_V & -\sin\theta_V \\ \sin\theta_V & \cos\theta_V \end{pmatrix}. \tag{6.72}$$

所以有

$$\begin{aligned} \phi &= \cos\theta_V \phi_8 - \sin\theta_V \phi_1, \\ \omega &= \sin\theta_V \phi_8 + \cos\theta_V \phi_1. \end{aligned} \tag{6.73}$$

当取 $\tan\theta_V = \sqrt{1/2}$ 时,有

$$\begin{aligned} \omega &= (\bar{u}u + \bar{d}d)/\sqrt{2}, \\ \phi &= \bar{s}s. \end{aligned} \tag{6.74}$$

这是"理想混合",$\theta_V \approx 35.3°$,基本符合实验观测到的情况:因为都是 u、d 轻夸克组成的,ω 和 ρ 的质量很接近,而 ϕ 的质量则较大 ($s\bar{s}$)。

由于矢量介子的质量远大于赝标量介子,所以它们都可以通过强相互作用衰变到赝标量介子,衰变宽度都能超过兆电子伏特的量级。

$$\begin{aligned} \phi &\to K^+ K^-,\ 49.2\%; \\ &\to K_S K_L,\ 33.7\%; \\ &\to \rho\pi/\pi^+\pi^-\pi^0,\ 15.5\%. \\ \rho &\to \pi\pi,\ 100\%; \end{aligned} \tag{6.75}$$

$$K^* \to K\pi,\ 100\%. \tag{6.76}$$

而对于同位旋单态粒子 ω 的各种强衰变和电磁衰变道,我们已经在第 4 章讨论过了。

§6.3.3 ϕ 介子衰变与 "OZI" 规则

20 世纪 60 年代在研究短寿命介子时遇到了一个不好理解的问题。当时发现的 ω 介子和 ϕ 介子的量子数完全相同,都是 $I^G = 0^-$,$J^{PC} = 1^{--}$。它们的质量和宽度分别为

$$m_\omega = (782.0 \pm 0.1)\text{MeV},\quad \Gamma_\omega = (8.5 \pm 0.1)\text{MeV}, \tag{6.77}$$

$$m_\phi = (1019.41 \pm 0.01)\text{MeV},\quad \Gamma_\phi = (4.41 \pm 0.05)\text{MeV}. \tag{6.78}$$

既然 ω 介子和 ϕ 介子的量子数相同，它们可以衰变的道应该相同。我们预测这两个粒子有非常类似的强相互作用性质。考虑到 ω 介子的质量比 ϕ 介子要轻，对任一给定的衰变道来说，ω 介子的相空间比 ϕ 介子的相空间要小。如果没有动力学机制上的特别差异，相应的衰变宽度也应比 ϕ 介子的要小。再考虑到由于 ω 介子质量较低，有些衰变道只有 ϕ 介子才有 ($K\bar{K}$)，可以期望 ω 介子的衰变宽度应比 ϕ 介子的衰变宽度要窄。然而实验给出 ω 介子的衰变宽度却比 ϕ 介子的宽度要宽一倍，与一般估计不一致。这个问题特别集中反映在 $\pi^+\pi^-\pi^0$ 衰变道上。$\pi^+\pi^-\pi^0$ 是 ω 介子的主要衰变道，其分宽度为 7.6MeV。尽管 ϕ 介子这个道的相空间比 ω 介子相应的相空间要大，ϕ 介子这个道的分宽度仅 0.57MeV，比 ω 介子的分宽度小一个数量级。按照夸克模型，ω 介子是 u 态和 d 态的叠加态，ϕ 介子是 $s\bar{s}$ 态。则当 ω 介子衰变时，ω 介子中的原有的价夸克和价反夸克都转化为末态组成粒子的价粒子，但 ϕ 介子中原有的价夸克和价反夸克都不能转化为末态组成粒子的价粒子，而必需湮没掉。组成末态介子的价夸克则需要另行成对产生出来，因此 ϕ 介子到 $\pi^+\pi^-\pi^0$ 道的衰变远比 ω 介子到相同末态的衰变困难就是可以理解的了。

Okubo、Zweig 和 Iizuka 三人据此总结出了一个经验规则 (OZI 规则)[61,68]：**在强子衰变或反应过程中，如果价夸克的费恩曼图被断成互不相连的两部分，则过程的概率被大大压低。**根据该规则概率被大大压低的过程称为 OZI 禁戒过程。

如图 6.10 所示，由于 ϕ 主要是 $s\bar{s}$ 态，它到 3π 的衰变只能通过湮没图 6.10(a) 进行，所以被强烈压低。它到 KK 的衰变不必通过湮没图，可以直接产生 (图 6.10(b))，所以没有被压低。尽管 $\phi \to KK$ 衰变的相空间只有大约 30MeV($m_\phi - 2m_K \approx 30$ MeV)，远远小于 $\phi \to (\rho\pi) \to 3\pi$ 衰变的相空间 ($m_\phi - 3m_\pi \approx 630$ MeV)，但 $\phi \to KK$ 衰变仍然是 ϕ 介子最主要的衰变道，分支比达到 83%。

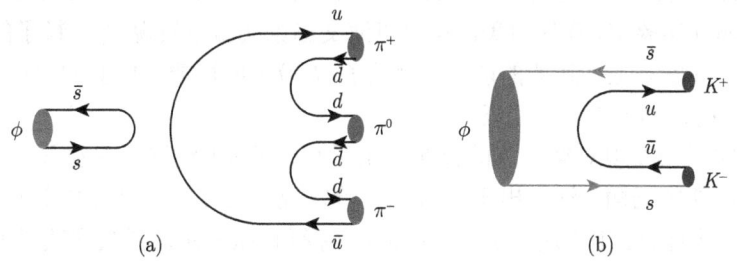

图 6.10 ϕ 介子的可能衰变道: (a) 被强烈压低的湮没衰变道，图中的半椭圆表示可能的高阶 QCD 和电弱修正; (b) OZI 规则允许的直接衰变道

§6.4 重夸克偶素：J/ψ, Υ 介子

1964～1974 年，3 味轻夸克 u,d,s 所能构成的介子和重子都被实验找到。但在对 K 介子衰变过程的研究中，人们发现：如果存在奇异数改变 (FCNC) 的弱中性流，那么，应当在实验上看到

$$K^+ \to \pi^+ + e^+ + e^-, \quad K^0 \to \mu^+ + \mu^- \tag{6.79}$$

衰变过程。可是，实验指出这样的衰变过程不存在。换句话说，奇异数改变的弱中性流是不存在的。为了解释这一点，1970 年 Glashow, Iliopoulos 和 Maiani 提出了一个被称为 GIM 机制的方案[69]，认为自然界应存在第四味夸克，称为粲夸克 (charm)，用 c 来表示，并预言 c 夸克的质量应为 1.5GeV 左右。GIM 机制引入的粲夸克贡献了新的振幅，从而使 FCNC 过程的总振幅为零。

§6.4.1 粲夸克偶素：J/ψ 的发现和基本性质

1974 年 12 月，美国《物理评论快报》(*Physical Review Letters*) 同时刊登了三篇文章[70](*Phys. Rev. Lett.* 33 (1974) 1404; *ibid* 33(1974)1406; *ibid* 33 (1974) 1408)，宣布发现粲夸克偶素：J/ψ 粒子。第一篇是丁肇中实验组的文章 (1974 年 11 月 12 日投稿)。他们宣布，丁肇中教授领导的实验组在美国布鲁克海文国家实验室 30GeV 的加速器上，利用大型精密双臂谱仪，通过测量高能质子打击铍靶所产生的 e^+e^- 对有效质量谱，发现了一个质量为 3.1 GeV (图 6.11)，寿命比较长 ($\sim 10^{-20}$s) 的粒子，命名为 J 粒子。同时，B. Richter 等在 Stanford 直线加速器中心的正负电子对撞实验上，利用磁探测器 (MARK-I) 测量 e^+e^- 湮没产物，发现了同一个重粒子，但他们称之为 Ψ 粒子 (第二篇文章，1974 年 11 月 13 日投稿)。第三篇则是意大利 Frascadi 实验室，在知道美国布鲁克海文国家实验室发现 J/ψ 粒子的消息后，立即提高了其安东尼加速器的能量，测量了 J 粒子的性质，并在 11 月 18 日寄出初步结果，赶在同一期快报上发表。

J/ψ 粒子的发现对粲夸克的存在给出了直接的实验证据，使强子结构理论的研究展现出新的局面。这一出乎意料的实验发现和其在粒子物理学上的重要意义立即轰动了物理界。由于这一工作，丁肇中教授和 Richter 教授共同获得了 1976 年的诺贝尔物理学奖。

丁肇中的实验是用质子束打铍靶，观察所产生的 e^+e^- 对的有效质量谱分布：

$$P + Be \to J + X \to (e^+ + e^-) + X. \tag{6.80}$$

由 e^+e^- 对的不变质量

$$M_{e^+e^-}^2 = 2m_e^2 + 2\left[E_1 E_2 - p_1 p_2 \cos(\theta_1 + \theta_2)\right]. \tag{6.81}$$

§6.4 重夸克偶素：J/ψ, Υ 介子

分布曲线 (图 6.11)，来判断是否存在共振态粒子。

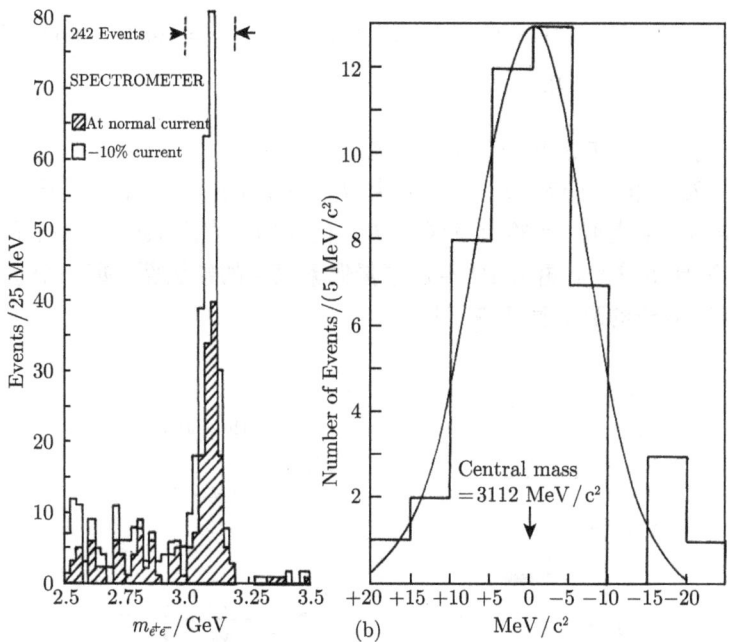

图 6.11 在正负电子对不变质量区间 $2.5\text{GeV} < m_{ee} < 3.5\text{GeV}$ 里 J/ψ 事例的质量谱。阴影区表示谱仪磁场正常设定时采集的事例，非阴影区表示谱仪磁场比正常设定值低 10 单位时采集的事例。(b) 对 J 粒子衰变宽度的实验测量。J 粒子宽度小于 5 MeV[70,71]

1. J/ψ 粒子的主要性质。J/ψ 粒子是 $c\bar{c}$ 束缚态–粲偶素。与氢原子类似[72]，粲偶素的不同状态可以用主量子数 n 和总角动量量子数 J，轨道角动量 L，总自旋 S 来表示：记为 $^{2S+1}L_J$。根据前面的讨论我们知道，粲偶素的宇称和电荷共轭分别为

$$\mathcal{P} = \mathcal{P}(c\bar{c})(-1)^L = (-1)^{L+1}, \qquad C = (-1)^{L+S}. \tag{6.82}$$

$J/\psi(1S)$ 粒子的主要性质如下：

$$\begin{aligned} &m(J/\psi) = (3096.916 \pm 0.011)\text{MeV}, \\ &\Gamma = (92.9 \pm 2.8)\text{keV}, \ \Gamma(e^+e^-) = (5.55 \pm 0.14)\text{keV}, \\ &I^G(J^{PC}) = 0^-(1^{--}). \end{aligned} \tag{6.83}$$

J/ψ 粒子的一个显著特点就是衰变宽度很窄，远小于普通强子的衰变宽度：$\Gamma_\rho \sim 149.1\text{MeV}$，$\Gamma_\omega \sim 8.49\text{MeV}$，$\Gamma_\phi \sim 4.26\text{MeV}$。但是，$J/\psi$ 的轻子衰变宽度 $\Gamma(J/\psi \to$

e^+e^-) 和 ρ, ω, ϕ 介子的轻子衰变宽度的差别不大

$$\Gamma(\rho \to e^+e^-) = (7.04 \pm 0.06)\text{keV}, \quad \Gamma(\omega \to e^+e^-) = (0.60 \pm 0.02)\text{keV},$$
$$\Gamma(\phi \to e^+e^-) = 1.4\text{keV}. \tag{6.84}$$

也就是说，电磁衰变在这里没有发生问题。

2. J/ψ 及相近粒子谱：J/ψ 是 $\bar{c}c$ 束缚态 (Charmonium)，与电子 - 正电子偶素的能级结构非常类似。实验上发现了 J/ψ 的径向激发态 ($\psi(2S), \psi'$) 和角动量激发态 (χ_{ci}) 等高激发态。**图 6.12** 给出了粲偶素衰变的能级图。每一个状态线条的宽度与该状态粒子的衰变宽度成正比。

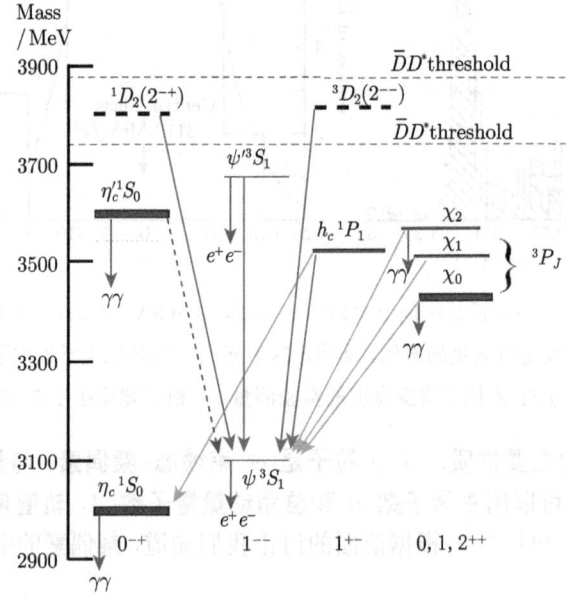

图 6.12 粲偶素衰变的能级图

我们引入粲量子数"C"来描写第四味夸克"**Charm**"。在强相互作用中，粲数是守恒的。在弱相互作用中，粲数是不守恒的，存在选择定则 $\Delta C = 1$。盖尔曼 - 西岛关系式也改写为

$$Q = I_3 + \frac{1}{2}(b + S + C) \tag{6.85}$$

§6.4.2 Okubo-Zweig-Iizuka (OZI) 规则

实验测量结果表明，$J/\psi(1S)(0^-(1^{--}))$ 和其径向激发态 ψ' 的衰变宽度只有几十个 keV，比其他强子的衰变宽度小两个量级：

$$\Gamma(J/\psi(1S)) = (92.9 \pm 2.8)\text{keV}, \quad m_{J/\psi(1S)} = (3096.916 \pm 0.011)\text{MeV},$$
$$\Gamma(\psi'(2S)) = (304 \pm 9)\text{keV}, \quad m_{\psi'(2S)} = 3686.109^{+0.012}_{-0.014}\text{MeV}. \tag{6.86}$$

$\psi''(3770)$ 或其他的 ψ 高激发态的宽度都大于 25MeV，

$$\Gamma(\psi(3770)) = (27.2 \pm 1.7)\text{MeV}, \quad m_{J/\psi(3770)} = (3773.15 \pm 0.33)\text{MeV},$$
$$\Gamma(\psi(4040)) = (80 \pm 10)\text{MeV}, \quad m_{J/\psi(4040)} = (4039 \pm 1)\text{MeV},$$
$$\Gamma(\psi(4160)) = (103 \pm 8)\text{MeV}, \quad m_{J/\psi(4160)} = (4153 \pm 3)\text{MeV},$$
$$\Gamma(\psi(4260)) = (95 \pm 14)\text{MeV}, \quad m_{J/\psi(4260)} = 4263^{+8}_{-9}\text{MeV},$$
$$\Gamma(\psi(4360)) = (74 \pm 18)\text{MeV}, \quad m_{J/\psi(4360)} = (4361 \pm 13)\text{MeV},$$
$$\Gamma(\psi(4415)) = (62 \pm 20)\text{MeV}, \quad m_{J/\psi(4415)} = (4421 \pm 4)\text{MeV}. \tag{6.87}$$

这些高激发态和其他强子 (ρ,ω 等) 的衰变宽度相当。

这两类粲偶素介子的宽度差别有两个数量级。这个问题的答案只能在动力学机理上来找。按照非相对论组分夸克模型 (non-relativistic constituent quark model, NRCQM)，所有的 J/ψ 粒子都是 $c\bar{c}$ 束缚态。D 介子是带一个 c 夸克的介子，例如 $D^+ = (c\bar{d})$。因为最轻的 D 介子的质量是 1870 MeV，所以，$J/\psi(1S)$, $\psi'(2S)$ 质量均小于 $2m_D$，不能衰变到两个 D 介子，只能通过强湮没 (图 6.13(a)) 过程衰变到轻夸克 (u,d,s) 介子，根据上一节的 OZI 规则，这些湮没道是被强烈压低的，因此这两个介子的衰变宽度很窄。

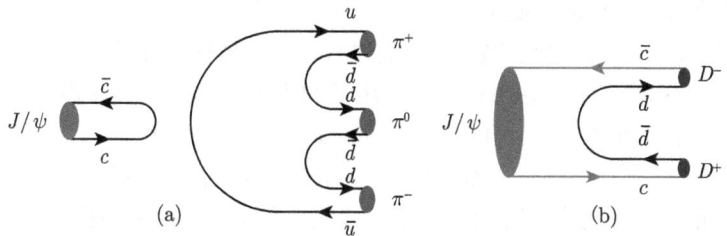

图 6.13 J/ψ 介子的可能衰变道: (a) 被强烈压低的湮没衰变道，图中的半椭圆表示可能的高阶 QCD 和电弱修正; (b) 被 OZI 规则允许但相空间不允许的可能衰变道

而 $\psi''(3770)$ 或其他的 ψ 高激发态的质量则大于 $2m_D$。介子中的原有的价夸克 c 和价反夸克 $\bar{c}$ 都可以直接转化为末态粒子的价夸克，即通过如图 6.13(b) 所示

的衰变道衰变到 $D\bar{D}$ 对。因此 $\psi''(3770)$ 或其他的 ψ 高激发态的衰变宽度比较轻的 $J/\psi(1S)$, $J/\psi(2S)$ 大两个量级。从费恩曼图 (图 6.13, 图 6.14) 上可以看出, 经湮没道衰变的价夸克费恩曼图实际上断成两个互不相连的部分, 需要由至少三个胶子连接两部分。通过图 6.13(b) 衰变的价粒子费恩曼图是一个整体, 初态粒子的价夸克 c 和 $\bar{c}$ 也是末态 D 介子的价夸克。

量子色动力学的解释: 胶子是带颜色的, 单个胶子不能连接湮没图。而由于 C 宇称守恒的限制, 矢量介子不能衰变到两个规范粒子, 例如两个光子或者两个胶子。因而如图 6.14 所示, 只能通过至少三个胶子衰变。这样, 领头阶的贡献已经是 QCD 的高阶图了:$\propto \alpha_s^3$, 压低效应明显。

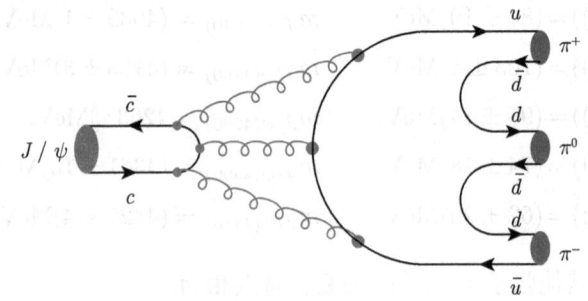

图 6.14 通过三胶子交换实现的 $J/\psi \to 3\pi$ 湮没道产生过程

考虑 $\eta_c(2980)$ 介子。该粒子的量子数为 $I^G(J^{PC}) = 0^+(0^{-+})$, 是赝标量介子。其质量为 $m(\eta_c) = (2981.0 \pm 1.1)$ MeV。$\eta_c(2980)$ 介子质量比 J/ψ 粒子还低, 因而也不能衰变到两个 D 介子。也是 OZI 禁戒的过程。但它的宽度是 $\Gamma = (29.7 \pm 1.0)$MeV, 虽然没有达到 100 多 MeV 的量级, 却比 J/ψ 的宽度大得多。原因就是, η_c 是赝标量介子, 它能衰变到两个胶子, 也就是说可以通过两个胶子衰变。没有需要通过三个胶子衰变的 J/ψ 压低效应强。

同样地, $\chi_{c0}(3415)$ 也是 OZI 禁戒的过程。由于是标量介子 $[0^+(0^{++})]$, 可以通过两个胶子衰变, $\Gamma = (10.4 \pm 0.6)$ MeV, 压低的不厉害。$\chi_{c0}(3511)$ 也是 OZI 禁戒的过程。由于是轴矢量介子 $[0^+(1^{++})]$, 只可以通过三个胶子衰变, $\Gamma = (0.86 \pm 0.05)$ MeV, 虽质量大, 却宽度窄。OZI 规则最早是在 ϕ 和 ω 介子到 $\pi^+\pi^-\pi^0$ 道的衰变中总结出来的。而且在许多衰变过程中都成立。在现已发现的不稳定粒子中, 有十几种粒子的强衰变都是 OZI 禁戒过程。

§6.4.3 底夸克偶素:Υ

1977 年, 由 L. M. Lederman 领导的费米实验室 E288 实验组在 400GeV 质子–原子核对撞实验中发现了一个长寿命的重粒子, 命名为 Υ 粒子 $[0^-(1^{--})]$[73]。

§6.4 重夸克偶素：J/ψ，Υ 介子

前 3 个 Υ 共振态的主要性质如下：

$\Upsilon(1S)$： $m = (9460.30 \pm 0.26)\text{MeV}$, $\Gamma = (54.02 \pm 1.25)\text{keV}$,

$\Upsilon(2S)$： $m = (10.0233 \pm 0.0003)\text{GeV}$, $\Gamma = (31.98 \pm 2.63)\text{keV}$,

$\Upsilon(3S)$： $m = (10.3552 \pm 0.0005)\text{GeV}$, $\Gamma = (20.32 \pm 1.85)\text{keV}$,   (6.88)

$\Upsilon(1S, 2S, 3S)$ 粒子也是衰变宽度很窄 ($20 \sim 50$ keV)，寿命长。$\Upsilon = (b\bar{b})$ 是由一对正反底 (bottom) 夸克作为价夸克的介子，底夸克的质量为 4.6GeV 左右。含底夸克 b 的最轻的粒子是 $B^+ = (u\bar{b})$ 和 $B^0 = d\bar{b}$ 粒子，其质量为 $m_B = 5279\text{MeV}$，因此 $\Upsilon(1S)$ – $\Upsilon(3S)$ 介子不可能衰变为一对正反 B 介子。对前 3 个 Υ 共振态，$\Upsilon \to 2B$ 的衰变道没有打开，它们所有的强衰变道都是 OZI 禁戒过程而受到压低，分支比最大的衰变道也是二级电磁衰变的 l^+l^- ($l = e, \mu, \tau$) 道。因此它们的衰变宽度很窄。和 J/ψ 粒子类似，它也只能通过湮没道做强衰变，所以衰变概率被大大地压低，表现出明显的"重质量，窄宽度"性质。但对 $\Upsilon(4S)$ 以及更高质量的 Υ 高激发态，

$\Upsilon(4S)$： $m = 10.5794(12)\text{GeV}$, $\Gamma = (20.5 \pm 2.5)\text{MeV}$,

$\Upsilon(5S)$： $m = 10.876(11)\text{GeV}$, $\Gamma = (55 \pm 28)\text{MeV}$,

$\Upsilon(11020)$： $m = 11.019(8)\text{GeV}$, $\Gamma = (79 \pm 16)\text{MeV}$.   (6.89)

显然，这些 Υ 高激发态均可以衰变到两个 B 介子，因而具有很大的几十个 MeV 的衰变宽度。

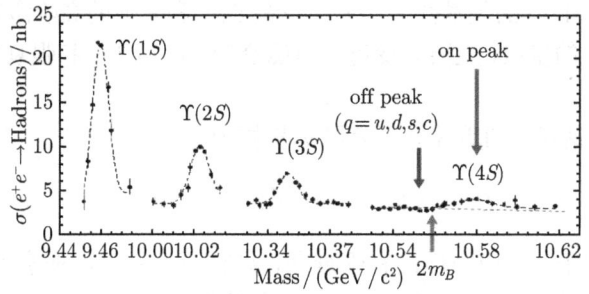

图 6.15 $\Upsilon(NS)$ 共振态 ($N = 1, 2, 3, 4$)

量子力学给出，通过散射所能分辨的空间间隔与散射时的动量成反比，即低能散射时分辨间隔大，高能散射时分辨间隔小。低能散射时，由于分辨间隔大，分辨率低，对于强子内部结构不可能观察得很细致，只能看到强子作为一个整体。在高能散射时，由于分辨间隔小，分辨率高，对于强子内部结构就可以观察得很细致，看到内部结构的具体细节。

J/ψ 粒子和 Υ 粒子是质量很重的粒子,研究它们的结构性质时所涉及的散射过程能量动量变化尺度是 GeV 量级,这对应于分辨间隔小于 0.2fm,因此人们可以对 J/ψ 粒子和 Υ 粒子的内部结构进行比轻介子细致得多的实验研究。另一方面,由于粲夸克和底夸克很重,它们和相应的反夸克组成 J/ψ 粒子和 Υ 粒子时可以近似地按非相对论性运动来处理。这在理论处理上大大简化,并能得到足够好的精确度,只有在精确讨论某些特殊性质时,才需要进一步考虑相对论性的修正。**一对正反夸克作为价粒子的介子称为夸克偶素。**考虑到上述实验和理论两方面的因素,尽管重夸克偶素发现得很晚,对它们内部结构性质的研究要比对轻介子内部结构性质的研究细致深入得多。

§6.5　重味夸克物理

(1) 重轻介子: D 介子和 B 介子

首先考虑含粲的重味 D 介子。例如 $J^{PC} = 0^{-+}$ 的质量最轻的带粲数的赝标量粒子

$$D^+ = c\bar{d}, \quad D^0 = c\bar{u}, \quad D_s^+ = c\bar{s}. \tag{6.90}$$

它们没有强衰变,只有 $\Delta C = 1$ 的弱衰变。例如 $D^0 \to K^- + \pi^+$, $D_s^+ \to K^0 + K^+$ 等。它们是质量最轻的带粲数的粒子,因而寿命较长: $\tau \simeq 10^{-12}$s。还没有在实验上发现 $\Delta S = 1$, $\Delta C = 0$ 的 $D_s \to D\pi$ ($s \to u\bar{u}d$) 的衰变,也就是 s 夸克的衰变,重夸克 c 为旁观者,这种衰变原则上是可以发生的。

还有 $J^{PC} = 1^{--}$ 的矢量介子: D^{*+}, D^{*0}, D_s^{*+} 和其他的高阶激发态 D^{**} 等。衰变宽度仅为 keV 的量级,主要衰变道是电磁衰变 $D^* \to D\gamma$ 和强衰变 $D^* \to D\pi$(相空间很小)。

类似地,带底夸克的重味介子有赝标量粒子

$$B^+ = u\bar{b}, \quad B^0 = d\bar{b}, \quad B_s^0 = s\bar{b} \tag{6.91}$$

以及它们的反粒子。它们同样没有强衰变,只有 $\Delta B = 1$ 的弱衰变。例如 $B^0 \to D^-\pi^+, J/\psi K, B_s^0 \to D_s^- D_s^+$ 等。B^+ 和 B^0 是带底数的最轻的介子,因而寿命较长: $\tau \simeq 10^{-12}$s。相对应的矢量介子是

$$B^{*+} = u\bar{b}, \quad B^{*0} = d\bar{b}, \quad B_s^* = s\bar{b} \tag{6.92}$$

(B_s^* 是 2007 年才被实验发现的) 以及它们的反粒子和其他的高阶激发态等。这些粒子的衰变宽度为 keV 的量级,主要衰变道是 $B^* \to B\gamma$ 的电磁衰变。由于 $M(B^*) < M_B + m_\pi$,所以 $B^* \to B\pi$ 的衰变道没有打开。

§6.5 重味夸克物理

重味介子的性质在某些方面很像氢原子。 主要的质量被重夸克 (原子核) 携带。轻夸克 (电子) 的质量很小,围绕重夸克高速旋转。同样地,重味介子的性质也主要依赖于轻夸克的性质而不是重夸克。例如,在零级近似下,与重夸克的质量大小无关。重夸克质量的一级修正大小是 Λ/M 的量级。$\Lambda \sim 0.2\text{GeV}$,是强相互作用的尺度参量,它刻画轻夸克的组分质量大小和胶子结合能大小。

$$M_{D_s} - M_D = (99 \pm 1)\text{MeV}, \quad M_{B_s} - M_B = (90 \pm 3)\text{MeV}. \tag{6.93}$$

差别只依赖于轻夸克的质量,而与重夸克几乎无关。这是由重夸克对称性决定的。

(2) **重重介子: B_c 介子**

重重介子的例子是 $B_c^+ = c\bar{b}$ 和 B_c^{*+} 以及它们的反粒子。

$$m(B_c^\pm) = (6.277 \pm 0.006)\text{GeV}, \quad \tau(B_c^\pm) = (0.453 \pm 0.041) \times 10^{-12}\text{s}. \tag{6.94}$$

双重夸克组成的介子的特殊性表现在两个重夸克都参与衰变。衰变快、寿命短: $\tau(B_c) \ll (\tau_B, \tau_{B_s})$。由于 B_c 介子太重,相关实验数据以前仅来自于 LEP 实验和 Tevatron 强子对撞机实验,数据量很少。LHCb 实验可以采集大量的 B_c 介子产生和衰变事例 (占含 b 介子总事例数的大约 1%),能够对 B_c 介子的各种衰变过程做细致的研究。有兴趣的读者可以看论文 [74] 以及其中的引文。

§6.5.1 b 夸克与 B 物理

现在,人们已经发现了 SM 理论中所包含的全部 6 味夸克 (u, d, s, c, b, t)。

由前 5 味夸克组成的至少包含一个 b 夸克的介子和重子包括 B_u^+, $B_{d,s}^0$, B_c^+; Λ_b 等,其质量 (MeV) 和寿命 (ps) 的实验测量值 (中心值) 分别为[1]:

$$\begin{aligned}
B^\pm &: \quad M = 5279.26 \pm 0.17, \quad \tau(B^\pm) = 1.638 \pm 0.004, \\
B^0 &: \quad M = 5279.58 \pm 0.17, \quad \tau(B^0) = 1.519 \pm 0.005, \\
B_s^0 &: \quad M = 5366.77 \pm 0.24, \quad \tau(B_s^0) = 1.512 \pm 0.007, \\
B_C^+ &: \quad M = 6275.6 \pm 1.1, \quad \tau(B_C^+) = 0.452 \pm 0.033, \\
\Lambda_b^0 &: \quad M = 5619.5 \pm 0.4, \quad \tau(\Lambda_b^0) = 1.451 \pm 0.013, \\
\Xi_b^0 &: \quad M = 5793.1 \pm 2.5, \quad \tau = 1.49^{+0.19}_{-0.18}, \\
\Xi_b^- &: \quad M = 5794.9 \pm 0.9, \quad \tau = 1.56 \pm 0.26, \\
\Omega_b^- &: \quad M = 6048.8 \pm 3.2, \quad \tau = 1.1^{+0.5}_{-0.4}.
\end{aligned} \tag{6.95}$$

更多的细节可见 PDG-2014[1]。

1990 年以来,美国康奈尔的 CESR(2×8 GeV) 正–负电子对撞机实验 (CLEO 实验组),美国费米实验室 $pp, \bar{p}p$ 对撞机实验 (D0, CDF 实验组等),尤其是美国

SLAC 和日本 KEK 的 B 介子工厂的相关实验对 B 介子系统做了系统的研究。美国 SLAC 和日本 KEK 的两个非对称 e^+e^- 对撞机实验主要运行在 $\Upsilon(4S)$ 能区 (见图 6.15), 能够产生 $B^\pm$ 或者 B^0 正反介子对, 还不足以产生更重的 B_c ($M_{B_c} = (6.4 \pm 0.4)$GeV) 正反介子对。Belle 实验组曾经在 $\Upsilon(5S)$ 能区运行一段时间, 取了一部分 B_s ($M_{B_s} = 5.369$GeV) 介子对产生事例 (121fb^{-1})。对大量的 B 介子产生和衰变过程做了实验测量, 得到了一批重要结果。2010 年以来, LHCb 实验组的 B 物理研究取得了重要进展, 可以产生大量的各种 B 介子和 b 重子的事例。在 $B_{u,d}$ 衰变研究方面, 已经达到两个 B 介子工厂的实验测量精度。对 B_s 介子的研究, LHCb 实验提供了目前最好的实验测量结果。近十年来, 唯象上非常感兴趣的一些 B/B_s 衰变实验测量结果如下:

(1) 通过对 $B \to J/\psi K_{S,L}$ 衰变和其他非粲衰变道的研究, 得到的对 CKM 矩阵 β 相角的精确测量结果为[1,52]:

$$\sin 2\beta = 0.679 \pm 0.020; \quad \beta = 21.4° \pm 0.8°. \tag{6.96}$$

(2) 通过对 $B^0/B_s^0 \to K\pi$ 衰变的研究, 测量了相关衰变道的直接 CP 破坏[1,52,75]

$$\begin{aligned} A_{CP}^{\text{Dir}}(B^0 \to K^+\pi^-) &= -0.087 \pm 0.008; \\ A_{CP}^{\text{Dir}}(B_s^0 \to K^-\pi^+) &= 0.27 \pm 0.04 \pm 0.01, \quad \text{LHCb}. \end{aligned} \tag{6.97}$$

(3) 对 $B^0 \to \pi^+\pi^-$ 衰变道的直接 CP 破坏参数 $C_{\pi\pi}$ 和间接 CP 破坏参数 $S_{\pi\pi}$, BaBar、Belle 和 LHCb 均做了实验测量。对于 $C_{\pi\pi}$, BaBar 和 Belle 实验组长期的不一致结果在 2013 年趋于一致, LHCb 的新结果与他们的结果符合得很好[1,52,76]

$$\begin{aligned} S_{\pi\pi} &= -0.66 \pm 0.06, \quad C_{\pi\pi} = -0.31 \pm 0.05, \quad \text{BaBar} + \text{Belle}, \\ S_{\pi\pi} &= -0.71 \pm 0.13; \quad C_{\pi\pi} = -0.38 \pm 0.15, \quad \text{LHCb}. \end{aligned} \tag{6.98}$$

(4) 通过对 $B_s \to (J/\psi\phi, \phi\phi, J/\psi\pi\pi)$ 介子的研究, LHCb 实验组得到了对 B_s^0 介子的 CKM 矩阵相角 ϕ_s 的初步实验测量结果[76]。作为比较, 我们同时给出其他实验组给出的测量结果[52,76,77]:

$$\phi_s[\text{rad}] = \begin{cases} 0.070 \pm 0.055 & \text{LHCb}, \ J/\psi\phi(1\text{fb}^{-1}) + J/\psi\pi\pi(3\text{fb}^{-1}), \\ -0.03 \pm 0.11 \pm 0.03 & \text{CMS}, \ 20\text{fb}^{-1}, \\ 0.12 \pm 0.25 \pm 0.05 & \text{ATLAS}, \ 4.9\text{fb}^{-1}, \\ -0.036 \pm 0.002 & \text{SM prediction}, \ 20\text{fb}^{-1}. \end{cases} \tag{6.99}$$

§6.5 重味夸克物理

(5) 通过对 $B_s \to (J/\psi\phi, J/\psi\pi\pi)$ 等衰变过程的研究，ATLAS、CMS 和 LHCb 实验组得到了对 $\Delta\Gamma_s$ 的初步实验测量结果：

$$\Delta\Gamma_s(\text{ps}^{-1}) = \begin{cases} 0.053 \pm 0.021 \pm 0.010 & \text{ATLAS}, \ 4.9\text{fb}^{-1}, \\ 0.096 \pm 0.014 \pm 0.007 & \text{CMS}, \ 20\text{fb}^{-1}, \\ 0.110 \pm 0.016 \pm 0.003 & \text{LHCb}. \end{cases} \quad (6.100)$$

(6) 对 $\Delta m(B_s)$ 的实验测量结果为[52]：

$$\Delta m(B_s)(\text{ps}^{-1}) = \begin{cases} 17.719 \pm 0.043 & \text{HFAG}, \\ 17.768 \pm 0.023 \pm 0.006 & \text{LHCb}, \ B_s \to D_s\pi, \\ 17.93 \pm 0.22 \pm 0.15 & \text{LHCb}, \ B_s \to D_s l\nu. \end{cases} \quad (6.101)$$

§6.5.2 顶夸克与顶夸克物理

1995 年，在美国费米实验室 $p\bar{p}$ 对撞机 Tevatron 上工作的 D0 和 CDF 实验组发现了第六味夸克：顶夸克，并对其产生和衰变进行了细致的测量[78]。经过近 20 年的理论和实验研究，特别是大型强子对撞机 LHC 的研究，顶夸克物理已经进入了精确测量时代。对顶夸克基本性质的实验测量值 (PDG) 为[1]

$$m_t = (173.21 \pm 0.51 \pm 0.71)\text{GeV direct measu.};$$
$$m_t = 160^{+5}_{-4}\text{GeV} \ (\overline{MS});$$
$$\Gamma_t = (2.0 \pm 0.5)\text{GeV},$$
$$\frac{\Gamma(t \to Wb)}{\Gamma(t \to Wq(q=d,s,b))} = 0.91 \pm 0.04. \quad (6.102)$$

由于顶夸克很重，它的质量大到足以衰变到一个实的在壳的 W 粒子。从量纲分析就可以得到 $\Gamma(t \to Wb) \sim G_F m_t^3$。由于顶夸克质量 m_t 很大，所以，它的衰变宽度很大：$\Gamma_t = 2\text{GeV}$。它的衰变时间 $\tau = 1/\Gamma_t$ 因而就比典型的强作用时间尺度 $\tau_{QCD} = 1/\Lambda_{QCD}$ ($\Lambda_{QCD} \approx 0.2\text{GeV}$) 短了很多，特征寿命为 10^{-24}s，在可能形成 $t\bar{t}$ 或者 $t\bar{q}$ 介子束缚态以前就发生了衰变，所以不可能有 $t\bar{t}$ 或者 $t\bar{q}$ 介子形成。在 Tevatron 实验中，在 10^{10} 次 $p\bar{p}$ 碰撞中才会产生 1 个顶夸克。早在 1986～1987 年，人们就根据 $B^0 - \bar{B}^0$ 混合实验，得到顶夸克很重的推论，并最后被实验测量所证实。

在 $E_{cm} \approx 2$ TeV 能区，顶夸克主要产生过程 $q\bar{q} \to t\bar{t}$，如图 6.16 所示。顶夸克产生之后，很快就会衰变掉。如图 6.17 所示，主要衰变方式是：$t \to W^+ + b$，$\bar{t} \to W^- + \bar{b}$。$b, \bar{b}$ 夸克一般会碎裂成为一个强子喷注，而 W 粒子会衰变成为一对轻子 ($W \to e\nu, \mu\nu, \tau\nu$) 或者一对强子喷注 ($W \to q\bar{q}'$)。因此探测器必须能够识别带电轻子和强子并能够测量它们的能量和在空间的运动方向。

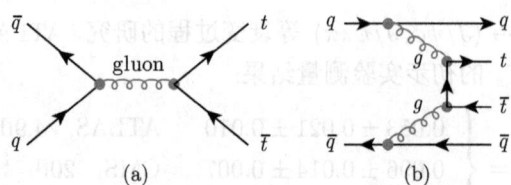

图 6.16 在 Tevatron $p\bar{p}$ 对撞机上主要的 $t\bar{t}$ 对产生费恩曼图

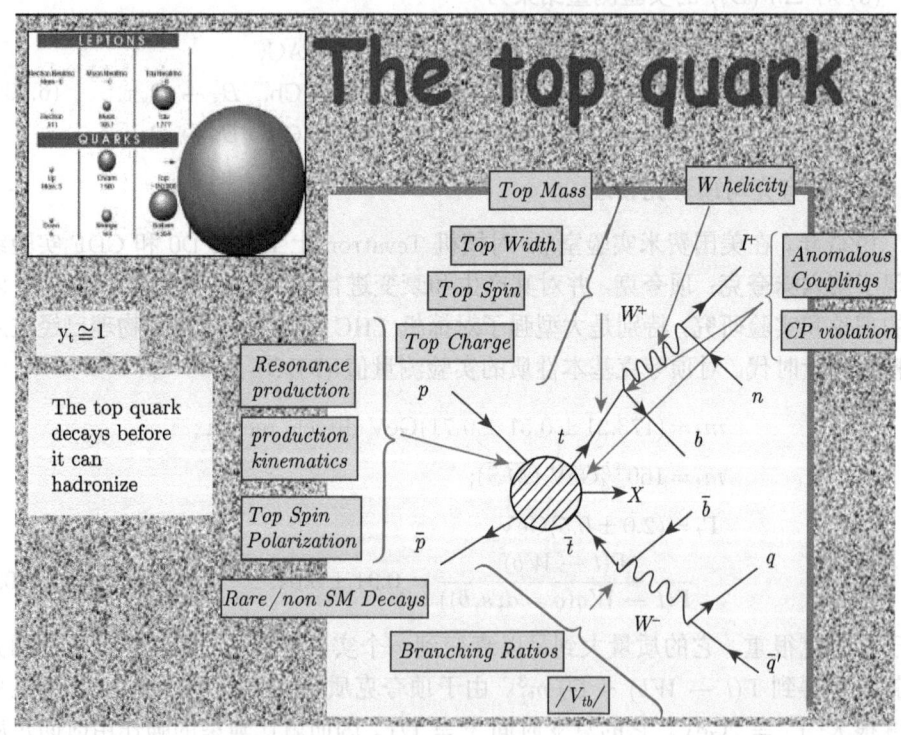

图 6.17 顶夸克的产生和衰变的费恩曼图示意图[78](见彩图)

W 粒子衰变到一对轻子的实验本底较小。这样末态中就只有两个 b 夸克的强子喷注和四个轻子 (其中中微子观测不到)。为减少本底，要求两个带电轻子的横动量要大于 20GeV。

另一个选择事例的规则是，一个 W 粒子衰变成轻子对，另一个衰变成为夸克对。由于 W 粒子更容易衰变成为夸克对，事例数增加到了 6 倍。实验上要求测到一个带电轻子和至少三个强子喷注 (应该有四个)。为了减少本底，要求至少有一个 B 介子事例。轻子横动量大于 20GeV。

顶夸克非常不同于其他的夸克，其质量很大，跟电弱对称性破缺的尺度同一量级，一般相信其应该具有与其他夸克很不同的特殊性，很可能与超出标准模型的新物理有关。关于顶夸克物理更多的细节，可以参看文献 [79-83] 和本书的第 9 章。

§6.6 强子的命名规则

通过几十年的努力，人们通过高能实验发现了很多的强子，但是根据夸克模型，应该还有很多强子没有被实验发现，这些强子一旦被实验发现后，人们通过其衰变产物确定了其量子数后，就会给其相应的名字，这些名字是由夸克模型定义的规则，是唯一确定的。更详细的规则可以在粒子数据表上得到[1]。

§6.6.1 中性没有味道的介子 ($S = C = B = T = 0$)

无色、无味，只有同位旋的介子，由一对正反夸克组成，宇称 $P = (-1)^{L+1}$，$C = (-1)^{L+S}$，$G = (-1)^{L+S+I}$。由于夸克自旋为 1/2，因而正反夸克对的总自旋只有 0 和 1 两种。这些粒子的命名规则在表 6.6 中列出。

表 6.6　介子的命名规则[1]

	$S=0$	$S=1$	$S=1$	$S=0$
J^{PC}	$0^{-+}(^1S_0)$	$1^{--}(^3S_1)$	$0^{++}(^3P_0)$	$1^{+-}(^1P_1)$
	2^{-+}	2^{--}	$1^{++}(^3P_1)$	3^{+-}
	4^{-+}	3^{--}	$2^{++}(^3P_2)$	5^{+-}
$^{2S+1}L_J$	$^1(L\text{ 偶数})_J$	$^3(L\text{ 偶数})_J$	$^3(L\text{ 奇数})_J$	$^1(L\text{ 奇数})_J$
$u\bar{d}, u\bar{u}-d\bar{d}, d\bar{u}\ (I=1)$	π	ρ	$a_{0,1,2}$	b
$u\bar{u}+d\bar{d}, s\bar{s}(I=0)$	η, η'	ω, ϕ	$f_{0,1,2}, f'$	$h_{1,3,5}, h'$
$c\bar{c}$	η_c	J/ψ	$\chi_{c0,1,2}$	h_c
$b\bar{b}$	η_b	Υ	$\chi_{b0,1,2}$	h_b

对于这些粒子的径向激发态，人们一般把它的质量放在括号中，以示区别，例如 $\eta(1295)$。习惯上，对于 J/ψ 的径向激发态，一般称作 $\psi', \psi'', \cdots$ 但是，对于 Υ 的径向激发态，一般记作 $\Upsilon(2S), \Upsilon(3S), \Upsilon(4S), \cdots$

在表 6.7 中，可以找到目前实验上已经观察到的大部分轻介子态 ($q\bar{q}'$)，更多的粒子态可以在粒子数据表[1] 中找到。

表 6.7　在夸克模型下的 $q\bar{q}'$ 轻介子谱 $[q = (u, d, s)]$。已经在实验上观察到的部分轻介子态[1]

$n^{2S+1}L_J$	J^{PC}	$I=1$	$I=\frac{1}{2}$	$I=0$	$I=0$
		$u\bar{d}, \bar{u}d, \frac{1}{2}(d\bar{d}-u\bar{u})$	$u\bar{s}, d\bar{s}, \bar{d}s, -\bar{u}s$	f'	f
1^1S_0	0^{-+}	π	K	$\eta'(958)$	η
1^3S_1	1^{--}	$\rho(770)$	$K^*(892)$	$\phi(1020)$	$\omega(782)$
1^1P_1	1^{+-}	$h_1(1235)$	K_{1B}	$h_1(1380)$	$h_1(1170)$

$n^{2S+1}L_J$	J^{PC}	$I=1$ $u\bar{d}, \bar{u}d, \frac{1}{2}(d\bar{d}-u\bar{u})$	$I=\frac{1}{2}$ $u\bar{s}, d\bar{s}, \bar{d}s, -\bar{u}s$	$I=0$ f'	$I=0$ f
1^3P_0	0^{++}	$a_0(1450)$	$K_0^*(1430)$	$f_0(1710)$	$f_0(1370)$
1^3P_1	1^{++}	$a_1(1260)$	K_{1B}	$f_1(1420)$	$f_1(1285)$
1^3P_2	2^{++}	$a_2(1320)$	$K_2^*(1430)$	$f_2'(1525)$	$f_2(1270)$
1^1D_2	2^{-+}	$\pi_2(1670)$	$K_2(1770)$	$\eta_2(1870)$	$\eta_2(1645)$
1^3D_1	1^{--}	$\rho(1700)$	$K^*(1680)$		$\omega(1650)$
1^2D_2	2^{--}		$K_2(1820)$		
1^3D_2	3^{--}	$\rho_3(1690)$	$K_3^*(1780)$	$\phi_3(1850)$	$\omega_3(1670)$
1^3F_4	4^{++}	$a_4(2040)$	$K_4^*(2045)$		$f_4(2050)$
1^3G_5	5^{--}	$\rho_5(2350)$	$K_5^*(2380)$		
1^3H_6	6^{++}	$a_6(2450)$			$f_6(2510)$
2^1S_0	0^{-+}	$\pi(1300)$	$K(1460)$	$\eta(1475)$	$\eta(1295)$
2^3S_1	1^{--}	$\rho(1450)$	$K^*(1410)$	$\phi(1680)$	$\omega(1420)$

§6.6.2 带味道的 $S, C, B \neq 0$ 的介子

对于带有奇异数、粲数或者底数的介子，由于这些量子数的正负号定义是有任意性的，我们约定夸克的奇异数、粲数或者底数和电荷有相同的符号：s 夸克的电荷为负，所以，奇异数也为负；c 夸克的电荷为正，粲数也为正，底夸克 (b) 的底数相应地为负。因而，带电的介子的味道符号，和它的电荷符号一致。例如，K^+, D^+, B^+ 的奇异数、粲数和底数分别都是正的。而且，它们的同位旋第三分量也是正的。$D_s^+(c\bar{s})$ 的电荷、奇异数和粲数都是正的。$B_c^+(\bar{b}c)$ 的电荷、底数和粲数都是正的。

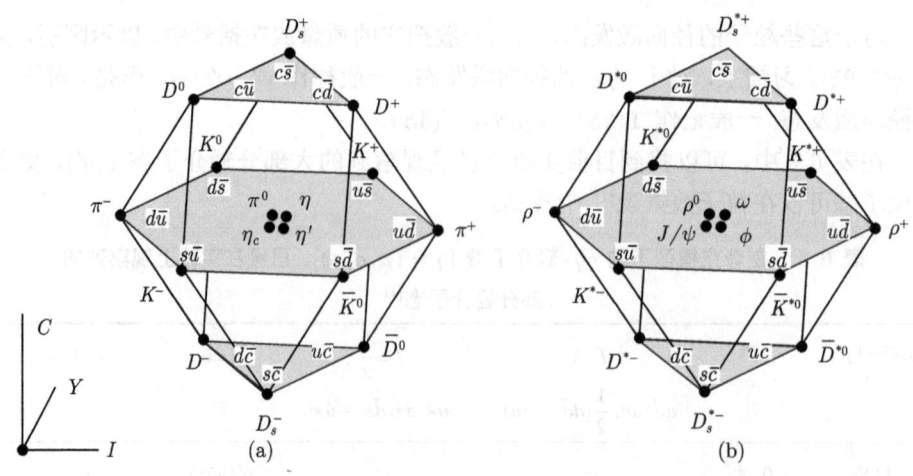

图 6.18 由轻夸克 (u, d, s) 和 c 夸克构成的 16 重态 $SU(4)$ 权图：(a) 赝标量介子；(b) 矢量介子。三个坐标轴分别表示粒子的同位旋 "I"，超荷 "Y" 与粲数 "C"

§6.6 强子的命名规则

我们已经知道 (u,d,s) 夸克在味空间 $SU(3)$ 的对称性。轻介子组成一个单态和一个八重态,如果我们考虑 4 味夸克 (u,d,s,c),那么将有 $SU(4)$ 的味道空间对称性。一共有 $4\times 4 = 16$ 个介子,它们将组成一个三维的立体图 (图 6.18)。

在实验上已经发现了一部分 $SU(4)$ 介子超多重态,这些含粲介子的基本性质为[1]

$$D^{\pm}: m(D^{\pm}) = (1869.61 \pm 0.10)\text{MeV}, \quad \tau(D^{\pm}) = (1.040 \pm 0.007)\text{ ps};$$
$$D^0: m(D^0) = (1864.84 \pm 0.07)\text{MeV}, \quad \tau(D^0) = (0.4101 \pm 0.0015)\text{ ps}. \quad (6.103)$$

在表 6.8 中,我们列出了夸克模型下的含有 1~2 个 (c,b) 夸克的部分重介子谱。这些重味介子已经在实验上看到,并测量了其量子数 J^{PC}。

§6.6.3 重子的命名规则

目前所有已经发现的重子都用下面的符号表示,这些符号已经用了三十多年了。规则是:

1. 对于由三个 u 或 d 夸克组成的重子,每个夸克的同位旋都是 1/2,它们可以组成 1/2 和 3/2 两种总同位旋,我们命名为核子 N(自旋 1/2,同位旋 1/2),Δ(自旋 3/2,同位旋 3/2)。这些粒子的奇异数为零 $S=0$,粲数和底数也为零 $C=B=0$。

2. 对于由两个 u 或 d 夸克再加上另外一个没有同位旋的夸克组成的重子,总同位旋可以组成 0 和 1 两种,我们命名为 Λ(味 $SU(3)$ 八重态的同位旋单态),Σ(自旋 1/2 的八重态或者自旋 3/2 的十重态,同位旋 1)。如果第三个夸克是 c 或者 b,则用一个下标来表示,例如 $\Lambda_c(udc)$,$\Lambda_b(udb)$,$\Sigma_b(udb)$;对应于 Σ^+,Σ^0,Σ^-,有粲数 $C=+1$ 的 $\Sigma_c^{++}(uuc)$,$\Sigma_c^+(udc)$,$\Sigma_c^0(ddc)$ 三重态。

表 6.8 在夸克模型下的 $q\bar{q}'$ 重介子谱 [含有 1~2 个重的 c,b 夸克]。已经在实验上观察到的部分重介子态[1]

$n^{2S+1}L_J$	J^{PC}	$I=0$ $c\bar{c}$	$I=0$ $b\bar{b}$	$I=\frac{1}{2}$ $c\bar{u},c\bar{d},\cdots$	$I=0$ $c\bar{s},\bar{c}s$	$I=\frac{1}{2}$ $b\bar{u},b\bar{d},\cdots$	$I=0$ $b\bar{s},\bar{b}s$	$I=0$ $b\bar{c},\bar{b}c$
1^1S_0	0^{-+}	$\eta_c(1S)$	$\eta_b(1S)$	D	$D_s^{\pm}$	B	B_s^0	$B_c^{\pm}$
1^3S_1	1^{--}	$J/\psi(1S)$	$\Upsilon(1S)$	D^*	$D_s^{*\pm}$	B^*	B_s^*	
1^1P_1	1^{+-}	$h_c(1P)$	$h_b(1S)$	$D_1(2420)$	$D_{s1}(2536)^{\pm}$	$B_1(5721)$	B_s^0	$B_c^{\pm}$
1^3P_0	0^{++}	$\chi_{c0}(1P)$	$\chi_{b0}(1P)$	$D_0^*(2400)$	$D_{s0}(2317)^{*\pm}$		$B_{s1}(5830)^0$	
1^3P_1	1^{++}	$\chi_{c1}(1P)$	$\chi_{b1}(1S)$	$D_1(2430)$	$D_{s1}(2460)^{\pm}$			
1^3P_2	2^{++}	$\chi_{c2}(1P)$	$\chi_{b2}(1S)$	$D_2^*(2460)$	$D_{s2}(2573)^{*\pm}$	$B_2^*(5747)$	$B_{s2}(5840)^0$	
1^3D_1	1^{--}	$\psi(3770)$			$D_{s1}^*(2700)^{\pm}$			
2^1S_0	0^{-+}	$\eta_c(2S)$		$D(2550)$				
2^3S_1	1^{--}	$\psi(2S)$	$\Upsilon(2S)$					
2^1P_1	1^{+-}		$h_b(2P)$					
2^3P_0	0^{++}		$\chi_{b0}(2P)$					
$2^3P_{1,2}$	$1^{++},2^{++}$	$\chi_{c2}(2P)$	$\chi_{b1,2}(2P)$					

3. 对于由 1 个 u 或 d 夸克再加上两个没有同位旋的夸克组成的重子，我们命名为 Ξ(八重态或者十重态，同位旋 1/2)。如果第二、三个夸克是 c 或者 b，则用一个或者两个下标来表示，例如 $\Xi_c^+(usc)$, $\Xi_c^0(dsc)$, $\Xi_b^0(usb)$, $\Xi_b^-(dsb)$，奇异数 $S=-2$，或 $C=+1,S=-1$，或 $S=0, C=+2$ 等。

4. 对于没有 u 或 d 夸克的重子，我们命名为 Ω(同位旋 0)。如果有 c 或者 b 重夸克，则用一个或者两个、三个下标来表示，例如 Ω_c, Ω_b, Ω_{cc}, Ω_{ccb} 等。

5. 除了基态以外的重子，例如径向激发态，把它们的质量也包含在名字里以示区别，例如 Σ(1385)。

由 (u,d,s,c) 四种夸克组成的重子相应地有 $SU(4)$ 的味道空间对称性。根据 $SU(4)$ 群的三个基础表示"4"的直乘分解得到的不可约表示为

$$4 \otimes 4 \otimes 4 = 20 \oplus 20 \oplus 20 \oplus 4, \tag{6.104}$$

与 $SU(3)$ 的十重态对应的 $SU(4)$ 的自旋 $\frac{3}{2}^+$ 的二十重态如图 6.19(b) 所示，与 $\frac{1}{2}^+$ 的 $SU(3)$ 的八重态对应的 $SU(4)$ 也是二十重态，见图 6.19(a)。再加上 b 夸克而组成的 $SU(5)$ 对称群的多重态就需要四维图才能画出来了。

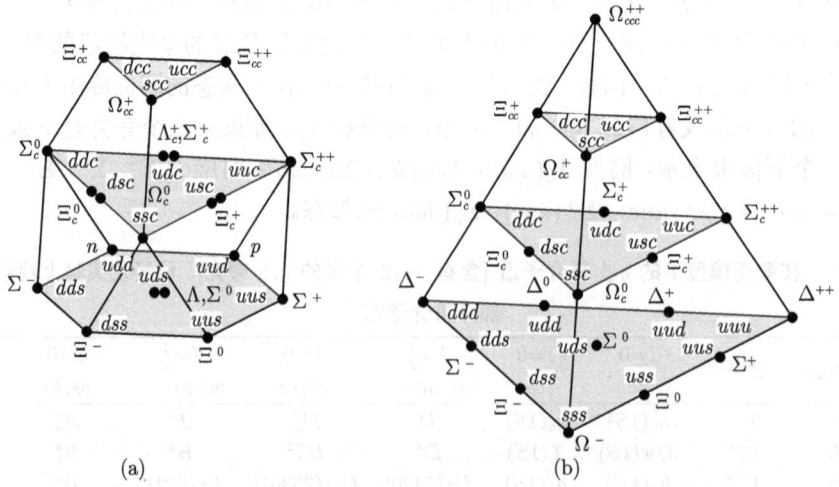

图 6.19 由轻夸克 (u,d,s) 和 c 夸克构成的 $SU(4)$ 多重态重子。(a) 包含一个 $SU(3)$ 八重态重子的二十重态。(b) 包含一个 $SU(3)$ 十重态重子的二十重态

含粲重子: 如图 6.19 所示，$SU(4)$ 含粲重子超多重态中含 c 的重子为

$$\Xi_{cc}^+(dcc), \quad \Xi_{cc}^{++}(ucc), \quad \Omega_{ccc}^{++}(ccc), \quad \Omega_{cc}^+(scc), \quad \Omega_c^0(ssc),$$
$$\Sigma_c^0(ddc), \quad \Sigma_c^+(dcc), \quad \Sigma_c^{++}(uuc), \quad \Lambda_c^+(udc),$$
$$\Xi_c^0(dsc), \quad \Xi_c^+(usc). \tag{6.105}$$

$SU(4)$ 理论给出的基态含粲重子共应有 22 种 (图 6.19),其中含有 1 个 c 夸克的粲重子有 15 种,其质量估计在 $2.2 \sim 4 \text{GeV}$ 之间,目前只发现了少数几种,相关实验正在进行。

§6.6.4 静态 $SU(6)$ 模型

对于由三种轻夸克 (uds) 组成的强子由李群 $SU(3)$ 来描写其对称性,实验发现了重子有一个八重态 (自旋 1/2)、一个十重态 (自旋 3/2),介子有一个自旋为 0 的八重态和自旋为 1 的八重态。组成它们的夸克或者反夸克之间的轨道角动量都为 0。它们是质量较低的态。根据泡利不相容原理,夸克或者反夸克的自旋只有两种状态。静态 $SU(6)$ 的基础表示 "6" 是指考虑了夸克的自旋状态后共有六种夸克自由度 $(u\uparrow, u\downarrow, d\uparrow, d\downarrow, s\uparrow, s\downarrow)$,我们马上就可以看出,静态 $SU(6)$ 里含有

1. $SU(3)$,对固定自旋的各种夸克 (味空间) 进行变换。
2. $SU(2)$,对固定种类的夸克的自旋进行变换。

用符号表示就是 $(3,2)$。前一个数字表示味空间,后一个表示自旋空间。即表示 "6" 包含了一个自旋为二重态的 $SU(3)$ 三重态 (所有状态都有相同的宇称)。而反夸克则构成表示 "6*"。对于由正反夸克组成的介子

$$6 \times 6^* = 35 + 1, \tag{6.106}$$

其中的单态是 η_1,自旋和味空间都是单态,而表示 "35" 的分解式是

$$35 = (8,1) + (8,3) + (1,3). \tag{6.107}$$

也就是说,表示 "35" 含有一个零自旋的介子八重态 (赝标量介子),另有一个自旋为 1(三重态) 的介子八重态 (矢量介子),这些正是在前面遇到的两个介子八重态。此外还有一个表示 $(1,3)$,即一个 $SU(3)$ 单态的矢量介子 (自旋 1),就是 ϕ_1。

对重子也作类似的运算,可得

$$6 \times 6 \times 6 = 20 + 56 + 70 + 70, \tag{6.108}$$

其中的表示 "56" 含有以下内容:

$$56 = (8,2) + (10,4),$$

即一个自旋 1/2 的 $SU(3)$ 八重态和自旋 3/2 的 $SU(3)$ 十重态,这样 "1"、"35" 和 "56" 这三个表示就包含了经典强子态的全部粒子。

在式 (6.24) 中的味单态 "1" 是味空间 $SU(3)$ 的全反对称态:

$$dsu + uds + sud - usd - sdu - dus \tag{6.109}$$

对任意两个夸克的变换，波函数都会变号。而所有重子的颜色空间波函数也是全反对称态，合起来的波函数是对称的，因而不可能存在这样的物理态。

所谓的正常 (normal) 强子态指的是由夸克–反夸克构成的介子态和三个夸克构成的重子态。除此之外，还可能存在四夸克态 (tetraquark)，五夸克态 (pentaquark)，六夸克态 (di-baryon)，胶子球 (glueball)，混杂态 (hybird) 等奇异强子态。多年来，人们一直在高能物理实验上寻找奇异强子态，但到目前为止，仍然没有发现确切的证据。近年来，在 B 介子工厂实验和强子对撞机实验中发现了很多新的奇异强子态 X, Y, Z，但我们目前仍然不能确认这些粒子的性质。如何理解这些奇异强子态的性质是目前强子物理的重要研究课题。

练 习 题

1. 按照静夸克模型写出重子十重态 $3/2^+$ 各态的名称、夸克组成、同位旋第三分量和奇异数。

2. 按照静夸克模型写出轻重子八重态 $1/2^+$ 各态的名称、夸克组成、同位旋第三分量和奇异数。

3. 已经知道，$\phi(1020)$ 介子衰变到 K^+K^- 和 $K^0\bar{K}^0$ 的分支比占了 84%，而衰变到 $\pi^+\pi^-\pi^0$ 的分支比只有 15%，画出三种衰变的简单费恩曼图，并说明分支比不同的原因。

4. 给出三种证明 QCD 色因子存在的实验证据，并简要说明。

5. 考虑由夸克–反夸克构成的轨道角动量 $L = 0$ 的赝标量 $(P: S = 0)$ 和矢量 $(V: S = 1)$ 介子束缚态 $(q_1 \bar{q}_2)$，其质量可以写成以下形式：

$$m(q_1\bar{q}_2) = m_1 + m_2 + \frac{A}{m_1 m_2} \langle \boldsymbol{s}_1 \cdot \boldsymbol{s}_2 \rangle, \tag{6.110}$$

其中 m_i 是夸克的组分质量，$A > 0$ 是一个待定系数：

(a) 试证明具有相同夸克组分的矢量介子的质量 m_V 大于赝标量介子的质量 m_P：例如：$m_{\rho^0} > m_{\pi^0}$；

(b) 使用 PDG-2014[1] 给出的轻介子 $(P = (\pi, K, \eta, \eta'); V = (\rho, K^*, \omega, \phi))$ 质量作为输入，在 $m_u = m_d$ 近似下，确定 m_u, m_s 和系数 A 的数值，并讨论使用不同组分子质量作为输入时所得到结果的符合程度。

(c) 显然，η' 介子是一个例外。根据质量公式 (6.110) 得到的质量 $(m_{\eta'} \sim 0.355 \text{ GeV})$ 和实验值 $(m_\eta = 0.958 \text{ GeV})$ 有很大的差别，如何理解这一点？给出一个你认为可能的理论解释。

6. 如果把夸克看成是类点的 $s = 1/2$ 狄拉克费米子，那么其磁矩算符可以写成

$$\bar{\mu} = Q\frac{e}{m}\boldsymbol{S}, \quad \mu_z = Q\frac{e}{m}\boldsymbol{S}_z. \tag{6.111}$$

自旋向上 $(m_s = +1/2)$ 的 (u, d) 夸克的自旋磁矩的 z 分量可以写成

$$\mu_u = <u\uparrow|\boldsymbol{\mu}_z|u\uparrow> = +\frac{2}{3} \cdot \frac{e\hbar}{2m_u} = +\frac{2m_p}{3m_u}\mu_N,$$

$$\mu_d = <d\uparrow|\boldsymbol{\mu}_z|d\uparrow> = -\frac{1}{3} \cdot \frac{e\hbar}{2m_d} = -\frac{m_p}{3m_u}\mu_N, \tag{6.112}$$

其中 $\mu_N = e\hbar/(2m_p)$ 为波尔磁子，m_p 为质子质量，$e > 0$ 为单位正电荷。

(a) 计算自旋向下 $(m_s = -1/2)$ 时 (u,d) 夸克的自旋磁矩的 z 分量。

(b) 如果把质子和中子看成是由 3 个价夸克构成的费米子束缚态：$p = (uud), n = (udd)$，并考虑同位旋对称性 $(m_u \approx m_d)$，试证明：$\mu_p/\mu_n \approx -3/2$。

7. 考虑同位旋多重态 $\Delta, \pi, (p,n)$ 和 (u,d) 夸克间的同位旋对称性，对 $I = 3/2$ 的 $\Delta^{-,0,+,++}$ 重子同位旋四重态的下述强相互作用衰变过程，试证明：

$$\Gamma(\Delta^- \to \pi^- n):\Gamma(\Delta^0 \to \pi^- p):\Gamma(\Delta^0 \to \pi^0 n):\Gamma(\Delta^+ \to \pi^+ n) = 3:1:2:1,$$
$$\Gamma(\Delta^+ \to \pi^+ n):\Gamma(\Delta^+ \to \pi^0 p):\Gamma(\Delta^{++} \to \pi^+ p) = 1:2:3. \tag{6.113}$$

8. 如果没有颜色自由度，那么重子波函数可以写成如下形式：

$$\Psi = \phi_{\text{flavor}} \chi_{\text{spin}} \eta_{\text{space}}. \tag{6.114}$$

不考虑夸克间的轨道角动量，并使用文献 [25] 第 9 章中定义的味波函数 ϕ_{flavor} 和自旋波函数 χ_{spin}。

(a) 试证明我们仍然可以构造一个自旋向上的质子波函数，使得 $\phi_{\text{flavor}}\chi_{\text{spin}}$ 对于两个夸克的交换是全反对称的；

(b) 构造这种情况下的重子多重态；

(c) 对这个无色夸克模型，证明质子的磁矩 $\mu_p < 0$，并且有：$\mu_p/\mu_n = -1/2$，与实验测量值 $\mu_p = 2.792\mu_N > 0$，$\mu_n = -1.913\mu_N < 0$，以及 $\mu_p/\mu_n \approx -1.46$ 相矛盾。

第 7 章 量子色动力学与核子结构函数

在第 6 章，我们重点讨论了组分夸克模型，进而讨论了强子的基本性质以及强子的产生与衰变过程。但简单的夸克模型对强子内部夸克的动力学性质并不能很完整地描述。20 世纪 70 年代初，美国斯坦福直线加速器中心 SLAC 的物理学家进行了一系列的轻子–核子 (eN 和 νN) 深度非弹性散射 (DIS) 实验，发现质子内部有定域的散射中心，发现强子的结构函数具有比约肯无标度性 (Bjorken scaling)。为解释这些令人惊奇的结果，费恩曼提出了关于核子的部分子模型[84]：假设核子是由点状 (point-like) 的部分子 (parton) 组成；部分子在深度非弹性散射过程中是近似自由的。采用部分子模型可以自然地解释比约肯无标度性。更细致的研究确认了部分子的自旋为 1/2，并且具有分数电荷。人们进一步对深度非弹性散射实验数据的分析得出结论：这些点状的部分子具有和夸克模型中夸克相同的量子数，如自旋、电荷、味道 (同位旋) 等。除了带电的部分子，实验数据和理论分析还表明除了夸克之外，还存在中性的部分子——量子色动力学中的胶子。但是实验上没有观察到自由的部分子，那么一个自然的问题就是，这些部分子是怎样束缚在强子中的，或者说，部分子之间相互作用的动力学机制是什么？在 20 世纪 70~80 年代提出的量子色动力学 (QCD) 成功地回答了这个问题。

§7.1 量子色动力学理论

§7.1.1 强相互作用的拉氏量

描写夸克、胶子之间强相互作用的规范群是 $SU(3)_C$。我们用 q_f^α 表示夸克场，其中 f 表示夸克的味道，α 表示夸克的色指标。在色空间 ($\alpha = (1,2,3)$，或者 α=(Red, Yellow, Blue)) 记

$$q_f^\alpha \equiv (q_f^1, q_f^2, q_f^3). \tag{7.1}$$

那么在色空间，自由拉氏量

$$\mathcal{L}_0 = \sum_f \bar{q}_f \left(i\slashed{\partial} - m_f\right) q_f. \tag{7.2}$$

在任意的整体 $SU(3)_C$ 规范变换 U 下的变换为

$$q_f^\alpha \longrightarrow (q_f^\alpha)' = U^\alpha{}_\beta\, q_f^\beta, \qquad U U^\dagger = U^\dagger U = 1, \qquad \det U = 1, \tag{7.3}$$

$\mathcal{L}_0$ 是不变的。$SU(3)_C$ 整体规范变换矩阵可以写为

$$U = \exp\left\{i\frac{\lambda^a}{2}\theta_a\right\}, \tag{7.4}$$

其中 $\frac{1}{2}\lambda^a$ ($a = 1, 2, \cdots, 8$) 表示 $SU(3)_C$ 基础表示的生成元，θ_a 是群参数。矩阵 λ^a 是无迹矩阵，且满足如下对易关系：

$$\left[\frac{\lambda^a}{2}, \frac{\lambda^b}{2}\right] = if^{abc}\frac{\lambda^c}{2}, \tag{7.5}$$

其中 f^{abc} 是 $SU(3)_C$ 规范群的结构常数，它是反对称的实数。$SU(3)_C$ 矩阵的一些性质将在附录中给出。

与 QED 类似，我们可以要求体系的拉氏量在定域 $SU(3)_C$ 规范变换 ($\theta_a = \theta_a(x)$) 下保持不变。为了满足这个要求，需要把对夸克波函数的微商变成协变微商。因为现在有 8 个独立的规范参数，所以需要 8 个不同的规范玻色子场–胶子场 $G_a^\mu(x)$：

$$D^\mu q_f \equiv \left[\partial^\mu - ig_s\frac{\lambda^a}{2}G_a^\mu(x)\right]q_f \equiv [\partial^\mu - ig_s G^\mu(x)]q_f. \tag{7.6}$$

强相互作用的强度用耦合常数 g_s 来表示，通常定义 $\alpha_s = g_s^2/(4\pi)$。请注意，我们在上式中使用了矩阵的缩写形式 $G^\mu(x)$：

$$[G^\mu(x)]_{\alpha\beta} \equiv \left(\frac{\lambda^a}{2}\right)_{\alpha\beta}G_a^\mu(x). \tag{7.7}$$

我们要求 $D^\mu q_f$ 和夸克波函数 q_f 具有完全相同的变换方式，即

$$(D^\mu q_f)' = U(D^\mu q_f) \tag{7.8}$$

进而导出协变导数和胶子场的规范变换性质：

$$D^\mu \to (D^\mu)' = U D^\mu U^\dagger, \quad G^\mu \to (G^\mu)' = U G^\mu U^\dagger - \frac{i}{g_s}(\partial^\mu U)U^\dagger. \tag{7.9}$$

在无穷小 $SU(3)_C$ 变换下，

$$U = 1 - i\frac{\lambda^a}{2}\theta_a, \tag{7.10}$$

其中规范参数 $|\theta_a| \ll 1$，q_f^α 和 G_a^μ 的规范变换为

$$q_f^\alpha \longrightarrow (q_f^\alpha)' = q_f^\alpha + i\left(\frac{\lambda^a}{2}\right)_{\alpha\beta}\theta_a\, q_f^\beta, \tag{7.11}$$

$$G_a^\mu \longrightarrow (G_a^\mu)' = G_a^\mu + \frac{1}{g_s}\partial^\mu(\theta_a) - f^{abc}\theta_b\, G_c^\mu. \tag{7.12}$$

显然，胶子场 G_μ^a 的规范变换要比 QED 光子场 A_μ 的变换复杂得多。为了构造一个规范不变的胶子场的动能项，我们引入对应的场强张量：

$$G^{\mu\nu}(x) \equiv \frac{i}{g_s}[D^\mu, D^\nu] = \partial^\mu G^\nu - \partial^\nu G^\mu - ig_s[G^\mu, G^\nu] \equiv \frac{\lambda^a}{2} G_a^{\mu\nu}(x), \quad (7.13)$$

$$G_a^{\mu\nu}(x) = \partial^\mu G_a^\nu - \partial^\nu G_a^\mu + g_s f^{abc} G_b^\mu G_c^\nu. \quad (7.14)$$

在规范变换下，场强张量 $G^{\mu\nu}$ 的变换为

$$G^{\mu\nu} \longrightarrow (G^{\mu\nu})' = U G^{\mu\nu} U^\dagger. \quad (7.15)$$

对色指标的求迹为 $\mathrm{tr}(G^{\mu\nu}G_{\mu\nu}) = \frac{1}{2} G_a^{\mu\nu} G_{\mu\nu}^a$，在规范变换下保持不变。对胶子动能项作适当的归一化，我们最后得到在 $SU(3)_C$ 定域规范变换下不变的 QCD 拉氏量：

$$\mathcal{L}_{\text{QCD}} \equiv -\frac{1}{4} G_a^{\mu\nu} G_{\mu\nu}^a + \sum_f \bar{q}_f \left(i\gamma^\mu D_\mu - m_f \right) q_f. \quad (7.16)$$

我们可以把 QCD 拉氏量分解为如下几个部分：

$$\mathcal{L}_{\text{QCD}} = -\frac{1}{4} \left(\partial^\mu G_a^\nu - \partial^\nu G_a^\mu \right) \left(\partial_\mu G_\nu^a - \partial_\nu G_\mu^a \right) + \sum_f \bar{q}_f^\alpha \left(i\gamma^\mu \partial_\mu - m_f \right) q_f^\alpha$$

$$+ g_s G_a^\mu \sum_f \bar{q}_f^\alpha \gamma_\mu \left(\frac{\lambda^a}{2} \right)_{\alpha\beta} q_f^\beta$$

$$- \frac{g_s}{2} f^{abc} \left(\partial^\mu G_a^\nu - \partial^\nu G_a^\mu \right) G_b^\mu G_c^\nu - \frac{g_s^2}{4} f^{abc} f^{ade} G_b^\mu G_c^\nu G_\mu^d G_\nu^e. \quad (7.17)$$

上式中的第一行给出了各个场的动能项，由此可以导出对应的传播子。第二行给出了夸克-胶子相互作用项：$\bar{q}qg$ 顶角耦合。最后一行给出了三胶子和四胶子自耦合项。这三种主要的 QCD 相互作用顶点费恩曼图在图 7.1 中给出。

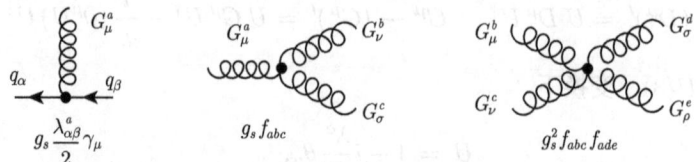

图 7.1 QCD 拉氏量的相互作用顶点：夸克胶子顶点，三胶子顶点，四胶子顶点

§7.1.2 渐近自由与夸克禁闭

在强相互作用的拉氏量 (7.17) 中，我们用一个普适的"strong coupling constant" g_s 来描写粒子间的强相互作用。不用做计算，就可以从式 (7.17) 所定义的拉氏量

§7.1 量子色动力学理论

$\mathcal{L}_{\mathrm{QCD}}$ 表达式中发现一些定性的物理结果：例如，夸克线可以直接辐射出胶子。在 LEP 正负电子对撞机实验中，人们不但发现了

$$Z^0 \to q\bar{q} \tag{7.18}$$

的 "2-喷注" 事例 (图 7.2 的左图)，同时还发现了

$$Z^0 \to q\bar{q}g \tag{7.19}$$

的 "3-喷注" 事例 (图 7.2 右图)。根据 "3-喷注" 和 "2-喷注" 事例数之比，可以对 $\alpha_s(m_Z)$ 的大小给出一个简单的估计：$\alpha_s \equiv g_s^2/(4\pi) \sim 0.12$。

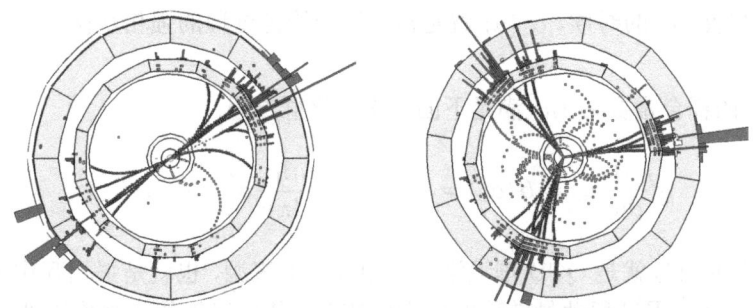

图 7.2 LEP e^+e^- 对撞机上 ALEPH 实验组观察到的 Z^0 玻色子的强子衰变过程的 2-喷注和 3-喷注事例：$Z^0 \to q\bar{q}$ 和 $Z^0 \to q\bar{q}g$

与 QED 中的光子场 $\mathcal{A}_\mu$ 情况不同，在 QCD 中胶子场有自作用，强相互作用的耦合常数 α_s 与量子电动力学的 α 有很大不同，当相互作用能量变大时，它不是变强，而是变弱。这个性质被称为渐近自由。它使我们在高能的量子色动力学计算中，可以很方便地利用微扰论来计算物理过程。1973 年，D. J. Gross[①]，F. A. Wilczek[②] 和 H.D. Politzer[③] 发现了用 $SU(3)_C$ 规范群描写的强相互作用是渐近自由的[85,86]。同年，S. Coleman 和 D. J. Gross 还证明了只有非阿贝尔规范场理论才可能是渐近自由的[87]。1974 年，t' Hooft 在一维时间、一维空间下，同时证明了渐

---

① David Jonathan Gross (1941.2.19~)，美国理论物理学家。1966 年在加州大学伯克利分校获得博士学位。1973 年与他的第一位博士生 F. Wilczek 证明了 $SU(3)_C$ 强相互作用的渐近自由性质，与 F.A. Wilczek 和 H. D. Politzer 分享了 2004 年的诺贝尔物理学奖。现任加州大学圣塔巴巴拉分校 (UCSB) 卡弗里理论物理研究所所长。

② Frank Anthony Wilczek (1951.5.15~)，美国理论物理学家。因证明强相互作用的渐近自由性质与 Gross 和 Politzer 分享了 2004 年的诺贝尔物理学奖。

③ Hugh David Politzer (1949.8.31~)，美国理论物理学家。1974 年在哈佛大学获得博士学位，师从 Sidney Coleman。读博期间，在他发表的第一篇学术论文中独立证明了 QCD 的渐近自由性质。与 Gross 和 Wilczek 分享了 2004 年的诺贝尔物理学奖。

近自由和夸克禁闭[88]。K. G. Wilson①在格点规范理论中也证明了夸克禁闭[89]。在这种格点理论中，时空连续体被分立的欧几里得点阵所代替。

显然，QCD 强相互作用具有特殊的性质：

1. 渐近自由：当夸克之间距离很小，或者当动量转移 Q^2 很大时，夸克之间的相互作用变得很弱，可以近似地看成自由粒子。

2. 夸克禁闭：当夸克之间距离比较大，或者当动量转移小时，夸克之间的相互作用变得很大，使得夸克被"禁闭"在强子内部。因此找不到"自由夸克"或者"自由胶子"。

在 QCD 中，物理可观测量的理论计算值都表示成依赖于耦合常数 $\alpha_s(\mu)$ 的表达式，而 $\alpha_s(\mu)$ 本身是重正化能标 μ 的函数。当我们取 μ 的值趋向于给定过程的动量转移尺度 Q^2 的时候，$\alpha_s(\mu)$ 就是标志这个给定过程的强相互作用的有效耦合强度。

QCD 的耦合常数 $\alpha_s(\mu)$ 满足下面的重正化群方程：

$$\mu^2 \frac{\partial}{\partial \mu^2} \alpha_s = \beta(\alpha_s) = -\frac{\beta_0}{4\pi} \alpha_s^2 - \frac{\beta_1}{(4\pi)^2} \alpha_s^3 - \cdots. \tag{7.20}$$

β 函数前面的负号就是 QCD 理论渐近自由性质的来源，也就是强相互作用的耦合常数随着相互作用过程动量转移的增大而变弱。其他已知的相互作用都没有这个性质。β 函数目前理论上已经计算到 4 圈图的水平。例如 1 圈图和 2 圈图的结果分别是

$$\beta_0 = \frac{11}{3} C_A - \frac{4}{3} T_F N_f = (33 - 2N_f)/3, \tag{7.21}$$

$$\beta_1 = \frac{34}{3} C_A^2 - \frac{20}{3} C_A T_F N_f - 4 C_F T_F N_f, \tag{7.22}$$

其中 N_f 是夸克味道数目，$T_F = 1/2$ 是 $SU(3)$ 群生成元的归一化因子；C_F, C_A 是 $SU(3)$ 群的基础表示和伴随表示的卡西米尔算符，

$$C_F = \frac{N_C^2 - 1}{2 N_C} = \frac{4}{3}, C_A = \mathcal{N}_C = 3. \tag{7.23}$$

从公式 (7.21) 可以看出，当夸克的味道数目大于或者等于 17 的时候，β_0 就变成负数了，渐近自由的性质就会消失。幸运的是目前标准模型只有三代，6 种夸克味道。

---

① Kenneth Geddes Wilson (1936.6.8~2013.6.15)，美国理论物理学家。因其对相变理论的贡献而获得 1982 年诺贝尔物理学奖。Wilson 是 Gell-Mann 的学生，1961 年在加州理工学院获得博士学位，他在规范场重正化理论和格点场论方面也有重要贡献。

§7.1 量子色动力学理论

公式 (7.20) 在 1 圈图和 2 圈图阶的结果分别给出

$$\alpha_s(\mu) = \frac{2\pi}{\beta_0 \ln\left(\frac{\mu}{\Lambda_{\text{QCD}}}\right)} + \cdots, \tag{7.24}$$

$$\alpha_s(\mu) = \frac{2\pi}{\beta_0 \ln\left(\frac{\mu}{\Lambda_{\text{QCD}}}\right)} \left[1 - \frac{\beta_1}{2\beta_0^2} \frac{\ln\ln\left(\frac{\mu}{\Lambda_{\text{QCD}}}\right)^2}{\ln\left(\frac{\mu}{\Lambda_{\text{QCD}}}\right)} + \cdots \right]. \tag{7.25}$$

尺度因子 Λ_{QCD} 是作为微分方程 (7.20) 的边界条件引进的。对于不同的圈图近似和不同的能量尺度下不同的夸克味道数目，Λ_{QCD} 的数值都是不同的。所以人们更常用的是 α_s 在一个给定尺度的数值，一般是在 Z 玻色子的质量尺度来定义。目前最新的世界测量平均值是[1]

$$\alpha_s(m_Z^2) = 0.1185 \pm 0.0006, \tag{7.26}$$

这是综合了不同能量点、不同方法的测量值，包括 τ 轻子衰变、格点 QCD 计算、深度非弹性散射实验、正负电子湮没实验以及 Z 玻色子质量附近实验数据等得出的。

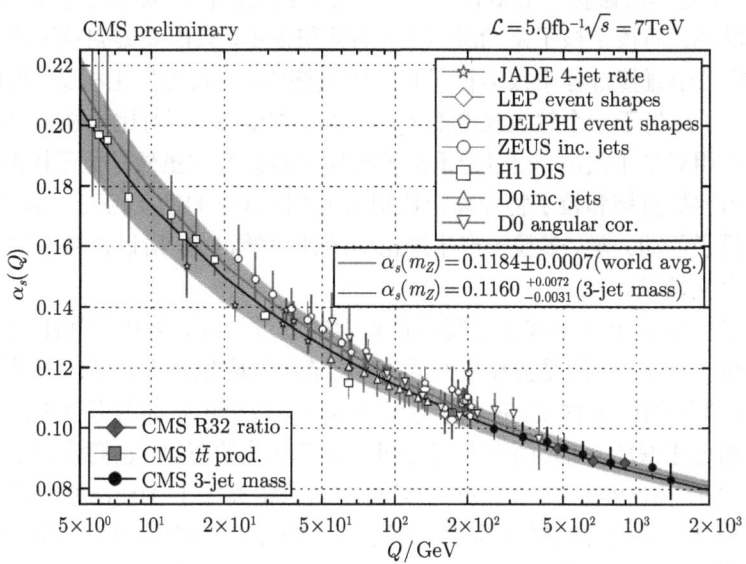

图 7.3 CMS 合作组在一个很宽的能区内对强相互作用耦合常数 $\alpha_s(Q^2)$ 随 Q^2 演化的最新实验测量结果[90](见彩图)

在 LHC 实验中，可以通过对"jets"[①]的测量和研究来测量强相互作用耦合常数 $\alpha_s(Q^2)$ 的数值及其随能标 Q^2 的演化。在每一个能量点上，LHC 实验测量精度当然不如正负电子对撞机实验。但 LHC 的优势在于它覆盖了 Q^2 很宽的能区：从 ~ 1 GeV 到 ~ 2000 GeV。从图 7.3 中 $\alpha_s(Q^2)$ 随能标的变化可以清楚地看出在以前的实验无法达到的高 Q^2 区域，$\alpha_s(Q^2)$ 仍然具有渐近自由性质。

$$\alpha_s(M_Z^2) = \begin{cases} 0.1160 \pm 0.0031, & \text{CMS Comb. 2014}, \\ 0.1184 \pm 0.0007, & \text{World Comb. 2014}. \end{cases} \quad (7.27)$$

在过去的 30 年中，描写强相互作用的 $SU(3)_C$ QCD 理论不断发展，已成为被广泛接受的成熟理论。微扰 QCD 的计算目前已做得相当好，$\alpha_s(\mu^2 = Q^2)$ 随能标 μ 的跑动已得到实验证实。但在非微扰区，尽管非微扰 QCD 研究也取得了很大进步，但强相互作用的计算或估算仍然比较困难。

由于强相互作用的禁闭效应，夸克和胶子总是被束缚在很小的费米尺度范围内，很难被实验研究，QCD 真空的性质一直没有实验的直接数据。粒子物理学中一个重要的研究方向——相对论性重离子碰撞就是研究 QCD 真空的性质。首先是把原子电离成重离子，然后用高能加速器加速后实现原子核与原子核的高速碰撞。每个核子的能量都超过 10GeV 以上，这样在碰撞时就完全不同于通常的核子核子碰撞。首先，是单次碰撞中的多粒子产生现象。其次是在不太小的有限体积内的高温高密度状态。而核子核子碰撞时，涉及的体积很小，只能观察到粒子的相互作用和反应。重粒子碰撞过程中很多核子相互碰撞挤压，有可能发生相变，形成夸克胶子等离子体。相当于一个较大尺度的 QCD 相互作用态，而对比于强子内的夸克和胶子相互作用只是小尺度。相对论重离子碰撞实验研究的虽然是原子核的碰撞，但是研究的内容更直接和粒子物理理论特别是 QCD 真空的性质相关。需要的理论方法直接和量子色动力学、多粒子产生理论即统计力学相关，所以是粒子物理和核物理研究的交叉领域。

在原子核中两个相邻核子之间的距离大约超过 2fm，各核子间距离大于核子半径的两倍，各核子之间是互相分开的，颜色禁闭效应使各个强子之间是相对独立的，这就是典型的强子物质。在量子色动力学中，两个色禁闭的夸克之间的势能随着距离增加迅速增加，如果两个夸克之间有许多其他的夸克，它们就会造成类似于电动力学的 Debye 屏蔽效应。当两个夸克之间的距离大于 Debye 屏蔽距离时，它们之间的相互作用就会被屏蔽掉。当然由于 QCD 的色禁闭效应，相邻的夸克之间会很快形成一个个色单态的强子。只有在相对论性的重离子碰撞中形成的高温高密夸克胶子物质，才有可能完成相变，产生新的物质态形式：夸克胶子等离子体 (QGP)。

[①] 所谓"jets"(喷注) 是指在高能对撞机实验中由高能粒子对撞产生的"一簇高速飞行的高能粒子流"。

美国纽约长岛的布鲁克海文国家实验室的 RHIC 对撞机 2000 年开始运行金原子核和金原子核对撞,后来也进行铅原子核的对撞。质心系有效能量为 100 GeV。在 RHIC 重离子碰撞实验中,有 Phoenix 实验组、STAR 等四个实验组。在日内瓦的欧洲核子研究中心 CERN 建造的大型强子对撞机 LHC 上,也有一个实验做重离子碰撞研究铅核和铅核对撞,加速能量为 2.76TeV,这就是 Alice 实验。

在重离子碰撞实验中,检验是否产生了新的物质态的基本标志是判断是否发生了相变。从统计物理知道,如果发生的是一级相变,则相变特征非常明显,找到临界点就可以了。但是更多的研究显示,QCD 的夸克胶子等离子体相变很可能只是二级相变,这意味着没有明显的临界点。在重离子碰撞实验研究中,判断是否确实实现了从强子物质态到夸克胶子等离子体的相变,人们提出了几个比较有特征性的信号:

1. 直接光子和直接轻子。在大量强子产生时,还会伴随有光子和轻子产生。由于强相互作用产生的是强子,光子和轻子往往是由强子再衰变而产生的,这样它们的能量一般比较低。如果产生了夸克胶子等离子体,就可能在夸克胶子等离子体形成初期温度还比较高时,就由夸克反夸克直接发出光子和通过光子产生轻子,这些直接光子和轻子将具有较高的能量,与强子衰变出来的光子和轻子有明显的不同。

2. K/π 比的上升。在夸克胶子等离子体中,K 介子和 π 介子的形成都是由夸克与反夸克直接生成的。由于温度 $T \sim 200$MeV,s 夸克虽比 u、d 夸克重,但由于温度高,s 夸克和 u、d 夸克质量差对 K 介子和 π 介子相对产额的影响要比强子物质相时小得多。这将表现为 K/π 比的增长。考虑到 s 夸克只有一部分形成 K^- 和 $\bar{K}^0$ 粒子,同时 K^- 介子产生后也很容易被再吸收,而 $\bar{s}$ 夸克将主要形成 K^+ 和 K^0 介子,并且 K^+ 介子产生后也不易再被吸收,这种增长将特别明显地在 K^+/π^+ 上表现出来。在 QGP 中正夸克多,反夸克少。

3. J/ψ 压低。如果在夸克胶子等离子体中产生了 c 和 $\bar{c}$,它们可以结合 J/ψ 粒子,也可以和其他夸克反夸克结合成 D 和 $\bar{D}$ 介子。由于 c 和 $\bar{c}$ 数量较少,它们的平均距离较远,Debye 屏蔽效应将使它们不容易相互结合成 J/ψ 粒子而比较容易就近与其他夸克反夸克结合成 D 和 $\bar{D}$ 介子;因此和 D、$\bar{D}$ 相比,J/ψ 粒子的产生就受到了压低。而在一般强子物质相中不会有这种机理。

尽管这几个实验现象被作为夸克胶子等离子体出现时带有特征性的信号而提出来,但是理论的研究又表明:即使没有发生相变,在强子物质相的高能量基础上,这几种特征性的信号也都有可能会出现。因此在实验上观察到了这些信号之后,要确切判断是否确实出现了夸克胶子等离子体,还需要理论和实验相配合做艰巨细致的分析工作,特别是需要观察到是否发生了相变。

§7.2 电磁形状因子

原子核和核子都有一定的大小，具有内部结构。我们唯象地用电磁形状因子描写其内部的电荷、磁矩的分布。在实验上，用高能电子束做探针，进行散射实验，测定原子核和核子的电磁形状因子。理论上可以采用量子电动力学计算电磁散射截面和末态粒子角分布，通过和实验测量数据的比较，确定非点粒子的电磁形状因子。通过电子与核子的散射实验，可以进一步了解核子结构。

(1) **卢瑟福散射 (点粒子 + 点粒子, $0+0$ 散射)**：

假设入射电子无自旋，电荷为 Ze 的靶原子核本身不激发，经计算得到卢瑟福散射公式为

$$\left(\frac{d\sigma}{d\Omega}\right)_R = \left(\frac{Ze^2}{2mv^2}\right)^2 \frac{1}{\sin^4(\theta/2)}, \tag{7.28}$$

其中 m 和 v 为电子的质量和速度，θ 为散射角。图 7.4 表示在靶粒子静止系，eN 散射过程四动量的变化。

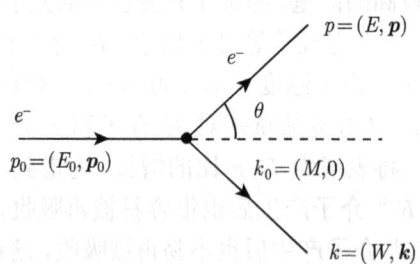

图 7.4　在靶粒子静止系，eN 散射四动量变化

(2) **莫特 (Mott) 散射 (点粒子 + 点粒子, $1/2+0$ 散射)**：

考虑电子自旋时，用狄拉克波函数描写电子，可以算出自旋为 $1/2$ 的相对论电子，对于自旋为零，电荷为 Ze 点原子核散射的微分散射截面为

$$\left(\frac{d\sigma}{d\Omega}\right)_{\text{Mott}} = \frac{Z^2 e^4 \cos^2(\theta/2)}{4p_0^2 \sin^4(\theta/2)\left[1 + \dfrac{2p_0}{M}\sin^2\dfrac{\theta}{2}\right]}, \tag{7.29}$$

其中 p_0 为电子动量，M 为靶核的质量。莫特在 1930 年得到该公式。与卢瑟福散射公式相比，莫特公式在分子上多 $\cos^2(\theta/2)$ 一项，分母中多了 $\sin^2(\theta/2)(2p_0/M)$ 一项。在小角度时，它们对微分截面影响不大。对高能电子、大角度散射，卢瑟福散射公式和莫特公式才有明显的区别。

(3) 原子核的形状因子：

如果考虑能量转移小的情况，只需考虑三动量转移。计算表明，如果原子核有一定体积，在此体积中电荷的分布函数为 $\rho(\boldsymbol{R})$，电子对于有一定电荷分布的原子核的微分散射截面为

$$\frac{d\sigma}{d\Omega} = \left(\frac{d\sigma}{d\Omega}\right)_{\text{Mott}} |F(q^2)|^2. \tag{7.30}$$

即在考虑原子核体积及其中电荷分布时，其散射截面公式比莫特散射多一个因子 $|F(q^2)|^2$，**其中 $F(q^2)$ 称为原子核的形状因子**，与核内电荷分布 $\rho(\boldsymbol{R})$ 的关系是傅里叶变换

$$F(q^2) = \int \rho(\boldsymbol{R}) e^{i\boldsymbol{q}\cdot\boldsymbol{R}} d^3\boldsymbol{R} = \int \rho(\boldsymbol{R}) \frac{\sin(qR)}{qR} 4\pi R^2 \, dR. \tag{7.31}$$

例如，如果原子核内电荷分布函数为汤川分布，

$$\rho(R) = \rho_0 \frac{e^{-mR}}{R}, \tag{7.32}$$

则其形状因子为

$$F(q^2) = \left(1 + \frac{q^2}{m^2}\right)^{-1}. \tag{7.33}$$

其中 $m^2 = 4\pi\rho_0$ 由 $F(q^2)$ 的归一化条件得到。在文献 [9] 中的图 7.18 给出了电荷密度汤川分布及其相应形状因子的分布曲线。根据电荷分布曲线，可以算出电荷分布的均方半径。表 7.1 给出了原子核具有不同电荷分布函数时的形状因子和均方半径。另外，当原子核的形状因子已知时，可以由反傅里叶变换算出原子核的电荷分布函数。

表 7.1　原子核具有不同电荷分布函数时的形状因子和均方半径

电荷分布 $\rho(R)$	形状因子	均方半径 $\langle R^2 \rangle$
点电荷：$\delta(R-R')$	常数 1	0
汤川分布：$\dfrac{m^2}{4\pi}\dfrac{e^{-mR}}{R}$	单极 $\dfrac{1}{1+q^2/m^2}$	$6/m^2$
指数分布：$\dfrac{m^3}{8\pi}e^{-mR}$	偶极 $\left(\dfrac{1}{1+q^2/m^2}\right)^2$	$12/m^2$
$\rho_0 e^{-R^2/b^2}$	$e^{-bq^2/4}$	

(4) 质子和中子的形状因子：

当电子与核子散射时，两者都具有自旋。除了库仑相互作用以外，两粒子间的自旋-自旋，或磁相互作用也应当考虑进去。仍假设电子和质子是点粒子，分别具

有磁矩 $e\hbar/2m_e c$ 和 $e\hbar/2m_p c$,则相对论性电子和非极化靶的散射截面公式为

$$\left(\frac{d\sigma}{d\Omega}\right)_{\text{Dirac}} = \frac{e^4 \cos^2(\frac{\theta}{2})}{4p_0^2 \sin^4\frac{\theta}{2}\left[1+\frac{2p_0}{M}\sin^2\frac{\theta}{2}\right]}\left\{1+\frac{q^2}{2M^2}\tan^2\frac{\theta}{2}\right\}$$

$$= \left(\frac{d\sigma}{d\Omega}\right)_{\text{Mott}}\left\{1+\frac{q^2}{2M^2}\tan^2\frac{\theta}{2}\right\}. \tag{7.34}$$

即比莫特散射多一项 $\frac{q^2}{2M^2}\tan^2(\theta/2)$,这一项来自磁散射。在大角度和高能量转移情况下,这一项变得比电散射项重要。根据经典理论,可以这样理解:**在非常近的距离碰撞时,磁位能 ($\propto 1/r^2$) 变得比电位能 ($\propto 1/r$) 更重要。**

质子和中子不是点粒子,其磁矩也是反常的,因而与狄拉克理论预言的点粒子性质有所区别。对真正的核子,我们必须考虑到它们的反常磁矩和电荷分布。**实际上,核子有四个形状因子:质子的电形状因子 $G_E^p(q^2)$ 和磁形状因子 G_M^p;中子的电形状因子 $G_E^n(q^2)$ 和磁形状因子 G_M^n;**罗森布鲁斯 (Rosenbluth) 从理论上算出了这种情况下的电子和质子散射截面

$$\frac{\left(\frac{d\sigma}{d\Omega}\right)}{\left(\frac{d\sigma}{d\Omega}\right)_{\text{Mott}}} = \frac{[G_E^p(q^2)]^2 + \frac{q^2}{4M^2}[G_M^p(q^2)]^2}{1+\frac{q^2}{2M^2}} + \frac{q^2}{2M^2}[G_M^p(q^2)]^2\tan^2\frac{\theta}{2}$$

$$= A(q^2) + B(q^2)\tan^2\frac{\theta}{2}. \tag{7.35}$$

其中各形状因子归一化为

$$G_E^p(0) = 1, \quad G_M^p(0) = \mu_p = 2.79\mu_B, \tag{7.36}$$

$$G_E^n(0) = 0, \quad G_M^n(0) = \mu_n = -1.91\mu_B. \tag{7.37}$$

对于固定的 q^2 值,可以画出 $\left(\frac{d\sigma}{d\Omega}\right)/\left(\frac{d\sigma}{d\Omega}\right)_{\text{Mott}}$ 值随 $\tan^2\frac{\theta}{2}$ 的线性关系。已经证明,电子和质子散射时,单光子交换起主要作用,双光子交换不重要[9]。根据对图形的分析,可以得到对应给定 q^2 值的质子的电形状因子 $G_E^p(q^2)$ 和磁形状因子 G_M^p 的数值。对不同的 q^2 值,重复这一计算,可以得到电磁形状因子随 q^2 的变化关系。

在实验上早已进行了利用高能电子 ($0.4 \sim 16\text{GeV}$) 和液氢靶散射测定质子形状因子的工作,得到了很好的结果。对中子的散射,是利用对氘和质子的相差法得到的,但实验数据不很精确。实验结果表明,$G_M^{p,n}(q^2)$ 和 $G_E^p(q^2)$ 对 q^2 的依赖关系

符合简单的标度定律

$$G_E^p(q^2) = \frac{G_M^p(q^2)}{\mu_p} = \frac{G_M^n(q^2)}{\mu_n} = G(q^2), \tag{7.38}$$

$$G_E^n(q^2) = 0. \tag{7.39}$$

由实验得到的统一的 $G(q^2)$，可以很好地用偶极子公式描写

$$G(q^2) = \frac{1}{\left(1 + \dfrac{q^2}{M_v^2}\right)^2}, \tag{7.40}$$

其中 $M_v^2 = 0.71 \text{GeV}^2$。由此式可以算出质子内部的电荷分布为指数分布

$$\rho(R) = \rho_0 e^{-M_v R}. \tag{7.41}$$

其均方根半径为

$$R = \frac{\sqrt{12}}{M_v} = 0.80 fm. \tag{7.42}$$

(5) 形状因子的物理意义：

电磁形状因子描写核子中电荷和磁矩的空间分布。核子的形状因子的存在，表明核子不是点粒子，而是具有一定的大小和电荷分布。 近年来在高 q^2 区域，质子的电磁形状因子的实验结果，与偶极子公式符合得很好。现在人们认为，核子内部的电荷分布是如式 (7.41) 所示的指数型分布。

实际上，1960 年以前，当实验数据只限于低 q^2 值时，人们曾认为可以用一组单极子的总和

$$G(q^2) = \sum_i \frac{g_i}{1 + q^2/M_i^2}, \tag{7.43}$$

拟合实验数据。这种形状因子，对应核子中汤川型电荷分布。1959 年，Frazer 等提出上述拟合时，曾假定有质量为 $q^2 = M_i^2(J^P = 1^-)$ 的矢量介子 ($\pi\pi$) 共振态的贡献存在，也就是 ρ, ω 介子的贡献。

由偶极形状因子式 (7.40) 可知：偶极形状因子式 (7.40) 对应指数电荷分布，当 $R \to 0$ 时，$\rho(R) \to$ 常数，说明核子中心没有硬核。但这并不意味着质子中一定没有颗粒状的东西，只是在中心没有硬核。

§7.3 电子–质子深度非弹性散射 (DIS)

在高能下，电子和质子散射可以分为三个区域：弹性散射区，共振激发区和深度非弹性散射连续区 (图 7.5)。在非弹性散射区，质子–中子或者激发到一个分立能

级——共振态，或者有更高的激发能，达到使 π 介子离化出来的连续激发态。在大动量转移时，弹性散射形状因子很小，非弹性散射的概率更大。我们着重考虑深度非弹性散射连续区。

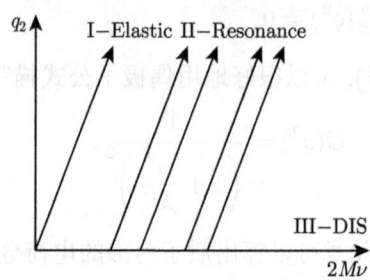

图 7.5 三种散射运动学区域示意图，左边 I 区为弹性散射区，中间 II 区是共振激发区，右边 III 区是非弹性散射连续区

§7.3.1 ep 散射的无标度性*

考虑电子和质子非弹性散射的单举过程

$$e^-(k) + p(p) \to l'(k') + X, \tag{7.44}$$

其中 k,p 分别为初态电子和质子的四动量，$l' = e\ (\gamma, Z\ $中性流过程$), \nu\ (W\ $荷电流过程$), X$ 是除了轻子以外的所有末态强子。如图 7.6 所示，在靶粒子静止系，在散射前后电子-质子的四动量分别为

$$k = (E, 0, 0, E), \quad k' = (E', 0, E'\sin\theta, E'\cos\theta); \tag{7.45}$$

$$p = (M, 0), \quad p_f = (M + \nu, \boldsymbol{q}); \tag{7.46}$$

$$q = (\nu, \boldsymbol{q}). \tag{7.47}$$

其中 $\nu = E - E'$ 为能量转移，k, k' 分别为入射和出射轻子的四动量。取靶粒子（质

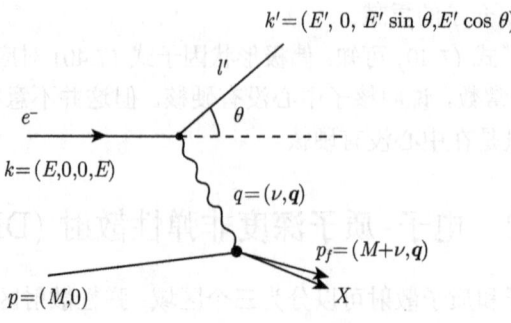

图 7.6 电子和质子散射过程

§7.3 电子–质子深度非弹性散射 (DIS)

子) 静止系, 交换的矢量介子可以是 γ, Z 或者 $W^\pm$。$q = k - k'$ 是交换动量。此类过程被称之为 "深度非弹性散射过程" (DIS), 即有: $Q^2 = -q^2 \gg M^2$, 动量转移很大。对中性流过程, $l' = e^-$; 对荷电流过程, $l' = \nu_e$。核子的电磁流可以写为

$$J_\mu \sim \bar{u}(p)\left[F_1(q^2)\gamma_\mu + \kappa \frac{F_2(q^2)}{2M}i\sigma_{\mu\nu}q^\nu\right]u(p), \tag{7.48}$$

其中 $F_1(0) = F_2(0) = 1$, κ 为核子的反常磁矩。

在弹性散射区, 有

$$p_f^2 = (M+\nu)^2 - |\boldsymbol{q}|^2 = M^2 + 2M\nu + (\nu^2 - |\boldsymbol{q}|^2) = M^2 + 2M\nu - Q^2, \tag{7.49}$$

对弹性散射有 $p_f^2 = M^2$, 所以

$$\nu = \frac{Q^2}{2M}. \tag{7.50}$$

在共振激发区, 一般由于矢量为主模型, 虚光子能量在矢量介子 V 的质量附近共振,

$$Q^2 \approx M_V^2. \tag{7.51}$$

在弹性散射区和共振激发区, 只有一个独立变量, 一般取为 q^2 或 $Q^2 = -q^2$。

在深度非弹性散射连续区, 有 $Q^2 \gg M_p^2 \gg m_l^2$, m_l^2 将被忽略。我们定义如下变量:

$$Q^2 = -q^2 = 2k \cdot k'|_{m_e=0} = 2EE'(1-\cos\theta),$$

$$s = (p+k)^2 = 2ME,$$

$$W^2 = p_f^2 = M^2 + 2M\nu - Q^2,$$

$$\nu = \frac{p\cdot q}{M} = \frac{W^2 + Q^2 - M^2}{2M},$$

$$x = \frac{-q^2}{2p\cdot q} = \frac{Q^2}{2p\cdot q} = \frac{Q^2}{2M\nu} = \frac{Q^2}{W^2 + Q^2 - M^2},$$

$$y = \frac{p\cdot q}{p\cdot k} = \frac{E-E'}{E} = \frac{Q^2}{sx} = \frac{2M\nu}{s-M^2} = \frac{W^2 + Q^2 - M^2}{s-M^2}, \tag{7.52}$$

其中 x, y 为标度变量。在部分子模型中, x 就是 "Bjorken 变量", 它表示核子中被撞击的那个部分子 (夸克) 携带的动量分数。y 表示在核子静止系入射轻子的能量

损失分数。W^2 表示相对于散射轻子反冲的 "X" 系统的不变质量平方。在我们感兴趣的高能区，$s \gg M^2$ 并满足比约肯极限：Q^2 和 ν 都很大，x 趋于定值。图 7.5 给出了以上三种散射运动学区域的示意图。

在深度非弹性散射连续区，由于 W^2 是连续的，可以取任意值，Q^2 和 ν 均为独立变量，因此可以从深度非弹性散射中多得到一些情况。这时的微分散射截面可以写为

$$\frac{d^2\sigma}{dQ^2 d\nu} = \frac{4\pi\alpha^2}{Q^4} \frac{E'}{E} \left[2W_1(Q^2,\nu)\sin^2\frac{\theta}{2} + W_2(Q^2,\nu)\cos^2\frac{\theta}{2} \right], \tag{7.53}$$

其中 $W_{1,2}(Q^2,\nu)$ 称之为核子的结构因子或结构函数，也就是非弹性散射中的形状因子。在不同角度进行实验测量时，可以分别得到 $W_1(Q^2,\nu), W_2(Q^2,\nu)$ 两个量。在小角度时 $W_2(Q^2,\nu)$ 起主要作用。通过对相关实验数据的分析，可以得到以下三点结论：

(1) 在小 ν 值时，$W_2(Q^2,\nu)$ 有几个峰值，对应于弹性散射形状因子和断续的共振态。当 $\nu \geqslant 3$ GeV 时，曲线变平滑，末态是连续的。

(2) **当 $\nu \geqslant 4$ GeV 时，对应于不同的 Q^2 值，W_2 基本相同**。对固定的 Q^2 值，将 $\dfrac{d^2\sigma}{dQ^2 d\nu}$ 对 ν 积分时，这个与 Q^2 无关的长尾巴对积分的贡献很大，可以和点核子莫特散射截面相比较。这种情况和弹性散射时微分散射截面随 q^2 的增大而迅速下降的情况完全不同。从表 7.1 中可以看出，只有点粒子的形状因子才与 q^2 无关。**这意味着，在大能量交换时，电子与质子的散射，相当于电子与质子内部点粒子的"弹性散射"**。

(3) **比约肯标度无关性**：当 $\nu \geqslant 4$GeV 以上时，W_2 与 Q^2 关系不大，只与 ν 有关。这时，W_2 是无量纲量 $\omega = 1/x = 2M\nu/Q^2$ 的函数，而不是 ν 和 Q^2 分别的函数。实验证明，在 ν 和 Q^2 较大的连续区内，W_2 是无量纲变量 x 的函数。这意味着这种散射具有标度无关性。实际上，在 Q^2 大于 M^2 几倍时，这一标度无关性已近似存在。

所谓标度是指反应过程和某种质量或能量有关。在每一个能量标度处，人们遇到不同的能级结构及动力学问题。当人们研究高能量标度的现象时，低能量标度处现象的一些细节可以不予考虑。

无标度假设可以表述为：如果 $s, Q^2 \gg m_l^2, m_N^2$，那么在微分散射截面表达式中忽略 m_l, m_N 是一种很好的近似。在微分散射截面表达式中，除耦合常数外，$d\sigma$ 只依赖于 s 和 Q^2，再没有其他基本的能量标度。应用无标度假设和量纲分析，可以得到很多有用的结果。实际上，费恩曼正是根据 (2, 3) 两点，在 1969 年提出了核子结构的"部分子模型"。

§7.3 电子–质子深度非弹性散射 (DIS)

式 (7.53) 还可以改写为

$$\frac{d^2\sigma}{dQ^2 dE'} = \frac{4\alpha^2 (E')^2}{Q^4} \left[2W_1(x,Q^2) \sin^2 \frac{\theta}{2} + W_2(x,Q^2) \cos^2 \frac{\theta}{2} \right]$$
$$= \frac{4\alpha^2 E'^2}{Q^4} \left[\frac{2F_1(x,Q^2)}{M} \sin^2 \frac{\theta}{2} + \frac{F_2(x,Q^2)}{\nu} \cos^2 \frac{\theta}{2} \right]. \tag{7.54}$$

其中 $F_1(x,Q^2)$ 和 $F_2(x,Q^2)$ 为无量纲量

$$F_1 = MW_1, \quad F_2 = \nu W_2. \tag{7.55}$$

图 7.7 表示近 20 年来根据 SLAC、H1、ZEUS 等实验测量确定的质子的结构函数 $F_2(x,Q^2)$ 随参数 x 和 Q^2 变化的曲线[1]。由图 7.7 可见，尽管 Q^2 有 6 个量级的变化，但 F_2 基本上与 Q^2 无关：

$$F_2(x,Q^2) \longrightarrow F_2(x). \tag{7.56}$$

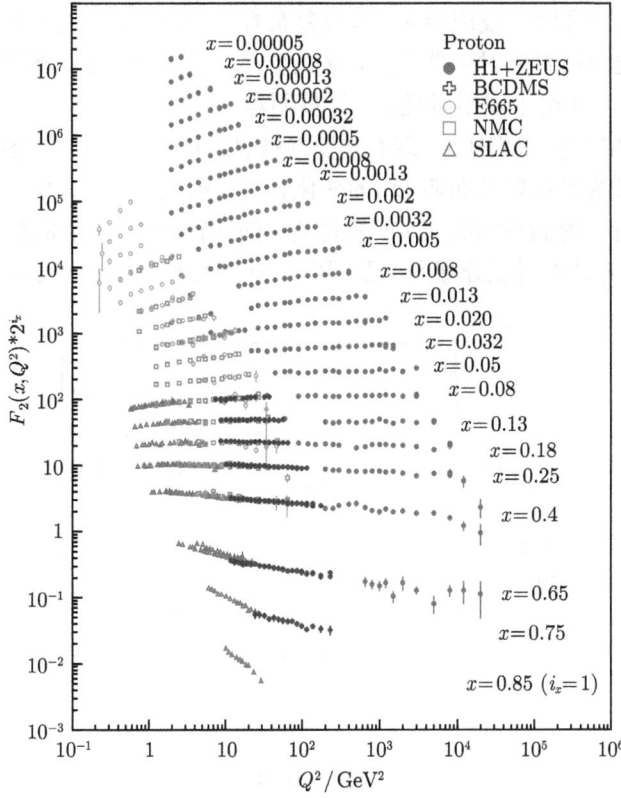

图 7.7 根据实验测量得到的质子的 $F_2(x,Q^2)$ 结构函数随参数 x 和 Q^2 的变化

这种比约肯标度无关性告诉我们: 入射虚光子与质子内的类点粒子发生了散射。和莫特散射截面 σ_M 相比, 可以把式 (7.54) 写成

$$\frac{d^2\sigma}{dQ^2 dE'} = \sigma_M \left[\frac{F_2(x)}{\nu} + \frac{2F_1(x)}{M} \tan^2 \frac{\theta}{2} \right]. \tag{7.57}$$

当 θ 较小时, 上式的第二项可以忽略。这时有

$$\frac{d^2\sigma}{dQ^2 dE'} = \sigma_M F_2(x)/\nu. \tag{7.58}$$

§7.4 核子结构的部分子模型

核子结构的部分子模型是在研究高能轻子和核子 $(\nu N, eN)$ 的深度非弹性散射基础上提出来的。利用轻子作为入射粒子比利用强子进行散射实验的优点是: **首先, 轻子本身没有结构, 可以看成点粒子。同时, 电磁相互作用和弱作用便于计算, 相互作用常数是已知的。因此, 轻子和核子散射中的未知量主要是核子结构。** 而核子和核子散射截面大, 反应道多, 本底复杂难于分析。而且由于强作用吸收截面大, 与之相伴随的衍射散射事件也多, 这类事件动量交换不大, 不利于研究强子结构。另外, 强相互作用不能用微扰论, 计算困难。

根据前面的讨论, 我们知道, 现有实验数据显示核子内部有类点结构。特别是弹性散射和深度非弹性散射截面随 Q^2 的变化有明显的差异。图 7.8 中给出 ep 弹性散射和深度非弹性散射微分截面随 Q^2 变化关系的比较。图中左侧的很陡的点划线表示 $e^-p \to e^-X$ 弹性散射微分截面 (已经用 Mott 截面作归一化) 随 Q^2 的变化。右侧

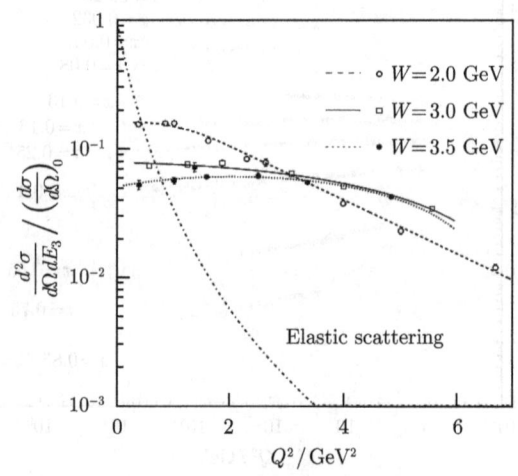

图 7.8 $e^-p \to e^-X$ 散射过程中弹性和非弹性散射截面随 Q^2 的变化关系[25]

§7.4 核子结构的部分子模型

的三条线分别表示当取式 (7.52) 中定义的 "X" 系统的不变质量 $W = (2.0, 3.0, 3.5)$ GeV 时, $e^-p \to e^-X$ 深度非弹性散射微分截面随 Q^2 的变化。显然弹性散射截面对 Q^2 有很强的依赖性, 当 Q^2 由 0.5 增加到 $\sim 3.6 \text{GeV}^2$ 时, 它下降了约 3 个量级。而深度非弹性散射截面对 Q^2 的变化只有较弱的依赖性。同时可以从图中看出, 当 "X" 系统的不变质量 W 的数值变大时, 对 Q^2 的依赖性也趋于减弱。**ep 深度非弹性散射微分截面只有较弱的 Q^2 依赖性, 这个实验结果表明和入射电子发生深度非弹性散射的是质子内部的 "类点粒子"。**

部分子模型把强子看成是由类点、准自由的部分子组成的体系。 物理图像清晰, 计算比较简单, 又能同实验比较, 对强子结构和强相互作用研究的深入发展起了重要作用。

§7.4.1 简单部分子模型

1969 年, 费恩曼提出了核子的部分子结构假设[84]: **核子像一个孤粒子或口袋, 其中包含许多部分子。轻子与核子的深度非弹性散射过程, 可以分解成轻子与组成核子的各个部分子之间的散射过程**。如图 7.9 所示,

$$l + q \to l' + q'. \tag{7.59}$$

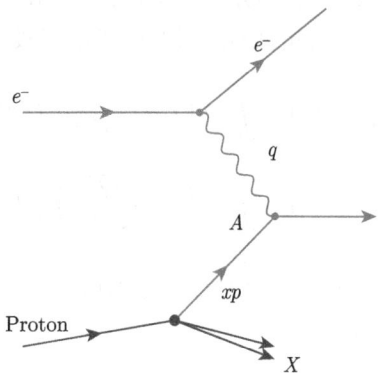

图 7.9 在部分子模型中, 入射的电子与质子内部 (近似自由) 的部分子发生散射

这种图像与轻子和原子核的碰撞类似。当轻子能量很低时, 可以认为轻子与整个原子核进行碰撞。但当轻子能量足够高时, 轻子和原子核的碰撞可以看成轻子与原子核中某个核子进行了碰撞。这就是所谓的**脉冲近似**(pulse approximation)。在光子和原子的碰撞中也有类似情况。**因此, 在能量很高时, 可以将轻子–核子的深度非弹性散射归结为轻子与核子内部的部分子之间的作用。** 在轻子与某一个部分子发生弹性碰撞后, 该部分子再与其他部分子或口袋碰撞, 形成许多末态粒子。部分子模型可以使我们理解核子结构函数的实质, 以及为什么会出现无标度性的

结果。

假设被散射的第 i 个部分子携带的动量为

$$p_i = x_i p, \tag{7.60}$$

其中 $0 \leqslant x_i \leqslant 1$ 为动量分数，显然有 $\sum_i x_i = 1$。

在小 $Q^2(Q^2 < 10^3 \text{GeV}^2)$ 时，虚光子 γ 交换起主要作用。在大 $Q^2(Q^2 > 10^4 \text{GeV}^2)$ 时，Z 粒子交换起主要作用。我们这里先考虑低能情况。如图 7.9 所示，电子发出的虚光子 γ 与一个自由的部分子在顶角 A 处发生弹性碰撞，这一过程必须满足能量–动量守恒定律

$$\begin{aligned}\delta((xp+q)^2 - (xp)^2) &= \delta(q^2 + 2xp\cdot q)\\ &= \delta(Q^2 - 2xM\nu).\end{aligned} \tag{7.61}$$

即只有当

$$\nu = Q^2/2Mx \tag{7.62}$$

时，碰撞才能发生，才能对作用截面有贡献。

设在核子中，具有动量 xp 的部分子的概率为 $f(x)$，而光子 γ 与每个部分子的作用截面都贡献一个 σ_{Mott}，因此总的散射截面可以写成

$$\begin{aligned}\frac{d^2\sigma}{dQ^2 dE'} &= \sigma_{\text{Mott}} \int_0^1 \delta\left(\nu - \frac{Q^2}{2Mx}\right) f(x)\, dx \\ &= \sigma_{\text{Mott}} \int_0^1 \delta\left(x - \frac{Q^2}{2M\nu}\right) \frac{x}{\nu} f(x)\, dx \\ &= \sigma_{\text{Mott}} \frac{x}{\nu} f(x)|_{x=Q^2/2M\nu}.\end{aligned} \tag{7.63}$$

与式 (7.58) 相比可得关系式

$$F_2(x) = xf(x). \tag{7.64}$$

即核子的结构函数 $F_2(x)$ 等于核子内部部分子的动量概率分布函数 $f(x)$ 与 x 的乘积。

我们知道，核子内部部分子动量分布函数 $f(x)$ 由核子本身性质确定，与动量转移 Q^2 无关。在部分子模型中，强子结构函数 $F_2(x)$ 只依赖于 x 和 $f(x)$，与 Q^2 无关。当 θ 取任意值时，还需要考虑 $F_1(x)$。但根据下面的讨论可知，$F_1(x)$ 同样与 Q^2 无关。

§7.4.2 虚光子吸收的总截面*

从另一方面，电子和质子深度非弹性散射截面，也可以用虚光子被核子吸收的总截面表示。对实光子，只有横向极化分量，不存在 $s_z \neq 0$ 的纵向分量。但对虚光子，因 $Q^2 \neq 0$，它不在质壳上，可以有纵向分量存在。令 σ_t 表示核子吸收横向光子的总截面，σ_s 表示核子吸收纵向光子的总截面，根据虚光子和质子散射振幅的一般讨论和光学定理，可以求得结构函数

$$W_1 = \frac{K}{4\pi^2 \alpha} \sigma_t, \tag{7.65}$$

$$W_2 = \frac{K}{4\pi^2 \alpha} \frac{Q^2}{Q^2 + \nu^2} (\sigma_t + \sigma_s). \tag{7.66}$$

其中 K 为入射光子通量。由此可得

$$R \equiv \frac{\sigma_s}{\sigma_t} = \frac{\left(\frac{2Mx}{\nu} + 1\right) \frac{\nu}{x} W_2 - 2MW_1}{2MW_1}. \tag{7.67}$$

考虑到 $x \leqslant 1$，在比约肯条件下，$\nu \gg M$，$Q^2 \gg M^2$，所以有 $2Mx/\nu \ll 1$ 可以忽略。因此有

$$R \simeq \frac{\nu W_2/x - 2MW_1}{2MW_1}. \tag{7.68}$$

实验给出的结果是：$R \approx 0.18 \pm 0.10 \sim 0$，即

$$\nu W_2 \simeq 2Mx W_1. \tag{7.69}$$

或者写为

$$F_2(x) = 2x F_1(x). \tag{7.70}$$

该式又称之为 Callan-Gross 关系式，是普遍成立的。

从 $R \simeq 0$ 可导出一个重要推论：部分子（夸克）应该是自旋 $1/2$ 的费米子，而不是玻色子。 这是因为[18,23]：

(1) 如果部分子（夸克）是自旋 $1/2$ 的费米子，可以导出 Callan-Gross 关系式。现在实验证实了 Callan-Gross 关系式。

(2) 如果部分子（夸克）是自旋为 0 的玻色子，那么将有 $W_1 = 0$，亦即 $F_1(x) \to 0$，$R \to \infty$，而不是 $R \to 0$[23]。这与实验矛盾。

J. I. Friedman[①]，H. Kendall[②] 和 R.E. Taylor[③] 在 1968~1970 年对电子和质子

---

① Jerome Isaac Friedman (1930.3.28~)，美国实验物理学家。恩里克·费米的学生，1956 年在芝加哥大学获得博士学位。因 ep 深度非弹性散射实验中发现质子内部"类点粒子"夸克存在的证据而与 H. Kendall 和 R. E. Taylor 分享了 1990 年的诺贝尔物理学奖。

② Henry Kendall (1926.12.19~1999.2.15)，美国实验物理学家。

③ Richard Edward Taylor (1929.11.2~)，加拿大实验物理学家。

及束缚中子深度非弹性散射进行的先驱性研究,对粒子物理学中夸克模型的发展起了重要作用,他们因此获得了 1990 年度的诺贝尔物理学奖。当然现在我们知道,除了夸克以外,胶子也是部分子。

§7.4.3 夸克分布函数

如果部分子就是夸克,那它们就具有不同的味道和电荷,因而与光子有不同的相互作用强度。核子的结构函数 $F_2(x)$,或部分子动量概率分布函数 $f(x)$,应当是各种味道部分子贡献之和。考虑到电磁相互作用与电荷平方成正比,令质子中出现具有动量 xp 的第 i 种夸克的概率为 $f_p^i(x)$,定义

$$f(x) = \sum_i e_i^2 f_p^i(x), \tag{7.71}$$

其中 e_i 是第 i 种夸克所带的电量 (以电子电荷的绝对值为单位)。例如: $e_u = 2/3, e_d = -1/3$ 等。

对于质子来说,价夸克组成为 $p = uud$,海夸克方面还应当考虑 $s, \bar{s}$ 的贡献。这样就有

$$f(x) = \frac{4}{9}[f_p^u(x) + f_p^{\bar{u}}(x)] + \frac{1}{9}\left[f_p^d(x) + f_p^{\bar{d}}(x) + f_p^s(x) + f_p^{\bar{s}}(x)\right]. \tag{7.72}$$

那么,由电子和质子散射得到的质子结构函数为

$$\begin{aligned}F_2^{ep}(x) &= 2xF_1^{ep}(x) = xf(x) \\ &= x\left\{\frac{4}{9}\left[f_p^u(x) + f_p^{\bar{u}}(x)\right] + \frac{1}{9}\left[f_p^d(x) + f_p^{\bar{d}}(x) + f_p^s(x) + f_p^{\bar{s}}(x)\right]\right\}. \end{aligned}\tag{7.73}$$

同理可得中子结构函数

$$\begin{aligned}F_2^{en}(x) &= 2xF_1^{en}(x) \\ &= x\left\{\frac{4}{9}\left[f_n^u(x) + f_n^{\bar{u}}(x)\right] + \frac{1}{9}\left[f_n^d(x) + f_n^{\bar{d}}(x) + f_n^s(x) + f_n^{\bar{s}}(x)\right]\right\}. \end{aligned}\tag{7.74}$$

由同位旋对称性可得

$$\begin{aligned} f_p^u(x) &= f_n^d(x) = u(x), & f_p^{\bar{u}}(x) &= f_n^{\bar{d}}(x) = \bar{u}(x), \\ f_p^d(x) &= f_n^u(x) = d(x), & f_p^{\bar{d}}(x) &= f_n^{\bar{u}}(x) = \bar{d}(x), \\ f_p^s(x) &= f_n^s(x) = s(x), & f_p^{\bar{s}}(x) &= f_n^{\bar{s}}(x) = \bar{s}(x). \end{aligned}\tag{7.75}$$

因此有

$$F_2^{ep}(x) = x\left\{\frac{4}{9}\left[u(x) + \bar{u}(x)\right] + \frac{1}{9}\left[d(x) + \bar{d}(x) + s(x) + \bar{s}(x)\right]\right\}, \tag{7.76}$$

$$F_2^{en}(x) = x\left\{\frac{4}{9}\left[d(x) + \bar{d}(x)\right] + \frac{1}{9}\left[u(x) + \bar{u}(x) + s(x) + \bar{s}(x)\right]\right\}. \tag{7.77}$$

二者的比值为

$$\frac{1}{4} \leqslant \frac{F_2^{ep}}{F_2^{en}} \leqslant 4, \tag{7.78}$$

与实验结果不矛盾。同时还可以得到

$$\int_0^1 \frac{dx}{x} \left[F_2^{ep}(x) - F_2^{en}(x) \right] = 1/3, \tag{7.79}$$

与实验值 (~ 0.28) 基本符合。

在简单部分子模型中，我们把强子结构函数具体化为各种夸克的分布函数。由于在不同的过程中，参与的夸克可能不同，相互作用的类型也可能不同，从而提供了从各种渠道深入研究强子结构的可能。现在我们知道，在核子内部，有价夸克、海夸克和传递强相互作用的规范粒子胶子。

注意：在简单部分子模型中，核子内部分子之间的相互作用被忽略，核子的结构函数与 Q^2 无关。

在"基于 QCD 的部分子模型"中，人们考虑了核子内部夸克之间由胶子交换产生的 QCD 修正以及胶子自相互作用的影响。这时，核子的结构函数有一个较小的 Q^2 依赖性。

§7.5 HERA 电子–质子对撞机与深度非弹性散射

HERA (Hadron Electron Ring Anlage) 是世界上唯一的一个电子和质子对撞机，位于德国汉堡 DESY 加速器中心 (图 7.10)。1992 年投入运行，2007 年结束运行，先后进行了 e^-p 和 e^+p 对撞实验，有两个实验组 (H1 和 ZEUS) 在 HERA 工作。HERA 的运行参数是：

$$\begin{aligned}
&\text{Maximum beam energy/GeV}: \quad e(30) \times p(920); \quad E_{cm} = 332\text{GeV}; \\
&\text{Bunch length/cm}: \quad e: 0.83; \; p: 8.5; \\
&\text{Bunches per ring per spices}: \quad e: 189; \; p: 180; \\
&\text{Particles per bunch}(10^{10}): \quad e: 3; \; p: 7; \\
&\text{Circumference/m}: \quad 6336.
\end{aligned} \tag{7.80}$$

在 HERA 电子和质子对撞机上有中性流过程 (由 γ, Z 传递相互作用) 和荷电流过程 (由 $W^\pm$ 传递相互作用)，以 e^- 入射为例分别为

$$e^- + p \to e^- + X, \quad e^- + p \to \nu_e + X. \tag{7.81}$$

对 HERA 电子–质子深度非弹性散射过程，基本的洛伦兹不变量与式 (7.52) 相同。

图 7.10　德国 HERA 正负电子和质子对撞机地面示意图

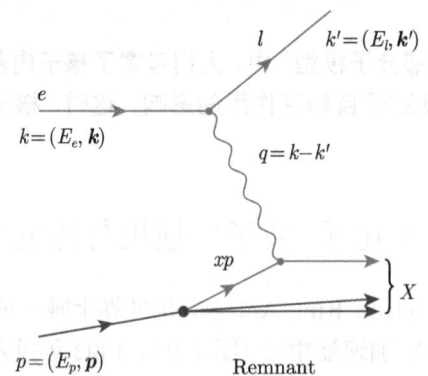

图 7.11　$e + p \to l + X$。$l = e$ 时为中性流过程；$l = \nu_e$ 时为带电流过程

§7.5.1　中性流过程：γ 交换*

这时，深度非弹性散射过程为式 (7.81) 的第一式。与图 7.6 相对应的振幅为

$$M = e^2 \bar{u}(k', \lambda') \gamma^\mu u(k, \lambda) \frac{1}{q^2} \langle X | J_\mu^{em} | p, \sigma \rangle. \tag{7.82}$$

对初态自旋求平均，对末态强子求和，可得散射截面为

$$d\sigma = \underbrace{\frac{1}{2s}}_{\text{flux}} \sum_X \underbrace{\int d\Phi}_{\text{phase space}} \cdot \underbrace{\frac{1}{4} \sum_{\text{spin}} |\mathcal{M}|^2_{ep \to eX}}_{\text{spin averaged} |\mathcal{M}|^2}. \tag{7.83}$$

§7.5 HERA 电子–质子对撞机与深度非弹性散射

对相空间的积分为

$$\int d\Phi = \frac{1}{(2\pi)^3} \frac{dk'^3}{2E'} d\Phi_X = \frac{1}{(2\pi)^3} \left(\frac{\pi Q^2}{2sx^2} dQ^2 dx \right) d\Phi_X. \tag{7.84}$$

其中

$$\frac{1}{4} \sum_{\text{spin}} |\mathcal{M}|^2_{ep \to eX} = \frac{e^4}{Q^4} \cdot L^{\mu\nu} h_{\mu\nu}. \tag{7.85}$$

其中已用到

$$\frac{dk'^3}{2E'} = \pi E' dE' d\cos\theta = \frac{\pi Q^2}{2sx^2} dQ^2 dx. \tag{7.86}$$

轻子张量流 $L_{\mu\nu}$ 为

$$L_{\mu\nu} = \frac{1}{2} \text{tr} \left[\slashed{k} \gamma_\nu \slashed{k}' \gamma_\mu \right] = 2 \left[k_\mu k'_\nu + k_\nu k'_\mu - \frac{Q^2}{2} g_{\mu\nu} \right]. \tag{7.87}$$

流守恒关系式为

$$q_\mu L^{\mu\nu} = q_\nu L^{\mu\nu} = 0. \tag{7.88}$$

强子张量 $W_{\mu\nu}$ 为

$$W_{\mu\nu} = \sum_x d\Phi_x \, h_{\mu\nu}, \tag{7.89}$$

它是 q^2 和 $q \cdot p$ (或者等价为 x 和 Q^2) 的函数。我们有

$$\frac{d^2\sigma}{dx dQ^2} = \frac{\alpha^2 y^2}{2Q^6} L^{\mu\nu} \cdot W_{\mu\nu}(x, Q^2). \tag{7.90}$$

强子张量 $W_{\mu\nu}$ 的最一般的形式是

$$W_{\mu\nu} = -W_1 g_{\mu\nu} + W_2 \frac{p_\mu p_\nu}{M^2} + W_4 \frac{q_\mu q_\nu}{M^2} + W_5 \frac{p_\mu q_\nu + p_\nu q_\mu}{M^2}, \tag{7.91}$$

与 $L^{\mu\nu}$ 收缩后, 最后两项变成零。由于流守恒条件

$$q_\mu W^{\mu\nu} = q_\nu W^{\mu\nu} = 0. \tag{7.92}$$

可以把 W_4 和 W_5 用 W_1 和 W_2 来表示, 得到

$$W_{\mu\nu} = -\left(g_{\mu\nu} + \frac{q_\mu q_\nu}{Q^2} \right) W_1 + \left(p_\mu + \frac{p \cdot q}{Q^2} q_\mu \right) \left(p_\nu + \frac{p \cdot q}{Q^2} q_\nu \right) \frac{W_2}{M^2}, \tag{7.93}$$

$$L^{\mu\nu}W_{\mu\nu} = 2W_1 Q^2 + \frac{W_2}{M^2}\frac{S^2}{2}(1-y). \tag{7.94}$$

在部分子模型中所用的关于结构函数的标准定义是 $F_{1,2}(x,Q^2)$。由上面各式，可以得到只考虑光子交换时的微分散射截面

$$\frac{d^2\sigma_{EM}}{dxdQ^2} = \frac{4\pi\alpha^2}{xQ^4}\left[xy^2 F_1(x,Q^2) + (1-y)F_2(x,Q^2)\right], \tag{7.95}$$

其中

$$MW_1(x,Q^2) = \pi F_1(x,Q^2), \quad \nu W_2(x,Q^2) = F_2(x,Q^2). \tag{7.96}$$

结构函数 $F_1(x,Q^2)$ 和 $F_2(x,Q^2)$ 包含了质子的全部信息。考虑到关系 $F_2 = 2xF_1$，式 (7.95) 可以写为

$$\frac{d^2\sigma_{EM}}{dxdQ^2} = \frac{2\pi\alpha^2}{xQ^4}\left[1+(1-y)^2\right]F_2(x,Q^2). \tag{7.97}$$

注意：在部分子模型中，$F_{1,2}$ 与 Q^2 无关。但是，如果考虑到核子内的胶子成分以及胶子对结构函数的影响，F_i 与 Q^2 相关。Q^2 越大，胶子的影响就越大。

§7.5.2 部分子模型：$e+q \to e+X$

我们用 $f_q(x)dx$ 表示质子内部被散射的夸克携带的动量分数为 $x \to x+dx$ 的概率。那么，电子和质子散射截面写为

$$\frac{d^2\sigma}{dx\,dQ^2} = \sum_q \int_0^1 dx\, f_q(x) \cdot \frac{d^2\sigma(eq \to eX)}{dx\,dQ^2}. \tag{7.98}$$

对深度非弹性散射过程，$Q^2 \gg m_q^2 \sim 0$，所以我们有

$$(q+xp)^2 = x^2 M^2 + 2p \cdot q\zeta - Q^2 = m_q^2 = 0. \tag{7.99}$$

考虑散射过程 $eq \to eq$：图 7.12 是该过程的费恩曼图。在部分子层次，可以把该过程的散射振幅写成如下形式：

$$\mathcal{M} = \frac{e^2 e_q}{Q^2}\bar{e}(k')\gamma_\mu e(k) \cdot \bar{u}(\Gamma')\gamma^\mu u(\Gamma), \tag{7.100}$$

$$\frac{1}{4}\sum_{\text{spins}}|\mathcal{M}|^2 = e^4 e_q^2 \cdot 2\frac{(k\cdot\Gamma)^2 + (k'\cdot\Gamma)^2}{(k\cdot k')^2}, \tag{7.101}$$

其中

$$k \cdot \Gamma = xk \cdot p = xs/2 , \tag{7.102}$$
$$k' \cdot \Gamma = (k-q) \cdot \Gamma = xs(1-y)/2 , \tag{7.103}$$
$$k \cdot k' = Q^2/2 = sxy/2, \tag{7.104}$$

我们有

$$\frac{d^2\sigma}{dx\,dQ^2} = \frac{4\pi\alpha^2}{xQ^4} \sum_q f_q^p(x) e_q^2 \frac{x}{2} \left[1 + (1-y)^2\right]. \tag{7.105}$$

把上式与一般表达式 (7.95) 相比较可得

$$F_2^{ep}(x) = 2xF_1^{ep}(x) = \sum_q e_q^2 \, x \, f_q^p(x), \tag{7.106}$$

上式就是自旋 $1/2$ 的费米子所满足的Callan-Gross 关系式。**显然，结构函数** $F_1(x)$，$F_2(x)$ **与** Q^2 **无关，这就是标度无关性。** 注意：函数 $f_q^p(x)$ 表示发现质子中的夸克 q 携带的动量为 xp_μ 的概率，也就是"部分子密度函数"(parton density function)。

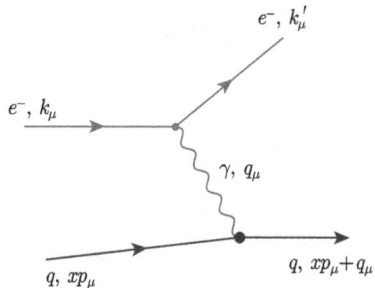

图 7.12 在部分子模型下 $e+q \to e+q$ 散射过程。$\Gamma_\mu = xp_\mu$ 和 $\Gamma'_\mu = xp_\mu + q_\mu$ 是入射和出射夸克的四动量

考虑 y-依赖性。 图 7.13 表示在质心系中的 $e+q \to e+q$ 散射过程，相关动力学变量满足以下关系：

$$k \cdot \Gamma = xs/2 = 2E^2 ,$$
$$k' \cdot \Gamma = xs(1-y)/2 = E^2(1+\cos\theta) ,$$
$$k \cdot k' = sxy/2 = E^2(1-\cos\theta). \tag{7.107}$$

由此可以导出

$$y = \frac{1}{2}(1-\cos\theta) = \begin{cases} 0, & \text{forward scattering;} \\ 1, & \text{backward scattering;} \end{cases} \tag{7.108}$$

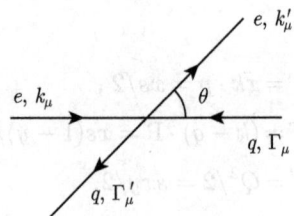

图 7.13 在质心系中的 $e+q \to e+q$ 散射过程

但是

$$|\mathcal{M}|^2 \propto \left[1+(1-y)^2\right]. \tag{7.109}$$

对 $eq \to eq$ 散射过程的螺旋度分析如图 7.14 所示。图 7.14(a) 所示情况为入射粒子具有相同的螺旋度：$RR \to RR$。这时有

$$J_z^{\text{in}} = J_z^{\text{out}} = 0. \tag{7.110}$$

图 7.14(b) 所示情况为入射粒子具有相反的螺旋度：$RL \to RL$。这时有

$$J_z^{\text{in}} = J_z^{\text{out}} = 1, \tag{7.111}$$

当 $\theta = \pi$ 时，贡献为零。

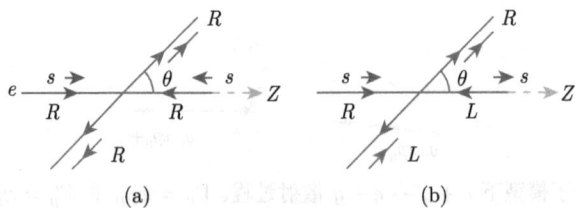

图 7.14 在质心系对 $e+q \to e+q$ 散射过程的螺旋度分析：(a) $RR \to RR$; (b) $RL \to RL$

部分子分布函数： 在质子内部存在价夸克和海夸克对 $(q\bar{q})$，

$$\text{质子} = \underbrace{uud}_{\text{价夸克}} + \sum_q \underbrace{q\bar{q}}_{\text{海夸克}}, \tag{7.112}$$

并且有

$$f_p^u(x) = u(x) = u_v(x) + u_{\text{sea}}(x), \quad f_p^{\bar{u}}(x) = \bar{u}(x) = u_{\text{sea}}(x). \tag{7.113}$$

在质子内发现 u 夸克的概率是 2，即

$$\int_0^1 (u(x) - \bar{u}(x))dx = \int_0^1 u_v(x)dx = 2. \tag{7.114}$$

函数 $F_2^{ep}(x)$ 可以写为

$$F_2^{ep}(x) = \sum_q e_q^2 x f_p^q(x)$$
$$= x\left[\frac{4}{9}(u(x)+\bar{u}(x)) + \frac{1}{9}(d(x)+\bar{d}(x)) + \frac{1}{9}(s(x)+\bar{s}(x)) + \cdots\right], \quad (7.115)$$
$$F_2^{en}(x) = \sum_q e_q^2 x f_p^q(x)$$
$$= x\left[\frac{4}{9}(u(x)+\bar{u}(x)) + \frac{1}{9}(d(x)+\bar{d}(x)) + \frac{1}{9}(s(x)+\bar{s}(x)) + \cdots\right]. \quad (7.116)$$

所以有

$$F_2^{ep}(x) - F_2^{en}(x) = \frac{x}{3}\left[u(x)+\bar{u}(x)-d(x)-\bar{d}(x)\right]. \quad (7.117)$$

如果我们考虑 u,d 夸克之间的同位旋对称性,将有

$$u(x) \approx d(x), \quad \bar{u}(x) \approx \bar{d}(x). \quad (7.118)$$

图 7.15 表示在质子内部的价夸克 u_v, d_v, 海夸克和胶子的部分子分布函数 (PDF) 随动量分数 x 的变化。关于部分子分布函数的全面研究可见文献 [23]。

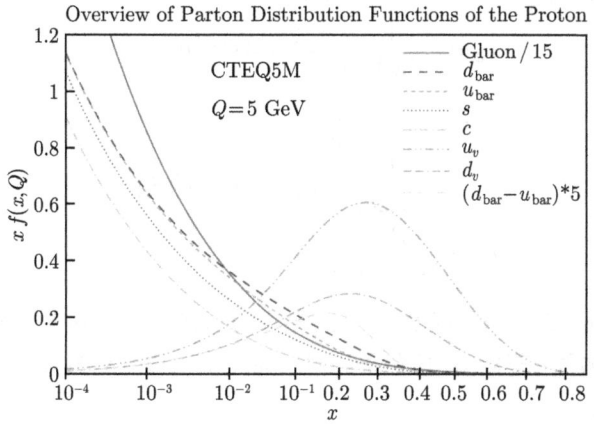

图 7.15 当 $Q=5\text{GeV}$ 时, 使用 CTEQ5M 程序得到的质子内部部分子分布函数随动量分数 x 的变化 (见彩图)

§7.5.3 深度非弹性散射微分截面公式*

在 QCD 部分子模型框架下,我们可以计算由 Z 交换和 $W^\pm$ 交换所导致的中性流和荷电流贡献,这时,部分子密度函数 $f_i(x)$ 对 Q^2 有一个较弱的依赖性。如果只考虑领头阶的 QCD 修正,最后的微分截面公式为[91]

(1) **中性流截面**：交换 γ 和 Z^0。

$$\frac{d^2\sigma(e^-p \to e^-p)}{dx\,dQ^2} = \frac{4\pi\alpha^2}{xQ^4}\left[xy^2 F_1(x,Q^2) + (1-y)F_2(x,Q^2)\right.$$
$$\left. +xy\left(1-\frac{y}{2}\right)F_3(x,Q^2)\right], \tag{7.119}$$

其中

$$F_2(x,Q^2) = \sum_q x\left[q(x,Q^2) + \bar{q}(x,Q^2)\right]A_q,$$
$$F_2(x,Q^2) - 2xF_1(x,Q^2) = F_L(x,Q^2),$$
$$xF_3(x) = \sum_q x\left[q(x,Q^2) - \bar{q}(x,Q^2)\right]B_q, \tag{7.120}$$

其中 $q(x,Q^2)$ 和 $\bar{q}(x,Q^2)$ 表示夸克、反夸克密度函数。

$$A_q = \underbrace{e_q^2}_{\gamma-\gamma} - \underbrace{2e_q V_e V_q \frac{Q^2}{M_Z^2+Q^2}}_{\gamma-Z} + \underbrace{(v_e^2+a_e^2)(v_q^2+a_q^2)\frac{Q^4}{(M_Z^2+Q^2)^2}}_{Z-Z}, \tag{7.121}$$

$$B_q = -2e_q a_e a_q \frac{Q^2}{M_Z^2+Q^2} + 4v_e a_e v_q a_q \frac{Q^4}{(M_Z^2+Q^2)^2}, \tag{7.122}$$

其中耦合系数 v_e, a_e, v_q 和 a_q 的表达式为

$$v_e = \frac{1}{2\sin 2\theta_W}(-1+4\sin^2\theta_W),$$
$$a_e = -\frac{1}{2\sin 2\theta_W},$$
$$v_q = \frac{1}{2\sin 2\theta_W}(T_{3q} - 2e_q\sin^2\theta_W),$$
$$a_q = \frac{T_{3q}}{2\sin 2\theta_W}. \tag{7.123}$$

除了在小 x 区域，纵向结构函数 $F_3(x,Q^2)$ 属于 QCD 的次领头阶修正项，很小。

(2) **荷电流截面**：交换 W 玻色子。对于带电流深度非弹性散射过程 $e^-p \to \nu n$，微分散射截面为

$$\frac{d^2\sigma_{CC}}{dx\,dQ^2} = \frac{\pi\alpha^2}{4\sin^4\theta_W(Q^2+M_W^2)^2}$$
$$\cdot \sum_{i,j}\left[|V_{u_i d_j}|^2 u_i(x,Q^2) + (1-y)^2|V_{u_j d_i}|^2 \bar{d}_i(x,Q^2)\right], \tag{7.124}$$

其中 $V_{u_i d_j}$ 是 CKM 夸克混合矩阵元，$u_i = (u,c)$，$d_i = (d,s)$。

对于部分子分布函数 (PDF) 或者部分子密度函数 $f_q(x,Q^2)$，目前常用两个组的程序：

§7.5 HERA 电子–质子对撞机与深度非弹性散射

(a) CT10NNLO: 美国 CTEQ 合作组的程序[92]。图 7.16 显示了当取 $Q = $ 2GeV, 3.16GeV, 8GeV 和 85 GeV 时，使用 CT10NNLO 程序得到的质子内部部分子分布函数 $xf(x,Q)$ 对动量分数 x 的依赖关系。更多的细节详见参考文献 [92]。CTEQ 合作组的网址: http://users.phys.psu.edu/~cteq/; 该网址上有近 20 年来的 CTEQ "summer schooe" 的链接。会议网址: http://www.phy.pku.edu.cn/qhcao/CTEQ/index.html。

(b) MMHT14: 英国 MSTW 合作组的程序。最新版本的名称是: MMHT14[93]。更多的细节详见在 ICHEP-2014 会议上 P. Motylinski 的报告[93]。

两个合作组目前提供的 PDF 程序的精度均为 QCD 的次次领头阶 (NNLO), 已经包含了大部分次次领头阶贡献，并且包含了 LHC RUN-1 实验数据。

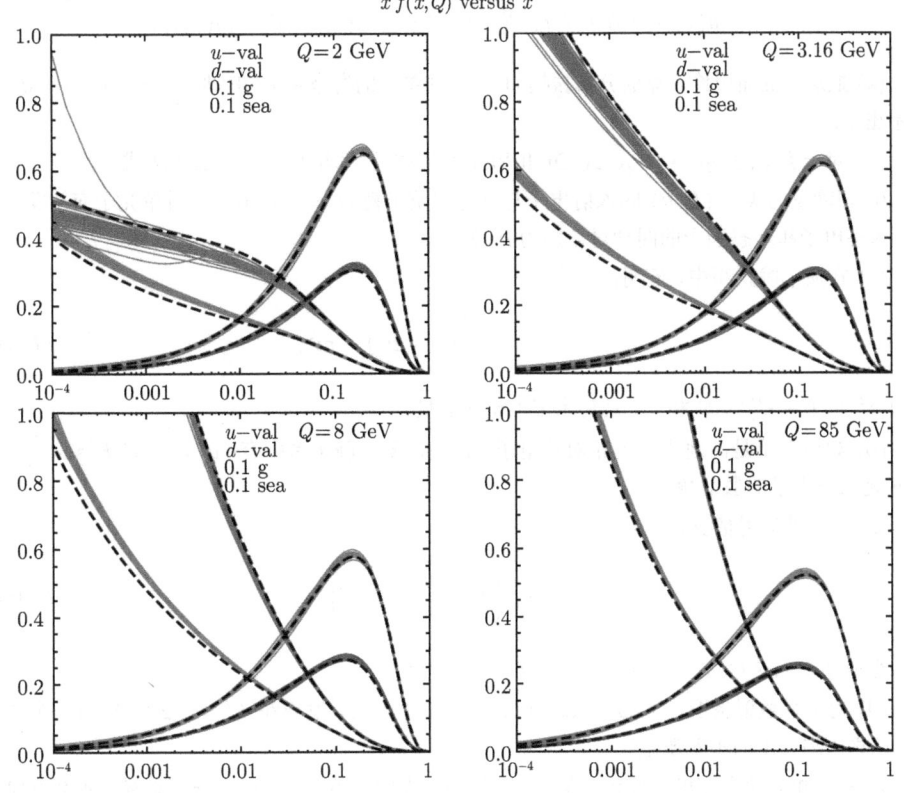

图 7.16 当 $Q = $ 2GeV, 3.16GeV, 8GeV, 85GeV 时，使用 2014 年的 CT10NNLO 程序得到的质子内部部分子分布函数 $xf(x,Q)$ 随动量分数 x 的变化。对胶子和海夸克的分布函数，分别乘上一个 0.1 因子。这里面 q_{sea} 的定义是: $q_{\text{sea}} = 2(\bar{u} + \bar{d} + \bar{s})$ (见彩图)

练习题

1. 试论述 QCD 的渐近自由性质。这个性质是 QCD 独有的吗？还是有其他的相互作用也有此性质？

2. 电子和质子的弹性散射和非弹性散射在定义上有什么不同？

3. 考虑强子波函数的对称性，解释为什么除了空间、自旋和味道波函数的乘积以外，对 $\Omega(sss)(L=0)$ 重子态，还需要引入一个新的颜色自由度？

4. 考虑高能质子-质子散射过程 $pp \to 2\,\text{jets} + X$，画出最低阶的 QCD 费恩曼图。其中 X 表示对撞强子的"Remnants"。

5. Drell-Yan 过程 $p\bar{p} \to \mu^+\mu^- X$ 的总产生截面可以写为

$$\sigma_{\text{D-Y}} = \frac{4\pi\alpha^2}{81S} \int_0^1 \int_0^1 \frac{dx_1 dx_2}{x_1 x_2} \qquad (7.125)$$
$$\cdot \left[4u(x_1)u(x_2) + d(x_1)d(x_2) + 4\bar{u}(x_1)\bar{u}(x_2) + \bar{d}(x_1)\bar{d}(x_2) \right].$$

(a) 把这个截面用价夸克的分布振幅 (PDF) 和单一的海夸克 PDF(即 $S(x) = \bar{u}(x) = \bar{d}(x)$) 表示出来；

(b) 对于类似的 $pp \to \mu^+\mu^- X$ Drell-Yan 产生过程，写出总产生截面表达式。

6. 四动量为 $k = (E, \boldsymbol{k})$ 的入射电子与静止的质子靶 $(p = (m_p, 0))$ 通过单光子交换发生散射。末态电子和末态强子的四动量分别为 k' 和 p'。

(a) 在质子静止系中，证明：

$$p'^2 = q^2 + 2m_p(E - E') + m_p^2, \qquad (7.126)$$

其中 $q^2 = (k - k')^2$，E 和 E' 是初末态电子的能量。

(b) 如果电子是高速飞行的相对论电子，证明在质子静止系中有：$q^2 = -4EE'\sin^2\frac{\theta}{2}$，其中 θ 是入射电子的散射角。

(c) 对弹性散射情况，证明：

$$E' = E / \left(1 + \frac{2E}{m_p}\sin^2\frac{\theta}{1}\right). \qquad (7.127)$$

当取 $E = 4.8$ GeV，$\theta = 6°$ 时，计算 E' 的数值。

(d) 对弹性散射情况，当 $E = 4.879$ GeV，$\theta = 10°$ 时，发现在 $E' = 4.2$ GeV 有一个共振峰，计算末态强子的不变质量。

7. 在非相对论夸克模型理论框架下，可以用下面的束缚势 $V(r)$ 来很好地描写重夸克偶素 $Q\bar{Q}(Q=c,b)$，

$$V(r) = -\frac{a}{r} + br, \qquad (7.128)$$

通过对相关实验数据的拟合，得到参数 (a,b) 的值：$a \approx 0.30$，$b \approx 0.23$ GeV^2。

(a) 请指出势函数 $V(r)$ 的第 1 项和第 2 项的来源和性质。

(b) 可以对重夸克偶素 $Q\bar{Q}$ 的基态能量作如下估计。对给定的 r，束缚态的总能量可以写为

$$E(r) = 2m - \frac{a}{r} + br + \frac{p^2}{m} \tag{7.129}$$

其中 $m = m_Q$，p 是 Q 的动量 (非相对论情况)。解释为什么可以作近似：$p \sim 1/r$，并导出 $E(r)$ 的表达式。然后证明，在该近似下重夸克偶素 $Q\bar{Q}$ 的基态半径 r_0 可以由下式解出：

$$\frac{2}{mr_0^3} = \frac{\alpha^2}{r_0^2} + b. \tag{7.130}$$

(c) 考虑粲偶素 $c\bar{c}$，并近似取 $m_c = 1.5$ GeV，证明对 $c\bar{c}$ 系统，有 $\langle 1/r_0 \rangle \approx 0.67$ GeV。并基于该模型，估算 $c\bar{c}$ 基态能量。

(d) 考虑 $c\bar{c}$ 的 2 个激发态：

$$\begin{aligned} \psi(2S): &\quad m = 3686.1 \text{MeV}, \Gamma = 0.3 \text{MeV}; \\ \psi(3770): &\quad m = 3773.5 \text{MeV}, \Gamma = 27.2 \text{MeV}. \end{aligned} \tag{7.131}$$

解释这两个激发态衰变宽度的巨大差别的可能来源。

8. (1) 试证明：如果一个介子可以通过强相互作用衰变到 $\pi^+\pi^-$ 对，那么其宇称量子数一定为：$C = P = (-1)^S$，其中 S 表示该介子的自旋量子数。

(2) 矢量介子 $\rho(770)(S=1)$ 和张量介子 $f_2^0(1275)(S=2)$ 均可以通过强相互作用衰变到 $\pi^+\pi^-$ 对，请问：

(a) 两个电磁衰变过程 $\rho^0 \to \pi^0 \gamma$ 和 $f_2^0 \to \pi^0 \gamma$ 中的哪一个是被禁戒的？

(b) 两个过程 $\rho^0 \to \pi^0 \pi^0$ 和 $f_2^0 \to \pi^0 \pi^0$ 中的哪一个在任意相互作用下都是被禁戒的？

第 8 章 电弱统一理论

最早成功地把两种不同的相互作用统一起来的是牛顿[①]，他把重力和星球间引力统一到万有引力。在 1865 年，麦克斯韦[②]把电和磁统一到了一种矢量场理论——电磁场中。统一的电磁场用麦克斯韦方程来描写。麦克斯韦方程引入了一个自由参数——光速。

量子电动力学告诉我们，电磁场是 $U(1)_{em}$ 规范相互作用。统一的电弱相互作用也应该是规范相互作用。如要建立电磁相互作用和弱相互作用的统一理论，需要解决以下几个问题：

1. 规范相互作用总是和一定规范变换群下的不变性相联系，电磁规范相互作用是和 $U(1)$ 规范不变性相联系。如果有统一的电弱规范相互作用，首先要回答它是和什么规范变换群的不变性相联系。

2. 电磁规范相互作用是通过放出和吸收光子来体现的，规范不变性决定光子的自旋为 1，光子的质量为 0。统一的电弱相互作用如果是规范相互作用，则规范粒子的自旋应为 1，质量应为 0。但弱相互作用是近程相互作用，传递弱相互作用的规范玻色子的质量应该很重，这表明规范对称性已经破缺，就需要回答规范对称性如何破缺，如何使中间玻色子获得重质量？机制是什么？

3. 电磁规范相互作用是可重整的，这是 QED 理论已经证明了的。但对于更大规范变换群的电弱相互作用，是不是仍然可重整的，特别是在规范对称性破缺，中间玻色子得到质量之后，电弱相互作用是不是仍然可重整的，这还需要从理论上给予证明。有质量规范场能否重正化？

4. 场论中给出：在连续变换对称性自发破缺时，必然伴随出现零自旋、零质量的粒子，称为 Goldstone 玻色子。然而实验上并没有发现这样的粒子。因此，如何能在电弱规范对称性破缺的同时，不出现这种零自旋、零质量的粒子，也是理论上必须解决的问题。

§8.1　电弱相互作用理论发展简史

20 世纪 30~70 年代，电弱相互作用的统一之路经历了大约 50 年的艰难历程。

[①]Isaac Newton(1642.12.25~1726.3.20)，英国物理学家，建立了经典力学，牛顿三定律，发现了万有引力。

[②]James Clerk Maxwell(1831.6.13~1879.11.5)，苏格兰数学、物理学家。建立了电磁场的麦克斯韦方程，实现了电和磁的统一。

§8.1 电弱相互作用理论发展简史

1. 1934 年: 为了解释原子核的 β 衰变的电子"反常"能谱, W. 泡利提出存在中微子 ν 的假设, 用三体衰变 (但中微子不可见) 解释了 β 衰变的电子连续谱。

1934 年, 费米借鉴电动力学理论提出描述 β 衰变的流–流有效理论:

$$\mathcal{L}_{weak} = \frac{G_F}{\sqrt{2}} \left(\overline{\psi}_p \gamma_\mu \psi_n\right) \left(\overline{\psi}_e \gamma_\mu \psi_\nu\right). \tag{8.1}$$

但是耦合常数 G_F 与电动力学很不一样, 不但非常弱, 而且带质量量纲的负二次方。这里的弱作用是四个费米子的点相互作用。

2. 1936 年: G. Gamow[①] 和 E. Teller[②] 推广了费米理论:

$$\mathcal{L}_{weak} = \frac{G_F}{\sqrt{2}} \sum_i C_i \left(\overline{\psi}_p \Gamma^i \psi_n\right) \left(\overline{\psi}_e \Gamma^i \psi_\nu\right), \tag{8.2}$$

其中 $\Gamma_i = (1, \gamma_\mu, \gamma_5, \gamma_\mu \gamma_5, \sigma_{\mu\nu})$ 构成了 16 个 4×4 狄拉克矩阵 (完全集合)。

3. 1949 年: J. A. Wheeler[③] 和 J. Tiomno[④], 李政道, Rosenbluth[⑤] 和杨振宁等提出费米弱作用的普适性建议。即对不同的弱作用过程

$$\begin{aligned}
\beta - \text{decay} &: n \to p + e^- + \bar{\nu}_e, \\
\mu - \text{decay} &: \mu^- \to e^- + \bar{\nu}_e + \nu_\mu, \\
\mu - \text{capture} &: \mu^- + p \to n + \nu_\mu.
\end{aligned} \tag{8.3}$$

可用同一耦合常数 $G_F = 1.03/m_p^2 \times 10^{-5}$ 来描写, 此即费米耦合常数。

4. 1954 年: 杨振宁和米尔斯 [94] 在量子场论中首次引入定域 $SU(2)$ 规范不变的概念, 为电弱统一理论的建立提供了数学框架。

5. 1955 年: Alvarez 等发现 θ, τ 粒子有相同的衰变宽度 ($\Gamma_\theta = \Gamma_\tau$) 和质量 ($m_\theta = m_\tau$), 似乎应该是同一个态。但是通过对不同的衰变道的观测, 发现其末态宇称相反:

$$\theta^+ \to \pi^+ \pi^0, \quad J^P = 0^+; \quad \tau^+ \to \pi^+ \pi^+ \pi^-, \quad J^P = 0^-. \tag{8.4}$$

这就是历史上俗称的 $\theta - \tau$ 之迷。

---

①George Gamow(1904.3.4~1968.8.19), 美籍俄裔物理学家, 国际著名核物理学家和天体物理学家。

②Edward Teller(1908.1.15~2003.9.9), 美国实验物理学家, 劳伦斯–利弗莫尔国家实验室创始人, 杨振宁教授的博士导师, 曾获得费米奖和爱因斯坦奖。

③John A. Wheeler(1911.7.9~2008.4.13), 美国物理学家, 在广义相对论和统一场论方面有重要贡献, 费恩曼的博士导师, 曾获得费米奖, 爱因斯坦奖和富兰克林奖。

④Jayme Tiomno(1920.4.16~2011.1.12), 巴西物理学家, 在广义相对论和粒子物理研究中有重要贡献。

⑤Marshall Rosenbluth(1927.2.5~2003.9.28), 美国物理学家, 以 Rosenbluth 公式闻名, 在等离子体物理方面有重要贡献, 曾获得费米奖和爱因斯坦奖。

6. 1956 年：李政道和杨振宁认为 θ 和 τ 是同一个粒子，但在弱相互作用过程宇称可以不守恒，并提出实验建议，以检验弱相互作用中的宇称不守恒 [48]。

7. 1957 年：为了检验弱相互作用中宇称是否守恒，吴健雄等测量了 ^{60}Co β 衰变中电子的角分布

$$^{60}\text{Co}(\text{polarized}) \longrightarrow {}^{60}\text{Ni} + e^- + \bar{\nu}_e, \tag{8.5}$$

发现其衰变依赖于赝标量 $\langle \boldsymbol{J}_{nuc} \rangle \cdot \boldsymbol{p}_e$，证明了弱相互作用中的宇称不守恒。

1957 年，H. Frauenfelder 等进一步确认在弱作用中宇称不守恒：对在 β 衰变过程

$$^{60}\text{Co} \longrightarrow e^-(\text{long.pola.}) + \bar{\nu}_e + X, \tag{8.6}$$

中发射的电子的纵向极化量 $(\boldsymbol{\sigma}_e \cdot \boldsymbol{p}_e)$ 的测量表明，弱作用中发射的电子绝大部分是左手的。弱作用中宇称不守恒的发现表明：在弱作用流中必须包含有 γ_5 项

$$\mathcal{L}_{\text{weak}} \longrightarrow \frac{G_F}{\sqrt{2}} \sum_i C_i \left(\overline{\psi}_p \Gamma^i \psi_n \right) \left(\overline{\psi}_e \Gamma^i (1 \pm \gamma_5) \psi_\nu \right). \tag{8.7}$$

这时，CP 对称性保持 (P 破坏时，C 也破坏)。

1957 年，李政道，杨振宁和朗道①等提出中微子的二分量理论。它要求中微子要么是左手的，要么是右手的。由于已知弱作用中涉及的电子 (正电子) 是左手 (右手) 的，故轻子流应写为

$$J^i_{lept.} \equiv \overline{\psi}_e \Gamma^i (1 \pm \gamma_5) \psi_\nu \longrightarrow \overline{\psi}_e \frac{1 + \gamma_5}{2} \Gamma^i \psi_\nu. \tag{8.8}$$

因此中微子螺旋度的测量是决定弱流结构的关键。如 $\Gamma^i = V, A$，则有 $\{\gamma_5, \Gamma^i\} = 0$，中微子应是左手的，否则轻子流将为零。另一方面，如 $\Gamma^i = S, T$，则有 $[\gamma_5, \Gamma^i] = 0$，中微子应是右手的。

1957 年，J. S. Schwinger②，李政道和杨振宁等 [95] 发展了有关在弱作用中引入重质量的中间矢量玻色子 ($W^\pm$) 的思想。认为四费米子相互作用是"类点"的，即 S-波相互作用。分波的幺正性要求这种相互作用所产生的反应截面必须满足

$$\sigma < 4\pi/p_{cm}^2. \tag{8.9}$$

然而，由于 G_F 具有量纲 M^{-2}，故四费米子弱相互作用的截面应满足

$$\sigma \sim G_F^2 p_{cm}^2. \tag{8.10}$$

---

①Lev Davidovich Landau (1908.1.22~1988.4.1)，苏联物理学家，因在超流和超导电性方面的研究成果而获得 1962 年诺贝尔物理学奖。

②J. S. Schwinger(1918.2.12~1994.7.16)，美国物理学家，因在建立 QED 理论方面的贡献获得 1965 年诺贝尔物理学奖。

§8.1 电弱相互作用理论发展简史

也就是说,随着反应质心能量的提高,反应截面将迅速增大。因此,费米有效理论当 $p_{cm} \sim 300\text{GeV}$ 时将破坏理论的幺正性。这个问题可仿照 QED 那样,通过引入中间矢量玻色子来传递相互作用而得到解决。但这里的中间矢量玻色子应具有与光子不同的性质。首先,由于 β 衰变是荷电流过程,故该粒子应带电。其次,由于弱作用的短程性,该粒子应当具有重质量。最后,它们不应具有确定的宇称以允许弱流具有 V-A 结构。引入满足上述特征的玻色子以后,轻子的费米拉氏量就由

$$\mathcal{L}_{\text{weak}} = \frac{G_F}{\sqrt{2}} \left[\overline{\psi}_{\nu_l} \Gamma_\mu \psi_l \overline{\psi}_{\nu_l'} \Gamma_\mu \psi_l' + h.c. \right], \quad (8.11)$$

变为

$$\mathcal{L}_{\text{weak}} = G_W \left[J^{-\mu} W_\mu^+ + J^{+\mu} W_\mu^- \right], \quad (8.12)$$

其中 G_W 是新的耦合常数,$J^\mu = \overline{\psi}_{\nu_l} \gamma^\mu (1-\gamma_5) \psi_l$ 是弱作用带电流。

8. 1958 年:理查德·费恩曼 (R. Feynman) 等提出了普适性 V-A 相互作用理论:

$$J^{+\mu}_{lept.} = \overline{\psi}_e \gamma^\mu (1-\gamma_5) \psi_{\nu_e}. \quad (8.13)$$

1958 年,M. Goldhaber[96] 等首次证实中微子是左手的 (即螺旋度为负的),这个结果证实弱作用的结构确实是 V-A 型的。这也奠定了最大宇称破坏的弱作用理论。

9. 1961 年:萨拉姆① 和 Ward 提出以规范原理作为构造基本相互作用场的量子场论的基础[97]。同年,格拉肖② 提出了 $SU(2) \times U(1)$ 的弱作用规范群,引入了产生短程中性流的重 Z^0 玻色子[98],用两个中性规范玻色子 (W_μ^3, B_μ) 的混合来产生弱作用的宇称破坏,推广了由许温格提出的电弱理论。

10. 1964 年:J. D. Bjorken③ 和格拉肖提出存在第四种夸克 (charm) 的假设[99]。

1964 年,J. H. Christenson,J. Cronin④,V. L. Fitch⑤ 等首次在美国布鲁克海文国家实验室的 K 介子实验上发现 K^0 介子系统中的 CP 破坏的证据[50]。关于 K、B 介子系统 CP 破坏的研究是近 50 年来国际理论物理和实验物理中一直非常活跃的领域。

---

①A. Salam (1926.1.29~1996.11.21),英籍巴基斯坦物理学家,因建立电弱统一理论的贡献与格拉肖和温伯格分享了 1979 年的诺贝尔物理学奖。

②Sheldon Glashow(1932.12.5~),美国物理学家,因建立电弱统一理论的贡献与萨拉姆和温伯格分享了 1979 年的诺贝尔物理学奖。

③James Daniel Bjorken (1934.6.22~),美国物理学家,因强子物理的 Bjorken 无标度性等重要贡献获得狄拉克奖和劳伦斯奖。

④James Cronin(1931.9.29~),美国物理学家,因为发现中性 K 介子衰变时存在 CP 对称性破坏,与 V. L. Fitch 分享 1980 年诺贝尔物理学奖。

⑤Val Logsdon Fitch(1923.3.10~2015.2.5),美国物理学家,因为发现中性 K 介子衰变时存在 CP 对称性破坏,与 J. Cronin 分享 1980 年诺贝尔物理学奖。

1964 年，萨拉姆和 J. C. Ward 独立地提出了与许温格模型类似的电弱相互作用统一模型，引入了同样的 $SU(2) \times U(1)$ 规范群结构，并估计了 W 玻色子的质量[100]。萨拉姆确信电弱统一模型一定是规范理论，但当时要产生规范对称性的破缺，要给规范玻色子以质量，只能用手放进去。但这就要破坏规范理论拉氏量的规范不变性，破坏理论的可重整性。

1964 年 8 月，弗朗索瓦·恩格勒①和罗伯特·布劳特②发表了关于规范对称性自发破缺的论文[101]。同年 9 月和 10 月，彼得·希格斯③的两篇相关论文发表[102]。这三位学者在他们的论文中提出了一种通过规范对称性自发破缺而使规范粒子获得质量的机制：Higgs 机制。同年 11 月，G. Guralnik④, C. Hagen 和 T. Kibble 发表论文，提出了同样的规范对称性自发破缺机制[103]。我们将在本章对 Higgs 机制做详细的讨论，在第 9 章对 Higgs 玻色子的产生和衰变做详细的讨论。

11. 1967 年：T. W. B. Kibble⑤把 Higgs 机制推广到非阿贝尔规范场论[104]。

1967 年，温伯格⑥把 Higgs 机制和 $SU(2) \times U(1)$ 模型放到一起，提出了描写轻子的电磁作用和弱作用统一的理论，并估计了 W 和 Z^0 玻色子的质量[105,106]。

1967 年，萨拉姆独立地提出了电弱相互作用统一模型。他于 1967 年秋季在伦敦帝国学院 (Imperial College of London) 做了关于"电弱模型"的学术报告，并在 1968 年 5 月瑞典的学术会议上报告了相关研究成果[107,108]。萨拉姆首先使用了英文表述："Electroweak Theory"。在 1967 年，萨拉姆和温伯格都认为他们的"电弱相互作用理论"是可重整的，但是没有证明。

12. 1971 年：G. 't Hooft⑦和 M. J. G. Veltman⑧完成了对具有自发破缺规范对称性的有质量和无质量的 Yang-Mills 规范场可重整性的严格证明[109]。

---

①Francois Englert(1932.11.6~)，比利时理论物理学家，1959 年在比利时自由大学获得博士学位。因提出电弱对称性自发破缺的 BEH 机制和 P. Higgs 分享了 2013 年诺贝尔物理学奖。

②Robert Brout(1928.6.14~2011.5.3)，美国理论物理学家，1953 年在美国哥伦比亚大学获得博士学位，1959~1961 年，曾任 F. Englert 的博士后导师，并和他一起返回比利时自由大学，终生在那里任教。1964 年与 F. Englert 合作提出规范对称性自发破缺的"BEH"机制 (即 Higgs 机制)。曾经获得沃尔夫奖和 Sukura 奖。

③Peter Higgs(1929.5.29~)，英国理论物理学家，1954 年在伦敦国王学院获得博士学位。1964 年独立提出 Higgs 机制，与 F. Englert 分享了 2013 年诺贝尔物理学奖。

④Gerald Guralnik(1936.9.17~2014.4.26)，美国理论物理学家。因对提出 Higgs 机制的贡献与 Englert, Brout, Higgs, Hagen 和 Kibble 获得 2010 年 Sukura 奖。

⑤T. W. B. Kibble(1932.12.23~)，英国物理学家，对发现电弱对称性自发破缺和 Higgs 机制有重要贡献，曾经获得 Sukura 奖和 Dirac 奖。

⑥Steven Weinberg(1933.5.3~)，美国物理学家，因建立弱电统一理论而与萨拉姆和格拉肖分享 1979 年诺贝尔物理学奖。

⑦Gerard 't Hooft(1942.7.5~)，荷兰物理学家，因证明了 Yang-Mills 规范场的重正化而与其导师 M. J. G. Veltman 分享了 1999 年诺贝尔物理学奖。

⑧M. J. G. Veltman(1931.6.27~)，荷兰物理学家，因证明了 Yang-Mills 规范场的重正化而与 G. 't Hooft 分享 1999 年诺贝尔物理学奖。

13. 1973 年：Gargamelle 中微子国际合作组首次在欧洲核子研究中心 (CERN) 的 $\nu_\mu e$ 和 $\nu_\mu N$ 散射实验中发现了由 Z^0 玻色子引起的弱中性流存在的证据：

$$\nu_\mu + e^- \longrightarrow \nu_\mu + e^-, \quad \nu_\mu + N \longrightarrow \nu_\mu + N. \tag{8.14}$$

其领头阶费恩曼图如图 8.1 所示。这是电弱统一理论的一个重要预言，它的发现使电弱统一理论成为被广泛接受的理论。他们也测量了中性流事例和带电流事例的比率，从而估计了温伯格角 $\sin^2\theta_W$ 的值在 $0.3\sim0.4$ 之间。它也促成了人们预言 W、Z 玻色子的质量大小，并设计实验来探测它们。起初，物理学家只用一个 $SU(2)$ 的群来统一电弱相互作用，规范玻色子是 $W^\pm$ 和光子。但是这样的理论马上遇到了问题，一是电磁相互作用的宇称可能破坏（同一个群的相互作用性质相同），另外，光子和 $W^\pm$ 的质量差别也太大了。中性弱流的发现确立了在 $SU(2)$ 之外还需要引进一个 $U(1)$ 规范场。

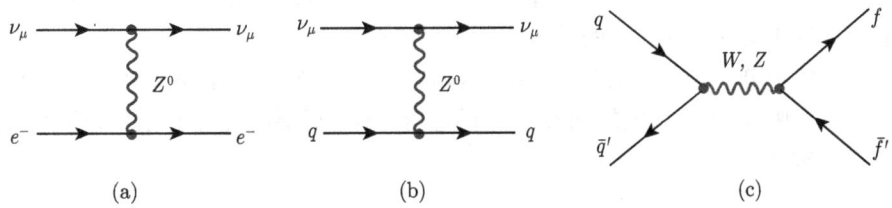

图 8.1 (a,b) 实验上发现的中性弱流的领头阶费恩曼图；(c) 由交换带电和中性矢量玻色子 $W^\pm, Z^0$ 引起的 $2 \to 2$ s-道产生过程的领头阶费恩曼图

14. 1974 年： 美国费米实验室的实验也证实了弱中性流存在于在如下的反应中

$$\nu_\mu + N \longrightarrow \nu_\mu + X. \tag{8.15}$$

15. 1983 年：由 C. Rubbia[①] 领导的 UA1 实验组和 P. Darriulat 领导的 UA2 实验组在 CERN 的 SPS 质子-反质子对撞机实验中发现了带电和中性的中间矢量玻色子 $W^\pm$ 和 Z^0

$$\begin{aligned} p + \bar{p} &\to W(\to l + \nu) + X, \\ p + \bar{p} &\to Z^0(\to l^+ + l^-) + X. \end{aligned} \tag{8.16}$$

其领头阶费恩曼图在图 8.1(c) 中给出。实验测量得到的 $W^\pm$ 和 Z^0 玻色子质量与电弱统一理论的预言符合得很好。这是支持电弱统一理论的又一关键实验证据。Simon

---

[①] Carlo Rubbia (1934.3.31~)，意大利物理学家，因对发现电弱统一理论所预言的 $W^\pm$ 和 Z^0 玻色子实验的重要贡献与 Simo Van der Meer 分享 1984 年诺贝尔物理学奖。

van der Meer[①] 对通过高能 $P\bar{P}$ 对撞实验发现 $W^{\pm}$ 和 Z^0 玻色子的主要贡献是领导建造了 CERN 的质子-反质子存储环, 发明了对高能反质子束流进行冷却的随机冷却 (stochastic cooling) 方法, 以减少在加速过程中粒子束的横向发散度和能散度, 进而有效提高粒子束流密度。Simon van der Meer 和回旋加速器的发明者 Emest Lawrence[②] 是到目前为止仅有的 2 位获得诺贝尔物理学奖的高能加速器专家。

16. 1987 年: ARGUS 实验组在 DESY 实验室 DORIS 存储环的 ep 对撞实验中, 首次发现了 $B^0 - \bar{B}^0$ 混合的实验证据: 实验测量得到的中性 B 介子混合 $\Delta M(B_d^0) \sim 0.5 \mathrm{ps}^{-1}$, 比预期的理论值大很多。由于顶夸克可以通过箱图影响 ΔM 的理论预言值, 那么根据实验测量得到的大的 ΔM, 可以间接推论: 顶夸克有很重的质量。这是顶夸克很可能具有重质量 ($m_t \geqslant 80$ GeV) 的第一个实验信号。

17. 1989~2000 年: 在欧洲核子研究中心 (CERN) LEP 正负电子对撞机上工作的 4 个实验组 ALEPH, DELPHI, L3 和 OPAL 开始了他们对中间矢量玻色子 Z^0 和 $W^{\pm}$ 的产生和衰变过程的精细研究, 对其质量做了高精度测量, 对电弱统一理论的很多理论预言在 1% 的精度进行了精确检验 [110]。

18. 1999 年: 在 CERN 工作的 NA48 实验组和在 FeimiLab 工作的 KTeV 实验组, 在发现 K 介子系统的间接 CP 破坏 35 年之后最终发现了 K^0 介子系统的直接 CP 破坏:

$$\mathrm{Re}\left(\frac{\epsilon'}{\epsilon}\right) = \begin{cases} (18.5 \pm 4.5 \pm 5.8) \times 10^{-4} & \text{NA48,} \\ (28.0 \pm 3.0 \pm 2.8) \times 10^{-4} & \text{KTeV.} \end{cases} \quad (8.17)$$

19. 1999~2011 年: 美国 SLAC 和日本 KEK 的两个 B 介子工厂在 1999 年夏天投入运行。BaBar 实验组在 2008 年 4 月停止运行, 日本的 Belle 实验组在 2010 年底停止运行, B 介子工厂实验发现了 B 介子系统的 CP 破坏, 实验支持基于 CKM 矩阵夸克混合对 K, B 介子系统 CP 破坏的理论解释, 直接导致 M. Kobayashi 和 T. Maskawa 两位日本物理学家获得 2008 年诺贝尔物理学奖。两个 B 介子工厂实验获得的一系列重要成果推动了物理学的发展 [111]。

§8.2 GIM 机制和 CKM 矩阵

§8.2.1 夸克混合

实验上观测到奇异数改变 ($\Delta S = 1$) 的弱衰变被大大压低。例如, 中子的 β 衰

---

①Simon van der Meer(1925.11.24~2011.3.4), 荷兰实验物理学家, 因对 SPS 强子对撞机实验的贡献与 C. Rubbia 分享了 1984 年诺贝尔物理学奖。

②E. Lawrence (1901.8.8~1958.8.27), 美国加速器物理学家, 因发明回旋加速器而获得 1939 年诺贝尔物理学奖。

变宽度远大于超子 Λ 的 β 衰变宽度：

$$\Gamma_{\Delta S=0}\left(n \to p+e^-+\bar{\nu}\right) \gg \Gamma_{\Delta S=1}\left(\Lambda \to p+e^-+\bar{\nu}\right). \tag{8.18}$$

奇异粒子的半轻子衰变 $\Sigma^- \to n+e^-+\bar{\nu}_e$ 是 $\Delta S=1$ 的奇异数改变过程，实验发现它比 $\Delta S=0$ 的过程 $n \to p+e^-+\bar{\nu}_e$ 被压低至 1/20 左右。另外上面的中子 β 衰变中的费米耦合常数 G_F 比 μ 子衰变 $\mu^+ \to e^+\nu_e\bar{\nu}_\mu$ 中的 G_F 也小一点。

1963 年，卡比玻引入卡比玻角和强子弱流[53]。上面的实验结果都能很好地被卡比玻的理论解释。在这个理论中，轻子是以味道本征态来参加弱相互作用的，而夸克则不是。d 和 s 夸克要先混合再参加弱相互作用。它们的混合用卡比玻角 θ_c 来描写，即夸克弱相互作用的二重态是

$$\begin{pmatrix} u \\ d' \end{pmatrix} = \begin{pmatrix} u \\ d\cos\theta_c + s\sin\theta_c \end{pmatrix}. \tag{8.19}$$

在夸克的弱相互作用中，费米耦合常数 G_F 其实是和轻子中的一样的。只是在 $\Delta S=0$ 的过程中 (中子 β 衰变) 涉及上面的 u 和 d 夸克。因而有效耦合是 $G_F\cos\theta_c$，而对于 $\Delta S=1$ 的奇异数改变过程，涉及 u 和 s 夸克，因而正比于 $G_F\sin\theta_c$，实验给出 $\theta_c \sim 12°$，$\sin\theta_c \sim 0.22$，$\sin^2\theta_c \sim 0.05$，所以是大约 20 倍。$\cos^2\theta_c \sim 0.95$，所以中子的 β 衰变中的费米耦合常数 G_F 只比 μ 介子衰变中的小一点。事实上，与式 (8.13) 的轻子弱流类似，强子弱流可写为

$$J_\mu^h = \bar{d}\gamma_\mu(1-\gamma_5)u + \bar{s}\gamma_\mu(1-\gamma_5)u. \tag{8.20}$$

上式中第一项可解释 $\Delta S=0$ 的跃迁，而第二项解释 $\Delta S=1$ 的过程。那么，强子流用新的相互作用本征态式 (8.19) 来描写应为

$$J_\mu^h = \bar{d}'\gamma_\mu(1-\gamma_5)u = \cos\theta_c\bar{d}\gamma_\mu(1-\gamma_5)u + \sin\theta_c\bar{s}\gamma_\mu(1-\gamma_5)u. \tag{8.21}$$

§8.2.2 GIM 机制

早期的实验发现，中性弱流的选择规则是 $\Delta S=0$，也就是说，没有味道改变的树图中性流。奇异数改变的中性流衰变没有被实验观测到①。例如，实验对味道改变中性流的 K 介子衰变有很强的上限：

$$\frac{Br(K^+ \to \pi^+ + \nu + \bar{\nu})}{Br(K^+ \to \pi^0 + \mu^+ + \nu_\mu)} < 10^{-5}. \tag{8.22}$$

---

①现已有实验发现味道改变的中性流衰变：例如由弱作用的圈图引起的衰变 $B \to K^*\gamma$ 等，由于圈图压低效应，分支比很小。

Cabibbo 理论虽然可以很好地解释味道改变带电流过程，但是在当时解释上面提到的中性流实验时却遇到了困难。类似于 Z^0 和 e^+e^-，$\mu^+\mu^-$，$\nu_e\bar{\nu}_e$，$\nu_\mu\bar{\nu}_\mu$ 的轻子中性流耦合，Z^0 会和 $u\bar{u}$，$d'\bar{d}'$ 耦合。前者没有问题，被实验验证，但是后者却出了问题，由式 (8.19) 可得

$$d'\bar{d}' = (d\cos\theta_c + s\sin\theta_c)(\bar{d}\cos\theta_c + \bar{s}\sin\theta_c)$$
$$= (d\bar{d}\cos^2\theta_c + s\bar{s}\sin^2\theta_c) + (s\bar{d} + d\bar{s})\cos\theta_c\sin\theta_c. \tag{8.23}$$

其中第一项是 $\Delta S = 0$ 的过程，实验上是有的，但是后一项是 $\Delta S = 1$ 的中性流过程。这与当时的实验是矛盾的，因为当时没有发现味道改变的中性流衰变过程。

1970 年，格拉肖，Iliopoulos 和 Maiani 引进了一个新的夸克[69]，叫 "charm"。这样就多了一个二重态，包括 c 夸克和 s、d 的组合 s'（正交于前面的 d'），

$$\begin{pmatrix} c \\ s' \end{pmatrix} = \begin{pmatrix} c \\ s\cos\theta_c - d\sin\theta_c \end{pmatrix} \tag{8.24}$$

新增加的二重态会给出 Z^0 耦合新的贡献

$$s'\bar{s}' = (s\cos\theta_c - d\sin\theta_c)(\bar{s}\cos\theta_c - \bar{d}\sin\theta_c)$$
$$= (s\bar{s}\cos^2\theta_c + s\bar{s}\sin^2\theta_c) - (s\bar{d} + d\bar{s})\cos\theta_c\sin\theta_c. \tag{8.25}$$

把式 (8.23) 和式 (8.25) 相加，就会看到 $\Delta S = 1$ 的味道改变中性流耦合抵消掉了。剩下的对角的 $d\bar{d}$ 和 $s\bar{s}$ 耦合的前面的系数也没有了 θ_c 的三角函数，而都变成了 1，也就是说 Z^0 与不同代的夸克弱作用耦合是相同的。

因此，引进新的第四种夸克 "charm" 以后，不想要的奇异数改变的中性流被抵消了，夸克和轻子的带电流弱作用普适性推广到了中性流。GIM 预言的 c 夸克也在 1974 年 (4 年后) 被发现[70]。甚至新夸克的质量也在其发现前通过 $K^0 - \bar{K}^0$ 的质量差给出了预言。

§8.2.3　CKM 夸克混合矩阵

考虑 (u, d, s, c) 四味夸克，为了使强子弱流是普适的，即具有同一耦合常数 G_F，同时又能解释奇异数改变过程被大大压低的实验事实，卡比玻引入一个混合角 θ_c，GIM 机制给出了一个 2×2 的混合矩阵，它描述了夸克的质量本征态和弱作用本征态的相对关系：

$$\begin{pmatrix} d' \\ s' \end{pmatrix} = \begin{pmatrix} \cos\theta_c & \sin\theta_c \\ -\sin\theta_c & \cos\theta_c \end{pmatrix} \begin{pmatrix} d \\ s \end{pmatrix} \tag{8.26}$$

§8.2 GIM 机制和 CKM 矩阵

其中 (d,s) 和 (d',s') 分别是质量本征态和弱作用本征态。2×2 幺正矩阵只需要一个参数。这个混合矩阵只用了一个参数卡比玻角 θ_c 来描写。所有的与 (u,d,s,c) 夸克有关的弱衰变都与这个唯一的参数一致。由于历史的原因 (当时只有一种上夸克)，我们用下夸克的混合来描写弱相互作用，实际上，这只是一个习惯约定，我们也可以用两个上夸克的混合来描写

$$\begin{pmatrix} u' \\ c' \end{pmatrix} = \begin{pmatrix} \cos\theta_c & \sin\theta_c \\ -\sin\theta_c & \cos\theta_c \end{pmatrix} \begin{pmatrix} u \\ c \end{pmatrix}. \tag{8.27}$$

公式 (8.26) 和式 (8.27) 的描写是完全等价的。u 和 d' (d,s) 夸克耦合，c 和 s' (d,s) 夸克耦合，等价于 d 和 $u'(u,c)$ 夸克耦合，s 和 $c'(u,c)$ 夸克耦合。同样也可以上下夸克都混合。需要指出的是，夸克混合的一个必要条件是夸克的质量不相同。如果 s 和 d 夸克的质量相同，或者 u 和 c 夸克的质量相同，也就是两代夸克的质量发生简并，我们就没有办法 (没有量子数来标记) 通过它们的质量来区分出两种夸克，也就无所谓混合。这实际上是轻子的情况。中微子质量为 0，所以没有混合。如果中微子有不同的质量，也会有混合矩阵，也将有 CP 破坏。这是我们在第 3 章讨论过的。

1973 年，在 GIM 机制预言的第四个夸克 "charm" 还没有被实验发现的情况下，日本学者小林诚 (M. Kobayashi) 和益川敏英 (T. Maskawa) 把卡比玻的两代 4 夸克混合推广到了包含三代 6 夸克的情形，提出了描写三个下夸克混合的 3×3 CKM 混合矩阵 [53]。CKM 矩阵有 4 个独立变量：3 个混合角和一个 CP 破坏相角，可以在电弱统一理论的框架内解释实验上发现的 K、B 介子系统的 CP 破坏。M. Kobayashi 和 T. Maskawa 的 CKM 混合矩阵得到两个 B 介子工厂实验的证明，因而获得 2008 年诺贝尔物理学奖。粒子数据表推荐的 Cabibbo-Kobayashi-Maskawa (CKM) 矩阵参数化形式为

$$\begin{pmatrix} d' \\ s' \\ b' \end{pmatrix} = \begin{pmatrix} c_{12}c_{13} & s_{12}c_{13} & s_{13}e^{-i\delta} \\ -s_{12}c_{23}-c_{12}s_{23}s_{13}e^{i\delta} & c_{12}c_{23}-s_{12}s_{23}s_{13}e^{i\delta} & s_{23}c_{13} \\ s_{12}s_{23}-c_{12}c_{23}s_{13}e^{i\delta} & -c_{12}s_{23}-s_{12}c_{23}s_{13}e^{i\delta} & c_{23}c_{13} \end{pmatrix} \cdot \begin{pmatrix} d \\ s \\ b \end{pmatrix}. \tag{8.28}$$

这是个幺正矩阵。$V^\dagger V = VV^\dagger = I$ 的幺正性要求，每一列或每一行的元素的平方和为 1。每两列或每两行的元素的乘积和为 0。三个数的和为 0，可以形成一个三角形。其中只有两个三角形各个边的大小相当，形成较好的三角形，也叫幺正三角形。幺正矩阵中的相角 $\delta\neq 0$ 意味着弱相互作用的 CP 不守恒。这个矩阵有多种参数化形式，最常用的是第 5 章中式 (5.100) 的 Wolfenstein 形式，但是那个形式虽然对于各个矩阵元的相对大小一目了然，却只是个近似表达式。公式 (8.28) 是粒

子数据表给出的严格表达式，反映的是旋转矩阵和幺正矩阵的乘积：

$$V_{\text{CKM}} = \begin{pmatrix} 1 & 0 & 0 \\ 0 & c_{23} & s_{23} \\ 0 & -s_{23} & c_{23} \end{pmatrix} \begin{pmatrix} e^{-i\delta/2} & 0 & 0 \\ 0 & 1 & 0 \\ 0 & 0 & e^{i\delta/2} \end{pmatrix} \begin{pmatrix} c_{13} & 0 & s_{13} \\ 0 & 1 & 0 \\ -s_{13} & 0 & c_{13} \end{pmatrix}$$

$$\times \begin{pmatrix} e^{i\delta/2} & 0 & 0 \\ 0 & 1 & 0 \\ 0 & 0 & e^{-i\delta/2} \end{pmatrix} \begin{pmatrix} c_{12} & s_{12} & 0 \\ -s_{12} & c_{12} & 0 \\ 0 & 0 & 1 \end{pmatrix}, \qquad (8.29)$$

其中 $c_{ij} = \cos\theta_{ij}$，$s_{ij} = \sin\theta_{ij}$；四个独立参数是三个旋转角 θ_{12}，θ_{23}，θ_{13} 和一个 CP 相位 δ。很显然，如果 $s_{13} = 0$ 或者 $\sin\delta = 0$，CKM 矩阵 V 就是实数矩阵，CP 破坏就不存在。当然，如果 $s_{12} = 0$，我们可以通过重新定义夸克场的相角证明 CKM 矩阵也可以写成实数矩阵，这反映了 CKM 矩阵参数化的非唯一性。

C. Jarlskog 在 1985 年给出了幺正矩阵是实数矩阵，也就是是否存在 CP 破坏的一般条件[112]，对于 $i \neq k$，$j \neq l$ 的任意矩阵乘积 $V_{ij}V_{kl}V_{il}^*V_{kj}^*$ 的虚部都是相等的，如果这个虚部不为 0，CKM 矩阵就不是实数的。例如

$$J = \text{Im}(V_{11}V_{22}V_{21}^*V_{12}^*) = c_{12}c_{13}^2c_{23}s_{12}s_{13}s_{23}\sin\delta \qquad (8.30)$$

反映的就是 CP 破坏程度的大小。

§8.3 电弱统一理论的群结构、拉氏量与粒子谱

电弱统一理论的群结构及其在费米能标 $v \approx 246$ GeV 附近的规范对称性破缺模式为

$$SU(2)_L \times U(1)_Y \longrightarrow U(1)_{em}. \qquad (8.31)$$

电弱统一理论的粒子谱包含传递相互作用的规范粒子、物质场部分的费米子和 Higgs 玻色子三个部分：

1. **规范场与规范粒子**：自旋为 1 的规范玻色子属于规范群的伴随表示。规范玻色子 W_μ^i ($i = 1, 2, 3$) 和 B_μ 分别属于 $SU(2)$ 场和 $U(1)$ 场。相对应的规范耦合常数分别为 g, g'。在对称性自发破缺之前，这些规范玻色子的质量为零，自旋为 1。由于质量为零，自由粒子只能以光速运动，其自旋沿运动方向的投影只能是 1 或 -1，亦即只有 2 个独立自旋分量。

2. **费米子场部分**：费米子是属于规范群的基础表示的物质场，由于质量为零，自由粒子只能以光速运动，并且左旋分量和右旋分量互相独立，完全分开。费米子的

§8.3 电弱统一理论的群结构、拉氏量与粒子谱

存在按照代 (family) 来区分，每一代作为一个整体一起存在，包含三代轻子和夸克

$$Q_L = \begin{pmatrix} U_i \\ D_i \end{pmatrix}_L = \begin{pmatrix} u \\ d' \end{pmatrix}_L, \begin{pmatrix} c \\ s' \end{pmatrix}_L, \begin{pmatrix} t \\ b' \end{pmatrix}_L, \tag{8.32}$$

$$U_R = u_R, c_R, t_R,$$
$$D_R = d_R, s_R, b_R, \tag{8.33}$$

$$L_L = \begin{pmatrix} \nu_e \\ e \end{pmatrix}_L, \begin{pmatrix} \nu_\mu \\ \mu \end{pmatrix}_L, \begin{pmatrix} \nu_\tau \\ \tau \end{pmatrix}_L,$$

$$E_R = e_R, \mu_R, \tau_R, . \tag{8.34}$$

弱相互作用是左-右不对称的，左手和右手费米子有不同的量子数，其中左手场是 $SU(2)$ 的二重态，而右手场是 $SU(2)$ 的单态。所以右手费米子场不参与 $SU(2)$ 的规范相互作用。

3. Higgs 场部分：为了使费米子和规范玻色子在对称性自发破缺之后获得质量，需引入 Higgs 标量场。Higgs 粒子是自旋为 0 的标量粒子。在最小电弱统一理论中，只有一个复数 Higgs 二重态

$$\Phi = \begin{pmatrix} \phi^+ \\ \phi^0 \end{pmatrix}. \tag{8.35}$$

由于 $SU(2)$ 规范场的左手耦合性质，电弱统一理论的规范群一般写为：$SU(2)_L \times U(1)_Y$。各粒子在 $SU(2)_L$ 规范变换下的性质可以用所属表示的量子数——弱同位旋 I 来描写。在 $U(1)_Y$ 规范变换下的性质可以用描写 $U(1)_Y$ 群表示的量子数——弱超荷 Y 来描写，和强作用类似，弱同位旋和弱超荷也满足弱盖尔曼-西岛关系：

$$Q = I_3 + Y/2. \tag{8.36}$$

按照式 (8.33) 和式 (8.34) 所示，费米子的左右手场分别属于 $SU(2)_L$ 的二重态和单态，I_3 就不同，因而根据式 (8.36) 左右手费米子场的弱超荷 Y 也不同。因此粒子在 $SU(2)_L \times U(1)_Y$ 规范变换下的性质可以用规范群量子数 (I,Y) 来描写。上面所介绍的各粒子的变换性质总结如表 8.1 所示。非常容易验证上面所有粒子的量子数都满足式 (8.36) 的弱盖尔曼-西岛关系。

表 8.1 基本粒子在 $SU(2)_L \times U(1)_Y$ 规范变换下的性质

粒子	规范玻色子		轻子		夸克				Higgs 粒子
	$W^{1,2,3}$	B^0	ν_L, e_L	e_R	u_L, d_L	u_R		d_R	ϕ^+, ϕ^0
(I,Y)	(1,0)	(0,0)	(1/2,−1)	(0,−2)	(1/2,1/3)	(0,4/3)		(0,−2/3)	(1/2,1)

§8.3.1 Yang-Mills 场: 非阿贝尔定域规范对称性 *

在强相互作用中，质子和中子构成同位旋二重态: $N = (p, n)$。当我们忽略掉电磁相互作用的影响时，在核力相互作用中质子和中子的差别可以忽略，故它们的波函数的任意组合是等价的，即

$$\psi = \begin{pmatrix} \psi_p \\ \psi_n \end{pmatrix} \rightarrow \psi' = U\psi, \tag{8.37}$$

其中 U 是幺正变换 ($UU^\dagger = U^\dagger U = I$) 以保持概率的归一性。并且，如果 $\det|U| = 1$，那么 U 就构成 $SU(2)$ 李群:

$$U = \exp\left(-i\frac{\vec{\tau} \cdot \vec{\theta}}{2}\right) \approx 1 - i\frac{\vec{\tau} \cdot \vec{\theta}}{2}, \tag{8.38}$$

其中 θ_i 为 $SU(2)$ 群变换参数，τ^i ($i=1,2,3$) 是 2×2 的泡利矩阵，是 $SU(2)$ 群的生成元，满足对易关系

$$[\tau_i, \tau_j] = 2i\epsilon_{ijk}\tau_k, \quad (i, j, k = 1, 2, 3). \tag{8.39}$$

1954 年，杨振宁和米尔斯将上述思想做了推广 [94]，在量子场论中引进了定域规范的同位旋不变性的概念。他们认为，中子和质子的差别只是一个任意的约定。然而，按照传统观点，这种任意性要受到如下制约：一旦在一个时空点选定了什么是中子，什么是质子，那么我们在其他时空点就不再有任何选择的自由了。因此 Yang-Mills 理论与传统理论中所蕴含的定域场概念是不一致的。按照他们的观点，无论在何时何地我们都要保持选择何为质子、何为中子的自由。要实现这点，我们可以要求规范参数随时空点而变化，即 $\theta^i \rightarrow \theta^i(x)$，同时假定费米子场是 $SU(2)$ 同位旋二重态:

$$\psi = \begin{pmatrix} \psi_1 \\ \psi_2 \end{pmatrix}. \tag{8.40}$$

在 $SU(2)$ 规范变换下，有

$$\psi(x) \rightarrow \psi'(x) = \exp\left(\frac{-i\boldsymbol{\tau} \cdot \boldsymbol{\theta}(x)}{2}\right)\psi(x). \tag{8.41}$$

可以证明：式 (3.108) 定义的拉氏量 $\mathcal{L}_0$ 在整体 ($\boldsymbol{\theta}$ 与 x 无关) $SU(2)$ 变换下保持不变。但是在定域 $SU(2)$ 规范变换下

$$\psi(x) \rightarrow \psi'(x) = U(\boldsymbol{\theta})\psi(x) = \exp\left(\frac{-i\boldsymbol{\tau} \cdot \boldsymbol{\theta}(x)}{2}\right)\psi(x), \tag{8.42}$$

§8.3 电弱统一理论的群结构、拉氏量与粒子谱

$\mathcal{L}_0$ 不再保持不变。

下面根据定域 $SU(2)$ **规范不变性导出矢量规范场** A_μ^i $(i=1,2,3)$，为了保持自由场拉氏量 $\mathcal{L}_0$ 在定域 $SU(2)$ 规范变换下的不变性，我们必须引入三个矢量规范场 $A_\mu^i(i=1,2,3)$，构造协变导数：

$$\partial_\mu \psi(x) \longrightarrow D_\mu \psi(x) = \left(\partial_\mu - ig\frac{\boldsymbol{\tau} \cdot \boldsymbol{A}_\mu}{2}\right)\psi(x). \tag{8.43}$$

上式中 g 是类似于 e 的耦合常数。我们要求 $D_\mu \psi$ 与 ψ 有相同变换形式，即

$$D_\mu \psi(x) \to (D_\mu \psi(x))' = U(\boldsymbol{\theta})(D_\mu \psi(x)). \tag{8.44}$$

这意味着

$$D'_\mu \psi' = \left(\partial_\mu - ig\frac{\boldsymbol{\tau} \cdot \boldsymbol{A}'_\mu}{2}\right) \cdot (U(\boldsymbol{\theta})\psi(x)) = U(\boldsymbol{\theta})\underbrace{\left(\partial_\mu - ig\frac{\boldsymbol{\tau} \cdot \boldsymbol{A}_\mu}{2}\right)\psi(x)}, \tag{8.45}$$

即

$$\left[\partial_\mu U(\boldsymbol{\theta}) - ig\frac{\boldsymbol{\tau} \cdot \boldsymbol{A}'_\mu}{2}U(\boldsymbol{\theta})\right]\psi(x) = -igU(\boldsymbol{\theta})\frac{\boldsymbol{\tau} \cdot \boldsymbol{A}_\mu(x)}{2}\psi(x). \tag{8.46}$$

考虑到 $\psi(x)$ 的任意性，则有

$$\partial_\mu U(\boldsymbol{\theta}) - ig\frac{\boldsymbol{\tau} \cdot \boldsymbol{A}'_\mu}{2}U(\boldsymbol{\theta}) = -igU(\boldsymbol{\theta})\frac{\boldsymbol{\tau} \cdot \boldsymbol{A}_\mu(x)}{2},$$

$$\frac{\boldsymbol{\tau} \cdot \boldsymbol{A}'_\mu(x)}{2} = U(\boldsymbol{\theta})\frac{\boldsymbol{\tau} \cdot \boldsymbol{A}_\mu(x)}{2}U^{-1}(\boldsymbol{\theta}) - \frac{i}{g}\left[\partial_\mu U(\boldsymbol{\theta})\right]U^{-1}(\boldsymbol{\theta}) \tag{8.47}$$

这就定义了 $SU(2)$ 规范场的变换规则。考虑无穷小变换 $(\boldsymbol{\theta}(x) \ll 1)$

$$U(\boldsymbol{\theta}) = 1 - i\frac{\boldsymbol{\tau} \cdot \boldsymbol{\theta}(x)}{2} \tag{8.48}$$

式 (8.47) 变为 (保留一级小量)

$$\begin{aligned}\frac{\boldsymbol{\tau} \cdot \boldsymbol{A}'_\mu(x)}{2} &= \frac{\boldsymbol{\tau} \cdot \boldsymbol{A}_\mu(x)}{2} - i\theta^i A_\mu^k \left[\frac{\tau_i}{2}, \frac{\tau_k}{2}\right] - \frac{1}{g}\left(\frac{\boldsymbol{\tau}}{2} \cdot \partial_\mu \boldsymbol{\theta}\right) \\ &= \frac{\boldsymbol{\tau} \cdot \boldsymbol{A}_\mu}{2} + \frac{1}{2}\epsilon^{ijk}\tau_i\,\theta_j\,A_\mu^k - \frac{1}{g}\left(\frac{\boldsymbol{\tau}}{2} \cdot \partial_\mu \boldsymbol{\theta}\right).\end{aligned} \tag{8.49}$$

或者

$$(A_\mu^i)' = A_\mu^i + \epsilon^{ijk}\theta_j\,A_\mu^k - \frac{1}{g}\partial_\mu \theta^i. \tag{8.50}$$

由式 (8.45) 可知协变导数满足条件

$$D'_\mu = U(\boldsymbol{\theta}) D_\mu U(\boldsymbol{\theta})^{-1}. \tag{8.51}$$

为了导出规范场 $\boldsymbol{A}_\mu$ 的反对称二阶张量 (与 $U(1)$ 规范变换中的场强张量 $F_{\mu\nu}$ 相对应)，考虑组合

$$(D_\mu D_\nu - D_\nu D_\mu)\psi(x) \equiv -ig\left(\frac{\tau^i}{2} F^i_{\mu\nu}\right)\psi(x). \tag{8.52}$$

式中

$$\frac{\boldsymbol{\tau}\cdot\boldsymbol{F}_{\mu\nu}}{2} = \partial_\mu \frac{\boldsymbol{\tau}\cdot\boldsymbol{A}_\nu}{2} - \partial_\nu \frac{\boldsymbol{\tau}\cdot\boldsymbol{A}_\mu}{2} - ig\left[\frac{\boldsymbol{\tau}\cdot\boldsymbol{A}_\mu}{2}, \frac{\boldsymbol{\tau}\cdot\boldsymbol{A}_\nu}{2}\right]. \tag{8.53}$$

即

$$F^i_{\mu\nu} = \partial_\mu A^i_\nu - \partial_\nu A^i_\mu + g\epsilon^{ijk}A^j_\mu A^k_\nu. \tag{8.54}$$

由式 (8.51) 可得

$$\begin{aligned}\left[(D_\mu D_\nu - D_\nu D_\mu)\psi(x)\right]' &= \left(D'_\mu D'_\nu - D'_\nu D'_\mu\right)\psi'(x) \\ &= [U(\boldsymbol{\theta})D_\mu U(\boldsymbol{\theta})^{-1}\cdot U(\boldsymbol{\theta})D_\nu U(\boldsymbol{\theta})^{-1} \\ &\quad - U(\boldsymbol{\theta})D_\nu U(\boldsymbol{\theta})^{-1}\cdot U(\boldsymbol{\theta})D_\mu U(\boldsymbol{\theta})^{-1}]\ U(\boldsymbol{\theta})\psi(x) \\ &= U(\boldsymbol{\theta})\cdot(D_\mu D_\nu - D_\nu D_\mu)\psi(x)\end{aligned} \tag{8.55}$$

把 $F^i_{\mu\nu}$ 的定义式 (8.52) 代入上式可得

$$\boldsymbol{\tau}\cdot\boldsymbol{F}'_{\mu\nu}\ U(\boldsymbol{\theta})\ \psi(x) = U(\boldsymbol{\theta})\boldsymbol{\tau}\cdot\boldsymbol{F}_{\mu\nu}\ \psi(x). \tag{8.56}$$

或者

$$\boldsymbol{\tau}\cdot\boldsymbol{F}'_{\mu\nu} = U(\boldsymbol{\theta})(\boldsymbol{\tau}\cdot\boldsymbol{F}_{\mu\nu})U(\boldsymbol{\theta})^{-1} \tag{8.57}$$

考虑无穷小变换式 (8.48)，则有

$$F^{i'}_{\mu\nu} = F^i_{\mu\nu} + \epsilon^{ijk}\theta^j F^k_{\mu\nu}. \tag{8.58}$$

这与阿贝尔规范场情况不同，$F^i_{\mu\nu}$ 并非不变，而是像 $SU(2)$ 那样变换。然而乘积

$$\mathrm{tr}\left[(\boldsymbol{\tau}\cdot\boldsymbol{F}_{\mu\nu})(\boldsymbol{\tau}\cdot\boldsymbol{F}^{\mu\nu})\right] \propto F^i_{\mu\nu} F^{i\mu\nu}. \tag{8.59}$$

却是 $SU(2)$ 规范不变的:

$$\begin{aligned}
\mathrm{tr}\left[\left(\boldsymbol{\tau}\cdot\boldsymbol{F}'_{\mu\nu}\right)\left(\boldsymbol{\tau}\cdot\boldsymbol{F}'^{\mu\nu}\right)\right] &= \mathrm{tr}\left[U(\boldsymbol{\theta})\left(\boldsymbol{\tau}\cdot\boldsymbol{F}_{\mu\nu}\right)U^{-1}\,U\left(\boldsymbol{\tau}\cdot\boldsymbol{F}^{\mu\nu}\right)U^{-1}(\boldsymbol{\theta})\right] \\
&= \mathrm{tr}\left[\left(\boldsymbol{\tau}\cdot\boldsymbol{F}_{\mu\nu}\right)\left(\boldsymbol{\tau}\cdot\boldsymbol{F}^{\mu\nu}\right)\right] = \mathrm{tr}\left(\tau^i\tau^j\right)F^i_{\mu\nu}F^{j\mu\nu} \\
&= 2\delta_{ij}F^i_{\mu\nu}F^{j\mu\nu} = 2F^i_{\mu\nu}F^{i\mu\nu}.
\end{aligned} \tag{8.60}$$

我们可以将上述讨论归纳如下: 描述 $SU(2)$ 二重态与规范场 A_μ 的拉氏量为

$$\mathcal{L} = -\frac{1}{4}F^i_{\mu\nu}F^{i\mu\nu} + \overline{\psi}(x)\slashed{D}\psi(x) - m\overline{\psi}(x)\psi(x). \tag{8.61}$$

其中场强张量和协变导数的定义为

$$\begin{aligned}
F^i_{\mu\nu} &= \partial_\mu A^i_\nu - \partial_\nu A^i_\mu + g\epsilon^{ijk}A^j_\mu A^k_\nu, \\
D_\mu\psi(x) &= \left(\partial_\mu - ig\frac{\boldsymbol{\tau}\cdot\boldsymbol{A}_\mu}{2}\right)\psi.
\end{aligned} \tag{8.62}$$

在 $SU(2)$ 定域规范变换下, 有

$$\begin{aligned}
\psi(x) \quad &\to \quad \psi'(x) = \exp\left(-i\frac{\boldsymbol{\tau}\cdot\boldsymbol{\theta}(x)}{2}\right)\psi(x) = U(\boldsymbol{\theta})\psi(x), \\
\frac{\boldsymbol{\tau}\cdot\boldsymbol{A}_\mu}{2} \quad &\to \quad \frac{\boldsymbol{\tau}\cdot\boldsymbol{A}'_\mu}{2} = U(\boldsymbol{\theta})\left(\frac{\boldsymbol{\tau}\cdot\boldsymbol{A}_\mu}{2}\right)U^{-1}(\boldsymbol{\theta}) - \frac{i}{g}\left[\partial_\mu U(\boldsymbol{\theta})\right]U^{-1}(\boldsymbol{\theta}).
\end{aligned} \tag{8.63}$$

在无穷小变换式 (8.48) 下, 有

$$\begin{aligned}
\psi &\to \psi' = \psi - i\frac{\boldsymbol{\tau}\cdot\boldsymbol{\theta}}{2}\psi, \\
A^i_\mu &\to A^{i'}_\mu = A^i_\mu + \epsilon^{ijk}\theta^j A^k_\mu - \frac{1}{g}\partial_\mu\theta^i.
\end{aligned} \tag{8.64}$$

§8.3.2　规范对称性一般情况 *

如果令规范群 G 是某一单纯李群, 其生成元满足代数

$$\left[F^a, F^b\right] = iC^{abc}F^c, \tag{8.65}$$

其中 C^{abc} 是全反对称的结构常数. 假定波函数 ψ 是属于表示矩阵为 T^a 的某一表示, 则有

$$\left[T^a, T^b\right] = iC^{abc}T^c. \tag{8.66}$$

对应的协变导数是

$$D_\mu\psi = \left(\partial_\mu - igT^a A^a_\mu\right)\psi. \tag{8.67}$$

对应规范场的二阶场强张量为

$$F_{\mu\nu}^a = \partial_\mu A_\nu^a - \partial_\nu A_\mu^a + gC^{abc}A_\mu^b A_\nu^c,$$
$$(\boldsymbol{T}\cdot\boldsymbol{F})_{\mu\nu} = \partial_\mu(\boldsymbol{T}\cdot\boldsymbol{A}_\nu) - \partial_\nu(\boldsymbol{T}\cdot\boldsymbol{A}_\mu) - ig[\boldsymbol{T}\cdot\boldsymbol{A}_\mu, \boldsymbol{T}\cdot\boldsymbol{A}_\nu]. \tag{8.68}$$

拉氏量

$$\mathcal{L} = -\frac{1}{4}F_{\mu\nu}^a F^{a\mu\nu} + \overline{\psi}(x)(i\slashed{\partial} - m)\psi(x) + g\overline{\psi}(x)\slashed{A}^a T^a \psi(x). \tag{8.69}$$

在群 G 的如下变换下保持不变:

$$\psi(x) \to \psi'(x) = U(\boldsymbol{T}\cdot\boldsymbol{\theta})\,\psi \equiv U(\theta_x)\psi(x),$$
$$\boldsymbol{T}\cdot\boldsymbol{A}_\mu \to \boldsymbol{T}\cdot\boldsymbol{A}_\mu' = U(\theta_x)\boldsymbol{T}\cdot\boldsymbol{A}_\mu U^{-1}(\theta_x) - \frac{i}{g}[\partial_\mu U(\theta_x)]U^{-1}(\theta_x). \tag{8.70}$$

在无穷小变换下, 有

$$\psi \to \psi' = \psi - i\boldsymbol{T}\cdot\boldsymbol{\theta}\,\psi,$$
$$A_\mu^a \to A_\mu^{a\prime} = A_\mu^a + C^{abc}\theta^b A_\mu^c - \frac{1}{g}\partial_\mu\theta^a(x). \tag{8.71}$$

在拉氏量式 (8.69) 中, 纯 Yang-Mills 项 $-\frac{1}{4}F_{\mu\nu}^a F^{a\mu\nu}$ 的展开式中含有 A_μ^a 的三次方和四次方项:

$$-gC^{abc}\partial_\mu A_\nu^a A^{b\mu}A^{c\nu} - \frac{g^2}{4}C^{abc}C^{ade}A_\mu^b A_\nu^c A^{d\mu}A^{e\nu}. \tag{8.72}$$

它们对应于非阿贝尔规范场的自耦合项 (例如 QCD 中的三胶子和四胶子耦合项)。另外一项

$$g\overline{\psi}(x)\slashed{A}^a T^a \psi(x), \tag{8.73}$$

就是规范群 G 的定域规范不变性所确定的物质场 $\psi(x)$ 与规范场 $\boldsymbol{A}_\mu$ 之间的相互作用, 耦合常数 g 表征了相互作用强度。此外与阿贝尔规范场情形相同, 规范场自作用项 $F_{\mu\nu}^a F^{a\mu\nu}$ 中无质量项, 这与上节指出的规范场粒子无质量普遍结论相一致。另外还需指出以下几点:

(1) 无质量规范场的数量等于规范群 G 的生成元的个数。

(2) 在阿贝尔 $U(1)$ 规范场情形下, 规范场与其他物质场的耦合强度无限制。因此电子携带电荷 e, 而其他粒子原则上可携带任何电荷 ne(如 $n=1/3, 2/3$ 等)。但在非阿贝尔情形下, 如 $SU(2)$ 规范场, 耦合强度将受到严格限制。如二重态 ψ 与规范场 A_μ^a 的耦合强度为 g, 而对于其他二重态 ϕ, 如耦合强度为 ng, 则对易关系式 (8.39) 将要求 (由规范不变性)$n^2 = n = 1$ 或 $n = 1$。从本质上看, 这是由于在非

阿贝尔规范理论中，生成元对易关系的非线性性质导致了耦合强度 g 不可能被随意改变。

(3) 如上所述，对于单纯群 G，则只存在一个耦合常数。然而如果群是单纯群 G_i 的乘积，如 $SU(3) \times SU(2)$，这里对于每一个单纯群的生成元集合在其对易关系下自身是闭合的，而对于不同群的生成元集合，它们彼此是对易的，则对于每一个因子群将存在其独立的相应的耦合常数。

§8.4 对称性的自发破缺

根据 Noether 定理，精确的对称性通常会给出精确的守恒定律。**在这种情况下体系的拉氏量和真空 (即该理论的基态) 在相应的变换下都是不变的**。但是，事实上有些守恒定律并非精确守恒：比如同位旋、奇异数等，弱作用的拉氏量在同位旋和奇异数变换下不是不变的。

另一种情形是系统的拉氏量是不变的，但真空却不是不变的。一个典型的例子是铁磁体。其拉氏量用自旋 - 自旋相互作用来描述，在三维旋转下是不变的，即当温度高于铁磁体的相变温度 (T_c) 时自旋系统是完全杂乱的 (顺磁相)，因而真空也是 $SO(3)$ 不变的 (图 8.2(a))。

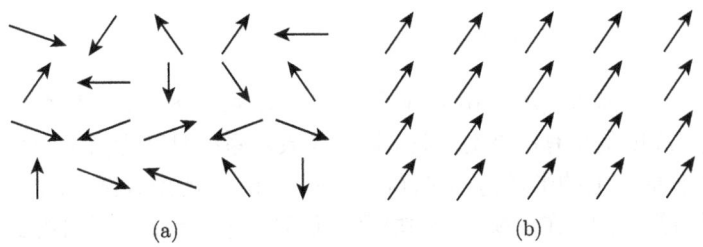

图 8.2 顺磁相 (a) 和铁磁相 (b) 的自旋方向示意图

但是，对于低于 T_c 的温度 (铁磁相)，就会出现自发磁化强度，使得自旋按照某一特定方向排列 (图 8.2(b))。在这种情形下真空不再具有 $SO(3)$ 群的对称性。对称性破缺为 $SO(2)$，体现整个系统绕自旋方向旋转的对称性。

南部阳一郎[①] 在 1961 年将凝聚态理论中起了重要作用的"对称性自发破缺"的概念引入到粒子物理中 [113,114]。从前面讨论，我们已经看到，定域规范不变的理论所涉及的规范场是无质量的。这对于电磁作用当然毫无问题，因它的规范场，光子本身是无质量的。但由于弱作用的短程性，传递它的规范粒子必须有较重的质量。故为了将弱作用纳入定域规范不变的理论，首先要解决的问题是如何使规范粒

---

①Y. Nambu(1921.1.18~)，日裔美国理论物理学家。因为对称性自发破缺的理论贡献获 2008 年诺贝尔物理学奖。

子获得质量。如果我们直接引入形式如 mA^2 的质量项,则将明显破坏拉氏量的规范不变性,改变理论的高能行为,其后果是破坏理论幺正性,同时理论也是不可重正化的。这个问题的解决依赖于引入对称性自发破缺的思想。

作为一个简单例子,考虑复标量场的 ϕ^4 理论,其拉氏量密度为

$$\mathcal{L} = (\partial_\mu \phi^*)(\partial^\mu \phi) - \mu^2 \phi^* \phi - \lambda (\phi^* \phi)^2, \tag{8.74}$$

λ 项表示自相互作用。显然 $\mathcal{L}$ 在整体规范变换

$$\phi \to \phi' = e^{-i\Lambda} \phi \tag{8.75}$$

下是不变的 (Λ 与 x 无关)。该体系的势场密度为

$$V = \mu^2 \phi^* \phi + \lambda (\phi^* \phi)^2. \tag{8.76}$$

势能的最小值或真空态由下列条件确定:

$$\frac{\partial V}{\partial \phi} = \mu^2 \phi^* + 2\lambda \phi^{*2} \phi = 0,$$

$$\frac{\partial V}{\partial \phi^*} = \mu^2 \phi + 2\lambda \phi^* \phi^2 = 0. \tag{8.77}$$

当 $\mu^2 > 0$ 时,$\phi^\dagger = \phi = 0$ 给出全空间的能量最小值 (图 8.3(a))。当 $\mu^2 < 0$ 时,$\phi^\dagger = \phi = 0$ 给出局部极大值 (图 8.3(b)),而最小值由

$$|\phi| = \frac{v}{\sqrt{2}}, \quad v = \sqrt{-\mu^2/\lambda} \tag{8.78}$$

给出 (图 8.3(b))。前者 ($\mu^2 > 0$) 相应于真空在变换式 (8.75) 下是不变的,即真空是非简并的,故模型具有严格对称性。而后者表示系统具有无穷多个真空态,其中每一个与复平面 ϕ 上的半径为 R 的圆周 (图 8.3(b) 上的虚线圆) 上的一个点对应,即真空是无穷简并的,在变换式 (8.75) 下,任何一个真空态 (即圆周上的某点) 变为另一个真空 (圆周上另一个点),即真空在 $U(1)$ 群变换下不是不变的,故模型具有自发破缺的 $U(1)$ 对称性。

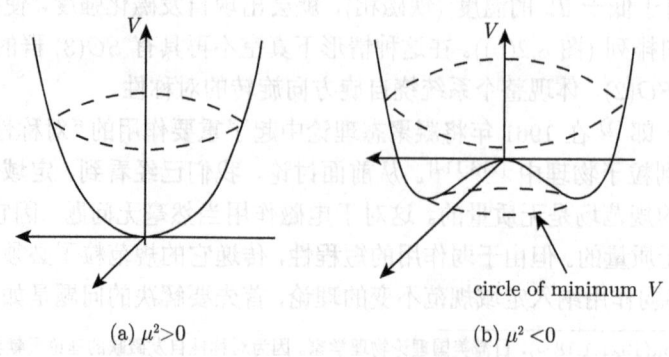

图 8.3 与严格对称性对应的真空态 (a): $\mu^2 > 0$,与破缺对称性对应的真空态 (b): $\mu^2 < 0$

§8.4 对称性的自发破缺

在量子理论中，ϕ 成为算符，式 (8.78) 对应于不为零的真空期望值：

$$|\langle 0|\phi|0\rangle| = \frac{v}{\sqrt{2}} \neq 0. \tag{8.79}$$

在所有的简并真空态中，物理真空态只能实现其中的一个，而物理的量子场是围绕物理真空的激发。设

$$\phi(x) = \frac{1}{\sqrt{2}}\left[\phi_1(x) + i\phi_2(x)\right], \tag{8.80}$$

选择物理真空为

$$\langle 0|\phi_1|0\rangle = v, \quad \langle 0|\phi_2|0\rangle = 0. \tag{8.81}$$

如果做场量 $\phi_1(x)$ 的平移，即作变换

$$\phi(x) \to \phi(x) = \frac{1}{\sqrt{2}}\left(\phi_1(x) + v + i\phi_2(x)\right), \tag{8.82}$$

则有

$$\langle 0|\phi_1|0\rangle = \langle 0|\phi_2|0\rangle = 0, \tag{8.83}$$

$\phi(x)$ 是物理的量子场。将式 (8.82) 代入式 (8.74) 中可得

$$\begin{aligned}\mathcal{L} = &\frac{1}{2}\left(\partial_\mu\phi_1\right)\left(\partial^\mu\phi_1\right) + \frac{1}{2}\left(\partial_\mu\phi_2\right)\left(\partial^\mu\phi_2\right) - \lambda v^2 \phi_1^2 \\ &- v\lambda\phi_1\left(\phi_1^2 + \phi_2^2\right) - \frac{\lambda}{4}\left(\phi_1^2 + \phi_2^2\right)^2 + \frac{\lambda}{4}v^4.\end{aligned} \tag{8.84}$$

由此可看出，上式中第三项使得 $\phi_1(x)$ 获得质量 $v\sqrt{2\lambda}$，而场 $\phi_2(x)$ 是无质量的，通常称 $\phi_2(x)$ 为 Goldstone 粒子。实际上，在量子场论中，一个连续的整体对称性的自发破缺必然导致零质量的 Goldstone 粒子的出现，这是一个普遍性的结论，称为 Goldstone 定理。我们将在下面作详细讨论。

不失一般性，考虑不同的规范对称群，自旋为 0 的标量场 $\phi(x)$ 在内部空间可能有多个分量，拉氏量式 (8.74) 可以修改为

$$\begin{aligned}\mathcal{L}_\phi &= \partial_\mu\phi^+\partial^\mu\phi - V(\phi), \\ V(\phi) &= \mu^2\phi^+\phi + \lambda(\phi^+\phi)^2.\end{aligned} \tag{8.85}$$

根据前面的讨论，取 $\mu^2 < 0, \lambda > 0$。上式中的势 $V(\phi)$ 在习惯上称为 "Higgs 势"[①]。类似地，对称性自发破缺后，将只有一个 Higgs 场获得质量，Higgs 场的其他自由度都会变成 Goldstone 粒子。

---

① 在不同的书中，对 ϕ 场的归一化定义不同，导致在 $\mathcal{L}$ 的表达式中有 1/2 因子的区别。例如，我们可以定义 $\phi = \frac{1}{\sqrt{2}}(\phi_1 + i\phi_2)$，也可以像文献 [39] 中那样定义 $\phi = \phi_1 + i\phi_2$。

1. 对称性破缺的程度：我们讨论一般情况。假设 $\phi(x)$ 在内部空间有 n 个实分量，

$$\phi(x) = \begin{vmatrix} \phi_1(x) \\ \phi_2(x) \\ \vdots \\ \phi_n(x) \end{vmatrix}, \tag{8.86}$$

那么有

$$\phi^\dagger \phi = \phi_1^2(x) + \phi_2^2(x) + \cdots + \phi_n^2(x), \tag{8.87}$$

$$\mathcal{L} = \partial_\mu \phi^\dagger \partial^\mu \phi - \mu^2(\phi^\dagger \phi) - \lambda(\phi^\dagger \phi)^2. \tag{8.88}$$

显然，$\mathcal{L}$ 在 n 维内部空间的转动下是不变的。或者说，它在内部空间具有旋转对称性，即球对称性。实 n 维空间的转动，可以用 $SO(n)$ 群来描述。$SO(n)$ 群的基础表示是 $n \times n$，实正交归一矩阵，它有 n^2 个元素。由于有 $\frac{1}{2}n(n-1)$ 个正交条件和 n 个归一化条件的限制，独立的元素只有 $\frac{1}{2}n(n-1)$ 个。所以，$SO(n)$ 群有 $N = \frac{1}{2}n(n-1)$ 个群参数和生成元。这些生成元的基本表示可以写成

$$L_{ij} = -i\left(E_{ij} - E_{ji}\right), \quad i,j = 1,2,\cdots,n. \tag{8.89}$$

E_{ij} 是 $n \times n$ 矩阵，它的矩阵元和群元素是

$$(E_{ij})_{kl} = \delta_{ik}\delta_{jl}, \tag{8.90}$$

$$U(\theta) = \exp\left[-i\theta_{ij}L_{ij}\right]. \tag{8.91}$$

在此群的变换下，标量场的变换为

$$\phi'(x) = U(\theta)\phi(x),$$
$$\phi'^\dagger(x)\phi'(x) = \phi^\dagger(x)\phi(x). \tag{8.92}$$

所以，式 (8.88) 是不变的。

仿照前面的讨论，由式 (8.88) 可以推知，标量场在

$$\phi^\dagger(x)\phi(x) = -\frac{\mu^2}{2\lambda} \tag{8.93}$$

时，取能量最低状态。换句话说，其真空态是

§8.4 对称性的自发破缺

$$\phi_0 = \langle 0|\phi(x)|0\rangle_0 = v = \begin{vmatrix} v_1 \\ v_2 \\ \vdots \\ v_n \end{vmatrix},$$

$$v^2 = \sum_{i=1}^n v_n^2 = -\frac{\mu^2}{2\lambda}. \tag{8.94}$$

在 n 维内部空间，以 $v = \sqrt{-\mu^2/2\lambda}$ 为半径的球面上，它取真空值。如果我们以 $\phi_1(x), \phi_2(x), \cdots, \phi_n(x)$ 为 n 维空间的坐标轴，并把物理真空取在 ϕ_n 轴上，即令

$$\phi_0 = \langle 0|\phi(x)|0\rangle_0 = \begin{vmatrix} 0 \\ 0 \\ \vdots \\ v \end{vmatrix}. \tag{8.95}$$

显然，这样的真空在 $SO(n)$ 群的转动下不是不变的。

为了进一步分析真空破缺的情况，我们把生成元 L_{ij} 分成两组 l_{ij} 和 K_i，而

$$\begin{aligned} l_{ij} &= -i\left(E_{ij} - E_{ji}\right), \quad i,j = 1, 2, \cdots, n-1, \\ K_i &= -i\left(E_{in} - E_{ni}\right), \quad i = 1, 2, \cdots, n-1. \end{aligned} \tag{8.96}$$

显然，

$$l_{ij} \begin{vmatrix} 0 \\ 0 \\ \vdots \\ v \end{vmatrix} = 0, \quad K_i \begin{vmatrix} 0 \\ 0 \\ \vdots \\ v \end{vmatrix} \neq 0. \tag{8.97}$$

从而

$$\exp\left[-il_{ij}\theta_{ij}\right] \begin{vmatrix} 0 \\ 0 \\ \vdots \\ v \end{vmatrix} = \begin{vmatrix} 0 \\ 0 \\ \vdots \\ v \end{vmatrix}, \quad \exp\left[-i\theta_i K_i\right] \begin{vmatrix} 0 \\ 0 \\ \vdots \\ v \end{vmatrix} \neq \begin{vmatrix} 0 \\ 0 \\ \vdots \\ v \end{vmatrix}. \tag{8.98}$$

这表明，由 $(n-1)(n-2)/2$ 个生成元 l_{ij} 生成的变换，仍然保持真空不变。破坏真空对称的只有 $n-1$ 个生成元 K_i。

2. 对称子群和破缺陪集：把上述的真空态 ϕ_0 和生成元 L_{ij} 作一个相似变换，那么真空态和生成元的表示形式就将不同，但把保持真空不变的生成元和破坏真空的生成元分开来的性质仍然存在。而且，这种性质还可以推广到一般情况。所以在一般情况下，我们可以用

$$v = \begin{vmatrix} v_1 \\ v_2 \\ \vdots \\ v_n \end{vmatrix} \tag{8.99}$$

表示标量场 $\phi(x)$ 的真空态矢量，用

$$L^\alpha, \quad \alpha = 1, 2, \cdots, N \tag{8.100}$$

表示规范变换群的生成元。其中有 M 个生成元保持真空不变

$$l^\beta v = 0, \quad \beta = 1, 2, \cdots, M. \tag{8.101}$$

另外 $N - M$ 个生成元破坏真空对称性

$$K^\gamma v \neq 0, \quad \gamma = 1, 2, \cdots, N - M. \tag{8.102}$$

可以证明：保持真空不变的生成元构成子群，破坏真空不变的生成元构成相应的陪集。由式 (8.101) 可知，

$$\left[l^\alpha, l^\beta\right] v = l^\alpha l^\beta v - l^\beta l^\alpha v = 0. \tag{8.103}$$

另一方面，从生成元的对易关系得

$$\left[l^\alpha, l^\beta\right] v = i f^{\alpha\beta\gamma} L^\gamma v = 0. \tag{8.104}$$

这表明，当 $f^{\alpha\beta\gamma} \neq 0$ 时，$L^\gamma v = 0$，即 $L^\gamma = l^\gamma$，

$$\left[l^\alpha, l^\beta\right] = i f^{\alpha\beta\gamma} l^\gamma. \tag{8.105}$$

这就是说，$l^\alpha (\alpha = 1, 2, \cdots, M)$ 生成的群元素构成子群 —— 对称子群 (保持标量场 $\phi(x)$ 对称性的子群)。而 $K^\beta (\beta = 1, 2, \cdots, N - M)$ 生成的群元素构成相应的陪集，我们把它叫做破缺陪集。有时，我们也把 l^α 叫做对称生成元，把 K^β 叫做破缺生成元。

§8.4 对称性的自发破缺

3. $K^\beta v$ 的性质：v 是真空态矢量，$K^\beta v$ 是 $N-M$ 个新的态矢量。它和 v 正交，而且自身之间又相互独立。下面还将证明，它是质量算符的本征值为 0 的态矢量。如前面所述，K^β 的矩阵元是纯虚，反对称的。所以有

$$\langle v|K^\beta v\rangle = v_i K^\beta_{ij} v_j = \frac{1}{2} v_i v_j \left(K^\beta_{ij} + K^\beta_{ji}\right) = 0, \tag{8.106}$$

即 $K^\beta v$ 与 v 正交。令

$$A_{\alpha\beta} = \langle K^\alpha v | K^\beta v \rangle = \langle v | K^\alpha K^\beta v \rangle, \tag{8.107}$$

由于 v 是实矢量，K^α 是厄米矩阵，故 $A_{\alpha\beta}$ 是一个实对称矩阵的矩阵元。矩阵代数告诉我们，实对称矩阵总是可以对角化的，总可以找到一个正交矩阵 O 使得

$$K^\alpha v \to O K^\alpha v, \tag{8.108}$$

$$\tilde{A}_{\alpha\beta} = \langle O K^\alpha v | O K^\alpha v \rangle = A_\alpha \delta_{\alpha\beta}. \tag{8.109}$$

这表明，$N-M$ 个矢量 $OK^\alpha v$ 是相互正交的。因此，与它们由一正交变换关系联系的 $N-M$ 个矢量 $K^\alpha v$ 就是线性独立的。

4. Goldstone 定理：我们可以把 Goldstone 定理表述为[113,115]："**如果体系的拉氏量在某一个连续对称群 G 下是不变的，但体系的真空仅仅在一个属于 G 的子群 H 下是不变的，那么将存在数目等于破缺生成元个数的零质量的标量粒子。**更明确地讲就是：如果规范对称群 G 的 N 个生成元中有 M 个破缺生成元和 $N-M$ 个保持真空不变的对称生成元，那么和 M 个破缺生成元相对应，存在着 M 个零质量的标量粒子。

现在证明该定理。标量场 $\phi(x)$ 的拉氏量见式 (8.88)。在无穷小规范变换下

$$\begin{aligned} U(\theta) &= \exp(-i\theta^\alpha L^\alpha) \simeq 1 - i\theta^\alpha L^\alpha, \\ \delta\phi &= -i\theta^\alpha L^\alpha \phi, \\ \delta\phi_i &= -i\theta^\alpha L^\alpha_{ij} \phi_j. \end{aligned} \tag{8.110}$$

$\mathcal{L}$ 是不变的，$V(\phi)$ 也是不变的，即

$$\delta V = \frac{\partial V}{\partial \phi_i} \delta\phi_i = -i\theta^\alpha \frac{\partial V}{\partial \phi_i} L^\alpha_{ij} \phi_j = 0. \tag{8.111}$$

由于 θ^α 是任意的，所以有

$$\frac{\partial V}{\partial \phi_i} L^\alpha_{ij} \phi_j = 0. \tag{8.112}$$

将上式对 ϕ_k 微分可得

$$\frac{\partial^2 V}{\partial \phi_k \partial \phi_i} L_{ij}^\alpha \phi_j + \frac{\partial V}{\partial \phi_i} L_{ik}^\alpha = 0. \tag{8.113}$$

将上式中的诸值取真空值，即令

$$\phi_i = v_i, \quad \frac{\partial V}{\partial \phi_i}|_{\phi=v} = 0, \quad \frac{\partial^2 V}{\partial \phi_k \partial \phi_i}|_{\phi=v} = M_{ki}^2 > 0, \tag{8.114}$$

就得到

$$M_{ki}^2 L_{ij}^\alpha v_j = 0, \tag{8.115}$$

其矩阵形式为

$$M^2 L^\alpha v = 0. \tag{8.116}$$

如前所述，在 N 个生成元 L^α 中，有 M 个对称子群的生成元 l^β，有 $N-M$ 个破缺子群的生成元 K^γ。因此，在式 (8.116) 中的 N 个方程中，就有

$$M^2 l^\beta v = 0, \quad l^\beta v = 0, \quad \beta = 1, 2, \cdots, M; \tag{8.117}$$

$$M^2 K^\gamma v = 0, \quad K^\gamma v \neq 0, \quad \gamma = 1, 2, \cdots, N-M. \tag{8.118}$$

式 (8.117) 表示的 M 个方程没有什么新的物理意义。式 (8.118) 就是 Goldstone 定理的数学表达式。 由定义矩阵 M^2 的式 (8.114) 可知，M_{ij}^2 就是 Higgs 势 $V(\phi)$ 中二次项 $\phi_i \phi_j$ 的系数，是 ϕ 场的质量平方算符的矩阵元，即 M^2 是 ϕ 场的质量平方算符。式 (8.118) 表明，态矢量 $K^\gamma v$ 是算符 M^2 的本征矢量，对应的本征值为 0。由于态矢量 $K^\gamma v$ 是线性独立的，所以质量矩阵 M^2 有 $N-M$ 个零质量本征值。总而言之，与每一个破缺生成元对应，存在一个零质量的 Goldstone 标量粒子。

5. **参数化**：既然 $K^\gamma v (\gamma = 1, 2, \cdots, N-M)$ 是与 v 正交的线性独立的矢量，而 ϕ 场又有 n 个独立的分量，那么 v 就是有 $n - (N-M)$ 个独立分量的矢量。我们令 $\eta(x)$ 是与 v 平行的矢量，那么 $K^\alpha v, K^\alpha \eta$ 就是与 v, η 正交的矢量，它们是线性独立的，而且可以按照式 (8.109) 正交化。为了下面讨论的方便，假设它们是正交化了的，即令

$$\langle K^\alpha v | K^\beta v \rangle = A^\alpha \delta_{\alpha\beta}, \tag{8.119}$$

再令 $\xi^\alpha(x)$ 是沿 $K^\alpha v$ 方向的场分量，那么就可以用 $\eta(x), \xi^\alpha(x) (\alpha = 1, 2, \cdots, N-M)$ 来取代场量 $\phi(x)$ 中的 n 个独立的分量，并写成

$$\phi(x) = \exp\left[\frac{i \xi^\alpha(x) K^\alpha}{|v|}\right] (v + \eta(x)). \tag{8.120}$$

§8.4 对称性的自发破缺

场量的这种表现形式叫做参数化 (parameterization)。

由式 (8.120) 可得

$$\phi^\dagger = (v^+ + \eta^+(x)) \exp\left[\frac{-i\xi^\alpha(x) K^\alpha}{|v|}\right],$$

$$\phi^\dagger \phi = (v^+ + \eta^+(x))(v + \eta(x))$$
$$= v^+ v + \eta^+(x)\eta(x) + v^+ \eta(x) + \eta^+(x)v,$$

$$\partial^\mu \phi = \exp\left[\frac{i\xi^\alpha(x) K^\alpha}{|v|}\right] (i\partial^\mu \xi^\alpha(x)) \frac{K^\alpha}{|v|}(v + \eta(x))$$
$$+ \exp\left[\frac{i\xi^\alpha(x) K^\alpha}{|v|}\right] \partial^\mu \eta(x),$$

$$\partial_\mu \phi^+ = (v^+ + \eta^+(x))\left(-i\partial_\mu \xi^\alpha(x)\frac{K^\alpha}{|v|}\right) \exp\left[-\frac{i\xi^\alpha(x) K^\alpha}{|v|}\right]$$
$$+ \partial_\mu \eta^+(x) \exp\left[-\frac{i\xi^\alpha(x) K^\alpha}{|v|}\right],$$

$$\partial_\mu \phi^+ \partial^\mu \phi = \partial_\mu \eta^+(x)\partial_\mu \eta(x) + \partial_\mu \xi^\alpha(x)\partial_\mu \xi^\alpha(x) + \partial_\mu \eta^+(x)\, i\partial^\mu \xi^\alpha(x) \frac{K^\alpha}{|v|}(v + \eta(x))$$
$$- i(v^+ + \eta^+(x))\partial_\mu \xi^\alpha(x)\frac{K^\alpha}{|v|}\partial^\mu \eta(x). \tag{8.121}$$

把它们代入式 (8.88) 可得

$$\mathcal{L} = \left[\partial_\mu \eta^+(x)\partial^\mu \eta(x) + \partial_\mu \xi^\alpha(x)\partial^\mu \xi^\alpha(x) + \frac{i}{|v|}\partial_\mu \eta^+(x)\partial^\mu \xi^\alpha(x) K^\alpha(v + \eta(x))\right.$$
$$\left. - \frac{i}{|v|}(v^+ + \eta^+(x))\partial_\mu \xi^\alpha(x) K^\alpha \partial^\mu \eta(x)\right]$$
$$- \mu^2\left[v^2 + v^+\eta(x) + \eta^+(x)v + \eta^+(x)\eta(x)\right]$$
$$- \lambda\left[v^2 + v^+\eta(x) + \eta^+(x)v + \eta^+(x)\eta(x)\right]^2$$
$$= \partial_\mu \eta^+(x)\partial^\mu \eta(x) + \partial_\mu \xi^\alpha(x)\partial^\mu \xi^\alpha(x) + 2\mu^2 \eta^+(x)\eta(x) + \cdots \tag{8.122}$$

这就是参数化以后,用新场 $\eta(x),\xi^\alpha(x)$ 表示的拉氏量。显然,它在规范群变换下不再具有不变性。**由式 (8.120) 可知**,由于 $\phi(x)$ 场的真空值是 v,新场 $\eta(x),\xi^\alpha(x)$ 的真空值就是零。因此,在规范群变换下真空是不变的。也就是说,用式 (8.122) 描述的 Higgs 场,在规范变换下真空是对称的,拉氏量是破缺的。 而且,$\eta(x)$ 场的质量为 $\sqrt{-4\mu^2}$ 是实的,$\xi^\alpha(x)$ 场的质量为零。$\xi^\alpha(x)$ 场的数目与破缺生成元的个数相同,就是质量为 0 的标量场 (Goldstone 粒子) 的数目与破缺生成元的个数相等。这正是 Goldstone 定理的具体体现。

§8.5　Brout-Englert-Higgs 机制

到 1964 年,在规范群框架下对电磁相互作用和弱作用的研究取得一系列重要进展,人们相信必须用规范群 $SU(2)_L \times U(1)_Y$ 来统一描写电磁相互作用和弱作用。

由于规范不变性和可重整性的要求,不能向规范场的拉氏量中直接放进规范玻色子的质量项,与 $SU(2)_L \times U(1)_Y$ 规范群相关的 4 个规范粒子无法获得质量,因而是零质量的。尽管传递电磁相互作用的光子没有质量,但弱作用是短距离相互作用,传递弱作用的 $W^\pm$ 和 Z^0 玻色子肯定具有很重的质量。对称性的自发破缺可以使规范粒子获得质量,但是 Goldstone 定理告诉我们:发生对称性自发破缺后,和每一个破缺生成元相对应的就必有一个零质量的 Goldstone 粒子。然而,我们在实验上没有发现这样的粒子。没有质量的规范玻色子和没有质量的 Goldstone 粒子,是人们所不喜欢的,希望从理论中除去。

1964 年 8 月 31 日,比利时自由大学的弗朗索瓦·恩格勒 (Francois Englert) 和罗伯特·布劳特 (Robert Brout) 的论文 (1964 年 6 月 26 日投稿) 发表[101]。同年 9 月 15 日和 10 月 19 日,英国爱丁堡大学的彼得·希格斯 (Peter Higgs) 的两篇论文 (1964 年 7 月 27 日和 8 月 31 日投稿) 分别发表[102]。这三位学者在他们的论文中分别独立提出了一种通过规范对称性自发破缺而使规范粒子获得质量的机制,把规范场和标量场 (亦即 Higgs 场) 放到一起考虑。他们证明:对称性破缺产生的零质量的 Goldstone 粒子可以被规范粒子吃掉,变成其纵向分量,使规范粒子获得质量。一次解决两个难题,这就是 Higgs 机制。2012 年 7 月 4 日,在 LHC 超高能强子对撞机上工作的 ATLAS 和 CMS 实验组宣布发现了希格斯玻色子,一个与"Higgs 机制"息息相关的基本粒子。2013 年 10 月,F. Englert 和 P. Higgs 由于提出"Higgs 机制"而获得 2013 年诺贝尔物理学奖,R. Brout 教授 (F. Englert 的博士后导师) 则由于已经在 2011 年 5 月逝世而失此殊荣。

众所周知,我们习惯上把"通过规范对称性自发破缺而使规范粒子获得质量的机制"称为"Higgs 机制",一直到欧洲核子研究中心在 2012 年 9 月把该机制正式命名为"布劳特-恩格勒-希格斯机制"(BEH Mechanism)。1967 年 10 月,温伯格在他的那篇著名论文 *A model of leptons*[105] 中,借助"希格斯"机制成功地建立了与实验事实相符的电弱统一理论。温伯格在这篇论文的引文 [3] 中引用了 Higgs(3 篇论文), Englert/Brout[101] 和 Guralnik/Hagen/Kibble[103] 三组共 5 篇文章,但他却不经意地把希格斯的 3 篇论文排在了其他人的前面。由于参考文献一般只能显示

§8.5 Brout-Englert-Higgs 机制

每篇引文的期刊名称、年份、卷号和页码,因此读者如果不去查原文的话,根本无法判断希格斯的第一篇论文 [102] 实际上比 Englert/Brout 的论文 [101] 要晚 1 个月。最戏剧性的"错误"发生在 1971 年,温伯格在另一篇相关论文 [116] 中把 P. Higgs 的第一篇论文 *Phys. Lett. 12 (1964) 132* 误引为 *Phys. Rev. Lett. 12 (1964) 132*。在这之后的绝大多数研究人员就把希格斯的《物理快报》论文当作"希格斯"机制的开山之作。温伯格本人直到 2012 年 5 月才意识到这个错误,并就此在《纽约书评》杂志上做了公开纠正。当然,这只是科学研究历史长河中的一个有趣的花絮!

作为一个简单示范,我们利用比较简单的 $U(1)$ 规范场来演示 BEH 机制,包含了标量场的规范相互作用拉氏量为

$$\mathcal{L} = -\frac{1}{4} F_{\mu\nu} F^{\mu\nu} + (D_\mu \phi)^* D^\mu \phi - V(\phi), \tag{8.123}$$

其中协变导数 D_μ,规范场的场强张量 $F_{\mu\nu}$ 定义为

$$D_\mu = \partial_\mu - ieA_\mu(x),$$
$$F_{\mu\nu} = \partial_\mu A_\nu - \partial_\nu A_\mu. \tag{8.124}$$

Higgs 势 $V(\phi)$ 的表达式见式 (8.76)。取合适的 Higgs 标量场 $\phi(x)$,并作式 (8.80) 的参数化,对标量场 $\phi(x)$ 作定域规范变换,

$$\phi(x) \rightarrow \phi(x) = (v + h(x))e^{i\frac{\theta(x)}{v}}. \tag{8.125}$$

同时为了保持拉氏量 $\mathcal{L}$ 的规范不变性而对规范场 $A_\mu(x)$ 作相应的规范变换:

$$\phi(x) \rightarrow e^{-i\theta(x)/v}\phi(x), \quad A_\mu(x) \rightarrow A_\mu(x) + \frac{1}{ev}\partial_\mu \theta(x). \tag{8.126}$$

把以上各个定义式代入拉氏量的表达式 (8.123),可得

$$\mathcal{L} = \frac{1}{2}\partial_\mu h \partial^\mu h - \lambda^2 v^2 h^2 - \lambda v h^3 - \frac{1}{4}\lambda h^4$$
$$+ \frac{1}{2}e^2 v^2 A_\mu A^\mu - F_{\mu\nu}F^{\mu\nu} + ve^2 A_\mu A^\mu h + \frac{1}{2}e^2 A_\mu A^\mu h^2. \tag{8.127}$$

从上式可以读出:

(1) 上式中第一行的第 2 项给出标量场 (Higgs 场)$h(x)$ 的质量项: $m_h^2 = \lambda^2 v^2/2$;第 3 和第 4 两项给出 Higgs 场的 3 点和 4 点自耦合相互作用项。而且非常重要的是 Higgs 粒子的质量项与其自耦合相互作用成正比,比例常数是真空期望值。在 Higgs 的质量被测定为 125GeV 之后,进一步测量 Higgs 的自耦合相互作用就变得非常重要。这种超出原来已知的四种相互作用之外的相互作用是不是只与 Higgs 的质量有关,是验证对称性自发破缺的关键。

(2) 第二行的第 1 项给出规范场 $A_\mu(x)$ 的质量项: $m_A^2 = e^2v^2$。第二行的第 3 项和第 4 项分别给出 3 点和 4 点规范场 -Higgs 场耦合项。

下面证明在电弱统一理论中如何通过 "Higgs 机制" 使 W, Z 规范玻色子获得质量，并保持光子 γ 零质量。为了实现 $SU(2)_L \times U(1)_Y \to U(1)_{em}$ 的规范对称性破缺，需要引入一个如式 (8.35) 所示的复 Higgs 场二重态：

$$\Phi = \begin{pmatrix} \phi^+ \\ \phi^0 \end{pmatrix}, \tag{8.128}$$

电弱统一理论的拉氏量可以写为三部分 $\mathcal{L} = \mathcal{L}_G + \mathcal{L}_H + \mathcal{L}_Y$，其中的规范场部分，Higgs 场部分和 Yukawa 耦合部分分别为 [16]

$$\begin{aligned}\mathcal{L}_G = &-\frac{1}{4}W^i_{\mu\nu}W^i_{\mu\nu} - \frac{1}{4}B_{\mu\nu}B_{\mu\nu} + i\overline{Q}_L\gamma^\mu D_\mu Q_L \\ &+ i\overline{U}_R\gamma^\mu D_\mu U_R + i\overline{D}_R\gamma^\mu D_\mu D_R \\ &+ i\overline{L}_L\gamma^\mu D_\mu L_L + i\overline{E}_R\gamma^\mu D_\mu E_R,\end{aligned} \tag{8.129}$$

$$\mathcal{L}_H = (D_\mu\Phi)^\dagger(D^\mu\Phi) - \mu^2\Phi^\dagger\Phi - \lambda(\phi^\dagger\Phi)^2, \tag{8.130}$$

$$\mathcal{L}_Y = y_U\overline{Q}_L U_R\tilde{\phi} + y_D\overline{Q}_L D_R\Phi + y_L\overline{L}_L E_R\Phi + h.c., \tag{8.131}$$

其中各个规范场的场强张量以及费米场的协变导数项为

$$\begin{aligned}W^i_{\mu\nu} &= \partial_\mu W^i_\nu - \partial_\nu W^i_\mu + g\epsilon^{ijk}W^j_\mu W^k_\nu, \\ B_{\mu\nu} &= \partial_\mu B_\nu - \partial_\nu B_\mu, \\ D_\mu Q_L &= \left(\partial_\mu - i\frac{g}{2}\tau^i W^i_\mu - i\frac{g'}{6}B_\mu\right)Q_L, \\ D_\mu U_R &= \left(\partial_\mu - i\frac{2g'}{3}B_\mu\right)U_R, \\ D_\mu D_R &= \left(\partial_\mu + i\frac{g'}{3}B_\mu\right)D_R, \\ D_\mu L_L &= \left(\partial_\mu - i\frac{g}{2}\tau^i W^i_\mu + i\frac{g'}{2}B_\mu\right)L_L, \\ D_\mu E_R &= (\partial_\mu + ig'B_\mu)E_R.\end{aligned} \tag{8.132}$$

在上述表达式中，$y_{q,l}$ 是 Yukawa 耦合常数，$\mu^2 < 0, \lambda > 0$ 是 Higgs 势 $V(\Phi)$ 的参数。$SU(2)$ 变换的不变性的一个体现是拉氏量式 (8.129)~(8.131) 中的 2×2 矩阵乘积最后都乘成标量，它们都是两个二重态相乘或者两个单态相乘。Higgs 场的协变

§8.5 Brout-Englert-Higgs 机制

导数在矩阵分量形式表示为

$$(D_\mu \Phi) = \begin{pmatrix} \partial_\mu - i\frac{g}{2}W_\mu^3 - i\frac{g'}{2}B_\mu & -i\frac{g}{\sqrt{2}}W_\mu^1 \\ -i\frac{g}{\sqrt{2}}W_\mu^2 & \partial_\mu + i\frac{g}{2}W_\mu^3 - i\frac{g'}{2}B_\mu \end{pmatrix} \begin{pmatrix} \phi^+ \\ \phi^0 \end{pmatrix}. \tag{8.133}$$

为了在自发破缺过程中保持 $U(1)_{em}$ 的不变性，把 Higgs 标量场 $\Phi(x)$ 的真空期望值选择在中性分量上：

$$\langle \Phi \rangle_0 = \langle 0|\Phi|0 \rangle = \begin{pmatrix} 0 \\ \frac{v}{\sqrt{2}} \end{pmatrix}. \tag{8.134}$$

Higgs 标量场 $\Phi(x)$ 有 4 个独立分量，作如下形式的参数化：

$$\Phi(x) = \begin{pmatrix} \theta_2(x) + i\theta_1(x) \\ \frac{1}{\sqrt{2}}(v + H(x)) + i\theta_3 \end{pmatrix} = U(\boldsymbol{\theta})^{-1} \begin{pmatrix} 0 \\ \frac{1}{\sqrt{2}}(v + H(x)) \end{pmatrix}, \tag{8.135}$$

其中 $U(\boldsymbol{\theta}) = \exp[i\theta_i(x)\tau^i/v]$。对 Higgs 场作规范变换 (在幺正规范下拉氏量中只出现物理场)：

$$\Phi(x) \to \Phi'(x) = U(\boldsymbol{\theta})^{-1}\Phi(x)$$

$$= \frac{1}{\sqrt{2}} \begin{pmatrix} 0 \\ v + H(x) \end{pmatrix} = \frac{v + H(x)}{\sqrt{2}}\chi, \quad \chi = \begin{pmatrix} 0 \\ 1 \end{pmatrix}. \tag{8.136}$$

在我们选定一个特别的基态-真空期望值 $\langle 0|\Phi|0\rangle$ 以后，$SU(2)_L \times U(1)_Y$ 规范对称性就自发破缺到 $U(1)_{em}$ 对称性。其他相关费米场和规范场的相应规范变换为

$$Q'_L = U(\boldsymbol{\theta})Q_L, \quad U'_R = U_R, \quad D'_R = D_R,$$
$$L'_L = U(\boldsymbol{\theta})L_L, \quad E'_R = E_R, \quad B'_\mu = B_\mu,$$
$$\frac{\boldsymbol{\tau} \cdot \boldsymbol{W}'_\mu}{2} = U(\boldsymbol{\theta})\left(\frac{\boldsymbol{\tau} \cdot \boldsymbol{W}_\mu}{2}\right)U^{-1}(\boldsymbol{\theta}) - \frac{i}{g}[\partial_\mu U(\boldsymbol{\theta})]U^{-1}(\boldsymbol{\theta}). \tag{8.137}$$

考虑式 (8.130) 所给的拉氏量 $\mathcal{L}_H$，在作参数化和规范变换以后有

$$\mathcal{L}_H = (D_\mu \Phi')^\dagger (D^\mu \Phi') - \mu^2 H^2 - \lambda v H^3 - \frac{\lambda}{4}H^4, \tag{8.138}$$

$$D_\mu \Phi' = \left(\partial_\mu - i\frac{g}{2}\boldsymbol{\tau} \cdot \boldsymbol{W}'_\mu - i\frac{g'}{2}B'_\mu\right)\frac{v + H(x)}{\sqrt{2}}\chi. \tag{8.139}$$

与式 (8.127) 类似，我们也得到了 Higgs 场的质量正比于其自耦合相互作用。由 $\mathcal{L}_H$ 的第一项可以导出矢量玻色子 $W^\pm$ 和 Z^0 的质量项：

$$(D_\mu \Phi')^\dagger (D^\mu \Phi') = \frac{1}{2}(\partial_\mu H)^2 + \frac{g^2}{8}(v+H)^2 |W_\mu^1 + i W_\mu^2|^2 + \frac{1}{8}(v+H)^2 |gW_\mu^3 - g' B_\mu|^2$$

$$= \frac{g^2 v^2}{4} \cdot \frac{1}{2} |W_\mu^1 + i W_\mu^2|^2 + \frac{1}{2} \frac{v^2 (g^2 + g'^2)}{4} \left| \frac{gW_\mu^3 - g' B_\mu}{\sqrt{g^2 + g'^2}} \right|^2 + \cdots$$

$$= M_W^2 W_\mu^+ W^{-\mu} + \frac{1}{2} M_Z^2 Z_\mu Z^\mu + \frac{1}{2} M_A^2 A_\mu A^\mu + \cdots \tag{8.140}$$

其中 $(W^\pm, Z_\mu)$ 和电磁场 A_μ 是经过重新定义的弱作用规范场和电磁场，前者获得重质量 m_W 和 m_Z，后者继续保持零质量。由上式可以看出：

$$W^\pm = \frac{1}{\sqrt{2}} \left(W_\mu^1 \mp i W_\mu^2 \right), \quad Z_\mu = \frac{gW_\mu^3 - g' B_\mu}{\sqrt{g^2 + g'^2}}, \quad A_\mu = \frac{gW_\mu^3 + g' B_\mu}{\sqrt{g^2 + g'^2}}, \tag{8.141}$$

$$m_W = \frac{gv}{2}, \quad m_Z = \frac{v}{2}\sqrt{g^2 + g'^2}, \quad m_A = 0. \tag{8.142}$$

实际上 Z_μ 和 A_μ 是相互正交的质量本征态，可以定义成规范场 (W_μ^3, B_μ) 的混合

$$\begin{pmatrix} Z_\mu \\ A_\mu \end{pmatrix} = \begin{pmatrix} \cos\theta_W & -\sin\theta_W \\ \sin\theta_W & \cos\theta_W \end{pmatrix} \begin{pmatrix} W_\mu^3 \\ B_\mu \end{pmatrix}, \tag{8.143}$$

其中混合角 θ_W 就是温伯格角：$\tan(\theta_W) = g'/g$。而且很容易推导出：

$$\cos\theta_W = \frac{m_W}{m_Z}. \tag{8.144}$$

由下式可以更清楚地看出 m_Z 和 m_A 是怎么样推导出来的。

$$\frac{v^2}{8} |gW_\mu^3 - g' B_\mu|^2 = \frac{v^2}{8} (W_\mu^3, B_\mu) \begin{pmatrix} g^2 & -gg' \\ -gg' & g'^2 \end{pmatrix} \begin{pmatrix} W^{3\mu} \\ B^\mu \end{pmatrix}$$

$$= \frac{1}{2}(Z_\mu, A_\mu) \begin{pmatrix} m_Z^2 & 0 \\ 0 & 0 \end{pmatrix} \begin{pmatrix} Z^\mu \\ A^\mu \end{pmatrix}. \tag{8.145}$$

在这里，我们使用幺正变换 $U(\theta_W)$ 对质量矩阵作了对角化。

既然对称性自发破缺之后只有 Higgs 场的真空期望值不为零，其他场的真空期望值仍为零，因此凡是有 Higgs 场参与的相互作用和过程，都将反映出对称性自发破缺所带来的影响和变化。费米子和 Higgs 粒子之间也有相互作用，称为汤川 (Yukawa) 耦合。在最小电弱统一理论中，如果只有一代费米子，则有 3 个独立的耦合常数 y_e, y_u, y_d，分别给费米子 e, u, d 以质量。在电弱统一理论中，凡是左

旋费米子都属于弱同位旋二重态，凡是右旋费米子都是弱同位旋单态。在弱作用拉氏量中费米子的质量项表现为左旋场量和右旋场量相乘的项。但在电弱统一理论中，这样的项只能是弱同位旋二重态，不能符合 $SU(2)_L \times U(1)_Y$ 不变性的要求，从而不能存在，这就决定了所有费米子都是无质量的粒子 (对称性破缺之前)。由于 Higgs 粒子是 $(I, Y) = (1/2, 1)$ 的粒子，它和左旋费米子: $(I, Y) = (1/2, -1)$ 的轻子和 $(I, Y) = (1/2, 1/3)$ 的夸克，以及右旋费米子: $(I, Y) = (1, -2)$ 的轻子和 $(I, Y) = (0, 4/3)$ 的夸克，一起可以构成 $(I, Y) = (0, 0)$ 的项。这样的项代表了 Higgs 场和费米子的相互作用，即 Yukawa 耦合。以第一代费米子为例，相关的拉氏量 $\mathcal{L}_Y$ 由式 (8.131) 可得

$$\begin{aligned}
\mathcal{L}_Y &= y_e \bar{L}_L \Phi e_R + y_u \bar{Q}_L \tilde{\Phi} u_R + y_d \bar{Q}_L \Phi d_R + h.c. \\
&= \frac{y_e}{\sqrt{2}} (\bar{v}_e, \bar{e}_L) \begin{pmatrix} 0 \\ v+H \end{pmatrix} e_R + \frac{y_u}{\sqrt{2}} (\bar{u}_L, \bar{d}_L) \begin{pmatrix} v+H \\ 0 \end{pmatrix} u_R \\
&\quad + \frac{y_d}{\sqrt{2}} (\bar{u}_L, \bar{d}_L) \begin{pmatrix} 0 \\ v+H \end{pmatrix} d_R + h.c. \\
&= \frac{y_e v}{\sqrt{2}} \bar{e}_L e_R + \frac{y_u v}{\sqrt{2}} \bar{u}_L u_R + \frac{y_d v}{\sqrt{2}} \bar{d}_L d_R + \cdots \\
&= \frac{y_e v}{\sqrt{2}} \bar{e}e + \frac{y_u v}{\sqrt{2}} \bar{u}u + \frac{y_d v}{\sqrt{2}} \bar{d}d + \cdots
\end{aligned} \tag{8.146}$$

由上式可以读出第一代费米子的质量为

$$m_e = \frac{y_e v}{\sqrt{2}}, \quad m_u = \frac{y_u v}{\sqrt{2}}, \quad m_d = \frac{y_d v}{\sqrt{2}}. \tag{8.147}$$

这样，所有的夸克和带电轻子就都获得了质量，其质量大小正比于它们跟 Higgs 的 Yukawa 耦合强度。对于中微子有质量的情况，我们只需要在拉氏量中再加上一项：

$$y_\nu \bar{L}_L \tilde{\Phi} \nu_R. \tag{8.148}$$

就可以使得中微子获得质量 $m_\nu = \frac{y_\nu v}{\sqrt{2}}$。当然这是狄拉克质量。

§8.6　$\sigma(e^+e^- \to f^+f^-)$ 的计算 *

在本节，作为一个例子，我们选择正负电子对撞机实验的一个简单过程: $e^+e^- \to f^+f^-$，在最低阶 (树图) 计算该过程的散射截面 $\sigma(e^+e^- \to f^+f^-)$。

§8.6.1 $e^+e^- \to f^+f^-$：有极化情况

首先考虑一般情况：(a) 末态轻子可以是轻子，也可以是夸克；(b) 考虑初末态轻子的极化，并取近似：$m_l = m_f = 0$。这样，当末态轻子是电子对或者电子中微子对时，如图 8.4 所示的 "s-道" 和 "t-道" 均有贡献。当末态轻子是其他轻子对或者夸克对时，只有 "s-道" 有贡献。

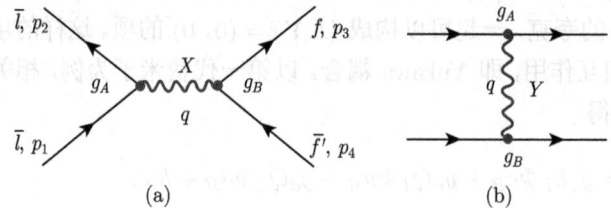

图 8.4 $e^+e^- \to f\bar{f}$ 散射过程的 "s-道" 和 "t-道" 树图贡献

首先考虑 s-道贡献，其散射振幅可以写为 [21]

$$\mathcal{M}_{AB}^{(s)} = G_{AB}^{(s)} [\bar{u}_B(p_3)\gamma^\alpha v_B(p_4)] [\bar{v}_A(p_2)\gamma_\alpha u_A(p_1)], \quad (8.149)$$

其中 A, B 表示初末态轻子的手征性：$(A, B) = (L, R)$；G_{AB} 表示初末态顶点处的耦合 g_i 与传播子的乘积：

$$G_{AB}^{(s)} = \sum_X \frac{g_A(X \to e^-e^+)g_B(X \to f\bar{f})}{S - M_X^2 + iM_X\Gamma_X} \quad (8.150)$$

其中的求和是对可能有贡献的规范玻色子求和：$X = (\gamma, Z^0, W^\pm)$。对 t-道贡献，其振幅可以写为

$$\mathcal{M}_{AB}^{(t)} = G_{AB}^{(t)} [\bar{v}_B(p_2)\gamma^\alpha v_B(p_4)] [\bar{u}_A(p_3)\gamma_\alpha u_A(p_1)] \quad (8.151)$$

其中

$$G_{AB}^{(t)} = \sum_Y \frac{g_A(Y \to e^+f)g_B(Y \to e^-\bar{f})}{t - M_Y^2 + iM_Y\Gamma_Y} \quad (8.152)$$

其中可能有贡献的规范玻色子为 $Y = (\gamma, Z^0, W^\pm)$。这里关于手征性的约定是：(a) G_{AB} 的下角标 $A = (L, R)$ 表示初态电子的手征性，$B = (L, R)$ 表示末态轻子 f 的手征性；(b) 与 g_L 顶点耦合的费米子 (e^-, f) 的手征性是左手的 L，与该顶点耦合的反费米子 $(e^+, \bar{f})$ 则是右手的 R。

考虑 $A = B = L$ 的情况。使用 Fierz 变换①可得

$$[\bar{v}_L(p_2)\gamma^\alpha v_L(p_4)][\bar{u}_L(p_3)\gamma_\alpha u_L(p_1)] = [\bar{u}_L(p_3)\gamma^\alpha v_L(p_4)][\bar{v}_L(p_2)\gamma_\alpha u_L(p_1)]. \quad (8.153)$$

所以可以把 s-道和 t-道贡献加到一起，得到

$$\begin{aligned}\mathcal{M}(\bar{e}_L e_L \to f_L \bar{f}_L) &= \mathcal{M}^{(s)}_{LL} + \mathcal{M}^{(t)}_{LL} \\ &= \left[G^{(s)}_{LL} + G^{(t)}_{LL}\right][\bar{u}_L(p_3)\gamma^\alpha v_L(p_4)][\bar{v}_L(p_2)\gamma_\alpha u_L(p_1)]. \end{aligned} \quad (8.154)$$

现在计算振幅的模方

$$\begin{aligned}|\mathcal{M}(\bar{e}_L e_L \to f_L \bar{f}_L)|^2 &= 16(p_1 \cdot p_4)(p_2 \cdot p_3)|G_{LL}(s) + G_{LL}(t)|^2 \\ &= 4u^2 |G_{LL}(s) + G_{LL}(t)|^2, \end{aligned} \quad (8.155)$$

其中 $u = (p_1 - p_4)^2$。

同理，对 $A = B = R$ 情况，我们得到

$$|\mathcal{M}(\bar{e}_R e_R \to f_R \bar{f}_R)|^2 = 4u^2 |G_{RR}(s) + G_{RR}(t)|^2. \quad (8.156)$$

对其他可能的手征组合情况，则有

$$|\mathcal{M}(\bar{e}_L e_L \to f_R \bar{f}_R)|^2 = 4t^2 |G_{LR}(s)|^2, \quad (8.157)$$

$$|\mathcal{M}(\bar{e}_R e_R \to f_L \bar{f}_L)|^2 = 4t^2 |G_{RL}(s)|^2, \quad (8.158)$$

$$|\mathcal{M}(\bar{e}_L e_R \to f_R \bar{f}_L)|^2 = 4s^2 |G_{RL}(t)|^2, \quad (8.159)$$

$$|\mathcal{M}(\bar{e}_R e_L \to f_L \bar{f}_R)|^2 = 4s^2 |G_{LR}(t)|^2, \quad (8.160)$$

其中 $t = (p_1 - p_3)^2$，$s = (p_1 + p_2)^2 = 4E^2$。

把上述结果加到一起，可得自旋平均的微分截面为

$$\begin{aligned}\frac{d\sigma}{dt}(e^+ e^- \to f\bar{f}) = \frac{1}{16\pi s^2} &\left\{ u^2 \left[|G_{LL}(s) + G_{LL}(t)|^2 + |G_{RR}(s) + G_{RR}(t)|^2\right] \right. \\ &+ t^2 \left[|G_{LR}(s)|^2 + |G_{RL}(s)|^2\right] \\ &\left. + s^2 \left[|G_{RL}(t)|^2 + |G_{LR}(t)|^2\right] \right\}. \end{aligned} \quad (8.161)$$

如果我们选择如式 (8.173) 所示的散射过程的四动量，可得

$$u = -\frac{s}{2}(1 + \cos\theta); \quad t = -\frac{s}{2}(1 + \cos\theta). \quad (8.162)$$

---

①参看附录 A.4。我们使用通常的 Fierz 变换，这里不包含 q_2 和 q_4 旋量波函数交换所产生的 "$-$" 号。同样，在式 (8.151) 所定义的 $\mathcal{M}^{(t)}_{AB}$ 表达式中，由于旋量波函数排序不同而引入的 "$-$" 号也去掉了。最后的结果和文献 [21] 是一样的。

一个左手极化或右手极化的入射轻子 $e^-_{L,R}$ 与一个无极化的 e^+ 的散射截面分别为

$$\frac{d\sigma_L}{dt} = \frac{1}{16\pi s^2} \left\{ u^2 |G_{LL}(s) + G_{LL}(t)|^2 + t^2 |G_{LR}(s)|^2 + s^2 |G_{LR}(t)|^2 \right\}, \quad (8.163)$$

$$\frac{d\sigma_R}{dt} = \frac{1}{16\pi s^2} \left\{ u^2 |G_{RR}(s) + G_{RR}(t)|^2 + t^2 |G_{RL}(s)|^2 + s^2 |G_{RL}(t)|^2 \right\}. \quad (8.164)$$

§8.6.2 $e^+e^- \to \mu^+\mu^-$：光子传播子贡献

对 $e^+e^- \to \mu^+\mu^-$ 过程，只有 s-道有贡献。我们先考虑光子传播子的贡献，树图费恩曼图如图 8.5 所示。

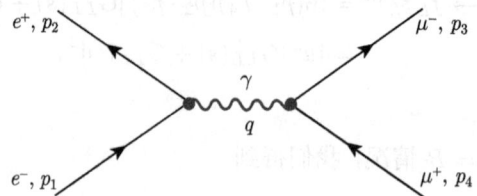

图 8.5 $e^+e^- \to \mu^+\mu^-$ 散射过程的 s-道树图费恩曼图

s-道的振幅为

$$i\mathcal{M}(e^+e^- \to \mu^+\mu^-) = \bar{v}(p_2)(-ie\gamma^\mu)u(p_1)\frac{-ig_{\mu\nu}}{q^2}\bar{u}(p_3)(-ie\gamma^\nu)v(p_4)$$

$$= \frac{ie^2}{q^2} [\bar{v}(p_2)\gamma^\mu u(p_1)] [\bar{u}(p_3)\gamma_\mu v(p_4)]. \quad (8.165)$$

矩阵元的模方为

$$|\mathcal{M}|^2 = \frac{e^4}{q^4} [\bar{v}(p_2)\gamma^\mu u(p_1)\, \bar{u}(p_1)\gamma^\nu v(p_2)] \cdot [\bar{u}(p_3)\gamma_\mu v(p_4)\, \bar{v}(p_4)\gamma_\nu u(p_3)]. \quad (8.166)$$

对于非极化情况，要对初态电子-正电子自旋求平均，对末态 μ 子自旋求和，所以有

$$\overline{|\mathcal{M}|^2} = \frac{1}{4} \sum_{s_i} |\mathcal{M}(e^+e^- \to \mu^+\mu^-)|^2$$

$$= \frac{e^4}{4q^4} \mathrm{tr}\left[(\slashed{p}_2 - m_e)\gamma^\mu(\slashed{p}_1 + m_e)\gamma^\nu\right] \cdot \mathrm{tr}\left[(\slashed{p}_3 + m_\mu)\gamma_\mu(\slashed{p}_4 - m_\mu)\gamma_\nu\right], \quad (8.167)$$

其中已用到自旋求和关系

$$\sum_s u_\alpha(p,s)\bar{u}_\beta(p,s) = (\slashed{p} + m)_{\alpha\beta},$$

$$\sum_s v_\alpha(p,s)\bar{v}_\beta(p,s) = (\slashed{p} - m)_{\alpha\beta}. \quad (8.168)$$

在式 (8.167) 中，令 $m_e = 0$ 可得

$$\overline{|\mathcal{M}|^2} = \frac{e^4}{4q^4} \operatorname{tr}\left[\not{p}_2 \gamma^\mu \not{p}_1 \gamma^\nu\right] \cdot \operatorname{tr}\left[\not{p}_3 \gamma_\mu \not{p}_4 \gamma_\nu - m_\mu^2 \gamma_\mu \gamma_\nu\right]. \tag{8.169}$$

考虑 tr 公式，

$$\operatorname{tr}\left[\gamma_\mu \gamma_\nu\right] = 4 g_{\mu\nu},$$
$$\operatorname{tr}\left[\gamma_\mu \gamma_\nu \gamma_\rho \gamma_\sigma\right] = 4 \left[g_{\mu\nu} g_{\rho\sigma} - g_{\mu\rho} g_{\nu\sigma} + g_{\mu\sigma} g_{\nu\rho}\right]. \tag{8.170}$$

代入式 (8.169) 中可得

$$\begin{aligned}
\overline{|\mathcal{M}|^2} &= \frac{e^4}{4q^4} \{4 \left[p_1^\nu p_2^\mu + p_1^\mu p_2^\nu - g^{\mu\nu} p_1 \cdot p_2\right] \\
&\quad \cdot 4 \left[p_{3\mu} p_{4\nu} + p_{3\nu} p_{4\mu} - g_{\mu\nu} (p_3 \cdot p_4 + m_\mu^2)\right]\} \\
&= \frac{e^4}{4q^4} \cdot 16 \{p_1 \cdot p_4 p_2 \cdot p_3 + p_1 \cdot p_3 p_2 \cdot p_4 - p_1 \cdot p_2 (p_3 \cdot p_4 + m_\mu^2) \\
&\quad + p_1 \cdot p_3 p_2 \cdot p_4 + p_1 \cdot p_4 p_2 \cdot p_3 - p_1 \cdot p_2 (p_3 \cdot p_4 + m_\mu^2) \\
&\quad + 4 p_1 \cdot p_2 p_3 \cdot p_4 + 4 m_\mu^2 p_1 \cdot p_2 - 2 p_1 \cdot p_2 p_3 \cdot p_4\} \\
&= \frac{8 e^4}{q^4} \{p_1 \cdot p_3 p_2 \cdot p_4 + p_1 \cdot p_4 p_2 \cdot p_3 + m_\mu^2 p_1 \cdot p_2\}.
\end{aligned} \tag{8.171}$$

另外，因为 $p_1 + p_2 = q = p_3 + p_4$，所以有

$$(p_1 - p_3)^2 = (p_4 - p_2)^2, \tag{8.172}$$

即 $p_1 \cdot p_3 = p_2 \cdot p_4$，同理有 $p_1 \cdot p_4 = p_2 \cdot p_3$。

在 $e^+ e^-$ 质心系下，我们取 $e^+ e^- \to \mu^+ \mu^-$ 过程中的四动量相对关系如图 8.6 所示。

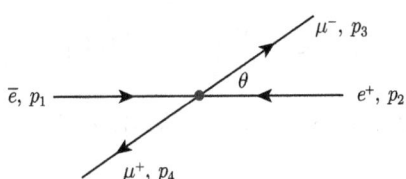

图 8.6 在质心系中的 $e^+ e^- \to \mu^+ \mu^-$ 散射过程

$$\begin{aligned}
p_1 &= (E, 0, 0, E), \\
p_2 &= (E, 0, 0, -E), \\
p_3 &= (E, |\boldsymbol{p}_3| \sin\theta, 0, |\boldsymbol{p}_3| \cos\theta), \\
p_4 &= (E, -|\boldsymbol{p}_3| \sin\theta, 0, -|\boldsymbol{p}_3| \cos\theta),
\end{aligned} \tag{8.173}$$

其中 $|\boldsymbol{p}_3| = \sqrt{E^2 - m_\mu^2}$。

由于 $m_e \ll m_\mu$，在下面的计算中，我们忽略含 m_e 的项，即

$$q^2 = (p_1+p_2)^2 = 4E^2,$$
$$p_1 \cdot p_3 = p_2 \cdot p_4 = E^2 - E|\boldsymbol{p}_3|\cos\theta,$$
$$p_1 \cdot p_4 = p_2 \cdot p_3 = E^2 + E|\boldsymbol{p}_3|\cos\theta, \tag{8.174}$$

把上式代入式 (8.171) 中，可得

$$\overline{|\mathcal{M}|^2} = \frac{e^4}{2E^4}\left[E^2(E-|\boldsymbol{p}_3|\cos\theta)^2 + E^2(E+|\boldsymbol{p}_3|\cos\theta)^2 + 2m_\mu^2 E^2\right]$$
$$= e^4\left[\left(1+\frac{m_\mu^2}{E^2}\right) + \left(1-\frac{m_\mu^2}{E^2}\right)\cos^2\theta\right]. \tag{8.175}$$

在质心系下，对 $2 \to 2$ 过程，其微分截面的表达式为

$$\frac{d\sigma}{d\Omega} = \frac{1}{2E_1\, 2E_2|v_1-v_2|} \cdot \frac{|\boldsymbol{p}_3|}{(2\pi)^2\, 4E_{cm}}|\mathcal{M}(1+2\to 3+4)|^2. \tag{8.176}$$

对我们的问题，则有

$$E_1 = E_2 = E,\quad E_{cm} = 2E,\quad |v_1-v_2| = 2, \tag{8.177}$$

即

$$\frac{d\sigma(e^+e^- \to \mu^+\mu^-)}{d\Omega} = \frac{\alpha^2}{4S}\sqrt{1-\frac{4m_\mu^2}{S}}\left[\left(1+\frac{4m_\mu^2}{S}\right) + \left(1-\frac{4m_\mu^2}{S}\right)\cos^2\theta\right], \tag{8.178}$$

其中 $S = q^2 = E_{cm}^2 = 4E^2$ 为质心系能量平方，$\alpha = e^2/(4\pi)$ 为电磁精细结构常数。

将式 (8.178) 对相空间体积元 $d\Omega$ 积分可得

$$\sigma(e^+e^- \to \mu^+\mu^-) = \frac{4\pi\alpha^2}{3S}\sqrt{1-\frac{4m_\mu^2}{S}}\left(1+\frac{4m_\mu^2}{S}\right). \tag{8.179}$$

对高能 e^+e^- 对撞机实验，$m_\mu^2/S \ll 1$，可以忽略，即有

$$\sigma(e^+e^- \to \mu^+\mu^-) = \frac{4\pi\alpha^2}{3S}. \tag{8.180}$$

§8.6.3 $e^+e^- \to \mu^+\mu^-$：γ 和 Z^0 贡献

在本节，我们以第一节的结果为出发点，同时考虑 γ，Z-交换的贡献，来计算 $\sigma(e^+e^- \to \mu^+\mu^-)$。只考虑 γ 光子交换时的详细计算已经在上节给出。对 $e^+e^- \to \mu^+\mu^-$ 过程，只有 s-道有贡献：

$$G_{AB}(s) = \frac{e^2}{s} + \frac{8G_F}{\sqrt{2}}g_A g_B \mathcal{R}(s), \tag{8.181}$$

§8.6 $\sigma(e^+e^- \to f^+f^-)$ 的计算 *

其中第一和第二项分别表示由光子交换、Z^0 玻色子交换而产生的贡献。因为

$$g^f_{L,R} = (I^f_3)_{L,R} - Q_f \sin^2\theta_W, \tag{8.182}$$

我们得到

$$g^{e,\mu}_L = -\frac{1}{2} + \sin^2\theta_W, \quad g^{e,\mu}_R = \sin^2\theta_W, \tag{8.183}$$

$$\mathcal{R}(s) = \frac{m_Z^2}{s - m_Z^2 + i\Gamma_Z m_Z}. \tag{8.184}$$

由式 (8.161) 可得

$$\frac{d\sigma}{dt}(e^+e^- \to \mu^+\mu^-) = \frac{1}{16\pi s^2} \left\{ u^2 \left[|G_{LL}(s)|^2 + |G_{RR}(s)|^2\right] + t^2 \left[|G_{LR}(s)|^2 + |G_{RL}(s)|^2\right] \right\}, \tag{8.185}$$

其中 $dt = (s/2)d\cos\theta$。由于

$$|G_{LL}(s)|^2 = \left| \frac{e^2}{s} + \frac{8G_F}{\sqrt{2}} g_A g_B \mathcal{R}s \right|^2$$

$$= \frac{e^4}{s^2} + 32 G_F^2 g_L^4 |\mathcal{R}(s)|^2 + \frac{2e^2}{s} \frac{8G_F}{\sqrt{2}} g_L^2 \text{Re}[\mathcal{R}(s)], \tag{8.186}$$

其中第一和第二项分别表示 γ-交换和 Z-交换产生的贡献，第三项是两者的干涉项。同理可得

$$|G_{RR}(s)|^2 = \frac{e^4}{s^2} + 32 G_F^2 g_R^4 |\mathcal{R}(s)|^2 + \frac{2e^2}{s} \frac{8G_F}{\sqrt{2}} g_R^2 \text{Re}[\mathcal{R}(s)], \tag{8.187}$$

$$|G_{LR}(s)|^2 = |G_{RL}(s)|^2$$

$$= \frac{e^4}{s^2} + 32 G_F^2 g_L^2 g_R^2 |\mathcal{R}(s)|^2 + \frac{2e^2}{s} \frac{8G_F}{\sqrt{2}} g_L g_R \text{Re}[\mathcal{R}(s)]. \tag{8.188}$$

把四项相加得到

$$\frac{d\sigma}{dt} = \frac{1}{16\pi s^2} \left\{ \frac{2e^4}{s^2}(u^2 + t^2) + \frac{2e^2}{s}\frac{8G_F}{\sqrt{2}} \left[(g_L^2 + g_R^2) u^2 + 2g_L g_R t \right] \cdot \text{Re}[\mathcal{R}(s)] \right.$$

$$\left. + \left(\frac{8G_F}{\sqrt{2}}\right)^2 \left[(g_L^4 + g_R^4) u^2 + 2g_L^2 g_R^2 t^2 \right] \cdot |\mathcal{R}(s)|^2 \right\}. \tag{8.189}$$

将微分截面 $d\sigma/dt$ 对全空间 $0° \leqslant \theta \leqslant \pi$ 积分，可得

$$\sigma(e^+e^- \to \mu^+\mu^-) = \frac{4\pi\alpha^2}{3s} + \frac{4s}{3\pi}\left(\frac{G_F}{\sqrt{2}}\right)^2 (g_L^2 + g_R^2) |\mathcal{R}(s)|^2$$

$$+ \frac{4\alpha}{3}\frac{G_F}{\sqrt{2}} (g_L^2 + g_R^2) \cdot \text{Re}[\mathcal{R}(s)]. \tag{8.190}$$

这里的第一、第二和第三项分别表示由 γ-交换，Z-交换和它们的干涉项给出的贡献。对不同的能量区间，有

1. 在低能区间：$s \ll m_Z^2$，有

$$\sigma(e^+e^- \to \mu^+\mu^-)|_{\gamma^*} = \frac{4\pi\alpha^2}{3s}. \tag{8.191}$$

2. Z-共振区，Z 玻色子贡献是主要贡献，只考虑 Z 贡献的近似是一个比较好的近似。这时有

$$\begin{aligned}\sigma(e^+e^- \to \mu^+\mu^-)|_Z &= \frac{4}{3\pi}\left(\frac{G_F m_Z^2}{\sqrt{2}}\right)^2 \frac{s\left(g_L^2 + g_R^2\right)^2}{(s-m_Z^2)^2 + m_Z^2\Gamma_Z^2} \\ &= 12\pi \cdot \frac{s/m_Z^2}{(s-m_Z^2)^2 + m_Z^2\Gamma_Z^2}\Gamma_{ee}\Gamma_{\mu\mu}.\end{aligned} \tag{8.192}$$

3. 如果采用 Z-窄共振近似，则有

$$\frac{1}{(s-m_Z^2)^2 + m_Z^2\Gamma_Z^2} \approx \frac{\pi}{m_Z\Gamma_Z}\delta(s-m_Z^2). \tag{8.193}$$

§8.6.4 $e^+e^- \to q\bar{q}$(hadrons)

在最低阶，只有 s-道树图对此类过程有贡献。当 $m_q \ll \sqrt{s}$ 时（即在 $m_e = m_q = 0$ 近似下），只考虑光子的贡献，跃迁振幅为

$$\mathcal{M} = e^2 e_q\, \delta_{ij}\bar{v}(P_1)\gamma_\mu u(p_2)\frac{g^{\mu\nu}}{s}\bar{u}_i(q_1)\gamma_\nu v_j(q_2), \tag{8.194}$$

$$\frac{1}{4}\sum_{\text{spins}}|\mathcal{M}|^2 = e^4 \cdot e_q^2 N_C 8 \cdot \frac{(p_1 \cdot q_1)^2 + (p_1 \cdot q_2)^2}{s}, \tag{8.195}$$

其中 $N_C = 3$ 表示颜色自由度，并且有

$$p_1 \cdot q_1 = \frac{s}{4}(1-\cos\theta), \quad p_1 \cdot q_2 = \frac{s}{4}(1+\cos\theta), \tag{8.196}$$

$$\begin{aligned}\frac{1}{4}\sum|\mathcal{M}|^2 &= \frac{e^4 e_q^2}{2}N_C \cdot \left[(1+\cos\theta)^2 + (1-\cos\theta)^2\right] \\ &= (4\pi\alpha)^2 e_q^2 N_C(1+\cos^2\theta).\end{aligned} \tag{8.197}$$

该过程的相空间可以取为

$$\begin{aligned}d\Phi &= \frac{d^3q_1}{(2\pi)^3 2E_1}\frac{d^3q_2}{(2\pi)^3 2E_2}\cdot (2\pi)^4 \cdot \delta(p_1+p_2-q_1-q_2) \\ &= \frac{d\cos\theta}{16\pi}.\end{aligned} \tag{8.198}$$

§8.6 $\sigma(e^+e^- \to f^+f^-)$ 的计算 *

过程的总截面为

$$\sigma(e^+e^- \to q\bar{q}) = \frac{1}{2s}\int \frac{1}{4}\sum|\mathcal{M}|^2 d\Phi$$
$$= \frac{4\pi\alpha^2}{3s}\cdot e_q^2 \cdot N_C. \tag{8.199}$$

由上式可以得到在较低能区 $(s \ll m_Z^2)R$ 参数的表达式

$$R = \frac{\sigma(e^+e^- \to \text{hadrons})}{\sigma(e^+e^- \to \mu^+\mu^-)} = \sum_q N_C e_q^2$$
$$= \frac{11}{3} \quad \text{for} \quad q=(u,d,c,s,b). \tag{8.200}$$

$\sqrt{s} \sim 10\text{GeV}$ 时，有效夸克为 (u,d,c,s,b)，相对应的 R 参数的实验测量值为

$$R^{\exp} = 3.88 \pm 0.06, \tag{8.201}$$

与 $N_C = 3$ 时的理论预言值符合。

当对撞质心系能量逐渐提高，Z^0 玻色子的贡献就会越来越大，同时考虑光子和 Z^0 玻色子的贡献，对于 $e^+e^- \to f\bar{f}$ 的一般情况，微分截面可以写为 [117]

$$\begin{aligned}\frac{d\sigma(e^+e^- \to f\bar{f})}{d\cos\theta} = \frac{\pi}{2s} N_C^f \Big\{&|\alpha(s)Q_f|^2(1+\cos^2\theta)\\
&-8\text{Re}\big\{\alpha^*(s)Q_f\chi(s)\big[\mathcal{G}_{V_e}\mathcal{G}_{V_f}(1+\cos^2\theta)+2\mathcal{G}_{A_e}\mathcal{G}_{A_f}\cos\theta\big]\big\}\\
&+16|\chi(s)|^2\big\{\big(|\mathcal{G}_{V_e}|^2+|\mathcal{G}_{A_e}|^2\big)\big(|\mathcal{G}_{V_f}|^2+|\mathcal{G}_{A_f}|^2\big)(1+\cos^2\theta)\\
&+8\text{Re}\big[\mathcal{G}_{V_e}\mathcal{G}_{A_e}^*\big]\text{Re}\big[\mathcal{G}_{V_f}\mathcal{G}_{A_f}^*\big]\cos\theta\big\}\Big\},\end{aligned} \tag{8.202}$$

其中色因子 $N_c^l = 0$，$N_C^q = 3$，θ 表示出射费米子 f 与 e^- 入射方向 (取为 Z 轴正向) 的夹角。上式中的第一项是虚光子 γ-交换图的贡献，第二项是 γ-Z 干涉项的贡献，最后一项是 Z-交换图的贡献。微分截面表达式中其他相关函数为

$$\chi(s) = \frac{G_F M_Z^2}{8\pi\sqrt{2}}\frac{s}{s-M_Z^2+is\Gamma_Z/m_Z}, \tag{8.203}$$

$$\mathcal{G}_{V_f} = \sqrt{\mathcal{R}_f}\left(T_3^f - 2Q_f\kappa_f\sin^2\theta_W\right),$$
$$\mathcal{G}_{A_f} = \sqrt{\mathcal{R}_f}T_3^f, \tag{8.204}$$

其中 $\chi(s)$ 表示 "Breit-Wigner" 传播子，$\mathcal{G}_{V_f}$ 和 $\mathcal{G}_{A_f}$ 表示包含了主要的电弱圈图修正 [117] 的有效耦合，$\mathcal{R}_f$ 表示一般的电弱圈图修正因子，κ_f 则表示对在壳的电弱混合相角 $\sin\theta_W^2$ 的电弱圈图修正①。

---

① 关于电弱圈图修正因子 $\mathcal{R}_f$ 和 κ_f 的具体定义和各种类型的电弱圈图修正 $(\Delta\rho, \Delta r, \cdots)$ 的具体定义和表达式，读者可看论文 [117] 和里面的参考文献。

在各个能区的正负电子对撞机实验中，均可以对 $e^+e^- \to f\bar{f}$ 的产生截面做精确测量。这里的末态费米子对可以是轻子对和中微子对，也可以是夸克对 $q\bar{q}$（然后再强子化为不同的强子末态）。图 8.7 表示 1973 年以来先后运行的几个正负电子对撞机实验，在不同能区 $0 \leq E_{CM} \leq 209$ GeV 对强子产生截面 $\sigma_{had}(e^+e^- \to \text{hadrons})$ 的精确实验测量结果。图中的实线表示在整个能区的标准模型理论预言值。

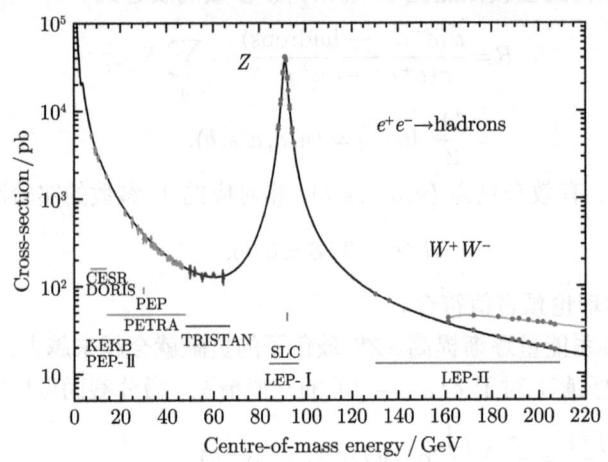

图 8.7 作为质心系能量 E 函数的强子产生截面 $\sigma_{had} = \sigma(e^+e^- \to \text{hadrons})$。实线表示标准模型理论预言，数据点表示各个正负电子对撞机实验 (CESR, DORIS, KEKB, PEP-II, PEP, PETRA, TRISTAN, SLC, LEP-I 和 LEP-II) 的测量结果，同时标出了各个加速器的能量区间。对截面 σ_{had} 已经考虑了光子辐射修正的影响 [117](见彩图)

从图 8.7 的左边低能区开始，首先是德国 DESY 的 DORIS 正负电子对撞机，其最大质心系能量为 11.2 GeV，运行时间为 1973~1983 年。美国康奈尔的 CESR 正负电子对撞机，其最大质心系能量为 12 GeV，运行时间为 1979~2002 年。然后是 KEKB 和 PEP-II，也就是日本和美国的两个 B 介子工厂，1999 年投入运行，主要运行在 $\Upsilon(4S)$ 的共振态峰值 $E_{CM} = 10.5$ GeV 附近。PETRA 是在德国 DESY 建造的正负电子对撞机，最大质心系能量为 46.8 GeV，运行时间为 1978~1986 年。PEP 是在美国 SLAC 建造的正负电子对撞机，最大质心系能量为 30 GeV，运行时间为 1980~1990 年。这些实验对 σ_{had} 的实验测量数据为左侧的绿色误差棒。显然，这些实验的测量精度很高。TRISTAN 是在日本 KEK 建造的正负电子对撞机，最大质心系能量为 64 GeV，运行时间为 1987~1995 年，其实验数据为蓝色误差棒。

由图 8.7 中曲线可以看到两个峰值，一个在低端：$E_{CM} \sim 0$ 附近，一个在 Z^0 介子质量 $m_Z \approx 91$ GeV 附近。当质心系能量 $E_{CM} = \sqrt{S}$ 比较小时，虚光子交换过程对 $e^+e^- \to \gamma^* \to q\bar{q}$ 过程起主要作用。然后随着 E_{CM} 变大，产生截面由第一个峰值处按照 $1/s$ 快速下降。在 m_Z 附近能区，Z^0 共振贡献对 $e^+e^- \to q\bar{q}$ 过程起主要的作用。当 $E_{CM} \geqslant 2m_W$ 时，LEP 实验进入 W^+W^- 对产生阶段。在 Z^0 峰值附近 $m_Z \pm 3\text{GeV}$ 区间的 7 个能量点上，四个 LEP 实验组合计采集了大约 1700 万个 Z^0 玻色子产生和衰变事例，对 Z^0 介子的性质做了精确测量，与标准模型理论预言值高度符合。

练 习 题

1. 用 Cabibbo 的理论比较 $\pi^+ \to \pi^0 \nu_e e^+$、$K^+ \to \pi^0 \nu_e e^+$、$\mu^+ \to e^+ \nu_e \bar\nu_\mu$ 的相对衰变宽度大小 (用 Cabibbo 角表示，忽略相空间的影响)。

2. 画出下列反应的费恩曼图，并说明是带电流、中性流，还是同时带电流和中性流：

(a) $e^- \bar\nu_\mu \to e^- \bar\nu_\mu$; (b) $n \to p e^- \bar\nu_e$; (c) $\mu^+ \to e^+ \nu_e \bar\nu_\mu$;

(d) $e^- \nu_\mu \to e^- \nu_\mu$; (e) $e^- \nu_e \to e^- \nu_e$. (8.205)

3. 写出标准模型的规范群，解释各个规范对称性及其在费米能标的破缺模式。

4. 标准模型的 CKM 矩阵的幺正性给出 6 个幺正三角形 (unitarity triangles)，试证明这 6 个幺正三角形有相同的面积。

5. 考虑图 8.8 所示的幺正三角形 ($V_{ud}V_{ub}^* + V_{cd}V_{cb}^* + V_{td}V_{tb}^* = 0$) 和其他 3 个示意图，在复平面上 CKM 矩阵元乘积的相位和 3 个相角之间存在关联关系。由该图导出三个相角 (ϕ_1, ϕ_2, ϕ_3) 的定义式：

$$\phi_1 = \pi - \left(\frac{-V_{td}V_{tb}^*}{-V_{cd}V_{cb}^*}\right), \quad \phi_2 = \left(\frac{V_{td}V_{tb}^*}{-V_{ud}V_{ub}^*}\right), \quad \phi_3 = \left(\frac{V_{ud}V_{ub}^*}{-V_{cd}V_{cb}^*}\right). \quad (8.206)$$

并证明：$\phi_1 + \phi_2 + \phi_3 = \pi$。

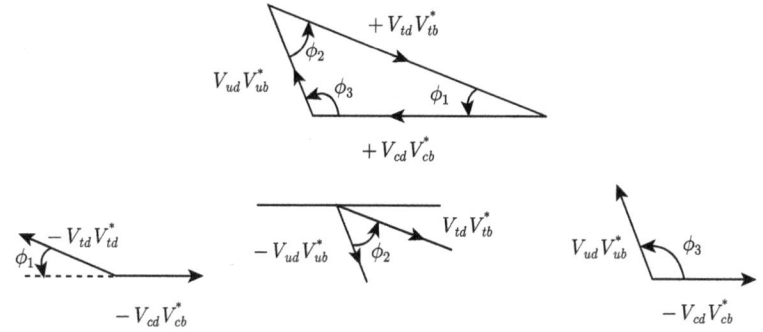

图 8.8 幺正三角形的相角与 CKM 矩阵元相位之间存在关联关系的示意图

6. 标准模型有哪些自由参数？关于这些参数，目前的实验测量值和误差如何？提示：以最新的 PDG 数据为准。

7. 考虑处于静止状态的 τ 轻子的衰变过程：

$$\tau^- \to \pi^- \nu_\tau \quad (8.207)$$

其中 τ 轻子自旋角动量方向沿 z 轴正向，ν_τ 和 π^- 分别沿 $\pm z$ 轴方向运动。假定当弱带电流是 (1)$V-A$ 流，(2)$V+A$ 流时，分别画出该衰变过程粒子的自旋角动量分布的示意图。

8. 在标准模型框架下，导出树图水平的 $\mu^- \to e^- + \nu_\mu + \bar{\nu}_e$ 三体衰变分支比表达式。

   (a) 画出最低阶的树图费恩曼图，写出振幅。

   (b) 写出分支比表达式，计算振幅的模方，计算分支比。

9. 考虑 $e^+e^- \to \mu^+\mu^-$ 树图产生过程，导出式 (8.179)。给出详细的解析推导。

10. 证明在标准模型理论框架下，如何通过引进式 (8.128) 的 Higgs 二重态，实现 $SU(2)_L \times U(1)_Y \to U(1)_{em}$ 的规范对称性破缺，同时使 W, Z 规范玻色子获得质量，并保持光子 γ 零质量。给出详细推导过程。

第9章　标准模型精确检验、顶夸克物理与Higgs物理

现在一般把 $SU(2)_L \times U(1)_Y$ 电弱统一理论和 $SU(3)_C$ 量子色动力学 (QCD) 统称为标准模型理论。它是迄今为止公认的描述弱、电、强三种相互作用的成功理论。四十多年来，标准模型经历了各种实验的精确检验，取得了巨大的成功。

众所周知，标准模型理论有三根支柱：

1. 物质场 (费米子和规范玻色子)，是构成物质世界的基本组元。
2. 三种基本相互作用：电磁相互作用、弱相互作用和强相互作用。这些"力"将构成物质世界的基本组元"束缚"在一起，形成万事万物。
3. Higgs 玻色子和 Higgs 机制，使"基本粒子"获得"质量"。

在过去的半个世纪中，标准模型理论对"物质世界"的描述经历了众多低能和中、高能物理实验 (LHC, KEK, SLAC, LEP, SLC, Tevatron, HERA, BEPC 等) 的精确检验，标准模型在理论和实验两个方面均取得了巨大的成功。从 LEP 实验开始，人们一直在寻找 Higgs 粒子。经过二十多年的努力，LHC 实验的 ATLAS 和 CMS 实验组终于在 2012 年 7 月宣布发现了 Higgs 粒子 [118-121]，补齐了标准模型理论的最后一块短板，使其成为一个得到实验检验的完整理论。

LHC 实验发现了质量约为 125GeV 的 Higgs 粒子，并测量了其量子数为 $J^P = 0^+$。但目前仍然存在许多"开放问题"需要通过理论和实验研究来回答。例如：

(1) 它是标准模型的 Higgs 吗？它是基本粒子还是一个复合粒子？它满足自然性吗？

(2) 有没有第二个 Higgs 二重态？是否存在带电的 Higgs 玻色子？

(3) 它是第一个被观察到的超对称粒子吗？

(4) 它确实能够为其他基本粒子提供质量吗？

(5) 它主要产生于顶夸克衰变，还是产生于新的"类矢量"重夸克？

(6) 它是通向另一个"隐身世界"的信使吗？它是产生物质-反物质不对称性的原因吗？

(7) 是它引起宇宙各向异性的膨胀吗？

所有这些问题，目前都没有答案！当然，除了这些问题，更为重要的是 Higgs 的自耦合相互作用和给费米子以质量的汤川耦合这两种不能归类到四种基本相互作用的新相互作用种类的验证问题。

按照目前的实验数据，标准模型至少有 26 个自由参数：

1. 15 个质量参数：6 个夸克质量 $m_q (q = u, d, c, s, t, b)$，6 个轻子质量 m_l ($l = e, \mu, \tau, \nu_1, \nu_2, \nu_3$)，2 个规范玻色子质量 m_W, m_Z 和 Higgs 粒子质量 m_H。

2. 3 个耦合常数：费米耦合常数 G_F，精细结构常数 α_{em} 和强相互作用耦合常数 α_s。

3. 3 个夸克混合参数 ($\theta_{12}, \theta_{13}, \theta_{23}$) 和 1 个 CP 破坏相位 δ 以及对应的轻子混合部分的 3 个轻子混合角和 CP 相位。

这么多的自由参数都需要给出一个理论解释，另外还存在著名的 Majorana 中微子质量问题，暗物质和暗能量问题等。

目前存在的这些基本问题使大多数物理学家相信，现在的标准模型理论很可能是在电弱能标 $\Lambda_{EW} \approx 246$ GeV 附近的"有效理论"，在更高的能标应当存在超出标准模型的新物理 (基本) 理论。当然我们现在不知道"新物理"是什么样子，是目前非常"热门"的"超对称模型" (various supersymmetric models)，还是其他未知模型。这需要国际粒子物理学界继续在"更高能量"和"更高精度"这两个方向上加倍努力！到目前为止，尽管在实验上发现了一些与标准模型的"偏离"或者"反常"，但我们仍然没有发现任何超出标准模型的新物理存在的确切信号或者证据。

§9.1 标准模型精确检验

电弱标准模型的基本理论框架在 20 世纪 60 年代末构建完成，对标准模型的实验检验也立即开始，并不断取得重要进展。在本节，我们将首先介绍早期的标准模型的中性流与带电流过程的实验检验，然后重点介绍以 LEP 实验为代表的标准模型精确检验的历史发展情况。

§9.1.1 荷电流与中性流

我们知道，传递电磁相互作用的媒介粒子是零质量的光子，传递弱相互作用的媒介粒子是很重的 $W^{\pm}$ 和 Z^0 规范玻色子。如图 9.1 所示，由带电的 $W^{\pm}$ 玻色子引起的过程叫做带电流过程。对应的第一代费米子之间的带电流拉氏量为

$$\mathcal{L}_{CC} = -\frac{g}{2\sqrt{2}} \{W^+_\mu [\bar{u}\gamma^\mu(1-\gamma_5)d' + \bar{\nu}_e \gamma^\mu(1-\gamma_5)e] + h.c.\}, \tag{9.1}$$

后两代费米子的带电流拉氏量的形式与上式完全相同。另外，规范对称性保证了夸克之间与轻子之间带电流的普适性。夸克、轻子和 $W^{\pm}$ 玻色子之间的带电流相互作用具有如下特点：

1. 只有左手费米子和右手反费米子与 W 玻色子有耦合，即带电流是左手流。所以，宇称 $\mathcal{P}$ 和电荷共轭变换 $\mathcal{C}$ 分别都是 100% 破坏的。但联合的 CP 变换仍然

是一个好对称性。

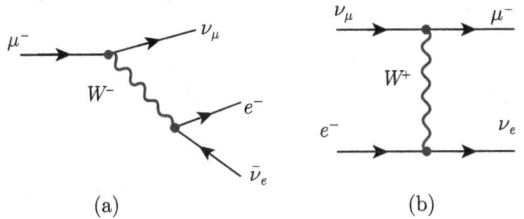

图 9.1 描写 $\mu^- \to e^- \bar{\nu}_e \nu_\mu$ 和 $\nu_\mu e^- \to \mu^- \nu_e$ 过程的树图费恩曼图

2. W^- 到夸克、轻子的衰变过程为

$$W^- \to e^- \bar{\nu}_e, \mu^- \bar{\nu}_\mu, \tau^- \bar{\nu}_\tau, d'\bar{u}, s'\bar{c}. \tag{9.2}$$

所有费米子二重态与 $W^\pm$ 的耦合强度是相同的，具有普适性。夸克的弱作用本征态与质量本征态是不一样的。夸克质量本征态 d, s, b 和弱作用本征态 d', s', b' 之间通过 CKM 混合矩阵 $\boldsymbol{V}$ 联系起来：

$$\begin{pmatrix} d' \\ s' \\ b' \end{pmatrix} = \boldsymbol{V} \begin{pmatrix} d \\ s \\ b \end{pmatrix}, \quad \boldsymbol{V}\boldsymbol{V}^\dagger = \boldsymbol{V}^\dagger \boldsymbol{V} = 1. \tag{9.3}$$

如图 9.2 所示，在标准模型框架下，存在由光子和 Z^0 玻色子传递的中性流，对应的拉氏量 $\mathcal{L}_{NC}$ 可以写为

$$\mathcal{L}_{NC} = -eA_\mu \sum_i \overline{\Psi}_i \gamma^\mu Q_i \Psi_i - \frac{e}{\sin(2\theta_W)} Z^\mu \sum_f \bar{f}\gamma_\mu(v_f - a_f\gamma_5)f, \tag{9.4}$$

其中第一项表示电磁中性流 $-eA_\mu J_{em}^\mu$，对所有带电费米子求和，第二项表示弱中性流，$a_f = T_f^3, v_f = T_f^3(1 - 4|Q_f|\sin^2\theta_W)$ (T_f^3, Q_f 分别是费米子的弱同位旋第三分量和所带电荷)，对包含中微子的所有费米子求和。光子、Z 玻色子与费米子之间的电磁和弱中性流耦合有如下特点：

1. 所有中性流相互作用顶角都是味道守恒的。顶角类型为 $\gamma f\bar{f}$ 或 $Z f\bar{f}$。在实验上没有看到味改变的中性流耦合过程，例如 $\mu \to e\gamma$ 或者 $Z \to e^\pm \mu^\mp$。

2. 电磁相互作用 $\gamma f\bar{f}$ 与费米子电荷 Q_f 成正比，带有相同电荷的费米子具有相同的电磁相互作用。中微子不参与电磁相互作用 ($Q_\nu = 0$)，但通过弱相互作用与 Z 玻色子耦合。

3. 光子与具有不同手征性的费米子之间的电磁相互作用是一样的。但 Z 玻色子与左手和右手费米子之间的耦合是不一样的。中微子有三种：ν_e, ν_μ, ν_τ，其与 Z 玻色子之间的弱耦合是左手的，也就是说，右手的中微子不参与任何相互作用。

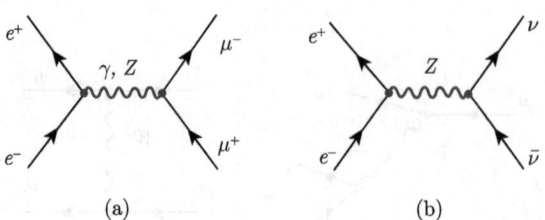

图 9.2 $e^+e^- \to \mu^+\mu^-$ 和 $e^+e^- \to \nu_\mu \bar{\nu}_\mu$ 过程的树图费恩曼图

§9.1.2 标准模型电弱参数的精确测量

1989 年，欧洲 CERN 的正负电子对撞机实验 (LEP 实验) 和美国 SLAC 的直线正负电子对撞机实验 (SLC 实验)① 先后投入运行，标准模型精确检验进入了"黄金时期"。到 2000 年 11 月 LEP-II 停止运行，LEP 的四个实验组和 SLC 的 SLD 实验组在 Z^0 共振区和 WW 共振区收集到大量的实验数据，实验取得巨大的成功，为标准模型理论精确检验提供了牢固的实验基础[110,122]。在同一时期，德国 HERA 的电子–质子对撞机实验 (ZEUS 和 H1 国际合作组) 和美国 Tevatron (D0 和 CDF 国际合作组) 质子–反质子强子对撞机实验均对标准模型精确检验做出了重要的贡献[110,117,123–125]。

利用 LEP-II 和 Tevatron 上的实验测量得到的质量 m_W 和 m_t：

$$m_W = 80.399(23)\text{GeV}, \quad \Gamma_W = 2.085(42)\text{GeV}, \quad m_t = 173.3 \pm 1.1\text{GeV}. \quad (9.5)$$

与其他实验测量的数据 $G_F = 1.16637(1) \times 10^{-5}\text{GeV}^{-2}, \alpha(0) = 1/137.036$ 一起作为输入参数，使用 TOPAZ0[126] 和 ZFITTER[127] 程序包做拟合，对其他标准模型参数的拟合结果在表 9.1 中给出[123]。表 9.1 同时列出了在对标准模型参数作综合分析时所使用的大-Q^2 实验数据。在第 2 列数据中的总误差包含了统计误差和系统误差 (单独的系统误差见文献 [123] 的表 1)。在第 3 列中所列"标准模型结果"是使用所有大-Q^2 数据做标准模型拟合得到的结果。从表中可以看出，所有实验测量都基本与标准模型符合，对于标准模型的最大偏离也小于三个标准偏差。

在标准模型框架下，很多物理可观测量的函数表达式通过树图或者圈图对 m_t, m_W 有较强的直接依赖关系：$\propto m_W^2/m_t^2$。但对 m_H 一般为对数依赖关系：$\propto \log(m_H^2/m_W^2)$，比较弱。在直接发现顶夸克和 Higgs 玻色子以前，我们只能通过对这些可观测物理量的精确测量，来导出对 m_t 和 m_H 的间接限制。从 LEP-I 时代开始，我们就是这样把 m_t 的下限逐年提高，一直到 1996 年在 Tevatron 实验上

---

① 3.2km 长的斯坦福直线正负电子对撞机 SLC 是世界上第一台直线对撞机。它利用美国 SLAC 国家实验室的 50GeV 的直线加速器，经加速的正负电子束流分别经过两个弧形传输线进入对撞区，1989 年实现了对撞，主要运行在 Z^0 共振峰附近能区：$E_{CM} \approx 91\text{GeV}$，运行时间为 1989~1998 年。

§9.1 标准模型精确检验

发现顶夸克，并初步测量了其质量。对 Higgs 质量 m_H，我们经历了非常类似的过程，对其质量的预言范围越来越准确，直到 2012 年在 LHC 实验中直接发现 Higgs 玻色子并测量其质量。

表 9.1 在综合分析时所使用的实验数据和标准模型参数的拟合结果。(a)：LEP-I 数据；(b) SLD 数据 ($\mathcal{A}_l$ 包含了 A_{LR} 和极化轻子的不对称性)；(c) LEP-I 和 SLD 重味夸克 (b, c 夸克) 相关数据 [123]

		实验测量值	SM 拟合值	偏离
(a)	LEP-I			
	m_Z/GeV	91.1875 ± 0.0021	91.1874	0.0
	Γ_Z/GeV	2.4952 ± 0.0023	2.4959	-0.3
	$\sigma^0_{\text{had}}/\text{nb}$	41.540 ± 0.037	41.478	1.7
	R^0_l	20.767 ± 0.025	20.742	1.0
	$A^{0,l}_{FB}$	0.0171 ± 0.0010	0.0164	0.7
	+ correlation matrix [117]			
	$\mathcal{A}_l\ (\mathcal{P}_\tau)$	0.1465 ± 0.0033	0.1481	-0.5
	$\sin^2\theta^{lept}_{eff}$	0.2324 ± 0.0012	0.23139	0.8
(b)	SLD $\mathcal{A}_l$	0.1513 ± 0.0021	0.1481	1.6
(c)	LEP-I/SLD Heavy Flavour			
	R^0_b	0.21629 ± 0.00066	0.21579	0.8
	R^0_c	0.1721 ± 0.0030	0.1723	-0.1
	$A^{0,b}_{FB}$	0.0992 ± 0.0016	0.1038	-2.9
	$A^{0,c}_{FB}$	0.0707 ± 0.0035	0.0742	-1.0
	$\mathcal{A}_b$	0.923 ± 0.020	0.935	-0.6
	$\mathcal{A}_c$	0.670 ± 0.027	0.668	0.1
	+ correlation matrix [117]			

图 9.3 中的左图表示根据标准模型和相关实验数据对 $m_t - m_W$ 取值区域给出的限制。图中的点线闭合围道区域 (contour-plot) 表示根据 LEP-I/SLD 实验数据得到的对 $m_W - m_t$ 取值区域的间接限制。实线闭合围道区域表示根据 LEP-II 和 Tevatron 实验数据得到的对 $m_W - m_t$ 取值区域的直接限制。在这两种情况下的 contour-plot 的置信度均为 68%。基于标准模型的 $m_W - m_t$ 取值区域与 m_H 的取值有关，由该图可以看出，LEP-II 和 Tevatron 实验数据倾向于较轻的 Higgs 玻色子：$m_H \gtrsim 114$ GeV。该图中的阴影 (绿色) 区域表示仍然被 LEP-II 和 Tevatron 实验允许的取值区域：$114.4 < m_H < 157$ GeV, $175 < m_H < 1000$ GeV。$\Delta \alpha$ 旁边的箭头表示质量关联对 $\alpha(M_Z^2)$ 取值变化 (在 ± 1 个标准偏差内) 的依赖性。该图表明，对 m_W 和 m_t 的实验测量值与标准模型理论预期符合得很好。

图 9.3 中的右图表示根据标准模型和相关实验数据 (大 $-Q^2$ 数据，但不包含对 m_W 和 Γ_W 的直接实验测量数据) 对 $m_W - m_H$ 取值区域给出的限制。右图的实蓝

线闭合围道区域表示根据实验数据得到的对 $m_W - m_H$ 取值区域的限制。右图中的浅阴影 (黄色) 区域表示被相关实验数据排除的 m_H 取值区域: $10 < m_H < 114.4$ GeV (LEP-II, 95% 置信度), $158 < m_H < 172$ GeV (Tevatron, 95% 置信度)。右图的深阴影 (绿色) 水平区域表示 LEP-II 和 Tevatron 实验得到的对 m_W 的直接实验测量值: $m_W = (80.399 \pm 0.023)$ GeV。

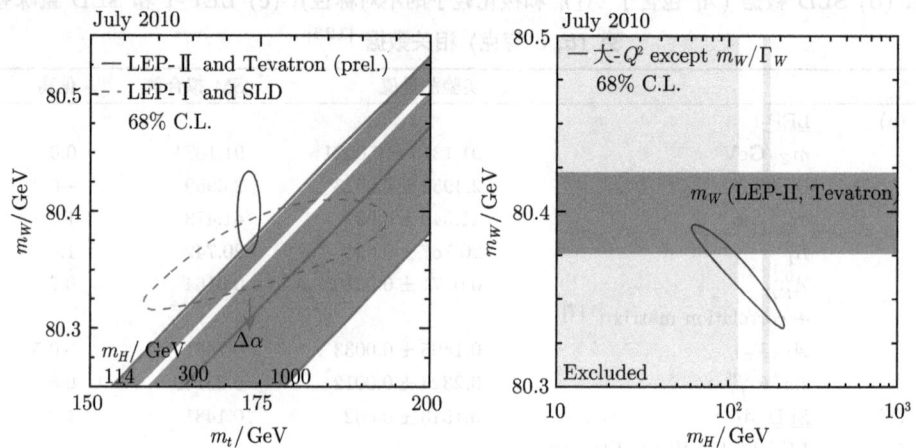

图 9.3 左图表示根据 LEP-I 和 SLD 实验数据得到的对 $m_W - m_t$ 取值范围的间接限制 (点线 contour-plot), 根据 LEP-II 和 Tevatron 实验数据得到的对 $m_W - m_t$ 取值范围的直接限制 (实线 contour-plot)。在这两种情况下的 contour-plot 的置信度均为 68%。右图表示根据标准模型和相关实验数据 (大 $-Q^2$ 数据, 但不包含对 m_W 和 Γ_W 的直接实验测量数据) 对 $m_W - m_H$ 取值区域给出的限制 (见彩图)

图 9.4 中的左图表示根据标准模型和相关实验数据 (大 $-Q^2$ 数据, 但不包含 Tevatron 对 m_t 的直接实验测量数据) 对 $m_t - m_H$ 取值区域给出的限制。左图的深阴影 (绿色) 水平带状区域表示 Tevatron 实验得到的对 m_t 的直接实验测量值: $m_t = (173.3 \pm 1.1)$ GeV。左图中的浅阴影 (黄色) 区域和图 9.4 中右图的浅阴影 (黄色) 区域相同, 均表示在 LHC 实验结果出来以前已经被 Tevatron 等相关实验排除的 m_H 取值区域 (95% 的置信度)。左图的实蓝线闭合围道区域表示根据标准模型和实验数据得到的 $m_W - m_H$ 允许取值区域 (68% 的置信度)。

图 9.4 中的右图表示根据标准模型和相关实验数据给出的 $\Delta\chi^2 = \chi^2 - \chi^2_{\min}$ 和 m_H 的函数曲线。在拟合中使用了全部大 $-Q^2$ 数据[123], 实黑线表示根据标准模型和实验数据 (其中输入参数 $\Delta\alpha^{(5)}_{\text{had}} = 0.02758(35)$) 得到的 $\Delta\chi^2 - m_H$ 曲线, 伴随实黑线的蓝带表示由于忽略的高阶效应带来的理论误差。短划线表示在拟合中使用了 $\Delta\alpha^{(5)}_{\text{had}} = 0.02749(12)$ 得到的结果, 点线表示在拟合中包含了小 $-Q^2$ 数据时得到的结果[123]。

§9.1 标准模型精确检验

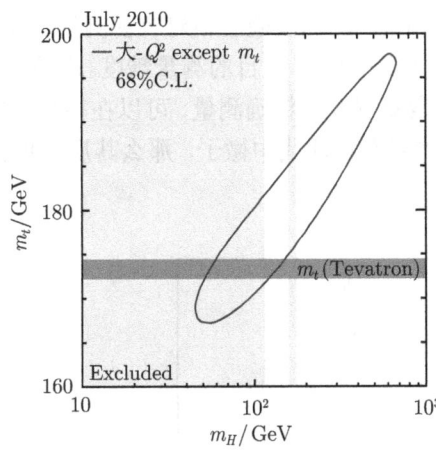 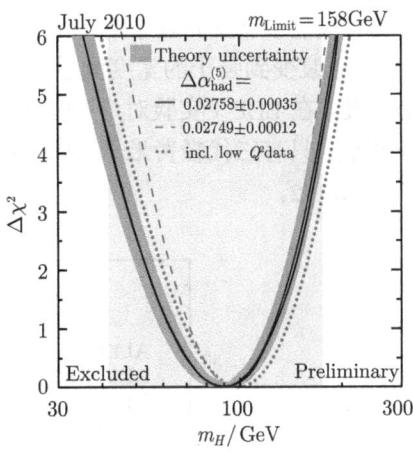

图 9.4 左图表示根据标准模型和相关实验数据 (大 $-Q^2$ 数据, 但不包含 Tevatron 对 m_t 的直接实验测量数据 —— 绿色水平窄条区域) 对 $m_t - m_H$ 取值区域给出的限制。右图表示根据标准模型和相关实验数据给出的 $\Delta\chi^2 - m_H$ 的函数曲线 (见彩图)

在 SLC 上工作的 Mark-II 合作组在 1989 年 8 月首次报告他们在 e^+e^- 对撞实验中测量到了 Z^0 玻色子, 1992 年实现了 e^- 束流的极化, Mark-II 探测器也更换为 SLD 探测器。到 1998 年 SLC 停止运行为止, SLD 合作组采集了大约 60 万个 Z^0 玻色子产生和衰变事例。尽管 SLD 的数据量远小于 LEP-I 的数据量, 但由于使用了纵向极化束流, 在测量 Z^0 矢量玻色子与其他粒子之间的耦合强度和特性时有其独特的优势, 所以与高数据量但无极化束流的 LEP-I 实验可以形成竞争与互补。

LEP-I 和 LEP-II 是在 CERN 建造并运行过的到目前为止最高能量的正负电子对撞机, 环形束流管长度为 26.660km, 运行时间为 1989~2000 年。LEP 的四个实验组分别为 ALEPH, DELPHI, L3 和 OPAL。从 1989 到 1995 年, LEP-I 实验一直运行在 "Z^0" 共振态峰值附近, 和 SLC 相同作为 "Z^0 玻色子工厂", 重点是测量 Z^0 玻色子产生和衰变的各种可观测物理量: 例如各种衰变宽度 $\Gamma_{ll}, \Gamma_{\nu\bar{\nu}}\ \Gamma_{\text{had}}$, 温伯格角 $\sin^2\theta_W$, 前后不对称性 A_{FB} 和比值 R_b 等。从 1996 年开始一直到 2000 年 10 月停止运行, LEP-II 作为 "W 玻色子工厂" 运行, 其质心系能量逐渐由 161GeV 增加到最后的 209GeV。

LEP-I 实验的一个重要成果就是证明了轻的中微子 ($m_\nu < m_Z/2$) 只有三代。根据标准模型, Z 的不可见衰变道只能是 $Z \to \nu_i\bar{\nu}_i\ (i=e,\mu,\tau)$。那么, 可以通过实验测量 "丢失" 的 Z 玻色子衰变道宽度来确定中微子代的数目是不是 "3"。在实验上, 中微子的数目 N_ν 定义为

$$N_\nu = \frac{\Gamma_Z - \Gamma_{ll} - \Gamma_{\text{had}}}{\Gamma_{\nu\bar{\nu}}}. \tag{9.6}$$

由于 Z^0 玻色子衰变到轻子对 e^+e^-、$\mu^+\mu^-$ 和 $\tau^+\tau^-$ 在实验上相对容易测量, 那么 Z^0 玻色子衰变到强子的宽度测量就决定了中微子 "代"数目的测量精度。从图 9.5 可以看出, 在 LEP-I 实验对 Z^0 玻色子所有衰变宽度的精确测量, 可以在很高的精度上确认: 只有三代轻费米子。换句话说, 如果有第四代中微子, 那么其质量也肯定大于 $m_Z/2$。

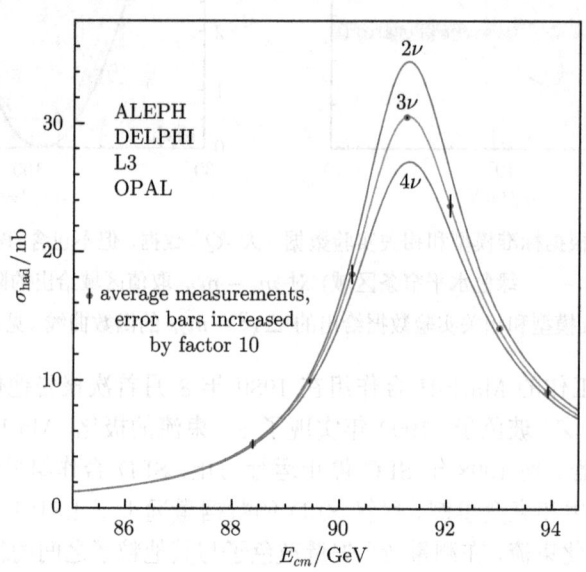

图 9.5 在 LEP-I 实验中, 在 Z^0 共振峰附近由四个 LEP 实验组 (ALEPH, DELPHI, L3 和 OPAL) 对强子产生截面 σ_{had} 的实验测量结果 (单位为 nb)[117]。曲线表示当取中微子代数为 $N_\nu = 2, 3, 4$ 时的标准模型理论预言值 (见彩图)

§9.2 规范玻色子多点耦合的实验检验

通过正负电子对撞机实验和强子 $(pp, p\bar{p})$ 对撞机实验, 可以检验标准模型所预言的 "三规范玻色子耦合"。在标准模型框架下, $W^\pm$ 玻色子带有电荷与弱荷, 可以与另外两个电中性的规范玻色子 γ 和 Z^0 发生 3 点耦合。还可以有 4 点耦合: $WWWW, WW\gamma\gamma$ 和 $WWZZ$。3 点和 4 点规范玻色子耦合的拉氏量为

$$\mathcal{L}_{3V} = ie \cot\theta_W \left\{ (\partial^\mu W^\nu - \partial^\nu W^\mu) W^\dagger_\mu Z_\nu - (\partial^\mu W^{\nu\dagger} - \partial^\nu W^{\mu\dagger}) W_\mu Z_\nu \right.$$
$$\left. + W_\mu W^\dagger_\nu (\partial^\mu Z^\nu - \partial^\nu Z^\mu) \right\} + ie \left\{ (\partial^\mu W^\nu - \partial^\nu W^\mu) W^\dagger_\mu A_\nu \right.$$
$$\left. - (\partial^\mu W^{\nu\dagger} - \partial^\nu W^{\mu\dagger}) W_\mu A_\nu + W_\mu W^\dagger_\nu (\partial^\mu A^\nu - \partial^\nu A^\mu) \right\}, \tag{9.7}$$

§9.2 规范玻色子多点耦合的实验检验

$$\begin{aligned}\mathcal{L}_{4V} = &-\frac{e^2}{2\sin^2\theta_W}\left\{(W_\mu^\dagger W^\mu)^2 - W_\mu^\dagger W^{\mu\dagger}W_\nu W^\nu\right\}\\ &-e^2\cot^2\theta_W\left\{W_\mu^\dagger W^\mu Z_\nu Z^\nu - W_\mu^\dagger Z^\mu W_\nu Z^\nu\right\}\\ &-e^2\cot\theta_W\left\{2W_\mu^\dagger W^\mu Z_\nu A^\nu - W_\mu^\dagger Z^\mu W_\nu A^\nu - W_\mu^\dagger A^\mu W_\nu Z^\nu\right\}\\ &-e^2\left\{W_\mu^\dagger W^\mu A_\nu A^\nu - W_\mu^\dagger A^\mu W_\nu A^\nu\right\}.\end{aligned}\tag{9.8}$$

注意,相互作用顶点电荷守恒要求 W^+W^- 总是成对出现。$SU(2)_L$ 规范不变性禁止出现 γZZ 之类的只有 γ 和 Z 出现的 3 点或者 4 点规范玻色子耦合。

以 LEP 实验中 W 玻色子对产生过程 $e^+e^- \to W^+W^-$ 为例,其最低阶费恩曼图有三个: 图 9.6 第一行的 3 个图。对 $e^+e^- \to ZZ$ 过程,最低阶费恩曼图只有 2 个 (图 9.6 第二行)。图 9.7 表示对 WW(左图) 和 ZZ(右图) 产生截面的不同理论预言值和 LEP 实验的实验测量结果 [117, 123]。由左图中不同的理论预言曲线和不同能标 $\sqrt{S}$ 处的 LEP 实验数据可以看出:

(1) 图 9.7 中最上面的 (粉红色) 点线表示只考虑中微子 ν-交换图的贡献时的理论预言值。第二条 (深红色) 点线表示考虑 ν-交换图和 γ-交换图的贡献,但不考虑 Z-交换图贡献时的理论预言值。显然,图中的这两条点线表示的产生截面 $\sigma(e^+e^- \to W^+W^-)$ 理论值是发散的,与 LEP-II 实验结果有很大的偏离,而且在很高质心系能量下也是破坏理论的幺正性的。

(2) 图 9.7 左图中的实蓝线表示标准模型理论预言值,包含了由 ν-交换,γ-交换和 Z-交换的三个图的贡献。图中的误差棒表示 LEP-II 实验在不同 $\sqrt{S}$ 能标处的实验测量结果。显然,LEP-II 实验测量结果与标准模型理论预言值符合得很好。

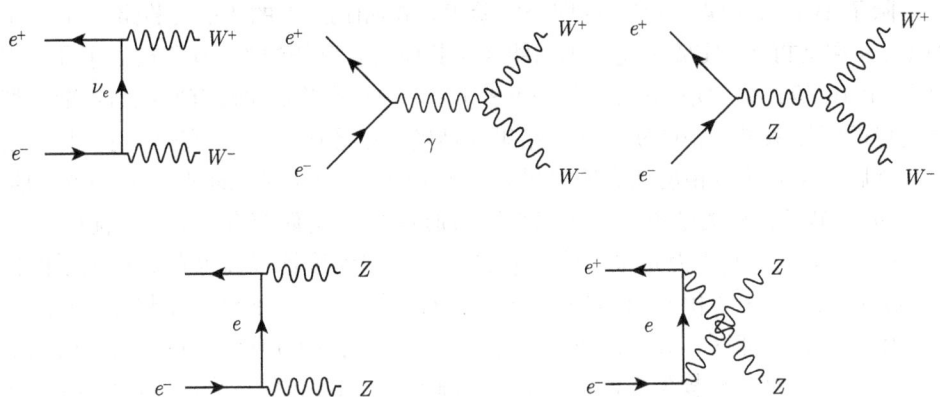

图 9.6 $e^+e^- \to W^+W^-$ 和 $e^+e^- \to ZZ$ 规范玻色子对产生过程的树图费恩曼图

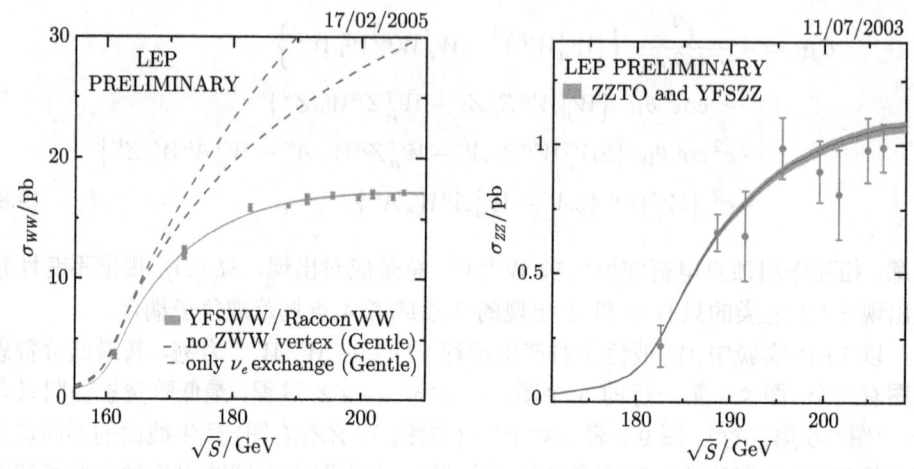

图 9.7 产生截面 $\sigma(e^+e^- \to W^+W^-)$(左图) 和 $\sigma(e^+e^- \to Z^0Z^0)$(右图) 的质心能量依赖性，不同理论预言值 (实线和点线) 和 LEP 实验测量结果 [117, 123](见彩图)

在 LHC 等强子对撞机实验中，也可以对"三规范玻色子顶点耦合"进行实验测量，检验实验测量值是否与标准模型理论预言值符合。对 WWZ 耦合，可以定义比值

$$\frac{\mathcal{L}_{WWZ}}{g_{WWZ}} = i \left[g_1^Z (W_{\mu\nu}^\dagger W^\mu Z^\nu + W_{\mu\nu} W^{\dagger\mu} Z^\nu) \right.$$
$$\left. + \kappa^Z W_\mu^\dagger W_\nu Z^{\mu\nu} + \frac{\lambda}{m_W^2} W_{\rho\mu}^\dagger W_\nu^\mu Z^{\nu\rho} \right], \tag{9.9}$$

其中三个系数 g_1^Z, κ^Z 和 λ 可以在 Tevatron 和 LHC 实验中抽取。目前得到的实验测量值与标准模型理论预言值符合得很好，在实验误差范围内没有发现偏离。

除了 WWZ 顶点，LEP 的四个实验组，Tevatron 上的 D0 实验组，LHC 上的 CMS 和 ATLAS 实验组还在不同能区对其他所有可能的"三规范玻色子顶点耦合"(γWW 等) 做了实验测量。如图 9.8 所示，所有实验测量没有发现与标准模型理论值的明显偏离。LHC 实验测量结果的精确度已经接近 LEP 实验，达到百分之几。今后几年的测量精度还会明显提高。和 LEP 实验相比，通过 LHC 实验测量 m_W, m_Z，测量各种类型的"三规范玻色子顶点耦合"的研究有以下几个优点：

(1) 事例数达到百万量级，对 m_W 的实验测量精度比以前也有 2 倍因子的提高，在不同的 x 区间和 Q^2 区域对部分子分布振幅 (PDF) 的误差控制均有提高。

(2) 在 TeV 能区，对规范玻色子的三点和四点自相互作用，对与规范玻色子 W, Z 相关的一些标准模型理论预言做了精确检验，精度已经达到或者接近 LEP 实验的水平，没有发现明显偏离。

综上所述，LEP 实验、SLC 实验和其他不同能量的正负电子对撞机实验在

$0 < E_{CM} \leqslant 209$ GeV 的整个能量区间对标准模型的理论预言做了精确检验，在 $0.1\% \sim 1\%$ 范围内没有发现任何超出标准模型的信号或者证据。

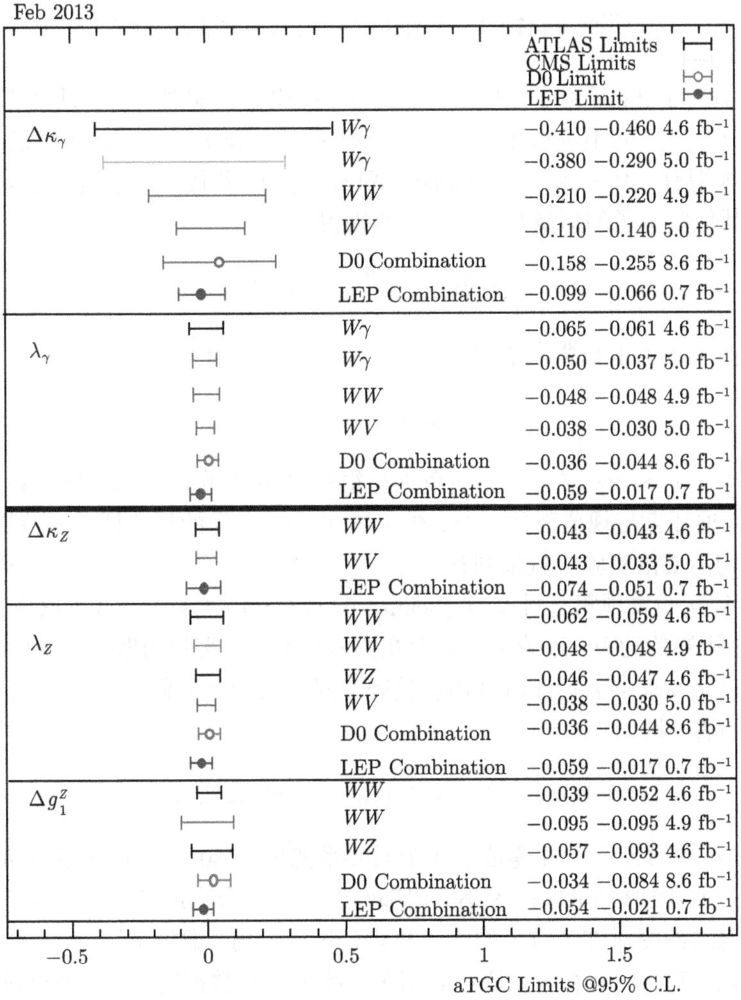
Feb 2013
ATLAS Limits
CMS Limits
D0 Limit
LEP Limit
Δκγ
Wγ −0.410 −0.460 4.6 fb⁻¹
Wγ −0.380 −0.290 5.0 fb⁻¹
WW −0.210 −0.220 4.9 fb⁻¹
WV −0.110 −0.140 5.0 fb⁻¹
D0 Combination −0.158 −0.255 8.6 fb⁻¹
LEP Combination −0.099 −0.066 0.7 fb⁻¹
λγ
Wγ −0.065 −0.061 4.6 fb⁻¹
Wγ −0.050 −0.037 5.0 fb⁻¹
WW −0.048 −0.048 4.9 fb⁻¹
WV −0.038 −0.030 5.0 fb⁻¹
D0 Combination −0.036 −0.044 8.6 fb⁻¹
LEP Combination −0.059 −0.017 0.7 fb⁻¹
ΔκZ
WW −0.043 −0.043 4.6 fb⁻¹
WV −0.043 −0.033 5.0 fb⁻¹
LEP Combination −0.074 −0.051 0.7 fb⁻¹
λZ
WW −0.062 −0.059 4.6 fb⁻¹
WW −0.048 −0.048 4.9 fb⁻¹
WZ −0.046 −0.047 4.6 fb⁻¹
WV −0.038 −0.030 5.0 fb⁻¹
D0 Combination −0.036 −0.044 8.6 fb⁻¹
LEP Combination −0.059 −0.017 0.7 fb⁻¹
Δg₁ᶻ
WW −0.039 −0.052 4.6 fb⁻¹
WW −0.095 −0.095 4.9 fb⁻¹
WZ −0.057 −0.093 4.6 fb⁻¹
D0 Combination −0.034 −0.084 8.6 fb⁻¹
LEP Combination −0.054 −0.021 0.7 fb⁻¹
−0.5
0
0.5
1
1.5
aTGC Limits @95% C.L.

图 9.8 LEP 实验，D0，CMS 和 ATLAS 实验组对“三规范玻色子耦合”的实验测量结果

§9.3 顶夸克物理

顶夸克是标准模型理论中最重的粒子，在理论和实验两个方面均起着特别重要的作用。我们已经在 6.5.2 节对顶夸克性质做了初步介绍。在本节我们将结合 LHC 实验对顶夸克的性质和顶夸克物理的最新进展做一些介绍和讨论 [128,129,130]。顶夸克质量和金原子接近，但顶夸克是一个基本粒子，没有内部结构。顶夸克通过

强相互作用获得的 QCD 质量很小，可以忽略。根据"Higgs 机制"，它主要通过与 Higgs 玻色子的 Yukawa 耦合 $Ht\bar{t}$ 获得质量：

$$m_t = \frac{y_t v}{\sqrt{2}} = (173.3 \pm 1.1)\text{GeV}, \quad y_t = 0.996 \pm 0.006. \tag{9.10}$$

显然，顶夸克与 Higgs 粒子之间的 Yukawa 耦合很强。另外，由于顶夸克很重，特征寿命为 10^{-24}s，来不及形成 $(t\bar{t})$ 或者 $(t\bar{q})$ 束缚态介子就通过弱作用衰变掉了。

标准模型有三代费米子。在标准模型拉氏量中，各代费米子地位相同，存在普适性。但其他费米子的质量和 m_t 相比差别很大：

$$\frac{m_u}{m_t} \sim 10^{-5}, \quad \frac{m_e}{m_t} \sim 10^{-6}. \tag{9.11}$$

考虑到 Higgs 玻色子与费米子的 Yukawa 耦合可以写为

$$y_f = \sqrt{2}\frac{m_f}{v}, \tag{9.12}$$

所以显然有：$y_t \gg y_f$ $(f \neq t)$。顶夸克与很轻的 u 夸克地位相同吗？和其他轻费米子相比，顶夸克与规范玻色子 $(\gamma, Z^0, W^\pm, \text{gluon})$ 之间的规范耦合有特殊之处吗？这些问题均需要由实验测量来回答。

1977 年实验发现第五种夸克 (beauty or bottom: 美夸克，或者底夸克) 以后，由于 GIM 机制的约束，理论上必然存在第六种夸克，实验物理学家由此开始寻找顶夸克 (top quark)。人们注意到由正反夸克对构成的夸克偶素束缚态 $(q\bar{q})$ 的质量形成一个阶梯，例如

$$(s\bar{s}) \approx 1\text{GeV}, \quad (c\bar{c}) \approx 3.1\text{GeV}, \quad (b\bar{b}) \approx 9.4\text{GeV}, \tag{9.13}$$

因此猜测 $(t\bar{t}) \sim 30$GeV，并建造了几个质心系能量在 $30 \sim 64$ GeV 之间的加速器：例如 PETRA, PEP, TRISTAN 等，但都没有找到顶夸克或者 $(t\bar{t})$ 束缚态。由于顶夸克可以通过圈图对许多粒子的产生和衰变过程给出"虚修正"，虽然实验上没有直接找到顶夸克，但仍然可以通过对相关对撞机实验数据的分析，抽出对 m_t 的限制。所以早期得到的对 m_t 的限制多来自于对高能对撞机实验数据分析和对 B 介子混合的实验和理论研究。如图 9.9 所示，早期对 m_t 的限制比较弱，且有很大的误差，但 m_t 的下限在不断提高。

当 $m_t > m_W + m_b$ 阈值条件满足时，顶夸克最主要的电弱衰变道 $t \to W^+ b$ 被打开。在次领头阶近似下，该衰变道的衰变宽度的表达式为 [131]

$$\Gamma(t \to Wb) = \frac{G_F m_t^3}{8\pi\sqrt{2}} \left(1 - \frac{m_W^2}{m_t^2}\right)^2 \left(1 + 2\frac{m_W^2}{m_t^2}\right) \left[1 - \frac{2\alpha_s}{3\pi}\left(\frac{2\pi^2}{3} - \frac{5}{2}\right)\right]^2. \tag{9.14}$$

§9.3 顶夸克物理 · 291 ·

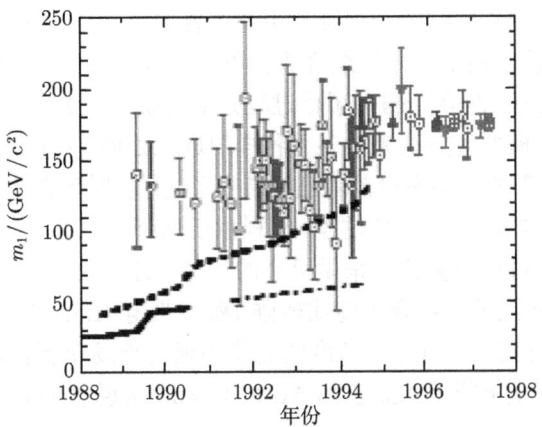

图 9.9　1988~1998 年，通过对"虚修正"的研究得到的对顶夸克质量 m_t 的限制 (虚线)，以及 1995 年 CDF 和 D0 发现顶夸克以后对 m_t 的实验测量结果 (数据点)

一直到 1995 年，在美国费米实验室 Tevatron 强子对撞机 (1987~2011 年) 上工作的 CDF 和 D0 国际合作组才发现了质量约为 180GeV 的顶夸克：

$$\text{CDF}: m_t = 176 \pm 8(\text{stat}) \pm 10(\text{syst})\text{GeV}, \quad \sigma_{t\bar{t}} = 6.8^{+3.6}_{-2.4}\text{pb}, \quad 4.8\sigma; \quad (9.15)$$

$$\text{D0}: m_t = 199^{+19}_{-21}(\text{stat}) \pm 22(\text{syst})\text{GeV}, \quad \sigma_{t\bar{t}} = 6.4 \pm 2.2\text{pb}, \quad 4.6\sigma. \quad (9.16)$$

显然，这时对 m_t 的实验测量误差还很大，两个实验组总共只有几十个 $p\bar{p} \to t\bar{t} \to WWbb$ 事例。到 Tevatron 在 2011 年停止运行，也只合计采集了几千个 $t\bar{t}$ 对产生事例。所以，在 Tevatron 上对顶夸克物理的研究还是属于发现性质的研究。

如第 6 章图 6.16 所示，$t\bar{t}$ 对可以通过 $q\bar{q} \to g^* \to t\bar{t}$ 的 s-道产生，也可以通过 $gg \to t\bar{t}$ 的 t-道产生。在 Tevatron 实验中，$q\bar{q} \to g^* \to t\bar{t}$ 产生过程起主要作用。在 LHC 实验中，则是 $gg \to t\bar{t}$ 产生过程起主要作用：

$$\frac{\sigma_{gg}}{\sigma_{tot}} = \begin{cases} 15\%, & \text{Tevatron}, \\ 85\%, & \text{LHC 7TeV}, \\ 90\%, & \text{LHC 14TeV}. \end{cases} \quad (9.17)$$

LHC 实验的首要目标是发现 Higgs 粒子，这个目标已经实现，但遗憾的是还没有看到超出标准模型的新物理的任何信号。在今后 10 年，LHC 实验还可以对 Higgs 粒子性质的精确测量做出重要的贡献，与讨论中的正负电子 Higgs 工厂实验相互补充。实际上，现在和今后的 LHC 实验还可以起到顶夸克工厂的作用。在实验的第一阶段，LHC 实验每天可以采集 5 万个顶夸克对产生事例。到第二和第三阶段，LHC 实验可以每天采集 1 兆 (10^6) 个顶夸克对产生事例，可以对顶夸克的产生和衰变过程做精细研究 [129]。

我们知道，轻夸克之间的强相互作用是主要的，远大于弱相互作用。所以各种轻的 $(q,\bar{q}')$ 可以通过强相互作用组合成色单态的介子和重子，以及可能的多夸克态 (exotic particles)。但夸克的强子化过程是非微扰 QCD 过程，无法做可靠的微扰计算，只能采用模型的方法来做各种各样的近似处理。对顶夸克，事情就简单很多。由于顶夸克在形成束缚态以前就已经衰变了，所以顶夸克是"自由"夸克，我们只需要讨论顶夸克的产生和衰变过程。同样由于顶夸克很重，其衰变过程也是微扰贡献起主要作用，可以用微扰论来做可靠的计算。另一方面，由于顶夸克很重，顶夸克和其他新物理粒子的耦合可能比较强 (例如带电 Higgs 粒子)。所以对顶夸克相关过程的精确研究，对通过高精度的高能物理实验发现新物理引起的可能仅为百分之几的偏离具有重要意义。正如 M. E. Peskin 所说："The BSM hides beneath top"。

使用 LHC 第一阶段数据所得到的对顶夸克质量 m_t 和产生截面 $\sigma_{t\bar{t}}$ 的测量精度已经达到使用全部 Tevatron 数据所获得的精度。未来 10 年 LHC 所能够提供的对 m_t 和顶夸克产生总截面和各种微分截面的实验测量数据的精度将有数量级的提高，分析和解释这些高精度实验数据需要高精度的标准模型理论计算结果。以强子对撞机上顶夸克的对产生截面 $\sigma(p\bar{p}/pp \to t\bar{t}+X)$ 计算为例，20 多年来人们已经在高阶微扰 QCD 修正和电弱修正计算方面付出了巨大的努力，获得了显著的成功[132]。

在 1989~1992 年，人们已经完成了对强子对撞机上重夸克产生 ($t\bar{t}$ 对产生或者单个顶夸克产生) 的下一阶 QCD 修正 ($\propto \mathcal{O}(\alpha_s^3)$) 的计算[133, 134]。由于计算非常复杂，这些计算不是全解析的，使用了部分数值积分方法。一直到 2010 年, M. Czakon 和 A. Mitov 才完成对产生截面 $\sigma(pp \to t\bar{t}+X)$ QCD 次领头阶修正的完整的解析计算[135]，给出了解析表达式。该项工作为做次-次-领头阶 ($\mathcal{O}(\alpha_s^4)$) 的 QCD 修正计算提供了工作平台。

根据文献[135]，对强子对撞机上的重夸克对 $Q\bar{Q}$ 产生过程

$$pp \to Q + \bar{Q} + X \tag{9.18}$$

其产生截面可以写为

$$\sigma(S,m^2) = \sum_{ij} \int dx_1 dx_2 \hat{\sigma}_{ij}(s,m^2,\mu^2) f_i(x_1,\mu^2) f_j(x_2,\mu^2), \tag{9.19}$$

其中 $s=x_1x_2S$ 表示部分子质心系能量, S 是 pp 对撞质心系能量, m 是重夸克的极点质量。求和指标 (i,j) 表示对所有可能的初态部分子组态求和: $(ij)=q\bar{q},qg,gg$, 共有 3 种可能组态。物理区由条件 $s \geqslant 4m^2 > 0$ 确定。标度 μ 既表示重正化能标, 又可以表示因子化标度, 为简单起见, 我们不明确区分这两者。函数 $f_i(x,\mu^2)$ 表示质子内部第 "i" 种部分子 (或者反部分子) 的 "部分子分布函数" (PDF's)。

§9.3 顶夸克物理

在习惯上，我们把式 (9.19) 中的部分子截面 $\hat{\sigma}_{ij}(s,m^2,\mu^2)$ 写成如下形式的无量纲函数：

$$\hat{\sigma}_{ij}(s,m^2,\mu^2) = \frac{\alpha_s^2(\mu^2)}{m^2} f_{ij}\left(\frac{m^2}{s},\frac{\mu^2}{m^2}\right), \tag{9.20}$$

其中函数 f_{ij} 的形式为

$$\begin{aligned} f_{ij}\left(\frac{m^2}{s},\frac{\mu^2}{m^2}\right) &= f_{ij}^{(0)}\left(\frac{m^2}{s}\right) \\ &+ 4\pi\alpha_s(\mu^2)\left\{f_{ij}^{(1)}\left(\frac{m^2}{s}\right) + \bar{f}_{ij}^{(1)}\left(\frac{m^2}{s}\right)\log\left(\frac{\mu^2}{m^2}\right)\right\} \\ &+ \mathcal{O}\left(\alpha_s^2\right). \end{aligned} \tag{9.21}$$

式 (9.20) 中的部分子截面 $\hat{\sigma}_{ij}$ 隐含有三个"方案依赖性"(scheme-dependence, SD)：

1. 第一个"方案依赖性"来源于强相互作用耦合常数 α_s 的定义。论文 [135] 使用标准的 $\overline{MS}$ α_s 定义方案：

$$\alpha_s^{\text{b}} S_\epsilon = \alpha_s \left[1 - \frac{\beta_0}{\epsilon}\left(\frac{\alpha_s}{2\pi}\right) + \mathcal{O}(\alpha_s^2)\right], \tag{9.22}$$

其中 $S_\epsilon = (4\pi)^\epsilon \exp(-\epsilon\gamma_{\text{E}})$，$\beta_0 = \dfrac{11}{2} - \dfrac{N_f}{3}$ 是标准模型中 QCDβ-函数的第一项，其他高阶项（例如 β_1,β_2,β_3）可以在论文 [136] 中找到。

2. 第二个"方案依赖性"来源于重夸克质量 m 的定义。论文 [135] 使用的质量是 m_t 的"极点质量"(pole-mass)。

3. 第三个"方案依赖性"来源于我们如何把共线和质量发散项从初态共线辐射修正中分离（因子化）出来 [135]。

事实上，即使在次领头阶，对 $\sigma(pp \to Q + \bar{Q} + X)$ 的全解析计算已经非常复杂。对计算细节感兴趣的读者可以阅读文献 [135] 和那里引用的参考文献。

2010~2013 年，人们陆续完成了对顶夸克对产生总截面 $\sigma(pp \to t\bar{t} + X)$ 的 NNLO QCD 修正的计算，完成了对 NNLL(next-next-leading logarithmic) 软胶子求和 (soft-gluon threshold resummation) 的计算。

在 NNLO 阶，可以把 $t\bar{t}$ 对产生截面 $\sigma_{\text{tot}} = \sigma(pp \to t\bar{t} + X)$ 写为如下形式 [132]：

$$\sigma_{\text{tot}} = \sum_{i,j} \int_0^{\beta_{\max}} d\beta\, \Phi_{ij}(\beta,\mu_F^2)\, \hat{\sigma}_{ij}(\beta,m^2,\mu_F^2,\mu_R^2). \tag{9.23}$$

其中求和指标 (i,j) 表示对所有可能的初态部分子组态求和：$(ij) = qq, q\bar{q}, qq', q\bar{q}'$, qg, gg，共有 6 种可能组态；$\beta = \sqrt{1-\rho}$，其中 $\rho \equiv 4m^2/s$ 表示末态极点质量

(pole mass) 为 m 的顶夸克的相对速度, 而 $\sqrt{s}$ 表示部分子质心系能量; $\beta_{\max} \equiv \sqrt{1-4m^2/S}$, 其中的 $\sqrt{S}$ 表示 LHC 对撞机质心系能量.

式 (9.23) 中的函数 Φ 表示初态部分子流量:

$$\Phi_{ij}(\beta,\mu_F^2) = \frac{2\beta}{1-\beta^2}\,\mathcal{L}_{ij}\left(\frac{1-\beta_{\max}^2}{1-\beta^2},\mu_F^2\right), \qquad (9.24)$$

其中 $\mathcal{L}_{ij}$ 表示部分子亮度

$$\mathcal{L}_{ij}(x,\mu_F^2) = x\,(f_i \otimes f_j)(x,\mu_F^2). \qquad (9.25)$$

其中 $f_i(x,\mu_F^2)$ 和 $f_j(x,\mu_F^2)$ 表示第 (i,j) 个部分子的分布振幅 (PDF), μ_R 和 μ_F 分别表示重正化标度和因子化标度. 如果取 $\mu_R = \mu_F = m$, 那么次-次领头阶的部分子截面可以写为 [132]

$$\hat{\sigma}_{ij}(\beta) = \frac{\alpha_s^2}{m^2}\left(\sigma_{ij}^{(0)} + \alpha_s \sigma_{ij}^{(1)} + \alpha_s^2 \sigma_{ij}^{(2)} + \mathcal{O}(\alpha_s^3)\right). \qquad (9.26)$$

其中 $\alpha_s = \alpha_s^{(5)}$ ($N_L = 5$ 表示在能标 $\mu_R^2 = m^2$ 处费米圈内有效费米子数目), $\sigma_{ij}^{(n)}$ 只是参数 β 的函数.

在次-次领头阶 QCD 修正计算过程中, 人们克服了许多困难. 首先是 2010 年提出了处理 "double-real" 辐射修正的新方案 [137], 然后在 2012 年第一次在次-次领头阶计算了单举 (inclusive) 产生截面 $\hat{\sigma}(q\bar{q} \to t\bar{t} + X)$ [138]. 同年, 在 NNLO 阶计算了 $(qq,qq',q\bar{q}',qg) \to t\bar{t} + X$ 过程的单举产生截面 [139, 140], 最后完成了对 $\hat{\sigma}(gg \to t\bar{t} + X)$ 的 NNLO 阶 QCD 修正的计算 [132]. 这样, 人们就完成了对产生截面 $\hat{\sigma}(pp \to t\bar{t} + X)$ 的完整的次-次领头阶 QCD 修正的计算.

与次领头阶的计算结果相比, NNLO+NNLL 阶的计算结果的精度明显提高. 图 9.10 表示标准模型对单举产生截面 $\sigma(pp/p\bar{p} \to t\bar{t} + X)$ 的理论预言, 已经包含了 NNLO 阶 QCD 修正和 NNLL 阶软胶子阈值求和修正. 图中的带有误差棒的实验数据来源于 Tevatron 和 LHC 实验组在不同能标处的实验测量结果 [90]. 目前的理论误差和实验测量误差大致相等, 均小于 5%. 图 9.11 表示根据 Tevatron 和 LHC 实验得到的全部数据, 经过分析得到的对顶夸克质量 m_t 的限制. 目前得到的对 m_t 的世界平均值为 [90]

$$m_t = (173.34 \pm 0.76)\,\text{GeV}. \qquad (9.27)$$

在表 9.2 中, 我们列出了文献 [132] 所给出的在 Tevatron 和 LHC 强子对撞机上 $t\bar{t}$ 对的产生截面 σ_{tot} 的理论预言值, 在计算中已取 $m_t = 173.3$ GeV. 在第 2~4 列所给结果是纯的 NNLO 计算, 没有包含对胶子重求和 (NNLL 阶) 贡献. 第 5~7 列所给结果是 NNLO 计算再加上对胶子重求和 (NNLL 阶) 的贡献. 显然, 胶子重求

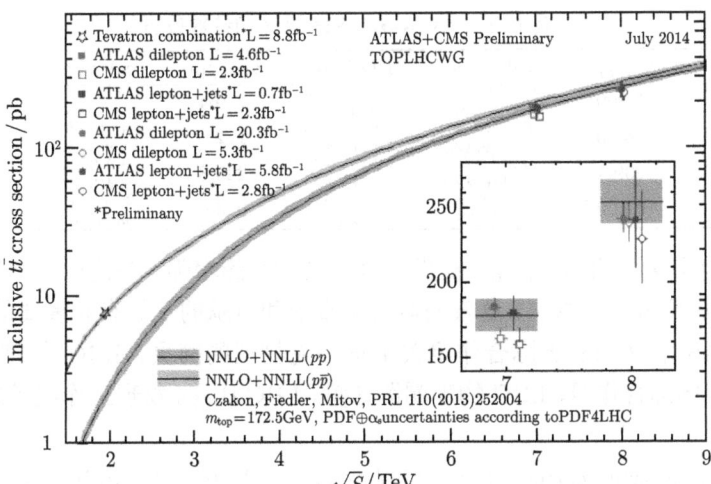

图 9.10 对单举产生截面 $\sigma(pp/p\bar{p} \to t\bar{t} + X)$ 的标准模型理论预言，已经包含了 NNLO 阶 QCD 修正和 NNLL 阶软胶子阈值求和修正。图中的带有误差棒的实验数据来源于 Tevatron 和 LHC 实验组在不同能标处的实验测量结果[90](见彩图)

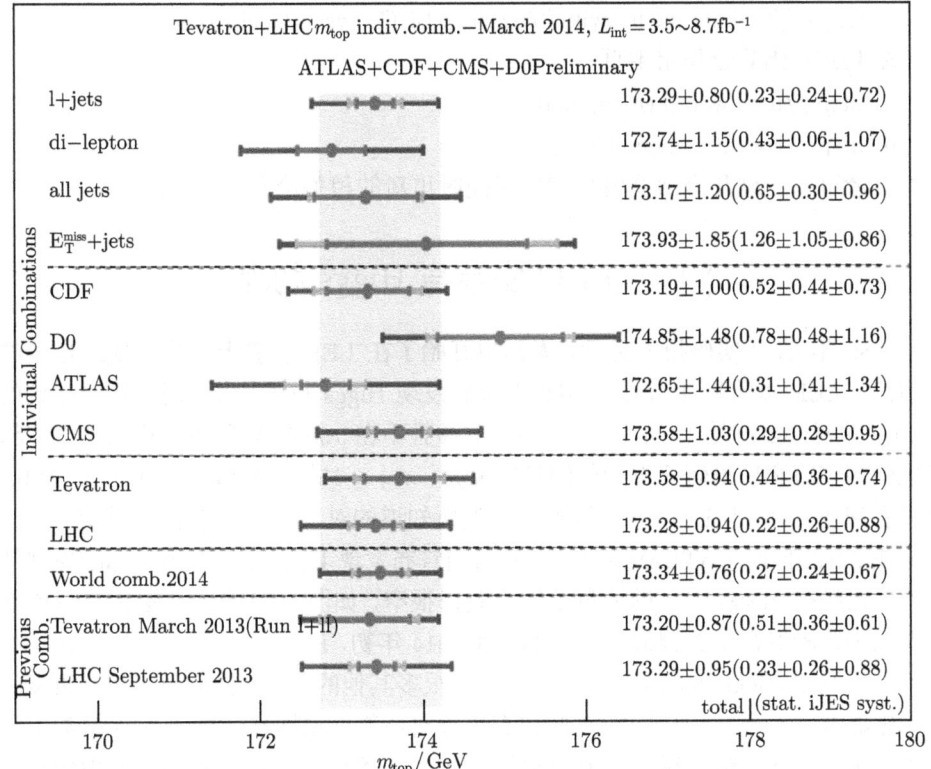

图 9.11 根据 Tevatron 和 LHC 实验得到的全部数据，分析得到的对 m_t 的限制[90]

表 9.2 ACA-KTSP 算法的参数设置

Collider	σ_{tot} /pb	scales /pb	PDF /pb	σ_{tot} /pb	scales /pb	PDF /pb
Tevatron	7.009	+0.259(3.7%) −0.374(5.3%)	+0.169(2.4%) −0.121(1.7%)	7.164	+0.110(1.5%) −0.200(2.8%)	+0.169(2.4%) −0.122(1.7%)
LHC 7 TeV	167.0	+6.7(4.0%) −10.7(6.4%)	+4.6(2.8%) −4.7(2.8%)	172.0	+4.4(2.6%) −5.8(3.4%)	+4.7(2.7%) −4.8(2.8%)
LHC 8 TeV	239.1	+9.2(3.9%) −14.8(6.2%)	+6.1(2.5%) −6.2(2.6%)	245.8	+6.2(2.5%) −8.4(3.4%)	+6.2(2.5%) −6.4(2.6%)
LHC 14 TeV	933.0	+31.8(3.4%) −51.0(5.5%)	+16.1(1.7%) −17.6(1.9%)	953.6	+22.7(2.4%) −33.9(3.6%)	+16.2(1.7%) −17.8(1.9%)

和的贡献可以对产生截面 σ_{tot} 提供一个大约 3% 的增强，并使得标度不确定性导致的误差降低 30% ~ 50%。这表明对胶子重求和贡献的计算有着重要的意义。

ATLAS 和 CMS 国际合作组关于顶夸克物理的网页，LHC 物理 (合作) 中心，LHCb 国际合作组，LHC 物理圈图计算，LHC Higgs 物理工作组等物理相关网页分别为：

1. https://twiki.cern.ch/twiki/bin/view/AtlasPublic/TopPublicResults
2. https://twiki.cern.ch/twiki/bin/view/CMSPublic/PhysicsResultsTOP
3. http://lpcc.web.cern.ch/lpcc/index.php?page=top-wg-docs
4. LHC Higgs cross section working group。
   https://twiki.cern.ch/twiki/bin/view/LHCPhysics/WebHome
5. LHCb 国际合作组主页。
   http://lhcb.web.cern.ch/lhcb/
6. http://www.lhcphenonet.eu/

读者可以在这几个网页内找到更多随时更新的相关论文、报告和图表。

§9.4 LHC 实验与 Higgs 物理

1989 年 LEP 实验投入运行，人们也开始了在 LEP 实验上寻找 Higgs 粒子的努力。在 LEP 实验和 Tevatron 实验上没有发现 Higgs 粒子，由这两个实验得到的对 m_H 的直接限制是：$m_H > 114.4$ GeV，并且不在 160 GeV 附近。从标准模型精确检验的实验和理论研究得到的间接限制是：$m_H < 158$ GeV (95% C.L.)。由图 9.4 可以看到在 2009 年 LHC 开始运行时我们所知道的对 m_H 的实验限制情况。

在 2012 年 7 月 ATLAS 和 CMS 实验组宣布发现 Higgs 粒子之前，标准模型精确检验已经把 Higgs 粒子的质量范围限制得很窄，如图 9.12 所示。这标志着标准模型精确检验取得了关键战役的胜利。到 2014 年初，LHC 实验第一阶段 (RUN-1) 运行除了发现 Higgs 玻色子以外，还进行了很多其他的研究：包括很多稀有衰变过程，例如 $B_s \to \mu^+\mu^-$ 的研究 (这些稀有过程对新物理很敏感)，所有实验都基本支持标准模型理论，标准模型表现非常好。LHC 实验进行了很多新物理模型信号的寻找，例如对超对称粒子的寻找等，但还没有发现任何"新物理"存在的证据。

§9.4 LHC 实验与 Higgs 物理

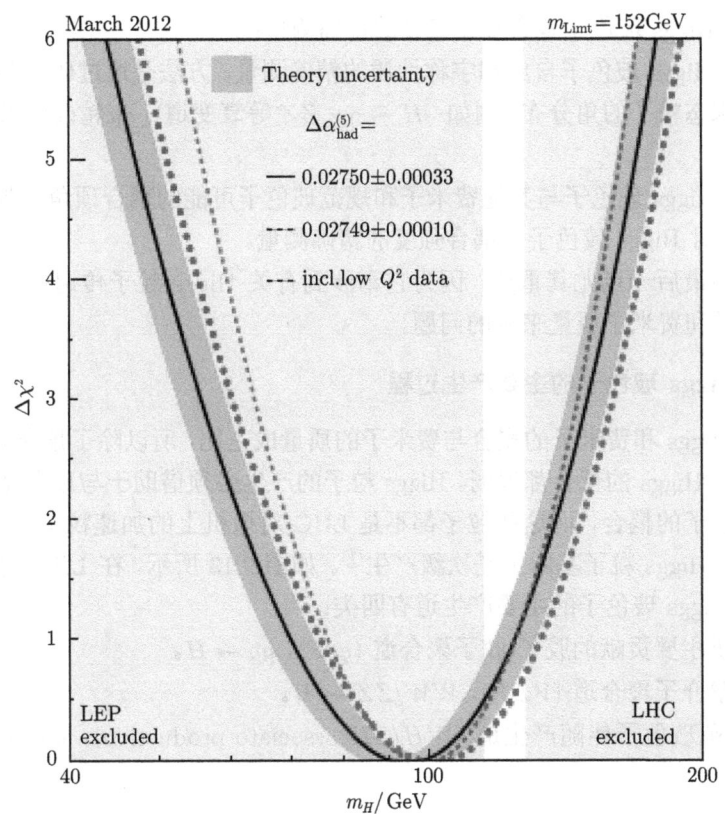

图 9.12 2012 年 3 月, 根据标准模型理论研究和 LEP, LHC 等实验得到的对 m_H 的限制。浅灰色区域为被排除区域

通过对 LHC 实验所发现的 Higgs 玻色子的初步研究, 能够基本确定, 该粒子是自旋为 0 的玻色子, 其质量 $m_H \approx 125\mathrm{GeV}$ 与标准模型理论期望值符合, 并且在预定的 $ZZ, WW^*, \tau\tau$ 和 $\gamma\gamma$ 等几个标准模型衰变道均发现了这个粒子, 其产生截面与标准模型理论预言值符合得很好, 我们有充分的理由相信 (或者说没有理由不相信)LHC 实验看到的这个标量粒子就是我们寻找几十年的标准模型 "Higgs 玻色子"。

在第一阶段已经取得的实验成果的基础上, 在 LHC 实验的第二轮和第三轮运行期间, 还有很多工作要做:

(a) 对 Higgs 粒子的所有产生道产生截面的精确测量, 检验其是否与标准模型理论预言一致;

(b) 对 Higgs 粒子的所有衰变道的分支比比值的精确测量并与标准模型理论预言的比较;

(c) 对 Higgs 玻色子本身衰变宽度的精确测量;

(d) 对 Higgs 玻色子自旋和宇称性质的精确测量, 方法是通过研究 Higgs 粒子多体衰变末态粒子的角分布 (例如: $H \to \gamma\gamma, ZZ$ 等衰变道), 来精确测量其自旋量子数;

(e) 对 Higgs 玻色子与其他费米子和规范玻色子可能的耦合顶角、耦合强度的精确测量, 对 Higgs 玻色子自耦合强度的精确测量。

上面的最后一点尤其重要, 因为它牵涉到有关 Higgs 粒子传递的新种类的相互作用问题和费米子质量来源的问题。

§9.4.1 Higgs 玻色子的主要产生过程

由于 Higgs 和费米子的耦合与费米子的质量成正比, 所以除了顶夸克以外, 所有费米子跟 Higgs 的耦合都很弱。Higgs 粒子的产生必须借助于与顶夸克的耦合或者规范玻色子的耦合, 而这些粒子都不是 LHC 对撞机上的加速粒子–质子的组成部分, 所以 Higgs 粒子基本上是次级产生①。如图 9.13 所示, 在 LHC 超高能强子对撞机上 Higgs 玻色子的主要产生道有四类:

1. 提供主要贡献的胶子-胶子聚合道 (ggF), $gg \to H$。
2. 矢量介子聚合道 (VBF), $WW/ZZ \to H$。
3. 规范玻色子伴随产生道 $(WH/ZH\ \text{associate production})$, $qq' \to W/Z \to WH, ZH$。

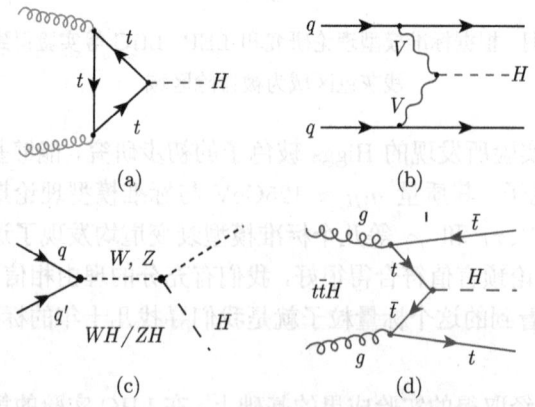

图 9.13 在 LHC 实验中 Higgs 玻色子主要产生过程的费恩曼图:(a) 胶子聚合道, $gg \to H$; (b) 规范玻色子聚合道, $WW/ZZ \to H$; (c) WH/ZH 伴随产生道, $qq' \to WH, ZH$; (d) $gg \to t\bar{t}H$ 产生道

---

① 原则上, 质子内部应该包含所有的基本粒子的成分; 例如光子、$W^{\pm}$ 和 z^0 玻色子等。只是这些矢量玻色子和很重的 Top 夸克在质子内部出现的概率低, 完全可以忽略。近年来, 在一些计算中人们已经开始考虑很小的光子的 "PDF" 的贡献。

§9.4 LHC 实验与 Higgs 物理

4. 顶夸克对与 Higgs 粒子伴随产生道，$gg \to t\bar{t}t\bar{t} \to t\bar{t}H$。

图 9.14 给出了几个产生道 (qqH, WH, ZH, bbH, ttH) 的产生截面和总的产生截面 $\sigma(pp \to H + X)$(pb) 的标准模型理论计算结果。在计算中已取质心系能量 $\sqrt{S} = 8\text{TeV}$。对 QCD 贡献的计算精度达到次-次领头阶，并包含了 NNLL 阶的胶子重求和修正。对电弱贡献的计算精度也达到了次领头阶 (NLO)。在所考虑的 $118\text{GeV} \leqslant m_H \leqslant 133$ GeV 区间内，标准模型理论预言值保持稳定，理论误差约为 5%，主要来源于 QCD 标度的不确定性和部分子分布函数 (PDF) 的不确定性[141]。对于给定的 $m_H = 125.5\text{GeV}$，质心能量 $\sqrt{S} = 8\text{TeV}$，Higgs 玻色子主要产生过程的产生率的标准模型理论预言值分别为：(a) 胶子聚合道 $(GGF = ggH)$: $\sim 87\%$；(b) 矢量玻色子聚合道 $(VBF = qqH)$: $\sim 7\%$；(c) 矢量玻色子伴随产生 $(WH + ZH)$: $\sim 6\%$；(d) b 夸克对伴随产生 (bbH): $\sim 0.9\%$；(e) t 夸克对伴随产生 (ttH): $\sim 0.6\%$。

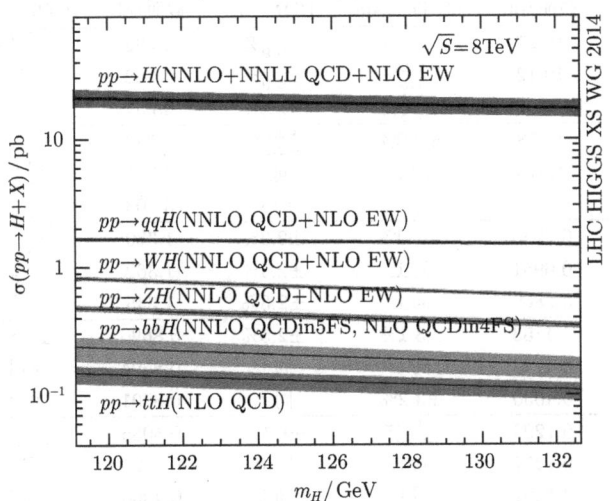

图 9.14 在质心系能量为 $\sqrt{S} = 8\text{TeV}$，$118\text{GeV} \leqslant m_H \leqslant 133$ GeV 时，对产生截面 $\sigma(pp \to H + X)$(pb) 的标准模型理论预言。在图中给出了 ggH 等各个主要产生道的产生截面，以及目前理论计算达到的精度

显然，在 LHC 实验中，对 Higgs 产生截面 $\sigma(pp \to H + X)$ 起主要贡献的是"胶子-胶子聚合道"，其他产生道的贡献只有大约 13%。这是由于质子分布函数里胶子是组分最大的部分子 (见第 7 章的讨论)，而顶夸克与 Higgs 的汤川耦合很强，即使有圈图压低效应，也还是给出最大的贡献。对给定的 $m_H = (125.5 \pm 0.5)$ GeV，质心系能量 $\sqrt{S} = 8\text{TeV}$，13 TeV，对 Higgs 单产生截面 $\sigma(pp \to H + X)$ 的标准模型理论预言在表 9.3 给出[141]。对 ttH 产生道，目前的标准模型理论预言包含了次领头阶的 QCD 修正。对其余几个产生道，目前的标准模型理论预言已经包含了次-次领头阶的 QCD 修正，NNLL 阶的软胶子重求和修正和次领头阶的电弱修正。

在表 9.3 的第 3~5 列数值分别表示当对撞能量 $\sqrt{S}=8\text{TeV}$ 时标准模型理论预言的中心值, 由于 QCD 标度不确定性引起的理论误差和由于分布函数 (PDF) 不确定性引起的理论误差。表中第 6~8 列数值分别表示当 $\sqrt{S}=13$ TeV 时标准模型理论预言结果。可以看出随着质心能量提高, Higgs 粒子产生截面增大, 到质心能量 13TeV 的时候, 胶子聚合道还是贡献最大的产生道, 所有截面都几乎增大到 8TeV 时候的两倍, 只有顶夸克对伴随产生增长更快, 在 13TeV 时达到了跟 $b\bar{b}H$ 道一样大。

表 9.3 对给定的 $m_H=(125.5\pm0.5)$ GeV, 质心系能量 $\sqrt{S}$=8TeV, 13TeV, 6 个 Higgs 产生道的 Higgs 单产生截面 (单位: pb) 的标准模型理论预言 [141]

Mode	m_H	$\sqrt{S}=8$ TeV			$\sqrt{S}=13$ TeV		
		截面/pb	QCD-Scale	PDF+α_s	截面/pb	QCD-Scale	PDF+α_s
GGF	125.0	19.27	$^{+7.2}_{-7.8}\%$	$^{+7.5}_{-6.9}\%$	43.92	$^{+7.4}_{-7.9}\%$	$^{+7.1}_{-6.0}\%$
	125.5	19.12	$^{+7.2}_{-7.8}\%$	$^{+7.5}_{-6.9}\%$	43.62	同上	同上
	126.0	18.97	$^{+7.2}_{-7.8}\%$	$^{+7.5}_{-6.9}\%$	43.31	同上	同上
VBF	125.0	1.578	±0.2%	$^{+2.6}_{-2.8}\%$	3.748	±0.7%	±3.2%
	125.5	1.573	同上	同上	3.727	$^{+1.0}_{-0.7}\%$	±3.4%
	126.0	1.568	$^{+0.3}_{-0.1}\%$	同上	3.703	$^{+1.3}_{-0.6}\%$	±3.1%
WH	125.0	0.7046	±1.0%	±2.3%	1.380	$^{+0.7}_{-1.5}\%$	±3.2%
	125.5	0.6951	同上	±2.4%	1.362	$^{+0.9}_{-1.5}\%$	同上
	126.0	0.6860	同上	±2.3%	1.345	$^{+0.8}_{-1.5}\%$	同上
ZH	125.0	0.4153	±3.1%	±2.5%	0.8696	±3.8%	±3.5%
	125.5	0.4120	同上	同上	0.8594	同上	同上
	126.0	0.4050	±3.2%	同上	0.8501	同上	同上
$t\bar{t}H$	125.0	0.1293	$^{+3.8}_{-9.3}\%$	±8.1%	0.5085	$^{+5.7}_{-9.3}\%$	±8.8%
	125.5	0.1277	同上	同上	0.5027	同上	同上
	126.0	0.1262	同上	同上	0.4966	同上	同上
$b\bar{b}H$	125.0	0.2035	$^{+10.3}_{-14.8}\%$	±6.2%	0.5116	$^{+14.0}_{-24.0}\%$	±6.1%
	125.5	0.2008	$^{+10.4}_{-14.9}\%$	±6.1%	0.5053	$^{+13.0}_{-24.0}\%$	±6.0%
	126.0	0.1979	$^{+10.3}_{-14.8}\%$	同上	0.4969	$^{+14.0}_{-23.0}\%$	±6.1%

§9.4.2 Higgs 玻色子的衰变和 Higgs 玻色子与其他粒子的耦合测量

Higgs 玻色子与其他各种粒子的耦合决定着 Higgs 粒子的产生和它的衰变特性。在第 8 章, 我们已经在电弱统一理论框架下给出了与 Higgs 粒子相关的拉氏量。在标准模型理论的基础上, 粒子物理学家经过多年努力, 在 NNLO 阶给出了 Higgs 玻色子的产生截面 $\sigma(pp \to HX)$ 以及本节要讨论的 Higgs 玻色子的各种衰变分支比与末态粒子的角分布。

在 LHC 实验中, ATLAS 和 CMS 实验组已经对 Higgs 玻色子的产生和衰变过程做了初步的实验测量和唯象分析, 在 2012 年 7 月宣布发现 Higgs 粒子以后, 使用

§9.4 LHC 实验与 Higgs 物理

RUN-1 期间采集的数据，对 Higgs 粒子的性质 (质量、自旋、宇称、耦合等) 做了初步的研究。LHC 实验的目标是：对 Higgs 粒子与矢量玻色子 ($\gamma, W^{\pm}, Z^0$) 之间的耦合，对 Higgs 粒子与费米子之间的 Yukawa 耦合做实验测量，比较实验测量结果与标准模型理论预言值，检查一致性。对主要衰变道，测量其信号强度 $\mu = \sigma_{\text{meas}}/\sigma_{\text{SM}}$，检验实验上发现的这个 "Higgs" 是不是标准模型理论的那个 "Higgs"。

LHC 实验发现的质量约为 125GeV 的标准模型 Higgs，其衰变宽度很窄，标准模型理论预言为：$\Gamma_H = 4.07$MeV，理论误差约为 4%[142]。对比标准模型理论中最重的其他三个粒子：顶夸克、Z^0 和 $W^{\pm}$ 玻色子，这些重粒子的衰变宽度分别为：$\Gamma_t = (2.0 \pm 0.5)$ GeV；$\Gamma_Z = (2.4945 \pm 0.0023)$ GeV；$\Gamma_W = (2.085 \pm 0.042)$ GeV[1]。Higss 粒子的衰变宽度比标准模型理论中其他三个重粒子 (top, W, Z) 的衰变宽度低三个量级。这一点实际上不难理解。由于 $m_H \approx 125$GeV，Yukawa 耦合最强的衰变道 $H \to t\bar{t}$ 没有打开。$H \to WW, ZZ$ 的二体衰变道也没有打开。分支比最大的衰变道 $H \to b\bar{b}$ 的衰变宽度也只有大约 2MeV。Higgs 玻色子的衰变宽度很窄，这意味着 Higgs 粒子与其他所有粒子的耦合都比较弱。这么窄的一个衰变宽度，比 LHC 实验的质量分辨率低了三个量级，所以是没有希望在 LHC 上测量到的。目前也没有任何新物理的迹象能够使得 Higgs 粒子的宽度变宽很多。

在标准模型理论框架下，Higgs 玻色子的主要衰变道很多，LHC 实验上观测到的衰变道的最低阶贡献的费恩曼图如图 9.15 所示。在第一阶段 LHC 实验上观测到事例数最多的是第二类。这由表 9.4 中 CMS 实验组对 Higgs 粒子的主要衰变道的研究现状可以看出。第四列的数值表示实际观察到的 (observed) 信号显著度 (significance) 和期望的 (expected) 信号显著度；第六列的数值表示信号强度 (signal strength)μ，其定义为

$$\mu(X) = \sigma_{\text{obs}}(X)/\sigma_{\text{SM}}(X), \tag{9.28}$$

即某一物理可观测量 "X" 的实验测量值与标准模型理论预言值之比，其对于 "1" 的偏离程度反映了实验测量值对于标准模型的偏离程度。对 Higgs 玻色子的主要产生道和衰变道，ATLAS 和 CMS 实验组测量其信号强度 $\mu = \sigma_{\text{meas}}/\sigma_{\text{SM}}$，检查实验测量结果与标准模型理论预言值的一致性，来寻找是否有超出标准模型的新物理信号。实际上在标准模型的理论计算中，由图 9.16 可知，对给定的 $m_H \approx 125$GeV 时，Higgs 衰变到正反 b 夸克对才是衰变概率最高的衰变道，但是由于 LHC 实验中 b 夸克喷注的 QCD 本底太高 (大约 7 个量级)，这个衰变道却是表 9.4 所列 CMS 实验组 5 个测量道中的信号显著度最差的衰变道。图 9.16 显示了 $\sqrt{S} = 8$ GeV 时 Higgs 玻色子主要衰变道的衰变分支比的标准模型理论预言，线宽表示目前的理论误差。这里可以看出理论和实验的巨大反差，对于发现 Higgs 最重要的衰变道 WW^*, ZZ^* 只是宽度第二和第五大的两个衰变道。

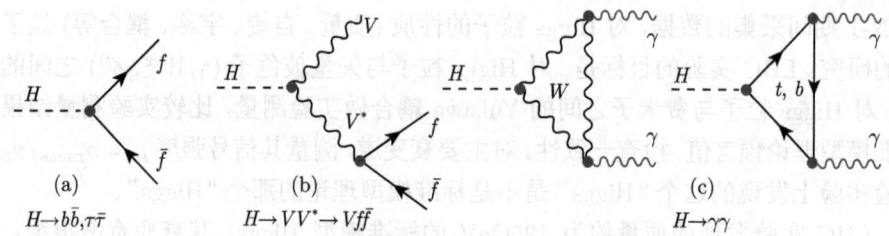

图 9.15 LHC 实验上观测到的 Higgs 玻色子的主要衰变道的最低阶费恩曼图: (a) $H \to f\bar{f}$ ($f = l^-, q \neq t$); (b) $H \to VV^* \to Vf\bar{f}$; (c) $H \to 2\gamma$

表 9.4 CMS 实验组对 Higgs 粒子的主要衰变道的研究现状。其中第四列表示实际观察到的信号显著度和期望的信号显著度。第三列的缩写 "MET" 表示 "missing E_T"

衰变道	积分亮度 /pb^{-1}	末态信号	显著度 σ obs.(exp.)	质量 /GeV	信号强度 μ	自旋宇称
$H \to ZZ \to 4l$	5.1+19.6	4 轻子	6.8(6.7)	125.6 ± 0.5	$0.93^{+0.29}_{-0.25}$	√
$H \to WW \to 2l2\nu$	4.9+19.5	2L+MET	4.3(5.8)	125 ± 4	$0.72^{+0.20}_{-0.18}$	√
$H \to \gamma\gamma$	5.1+19.6	2γ	3.2(4.2)	125.4 ± 0.8	$0.78^{+0.28}_{-0.26}$	√
$H \to b\bar{b}$	5.0+18.9	2b-jets	2.1(2.1)	符合	1.0 ± 0.5	
$H \to \tau\bar{\tau}$	4.9+19.7	τ − decays	3.2(3.7)	122 ± 7	0.78 ± 0.27	

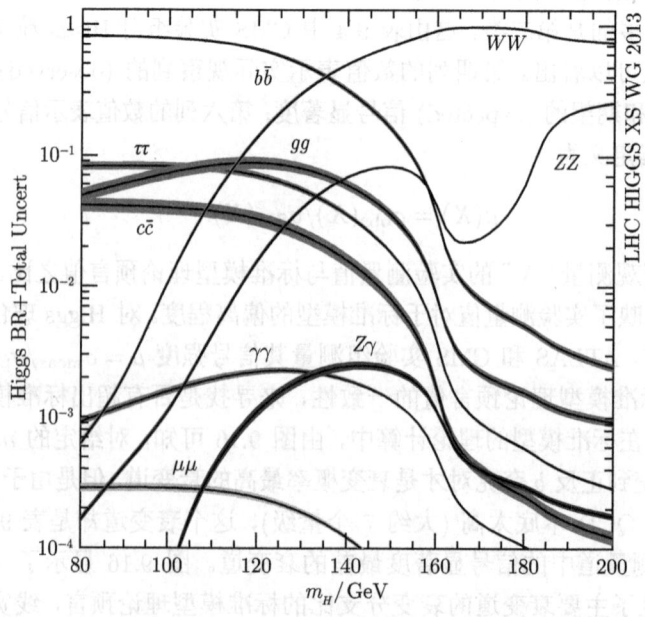

图 9.16 Higgs 玻色子主要衰变道，$\sqrt{S} = 8$ GeV 时包含误差 (由曲线的粗细表示) 的衰变分支比的标准模型理论预言 (见彩图)

§9.4 LHC 实验与 Higgs 物理

根据标准模型理论，Higgs 粒子与费米子对 $f\bar{f}$ 的 Yukaswa 耦合与费米子质量成正比，所以 Higgs 玻色子与轻夸克 (u,d,s) 和轻的轻子 (e,μ,ν) 的 Yukawa 耦合被强烈压低，在 LHC 上基本看不到。由表 9.5、图 9.16 和图 9.17 可以看出，在 $m_H \approx 125$ GeV 附近区域，$H \to b\bar{b}$ 道的分支比最大 ($\sim 58\%$)。但是 QCD 强相互作用导致的 $b\bar{b}$ 对产生比 $H \to b\bar{b}$ 的对产生要大 10^7，QCD 本底太强，很难测量。对 $H \to c\bar{c}$ 和 $H \to gg$ 衰变道，存在同样的极大的 QCD 强产生本底。目前还没有看到 $H \to b\bar{b}$ 衰变，信号显著度 (significance) 只有 2.1σ。在图 9.18 中，给出了 ATLAS 实验组和 CMS 实验组基于全部 RUN-1 数据对 Higgs 玻色子的 5 个主要衰变道 $H \to (b\bar{b}, \gamma\gamma, \tau\tau, ZZ^* \to 4l, WW^* \to 2l2\nu)$ 的信号强度 $\mu = \sigma_{\text{meas}}/\sigma_{\text{SM}}$ 的实验测量结果。显然两个实验组的结果是自洽的，都与标准模型理论预期符合。

表 9.5 对给定的 $m_H = 125$ GeV，Higgs 玻色子主要衰变分支比的标准模型理论预言 [142] (理论误差百分比表示误差与中心值的比值)

衰变道	分支比	衰变道	分支比	衰变道	分支比
$H \to b\bar{b}$	$57.7\% \pm 3.2\%$	$H \to WW$	$21.5\%^{+4.0\%}_{-3.9\%}$	$H \to gg$	$8.57\%^{+10.2\%}_{-10.0\%}$
$H \to \tau^+\tau^-$	$6.32\% \pm 3.2\%$	$H \to c\bar{c}$	$2.91\% \pm 12.2\%$	$H \to ZZ$	$2.64\%^{+4.3\%}_{-4.2\%}$
$H \to \gamma\gamma$	$0.228\%^{+5.0\%}_{-4.9\%}$	$H \to Z\gamma$	$0.154\%^{+9.0\%}_{-8.3\%}$	$H \to \mu^+\mu^-$	$0.022\%^{+6.0\%}_{-5.9\%}$

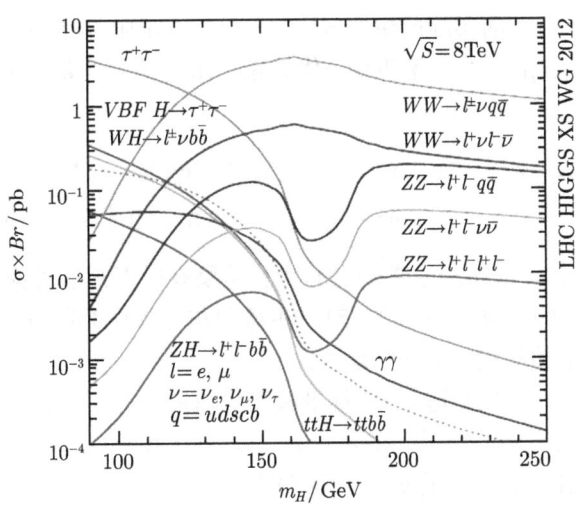

图 9.17 对质量区间在 $m_H = [90, 250]$ GeV，$\sqrt{S} = 8$ TeV 的 Higgs 玻色子的主要衰变道的产生率 $\sigma \cdot Br$ 的标准模型理论预言值 (见彩图)

对于 Yukawa 耦合的测量，目前的分析主要集中在对 $H \to \tau^+\tau^-$ 衰变道，甚至 $H \to \mu^+\mu^-, e^+e^-$ 衰变道的研究。LHC 实验已经看到 $H \to \tau^+\tau^-$ 的衰变，主要根据双 τ 轻子的质量分布来选择事例信号。由图 9.17 可以看出，在 $m_H \approx 125$ GeV

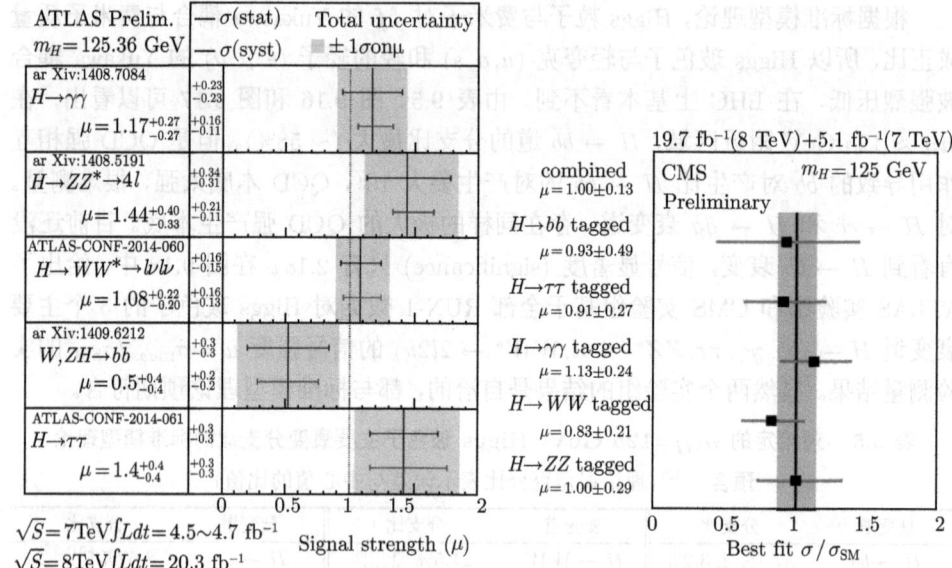

图 9.18 基于全部 RUN-1 数据，ATLAS 和 CMS 实验组对 Higgs 玻色子的 5 个主要衰变道的信号强度 $\mu = \sigma_{\mathrm{meas}}/\sigma_{\mathrm{SM}}$ 的实验测量结果

附近区域，$H \to \tau^+\tau^-$ 的实际产生率 $\sigma \cdot Br$ 和 $H \to WW \to l^+\nu q\bar{q}$ 接近，是最大的两个道。对 $H \to \mu^+\mu^-, e^+e^-$ 衰变道，优势在于末态信号非常清晰，缺点在于分支比太低：

$$Br(H \to \tau^+\tau^-) : Br(H \to \mu^+\mu^-) : Br(H \to e^+e^-)$$
$$\approx m_\tau^2 : m_\mu^2 : m_e^2 = 1{:}3.5 \times 10^{-3}{:}8.3 \times 10^{-8}. \tag{9.29}$$

对 $H \to l^+l^- (l = (e, \mu, \tau))$ 衰变道的实验结果有以下几点讨论[143,144]：

(1) 对 $H \to \tau^+\tau^-$ 衰变道[143]，对产生截面与分支比乘积 $\sigma \cdot Br$，实验上看到了相对于背景贡献的超出，显著度是 3.2σ。

(2) 对 $H \to \mu^+\mu^-$ 衰变道[144]，标准模型预言的 $H \to \mu^+\mu^-$ 事例数是 114 个。但实验上没有看到明显的信号。在区间 $m_H = [120, 150]$ GeV，经分析得到了对产生截面与分支比乘积 $\sigma \cdot Br$ 的实验上限 (95%C.L.)

$$[\sigma(H) \cdot Br(H \to \mu^+\mu^-)]^{\mathrm{exp}} \leqslant 7.4 \left(6.5^{+2.8}_{-1.9}\right) [\sigma(H) \cdot Br(H \to \mu^+\mu^-)]^{\mathrm{SM}}, \tag{9.30}$$

即如果只考虑本底 (主要来自于 Drell-Yan 过程的 $\mu\mu$ 对产生) 贡献，产生率是 $6.5^{+2.8}_{-1.9}$；实验上看到的是 7.4。如果使用 σ 的标准模型理论值作为输入，可以导出分支比的上限为

$$Br(H \to \mu^+\mu^-) < 1.6 \times 10^{-3}. \tag{9.31}$$

§9.4 LHC 实验与 Higgs 物理

(3) 对 $H \to e^+e^-$ 衰变道 [144]，没有看到信号。对给定的 $m_H = 125$ GeV，有

$$[\sigma(H) \cdot Br(H \to e^+e^-)]^{\exp} \leqslant 0.0041 [\sigma(H) \cdot Br(H \to e^+e^-)]^{\mathrm{SM}}. \tag{9.32}$$

如果使用标准模型理论值作为输入，可以导出分支比的上限为

$$Br(H \to e^+e^-) < 1.9 \times 10^{-3}. \tag{9.33}$$

根据 LHC 实验对 $H \to l^+l^-(l = (e,\mu,\tau))$ 衰变道产生率的实验测量结果，可以看出 Higgs 玻色子与带电轻子之间的 Yukawa 耦合不是普适的。但要证明它们之间的 Yukawa 耦合 $y_{hl\bar{l}}$ 与标准模型是否符合，还需要更高的数据量，更好的信号显著度，更少的本底，这就需要专门的 Higgs 工厂。

在 LHC 实验中，可以通过对 $H \to \gamma\gamma, ZZ^* \to 4l, WW^* \to 2l2\nu$ 衰变过程末态粒子的角分布来测量初态的母粒子"Higgs"粒子的自旋和宇称。如图 9.19 所示，ATLAS 和 CMS 实验组基于对 RUN-1 数据的分析得到的结论是：Higgs 玻色子是标量粒子：$J^P = 0^+$。从图 9.19 可以看出，实验测量结果与标准模型期望值 $J^P = 0^+$ 符合得很好。其他可能取值 $J^P = 0^-, 1^\pm, 2^+$ 均被排除 ($> 99\%$ C.L.)[120]。对于 Higgs 玻色子通过重矢量玻色子对 ($W^\pm, Z^0$) 衰变到费米子对：$H \to VV^* \to Vf\bar{f}$ ($f = l^-, q \neq t$)，标准模型框架下领头阶的衰变宽度表达式已经在附录 C 中给出。

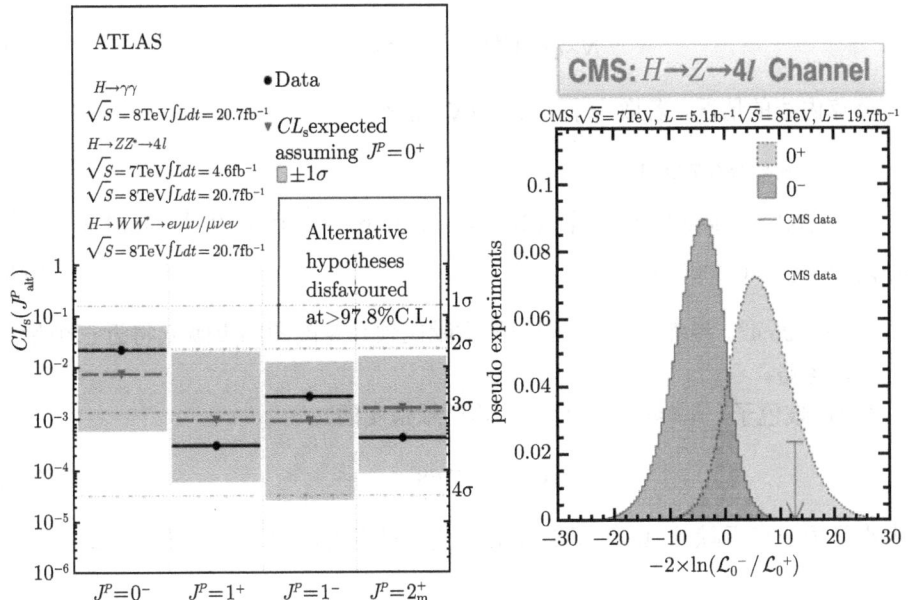

图 9.19 ATLAS 和 CMS 实验组对 Higgs 玻色子的自旋和宇称量子数的实验测量结果 [90]

$H \to \gamma\gamma$ 衰变道既是 Higgs 玻色子的发现道, 也是对其性质 (质量、自旋、宇称) 进行精确测量的重要衰变道, 在标准模型下, $H \to \gamma\gamma$ 衰变过程是一个圈图过程。最低阶的费恩曼图是如图 9.20(第一行) 所示的单圈费恩曼图, 内线传播子分别为 $W^{\pm}$ 玻色子和带电的重夸克和重轻子。对衰变宽度 $\Gamma(H \to \gamma\gamma)$, 包含了单圈图贡献的标准模型表达式为[145]

$$\Gamma(H \to \gamma\gamma) = \frac{G_F \alpha^2 m_H^3}{128\sqrt{2}\pi^3} \left| \sum_f N_C Q_f^2 A_{1/2}^H(\tau_f) + A_1^H(\tau_W) \right|^2, \quad (9.34)$$

其中 $\tau_i = m_H^2/(4m_i^2)$ ($i = f, W$), 形状因子 $A_{1/2}^H(\tau_f)$ 和 $A_1^H(\tau_W)$ 分别表示来自于费米子单圈图和 W 玻色子单圈图的贡献。

$$A_{1/2}^H(\tau) = 2[\tau + (\tau-1)f(\tau)]\tau^{-2}, \quad A_1^H(\tau) = -[2\tau^2 + 3\tau + 3(2\tau-1)f(\tau)]\tau^{-2}, \quad (9.35)$$

其中函数 $f(\tau)$ 的表达式为

$$f(\tau) = \begin{cases} \arcsin^2\sqrt{\tau} & \tau \leqslant 1, \\ -\frac{1}{4}\left[\log\frac{1+\sqrt{1-\tau^{-1}}}{1-\sqrt{1-\tau^{-1}}} - i\pi\right]^2 & \tau > 1. \end{cases} \quad (9.36)$$

由于耦合 $y_{Hff} \sim m_f/v$, 所以轻费米子的贡献被强烈压低。对费米子部分, 我们只需要考虑重的顶夸克的贡献。对 $m_H = 125.7$ GeV 和 $m_t = 174.2$ GeV[1], $\tau_t \approx 0.13 \ll 1$, 顶夸克的贡献是实的, $A_t^H \to 4/3$。

$$N_C Q_t^2 A_t^H(\tau_t) \approx 1.78. \quad (9.37)$$

对 b 夸克内线的情况, 若取 $m_b = 4.6$ GeV, 那么有

$$\tau_b \approx 186.7 \gg 1,$$
$$A_b^H(\tau_b) \approx -[\log(4\tau_b) - i\pi]^2/(2\tau_b) \approx -2.7(6.62 - i\pi)^2 \times 10^{-3} \approx 0.0196 \cdot e^{-i\theta_b},$$
$$N_C Q_b^2 A_b^H(\tau_b) \approx 0.0065 \cdot e^{-i\theta_b}, \quad (9.38)$$

其中 $\theta_b \approx -25.4°$。显然, b 夸克圈图的贡献比顶夸克圈图的贡献低将近三个量级, 完全可以忽略。

对 W 玻色子, $\tau_W \approx 0.6113 < 1$, 其贡献是实的,

$$A_W^H \approx -7.68. \quad (9.39)$$

其大小是顶夸克贡献的 4.3 倍, 起主要作用。对于给定的 $m_H = 125.7$ GeV, 计算得到

$$\Gamma(H \to \gamma\gamma) \approx 9 \text{ keV}. \quad (9.40)$$

§9.4 LHC 实验与 Higgs 物理

其分支比约为 0.23%。

计算如图 9.20(第二、三行) 所示的双圈图，可以得到对顶夸克单圈图贡献的领头阶 QCD 修正[146]。可以把领头阶 QCD 修正参数化为

$$A_t^H(\tau_t) = A_t^H(\tau_t)|_{\text{LO}} \left[1 + \frac{\alpha_s}{\pi} C_H(\tau_t)\right] \tag{9.41}$$

在 $m_t \to \infty$ 极限下，修正因子 $C_H(\tau_t) \to -1$，使得 $A_t^H(\tau_t)|_{\text{LO}}$ 降低大约 3%。

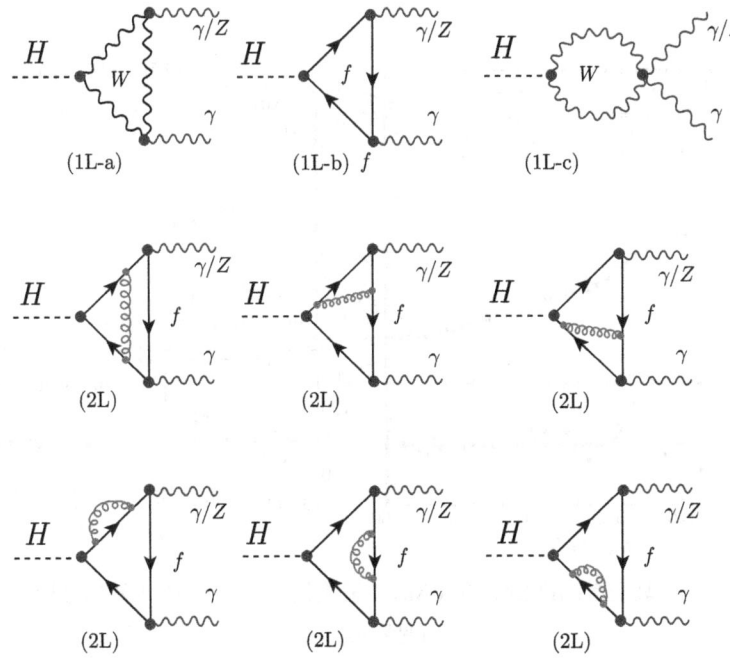

图 9.20 在标准模型下，$H \to \gamma\gamma(H \to Z\gamma)$ 的领头阶单圈费恩曼图 (第一行)，对单圈夸克费恩曼图的双圈 QCD 修正的费恩曼图 (第二、第三行)。在双圈 (单圈图) 中的 f 表示带电的夸克 (轻子和夸克)

在图 9.21 中，给出了 ATLAS 和 CMS 实验组基于全部 RUN-1 数据对衰变道 $H \to \gamma\gamma$ 的 "S/(S+B) weighted-sum" 与不变质量 $m_{\gamma\gamma}$ 函数关系的实验测量结果。显然，两个实验组的实验测量结果是自洽的，与标准模型符合得很好。当然，目前的实验误差还比较大，需要逐步降低，这正是 RUN-2 和 RUN-3 的目标之一。ATLAS 和 CMS 实验组使用全部 RUN-1 数据进行分析得到的按照式 (9.28) 定义的实验测量偏离标准模型的程度[147,148]：

$$\mu_{\gamma\gamma} = \begin{cases} 1.17 \pm 0.27, & \text{ATLAS}, \ m_H = 125.36\,\text{GeV}, \\ 1.13 \pm 0.24, & \text{CMS}, m_H = 125\,\text{GeV}, \end{cases} \tag{9.42}$$

和 2012 年宣布发现 Higgs 粒子时候的实验测量结果

$$\mu_{\gamma\gamma} = \begin{cases} 1.55^{+0.33}_{-0.28}, & \text{ATLAS}, \\ 0.77 \pm 0.27, & \text{CMS} \end{cases} \quad (9.43)$$

相比有重要变化：2012 年的结果与 "1" 有明显的偏离，ATLAS 组的结果偏高，CMS 组的结果偏低，两个中心值有明显的差别。但两个组 2014 年的结果的中心值非常接近，在一个标准偏差内与标准模型符合得很好，也就是说，没有明显的新物理信号的迹象。

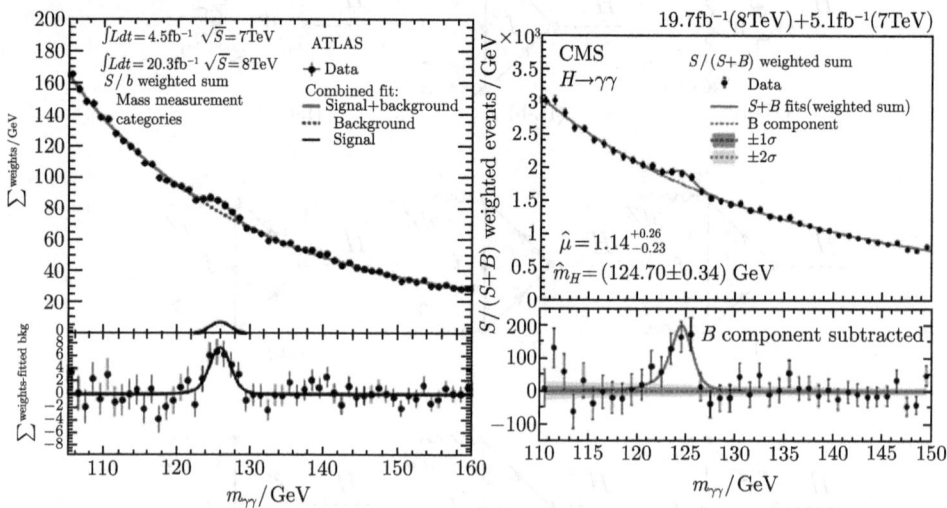

图 9.21 $H \to \gamma\gamma$ 衰变道：ATLAS 和 CMS 实验组根据全部 RUN-1 数据分析得到的结果（见彩图）

对于末态是两个中性光子的衰变，由于中性粒子没有径迹，历来是实验上比较难以重建的实验事例，$H \to \gamma\gamma$ 衰变过程的特征与分析包含以下几点：

1. 要求必须是两个分离的光子 (isolated photon)。

2. 质量重建：根据两个光子的能量测量，并考虑原始顶点，量能器位置的 "opening angle"，可能的转换，以及量能器角度 (仅 ATLAS)。

3. 对数据样本根据 S/B 的不同做分类，进行质量重建，并做系统误差估计。

4. 主要本底来自于 QCD 产生：$q\bar{q} \to \gamma\gamma$。根据数据做背景的估计和分析。

如图 9.20 所示，把一个末态光子换成 Z 玻色子，就得到对 $H \to Z\gamma$ 衰变过程贡献的费恩曼图。与 $H \to \gamma\gamma$ 衰变类似，起主要作用的是内线为顶夸克的费恩曼图和内线为 W 玻色子的费恩曼图，衰变宽度表达式可以写为[145]

$$\Gamma(H \to Z\gamma) = \frac{G_F^2 m_W^2 \alpha \, m_H^3}{64\,\pi^4} \left(1 - \frac{m_Z^2}{m_H^2}\right)^3$$

$$\times \left| \sum_f N_f \frac{Q_f \hat{v}_f}{c_W} A^H_{1/2}(\tau_f, \lambda_f) + A^H_1(\tau_W, \lambda_W) \right|^2. \tag{9.44}$$

注意这里的 $\tau_i = 4m_i^2/m_H^2$，$\lambda_i = 4m_i^2/m_Z^2$，两个形状因子为

$$\begin{aligned} A^H_{1/2}(\tau, \lambda) &= [I_1(\tau, \lambda) - I_2(\tau, \lambda)], \\ A^H_1(\tau, \lambda) &= c_W \bigg\{ 4 \left(3 - \frac{s_W^2}{c_W^2}\right) I_2(\tau, \lambda) \\ &\quad + \left[\left(1 + \frac{2}{\tau}\right)\frac{s_W^2}{c_W^2} - \left(5 + \frac{2}{\tau}\right)\right] I_1(\tau, \lambda) \bigg\}, \end{aligned} \tag{9.45}$$

其中 $\hat{v}_f = 2I_f^3 - 4Q_f s_W^2$，$s_W = \sin\theta_W$，$c_W = \cos\theta_W$，函数 I_1 和 I_2 的表达式为

$$\begin{aligned} I_1(\tau, \lambda) &= \frac{\tau\lambda}{2(\tau-\lambda)} + \frac{\tau^2\lambda^2}{2(\tau-\lambda)^2}\left[f(\tau^{-1}) - f(\lambda^{-1})\right] + \frac{\tau^2\lambda}{(\tau-\lambda)^2}\left[g(\tau^{-1}) - g(\lambda^{-1})\right], \\ I_2(\tau, \lambda) &= -\frac{\tau\lambda}{2(\tau-\lambda)}\left[f(\tau^{-1}) - f(\lambda^{-1})\right], \end{aligned} \tag{9.46}$$

其中函数 $f(\tau)$ 已经在式 (9.36) 中定义。函数 $g(\tau)$ 的表达式为

$$g(\tau) = \begin{cases} \sqrt{\tau^{-1}-1}\arcsin\sqrt{\tau}, & \tau \geqslant 1, \\ \frac{\sqrt{1-\tau^{-1}}}{2}\left[\log\frac{1+\sqrt{1-\tau^{-1}}}{1-\sqrt{1-\tau^{-1}}} - i\pi\right], & \tau < 1. \end{cases} \tag{9.47}$$

由于电荷共轭不变性，只有 $Zf\bar{f}$ 的矢量耦合部分对费米子圈图有贡献。与 $H \to \gamma\gamma$ 衰变道类似，W 圈图提供了对 $H \to Z\gamma$ 衰变道 99% 的贡献。对 $m_H \approx 125\text{GeV}$，$A^H_{1/2}$ 和 A^H_1 的近似表达式为

$$\begin{aligned} A^H_{1/2} &\simeq N_C Q_t \hat{v}_t/(3c_W) \sim 0.3, \\ A^H_1 &\simeq -4.6 + 0.3 m_H^2/m_W^2 \approx -3.87. \end{aligned} \tag{9.48}$$

由上式可以看出，W 圈图贡献比顶夸克圈图贡献高一个量级。对 $m_H \approx 125\text{GeV}$，我们有：$Br(H \to Z\gamma) \sim 0.15\%$，$\Gamma(H \to Z\gamma) \sim 6$ keV。对顶夸克圈图贡献的 $\mathcal{O}(\alpha_s^2)$QCD 修正很小，可以近似表示为一个压低因子

$$A^H_{1/2}(\tau_t, \lambda_t) \to A^H_{1/2}(\tau_t, \lambda_t) \times \left[1 - \frac{\alpha_s}{\pi}\right]. \tag{9.49}$$

§9.4.3 新物理模型中的 Higgs 玻色子

LHC 实验发现了 Higgs，并已经开始对其性质作深入的研究。除了标准模型的中性 Higgs 玻色子，很多超出标准模型的新物理模型还预言了其他的 "Higgs" 粒子

的存在[149,150]。例如在"Higgs 二重态"模型和"最小超对称"模型中,就有 5 个 Higgs 粒子:

$$\text{CP even}: H^0, \quad h^0; \quad \text{CP odd}: A^0,$$
$$\text{Charged Higgs}: H^{\pm}. \tag{9.50}$$

其中的中性标量粒子 H^0/h^0 和标准模型 Higgs 具有相同的量子数,$m_h < m_H$。另外还有带电 Higgs 粒子 $H^{\pm}$ 和赝标量中性粒子 A^0。那么,不可避免的问题就是:

(1) 现在 LHC 实验看到的中性标量 Higgs 粒子是谁家的"孩子"?目前为止所有实验均支持它是属于标准模型的,但目前的实验数据还不够"精细",我们需要对其做"DNA"鉴定。

(2) 如何寻找其他的新物理 Higgs 粒子?如果能够找到一个带电的 $H^{\pm}$,就足以确认"新物理"的存在。

对许多与标准模型相近的新物理模型(例如双 Higgs 模型、最小超对称模型等),如果它们满足条件:(a) 存在宽度很窄的 CP 为偶的标量玻色子;(b) 算符属于标准模型的算符集合;(c) Higgs 玻色子与费米子之间的 Yukawa 耦合与 m_f 成正比,那么我们可以定义耦合

$$g_{HXX} = g_{HXX}^{\text{SM}}(1 + \Delta_X). \tag{9.51}$$

通过对不同的产生和衰变过程的拟合,可以得到对不同的 Δ_X 偏离的限制。图 9.22 表示由 SFitter 合作组基于 ATLAS 和 CMS 数据,经过拟合得到的对各个 Δ_X 的限制 (68% C.L.)。

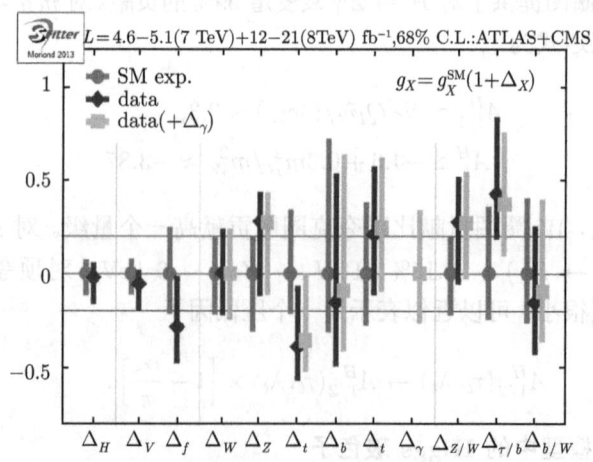

图 9.22 Sfitter 合作组根据 ATLAS 和 CMS 数据得到的实验数据对标准模型理论值的偏离程度的检验

§9.4 LHC 实验与 Higgs 物理

最后，由图 9.23 和图 9.24 可以看出：ATLAS 和 CMS 对各个过程产生截面的实验测量结果与标准模型的理论预言值符合得很好。对所有考虑的道，没有发现明显偏离。

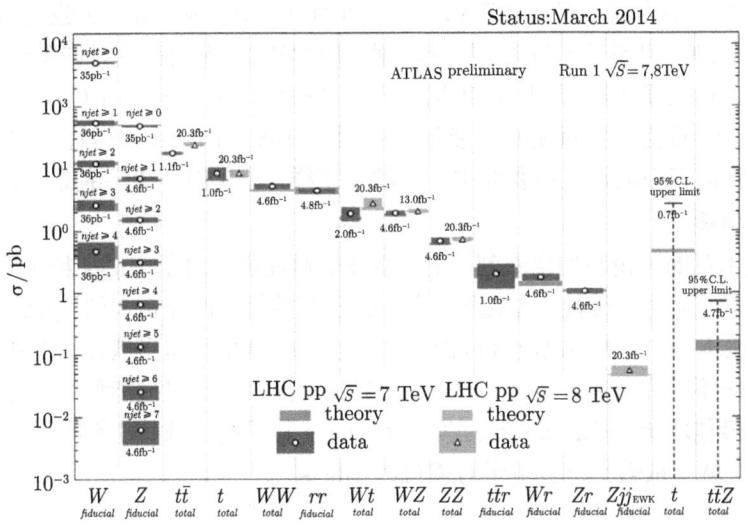

图 9.23　ATLAS 实验组对 LHC 实验各个过程产生截面的实验测量结果和对应的标准模型理论预言值 (见彩图)

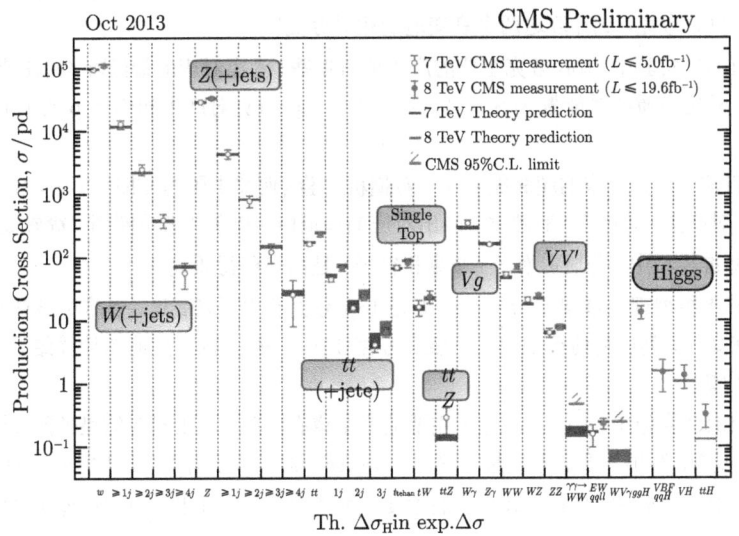

图 9.24　CMS 实验组对 LHC 实验各个过程产生截面的实验测量结果和对应的标准模型理论预言值 (见彩图)

在本章，我们对标准模型精确检验的情况，LHC 实验，根据 RUN-1 数据分析得到的部分实验结果做了介绍。在 LHC 开始运行时，人们曾经对发现新物理 (尤其是超对称) 信号充满信心。过去的几年中，实验家和理论家们 (大约 1 万人) 均做出了巨大的努力来寻找新物理信号。但到目前为止，从 LHC 实验的 RUN-1 数据中没有看到任何明显的偏离。尽管根据 LHC 实验，人们已经对许多新物理模型的参数空间给出了种种限制，但仍然令人有些失望！2015 年，LHC 实验将开始新的运行周期。目前人们对质心系能量提高到 13TeV 的 RUN-2 运行一如既往地寄予希望！我们衷心地希望不要像 Higgs 粒子那样，让我们等待、寻找几十年，最终才看见其倩影！

通过本章的讨论我们也看到，在大型强子对撞机上对于 Higgs 粒子的 Yukawa 耦合的测量充满了挑战性，这主要是由于强子对撞机上的非常大的 QCD 本底造成的影响；在本书中，我们也没有讨论 Higgs 粒子的自相互作用耦合，这也是大型强子对撞机所不能完成的任务。一般来说，强子对撞机由于对撞能量高，是直接发现新粒子的最佳场所，但是研究已经发现的 Higgs 粒子的性质，对各种可能耦合做高精度测量，就要依赖于正负电子对撞机的 Higgs 工厂了。

练 习 题

1. 试计算 Higgs 粒子与顶夸克、底夸克和粲夸克的 Yukawa 耦合的相对比值大小。

2. 顶夸克主要衰变到一个 W 玻色子和一个 b 夸克，它应该也可以通过同样的树图衰变道 W 粒子和 s 夸克，试计算这两个衰变道的相对分支比。

3. 在 LHC 实验中，top 夸克主要的产生道有哪些？画出对应的最低阶 (树图或者单圈图) 费恩曼图。写出当质心系能量 $\sqrt{S} = 14$ TeV 时，top 夸克对产生和单 top 夸克产生的产生截面。

4. 在目前讨论的未来的超高能 e^+e^- 对撞机实验 (例如中国的 CEPC) 中，top 夸克主要的产生道 (对产生，单产生) 有哪些？画出对应的最低阶 (树图或者单圈图) 费恩曼图。

5. 在标准模型中，普通费米子 (夸克和轻子) 是如何获得质量的？

6. 在标准模型理论框架下，$t \rightarrow W^+ b$ 是 top 夸克的主要衰变道。目前对该衰变过程的理论计算现状如何？列出目前已知的关于衰变夸克 $\Gamma(t \rightarrow Wb)$ 的最优圈图计算结果，并和实验测量结果比较。

7. 在 LHC 实验中，Higgs 玻色子主要的产生道有哪些？画出对应的最低阶 (树图或者单圈图) 费恩曼图。写出当质心系能量 $\sqrt{S} = 7, 14$ TeV 时，Higgs 的主要产生过程的产生截面。

8. 在 LHC 实验中，Higgs 玻色子的主要衰变道有哪些？画出对应的最低阶 (树图或者单圈图) 费恩曼图。

9. 在 LHC 实验中，ATLAS 和 CMS 合作组根据什么宣布发现 Higgs 玻色子，目前已知的对 Higgs 玻色子性质的主要实验测量结果有哪些？

10 在树图阶，计算衰变宽度 $\Gamma(t \to Wb)$，证明：

$$\Gamma(t \to W^+b) = \frac{G_F m_t^3}{8\sqrt{2}\pi} \left(1 - \frac{m_W^2}{m_t^2}\right)^2 \left(1 + \frac{2m_W^2}{m_t^2}\right), \tag{9.52}$$

其中 $G_F = 1.16637 \times 10^{-5}$ GeV^{-2} 是费米耦合常数，m_t, m_W 是 top 夸克和 W 玻色子质量。请给出完整的解析推导。

11. 对 top 夸克质量和衰变宽度的实验测量结果为 $m_t \approx 173\text{GeV}$，$\Gamma_t \approx 2.0$ GeV。试说明为什么 top 夸克无法形成 $t\bar{t}$ 形式的束缚态"top 介子"？

12. 假设 Higgs 玻色子的总产生截面为 20pb，LHC 实验的积分亮度为 20fb^{-1}，估算 ATLAS 和 CMS 合作组各自可能观察到的 $H \to \gamma\gamma$ 和 $H \to b\bar{b}$ 事例数。

13. 画出 $e^+e^- \to HZ$ 和 $e^+e^- \to H\nu\bar{\nu}$ 的最低阶费恩曼图。

14. 理论上可以通过带电轻子的对撞过程：$l^-l^+ \to H$ ($l = e, \mu, \tau$) 来直接产生 Higgs 玻色子。为什么人们对 μ 子对撞机实验做了很多讨论，却不考虑在正负电子对撞机上实现此类直接产生过程？

15. 在可能的 μ 子对撞机实验中，可以通过过程 $\mu^+\mu^- \to H$ 直接产生 Higgs 玻色子，当取 $\sqrt{S} = m_H = 125\text{GeV}$ 时，计算如下三个过程的截面：

(a) $e^+e^- \to H \to b\bar{b}$;

(b) $\mu^+\mu^- \to H \to b\bar{b}$;

(c) $\mu^+\mu^- \to \gamma \to b\bar{b}$.

第10章　重味物理和 CP 破坏

对于世界粒子物理学界来说，1964 年是一个非常好的"丰收之年"。1964 年 1 月 4 日和 17 日，M. Gell-Mann 和 G. Zweig 分别独立提出了描写强子下一层次结构的"夸克模型"[60, 61]。1964 年 6 月 26 日和 7 月 27 日，F. Englert，R. Brout 和 P. W. Higgs 分别独立提出电弱对称性破缺的"Higgs 机制"[101, 102]。1964 年 7 月 10 日，J. W. Cronin 等 4 人宣布在实验中发现了中性 K^0 介子系统的 CP 破坏[50]。显然，1964 年取得的上述重要研究成果对建立标准模型理论具有里程碑的意义，对现代物理学的发展起了极其重要的推动作用!

在本书的第 6 章，我们已经对"夸克模型"做了全面的研究。在本书的第 8 和第 9 章，我们对"Higgs 机制"做了系统的研究，对 LHC 实验发现"Higgs 玻色子"的过程，对 Higgs 粒子的产生和衰变做了全面介绍。在本章，我们从介绍 50 年前发现 K 介子系统 CP 破坏入手，介绍 $K^0 – \bar{K}^0$ 系统的混合与 CP 破坏。然后重点介绍 B 介子系统的混合与衰变过程，介绍两个 B 介子工厂实验的主要结果，介绍 LHCb 实验的最新实验测量成果，尤其是对 B_s 系统的第一批实验测量结果。

目前做 CKM 矩阵幺正三角形的整体拟合和味物理实验测量结果的加权平均的主要国际合作组有三个：

(1) HFAG 合作组[52]，其网站地址为：http://www.slac.stanford.edu/xorg/hfag。HFAG 合作组负责收集、整理、更新与味物理相关的物理观测量的世界平均值。该合作组的论文和会议报告可以在其网站找到、下载。

(2) CKMFitter 合作组，其网站地址为：http://www.slac.stanford.edu/xorg/ckmfitter。CKMFitter 合作组使用频度统计方法来做拟合。该合作组使用的拟合程序、最新结果、相关图形、最新的论文和会议报告可以在该网站找到、下载。

(3) UTfit 合作组，其网站地址为：http://www.utfit.org。UTfit 合作组使用贝叶斯方法来做拟合。该合作组的拟合程序、最新结果、图形、最新的论文和会议报告可以在该网站找到、下载。

这三个国际合作组的工作目标有两个：

(1) 收集、整理、更新与味物理相关的物理观测量实验测量结果的世界平均值，为粒子物理学理论研究和唯象分析提供一组统一的"实验数据"。

(2) 通过比较实验测量数据和理论预言，对标准模型理论做精确检验。通过唯象分析，寻找新物理存在的迹象或信号，或者对新物理模型的自由参数给出限制。

以幺正三角形为例, 最新的 PDG-2014 给出的拟合结果考虑了 5 个实验测量值[1]: $|V_{ub}/V_{cb}|$, Δm_d, Δm_s, ϵ_k 和 $\sin(2\beta)$; 通过做拟合得到了对 $\bar{\rho}, \bar{\eta}$ 和 CKM 相角 α, β 和 γ 的限制。图 10.1 表示在 $\bar{\rho} - \bar{\eta}$ 复平面上 $\bar{\rho}$ 和 $\bar{\eta}$ 的可能取值范围。这里考虑的 5 个实验测量数据均为 $\bar{\rho}, \bar{\eta}$ 的函数。根据拟合得到的包围幺正三角形顶点的闭合等值线内区域是 $(\bar{\rho}, \bar{\eta})$ 的允许区域, 对应的可信度为 95%。

关于 CKM 矩阵的四个独立参数 $(\lambda, A, \bar{\rho}, \bar{\eta})$ 的取值, CKMFitter 组和 UTFit 组使用不同的拟合方法, 得到的结果分别为[1]

$$\text{CKMFitter}: \quad \lambda = 0.22537 \pm 0.00061, \quad A = 0.814^{+0.023}_{-0.024},$$
$$\bar{\rho} = 0.117 \pm 0.021, \quad \bar{\eta} = 0.353 \pm 0.013, \tag{10.1}$$
$$\text{UTFit}: \quad \lambda = 0.2255 \pm 0.0006, \quad A = 0.818 \pm 0.015,$$
$$\bar{\rho} = 0.124 \pm 0.024, \quad \bar{\eta} = 0.354 \pm 0.016. \tag{10.2}$$

显然, 这两个合作组的拟合结果是高度一致的。从图 10.1 可以看出:

(1) 显然, 不同实验数据对幺正三角形顶点位置的限制是一致的, 有共同允许区域。幺正三角形顶点 $(\bar{\rho}, \bar{\eta})$ 在第一象限。

(2) 左右两个图分别表示在 2004 年和 2014 年得到的拟合结果。从中可以明显看出, 10 年来实验测量精度有很大提高。目前的幺正三角形顶点 $(\bar{\rho}, \bar{\eta})$ 的允许区域和 10 年前相比已经减小很多。

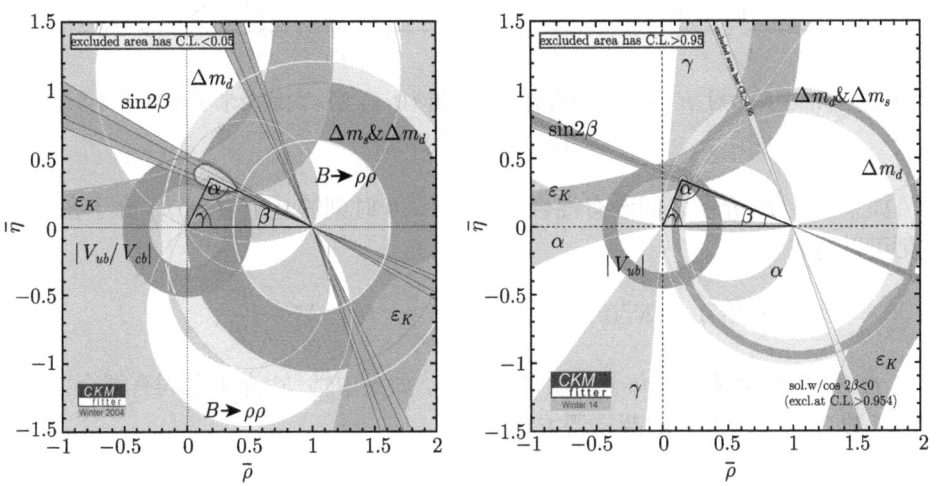

图 10.1 在 2004 年和 2014 年春天, 由 CKM Fitter 合作组给出的, 根据当时得到的 5 组实验测量数据得到的对 $\bar{\rho} - \bar{\eta}$ 取值的限制。从图中可以看出, 过去十年实验测量精度得到很大的提高 (见彩图)

§10.1 K 介子系统：发现 CP 破坏 50 年

1964 年 7 月 27 日，《美国物理评论快报》上[50] 发表的论文宣布在实验上发现了 $K_2^0 \to \pi^+\pi^-$ 衰变，即 CP 为奇的 K_2^0 (亦即 K_L) 介子可以衰变到 CP 为偶的 $\pi\pi$ 末态。K 介子系统 CP 破坏的发现，启发物理学界研究 D 介子系统和 B 介子系统的 CP 破坏，推动了 B 介子工厂实验、LHCb 实验的构想和实施，使重味物理和 CP 破坏的研究在过去的 50 年中成为物理学的重要研究领域。

在标准模型中，中性 K 介子的味道本征态可以写为 $K^0 = |\bar{s}d\rangle$ 和 $\bar{K}^0 = |s\bar{d}\rangle$，如图 10.2 所示，中性 K 介子可以通过弱作用箱图发生 $K^0 - \bar{K}^0$ 混合。K^0 介子系统的 CP 本征态可以定义为 $|K_{1,2}\rangle$

$$|K_1^0\rangle = \frac{1}{2}\left[K^0 + \bar{K}^0\right], \quad |K_2^0\rangle = \frac{1}{2}\left[K^0 - \bar{K}^0\right], \tag{10.3}$$

$$CP|K_1^0\rangle = +|K_1^0\rangle, \quad CP|K_2^0\rangle = -|K_2^0\rangle, \tag{10.4}$$

显然，$|K_1^0\rangle$ 是 CP 为偶 (即 CP 本征值 $\eta_{CP} = +1$) 的 CP 本征态，$|K_2^0\rangle$ 是 CP 为奇 (即 $\eta_{CP} = -1$) 的本征态。

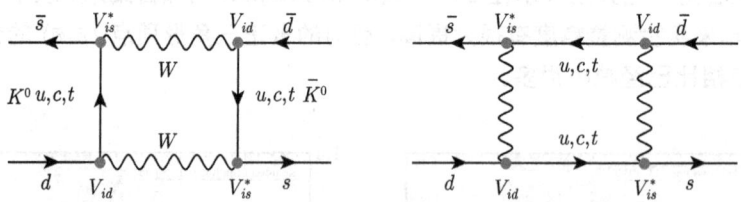

图 10.2 标准模型中对 $K^0 - \bar{K}^0$ 混合有贡献的箱 (Box) 图，内线费米子可以是 3 个上夸克 (u,c,t) 的任意组合

如果中性 K 介子之间没有混合，那么 $t = 0$ 时刻的一个 $|K^0(0)\rangle$ 介子在 $t > 0$ 时刻可以写成

$$|K^0(t)\rangle = |K^0(0)\rangle \exp(-iHt), \quad H = M - i\frac{\Gamma}{2}, \tag{10.5}$$

其中 M 和 Γ 分别是 K^0 介子的质量和宽度。如果中性 K 介子之间有混合，K 介子波函数 $|K(t)\rangle$ 所满足的薛定谔方程为

$$i\frac{d}{dt}|K(t)\rangle = \hat{H}|K(t)\rangle, \quad |K(t)\rangle = \begin{pmatrix} |K^0(t)\rangle \\ |\bar{K}^0(t)\rangle \end{pmatrix} \tag{10.6}$$

其中系统的哈密顿量为

$$\hat{H} = \hat{M} - i\frac{\hat{\Gamma}}{2} = \begin{pmatrix} M_{11} - i\frac{\Gamma_{11}}{2} & M_{12} - i\frac{\Gamma_{12}}{2} \\ M_{21} - i\frac{\Gamma_{21}}{2} & M_{22} - i\frac{\Gamma_{22}}{2} \end{pmatrix}, \tag{10.7}$$

其中 $\hat{M}$ 和 $\hat{\Gamma}$ 是 2×2 的厄米矩阵，二者的本征值是实数。考虑到矩阵 $(\hat{M}, \hat{\Gamma})$ 的厄米性质和哈密顿量 H 的 CPT 不变性，对各个矩阵元有如下限值：

$$M_{21} = M_{12}^*, \qquad \Gamma_{21} = \Gamma_{12}^*, \qquad \text{(hermiticity)} \tag{10.8}$$

$$M_{11} = M_{22} \equiv M, \qquad \Gamma_{11} = \Gamma_{22} \equiv \Gamma, \qquad (CPT) \tag{10.9}$$

最后我们有

$$\hat{H} = \begin{pmatrix} M - i\frac{\Gamma}{2} & M_{12} - i\frac{\Gamma_{12}}{2} \\ M_{12}^* - i\frac{\Gamma_{12}^*}{2} & M - i\frac{\Gamma}{2} \end{pmatrix}. \tag{10.10}$$

其质量本征态 K_L 和 K_S 可以写为

$$|K_S\rangle = \frac{1}{\sqrt{2(1+|\bar{\epsilon}|^2)}}\left[(1+\bar{\epsilon})|K^0\rangle + (1-\bar{\epsilon})|\bar{K}^0\rangle\right],$$

$$|K_L\rangle = \frac{1}{\sqrt{2(1+|\bar{\epsilon}|^2)}}\left[(1+\bar{\epsilon})|K^0\rangle - (1-\bar{\epsilon})|\bar{K}^0\rangle\right], \tag{10.11}$$

其中参数 $\bar{\epsilon}$ 是一个很小的复参量。当然，部分文献把 K_L 和 K_S 定义为

$$|K_S\rangle = p|K^0\rangle + q|\bar{K}^0\rangle, \qquad |K_L\rangle = p|K^0\rangle - q|\bar{K}^0\rangle. \tag{10.12}$$

当 CP 守恒时，有 $p = q$，K_L 和 K_S 是 CP 本征态。当考虑中性 K 介子的混合时，参数 (p, q) 与式 (10.11) 中参数 $\bar{\epsilon}$ 的关系为

$$\frac{q}{p} = \frac{1-\bar{\epsilon}}{1+\bar{\epsilon}}. \tag{10.13}$$

与质量本征态 $K_{L,S}$ 对应，质量本征值可以写为

$$M_{L,S} = M \pm \text{Re}Q \qquad \Gamma_{L,S} = \Gamma \mp 2\text{Im}Q \tag{10.14}$$

其中 $Q = \sqrt{\left(M_{12} - i\frac{1}{2}\Gamma_{12}\right)\left(M_{12}^* - i\frac{1}{2}\Gamma_{12}^*\right)}$。我们还可以定义

$$\Delta M = M_L - M_S = 2\text{Re}Q, \qquad \Delta\Gamma = \Gamma_L - \Gamma_S = -4\text{Im}Q. \tag{10.15}$$

实验告诉我们[1]，对中性 K 介子系统，参数 $\bar{\epsilon}$ 是一个量级为 10^{-3} 的小量。所以在很好的近似下，我们有

$$\Delta M_K = 2\text{Re}M_{12}, \qquad \Delta\Gamma_K = 2\text{Re}\Gamma_{12}, \tag{10.16}$$

上两式的下角标 K 表示这两个近似表达式只对 K 介子有效。对 ΔM_K 和 $K_{L,S}$ 寿命的实验测量结果的世界平均值为[1]

$$\Delta M_K = (3.484 \pm 0.006) \times 10^{-15} \text{GeV}, \tag{10.17}$$

$$\tau(K_S^0) = (0.8954 \pm 0.0004) \times 10^{-10} \text{ s}, \quad c\tau = 2.6844 \text{cm},$$

$$\tau(K_L^0) = (5.116 \pm 0.021) \times 10^{-8} \text{ s}, \quad c\tau = 15.34 \text{m}. \tag{10.18}$$

K_L 的寿命是 K_S 寿命的大约 572 倍!

在实验上最感兴趣的是 $(K^0, \bar{K}^0)$ 到 $(\pi^+\pi^-, \pi^0\pi^0)$ 的衰变。除了混合部分,中性 K 介子系统的 CP 破坏还可以出现在衰变振幅中:

$$A(K^0 \to \pi\pi(I)) = A_I \exp^{i\delta_I}, \quad A(\bar{K}^0 \to \pi\pi(I)) = A_I^* \exp^{i\delta_I}, \tag{10.19}$$

其中 I 是 $\pi\pi$ 末态的同位旋量子数,δ_I 是末态相移。根据角动量守恒和同位旋分析可知,只有 $I=(0,2)$ 的末态有贡献,并且 $I=0$ 的 2π 态提供主要的贡献。当 CP 守恒时,A_I 是实数。在标准模型框架下,图 10.2 所示的箱图给出的短距离"微扰贡献"大约占 ΔM_K 的 70%。根据 GIM 机制的限制,如果三种上夸克的质量相同,三种内线上夸克 u, t 和 c 给出的贡献之和将正比于 $V_{ud}V_{us}^* + V_{cd}V_{cs}^* + V_{td}V_{ts}^* = 0$ (CKM 幺正条件),所以夸克质量的差别越大,就会导致越大的混合参数。顶夸克应该贡献最大,但是由于 $|V_{cd}V_{cs}^*|^2 \sim |V_{ud}V_{us}^*|^2 \gg |V_{td}V_{ts}^*|^2$,所以内费米线为粲夸克的贡献也会很大。另外 30% 的贡献来自于"非微扰"的长距离贡献,并且难以准确计算。

对 $\Delta\Gamma_K$,对其最主要的贡献来自于"非微扰"的长程效应。实验测量数据为

$$\Delta\Gamma_K = \Gamma(K_L) - \Gamma(K_S) = -7.4 \times 10^{-15} \text{GeV} \tag{10.20}$$

近似的有 $\Delta\Gamma_K \approx -2\Delta M_K$。

我们需要 4 个参数 (两个振幅,两个相角) 来描写 $K_L \to \pi\pi$ 过程的 CP 破坏, 1 个参数来描写 K_L 的半轻子衰变过程的 CP 破坏[151]:

$$\eta_{+-} = \frac{A(K_L \to \pi^+\pi^-)}{A(K_S \to \pi^+\pi^-)} = |\eta_{+-}|e^{i\phi_{+-}},$$

$$\eta_{00} = \frac{A(K_L \to \pi^0\pi^0)}{A(K_S \to \pi^0\pi^0)} = |\eta_{00}|e^{i\phi_{00}}, \tag{10.21}$$

$$\delta_L = \frac{\Gamma(K_L \to \pi^-l^+\nu) - \Gamma(K_L \to \pi^+l^-\bar{\nu})}{\Gamma(K_L \to \pi^-l^+\nu) + \Gamma(K_L \to \pi^+l^-\bar{\nu})}, \tag{10.22}$$

忽略非常小的参数平方项:$|\bar{\epsilon}|^2$, $|\epsilon|^2$ 和 $|\epsilon'|^2$ 项,可以把 CP 破坏物理可观测量 $(\eta_{+-}, \eta_{00}, \delta_L)$ 表示为参数 ϵ 和 ϵ' 的函数[1, 151]:

§10.1 K 介子系统: 发现 CP 破坏 50 年

$$\begin{aligned}
\eta_{+-} &= \epsilon + \frac{\epsilon'}{1+\omega/\sqrt{2}} \approx \epsilon + \epsilon', \\
\eta_{00} &= \epsilon - \frac{2\epsilon'}{1-\sqrt{\omega}} \approx \epsilon - 2\epsilon', \\
\epsilon &= \bar{\epsilon} + i\frac{\text{Im}(A_0)}{\text{Re}(A_0)}, \\
\epsilon' &= \frac{i}{\sqrt{2}}\delta^{i(\delta_2-\delta_0)}\frac{\text{Re}(A_2)}{\text{Re}(A_0)}\left[\frac{\text{Im}A_2}{\text{Re}A_2} - \frac{\text{Im}A_0}{\text{Re}A_0}\right], \\
\delta_L &= \frac{2\text{Re}\epsilon}{1+|\epsilon|^2} \approx 2\text{Re}\epsilon.
\end{aligned} \quad (10.23)$$

其中 $\omega = \text{Re}A_2/\text{Re}A_0 \approx 0.045$。

由于 2π 末态的 CP 为偶, 3π 末态的 CP 为奇, 所以 K_S 主要衰变到 2π 末态 ($>99\%$), K_L 主要衰变到 3π 末态 ($>99\%$):

$$K_S \to 2\pi \ (via \ K_1), \qquad K_L \to 3\pi \ (via \ K_2). \quad (10.24)$$

这种差异导致 K_L 和 K_S 的寿命相差 572 倍。

由于 K_L 和 K_S 不是 CP 本征态, 所以 $K_S(K_L)$ 还可以衰变到 $3\pi(2\pi)$ 末态, 当然这种 CP 破坏过程的分支比很小:

$$K_L \to 2\pi \ (via \ K_1), \qquad K_S \to 3\pi \ (via \ K_2). \quad (10.25)$$

这种 CP 破坏来源于 $K^0 - \bar{K}^0$ 的混合, 称之为由混合引起的间接 (indirect)CP 破坏, 式 (10.21) 中的 ϵ 描写间接 CP 破坏, ϵ' 描写直接 CP 破坏 $(A \neq \bar{A})$[1, 151],

$$\epsilon = \frac{A(K_L \to (\pi\pi)_{I=0})}{A(K_S \to (\pi\pi)_{I=0})}, \quad (10.26)$$

$$\epsilon' = \frac{1}{\sqrt{2}}\text{Im}\left(\frac{A_2}{A_0}\right)e^{i\Phi}, \qquad \Phi = \pi/2 + \delta_2 - \delta_0. \quad (10.27)$$

图 10.3 是 $K_L \to \pi\pi$ 衰变过程中的直接和间接 CP 破坏示意图。

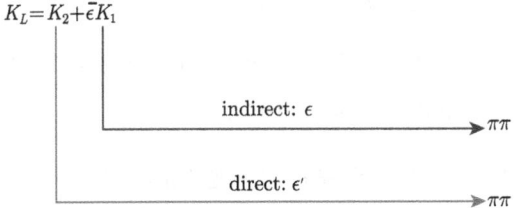

图 10.3　$K_L \to \pi\pi$ 衰变过程中的直接和间接 CP 破坏示意图

K 介子到 2π 的衰变振幅可以写为

$$A(K^+ \to \pi^+\pi^0) = \sqrt{\frac{3}{2}} A_2 e^{i\delta_2}, \tag{10.28}$$

$$A(K^0 \to \pi^+\pi^-) = \sqrt{\frac{2}{3}} A_0 e^{i\delta_0} + \sqrt{\frac{1}{3}} A_2 e^{i\delta_2}, \tag{10.29}$$

$$A(K^0 \to \pi^0\pi^0) = \sqrt{\frac{2}{3}} A_0 e^{i\delta_0} - 2\sqrt{\frac{1}{3}} A_2 e^{i\delta_2}, \tag{10.30}$$

其中 A_0 和 A_2 表示同位旋量子数为 $I=0,2$ 的 2π 末态，它们分别对应 $\Delta I = 1/2$ 和 $\Delta I = 3/2$ 的跃迁。弱位相包含在 A_0 和 A_2 之中。参数 $\delta_{0,2}$ 是对应的强位相，在 CP 变换下是不变的。$\delta_{0,2}$ 现在还不能直接计算，但可以从 $\pi\pi$ 散射实验中抽出来。在保持 CPT 不变性和幺正性的条件下，使用手征微扰论对 $\pi\pi$ 散射作分析，可以得到 CP 破坏参数 ϵ 和 ϵ' 的相位的数值[1]：

$$\Phi_\epsilon \approx \tan^{-1} \frac{2(m_{K_L}) - m_{K_S}}{\Gamma_{K_S} - \Gamma_{K_L}} \approx 43.25° \pm 0.05°, \tag{10.31}$$

$$\Phi_{\epsilon'} \approx \frac{\pi}{2} + \delta_2 - \delta_0 \approx 42.3° \pm 1.5°. \tag{10.32}$$

虽然 A_I 的具体表达式和相位选取约定有关[14, 16, 24]，但 ϵ' 依赖于强相位差 $\delta_2 - \delta_0$，是一个物理可观测量。

当不考虑 CP 破坏时，有 $\eta_{00} = \eta_{+-}$。当考虑 CP 破坏的影响时，由于 $\cos(\phi_\epsilon - \phi_{\epsilon'}) \approx 1$，我们只需要测量 ϵ 和比值 ϵ'/ϵ。

$$\left|\frac{\eta_{00}}{\eta_{+-}}\right|^2 \simeq 1 - 6\,\mathrm{Re}\left(\frac{\epsilon'}{\epsilon}\right) \simeq 1 - 6\frac{\epsilon'}{\epsilon},$$

$$\mathrm{Re}\left(\frac{\epsilon'}{\epsilon}\right) \simeq \frac{1}{3}\left[1 - \left|\frac{\eta_{00}}{\eta_{+-}}\right|^2\right]. \tag{10.33}$$

根据相关实验测量数据所做的拟合得到的世界平均值为[1]

$$|\epsilon_k| = (2.228 \pm 0.011) \times 10^{-3}, \quad \Phi_\epsilon = 43.5° \pm 0.5°, \tag{10.34}$$

$$\mathrm{Re}\left(\frac{\epsilon'}{\epsilon}\right) \approx \frac{\epsilon'}{\epsilon} = (1.66 \pm 0.23) \times 10^{-3}, \tag{10.35}$$

$$\Phi_{+-} = 43.4° \pm 0.5°, \quad \Phi_{00} - \Phi_{+-} = 0.34° \pm 0.32°, \tag{10.36}$$

$$\delta_L = (3.32 \pm 0.06) \times 10^{-3}. \tag{10.37}$$

1964 年发现的中性 K 介子系统的 CP 破坏是间接 CP 破坏。标准模型预言了中性 K 介子系统的直接 CP 破坏，但由于强相互作用引起的误差大，无法给出可信的理论预言[152]。在实验方面，由于测量 ϵ'/ϵ 需要对 $K_L \to \pi^0\pi^0 \to 4\gamma$ 做测量，实验难度很高。一直到 1988 年，NA31 合作组才第一次给出 K 介子系统存在直接

CP 破坏的证据: $\epsilon'/\epsilon = (3.3 \pm 1.1) \times 10^{-3}$。1999 年,KTeV 合作组宣布置信度超过 5σ 的实验测量结果: $\epsilon'/\epsilon = (28.0 \pm 3.0(\text{syst}) \pm 2.8(\text{stat})) \times 10^{-4}$。目前 PDG 给出的世界平均值如式 (10.35) 所示,置信度已经超过 7σ。我们现在可以确信: CP 破坏是标准模型中弱相互作用的基本性质,CP 破坏的 "超弱" (super-weak) 模型被排除。

对 K 介子系统,K 介子的半轻子三体稀有衰变过程 $K \to \pi\nu\bar{\nu}$,纯轻子稀有衰变过程 $K_{L,S} \to \mu^+\mu^-$,$K^{\pm} \to l^{\pm}\nu_l$ 以及轻子数改变 (lepton number violation) 的 $K^+ \to \pi^+\mu^+e^-$ 等过程,在理论上都比较干净,对新粒子的圈图贡献又敏感,是标准模型精确检验和新物理探索的重要研究领域。

(1) 这些过程是非常稀有的圈图过程,其分支比的标准模型理论预言值在 10^{-10} 甚至更小的量级。例如

$$\begin{aligned} Br(K_L \to \pi^0\nu\bar{\nu})^{\text{SM}} &= (0.26 \pm 0.04) \times 10^{-10}, \\ Br(K^+ \to \pi^+\nu\bar{\nu})^{\text{SM}} &= (0.85 \pm 0.07) \times 10^{-10}. \end{aligned} \tag{10.38}$$

(2) $K \to \pi\nu\bar{\nu}$ 半轻子衰变道是理论上非常干净的衰变道。对 $K_L \to \pi^0\nu\bar{\nu}$,非微扰长距离贡献小于 1%,理论误差约为 2%。对 $K^+ \to \pi^+\nu\bar{\nu}$,非微扰长距离贡献约为 10%,理论误差约为 4%。新物理模型的非标准模型粒子可以通过圈图对此类过程给出较大的贡献,这些过程是探索新物理信号的非常敏感的渠道。

(3) 如图 10.4 所示,对 $K^+ \to \pi^+\nu\bar{\nu}$ 的实验测量已经做了 45 年 (1969 年至今),各种相关实验不断取得进展,实验上限不断降低,但目前的实验测量数据

$$Br(K^+ \to \pi^+\nu\bar{\nu}) = (1.7 \pm 1.1) \times 10^{-10} \tag{10.39}$$

只能解释为我们仍然没有测量到这个衰变道,关键是这样的极稀有衰变过程的事例采集太慢了。以 CERN 的 NA62 实验组为例,每 2 年才能采集大约 100 个 $K^+ \to \pi^+$ 跃迁,并且伴随能量丢失的事例,信噪比 $S/B \sim 5$。

(4) 对纯轻子稀有衰变过程 $K_S \to \mu^+\mu^-$,LHCb 实验可以有所作为。对 LHCb 实验组,每 1fb^{-1} 的数据量意味着 $\sim 10^{13}$ 个 K_S 产生事例,其中的 40% 将在 LHCb 的 "顶角探测区域" (VELO) 衰变。实际上 LHCb 实验也是一个 K 介子工厂。目前的标准模型理论预言值和 LHCb 实验上限分别为

$$\begin{aligned} Br(K_S \to \mu^+\mu^-)^{\text{SM}} &= (5.9 \pm 1.5) \times 10^{-12}, \\ Br(K_S \to \mu^+\mu^-)^{\exp} &< 9 \times 10^{-9} (90\%\text{C.L.}). \end{aligned} \tag{10.40}$$

另外对于 K_L 的味道改变中性流过程,理论实验符合得很好,目前没有新物理信号的迹象。

$$Br(K_L \to \mu^+\mu^-)^{SM} = (6.81 \pm 0.32) \times 10^{-9},$$
$$Br(K_L \to \mu^+\mu^-)^{exp} = (6.84 \pm 0.11) \times 10^{-9}. \tag{10.41}$$

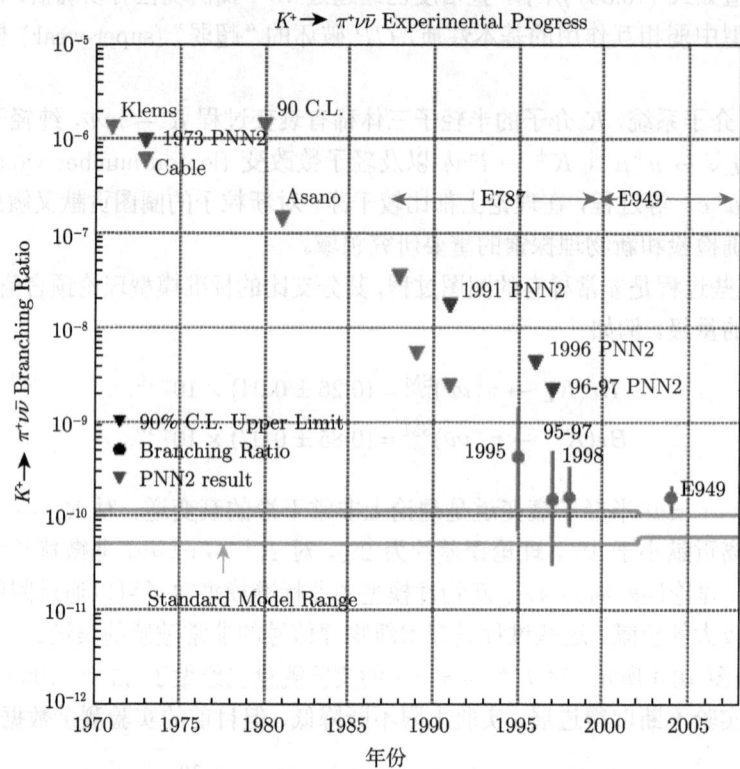

图 10.4 1969 年以来各个实验组对 $K^+ \to \pi^+ \nu \bar{\nu}$ 衰变分支比的实验测量结果

(5) 在最小标准模型中，轻子数按照不同代分别守恒。许多实验对轻子味道改变 (LFV) 轻子数改变 (LNV) 的 K 介子半轻子衰变过程做了研究。到目前为止，没有发现此类过程，并对相关过程的分支比给出了许多限制，见表 10.1。

表 10.1 目前各个实验对部分轻子味道改变 (LFV) 轻子数改变 (LNV) 的 K 介子衰变过程分支比给出的实验限制

Mode	Phys.Interest	UL(90% C.L.)	Experiment
$K^+ \to \pi^+ \mu^+ e^-$	LFV	$< 1.3 \times 10^{-11}$	BNL E777/E865
$K^+ \to \pi^+ \mu^- e^+$	LFV	$< 5.2 \times 10^{-10}$	BNL E865
$K^+ \to \pi^- \mu^+ e^+$	LFNV: $\Delta L_\mu = \Delta L_e = -1$	$< 5.0 \times 10^{-10}$	BNL E865
$K^+ \to \pi^- e^+ e^+$	LNV: $|\Delta L_e| = 2$	$< 6.4 \times 10^{-10}$	BNL E865
$K^+ \to \pi^- \mu^+ \mu^+$	LNV: $|\Delta L_\mu| = 2$	$< 1.1 \times 10^{-9}$	NA48/2
$K^+ \to \mu^+ \nu_\mu e^+ e^+$	LNV: $|\Delta L_e| = 2$ or LFV	$< 2.8 \times 10^{-8}$	Geneva-Saclay
$K^+ \to e^- \nu_e \mu^+ \mu^+$	LNV: $|\Delta L_\mu| = 2$ or LFV	No data	

§10.2 B 介子系统的混合与 CP 破坏

1999 年,美国 SLAC 和日本 KEK 的两个 B 介子工厂实验投入运行, B 介子物理研究进入黄金时代。2003 年 BaBar 和 Belle 确认发现了 B 介子系统的直接 CP 破坏,直接促成提出 3×3 的 CKM 夸克混合矩阵的两位日本物理学家 M. Kobayashi 和 T. Maskawa 获得 2008 年度诺贝尔物理学奖。在整个运行时间段,BaBar 实验组 (1999~2008 年) 在 $\Upsilon(4s)$ 采集了 471×10^6 $B\bar{B}$ 对产生和衰变事例。Belle 实验组 (1999~2010 年) 在 $\Upsilon(4s)$ 采集了 772×10^6 $B\bar{B}$ 对产生和衰变事例,在 $\Upsilon(5s)$ 采集了 7.1×10^6 $B_s\bar{B}_s$ 对产生和衰变事例。

§10.2.1 $B_{(s)}$ 介子混合: ΔM_q 和 $\Delta \Gamma_q$

对 $B_q^0(q=(d,s))$ 介子,其味道本征态、CP 本征态和质量本征态并不相同。其味道本征态可以简单地写为

$$B_d^0 = (\bar{b}d), \quad \bar{B}_d^0 = (b\bar{d}), \quad B_s^0 = (\bar{b}s), \quad \bar{B}_s^0 = (b\bar{s}) . \tag{10.42}$$

它们通过如图 10.5 所示的箱图混合。在下面的讨论中,当不明确写出下标时,通常是指包含 B_d^0 和 B_s^0 两种情况。

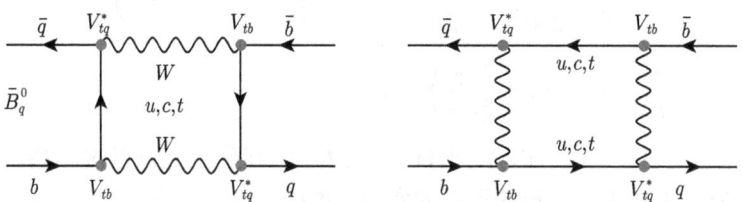

图 10.5 $B_q^0 - \bar{B}_q^0$ 混合的箱图 $(q=(d,s))$

在时刻 t,一个任意的态 $\psi(t)$ 将是 B^0 和 $\bar{B}^0$ 的线性组合,

$$\psi(t) = a(t)|B^0\rangle + b(t)|\bar{B}^0\rangle , \tag{10.43}$$

并满足含时薛定谔方程:

$$i\frac{d}{dt}\begin{pmatrix} a \\ b \end{pmatrix} = \widehat{H} \begin{pmatrix} a \\ b \end{pmatrix} \equiv (\widehat{M} - \frac{i}{2}\widehat{\Gamma}) \begin{pmatrix} a \\ b \end{pmatrix} , \tag{10.44}$$

其中 $\widehat{M}$ 和 $\widehat{\Gamma}$ 是 2×2 的厄米矩阵。CPT 不变性要求 $M_{11}=M_{22}=m$, $\Gamma_{11}=\Gamma_{22}=\Gamma$。那么,系统的哈密顿量为

$$H = \begin{pmatrix} m - \frac{i}{2}\Gamma & M_{12} - \frac{i}{2}\Gamma_{12} \\ M_{12}^* + \frac{i}{2}\Gamma_{12}^* & m - \frac{i}{2}\Gamma \end{pmatrix} . \tag{10.45}$$

非对角的 M_{12} 和 Γ_{12} 描述 B^0 和 $\bar{B}^0$ 之间的混合。将 H 对角化，得到 B 介子的两个质量本征态为①

$$B_{\rm H} = pB^0 + q\bar{B}^0, \qquad B_{\rm L} = pB^0 - q\bar{B}^0, \tag{10.46}$$

其中混合参数 p, q 可以写为

$$p = \frac{1+\bar{\varepsilon}_B}{\sqrt{2(1+|\bar{\varepsilon}_B|^2)}}, \qquad q = \frac{1-\bar{\varepsilon}_B}{\sqrt{2(1+|\bar{\varepsilon}_B|^2)}}, \tag{10.47}$$

其中 $\bar{\varepsilon}_B$ 与 $K^0 - \bar{K}^0$ 混合中的参数 $\bar{\varepsilon}$ 相对应。这里，"H" 和 "L" 分别表示 "重" 和 "轻"。$B^0_{d,s} - \bar{B}^0_{d,s}$ 混合的强度用质量差来描写：$\Delta M_q = M^q_{\rm H} - M^q_{\rm L}$。对 B 介子系统，长距离贡献很小，可微扰计算的箱图贡献起主要作用。另外，对 B 介子混合，内线夸克为 top 的箱图贡献起最主要的作用，其他内线组合情况的箱图贡献很小，可以忽略。对 B 介子混合情况，有

$$\Delta M_q = 2|M_{12}^{(q)}|\left(1 - \frac{1}{8}\frac{|\Gamma_{12}|^2}{|M_{12}|^2}\sin^2\phi_{12} + \cdots\right), \tag{10.48}$$

$$\Delta\Gamma = 2|\Gamma_{12}|\cos\phi_{12}\left(1 + \frac{1}{8}\frac{|\Gamma_{12}|^2}{|M_{12}|^2}\sin^2\phi_{12} + \cdots\right), \tag{10.49}$$

$$\frac{q}{p} = \frac{2M_{12}^* - i\Gamma_{12}^*}{\Delta M - i\frac{1}{2}\Delta\Gamma} = \frac{M_{12}^*}{|M_{12}|}\left[1 - \frac{1}{2}{\rm Im}\left(\frac{\Gamma_{12}}{M_{12}}\right)\right],$$

$$\left|\frac{q}{p}\right| - 1 = \frac{1}{2}{\rm Im}\left(\frac{\Gamma_{12}}{M_{12}}\right) \sim 10^{-3}. \tag{10.50}$$

其中相位 $\phi_{12} = \arg(-M_{12}/\Gamma_{12})$，小量 Γ_{12}/M_{12} 的高阶小项可以被忽略。非对角质量矩阵元 M^q_{12} 来自于 top 箱图贡献的实部，非对角衰变矩阵元 Γ^q_{12} 来自于 (u,c) 箱图贡献的虚部。我们可以使用三个物理量来描写 $B^0_q - \bar{B}^0_q$ 的混合：

$$|M^q_{12}|, \quad |\Gamma^q_{12}|, \quad \phi_{12} = \arg\left(-\frac{M^q_{12}}{\Gamma^q_{12}}\right). \tag{10.51}$$

对于 B 介子混合，由于 ${\rm Im}(\Gamma_{12}/M_{12}) < \mathcal{O}(10^{-3})$ 很小，因此在非常好的近似下可以认为比值 q/p 是一个纯位相。对箱图进行计算，得到

$$(M^*_{12})_d \propto (V_{td}V^*_{tb})^2, \qquad (M^*_{12})_s \propto (V_{ts}V^*_{tb})^2. \tag{10.52}$$

对 CKM 矩阵元，取 $V_{td} = |V_{td}|e^{-i\beta}$，$V_{ts} = -|V_{ts}|e^{-i\beta_s}$[其中 $\beta_s = \mathcal{O}(10^{-2})$]。那么在非常好的近似下有

$$\left(\frac{q}{p}\right)_{B^0} = e^{-i2\beta}, \qquad \left(\frac{q}{p}\right)_{B^0_s} = e^{-i2\beta_s}, \tag{10.53}$$

---

①我们使用 Buras 等关于 q 的符号约定[152]。

其中相角 β 和 β_s 即为 CKM 矩阵元的弱位相。目前的实验测量值已经在式 (6.96)∼(6.99) 中给出。

在标准模型框架下，ΔM_q 可以写为

$$\Delta M_q = \frac{G_F^2}{6\pi^2} m_{B_q}(\hat{B}_{B_q} F_{B_q}^2) m_W^2 S_0(x_t) |V_{tq}^* V_{tb}|^2 \hat{\eta}_B, \tag{10.54}$$

其中 Inami-Lim 函数 $S_0(x_t)$ 来自于单圈箱图解析计算，参数 $\hat{\eta}_B$ 吸收了两圈 QCD 修正，$\hat{B}_q$ 是重正化群不变的参数，F_{B_q} 是 B_q 介子的衰变常数，它们与强子矩阵元计算相关：$\frac{8}{3}\hat{B}_{B_q} F_{B_q}^2 m_{B_q} = \langle \bar{B}_q|(\bar{b}q)_{V-A}(\bar{b}q)_{V-A}|B_q\rangle$。$\hat{B}_q$ 和 F_{B_q} 的不确定性是主要的理论误差来源。

对于 B^0 系统，两个本征态的宽度几乎相等。理论预言为 $y = \Delta\Gamma/(2\Gamma) \leqslant 10^{-2}$。实验上尚未观测到 B 介子寿命差的效应，所以人们通常取近似 $y = \Delta\Gamma/(2\Gamma) = 0$。$B$ 介子衰变的另一个重要参数是：$x \equiv \Delta M/\Gamma$。对 B^0 系统，人们起初估计 x_d 很小。但当 1987 年 ARGUS 实验组发现大的 x_d 时，人们推断 top 夸克应当很重：$\geqslant 80\text{GeV}$。这是 top 夸克具有重质量的第一个实验信号。对 B_s 系统，最新的实验测量值是[1]：$\Delta m_{B_s} = (17.761 \pm 0.022)\text{ps}^{-1}$。

对 ΔM_q，标准模型的理论预言值为

$$\Delta M_d^{\text{SM}} = (0.543 \pm 0.091) \text{ ps}^{-1}, \qquad \Delta M_s^{\text{SM}} = (17.30 \pm 2.6) \text{ ps}^{-1} \tag{10.55}$$

这些标准模型理论预言值与目前已知的实验测量结果（见式 (6.101)）[1, 52] 符合得很好。当然，现在的理论结果的误差比较大，远远大于数据的误差。因此，目前的数据还有新物理存在的空间。从圈图计算的角度来看，由于重粒子内线箱图对质量差 ΔM_{12} 的贡献起主要作用，而现有实验数据对重的新物理粒子的限制较弱，重的新物理粒子存在的可能性比较大，可以引起较强的新物理修正。对 Γ_{12}，则是轻粒子内线箱图（例如 u, c 内线箱图）的贡献起主要作用。

在标准模型框架下，人们使用重夸克展开 (HQE) 方法计算 Γ_{12}，其一般形式可以写为

$$\Gamma_{12} = \left(\frac{\Lambda}{m_b}\right)^3 \left(\Gamma_3^{(0)} + \frac{\alpha_s}{4\pi}\Gamma_3^{(1)} + \cdots\right) + \left(\frac{\Lambda}{m_b}\right)^4 \left(\Gamma_4^{(0)} + \cdots\right) + \cdots \tag{10.56}$$

我们知道，$\Delta\Gamma_d$ 很小，可以忽略。对 $\Delta\Gamma_s$，目前的标准模型理论值和实验测量结果符合得很好：

$$\Delta\Gamma_s^{\text{SM}} = (0.087 \pm 0.021) \text{ ps}^{-1}, \qquad \Delta\Gamma_s^{\text{exp}} = (0.091 \pm 0.008) \text{ ps}^{-1}. \tag{10.57}$$

对比值的计算结果为

$$\left(\frac{\Delta\Gamma_s}{\Delta M_s}\right)^{\text{exp}} \bigg/ \left(\frac{\Delta\Gamma_s}{\Delta M_s}\right)^{\text{SM}} = 1.02 \pm 0.009 \pm 0.19. \tag{10.58}$$

在比值中,大部分的非微扰量引起的误差被抵消,剩余误差主要来自于 QCD 修正计算和格点计算。

尽管 $\Delta\Gamma_d$ 很小,对比值 $\Delta\Gamma_d/\Gamma_d$,标准模型理论值和实验测量值[52]仍然符合得很好:

$$\left|\frac{\Delta\Gamma_d}{\Gamma_d}\right|^{\text{SM}} = (4.2 \pm 0.8) \times 10^{-3}, \quad \left|\frac{\Delta\Gamma_d}{\Gamma_d}\right|^{\text{exp}} = (1 \pm 10) \times 10^{-3}. \tag{10.59}$$

2013 年,LHCb 实验组根据对 34 000 个 $B_s^0 \to D_s^-\pi^+$ 事例对时间分布的分析,给出了迄今为止对 ΔM_s 的最精确的单个实验测量值[153]:

$$\Delta M_s|^{\text{LHCb}} = (17.768 \pm 0.023(\text{stat}) \pm 0.006(\text{syst}))\text{ps}^{-1}. \tag{10.60}$$

从图 10.6 的曲线的变化可以直观地看出 $B_s^0 - \bar{B}_s^0$ 之间由于大的混合导致的 $B_s^0 \to D_s^-\pi^+$ 衰变事例①时间分布函数的快速振荡。

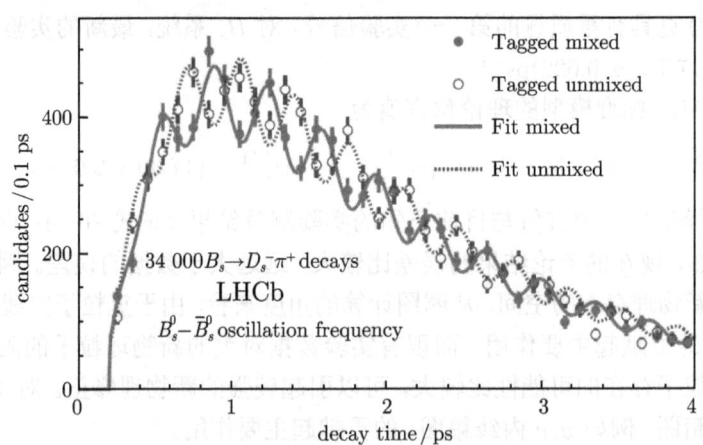

图 10.6 LHCb 实验组对采用不同方法标定的 $B_s^0 \to D_s^-\pi^+$ 衰变事例的含时分布函数的实验测量结果[153](见彩图)

§10.2.2 间接 CP 破坏 a_{SL}^q

对 B/B_s 介子系统,存在三种类型的 CP 破坏:(a) 中性 B 介子混合产生的 CP 破坏:间接 (indirect)CP 破坏;(b) B 介子衰变中的 CP 破坏:直接 (direct)CP 破坏;(c) 由混合与衰变的干涉引起的 CP 破坏:混合型 CP 破坏。

首先考虑由中性 B/B_s **介子混合产生的间接** (indirect)CP **破坏**:对 B_d^0 系统,由于其质量本征态的寿命基本相等,实验上不能分离出 B_L 和 B_H,只能通过特定

---

①LHCb 实验组对 D_s^- 的 5 种衰变模式采用了不同的标定方法:混合标定,或者不混合标定。

§10.2 B 介子系统的混合与 CP 破坏

的衰变末态来标定 B_0 和 $\bar{B}_0$ 介子。所以不能像 K 介子系统那样，通过研究质量本征态 $K_L \to 2\pi$ 衰变道来测量混合中的 CP 破坏，而只能通过对中性 B 介子的半轻或双轻子衰变过程的研究来分离第一类 CP 破坏。这时，CP 不对称性 $a_{SL}(B)$ 定义为

$$a_{SL}^q(B_q^0) = \frac{\Gamma(\bar{B}_q(t) \to f) - \Gamma(B_q(t) \to \bar{f})}{\Gamma(\bar{B}_q(t) \to f) + \Gamma(B_q(t) \to \bar{f})} = \frac{1 - |q/p|^4}{1 + |q/p|^4}$$
$$\approx 2\left(1 - \left|\frac{q}{p}\right|\right) \approx \frac{\Delta\Gamma}{\Delta M}\tan\phi_{12}, \tag{10.61}$$

其中 $B_q(t)$ 表示 t 时刻的中性 B_q 介子波函数，f 表示 "flavor-specific" 的半轻子末态[①]。参数 ϕ_{12} 描写 Γ_{12} 和 M_{12} 的相位差。虽然描写 $B^0 - \bar{B}^0$ 混合的参数 q/p 依赖于相位的约定，但其模 $|q/p|$ 却是物理可观测量，

$$\left|\frac{q}{p}\right| \neq 1 \Rightarrow \quad \text{直接 } CP \text{ 破坏.} \tag{10.62}$$

在 B 介子系统中，由于 M_{12} 尤其是 Γ_{12} 有较大的强子矩阵元不确定性，不可能由该类 CP 破坏中精确地抽出 CP 破坏相因子。另外，在标准模型下，由于 q/p 基本上是一个纯相因子，参数 $a_{SL}(B)$ 很小：

$$a_{SL}^{\rm SM}(B_s^0) = (1.9 \pm 0.3) \times 10^{-5}, \qquad \phi_s = 0.22° \pm 0.06°, \tag{10.63}$$
$$a_{SL}^{\rm SM}(B_d^0) = (-4.1 \pm 0.6) \times 10^{-4}, \qquad \phi_d = -4.3° \pm 1.4°. \tag{10.64}$$

对 a_{SL}^q 的实验测量难度显然很高。但如果存在新物理贡献，参数 a_{SL}^q 可以比较大，有可能被观测到。所以此类衰变过程仍然受到重视。

D0 实验组、B 介子工厂实验和 LHCb 合作组都对参数 a_{SL}^d 和 a_{SL}^s 做了实验测量，他们的结果如图 10.7 所示。显然，这些实验测量结果的误差都比较大，其中 D0 的结果和标准模型理论预言有 $\sim 3\sigma$ 的偏离。BaBar 实验和 LHCb 实验[154] 的测量结果和标准模型一致。

$$a_{SL}^s = \begin{cases} (-1.12 \pm 0.74 \pm 0.17) \times 10^{-2}, & \text{D0}, \\ (-0.06 \pm 0.50 \pm 0.36) \times 10^{-2}, & \text{LHCb}, \end{cases} \tag{10.65}$$

$$a_{SL}^d = \begin{cases} (0.06 \pm 0.17^{+0.38}_{-0.32}) \times 10^{-2}, & \text{BaBar}, \\ (-0.39 \pm 0.35 \pm 0.19) \times 10^{-2}, & \text{BaBar}, \\ (0.68 \pm 0.45 \pm 0.14) \times 10^{-2}, & \text{D0}, \\ (-0.02 \pm 0.19 \pm 0.30) \times 10^{-2}, & \text{LHCb}. \end{cases} \tag{10.66}$$

[①] "Flavor-specific" 的意思是指只有 $B_q \to f$ 的衰变是允许的，而 $\bar{B}_q \to f$ 衰变只能通过混合进行：$\bar{B}_q \to B_q \to f$。

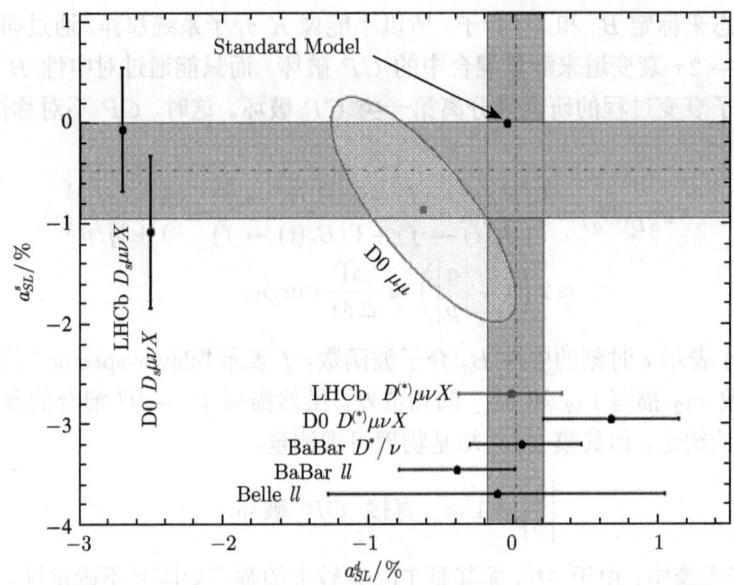

图 10.7　D0 实验组、B 介子工厂实验和 LHCb 实验组对参数 a_{SL}^d(横坐标) 和 a_{SL}^s(纵坐标) 的实验测量结果

我们以 LHCb 实验组对 a_{SL}^s 的测量为例，简要说明其实验测量方法。LHCb 探测器是一个"单臂前向探测器"。$b\bar{b}$ 对的产生率是 25 kHz，$c\bar{c}$ 的产生率是 $\sim$ 500 kHz。对带电强子和 $\mu^{\pm}$ 有很好的探测能力。根据设计，LHCb 主要研究 B 介子和粲介子系统的各种类型的 CP 破坏和稀有衰变。如图 10.8 所示，LHCb 实验组通过对半轻子衰变过程 $B_s^0 \to D_s \mu \nu$ 的研究抽出 CP 破坏参数 a_{SL}^s，使用了 2009~2011 年采集的 1fb^{-1} 的数据。如图 10.8 所示，LHCb 实验组实际上测量的是 $D_s^- \mu^+$ 和其 CP 共轭态 $D_s^+ \mu^-$ 的产生不对称性 A_{meas}，进而导出 a_{SL}^s。

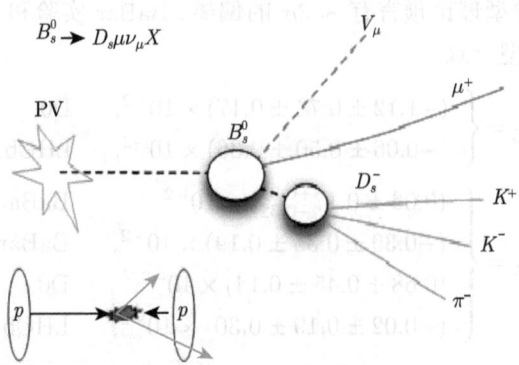

图 10.8　LHCb 实验组通过对 B_s^0 介子的半轻子衰变过程 $B_s^0 \to D_s \mu \nu X$ 的研究抽出 CP 破坏参数 a_{SL}^s。左下角的小图是 LHCb 上 pp 对撞前向产生过程示意图

§10.2 B 介子系统的混合与 CP 破坏

首先定义已经对时间积分的半轻子衰变不对称性物理观测量 A_{meas}[154]：

$$A_{\text{meas}} = \frac{\Gamma(D_s^-\mu^+) - \Gamma(D_s^+\mu^-)}{\Gamma(D_s^-\mu^+) + \Gamma(D_s^+\mu^-)}$$

$$= \frac{a_{SL}^s}{2} + \left(a_P - \frac{a_{SL}^s}{2}\right) \frac{\int_0^\infty e^{-\Gamma_s t}\cos(\Delta M_s t)\epsilon(t)\,dt}{\int_0^\infty e^{-\Gamma_s t}\cosh(\Delta\Gamma_s t/2)\epsilon(t)\,dt}, \quad (10.67)$$

其中 ΔM_s 和 $\Delta\Gamma_s$ 是 $B_s^0 - \bar{B}_s^0$ 系统混合参数，$\epsilon(t)$ 是 B_s^0 介子的 "decay time acceptance function"。函数 a_p 表示探测器的 "acceptance-asymmetry"（以及 B_s^0 和 $\bar{B}_s^0$ 的产生不对称性），其定义为

$$a_p = \frac{N(B_s^0) - N(\bar{B}_s^0)}{N(B_s^0) + N(\bar{B}_s^0)}. \quad (10.68)$$

一般来说，对不同的强子 a_p 函数不同。

由于 δM_s 很大，B_s^0 介子系统快速振荡，式 (10.67) 中的积分比值很小：$\sim 0.2\%$。同时，由于对 B_s^0 介子系统 $a_p \sim 1\%$[154]，所以式 (10.67) 中的第二项的值在 10^{-4} 量级。它比预期的实验测量误差 10^{-3} 低一个量级，可以忽略。因此只有 $a_{SL}^s = 2A_{\text{meas}}$。在考虑了对 A_{meas} 测量的其他因素的影响以后，最后得到 a_{SL}^s。具体的数据分析过程可见论文[154]，最后的结果是

$$a_{SL}^s = (-0.06 \pm 0.50(\text{stat}) \pm 0.36(\text{syst})) \times 10^{-2}. \quad (10.69)$$

该结果与标准模型理论预言值符合。LHCb 实验组半轻子分析组对 RUN-1 得到的全部 3fb^{-1} 的数据分析正在进行。

在表 10.2 中，我们列出对 $F^0 = (K^0, D^0, B^0, B_s^0)$ 系统的物理量 m, ΔM, $\Delta\Gamma$, $x = \Delta M/\Gamma$, $y = \Delta\Gamma/2\Gamma$ 和间接 CP 破坏 a_{SL} 的实验测量结果。对 $D^0 - \bar{D}^0$ 系统

表 10.2 对 F^0-$\bar{F}^0$ 系统的物理量 m, ΔM, $\Delta\Gamma$, $x=\Delta M/\Gamma$, $y = \Delta\Gamma/2\Gamma$ 和 a_{SL} 的实验测量结果[1]

	ΔM ($x = \Delta M/\Gamma$)	$\Delta\Gamma$ ($y = \Delta\Gamma/2\Gamma$)	mass ($a_{SL} \approx 1 - |q/p|^2$)
K^0	$(3.484 \pm 0.006) \times 10^{-15}\text{GeV}$	$-7.4 \times 10^{-15}\text{GeV}$	497.614 MeV
	~ 500	~ 1	$(3.32 \pm 0.06) \times 10^{-3}$
D^0	small	small	1864.84 MeV
	$(0.41 \pm 0.15)\%$	$(0.63 \pm 0.08)\%$	$0.52^{+0.19}_{-0.24}$
B^0	$(0.502 \pm 0.007)\text{ps}^{-1}$	~ 0	5279.58 MeV
	0.774 ± 0.006	$(0.05 \pm 0.5)\%$	$(-0.02 \pm 0.19 \pm 0.32)\%$
B_s^0	$(17.761 \pm 0.022)\text{ps}^{-1}$	$(0.091 \pm 0.008)\text{ps}^{-1}$	5366.77 MeV
	26.85 ± 0.13	$(0.069 \pm 0.006)\%$	$(-0.06 \pm 0.50 \pm 0.36)\%$

的混合,这里没有做讨论,只给出已知实验测量结果。由表中结果可以看出四个中性介子的混合性质有较大差别。除了 K^0 介子系统,对其他 3 个中性介子系统的间接 CP 破坏的实验测量误差仍然很大,需要做进一步的精确测量。对所有这些物理量,目前的实验测量结果与标准模型理论预言值均符合得很好,没有发现明显的偏离。

§10.2.3 第二、三类 CP 破坏: A_{CP}^{decay} 和 A_{CP}^{mix}

由于 K 介子系统的直接 CP 破坏很小:$\epsilon' \sim 10^{-6}$,一直到 1999 年才被实验证实。K 介子由于比较轻,只有几个主要的衰变道。但 B 介子比较重,有很多衰变道。由此所带来的好处是有许多道可供选择,不利因素是大多数道特别是物理上感兴趣的道衰变分支比很小。为了研究 B 介子系统的 CP 破坏,高能物理学界通过广泛的国际合作先后建造了高亮度的 B 介子工厂 (PEP-II,KEKB,不对称的正负电子对撞机)。在 LHC 实验中,同样可以对各种含 b 强子的产生和衰变过程做高精度测量和研究。

由于带电 B 介子的衰变没有混合,可以通过对带电 B 介子衰变过程的研究来很好地分离第二类 CP 破坏:直接 CP 破坏 A_{CP}^{decay}。当然,第二类 CP 破坏也可以通过对中性 B 介子衰变过程来测量。相关的 A_{CP}^{decay} 的定义为

$$A_{CP}^{\text{decay}} = \frac{\Gamma(B \to f) - \Gamma(\bar{B} \to \bar{f})}{\Gamma(B \to f) + \Gamma(\bar{B} \to \bar{f})} = \frac{1 - |\bar{A}/A|^2}{1 + |\bar{A}/A|^2} \tag{10.70}$$

其中

$$A = \langle f|\mathcal{H}^{\text{weak}}|B\rangle, \qquad \bar{A} = \langle \bar{f}|\mathcal{H}^{\text{weak}}|\bar{B}\rangle. \tag{10.71}$$

即

$$\left|\frac{\bar{A}}{A}\right| \neq 1 \Rightarrow \text{直接 } CP \text{ 破坏}. \tag{10.72}$$

假设一个衰变过程只包含两个费恩曼图的贡献 A_1 和 A_2,那么可以把衰变振幅 A 和其 CP 共轭 $\bar{A}$ 写为

$$A = \sum_{i=1,2} A_i e^{i(\delta_i + \phi_i)}, \qquad \bar{A} = \sum_{i=1,2} A_i e^{i(\delta_i - \phi_i)}, \tag{10.73}$$

其中 A_i 表示分振幅的大小是实的,那么我们有

$$A_{CP}^{\text{decay}} = \frac{-2A_1 A_2 \sin(\delta_1 - \delta_2)\sin(\phi_1 - \phi_2)}{A_1^2 + A_2^2 + 2A_1 A_2 \cos(\delta_1 - \delta_2)\cos(\phi_1 - \phi_2)}. \tag{10.74}$$

由于强相互作用中 CP 是守恒的,弱相互作用中 CP 是破坏的,所以对 A 和 $\bar{A}$,强位相 δ_i 不改变符号,但弱位相 ϕ_i 改变符号。要得到非零的 A_{CP}^{decay},至少应存在两

§10.2 B 介子系统的混合与 CP 破坏

种具有不同弱位相 (ϕ_i) 和强位相 (δ_i) 的贡献,二者缺一不可。比如说有两个树图、两个企鹅图,或一个树图与一个企鹅图。对于 b 介子的纯轻子衰变和半轻子衰变,衰变振幅主要由一个图决定,直接 CP 破坏一般很小,很难观测到。像 $B \to K\pi$ 等二体强子衰变道,它通常包含树图和企鹅图的贡献,有两个不同的弱位相,通过夸克或强子的再散射、末态相互作用或湮没图可产生强位相差。由于量子场论只能利用微扰论来处理计算物理观测量,对于包含非微扰贡献的强子矩阵元 $\langle f|O_i|B\rangle$ 计算必须采用因子化方法,以分离出可以计算的微扰部分,达到理论预言一些过程的目的。近年来,人们发展了三种主要的因子化方法:M. Beneke 等的 QCD 因子化方法[155],李湘楠等的 pQCD 因子化方法[156] 和 Bauer 等的 SCET 因子化方法[157, 158]。不同的因子化方法,其强位相来源、大小均不同。它们给出的不同过程的分支比大多接近,但是 CP 破坏参数预言则有较大的不同。

最后,我们通过对中性 B 介子衰变过程的研究来讨论第三类 CP 破坏:由混合与衰变的干涉引起的 CP 破坏。对 B^0 介子的衰变过程,可以取近似 $\Delta\Gamma_d = 0$。对 B_s 介子的衰变过程,一般需要保留 $\Delta\Gamma_s$。最有意思的二体强子衰变过程是末态为 CP 本征态的衰变道。对这种类型衰变,其 CP 破坏通常比较大,可以通过对这些道的研究抽取幺正三角形的相角。由于存在 $B_q^0 - \bar{B}_q^0$ 混合,如图 10.9 所示,初始 ($t=0$) 时纯的 B_q^0 介子可以通过两个不同的过程衰变到末态 f_{CP}

$$\begin{aligned} B_q^0(0) &\longrightarrow B_q^0(t) \longrightarrow f_{CP}, \\ B^0(0) &\longrightarrow \bar{B}^0(t) \longrightarrow f_{CP}. \end{aligned} \quad (10.75)$$

这两个衰变过程发生干涉,产生第三类 CP 破坏。

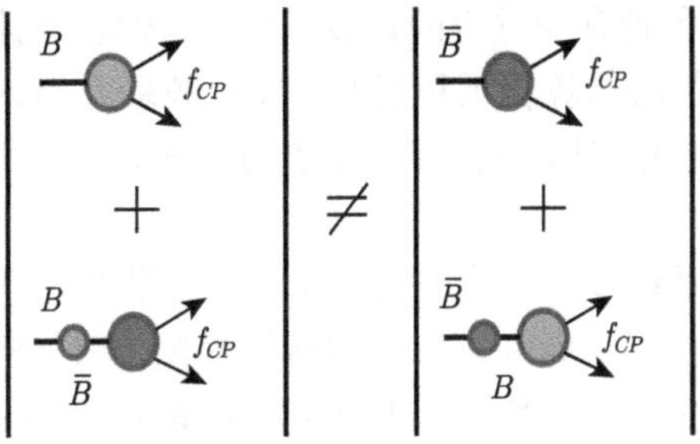

图 10.9 通过衰变与混合的干涉产生的 CP 破坏的示意图

当末态是 CP 本征态 ($f = f_{CP}$) 时,对 B_d^0 介子衰变和 B_s^0 介子衰变过程,时间相关的 CP 不对称性 $a_{CP}(t)$ 分别被定义为

$$\mathcal{A}(t)|_{B^0} = \frac{\Gamma(\bar{B}^0(t)\to f) - \Gamma(B^0(t)\to f)}{\Gamma(\bar{B}^0(t)\to f) + \Gamma(B^0(t)\to f)} = \mathcal{A}_f \cos(\Delta M_d t) + \mathcal{S}_f \sin(\Delta M_d t), \quad (10.76)$$

$$A(t)|_{B_s^0} = \frac{\Gamma(\bar{B}_s^0(t) \to f) - \Gamma(B_s^0(t) \to f)}{\Gamma(\bar{B}_s^0(t) \to f) + \Gamma(B_s^0(t) \to f)} = \frac{\mathcal{A}_f \cos(\Delta M_s\, t) + \mathcal{S}_f \sin(\Delta M_s\, t)}{\cosh\left(\frac{\Delta \Gamma_s}{2} t\right) + \mathcal{H}_f \sinh\left(\frac{\Delta \Gamma_s}{2} t\right)}, \quad (10.77)$$

其中 ΔM_q 和 $\Delta \Gamma_q$ 分别表示 B_q^0 介子的两个质量本征态的质量差和宽度差,已经在前节定义。上式中的直接 CP 破坏 $\mathcal{A}_f = \mathcal{A}_{CP}^{\text{decay}}$,混合引起的 CP 破坏 $\mathcal{S}_f = \mathcal{A}_{CP}^{\text{mix}}$ 和 $\mathcal{H}_f$ 的定义分别为

$$\mathcal{A}_f = \frac{|\lambda_f|^2 - 1}{1 + |\lambda_f|^2}, \quad \mathcal{S}_f = \frac{2\text{Im}\lambda_f}{1 + |\lambda_f|^2}, \quad \mathcal{H}_f = \frac{2\text{Re}\lambda_f}{1 + |\lambda_f|^2}, \quad (10.78)$$

其中的三个 CP 破坏物理量满足归一化关系:$|\mathcal{A}_f|^2 + |\mathcal{S}_f|^2 + |\mathcal{H}_f|^2 = 1$,$CP$ 破坏参数 λ 包含了计算式 (10.78) 的不对称性所需的所有信息,其定义为

$$\lambda_f = \frac{q}{p}\frac{\bar{A}_f}{A_f} = \eta_f\, e^{2i\phi}\frac{A(\bar{B}_q \to f)}{A(B_q \to f)} \quad (10.79)$$

其中 η_f 来自于定义 $CP|f_{CP}\rangle = \eta_f|f_{CP}\rangle$,弱相角 $\phi_d = -\beta$,$\phi_s = -\beta_s$。

一般地说,对一个衰变过程的振幅 $A(B_q^0 \to f)$,将有多个部分同时给出贡献。这些不同的部分可以是树图、QCD 企鹅图或电弱企鹅图,它们一般具有不同的强和弱位相。如果对于给定的一个衰变振幅,这些部分的贡献的大小差不多,那么由于强子矩阵元计算比较大的不确定性,就难于精确地抽出 CP 破坏相因子。

§10.3 $B_{(s)}$ 介子典型衰变过程

§10.3.1 低能有效哈密顿量方法

对 B 介子混合与各种衰变过程的计算,目前人们已经建立了一套"低能有效哈密顿方法"[152]。其核心是算符乘积展开、威尔逊系数 (Wilson coefficients) 的计算与重正化群演化以及强子矩阵元的计算。在标准模型理论框架下,大体上分为以下三个步骤[16]:

1. 首先利用算符乘积展开方法,把有效哈密顿量展开成定域四夸克算符和磁矩算符的线性叠加。在 m_W 标度计算单圈费恩曼图,积分掉 $W^{\pm}$,top 等重粒子,得到完整振幅 $\mathcal{A}_{\text{full}}$。按照五夸克有效理论计算衰变振幅到所要求的阶得到有效理论的振幅 $\mathcal{A}_{\text{eff}}$,并对场量等做重正化,消除发散。通过匹配 (matching) 得到 m_W 标度的威尔逊系数 $C(m_W)$。

2. 利用重正化常数确定算符的反常量纲。求解威尔逊系数所满足的重正化群方程,将 m_W 标度的威尔逊系数演化到低能标 $\mu \sim m_b$:

$$\boldsymbol{C}(\mu) = \boldsymbol{U}(\mu, m_W)\boldsymbol{C}(m_W). \quad (10.80)$$

其中 $U(\mu, m_W)$ 是 10×10 的演化矩阵[152]。

3. 采用因子化方法，计算强子矩阵元 $\langle f|O_i|B_q\rangle$。

以 $B \to M_1 M_2$ 二体强子非粲衰变过程为例，在考虑了树图和单圈图 QCD 和电弱贡献以后，其夸克层次的衰变过程是 $b \to qV^* \to qq'\bar{q}'(q' = (u,d,s))$，弱作用低能有效哈密顿量 $\mathcal{H}_{eff}$ 的表达式可以写为[152]

$$\mathcal{H}_{eff} = \frac{G_F}{\sqrt{2}} \left\{ \sum_{i=1}^{2} C_i(\mu) \left[V_{ub}V_{uq}^* O_i^u(\mu) + V_{cb}V_{cq}^* O_i^c(\mu) \right] - V_{tb}V_{tq}^* \sum_{j=3}^{10} C_j(\mu) O_j(\mu) \right.$$

$$\left. - V_{tb}V_{tq}^* \left[C_{7\gamma}(\mu) O_{7\gamma}(\mu) + C_{8g} O_{8g}(\mu) \right] \right\} + h.c., \tag{10.81}$$

其中 $q = d, s$，$G_F = 1.16639 \times 10^{-5} \text{GeV}^{-2}$ 是费米常数，$O_i (i = 1, \cdots, 10)$ 是定域四夸克算符，$O_{7\gamma}$ 和 O_{8g} 是电磁偶和色磁偶算符，$C_i(\mu)$ 是经过重正化群演化以后得到的在能标 μ 处附近的威尔逊系数。在标准模型理论框架下，可以写出 $B \to M_1 M_2$ 二体强子非粲衰变过程的振幅：

$$A(B \to M_1 M_2) = \langle M_1 M_2 | \mathcal{H}_{eff} | B \rangle = \frac{G_F}{\sqrt{2}} \sum_i V_i\, C_i(\mu) \langle M_1 M_2 | O_i(\mu) | B \rangle. \tag{10.82}$$

其中 V_i 是与具体衰变过程相对应的 CKM 矩阵元，$M_{1,2}$ 是两个末态强子，$C_i(\mu)$ 是威尔逊系数，它们的表达式 (在 NLO 阶) 是已知的。这样，$B \to M_1 M_2$ 衰变过程的衰变振幅的计算就可以归结为哈密顿量中有效算符强子矩阵元 $\langle M_1 M_2|O_i(\mu)|B\rangle$ 的计算。对 B 介子衰变过程，能标 $\mu_b \approx m_b$ 处在微扰和非微扰的交叉地带，给 B 物理的研究带来很大的困难。到目前为止，我们仍然没有找到一种完全自洽的方法，从 QCD 第一原理出发去计算强子矩阵元 $\langle M_1 M_2|O_i(\mu)|B\rangle$。其内在原因是 QCD 的色禁闭 —— 强子化过程是非微扰的，我们不得不采用因子化方法来做计算。常用的三种基于 QCD 动力学的因子化方法已经在前面提到。当然还有其他的方法，例如，基于 $SU(3)_F$ 味道对称性的方法。但这些方法缺乏动力学基础，误差不易控制，预言能力较弱。在本节，我们不对具体过程做解析计算，只介绍一些唯象上感兴趣的几个典型衰变道的标准模型理论预言和实验测量结果。对具体解析计算感兴趣的读者可以参看相关专著[14, 16, 24]。

§10.3.2 $B_{s,d}^0 \to \mu^+\mu^-$ 纯轻子衰变过程

在图 10.10 中，我们给出了在标准模型和新物理模型框架下对 $B_{s,d}^0 \to \mu^+\mu^-$ 纯轻子衰变过程有贡献的典型单圈费恩曼图。考虑这些费恩曼图的可能贡献，经过计算可以得到 $B_q^0 \to \mu^+\mu^-$ 的衰变分支比的表达式：

$$Br(B_q^0 \to \mu^+\mu^-) = \frac{G_F^2 \alpha^2}{64\pi^3} f_{B_q}^2 \tau_{B_q} m_{B_q}^3 |V_{tb}V_{tq}^*|^2 \sqrt{1 - \frac{4m_\mu^2}{m_{B_q}^2}}$$

$$\times \left\{ \left(1 - \frac{4m_\mu^2}{m_{B_q}^2}\right) |C_S - C_S'|^2 \right.$$
$$\left. + \left|(C_P - C_P') + 2\frac{m_\mu}{m_{B_q}}(C_{10} - C_{10}')\right|^2 \right\}, \tag{10.83}$$

其中 $q = s, d$,$C_{S,P}$ 和 C_{10} 表示标准模型的威尔逊系数。在标准模型下，$C_{S,P}$ 很小，可以忽略。威尔逊系数 C_{10} 起主要作用。$C_{S,P}'$ 和 C_{10}' 表示对威尔逊系数的新物理修正。新物理粒子可以通过圈图在 m_W 能标处对威尔逊系数给出修正，进而影响对衰变分支比的理论预言。

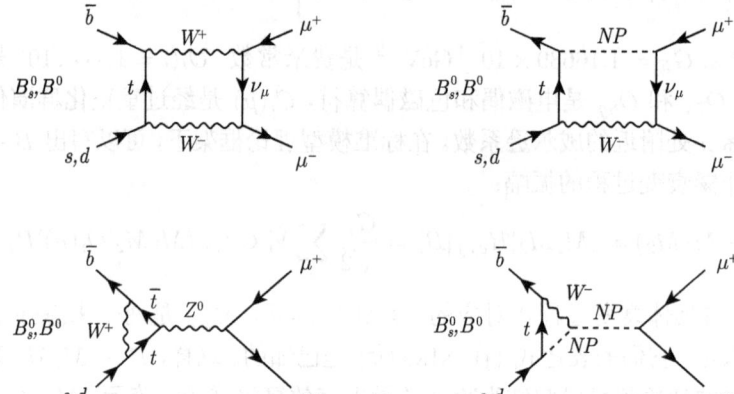

图 10.10 在标准模型 (左侧两个费恩曼图) 和新物理模型 (右侧两个费恩曼图) 框架下对 $B_{s,d}^0 \to \mu^+\mu^-$ 纯轻子衰变过程有贡献的单圈费恩曼图

根据分支比表达式、图 10.10、目前的理论计算和实验测量结果，我们对纯轻子衰变过程 $B_{s,d}^0 \to \mu^+\mu^-$ 有以下几点讨论：

(1) 在标准模型下的纯轻子衰变过程 $B_{s,d}^0 \to \mu^+\mu^-$ 是圈图过程：包含电弱企鹅图贡献和箱图贡献。是被强烈压低的稀有衰变过程，对标量算符和赝标量算符的贡献敏感，对可能的新物理贡献敏感。在新物理模型下，新粒子导致的圈图贡献可以对分支比给出大的增强。例如，在双希格斯模型 (2HDM) 和最小超对称模型框架下，新物理对分支比的贡献就正比于 $\tan^6(\beta)/m_A^4$，对大的 $\tan\beta \sim 50$ 取值，新物理增强可以达到 1~2 个量级。反过来说，对这些衰变道分支比的精确测量，可以对任何新物理模型的参数空间给出严格的限制。

(2) 对 $B_q^0 \to \mu^+\mu^-$ 的衰变分支比，文献 [6] 给出的标准模型理论预言为

$$Br(B_s^0 \to \mu^+\mu^-)^{\text{SM}} = (3.66 \pm 0.23) \times 10^{-9},$$
$$Br(B^0 \to \mu^+\mu^-)^{\text{SM}} = (1.06 \pm 0.09) \times 10^{-10}, \tag{10.84}$$

主要的理论误差来源于 B 介子衰变常数 f_B 和 f_{B_s} 的不确定性。目前的世界平均值为[6]

$$f_B = (194 \pm 10)\text{MeV}, \quad f_{B_s} = (227.6 \pm 5.0)\text{MeV}. \tag{10.85}$$

若使用这两个数值作为输入,得到的标准模型理论值为

$$Br(B_s^0 \to \mu^+\mu^-)^{\text{SM}} = (3.1 \pm 0.2) \times 10^{-9},$$
$$Br(B^0 \to \mu^+\mu^-)^{\text{SM}} = (1.1 \pm 0.1) \times 10^{-10}, \tag{10.86}$$

比较式 (10.84)、式 (10.86) 中所给的 $Br(B_s^0 \to \mu^+\mu^-)$,其中心值有明显的改变。这表明,实际的理论误差比式 (10.84)、式 (10.86) 中所给的结果的理论误差要大。为了有效降低输入参数误差的传递带来的影响,我们通常可以定义依赖同类输入参数的物理量的比值,例如可以定义分支比比值 $\mathcal{R}_\mu$:

$$\mathcal{R}_\mu = \frac{Br(B^0 \to \mu^+\mu^-)}{Br(B_s^0 \to \mu^+\mu^-)} = \frac{\tau_{B^0}}{\tau_{B_s^0}} \left(\frac{f_{B_d}}{f_{B_s}}\right)^2 \left|\frac{V_{td}}{V_{ts}}\right|^2 \frac{M_{B_d}\sqrt{1-\frac{4m_\mu^2}{m_{B_d}^2}}}{M_{B_s}\sqrt{1-\frac{4m_\mu^2}{m_{B_s}^2}}}$$

$$= 0.0295^{+0.0028}_{-0.0025}. \tag{10.87}$$

比值 $\mathcal{R}_\mu$ 的理论误差明显降低到 10% 以下。

(3) LHCb 实验组和 CMS 实验组对他们在整个 RUN-1 期间采集的 3fb^{-1} 和 25fb^{-1} 的数据①做了分析,分别给出了他们对这两个衰变道的实验测量结果。他们使用基本相同的分析方法。目前实验数据的平均值:

$$Br(B_s^0 \to \mu^+\mu^-)^{\text{exp}} = (2.9 \pm 0.7) \times 10^{-9},$$
$$Br(B^0 \to \mu^+\mu^-)^{\text{exp}} = (3.6^{+1.6}_{-1.4}) \times 10^{-10}. \tag{10.88}$$

从图 10.11 可以看出,CDF、D0 和 ATLAS 实验组的结果误差太大,对平均基本没有贡献。对分支比 $Br(B_s^0 \to \mu^+\mu^-)$,实验平均值和标准模型理论预言在一个标准偏差范围内符合。对分支比 $Br(B^0 \to \mu^+\mu^-)$,实验平均值的中心值比标准模型理论中心值大 3.3 倍。当然,由于实验误差太大,还不能确定实验上已经发现了这个衰变道。

如图 10.12 所示,2014 年 LHCb 和 CMS 对他们的数据重新做了优化的联合分析。如果使用标准模型理论预言分支比,那么两个组的总数据的期望事例数是

---

①由于探测器优化设计和触发判据设计的不同,对所研究的 $B_q^0 \to \mu^+\mu^-$ 衰变过程,LHCb 的 1fb^{-1} 的数据相当于 CMS 实验组 $\sim$ 10fb^{-1} 的数据。

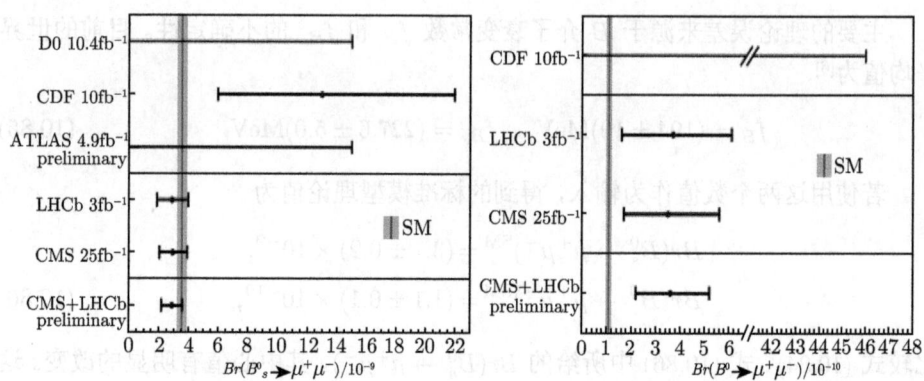

图 10.11 在 2013 年对 CDF, D0, ATLAS, CMS 和 LHCb 实验组的实验测量数据的平均。图中的阴影带表示标准模型理论预言

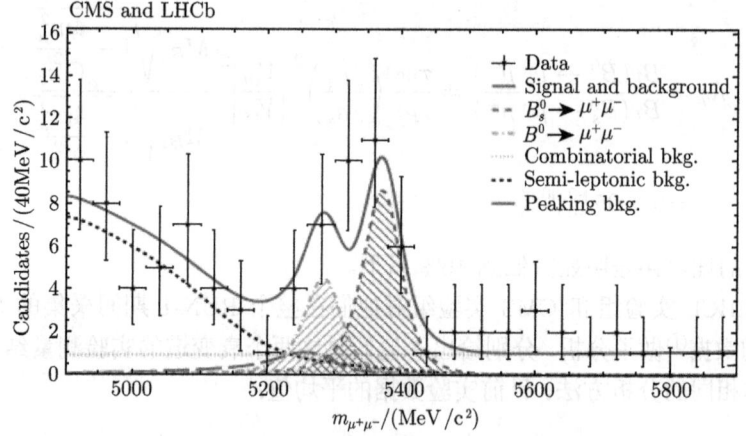

图 10.12 LHCb 实验组和 CMS 实验组在 2014 年做的优化联合分析[159]

$$94 \pm 7: \quad B_s^0 \to \mu^+\mu^-; \quad 10.5 \pm 0.6: \quad B_d^0 \to \mu^+\mu^-. \tag{10.89}$$

根据同时拟合得到的结果是

$$Br(B_s^0 \to \mu^+\mu^-)^{\exp} = (2.8^{+0.7}_{-0.6}) \times 10^{-9},$$
$$Br(B^0 \to \mu^+\mu^-)^{\exp} = (3.9^{+1.6}_{-1.4}) \times 10^{-10}. \tag{10.90}$$

对 $B_s^0 \to \mu^+\mu^-$ 衰变,拟合结果的显著度是 6.2σ[159],意味着实验上已经发现了这个衰变道。该结果与标准模型理论的符合度为 1.2σ。对 $B^0 \to \mu^+\mu^-$ 衰变,拟合结果的显著度是 3.2σ[159],其与标准模型理论的符合度为 2.2σ。30 年来的高能物理实验的测量精度取得了巨大的进展。对非常稀有的纯轻子衰变分支比的测量范围提高了 6 个数量级。

(4) 由于实验上测量的是时间平均 (time-averaged, TA) 的分支比, 对 $B_s^0 \to \mu^+\mu^-$ 衰变, 在和标准模型理论值相比较时, 还要考虑 $\Delta\Gamma_s \neq 0$ 带来的影响因子:

$$Br(B_s^0 \to \mu^+\mu^-)|_{\rm TH} = \frac{1-y_s^2}{1+\mathcal{H}_f y_s} \times Br(B_s^0 \to \mu^+\mu^-)|_{\rm TA}, \tag{10.91}$$

其中 $y_s = 0.088 \pm 0.014$, $\mathcal{H}_f$ 在式 (10.78) 中已经定义。在这里, $\mathcal{H}_f = +1$。所以有

$$\begin{aligned}Br(B_s^0 \to \mu^+\mu^-)|_{\rm SM\ TA} &= \frac{1}{1-y_s} \cdot Br(B_s^0 \to \mu^+\mu^-)|_{\rm SM\ TH} \\ &= (3.5 \pm 0.2) \times 10^{-9}.\end{aligned} \tag{10.92}$$

在这里, 我们使用式 (10.86) 所给的 $Br(B_s^0 \to \mu^+\mu^-) = (3.1 \pm 0.2) \times 10^{-9}$ 作为标准模型理论预言值。

§10.3.3 半轻子衰变过程

B_q 介子 ($q = u, d, s, c$) 的半轻子衰变过程在唯象上具有重要意义。这些过程末态产物中只有一个强子, 它不会与末态中的轻子对发生强相互作用, 降低了理论计算的误差, 衰变振幅完全由形状因子决定。而这些半轻子衰变过程, 尤其是通过味道改变中性流 (FCNC) 实现的衰变过程, 由于对新物理参数敏感, 对于检验标准模型和寻找新物理信号都起着重要作用。另外, 我们也能通过 B 介子的半轻子衰变过程抽取 CKM 矩阵元 (例如 V_{ub} 和 V_{cb} 的抽取)。由于涉及非微扰部分的贡献, 对 $B_q \to M_i$ 跃迁形状因子 (form factor) 的计算成了 B 介子半轻子衰变过程理论计算中最困难的部分。现在一般采用 QCD 求和规则 (QCD sum rule)[160]、重夸克有效理论 (HQET)[161]、格点 QCD 计算[161]、微扰 QCD 因子化方法[156] 以及相对论或者光前 (light front) 夸克模型等来计算形状因子。由于半轻子衰变至少是三体衰变, 因而形状因子都是 q^2 的函数, q^2 是发射出去的轻子对的不变质量。在所有计算形状因子的方法中, 重夸克有效理论和格点 QCD 计算方法都是在最大 q^2, 也就是末态介子零反冲的区域计算结果可靠, 而其他大部分理论或者模型计算是在 $q^2 \sim 0$, 也就是最大反冲的区域才计算可靠。因而对于重夸克介子的半轻子衰变, 就需要结合两方面的结果才能对整个衰变分支比做出准确预言。

对 B 介子半轻子衰变过程, 目前实验测量和理论计算有一些偏离, 人们经常称这个为"反常", 但是实际上到目前为止的所有这些"反常", 距给出确切新物理信号还有一定距离, 随着实验测量精度的提高和理论计算误差的减少, 很多"反常"都不反常了。其中一个此类"反常"是前面我们已经提到的 D0 实验组对 a_{SL}^d 和 a_{SL}^s 测量结果与标准模型的偏离。如图 10.7 所示, D0 实验组对 $B^0 \to \mu^+ D^{(*)} X$ 和 $B_s^0 \to \mu^+ D_s^{(*)} X$ 半轻子衰变过程的 CP 破坏 a_{SL}^d 和 a_{SL}^s 的实验测量结果与标准模型理论预言值有 3σ 的偏离, 但 BaBar、Belle 和 LHCb 的实验测量结果和标

准模型符合。在 2014 年的论文[162] 中，D0 实验组使用他们的全部 10.4fb^{-1} 数据，分析了单 μ 子事例 ($\sim 2 \times 10^9$ 个) 和同号双 μ 子事例 ($\sim 6 \times 10^6$ 个)，通过拟合得到的结果为

$$a_{SL}^d = (-0.62 \pm 0.43) \times 10^{-2}, \quad a_{SL}^s = (-0.82 \pm 0.99) \times 10^{-2},$$
$$\Delta\Gamma_d/\Gamma_d = (+0.50 \pm 1.38) \times 10^{-2}, \quad \chi^2/d.o.f. = 10.1/6. \tag{10.93}$$

该结果与标准模型理论预言有 3.0σ 的偏离。在图 10.13 中，使用标准模型理论值 $\Delta\Gamma_d/\Gamma_d = (0.0042 \pm 0.0008)$ 作为输入，D0 实验组在 $a_{SL}^d - a_{SL}^s$ 平面上给出了置信度为 68% 和 95% 的实验测量结果。从该图中可以清楚地看出 D0 结果和标准模型理论的"偏离"。如何解释这一"反常"，需要进一步的研究。

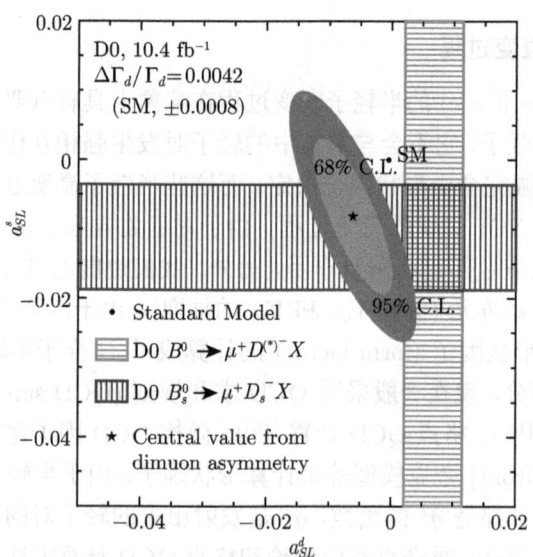

图 10.13　以 $\Delta\Gamma_d/\Gamma_d = 0.0042 \pm 0.0008$ 作为输入，D0 实验组给出的置信度为 68% 和 95% 的实验测量结果[162]

第二个此类"反常"是 BaBar 实验组发现的"$R(D^{(*)})$ 反常"[163]。2012 年，BaBar 实验组用他们的全部数据对半轻子衰变过程 $B \to D\tau\bar{\nu}_\tau$ 和 $B \to D^*\tau\bar{\nu}_\tau$ 做了改进的新分析，公布了他们对相关衰变分支比和相应分支比比值 $R(D^{(*)})$ 的测量值 [163]：

$$\mathcal{R}(D) = \frac{Br(B \to D\tau\nu)}{Br(B \to Dl\nu)} = 0.440 \pm 0.072,$$
$$\mathcal{R}(D^*) = \frac{Br(B \to D^*\tau\nu)}{Br(B \to D^*l\nu)} = 0.332 \pm 0.030, \tag{10.94}$$

其中 $l^- = (e^-, \mu^-)$。在数据分析中作者已经考虑了同位旋对称性关系 $\mathcal{R}(D^0) = \mathcal{R}(D^+) = \mathcal{R}(D)$ 和 $\mathcal{R}(D^{*0}) = \mathcal{R}(D^{*+}) = \mathcal{R}(D^*)$。但 BaBar 的结果比基于重夸克有效理论的标准模型理论预言[161] 大得多：

$$\mathcal{R}(D)^{\text{SM}} = 0.296 \pm 0.016, \quad \mathcal{R}(D^*)^{\text{SM}} = 0.252 \pm 0.003, \tag{10.95}$$

BaBar 结果与标准模型理论预言有 3.4σ 的偏差[?]。

BaBar 实验结果公布后，引起了很多从不同的角度对这个反常的理论讨论，包括考虑新物理贡献影响，例如来自双希格斯二重态模型中的荷电希格斯玻色子的新物理贡献等[164]。我们在标准模型下，采用微扰 QCD(pQCD) 因子化方法，对 $B \to D^{(*)}l\nu$ 半轻子衰变过程做了研究，得到了与实验数据符号的 pQCD 理论预言，在标准模型框架下对 "$R(D^{(*)})$ 反常" 给出了解释[165]。

第三个此类 "反常" 是所谓的 "V_{ub}/V_{cb}-puzzle"[166]：也就是通过 "inclusive" 过程 ($b \to u l \nu$, $b \to c l \nu$) 和通过 "exclusive" 过程 ($B \to \pi l \nu$ 和 $B \to D^{(*)}l\nu$) 测量抽出的 V_{ub}, V_{cb} 的数值有明显的不同：

$$\begin{aligned} |V_{ub}|(\text{Incl}) &= (4.41 \pm 0.15) \times 10^{-3}, \\ |V_{ub}|(\text{Excl}) &= (3.28 \pm 0.29) \times 10^{-3}, \\ |V_{cb}|(\text{Incl}) &= (42.42 \pm 0.44 \pm 0.74) \times 10^{-3}, \\ |V_{cb}|(\text{Excl}) &= (38.99 \pm 0.49 \pm 1.17) \times 10^{-3}, \end{aligned} \tag{10.96}$$
$$\tag{10.97}$$

由 CKMFitter 合作组给出的 "Global-fit" 的结果为[166]

$$|V_{ub}|_{\text{fit}} = (3.43^{+0.25}_{-0.08}) \times 10^{-3}, \quad |V_{cb}|_{\text{fit}} = (41.4^{+2.4}_{-1.4}) \times 10^{-3}. \tag{10.98}$$

在过去的 5 年中，多数此类 "偏离" 在逐渐减小，但目前仍然大于 2σ。

§10.3.4 强子衰变过程

在味物理和 CP 破坏研究领域，B 介子的强子衰变过程是非常重要的一类衰变过程。自 1999 以来，在 B 介子工厂实验和 LHC 实验中已经对几百个 $B/B_s/B_c$ 介子的二体强子衰变过程做了测量。例如，通过对 4 个 $B \to K\pi$ 衰变道的实验研究，BaBar 和 Belle 在 2003 年确认发现了 B 介子系统的 CP 破坏。近期的 LHCb 实验，又对 $B/B_s \to K\pi\pi$ 等一批三体强子衰变过程做了研究，给出了初步的实验测量结果。

众所周知，对 B 介子系统强子衰变过程理论计算的难点在于 "强子矩阵元的计算"。过去的 20 年，人们已经在 "因子化" 方面取得了许多重要进展，已经采用多种 "因子化方案" 对 B 介子的强子衰变过程做了系统、全面的研究。目前的重点是如何改进"因子化方案",提供理论计算的精确度和可信度。对高阶修正(次领头阶,次–次领头阶)的计算是目前的一个重要但是困难的研究方向。在这一领域,也有几个长期存在的"反常"。例如 $\pi\pi$ 反常:亦即对三个 $B \to \pi\pi$ 衰变过程,关于衰变分支比 $Br(B \to \pi^+\pi^-)$ 和 $Br(B^+ \to \pi^+\pi^0)$ 标准模型理论预言和实验测量结果符合得较好。但对衰变分支比 $Br(B^0 \to \pi^0\pi^0)$,标准模型理论预言值和实验测量值符合得不好,最新的 Belle 合作组的实验测量结果虽然变小了[167],但是理论和实验的差距还是很大:

$$Br(B^0 \to \pi^0\pi^0)^{\text{pQCD}} = (0.23^{+0.09}_{-0.07}) \times 10^{-6}, \tag{10.99}$$

$$Br(B^0 \to \pi^0\pi^0)^{\text{Belle}} = (0.90 \pm 0.12 \pm 0.10) \times 10^{-6} \text{ at } 6.7\sigma. \tag{10.100}$$

要解释这些"反常"问题,显然还需要理论和实验双方面的共同努力[168]。

§10.4 CKM 矩阵与幺正三角形相角抽取

如表 10.3 所示,美国和日本的两个 B 介子工厂实验采集了大约 10^9 个 B 介子对产生和衰变事例。LHC 超高能强子对撞机实验实际上也是一个"强子 B 工厂实验",可以提供 $10^{11\sim 12}$ 的各种"b 夸克介子"($B/B_s/B_c$)产生和衰变事例。日本的超级 B 工厂实验和提议中的未来超高能对撞机实验均可以提供海量的"B 介子"产生和衰变事例。这些高能物理实验,对重味物理研究提供了强劲的支持和推动。

表 10.3 在 e^+e^- 正负电子对撞机和 pp 强子对撞机上 B 介子对产生事例的基本参数[169]

	e^+e^- PEPII, KEKB	e^+e^- Super-KEKB	$pp \to b\bar{b}X$ LHC, 14TeV	$e^+e^- \to Z - b\bar{b}X$ FCCee, CepC, 91GeV
$\sigma(b\bar{b})$	1nb	1nb	$\sim 500\mu b$	$\sim 7 nb$
总事例数	10^9	5×10^{10}	10^{13}	$10^{11} \sim 10^{12}$
产生率	10Hz	400 Hz	~ 500 kHz	~ 1kHz
纯度	$\sim 25\%$		$\sim 0.6\%$	$\sim 10\%$
pile-up	0		$0.5 \sim 25$	0
B content	$B^+(50\%), B^0(50\%)$		$B^+(40\%), B^0(40\%), B_s(10\%)$ $B_c(<1\%)$, b-Baryon(10%)	
B boost	$\beta\gamma \sim 0.5$		大,衰变顶点移动	large, $\beta\gamma \sim 7$

对 CKM 矩阵与 CP 破坏的研究是标准模型精确检验的重要组成部分。在标准模型框架下,CKM 矩阵的幺正性导致 6 个幺正三角形,其中一个与 $b \to d$ 跃迁关联的即为大家熟悉的幺正三角形。在第 5.6 节,我们已经在式 (5.99) 中给出了 3×3 的 CKM 矩阵 V_{CKM},在式 (5.100),式 (5.101) 中给出了精确到"领头阶"和"次领头阶"的矩阵表达式 (Wolfenstein 参数化,分别精确到 λ^3 和 λ^5 项)。在本节,我们将给出关于 3 个相角 (α, β, γ) 和 CP 破坏相位 ϕ_s 抽取的细节。

§10.4 CKM 矩阵与幺正三角形相角抽取

根据第 5 章的讨论，我们已经知道由 CKM 矩阵的幺正性可以得到矩阵元 V_{ij} 所满足的 12 个方程。其中的 6 个方程在几何上对应 6 个复平面上的三角形。如图 10.14 所示的 3 个幺正三角形：分别对应 B_d^0 衰变，B_s 衰变和 D 介子衰变：

$$V_{ub}V_{ud}^* + V_{cb}V_{cd}^* + V_{tb}V_{td}^* = 0, \tag{10.101}$$

$$V_{ub}V_{us}^* + V_{cb}V_{cs}^* + V_{tb}V_{ts}^* = 0, \tag{10.102}$$

$$V_{cd}V_{ud}^* + V_{cs}V_{us}^* + V_{cb}V_{ub}^* = 0, \tag{10.103}$$

其中与方程 (10.101) 对应的第一个幺正三角形就是唯象上最感兴趣的与 $b \to d$ 跃迁相关的幺正三角形，也就是我们习惯上所称的"幺正三角形"。三个相角 (α, β, γ) 的定义可以写为

$$\alpha = \arg\left(-\frac{V_{td}V_{tb}^*}{V_{ud}V_{ub}^*}\right), \quad \beta = \arg\left(-\frac{V_{cd}V_{cb}^*}{V_{td}V_{tb}^*}\right), \quad \gamma = \arg\left(-\frac{V_{ud}V_{ub}^*}{V_{cd}V_{cb}^*}\right). \tag{10.104}$$

显然，幺正三角形相角满足的约束条件为：$\alpha + \beta + \gamma = 180°$。

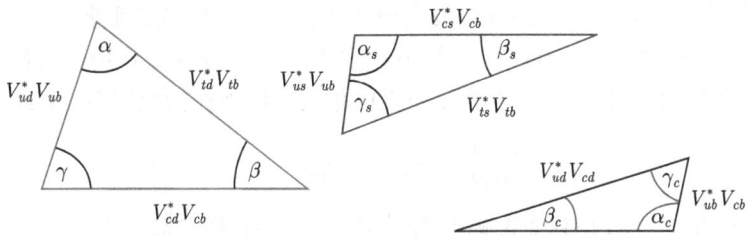

图 10.14 根据 CKM 矩阵的幺正性可以导出 6 个幺正三角形，这是其中的 3 个幺正三角形：分别对应 B_d^0 衰变，B_s 衰变和 D 介子衰变

与方程 (10.102) 对应的第二个幺正三角形是唯象上同样感兴趣的与 B_s 衰变相关的幺正三角形。与方程 (10.103) 对应的第三个幺正三角形是与 D 介子衰变相关的幺正三角形。对三个相角 (α, β, γ) 的实验测量，由 PDG-2014 给出的世界平均值为[1]

$$\beta = 21.5° \pm 0.8°, \quad \gamma = 70° \pm 15°, \quad \alpha = 85.4°^{+4.0°}_{-3.9°}. \tag{10.105}$$

对幺正三角形的研究一直集中在两个方面：

(1) 随着实验的进展，不断提高对 3 个相角 (α, β, γ) 的实验测量精度，验证幺正三角形的幺正性，证明标准模型 CKM 图像 (对夸克混合和 CP 破坏来源的描写) 的正确性。以日本物理学家 M. Kobayashi 和 T. Maskawa 获得 2008 年诺贝尔物理学奖为标志，这一方面任务已经基本完成，今后要做的是继续提高精度。如表 10.4 所示，对相角 (α, β, γ) 的实验测量误差将由目前的 $(\sim 4°, 0.8°, \sim 11°)$ 降到 Belle-II (50ab^{-1} 数据量) 的 $(1°, 0.4°, 1.5°)$(这大约需要 10 年时间)。

表 10.4 在 B 介子物理实验中对幺正三角形三个相角 (α,β,γ)、CKM 矩阵元 $|V_{ub}|$ 和 $|V_{cb}|$ 的实验测量精度或者未来可能达到实验测量精度[169]

	Belle/BaBar LHCb RUN-1	Global Fit (CKMFitter)	LHCb RUN-2	LHCb 50fb^{-1}	Belle-II 50ab^{-1}	Theory
$\beta(\alpha_1)$	0.8°	1.5°	1.6°	0.6°	0.4°	Clean
$\alpha(\alpha_2)$	4°	2.1°	precise	precise	1°	$\sim 1° \sim 2°$
$\gamma(\alpha_3)$	11°	3.8°	4°	1°	1.5°	clean
V_{cb}	1.7%	2.4%	–	–	1.2%	clean
V_{ub}	7%	4.5%	–	–	2.4%	clean

(2) 根据高精度实验结果和对夸克混合和 CP 破坏的高精度理论研究, 对各种新物理模型的参数空间给出严格的限制。通过寻找实验测量结果与标准模型之间的"偏离", 寻找新物理存在的信号或者证据。例如, 从 1994 年 CLEO 报告 $B \to X_s\gamma$ 实验测量结果开始, 对每一个"新物理模型"都要算一下该模型的新粒子单圈图通过 $C_{7\gamma}$ 或者其他途径对衰变分支比 $Br(B \to X_s\gamma)$ 的新物理修正, 以及由此而得到的限制。新物理探索目前已经逐步发展成为 CKM 矩阵研究的重要方向。

首先考虑最优情况: 当只有一种 B 介子衰变机制起主要作用, 或者不同的部分具有相同的弱位相时, 强子矩阵元和强位相就不出现在振幅比值 $|\bar{A}/A|$ 中, 这时

$$\frac{A(\bar{B}^0 \to f)}{A(B^0 \to f)} = -\eta_f e^{-i2\phi_D} \tag{10.106}$$

是一个纯位相, ϕ_D 就是衰变振幅的弱位相, $\eta_f = \pm 1$ 是末态 f 的 CP 字称。所以, 此类过程的 CP 破坏仅由式 (10.78) 中的第二项确定,

$$\lambda = -\eta_f \exp(i2\phi_M)\exp(-i2\phi_D), \quad |\lambda|^2 = 1. \tag{10.107}$$

在这个特例中, $A_{CP}^{\text{decay}}(B \to f) \approx 0$, CP 不对称性由弱位相 ϕ_M 和 ϕ_D 完全确定:

$$A_{CP}(t,f) = \text{Im}\lambda \sin(\Delta Mt) = \eta_f \sin(2\phi_D - 2\phi_M)\sin(\Delta Mt). \tag{10.108}$$

所以, 强子矩阵元就不再出现, 弱位相的确定就不受强相互作用不确定性的影响。

当只有一个树图起主要作用时, 因子 $\sin(2\phi_D - 2\phi_M)$ 中的 ϕ_D 是衰变振幅的弱位相, ϕ_M 对应 β 角,

$$\phi_D = \begin{cases} \gamma & b \to u \\ 0 & b \to c \end{cases}, \quad \phi_M = \begin{cases} -\beta & B_d^0 \\ -\beta_s & B_s^0 \end{cases}. \tag{10.109}$$

β_s 的理论预言值是 $\beta_s = \mathcal{O}(10^{-2})$。

当内线夸克为顶夸克的企鹅图起主要作用时, 我们有

$$\phi_D = \begin{cases} -\beta & b \to d \\ 0 & b \to s \end{cases}, \quad \phi_M = \begin{cases} -\beta & B_d^0 \\ -\beta_s & B_s^0 \end{cases}. \tag{10.110}$$

§10.4.1 相角 β

在夸克层次，可以通过对 $b \to q\bar{q}q'$ 三体衰变过程的研究来抽取 β 角。

(1) 第一类衰变过程是如图 10.15 所示的 $b \to c\bar{c}s$ 树图衰变过程，对应的单举衰变过程为 $B_d^0 \to J/\psi K_S^0$。$b \to c\bar{c}d$ 也属于此类过程 ($B_d^0 \to J/\psi \pi^0, D^{(*)+}D^{(*)-}$ 等)。

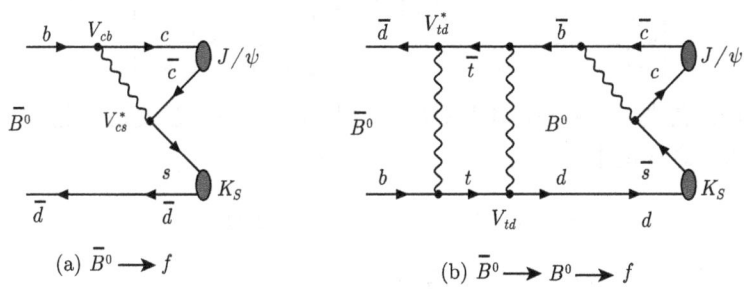

图 10.15 $B_d^0 \to J/\psi K_S^0$ 衰变过程费恩曼图

(a) $\bar{B}^0 \to J/\psi K_S$ 树图；(b) $\bar{B}^0 \to B^0 \to J/\psi K_S$ 混合–衰变费恩曼图

(2) 第二类是企鹅图衰变过程 $b \to q\bar{q}s$ 衰变过程。对应的单举衰变过程有很多，例如 $B^0 \to \phi K^0, \eta K_0, \rho^0 K_0, K\pi$ 等衰变过程。

(3) 其他类型的衰变过程：例如 $b \to q\bar{q}d, c\bar{u}d$ 衰变，对应的单举衰变道为 $B_d^0 \to K_S K_S, D_{CP}^{(*)} h^0$ 等。

由于新物理模型的重粒子可以通过企鹅图对相关过程给出新物理修正，所以通过树图过程和通过企鹅图过程抽取的 β 角的值可能不一样。我们可以通过精确测量并比较此类差别，发现新物理存在的信号。

众所周知，第一类 $B_d^0 \to J/\psi K_S$ 衰变道是抽取 β 角的"黄金道"。该衰变过程的费恩曼图如图 10.15 所示。在夸克层次的衰变是 $b \to c\bar{c}s$ 和 $\bar{b} \to c\bar{c}\bar{s}$。对该衰变道，由于企鹅图和树图的弱相角 ϕ_D 几乎完全相同 ($\phi_D = 0$)，由式 (10.108) 可得

$$a_{CP}(t, J/\psi K_S) = -\sin(2\beta)\sin(\Delta M_d t), \tag{10.111}$$

由于对 $B_d \to J/\psi K_S$ 衰变的强作用的污染最小，CP 破坏的效应也大，所以这个道被称为"黄金道"。在实验上，可通过 $J/\psi \to l^+l^-$ 和 $K_S \to \pi^+\pi^-$ 得到清楚的末态信号。从实验的角度，要测量 $a_{CP}(t)$，需要知道 B 介子衰变的时间，这就需要产生的 B 介子是运动的，这就是 B 介子工厂设计中采用具有不同能量的 e^+ 和 e^- 束流的原因。

如图 10.16 所示，第二类的纯企鹅图衰变道 ($b \to s\bar{s}s$) 和企鹅图为主的衰变道有很多，两个末态强子可以是 K 介子与 $(\pi, \eta, \eta', \phi, \omega, \cdots)$ 的可能组合。$B_d^0 \to \phi K_S$ 纯企鹅图衰变过程也是测量 β 角的好衰变道。对该道，内线为 top 夸克的企鹅图

起主要作用，内线夸克为 u 和 c 夸克的企鹅图导致的污染比较小，可以忽略。因此该道也是一个好道，只是对 β 的测量精度要稍低一些。在此近似下，对该衰变道其"混合" CP 破坏 $\mathcal{S}_{\phi K_S}$ 可以写为

$$\mathcal{S}_{\phi K_S} = \mathrm{Im}\left[\underbrace{\frac{\mathcal{M}_{12}}{\mathcal{M}_{12}^*}}_{\text{oscill}} \cdot \underbrace{\frac{\mathcal{A}(\overline{B}^0 \to \phi K_S^0)}{\mathcal{A}(B^0 \to \phi K_S^0)}}_{\text{decay}}\right] = \mathrm{Im}\left[\underbrace{\frac{V_{tb}V_{td}^*}{V_{tb}^*V_{td}}}_{\text{oscill}} \cdot \underbrace{\frac{V_{tb}V_{ts}^*}{V_{tb}^*V_{ts}}}_{\text{decay}}\right] = \sin(2\beta). \quad (10.112)$$

还可以通过与 $b \to c\bar{c}d$ 衰变对应的 $B_d^0 \to D^+D^-$ 衰变道来测量 β 角。在 $B_d^0 \to D^+D^-$ 衰变道中，

$$a_{CP}(t, D^+D^-) = -\sin 2\beta \sin(\Delta Mt). \quad (10.113)$$

但企鹅图贡献会带来 $5\% \sim 10\%$ 的污染。

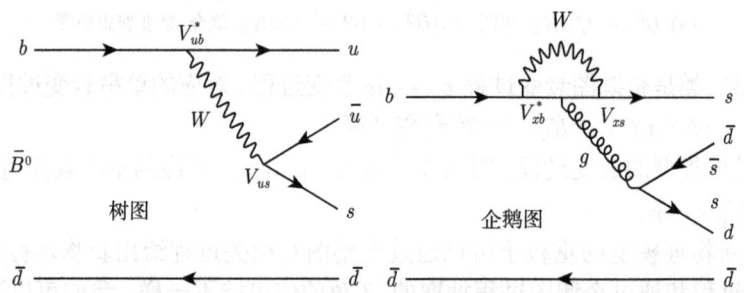

图 10.16 与 $b \to q\bar{q}s$ 相关联的 B 介子二体强子衰变过程。左侧的树图过程被双重压低：色压低 ($1/N_C$) 和 CKM 压低 (λ^2)，右侧的企鹅图贡献起主要作用

如图 10.17 所示，根据对 $b \to c\bar{c}s$ 树图衰变过程的实验测量得到的 $\sin(2\beta)$ 的世界平均值为[52]

$$\sin(2\beta) = 0.68 \pm 0.02. \quad (10.114)$$

对 β 角的限制为

$$\beta = (21.5 \pm 0.8)^\circ \bigvee (68.5 \pm 0.8)^\circ, \quad (10.115)$$

并且关于 $\cos(2\beta)$ 的实验测量支持 $\beta \approx 21.5^\circ$。

如图 10.18 所示，根据对 $b \to q\bar{q}s$ 企鹅图衰变过程的实验测量得到的 $\sin(2\beta)$ 的世界平均值为[52]

$$\sin(2\beta) = 0.66 \pm 0.03. \quad (10.116)$$

§10.4 CKM 矩阵与幺正三角形相角抽取

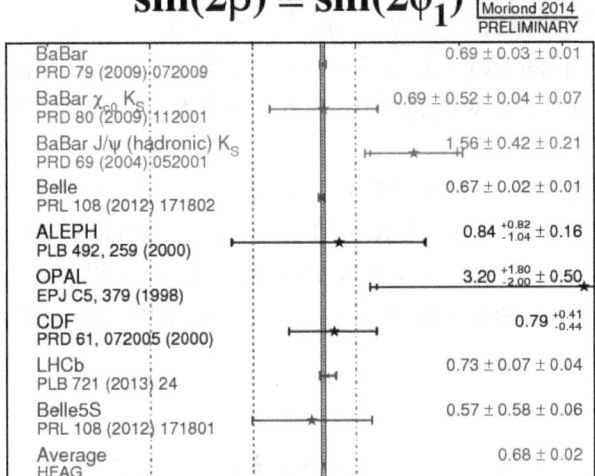

图 10.17　对第一类 $b \to c\bar{c}s$ 树图衰变过程，由 HFAG 小组给出的根据 BaBar、Belle、LHCb 等实验测量结果得到的 $\sin(2\beta)$ 世界平均值[52](见彩图)

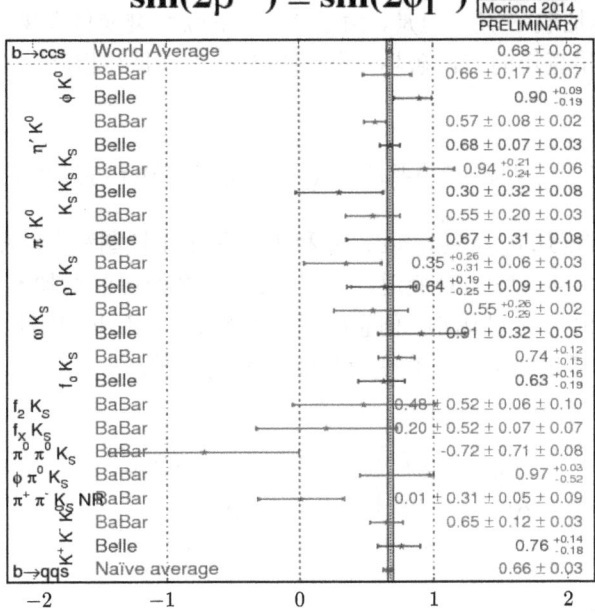

图 10.18　对第二类 $b \to q\bar{q}s$ $(q=(u,d,s))$ 企鹅图衰变过程，根据 BaBar 和 Belle 实验组的实验测量结果得到的 $\sin(2\beta)$ 世界平均值[52]

在一个标准偏差范围内与式 (10.114) 结果符合。在 2006 年前后，通过树图过程和企鹅图过程测量得到的 $\sin(2\beta)$ 的数值曾经有 3σ 的偏离，导致了很多关于新物理修正的研究。但随着时间的推移和数据量的增加，该偏离逐渐减小到一个标准偏差以内。对其他相关衰变道的细节，读者可以查看 HFAG 合作组的网页[52] 和那里给出的参考文献。

到目前为止对相角 β 的实验测量主要来自于 B 介子工厂。统计误差是主要的实验误差。如表 10.4 所示，LHCb 和 Belle-II 实验将能够有效提高实验测量精度。对 $B_d^0 \to J/\psi K_s^0$ 和 $B_d^0 \to \eta' K_s^0$，理论误差很小，可以忽略。对 B 介子衰变过程的不同衰变道，新物理贡献可以有很大的差别，需要对每一个衰变道做具体的研究。

§10.4.2 相角 α

$B/\bar{B} \to \rho\pi, \pi\pi, \rho\rho, a_1\pi$ 衰变道是抽出相角 α 的主要衰变过程。其中 $B/\bar{B} \to \rho\pi$ 衰变道起主要作用。由不同的衰变道得到的相角 α 的值也有较大的差别。

如图 10.19 所示，$B^0 \to \pi^+\pi^-$ 衰变包含树图和企鹅图的贡献。首先，如果 $B^0 \to \pi^+\pi^-$ 仅由 $b \to u$ 树图决定，那么由式 (10.108) 可得

$$a_{CP}(t,\pi^+\pi^-) = -\sin(2\alpha)\sin(\Delta M_d t). \tag{10.117}$$

我们可以精确地抽取 α 角。但是，由于 $B^0 \to \pi^+\pi^-$ 衰变包含树图和企鹅图的贡献，企鹅图会产生直接的 CP 破坏，从而使得 $\bar{A}/A$ 不是纯相位，这时，含时的 CP 不对称量为

$$a_{CP}(t,\pi^+\pi^-) = a_{\rm dir}\cos(\Delta M_d t) + \sqrt{1-a_{\rm dir}^2}\sin(2\alpha+\theta_p)\sin(\Delta M_d t). \tag{10.118}$$

其中 $a_{\rm dir} \sim 2\dfrac{P}{T}\sin(\delta), \theta_p \sim \dfrac{P}{T}\cos(\delta)$；$T$ 和 P 分别表示树图和企鹅图的振幅大小，δ 为强位相。对 $B^0 \to \pi^+\pi^-$ 衰变道，$P/T \sim 20\%$，企鹅图的贡献不能忽略。在 m_B 能标，尽管直接的 CP 破坏小，但企鹅图产生的 θ_p 并不小。因此，如何压低企鹅图带来的污染是通过 $B \to \pi\pi$ 衰变道抽取 α 角的关键。

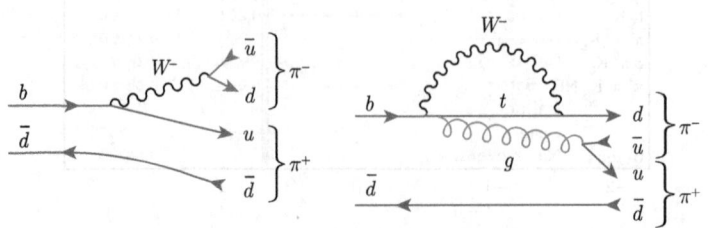

图 10.19 $B_d^0 \to \pi^+\pi^-$ 过程的费恩曼图：左为树图，右为企鹅图

§10.4 CKM 矩阵与幺正三角形相角抽取

M. Gronau 和 D. London 提出利用同位旋对称性[170]来消除企鹅图污染。这是一个模型无关的方法。利用我们在 4.3.3 节介绍的弱作用衰变中同位旋应用的方法，三个衰变过程 $B_d^0 \to \pi^+\pi^-, \pi^0\pi^0$ 和 $B_u^+ \to \pi^+\pi^0$ 的衰变振幅可以分别表示为

$$A^{+-}(B^0 \to \pi^+\pi^-) = \sqrt{2}(A_2 - A_0), \quad A^{00}(B^0 \to \pi^0\pi^0) = 2A_2 + A_0,$$
$$A^{+0}(B^+ \to \pi^+\pi^0) = 3A_2, \tag{10.119}$$

其中 A_0, A_2 表示同位旋 $I = 0, 2$ 的衰变振幅。这三个振幅满足如图 10.20 所示的同位旋三角形关系：

$$\frac{1}{\sqrt{2}}A^{+-} + A^{00} = A^{+0} = \bar{A}^{-0} = \frac{1}{\sqrt{2}}\bar{A}^{+-} + \bar{A}^{00}. \tag{10.120}$$

借助于上述同位旋关系和对三个 $B \to \pi\pi$ 道的实验测量值，可以抽取 α 角。目前 B 介子工厂实验和 LHCb 实验已经对 $B^0 \to \pi^+\pi^-$ 的 CP 破坏给出了较高精度的实验测量结果：

$$\mathcal{C}_{CP}(B^0 \to \pi^+\pi-) = -0.33 \pm 0.08 \pm 0.03,$$
$$\mathcal{S}_{CP}(B^0 \to \pi^+\pi-) = -0.64 \pm 0.06 \pm 0.03. \tag{10.121}$$

但对相角 α，由 $B \to \pi\pi$ 衰变道给出的限制仍然比较弱：

(1) 根据 Belle 实验组的分析，$23.8° < \alpha < 66.8°$ 的取值范围被排除（置信度 1σ）。

(2) 根据 BaBar 实验组的分析，α 角的取值范围是：$\alpha \in [71°, 109°]$（置信度 68%）。

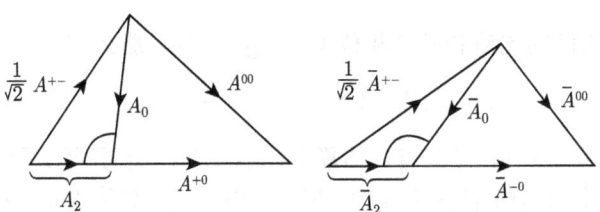

图 10.20 $B \to \pi\pi$ 的三个衰变振幅之间的同位旋三角形关系[170]

对 $B \to (\rho^+\rho^-, \rho^+\rho^0, \rho^0\rho^0)$ 衰变道，可以通过对两个末态 ρ 介子的 4π 末态粒子的角分布分析抽取 α 角。在论文[171]中，Belle 实验组使用全部 772 兆 $\Upsilon(4S)$ 数据，测量了分支比 $Br(B^0 \to \rho^0\rho^0)$ 和纵向极化分数 f_L，进而通过对 $B \to \rho\rho$ 的三个衰变振幅的同位旋分析①得到了对 α 角的限制：

$$\alpha/\phi_2 = 84.9° \pm 13.5°. \tag{10.122}$$

---

①式 (10.120) 所示的 $\pi\pi$ 系统所满足的振幅同位旋关系对 $\rho\rho$ 系统同样成立。

Belle 同时发现,企鹅图污染比较小: $\Delta\alpha = (0.0 \pm 10.4)°$。BaBar 实验组对 $B \to \rho\rho$ 衰变过程做了同样的分析,得到的结果是

$$\alpha = (92.4^{+6.0}_{-6.4})°. \tag{10.123}$$

根据对 $B \to \pi\pi, \rho\pi, \rho\rho, a_1\pi$ 衰变过程的研究得到的 α 相角的世界平均值和 CKM-Fitter 合作组给出的拟合结果分别为

$$\alpha^{\text{WA}} = (85.4^{+4.0}_{-3.9})°, \quad \alpha^{\text{Fit}} = (93.6^{+3.2}_{-2.9})°, \tag{10.124}$$

这些结果符合标准模型的期望值。

§10.4.3 相角 γ

相角 γ 的定义是: $\gamma = \arg[-V_{ud}V_{ub}^*/(V_{cd}V_{cb}^*)]$。$\gamma$ 角是一个可以从 $B \to D$ 跃迁的树图过程抽取的 CP 破坏参数。对于如何抽取 γ 角,人们已提出很多方案。在实验上实际测量并做分析的是以下几类衰变之一:

$$B^- \to (D^0, \overline{D}^0)K^-, \quad D \to (K^+K^-, \pi^+\pi^-, K^-\pi^+, \pi^-K^+); \tag{10.125}$$

$$B \to (D^{(*)}, \overline{D}^{(*)})X_s, \quad D^{(*)} \to (2h, 3h, 4h). \tag{10.126}$$

这里 (及下面) 的 D 表示 $D^0 - \overline{D}^0$ 的混合态。以衰变过程 $B^- \to DK^-$ 为例,与树图过程 (图 10.21(a)) 振幅 $\mathcal{A}_a$ 相比,树图过程 (图 10.21(b)) 的振幅 $\mathcal{A}_b$ 是色压低和 CKM 压低的:

$$\begin{aligned} \mathcal{A}_a &\propto V_{cb}V_{us}^* \sim A\lambda^3, \\ \mathcal{A}_b &\propto \frac{1}{N_C}V_{ub}V_{cs}^* \sim \frac{1}{3}A\lambda^3\sqrt{\bar{\rho}^2 + \bar{\eta}^2}e^{-i\gamma}, \end{aligned} \tag{10.127}$$

如果定义 $\mathcal{A}_{a,b}$ 的模的比值和其强相位差为 r_B 和 δ_B,那么有

$$r_B = |\mathcal{A}_b/\mathcal{A}_a| \sim \sqrt{\bar{\rho}^2 + \bar{\eta}^2}/3. \tag{10.128}$$

使用 $(\bar{\rho}, \bar{\eta})$ 的世界平均值[1, 52]可以估算出: $r_B \sim 0.1$。这里可以看出,虽然这些模型无关的方法理论不确定性大大减少,但是,由于 r_B 数值太小,对于从实验上同时精确测量出这么小的量和两个振幅的强相角的差 δ_B 是一个巨大的挑战。

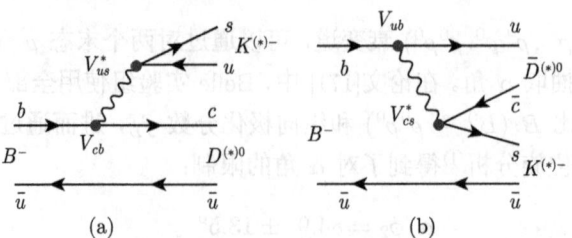

图 10.21 $B^- \to D^0K^-, \overline{D}^0K^-$ 或者 $B^- \to (D^{*0}K^{*-}, \overline{D}^{*0}K^{*-})$ 衰变过程的费恩曼图

§10.4 CKM 矩阵与幺正三角形相角抽取

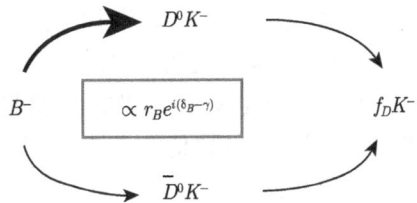

图 10.22 $B^- \to (D^0 K^-, \overline{D}^0 K^-) \to (Y) K^-$ 衰变过程示意图，伴随衰变为 $(D^0, \overline{D}^0) \to Y$，$Y$ 可以是二体或者三体衰变

通过对两个振幅 $\mathcal{A}_a$ 和 $\mathcal{A}_b$ 之间的干涉的研究，可以抽出 γ 相角，常用的分析方案有三种：

(1) Gronau-London-Wyler(GLW) 方案[172]。在该方案下，我们考虑 $B \to DK^{\pm}$，$D^*K^{\pm}, DK^{*\pm}$ 衰变过程①，同时考虑次级 "Cabibbo-suppressed" 的 $D \to f_{CP}$ 的衰变。末态 CP 本征态可以是：$f_{CP} = K^+ K^-, K_s^0 \pi^0$ 等。GLW 方案[172] 是模型无关的方法，只要求测量几个 $B^{\pm} \to DK^{\pm}$ 衰变道分支比的差。其基本思想是通过独立地测量几个相关衰变过程的振幅的大小，并根据这几个振幅之间的关系来确定 γ 角。如图 10.22 所示，该方案在理论上只与树图过程有关，不含企鹅图贡献，理论计算误差可以忽略，所有参数均可以由实验测量。从实验的角度，有多个不同末态可以实验测量，以确定需要测量的物理量。该方法的困难在于如图 10.22 所示的色压低 $B^- \to \overline{D}^0 K^-$ 衰变道的分支比很小：$Br \sim 10^{-7} - 10^{-8}$，由几个振幅构成的三角形很扁，给 γ 的测量带来很大的困难。

(2) Atwood-Dunietz-Soni(ADS) 方案[173]。他们考虑的次级 D 介子的衰变包含 "Cabibbo-favored" 的和 "Double Cabibbo-suppressed" 的衰变，例如 $D \to K^{\pm}\pi^{\mp}$ 衰变。BaBar 和 Belle 实验组已经采用 ADS 方案对 $B^{\pm} \to D^{(*)}K^{\pm}, DK^{*\pm}, DK^{*0}$ 等过程做了研究。对 $B^- \to Dh^-$，$D^0 \to h^+h^- (h^{\pm} = K^{\pm}, \pi^{\pm})$ 衰变过程，GLW 和 ADS 方案的处理方法是相同的。

(3) Giri-Grossman-Soffer-Zupan(GGSZ) 方案[174]。采用 GGSZ 方案时，我们考虑 $B^- \to Dh^-$ 衰变，以及伴随的三体 (自共轭) 衰变过程 $D \to K_S^0 K^+ K^-, K_S^0 \pi^+ \pi^-$，并对 $D \to K_S^0 K^+ K^-, K_S^0 \pi^+ \pi^-$ 衰变过程做 "Dalitz 图" 分析。

采用 GLW/ADS 方案，BaBar、Belle 和 LHCb 实验组均对 $B^{\pm} \to D[\to h^+h^-]h^{\pm}$ ($h = K, \pi$) 衰变过程做了研究②。LHCb 实验组考虑了 $B^{\pm}DK^{\pm}$ 和 $B^{\pm} \to D\pi^{\pm}$ 衰变道。对伴随的 D 介子二体衰变，考虑了四种情况：(a) $D \to K^+K^-$ 和 $\pi^+\pi^-$ 衰变道；(b) "Cabibbo-favored" 衰变道 $D \to K^-\pi^+$，其中的 K^- 的电荷与由 $B^{\pm} \to Dh^{\pm}$ 直接衰变得到的 $h^{\pm}$ 的电荷相同，下面称之为 "$K\pi$" 衰变道；

---

①本节中的 D 介子表示 D^0 和 $\overline{D}^0$ 的混合态。
②对同一类衰变道，不同实验组的参数定义和分析、拟合方法可能有不同。

(c) "Cabibbo-suppressed" 衰变道 $D \to \pi^- K^+$, 其中的 π^- 的电荷与由 $B^\pm \to Dh^\pm$ 直接衰变得到的 $h^\pm$ 的电荷相同, 下面称之为 "πK" 衰变道。

基于 GLW-ADS 方案, 我们可以定义 13 个物理可观测量, 这些观测量是相角 γ 和相关衰变过程衰变宽度 (分支比) 的比值的函数。之所以采用分支比比值, 是因为在比值中许多系统误差可以相互抵消。

(1) 首先定义 $B^\pm \to DK^\pm$ 和 $B^\pm \to D\pi^\pm$ 衰变宽度平均值比值:

$$R^f_{K/\pi} = \frac{\Gamma(B^- \to D[\to f]K^-) + \Gamma(B^+ \to D[\to \bar{f}]K^+)}{\Gamma(B^- \to D[\to f]\pi^-) + \Gamma(B^+ \to D[\to \bar{f}]\pi^+)}, \quad (10.129)$$

其中 $f = (K^+K^-, \pi^+\pi^-, K^-\pi^+, \pi^-K^+)$ 有 4 个不同组合。比值 $R^f_{K/\pi}$ 可以表示为相角 γ 和一些强子参数的函数。对于 "Cabibbo-favored" 末态情况, 即当 $f = K\pi$ 时有

$$R^f_{K/\pi} = R_{\text{cab}} \frac{1 + (r^K_B r_f)^2 + 2r^K_B r_f \kappa \cos(\delta^K_B - \delta_f) \cos\gamma + M^K_- + M^K_+}{1 + (r^\pi_B r_f)^2 + 2r^\pi_B r_f \kappa \cos(\delta^\pi_B - \delta_f) \cos\gamma + M^\pi_- + M^\pi_+}. \quad (10.130)$$

其中相干系数 $\kappa = 1$。对 $f = K^+K^-, \pi^+\pi^-$ 情况, 则有

$$R^f_{K/\pi} = R_{\text{cab}} \frac{1 + (r^K_B)^2 + 2r^K_B \cos\delta^K_B \cos\gamma}{1 + (r^\pi_B)^2 + 2r^\pi_B \cos\delta^\pi_B \cos\gamma}, \quad (10.131)$$

这样的比值 $R^f_{K/\pi}$ 有三个: $R^{KK,\pi\pi,K\pi}_{K/\pi}$。

(2) 如果忽略 D^0–$\overline{D}^0$ 混合过程中的极小的 CP 破坏, 那么在混合参数 (x_D, y_D) 的领头阶近似下, D 介子混合修正项 $M^h_\pm$ 可以定义为

$$M^h_\pm = \left\{ \kappa r_f [(r^h_B)^2 - 1] \sin\delta_f + r^h_B(1 - r^2_f) \sin(\delta^h_B \pm \gamma) \right\} a_D x_D \\ - \left\{ \kappa r_f [(r^h_B)^2 + 1] \cos\delta a_f + r^h_B(1 + r^2_f) \cos(\delta^h_B \pm \gamma) \right\} a_D y_D. \quad (10.132)$$

D 介子混合修正项与 $B^\pm \to Dh^\pm$ 衰变重建过程中 D 介子衰变时间接受度 (decay time acceptance) 和分辨率相关。我们使用系数 a_D 来参数化此类效应。对理想情况, $a_D = 1$。对于实际的接受度和分辨率, 对 a_D 的估计值为 $a_D = 1.20 \pm 0.04$, 其误差在拟合时可以忽略。如果 D 介子的衰变末态为 CP 为偶的 CP 本征态, 那么与 $(\kappa = 1, r_f = 1, \delta_f = 0)$ 的情况相同, 式 (10.131) 中的 D 介子混合修正项将严格抵消。

(3) 对 "Cabibbo-favored" $f = K\pi$ 情况, 过程的电荷不对称性 A^f_h 可以定义为

$$A^f_h = \frac{\Gamma(B^- \to D[\to f]h^-) - \Gamma(B^+ \to D[\to \bar{f}]h^+)}{\Gamma(B^- \to D[\to f]h^-) + \Gamma(B^+ \to D[\to \bar{f}]h^+)}. \quad (10.133)$$

其函数表达式为

$$A_h^f = \frac{2r_B^h r_f \kappa \sin(\delta_B^h - \delta_f) \sin\gamma + M_-^h - M_+^h}{1 + (r_B^h r_f)^2 + 2r_B^h r_f \kappa \cos(\delta_B^h - \delta_f) \cos\gamma + M_-^h + M_+^h}. \tag{10.134}$$

对 $f = KK, \pi\pi$ 的情况, 过程的电荷不对称性 A_h^f 可以定义为

$$A_h^f = \frac{2r_B^h \sin\delta_B^h \sin\gamma}{1 + (r_B^h)^2 + 2r_B^h \cos\delta_B^h \cos\gamma}, \tag{10.135}$$

其中 r_B^h 分别表示 r_B^K 和 r_B^π。这样定义的 A_h^f 有六个: $A_K^{KK,\pi\pi,K\pi}$ 和 $A_\pi^{KK,\pi\pi,K\pi}$。

(4) 最后定义不考虑不同电荷态平均的 "Caibibbo-favored" 和 "Cabibbo-suppressed" 的 $B^\pm \to Dh^\pm$ 衰变宽度之比为

$$\begin{aligned}R_h^\pm &= \frac{\Gamma(B^\pm \to D[\to f_{\text{sup}}]h^\pm)}{\Gamma(B^\pm \to D[\to f]h^\pm)} \\ &= \frac{r_f^2 + (r_B^h)^2 + 2r_B^h r_f \kappa \cos(\delta_B^h + \delta_f \pm \gamma) - [M_\pm^h]_{\text{sup}}}{1 + (r_B^h r_f)^2 + 2r_B^h r_f \kappa \cos(\delta_B^h - \delta_f \pm \gamma) + M_\pm^h},\end{aligned} \tag{10.136}$$

其中 $f_{\text{sup}} = \pi K$ 是 "Cabibbo-suppressed" 情况, $f = K\pi$ 是 "Cabibbo-favored" 情况。这样的比值有四个: $R_K^{+,-}$ 和 $R_\pi^{+,-}$。

对 "Cabibbo-suppressed" 的 $f_{\text{sup}} = \pi K$ 情况, 在混合参数 (x_D, y_D) 的领头阶近似下, D 介子混合修正项 $M_\pm^h$ 可以定义为

$$\begin{aligned}[M_\pm^h]_{\text{sup}} &= \{\kappa r_f[(r_B^h)^2 - 1]\sin\delta_f + r_B^h(1 - r_f^2)\sin(\delta_B^h \pm \gamma)\} a_D x_D \\ &+ \{\kappa r_f[(r_B^h)^2 + 1]\cos\delta_f + r_B^h(1 + r_f^2)\cos(\delta_B^h \pm \gamma)\} a_D y_D.\end{aligned} \tag{10.137}$$

使用在 2011 年采集到的 1fb^{-1} 的数据, 根据 $D \to h^+h^-$ 二体分析, LHCb 实验组通过拟合 (表 10.5) 得到的对 γ 角敏感的 13 个可观测物理量的结果为[175]

表 10.5 LHCb 实验组在抽取相角 γ 的拟合中使用的自由参数的定义[175]

衰变道	定义或者性质	参数
$B^\pm \to Dh^\pm$	CP 破坏弱相角	γ
	$\Gamma(B^- \to D^0 K^-)/\Gamma(B^- \to D^0\pi^-)$	R_{cab}
$B^\pm \to DK^\pm$	$\mathcal{M}(B^- \to \overline{D}^0 K^-)/\mathcal{M}(B^- \to D^0 K^-) = r_B^K e^{i(\delta_B^K - \gamma)}$	r_B^K, δ_B^K
$B^\pm \to D\pi^\pm$	$\mathcal{M}(B^- \to \overline{D}^0 \pi^-)/\mathcal{M}(B^- \to D^0 \pi^-) = r_B^\pi e^{i(\delta_B^\pi - \gamma)}$	r_B^π, δ_B^π
$D^0 \to K^+K^-$	直接 CP 破坏	$A_{CP}^{\text{Dir}}(KK)$
$D^0 \to \pi^+\pi^-$	直接 CP 破坏	$A_{CP}^{\text{Dir}}(\pi\pi)$
$D^0 \to K^\pm\pi^\mp$	$\mathcal{M}(D^0 \to \pi^- K^+)/\mathcal{M}(D^0 \to K^-\pi^+) = r_{K\pi}e^{-i\delta_{K\pi}}$	$r_{K\pi}, \delta_{K\pi}$
	Cabibbo-favored 宽度	$\Gamma(D \to K\pi)$
$D^0 - \overline{D}^0$	混合参数	x_D, y_D

$$R_{K/\pi}^{K\pi} = 0.0774 \pm 0.0012 \pm 0.0018, \quad R_{K/\pi}^{KK} = 0.0773 \pm 0.0030 \pm 0.0018,$$
$$R_{K/\pi}^{\pi\pi} = 0.0803 \pm 0.0056 \pm 0.0017, \quad A_K^{K\pi} = -0.0001 \pm 0.0036 \pm 0.0095,$$
$$A_K^{K\pi} = 0.0044 \pm 0.0144 \pm 0.0174, \quad A_K^{KK} = 0.148 \pm 0.037 \pm 0.010,$$
$$A_K^{\pi\pi} = 0.135 \pm 0.066 \pm 0.010, \quad A_\pi^{KK} = -0.020 \pm 0.009 \pm 0.012,$$
$$A_\pi^{\pi\pi} = -0.001 \pm 0.017 \pm 0.010, \quad R_K^- = 0.0073 \pm 0.0023 \pm 0.0004,$$
$$R_K^+ = 0.0232 \pm 0.0034 \pm 0.0007, \quad R_\pi^- = 0.00469 \pm 0.00038 \pm 0.00008,$$
$$R_\pi^+ = 0.00352 \pm 0.00033 \pm 0.00007, \tag{10.138}$$

其中的误差分别是统计误差和系统误差[175]。在论文[175] 中，LHCb 实验组还使用 GGSZ 方法对 $B^\pm \to D[\to K_S^0 h^+ h^-] K^\pm$ 衰变过程做了分析。

基于 3fb^{-1} 的数据，LHCb 实验组给出的对 γ 角和参数 (r_B, δ_B) 的最新限制是

$$\gamma = \left(62^{+15}_{-14}\right)^\circ, \quad r_B = 0.080^{+0.019}_{-0.021}, \quad \delta_B = \left(134^{+14}_{-15}\right)^\circ. \tag{10.139}$$

另外，基于 772 兆 $B\overline{B}$ 对产生数据，Belle 实验组对 $B^\pm \to DK^\pm, D \to K_S^0 \pi^+ \pi^-$ 衰变过程做了分析，给出的对 γ 相角和 r_B 参数的限制是

$$\gamma = (77 \pm 16)^\circ, \quad r_B = 0.145 \pm 0.030 \pm 0.015. \tag{10.140}$$

基于 468 兆 $B\overline{B}$ 对产生数据，BaBar 实验组对 $B^\pm \to (D^{(*)}K^\pm, D^{*\pm}), D^* \to (D\pi^0, D\gamma), K^{*\pm} \to K_S^0 \pi^\pm, D \to K_S^0(K^+K^-, \pi^+\pi^-)$ 衰变过程做了分析，给出的对 γ 相角和 (r_B, δ_B) 参数的限制 (68.3% C.L.) 是[176]

$$\gamma = (68 \pm 15)^\circ, \quad r_B = 0.096 \pm 0.029, \quad \delta_B = \left(119^{+19}_{-20}\right)^\circ. \tag{10.141}$$

基于 BaBar、Belle 和 LHCb 实验组数据，由 CKMFitter 合作组给出的拟合结果[166]：

(1) 使用 GGSZ 方案得到的限制为

$$\gamma = (67 \pm 9.4)^\circ, \quad r_B = 0.088 \pm 0.016, \quad \delta_B = \left(128^{+11}_{-12}\right)^\circ. \tag{10.142}$$

(2) 使用 GGSZ 和 GLW 方案，并忽略 $D \to (\pi\pi, KK)$ 衰变的直接 CP 破坏得到的限制为

$$\gamma = (70.2 \pm 8.3)^\circ, \quad r_B = 0.096 \pm 0.012, \quad \delta_B = \left(121.0^{+9.2}_{-10.3}\right)^\circ. \tag{10.143}$$

(3) 同时考虑 $B^0, B^\pm$ 的衰变道，使用 GGSZ、GLW 和 ADS 方案得到的限制为

$$\gamma = \left(73.2^{+6.3}_{-7.0}\right)^\circ. \tag{10.144}$$

显然，从上面的讨论和实验结果很容易看出来，三个 CKM 相角之中，γ 角的测量精度是最差的。理论上我们没有找到能够从单一的衰变道测量这个角度的精度较高的方法。我们提出了很多模型无关的方法，但是它们基本上都需要多个衰变道的干涉或 CP 破坏的测量，而这些相互干涉的衰变道的分支比又不是很大，至少有一个很小，增加了实验的困难。因而，对于 CKM 相角的测量，实验和理论上都还任重而道远。

§10.4.4 相位 ϕ_s

相位 ϕ_s 描写由 $B_s^0 - \bar{B}_s^0$ 混合导致的 CP 破坏。如图 10.23(c) 所示，ϕ_s 的定义为

$$\phi_s = \arg\left(\frac{M_{12}^s}{\Gamma_{12}^s}\right) = \phi_M - 2\phi_D, \tag{10.145}$$

其中 M_{12}^s 和 Γ_{12}^s 是描写 $B_s^0 - \bar{B}_s^0$ 混合的哈密顿量的非对角矩阵元，已经在第 10.2.1 节定义。ϕ_M 表示由于混合产生的弱位相，ϕ_D 表示 $B_s^0 \to f_{CP}$ 衰变振幅的弱位相。

目前对 ϕ_s 的实验测量结果主要由 LHCb 实验提供[177, 178]。主要考虑 B_s^0 介子的衰变链：

$$B_s^0/\bar{B}_s^0 \to J/\psi\phi, \quad J/\psi \to \mu^+\mu^-, \quad \phi \to (K^+K^-, \pi^+\pi^-). \tag{10.146}$$

然后通过对时间相关的末态粒子角分布的拟合分析抽取 ϕ_s 和其他可观测物理量 $(\Gamma_s, \Delta\Gamma_s, \cdots)$ 的数值。在标准模型下，对这些衰变的贡献分别来自于图 10.23(a) 所示的树图贡献和图 10.23(b) 所示的企鹅图贡献。计算表明，企鹅图贡献远远小于树图贡献。当忽略很小的企鹅图贡献时，对 ϕ_s 的标准模型理论预言值可以写为[177]

$$\begin{aligned}\phi_s^{\rm SM} &= -2\beta_s + \delta\phi_s^{\rm peng} \approx -2\beta_s = -2\arg\left(-\frac{V_{cb}V_{cs}^*}{V_{tb}V_{ts}^*}\right) \\ &= -0.0363 \pm 0.0013 ({\rm rad}). \end{aligned} \tag{10.147}$$

可以看出，对 ϕ_s 的标准模型理论预言值本身很小，其理论误差也很小：$\sim 3.6\%$。所以 ϕ_s 对新物理贡献非常敏感。

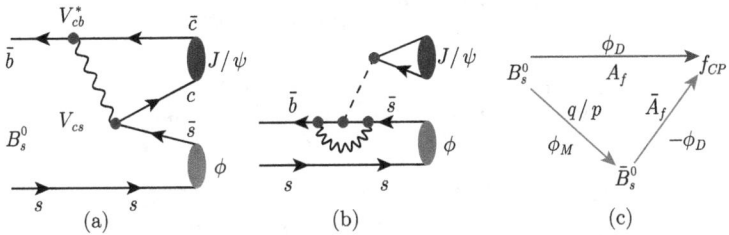

图 10.23　(a) 与 $\bar{b} \to c\bar{c}\bar{s}$ 衰变对应的树图贡献；(b) 色单态 (虚线) 企鹅图贡献 (内线夸克为 (u,c,t))；(c) 示意图：$B_s^0 \to f_{CP}$ 的直接衰变和 $B_s^0 \to \bar{B}_s^0 \to f_{CP}$ 的衰变

B_s 介子三体强子弱衰变过程。例如：LHCb 实验组基于 RUN-1 采集的全部 3fb^{-1} 的数据，已经对 $B_s \to J/\psi KK, J/\psi \pi\pi, J/\psi \to \mu^+\mu^-$ 衰变过程做了分析，给出了对 ϕ_s 的实验测量结果[178]：

$$\phi_s = \begin{cases} (0.070 \pm 0.068 \pm 0.008)\text{rad}, & B_s \to J/\psi\pi\pi, \\ (-0.058 \pm 0.049 \pm 0.006)\text{rad}, & B_s \to J/\psi KK, \\ (-0.010 \pm 0.040)\text{rad}, & \text{Combined.} \end{cases} \tag{10.148}$$

对 Γ_s 等可观测物理量，LHCb 实验组的结果是[178]

$$\Gamma_s = (0.6603 \pm 0.0027 \pm 0.0015) \text{ ps}^{-1}, \quad \Delta\Gamma_s = (0.0805 \pm 0.0091 \pm 0.0033) \text{ ps}^{-1},$$
$$|\lambda| = 0.957 \pm 0.017,$$
$$|\lambda_0| = 1.012 \pm 0.058 \pm 0.013, \quad \phi_0 = -0.045 \pm 0.053 \pm 0.006,$$
$$|\lambda_\parallel/\lambda_0| = 0.97 \pm 0.16 \pm 0.01, \quad \phi_\parallel - \phi_0 = -0.018 \pm 0.043 \pm 0.009,$$
$$|\lambda_\perp/\lambda_0| = 1.02 \pm 0.12 \pm 0.05, \quad \phi_\perp - \phi_0 = -0.014 \pm 0.035 \pm 0.006,$$
$$|\lambda_S/\lambda_0| = 0.86 \pm 0.12 \pm 0.03, \quad \phi_S - \phi_0 = 0.015 \pm 0.061 \pm 0.021. \tag{10.149}$$

对极化量的研究与估算"企鹅图污染"的大小和影响相关。显然，现在得到的对极化相关量的实验测量结果没有显示出极化相关性。

除了三体衰变，LHCb 还研究了 $B_s^0 \to J/\psi \phi, \phi\phi$ 和 $B_s^0 \to D_s^+ D_s^-$ 二体强子弱衰变过程。下面我们对 $B_s^0 \to \phi\phi$ 和 $B_s^0 \to D_s^+ D_s^-$ 衰变情况作简单介绍。

(1) 如图 10.24 所示，对 $\bar{B}_s^0 \to \phi\phi$ 衰变道，主要的贡献来自于 QCD 企鹅图贡献，电弱企鹅图贡献较小，一般可以忽略，在这里没有画出。$\bar{B}_s^0 \to \phi\phi$ 有两个衰变途径：

$$\bar{B}_s^0 \to \phi\phi \quad \oplus \quad \bar{B}_s^0 \to B_s^0 \to \phi\phi. \tag{10.150}$$

这两个图的干涉导致 CP 破坏。这里的 ϕ_s 的定义为

$$\phi_s^{\phi\phi} = \phi_M - 2\phi_D = \arg\left(\frac{q}{p}\frac{A(\bar{B}_s^0 \to \phi\phi)}{A(B_s^0 \to \phi\phi)}\right). \tag{10.151}$$

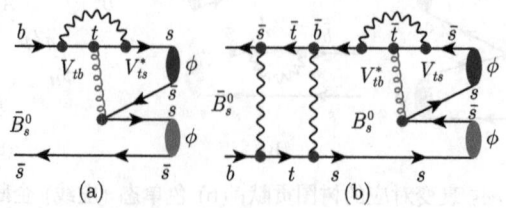

图 10.24 (a)$\bar{B}_s^0 \to \phi\phi$ 衰变企鹅图贡献；(b) $\bar{B}_s^0 \to B_s^0 \to \phi\phi$ 混合–企鹅图贡献

对 $\phi_s^{\phi\phi}$，标准模型理论预言值为：$\phi_s^{\phi\phi} < 0.02$ rad。在实验上，LHCb 实验组使用 3fb^{-1} 的 RUN-1 数据 (大约 4000 个 $B_s^0 \to \phi\phi$ 衰变事例)，通过研究 $2\phi \to 4K$ 末态粒子角分布来确定 $\phi_s^{\phi\phi}$ 的取值。其最后的实验分析结果为[179]

$$\phi_s^{\phi\phi} = (-0.17 \pm 0.15 \pm 0.03) \text{ rad},$$
$$|\lambda| = 1.04 \pm 0.07 \pm 0.03. \tag{10.152}$$

实验测量结果与标准模型期望值符合 (当然，目前的实验误差比较大)，没有看到直接 CP 破坏。

(2) 如图 10.25 所示，对 $\bar{B}_s^0 \to D_s^+ D_s^-$ 衰变道，主要的贡献来自于左侧的与 $\bar{b} \to c\bar{c}\bar{s}$ 衰变相对应的树图，中间的色压低的 QCD 企鹅图贡献比较小，右侧色压低的电弱企鹅图贡献更小。其他可能的湮没图贡献应当更小，没有画出。

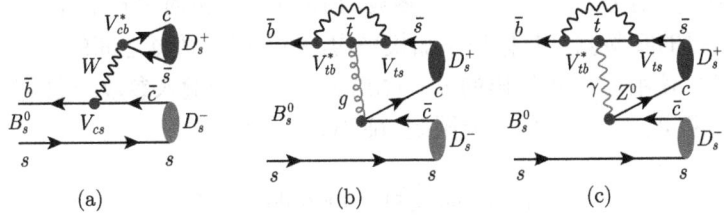

图 10.25　(a) 与 $\bar{b} \to c\bar{c}\bar{s}$ 衰变对应的树图贡献；(b) 色压低的 QCD 企鹅图贡献 (内线夸克为 (u, c, t))；(c) 色压低的电弱企鹅图贡献

LHCb 实验组使用 3fb^{-1} 的 RUN-1 数据，观测到 (3345 ± 62) 个 $\bar{B}_s^0 \to D_s^+ D_s^-$ 衰变事例。在重建事例的过程中，LHCb 考虑了 D_s 介子的以下四类衰变末态[180]：

$$(1): D_s^+ \to K^+ K^- \pi^+, \quad D_s^- \to K^- K^+ \pi^-;$$
$$(2): D_s^+ \to K^+ K^- \pi^+, \quad D_s^- \to \pi^- \pi^+ \pi^-;$$
$$(3): D_s^+ \to K^+ K^- \pi^+, \quad D_s^- \to K^- \pi^+ \pi^-;$$
$$(4): D_s^+ \to \pi^+ \pi^- \pi^+, \quad D_s^- \to \pi^- \pi^+ \pi^-. \tag{10.153}$$

并取 $B^0 \to D^- D_s^+, D^- \to K^+ \pi^- \pi^-, D_s^+ \to K^+ K^- \pi^+$ 衰变过程作为 "控制道" (control channel)，其事例数为 (21320 ± 148) 个。通过对 "味道-标定" (flavor-tagged) 的 $\bar{B}_s^0 \to D_s^+ D_s^-$ 衰变过程的时间演化分析，LHCb 实验组给出了他们的结果：

(1) 如果假设 D_s 介子的衰变过程没有 CP 破坏，LHCb 的拟合结果为

$$\phi_s = (0.02 \pm 0.17(\text{stat}) \pm 0.02(\text{syst})) \text{ rad}. \tag{10.154}$$

(2) 如果假设 D_s 介子的衰变过程可以有 CP 破坏，LHCb 的拟合结果则为

$$\phi_s = (0.02 \pm 0.17(\text{stat}) \pm 0.02(\text{syst})) \text{ rad}, \quad |\lambda| = 0.91^{+0.18}_{-0.15}(\text{stat}) \pm 0.02(\text{syst}). \tag{10.155}$$

上述结果与标准模型期望值以及通过对其他道的分析得到的结果符合。我们同样没有看到直接 CP 破坏。

(3) 在论文[181] 中，LHCb 实验组对 $B_s^0 \to K^+K^-$ 衰变过程的含时 CP 破坏做了测量。他们还同时考虑了与 $B_s^0 \to K^+K^-$ 衰变过程通过 U-旋①相关联的过程 $B^0 \to \pi^+\pi^-$，以及与 $B^0 \to \pi^+\pi^-$ 通过同位旋 (isospin) 相关联的 $B^0 \to \pi^0\pi^0, B^+ \to \pi^+\pi^0$。这四个衰变道包含了树图贡献、QCD 和电弱企鹅图贡献以及湮没图的贡献。目前在各种因子化方案下对相关强子矩阵元的计算还有比较大的理论误差。LHCb 实验组通过考虑 U-旋和同位旋把这 4 个衰变道的强子矩阵元联系起来，使用 BaBar、Belle 实验组的已知数据和他们自己的数据通过拟合来确定 CKM 相角 γ，或者在给定 γ 的情况下抽出相位 ϕ_s。

LHCb 实验组在拟合中使用的与四个衰变道相关的输入参数的实验测量值在表 10.6 中列出。对 $C_{\pi^+\pi^-}$ 和 $S_{\pi^+\pi^-}$ 参数，LHCb 实验组对来自 BaBar、Belle 实验组和他们自己的实验测量数据做了加权平均，并考虑了数据之间的关联[181]。在提取 ϕ_s 数值时，使用 UTFit 给出的 $\gamma = (70.1 \pm 7.1)°$ 作为输入参数。根据拟合，LHCb 给出的对 γ 和 $\phi_s = -2\beta_s$ 的实验限制 (68%C.L.) 为[181]

$$\gamma = \left(63.5^{+7.2}_{-6.7}\right)° \quad \text{modulo} \quad 180°,$$
$$\phi_s = -2\beta_s = (-0.12^{+0.14}_{-0.16})\text{rad}. \tag{10.156}$$

表 10.6　LHCb 实验组在确定 γ 和 $\phi_s = -2\beta_s$ 的拟合中使用的与四个衰变道相关的实验测量值 (作为输入参数)。参数 $\rho(X, Y)$ 表示 X 和 Y 之间的统计关联[181]

观测量	数值	观测量	数值
$C_{\pi^+\pi^-}$	-0.30 ± 0.05	λ	0.2253 ± 0.0007
$S_{\pi^+\pi^-}$	-0.66 ± 0.06	m_{B^0} [Mev]	5279.55 ± 0.26
$\rho(C_{\pi^+\pi^-}, S_{\pi^+\pi^-})$	-0.007	m_{B^+} [Mev]	5279.25 ± 0.26
$C_{\pi^0\pi^0}$	-0.43 ± 0.24	$m_{B_s^0}$ [Mev]	5366.7 ± 0.4
$C_{K^+K^-}$	-0.14 ± 0.11	m_{π^+} [Mev]	139.57
$S_{K^+K^-}$	-0.30 ± 0.13	m_{π^0} [Mev]	134.98
$\rho(C_{K^+K^-}, S_{K^+K^-})$	-0.02	m_{K^+} [Mev]	493.677 ± 0.013
$Br_{\pi^+\pi^-} \times 10^6$	-5.10 ± 0.19	τ_{B^0} [ps]	1.519 ± 0.007
$Br_{\pi^+\pi^0} \times 10^6$	-5.48 ± 0.35	τ_{B^+} [ps]	1.641 ± 0.008
$Br_{\pi^0\pi^0} \times 10^6$	-1.91 ± 0.23	$\tau_{B_s^0}$ [ps]	1.516 ± 0.011
$Br_{K^+K^-} \times 10^6$	$-24.5 \pm 1.8r$	$\Delta\Gamma_s/\Gamma_s$	0.160 ± 0.020
$\sin 2\beta$	0.682 ± 0.019	$\tau(B_s^0 \to K^+K^-)$ [ps]	1.452 ± 0.042

这些结果与标准模型期望值以及通过对其他道 (例如树图为主的衰变道) 的分析得到的结果符合。在拟合中，U-旋的破坏程度允许达到 50%。U-旋的破坏程度对

---
①U-spin: 表示通过互换 d, s 夸克 ($d \leftrightarrow s$) 联系起来的末态介子。

§10.4 CKM 矩阵与幺正三角形相角抽取

抽取 γ 有明显影响,但对抽取 ϕ_s 的影响很小。随着数据量的增加,拟合精度将会明显提高。

ATLAS(4.9fb^{-1} 的数据) 和 CMS(20fb^{-1} 的数据),约 49 000 个 $B_s \to J/\psi\phi$ 事例) 实验组也对 $B_s^0 \to J/\psi\phi \to \mu^+\mu^- K^+K^-$ 衰变过程做了研究,得到了以下结果[178]:

$$\text{ATLAS}: \phi_s = (0.12 \pm 0.25 \pm 0.05)\text{rad}, \quad \Delta\Gamma_s = (0.053 \pm 0.021 \pm 0.010)\text{ ps}^{-1},$$
$$\Gamma_s = (0.677 \pm 0.007 \pm 0.004)\text{ ps}^{-1}, \tag{10.157}$$
$$\text{CMS}: \phi_s = (-0.03 \pm 0.11 \pm 0.03)\text{rad}, \quad \Delta\Gamma_s = (0.096 \pm 0.014 \pm 0.007)\text{ ps}^{-1}. \tag{10.158}$$

图 10.26 表示在 $\phi_s - \Delta\Gamma_s$ 平面上由 HFAG 合作组给出的世界加权平均值 (68%C.L.)[52]。HFAG 合作组使用了 LHCb、CDF、D0 和 ATLAS 实验组报告的对各种 $b \to c\bar{c}s$ 树图衰变过程的实验测量数据,他们给出的拟合结果为[52]

$$\phi_s = (0.00 \pm 0.07)\text{ rad}, \quad \Gamma_s = (0.6615 \pm 0.0032)\text{ ps}^{-1},$$
$$\Delta\Gamma_s = (0.091 \pm 0.008)\text{ ps}^{-1}, \quad \frac{\Delta\Gamma_s}{\Gamma_s} = +0.138 \pm 0.012. \tag{10.159}$$

这清楚表明:(a) 通过对不同衰变道分析得到的结果是一致的,与标准模型期望值符合得很好;(b) 对 B_s^0 介子,比值 $|\Delta\Gamma_d/\Gamma_d|$ 约为 14%,$\Delta\Gamma_s$ 的贡献不能忽略。(c) 前面已经提到,对 B_d^0 介子,比值 $|\Delta\Gamma_d/\Gamma_d| = 0.001 \pm 0.010$[52],小于 1%,完全可以忽略。

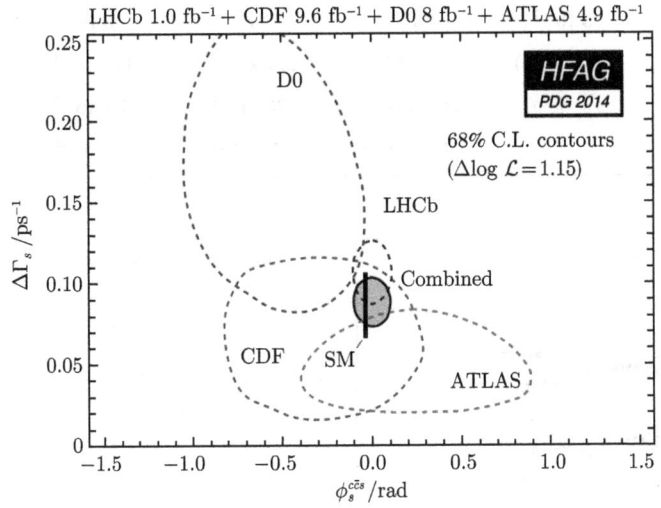

图 10.26 根据 BaBar 等相关实验组对各种 $b \to c\bar{c}s$ 衰变过程的实验测量数据,在 $\phi_s - \Delta\Gamma_s$ 平面上由 HFAG 合作组给出的世界平均值 (68%C.L.)[52](见彩图)

§10.5 未来的重味物理研究

在 1974 年第一个重味夸克发现之后，人们对于重味物理的研究越来越重视，在 20 世纪末达到了高峰。在 21 世纪初，我们已经确定弱相互作用的夸克混合矩阵是已经发现的 CP 破坏的来源。但是，重味物理还有很多没有解决的根本性的问题，首先费米子质量的来源和汤川耦合没有得到验证，已经发现的 CP 破坏大小没有解决宇宙学正反物质不对称的问题。在 Higgs 粒子发现之后，更迫切地寻找新物理迹象的任务也是重味物理研究的最大动力之一。

如表 10.7 所示，按照预定计划 LHC 已经在 2015 年 5 月开始了第二阶段运行 (2015～2018 年)，质心系能量提高到 13TeV。当 $E_{cm} = 13$ TeV 时，通过如图 10.27 所示的 $pp \to b\bar{b}$ 过程的产生截面 $\sigma_{b\bar{b}}$ 为：$\sigma_{b\bar{b}}(13\text{TeV}) \approx 500\mu\text{b}$。每一个 fb^{-1} 的积分亮度对应着 $\sim 10^{10}$ 个 $b\bar{b}$ 对产生事例。对应 LHC 不同运行阶段，预期产生的 $b\bar{b}$ 对数目在表 10.7 中给出。

表 10.7　LHC 实验和日本超级 B 工厂实验 (Belle-II) 2015～2030 年的运行计划和预期积分亮度和对应的 B 介子对事例数 (括号中数字)

实验组	LHC 第一、第二阶段		LHC 第三阶段		
	2010～2012	2015～2018	2020～2022	2025～2028	2030+
ATLAS+CMS	25 fb^{-1}	100 fb^{-1}	300 fb^{-1}	$\to$	3000 fb^{-1}
	(2.5×10^{11})	(10^{12})	(3×10^{12})		(3×10^{13})
LHCb	3 fb^{-1}	8 fb^{-1}	23 fb^{-1}	46 fb^{-1}	100 fb^{-1}
	(3×10^{10})	(8×10^{10})	(2.3×10^{11})	(4.6×10^{11})	(10^{12})
Belle-II		0.5 ab^{-1}	25 ab^{-1}	50 ab^{-1}	—
		(5×10^{8})	(2.5×10^{10})	(5×10^{10})	

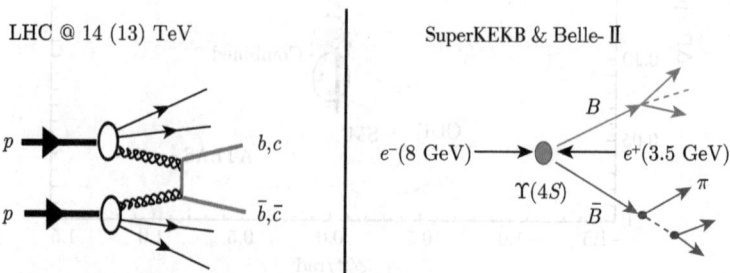

图 10.27　LHC 实验的 $b\bar{b}, c\bar{c}$ 产生示意图 (左图)，超级 B 工厂 Belle-II 上 B 介子对产生示意图

§10.5 未来的重味物理研究

大型强子对撞机在第一和第二阶段的运行结束以后，在第三阶段运行之前 (2019~2020 年)，LHCb 探测器将进行全面升级。升级的目标是把每年的积分亮度提高 5 ~ 10 倍，以降低实验测量的统计误差，使实验测量精度达到理论计算精度的水平。LHCb 升级涉及的主要变化是：

1. 目前 LHCb"一级触发选判"(level-0 trigger) 后的数据输出能力只有 1MHz，形成"数据流"的"瓶颈"。升级后，采用更有效的软件"Trigger"把选判后的数据输出能力提高到 40MHz。

2. 调节两个质子束流的中心间隔，把"对撞"亮度由目前的 $\sim 4\times 10^{32}\mathrm{cm}^{-2}\cdot\mathrm{s}^{-1}$ 提高到 $\sim 2\times 10^{33}\mathrm{cm}^{-2}\cdot\mathrm{s}^{-1}$。

3. 升级"顶角探测器"(VELO) 和"径迹探测器"(Tracker)，以适应高亮度和高事例产生率的需要。

4. 粒子鉴别系统 (PID) 的升级：包含"光子探测器"、"电磁量能器"和"μ 系统"的升级。

表 10.8 LHCb 实验研究的主要物理过程和可观测物理量，升级前后实验测量精度的对比，以及标准模型理论预言的精度[6, 182]。其中 ϕ_s 和 β^{eff} 的单位均为"rad"

类型	物理量与过程	RUN-1	LHCb-2018	LHCb(50fb^{-1})	Theory
B_s^0 混合	$\phi_s: B_s^0 \to J/\psi\phi$	0.05	0.025	0.009	~ 0.003
	$\phi_s: B_s^0 \to J/\psi f_0(980)$	0.09	0.05	0.016	~ 0.01
	$A_{sl}(B_s^0)(10^{-3})$	2.8	1.4	0.5	0.03
QCD	$\phi_s^{\mathrm{eff}}: B_s^0 \to \phi\phi$	0.18	0.12	0.026	~ 0.02
企鹅图	$\phi_s^{\mathrm{eff}}: B_s^0 \to K^{*0}\bar{K}^{*0}$	0.19	0.13	0.029	< 0.02
	$2\beta^{\mathrm{eff}}: B^0 \to \phi K_S^0$	0.30	0.20	0.04	0.02
右手流	$\phi_s^{\mathrm{eff}}: B_s^0 \to \phi\gamma$	0.20	0.13	0.030	< 0.01
检验	$\tau^{\mathrm{eff}}/\tau_{B_s}: B_s^0 \to \phi\gamma$	5%	3.2%	0.8%	0.2%
电弱	$S_3: B^0 \to K^{*0}\mu^+\mu^-$	0.04	0.020	0.007	0.02
企鹅图	$q_0^2: A_{FB}(B^0 \to K^{*0}\mu^+\mu^-)$	10%	5%	1.9%	$\sim 7\%$
	$A_1: B^0 \to K\mu^+\mu^-$	0.14	0.07	0.024	~ 0.02
	$\dfrac{B^+ \to \pi^+\mu^+\mu^-}{B^+ \to K^+\mu^+\mu^-}$	14%	7%	2.4%	$\sim 10\%$
Higgs	$Br(B_s^0 \to \mu^+\mu^-)(10^{-9})$	1.0	0.5	0.19	0.3
penguin	$\dfrac{B^0 \to \mu^+\mu^-}{B_s^0 \to \mu^+\mu^-}$	220%	110%	40%	$\sim 5\%$
UTangles	$\gamma: B \to D^{(*)}K^{(*)}$	7°	4°	1.1°	可忽略
	$\gamma: B_s^0 \to D_s^{\mp}K^{\pm}$	17°	11°	2.4°	可忽略
	$\beta: B \to J/\psi K_S^0$	1.7°	0.8°	0.31°	可忽略
Charm-CPV	$A_{\Gamma}: D^0 \to K^+K^-(10^{-4})$	3.4	2.2	0.5	—
	$\Delta A_{CP}(10^{-3})$	0.8	0.5	0.12	—

在表 10.8 中，我们列出了 LHCb 的主要可观测物理量，升级前后实验测量精度对比，以及对应物理量的标准模型理论预言精度。从该表可以清楚地看到 LHCb 升级带来的精度提高。在表 10.8 中出现的几个物理量的定义是：

1. 在对 $B^0 \to K^* \mu^+ \mu^-$ 半轻子衰变过程中，定义了可观测物理量 S_3 和 q_0^2。其中 q_0^2 表示在 $q^2 - A_{FB}$ 平面上前后不对称性 $A_{FB}(B^0 \to K^{*0} \mu^+ \mu^-)$ 的取值越过零点 $A_{FB}(B^0 \to K^{*0} \mu^+ \mu^-) = 0$ 时 q^2 的取值。S_3 则是在对 $B^0 \to K^* \mu^+ \mu^-$ 半轻子衰变微分截面末态粒子角分布中定义的参数：

$$\frac{1}{\Gamma}\frac{d^3(\Gamma + \overline{\Gamma})}{d\cos\theta_l \, d\cos\theta_k \, d\phi} = F_L \cdot f(\theta_l, \theta_k, \phi) + \sum S_i \cdot f(\theta_l, \theta_k, \phi). \tag{10.160}$$

其中角度见论文 [183] 中的定义。

2. A_Γ 和 ΔA_{CP} 是为了研究 D 介子系统的 CP 破坏而定义的物理量：

$$A_\Gamma \equiv \frac{\tau(\overline{D}^0 \to f) - \tau(D^0 \to f)}{\tau(\overline{D}^0 \to f) + \tau(D^0 \to f)} \approx -a_{CP}^{\text{ind}}, \quad f = K^+K^-, \pi^+\pi^-, \tag{10.161}$$

$$A_{CP} \equiv \frac{\Gamma(D^0 \to f) - \Gamma(\overline{D}^0 \to f)}{\Gamma(D^0 \to f) + \Gamma(\overline{D}^0 \to f)},$$

$$\Delta A_{CP} \equiv A_{CP}(K^+K^-) - A_{CP}(\pi^+\pi^-). \tag{10.162}$$

对日本的超级 B 工厂 Belle-II 实验，B 介子对的产生截面为：$\sigma(B\bar{B})|_{\text{Belle-II}} \approx 1$ nb。每一个 ab^{-1} 的积分亮度对应着 $\sim 10^9$ 个 B 介子对产生事例。对应 Belle-II 的不同运行阶段，预期产生的 B 介子对数目也在表 10.7 中给出。在运行结束后总的事例数将达到 BaBar 和 Belle 总事例数的大约 40 倍。在本章的开始部分已经提到，美国和日本的 B 介子工厂实验取得了巨大的成功。Belle 实验的最高亮度曾经达到 2.1×10^{34} cm$^{-2} \cdot$ s^{-1}，这是目前各类对撞机的亮度记录。在 LHC 时代，为什么还要建造超级 B 介子工厂？有以下几点理由[4]：

1. 到目前为止，LHC 实验和 B 介子工厂实验还没有看到任何新物理信号。这意味着只能通过量子圈图过程寻找新物理。但要发现新物理圈图过程引起的很小的偏离 (1% $\sim$ 0.1%)，必须把实验测量精度提高到一个新的水平，需要提供比目前已有数据高出 2~3 个量级的数据量。这就导致 LHCb 实验的升级，以及建造超高亮度的超级 B 工厂。

2. LHCb 是质子–质子对撞机实验，虽然 LHCb 实验的主要研究对象也是包含 (b,c) 夸克的 B 介子、b 重子、含粲介子、粲偶素等粒子的产生和衰变过程，但强子对撞机实验的强产生本底大。特别是对于有中微子、π^0 参与的 "Missing-E" 过程，LHCb 实验测量的难度太高。

3. e^+e^- 对撞机实验的主要优点还包括：低本底，很高的触发效率，非常漂亮的 γ 和 π^0 等中型粒子的重建，可靠的味道–标定效率，有很好的运动学分辨率，有很多控制道以降低系统误差。在正负电子对撞机实验中可以测量绝对分支比，可以对"Missing-E"和"Missing-mass"过程作可靠分析。

以 $B^- \to \tau \bar{\nu}_\tau$ 衰变过程为例，该衰变过程是寻找带电 Higgs 粒子的好衰变道。其衰变链为

$$B^- \to \tau^- \bar{\nu}_\tau, \quad \tau^- \to \mu^- \nu_\tau \bar{\nu}_\mu, \quad e^- \nu_\tau \bar{\nu}_e, \quad \pi^0 \nu_\tau. \tag{10.163}$$

整个衰变链只有一条带电径迹，只有对电磁量能器的能量沉积分布 E_{ECL} 作拟合，用 $E_{\text{ECL}} \approx 0$ 的端点处的峰值来确定 $\tau \to l\nu\nu, \pi^0\nu$ 的衰变。

另一个例子是在对 $B \to D^{(*)}l^+\nu$ 的研究过程中，BaBar 实验组发现的 $R(D)$ 和 $R(D^*)$ 反常：即关于 $R(D)$ 和 $R(D^*)$ 的实验测量值比标准模型理论预言值高，偏离 $\sim 3.7\sigma$。要解决这个问题，很可能要等待 Belle-II 的实验测量结果。

4. 对同一类过程，在 LHCb 实验和超级 B 工厂实验的测量方法、数据分析的方法也有很大的不同。强子对撞机实验和正负电子对撞机实验是互补的，在这两类不同的实验中得到的实验测量结果可以相互检验。如果在强子对撞机上发现了新粒子，那么肯定需要专门的正负电子对撞机实验，来对其性质作高精度的测量。这就是在 LHC 发现 Higgs 玻色子以后，我们仍然需要建造 e^+e^- 的 Higgs 工厂重要原因。

图 10.28 是 Super-KEKB 的示意图。和原来的 KEKB 加速器和 Belle 探测器相比，Super-KEKB 加速器和 Belle-II 探测器基本上是全新的机器。探测器的大部分部件已经更换，大部分电子设备已被升级、更新，e^-, e^+ 束流的能量也将调整：

$$8.0\text{GeV}(e^-) \oplus 3.5\text{GeV}(e^+) \longrightarrow 7\text{GeV}(e^-) \oplus 4\text{GeV}(e^+). \tag{10.164}$$

质心系有效能量 $\sqrt{S} = 10.583\text{GeV}$，保持不变。

采用了"Nano-beam"技术和其他一系列改进以后，计划把峰值亮度提高 40 倍，把积分亮度由 Belle 和 BaBar 运行 10 年得到的 $\sim 1.3\text{ab}^{-1}$ 提高到大约 50ab^{-1}($\sim$ 2023 年)：

$$L_{\text{peak}} = 2.1 \times 10^{34} \text{cm}^{-2} \cdot \text{s}^{-1} \longrightarrow L_{\text{peak}} = 8 \times 10^{35} \text{cm}^{-2} \cdot \text{s}^{-1}, \tag{10.165}$$

$$L_{\text{int}} = 1\text{ab}^{-1} \longrightarrow L_{\text{int}} = 50\text{ab}^{-1}(\sim 2023\text{年}). \tag{10.166}$$

所谓的"Nano-beam"技术就是把正负电子束团的体积由原来的 $100\mu\text{m}(H) \times 2\mu\text{m}(V)$ 压缩到 $10\mu\text{m}(H) \times 0.059\mu\text{m}(V)$，提高每次正负电子束团对撞时发生 $e^+e^- \to \Upsilon(NS)$ 产生过程的概率，进而大幅度提高亮度。

Belle-II 实验的首要物理目标是通过对 B 介子各类衰变过程的高精度研究，发现新物理存在的信号或者证据。这当然是一个非常困难的任务！首先要通过 Belle-II 实验，澄清目前存在的几个反常：例如：$B \to K\pi$ 衰变过程的 $\Delta \mathcal{A}_{CP} \neq 0$ 的反

常，V_{ub}, V_{cb} 在"单举"和"遍举"过程测量值偏离的问题，以及 BaBar 实验组发现的 B 介子半轻子衰变过程的 $R(D)$ 和 $R(D^*)$ 反常问题等。

在 Belle-II 实验中发现新物理的可能的"黄金道过程"有：

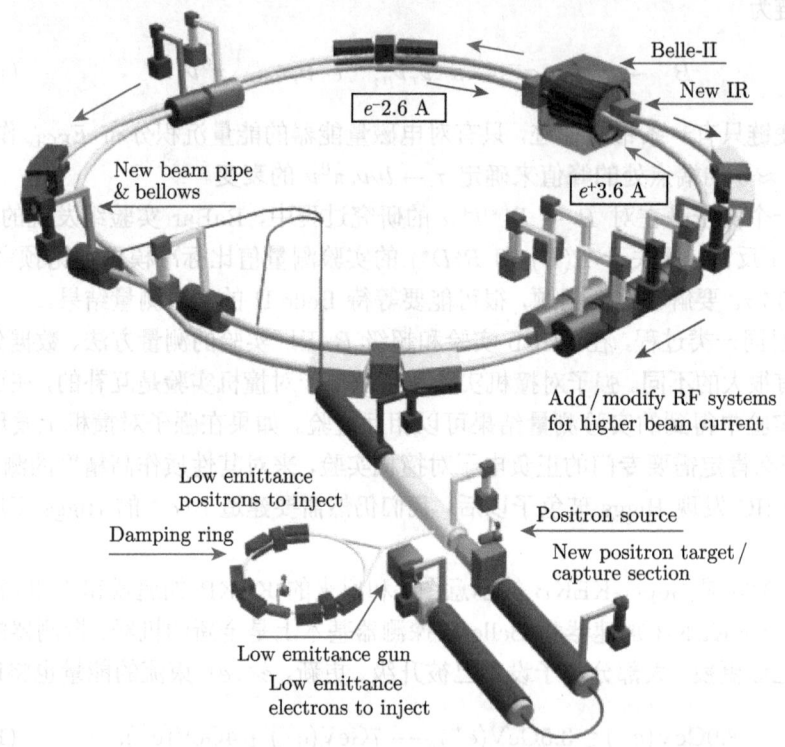

图 10.28 日本 KEK 的 Super-KEKB 加速器示意图 (见彩图)

1. 树图过程和企鹅图过程导致的 CP 破坏：即由 $b \to c\bar{c}s$ 过程和 $b \to sq\bar{q}$ 过程测量得到的 $\sin 2\beta$ 数值的差别。

2. 辐射衰变过程中的 CP 破坏。例如：由 $B \to K_S \pi^0 \gamma$ 测得的 $\sin 2\beta$。

3. 前面已经提到的"Missing-energy"过程：纯轻子衰变过程 $B \to l\nu(l = e, \mu, \tau)$，半轻子衰变过程 $B \to D^{(*)} l \nu_l$。

4. 轻子味道改变 (LFV) 的 τ 轻子衰变过程：$\tau \to \mu\gamma, \mu\mu\mu$ 等。

5. $D^0 - \overline{D}^0$ 混合与 D 介子衰变过程中的 CP 破坏。

6. B 介子多体衰变中的 CP 破坏问题等。

日本 KEK 的超级 B 介子工厂目前正在进行紧张的设备安装、调试工作，Super-KEKB 加速器在 2015 年开始试运行，Belle-II 探测器在 2016 年开始试运行，2017 年开始物理取数。Belle-II 预期每年采集的 B/B_s 介子对、$\tau^+\tau^-$ 轻子对和其他 $\Upsilon(NS)$ 共振态事例数如表 10.9 所示。和 Belle 相比，将提高 20 倍左右。在达到新的积分亮

§10.5 未来的重味物理研究

度以后, Belle 合作组将能够把许多可观测物理量的实验测量精度提高到新的水平。在表 10.10 和表 10.11 中, 我们列出了对主要物理量目前的 Belle 实验测量结果, 未来当 Belle-II 的积分亮度分别达到 5ab^{-1} 和 50ab^{-1} 时的预期实验测量精度。

表 10.9 BaBar 和 Belle 实验组在整个运行期间的数据采集情况, 日本超级 B 工厂 (Super-KEKB)Belle-II 实验组预期每年获得的 $B - B_s$ 介子对、$\tau^+\tau^-$ 轻子对和其他 $\Upsilon(NS)$ 共振态事例数[14]

Channel	BaBar	Belle	Belle-II
$B\bar{B}$	4.8×10^8	7.7×10^8	1.1×10^{10}
$B_s^{(*)}\bar{B}_s^{(*)}$	—	7.0×10^6	6.0×10^8
$\Upsilon(1S)$		1.0×10^8	1.8×10^{11}
$\Upsilon(2S)$	0.9×10^7	1.7×10^8	7.0×10^{10}
$\Upsilon(3S)$	1.0×10^8	1.0×10^7	3.7×10^{10}
$\Upsilon(5S)$		3.6×10^7	3.0×10^9
$\tau^+\tau^-$	0.6×10^9	1.0×10^9	1.0×10^{10}

表 10.10 在积分亮度分别达到 5ab^{-1} 和 50ab^{-1} 时, Belle-II 实验组对部分物理量的预期实验测量精度[1, 184]

	物理量	Belle (2014)	Belle-II 5 ab^{-1}	Belle-II 50 ab^{-1}
UT angles	$\sin 2\beta$	$0.667 \pm 0.023 \pm 0.012$	0.012	0.008
	$\alpha/(°)$	85 ± 4(Belle + BaBar)	2	1
	$\gamma/(°)$	68 ± 14	6	1.5
UT sides	V_{cb} : inclusive(10^{-3})	$41.6(1 \pm 1.8\%)$	1.2%	
	V_{cb} : exclusive(10^{-3})	$37.5(1 \pm 3.0\%(ex) \pm 2.7\%(th))$	1.8%	1.4%
	V_{ub} : inclusive(10^{-3})	$4.47(1 \pm 6\%(ex) \pm 2.5\%(th))$	3.4%	3.0%
	V_{ub} : exclusive(10^{-3})	$3.52(1 \pm 3.0\%(ex) \pm 2.7\%(th))$	1.8%	1.4%
QCD 企鹅图	$S_f : B \to \phi K^0$	$0.90^{+0.09}_{-0.19}$	0.053	0.018
	$S_f : B \to K^0 \eta'$	$0.68 \pm 0.07 \pm 0.03$	0.028	0.011
	$S_f : B \to K_S^0 K_S^0 K_S^0$	$0.30 \pm 0.32 \pm 0.08$	0.100	0.033
	$\mathcal{A}_f : B \to K^0 \pi^0$	$-0.05 \pm 0.14 \pm 0.05$	0.07	0.04
Missing E decays	$Br(B \to \tau\nu)(10^{-6})$	$96(1 \pm 27\%)$	10%	3%
	$Br(B \to \mu\nu)(10^{-6})$	< 1.7	20%	7%
	$R(B \to D\tau\nu_\tau)$	$0.440(1 \pm 16.5\%)$	5.2%	2.5%
	$R(B \to D^*\tau\nu_\tau)$	$0.332(1 \pm 9.0\%)$	2.9%	1.6%
	$Br(B \to K^{*+}\nu\bar{\nu})(10^{-6})$	< 40	< 15	30%
	$Br(B \to K^+\nu\bar{\nu})(10^{-6})$	< 55	21%	7%
Rad.& EW. Decays	$Br(B \to X_s\gamma)(10^{-4})$	$3.45(1 \pm 4.3\% \pm 11.6\%)$	7%	6%
	$\mathcal{A}_{CP}(B \to X_{s,g}\gamma)(10^{-2})$	$2.2 \pm 4.0 \pm 0.8$	1	0.5
	$C_7/C_9 : (B \to X_s l^+ l^-)$	$\sim 20\%$	10%	5%
	$\mathcal{B}(B_s \to \gamma\gamma)(10^{-6})$	< 8.7	0.3	

表 10.11 在积分亮度分别达到 5ab^{-1} 和 50ab^{-1} 时，Belle-II 实验组对部分与 D, τ 有关的物理量的预期实验测量精度[1, 4, 184]

	物理量	Belle (2014)	Belle-II 5 ab^{-1}	Belle-II 50 ab^{-1}
Charm rare	$Br(D_s \to \mu\nu_\mu)(10^{-3})$	$5.31(1 \pm 5.3\% \pm 3.8\%)$	2.9%	0.9%
	$Br(D_s \to \tau\nu_\tau)(10^{-3})$	$5.70(1 \pm 3.7\% \pm 5.4\%)$	3.5%	3.6%
	$Br(D^0 \to \gamma\gamma)(10^{-6})$	< 1.5	30%	25%
Charm CP	$A_{CP}(D^0 \to K^+K^-)(10^{-2})$	$-0.32 \pm 0.21 \pm 0.09$	0.11	0.06
	$A_{CP}(D^0 \to \pi^0\pi^0)(10^{-2})$	$-0.03 \pm 0.64 \pm 0.10$	0.29	0.09
	$A_{CP}(D^0 \to K_S^0\pi^0)(10^{-2})$	$-0.21 \pm 0.16 \pm 0.09$	0.08	0.03
Charm Mixing	$x : D^0 \to K_S^0\pi^+\pi^-)(10^{-2})$	$0.56 \pm 0.19^{+0.07}_{-0.13}$	0.14	0.11
	$y : D^0 \to K_S^0\pi^+\pi^-)(10^{-2})$	$0.30 \pm 0.15^{+0.05}_{-0.08}$	0.08	0.05
	$\left|\frac{q}{p}\right| : D^0 \to K_S^0\pi^+\pi^-$	$0.90^{+0.16+0.08}_{-0.15-0.06}$	0.10	0.07
	$\phi : D^0 \to K_S^0\pi^+\pi^-)(°)$	$-6 \pm 11^{+4}_{-6}$	6	4
τ-LFV rare decays	$Br(\tau \to \mu\gamma)(10^{-9})$	< 45	< 4.6	< 0.5
	$Br(\tau \to e\gamma)(10^{-9})$	< 120	< 12	< 1.2
	$Br(\tau \to 3\mu)(10^{-9})$	< 21	< 4.5	< 0.5

练 习 题

1. 在标准模型的"退耦"定理中，质量越重的新物理粒子对于低能过程的影响越小，这也是重正化可以有效进行的基础，但是对于 B-$\bar{B}$ 等介子混合中，却是越重的粒子贡献越大，在顶夸克发现之前就准确预言了其质量，为什么？

2. 对于 B、D、K 等介子的弱衰变，正反粒子衰变的分支比的不同，我们定义为 CP 破坏，为什么不是 C 破坏？对于 $B^* \to B\gamma$ 的电磁衰变中，B^* 和 $\bar{B}^*$ 的衰变分支比如果有不同，反映的是 C 还是 CP 破坏？

3. 考虑 $B^0 - \bar{B}^0$ 的混合，证明式 (10.48) 和式 (10.49)。

4. 证明 $K \to \pi^+\pi^-, \pi^0\pi^0$ 衰变末态是 CP 为偶的态。考虑 $K \to 3\pi^0, \pi^+\pi^-\pi^0$ 三体衰变末态，那么这两个末态的 CP 量子数为何？

5. 如果假定在一个世界上有 $m_\pi = 0$，那么你认为那里的人们能够发现 CP 破坏吗？

6. 另外，如果假定 $m_\pi = 200$ MeV 而不是 $m_\pi \approx 130$ MeV，那么这对 $\theta - \tau$ 之谜有什么影响，对发现 CP 破坏有什么影响？

7. 考虑赝标量场 (P)、标量场 (S)、矢量场 (V_μ) 和轴矢量场 (A_μ)，如果把一个简单哈密顿量 $\mathcal{H}$ 写成如下形式

$$\mathcal{H} = (aS + bP)(aS + bP)^\dagger + (cV_\mu + dA_\mu)(cV_\mu + dA_\mu)^\dagger, \tag{10.167}$$

那么，在什么条件下，$\mathcal{H}$ 在 C, P, T, CP 和 CPT 变换下是不变的。

8. 证明：(a) 如果任意两种夸克的质量是简并的 (相同)，那么 3×3 的 CKM 矩阵就可以是实矩阵；(b) 如果 CKM 矩阵的任意一个矩阵元等于 0，那么刻意调整 CKM 矩阵元的相位，把 CKM 矩阵变换成实矩阵。

9. 考虑 $K \to \pi\pi$ 衰变过程,其衰变宽度可以写为

$$\Gamma(K^+ \to \pi^+\pi^0) = \frac{p_\pi}{8\pi m_K^2}|A(K^+ \to \pi^+\pi^0)|^2. \tag{10.168}$$

根据 K^+, K_S 介子的寿命,以及 $K_S \to \pi^+\pi^-$ 和 $K^+ \to \pi^+\pi^0$ 衰变分支比的实验数据[1],导出

$$A(K^+ \to \pi^+\pi^0) \approx 1.8 \times 10^{-8} \text{ GeV};$$
$$A(K^0 \to \pi^+\pi^-) \approx 27.5 \times 10^{-8} \text{ GeV};$$
$$A(K^0 \to \pi^0\pi^0) \approx 26.4 \times 10^{-8} \text{ GeV}. \tag{10.169}$$

10. 使用实验测量值:$M(\Upsilon(4S)) = (10.5800\pm0.0035)\text{GeV}$, $m_B = (5.2792\pm0.0018)$ GeV 和 $c\tau = 468\mu\text{m}$ 作为输入参数:

(a) 在正负电子束流能量相同的对撞机上,由 $e^+e^- \to \Upsilon \to B^0\bar{B}^0$ 产生的 B 介子对在产生时处于静止状态,计算在 B^0 介子衰变前它飞行的距离。

(b) 在日本的 B 介子工厂实验中,$E(e^-) = 9$ GeV, $E(e^+) = 3$ GeV,计算这时产生的 B^0 介子在衰变前飞行的距离。为什么日本和美国的 B 介子工厂的正负电子束流能量都设计成是不相等的。

第 11 章　高能物理实验简介

物理学是一门以实验为基础的科学。实验不仅能够帮助物理学家认识自然界中的种种奇异现象，而且能够帮助他们认识在大量现象后面隐藏的物理规律，极大地推动物理理论的建立和发展。1881 年迈克尔逊探测地球在"以太"中运动速度的实验，1887 年迈克尔逊和莫雷精确测量地球相对于"以太"的运动的实验都否定了"以太"的存在。这直接导致了爱因斯坦据此在 1905 年的论文《论动体的电动力学》中提出了相对论假设。相对论的建立彻底改变了人们的时空观，成为现代物理学发展的基础。作为当代物理学最重要分支之一的粒子物理学，更是一门以实验为主的科学。粒子物理实验就是通过实验的方法去研究基本粒子的结构、性质及其相互作用，推动粒子物理理论的持续发展。在粒子物理实验中，作为研究对象的基本粒子一般需要用高能加速器产生，因此粒子物理实验又称高能物理实验。

一个物理实验是否有意义，是否能够取得成功，更多地取决于在实验前能否选择有意义的物理题目，设计合理的实验方案，选择合适的实验仪器；实验时能否真实有效地记录实验数据；实验后能否科学地分析数据，得到可靠的实验结果。粒子物理实验也是如此。因此，为了得到真实可靠的粒子物理实验结果，物理学家需要全面考虑实验前、实验时、实验后三个阶段，以期获得成功。现代粒子物理实验日益趋向于大型化、复杂化，一般在规模很大的高能物理中心进行，通常需要进行广泛的区域合作和国际合作。

粒子物理实验有不同分类，按照粒子产生的方式可以分为加速器物理实验和非加速器物理实验。加速器物理实验按照方法不同包括固定靶实验和对撞机实验。目前的非加速器物理实验包括宇宙线实验、核反应堆实验等，主要研究中微子、暗物质等。

§11.1　加速器物理实验

加速器物理实验利用粒子加速器将带电粒子的速度和动能提高到一定状态，通过对撞或者打靶让高速粒子之间（对撞机实验）或者高速粒子与其他物质之间（固定靶实验）发生相互作用，经过相互作用产生的末态粒子会在不同类型的探测器中留下电子学信号，测量这些电子学信号，通过计算可以得到这些末态粒子的电荷、质量、自旋等物理量，研究它们的性质和相互作用的规律。作为加速器物理实验的两种主要方式，对撞机实验和固定靶实验各有利弊。对撞机实验的优点在于加速器

§11.1 加速器物理实验

束流能量能够全部利用,缺点在于束流种类、反应末态和对撞亮度均受到限制。固定靶实验的优点在于可以使用的束流和粒子种类比较多,反应末态比较丰富,缺点是束流能量不能全部利用。

对撞实验在加速器实验中占有重要的地位,J/ψ 粒子、τ 轻子、Υ 粒子都可以在对撞实验中发现,而高能量的 Z^0 粒子、$W^\pm$ 粒子和 t 夸克都是在对撞实验中发现的。表 11.1 列出了世界上主要的对撞机和其研究重点。

表 11.1　主要高能物理对撞机及其研究重点

名称	国家	能量/GeV	研究重点
BEPC(BEPCII)	中国	3～5	粲夸克、τ 轻子
CESR	美国	10	b 夸克
CESR-c	美国	3～11	粲偶素、D 物理
HERA	德国	$30(e^-) + 820(p)$	质子结构
TEVATRON	美国	1800/2 000	t 夸克
PEPII	美国	$9(e^-) + 3.1(e^+)$	b 介子、CP 破坏
KEKB	日本	$8(e^-) + 3.5(e^+)$	b 介子、CP 破坏
LHC	CERN	7000～14000	Higgs 物理、顶夸克物理、重离子碰撞 B_s, B_c 介子、CP 破坏、粲偶素、新物理

在表 11.1 中,美国的 CESR 和 CESR-c 已经停止运行,日本的 KEKB 正在进行升级改造,预计将在 2016 年建成超级 B 介子工厂,欧洲核子中心 (CERN) 的大型强子对撞机 (LHC) 是目前在运行的能量最高的加速器。

欧洲核子中心 (European Organization for Nuclear Research,CERN) 成立于 1954 年 9 月 29 日,位于瑞士日内瓦西部,与法国接壤。现在欧洲核子中心大约有 3000 名全职员工,大约 6500 位不同国籍的科学家和工程师代表 500 余所大学机构在 CERN 工作,是世界上最大的粒子物理学实验室。大型强子对撞机 (Large Hadron Collider,LHC) 就是由欧洲核子中心主持,全球 85 个国家的多个大学和研究机构,逾 8000 位物理学家参与建造的粒子加速器系统,其结构示意如图 11.1 所示。

LHC 的主体是一个建造在地下 50～150m 之间,圆周长为 27km 的质子同步加速器。它利用了以前大型电子正电子对撞机 (LEP) 实验的环形隧道。隧道截面直径 3m,整个环形隧道位于同一平面,贯穿瑞士与法国边境。隧道中放置由超导磁铁包覆的两个质子束流管 (储存环),两个束流管中的质子以粒子团的形式沿相反的方向环绕加速器运行,整个储存环共有 1380 + 1380 个质子束团。储存环上有四个对撞点,在对撞点附近装有二极偏向磁铁及四极聚焦磁铁控制质子束流的运动方向。LHC 的质心对撞能量设计目标为 14TeV,每个质子环绕整个储存环所用时间为 89μs,质子束团最短碰撞间隔为 25ns。发生对撞的质子并不是全能量注入,而

是经过一系列加速设施逐步提升能量,其加速、对撞过程大致如下:

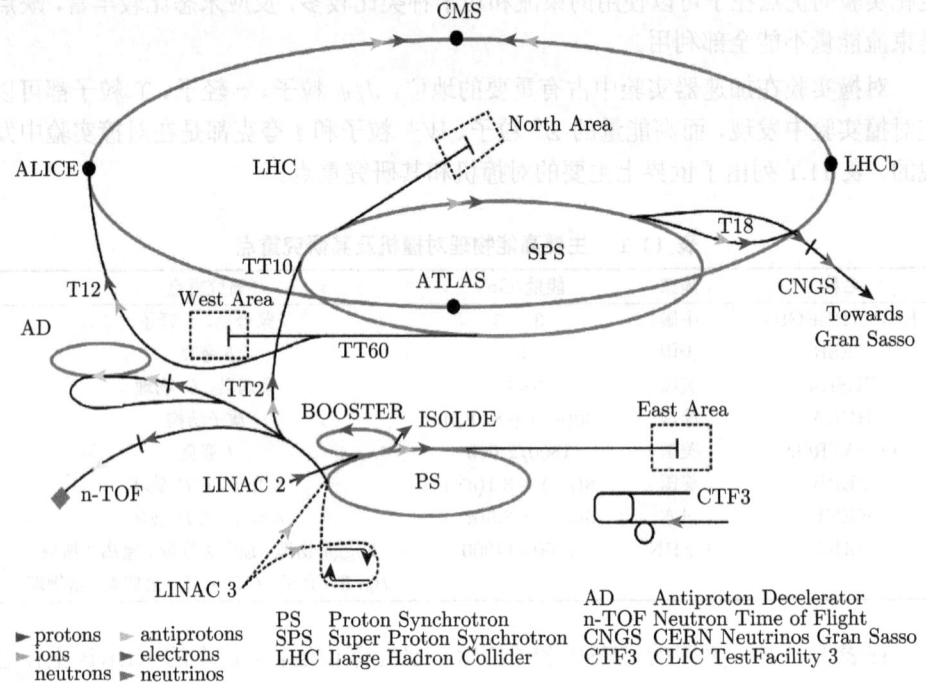

图 11.1 欧洲核子研究中心 (CERN) 的大型强子对撞机 (LHC) 结构示意图 (见彩图)

(1) 首先通过剥离氢原子核的核外电子的方式得到质子;质子在直线加速器中加速到 50MeV 后注入到质子同步推进器;在质子同步推进器中质子能量提升到 1.4GeV,然后注入质子同步加速器;在质子同步加速器中,质子能量被进一步提高到 26GeV,然后注入超级质子同步加速器;在超级质子同步加速器中,质子能量被提高到 450GeV,以顺时针和逆时针两个方向分别注入 LHC 的两个质子储存环,注入时间为 4 min 20s。

(2) 在储存环内,质子束经过 20 min 加速后达到最高能量。2010 年 LHC 开始运行时质心系能量是 7TeV,2012 年提高到 8TeV,2015 年开始第二阶段运行时,质心系能量将达到 13TeV。在储存环内超导束流管的极低温达到 1.9K,真空度低至月球表面的 1/10。

(3) 在加速过程完成后,在正常运行状态下,质子束可持续运动数小时。每一个质子束团长约 9cm,半径 20μs(10^{-6}m),内有大约 15×10^{10} 个质子。每个质子存储环同时有 1380 个质子束团在高速飞行 (光速的 99.9999991%),每个质子束团每秒绕 27km 长的存储环运行 11 000 圈,在探测器的对撞点每秒发生 10^9 次质子-质子对撞。

§11.1 加速器物理实验

LHC 上有四个大型国际合作组共享质子束流,分别是 ATLAS、CMS、LHCb 和 ALICE。其中 ATLAS 和 CMS 是研究希格斯粒子的实验组,LHCb 是研究 B 介子物理的实验组,ALICE 是研究重离子对撞的实验组。从 2010 年 3 月 20 日在质心能量为 7TeV 处首度成功碰撞后,四个实验组都发表了许多重要的物理结果,其中最引人注目的就是希格斯粒子的发现。我们在第 8 和第 9 章已经对希格斯机制、希格斯粒子的发现,它的主要产生和衰变过程及意义做了较为细致的讨论。

§11.1.1 粒子加速器

粒子加速器是提高荷电原子和亚原子粒子速度和动能的各种装置的统称[10, 11, 185],是粒子物理实验中的重要研究工具,为研究人员研究基本粒子的性质和相互作用规律提供了一种手段。基于粒子加速器研究的技术在辐射照相、癌症治疗、放射性同位素生产等方面有广泛应用。从 1932 年英国物理学家 J. D. 柯克罗夫特 (J. D. Cockcroft)① 和 E. T. S. 瓦尔顿 (E. T. S. Walton)② 首次用人工加速粒子观测到原子核的裂变以来,加速器在粒子物理实验研究中就处于十分重要的地位。加速器通常可以分为两类:直线加速器和圆形回旋加速器,它们的加速能力和被加速粒子的能量通常以电子伏 (eV) 和它的倍数为单位来表示。通常用亮度 (luminosity) 来表示对单位时间单位面积上加速粒子的数目,单位为 $cm^{-2} \cdot s^{-1}$。

直线加速器是粒子加速路径为一直线的粒子加速器。一个直线加速器可以分为若干节,被加速粒子的最终能量是各节能量提高的总和。直线加速器根据被加速粒子的特点可以采用两种不同的加速装置:行波直线加速器和驻波直线加速器。行波直线加速器主要用于电子加速。通过行进的纵向分布电磁场加速电子,提高电子动能。行波加速器采用波导结构,其基本加速单元是真空管,在加速过程中通过调整行波的相速度使电子被持续加速。驻波直线加速器主要用于加速质子或重离子,通过电磁驻波加速粒子,提高其动能。驻波加速器采用带有漂移管的谐振腔结构,相邻的漂移管之间留有空隙,粒子每经过一次空隙,就被射频电磁波产生的电场加速一次。无论是行波直线加速器还是驻波直线加速器,都具有被加速粒子束流强度高、能量可逐节增加等优点,理论上可以使粒子在保持高流强的同时被提高到实验预设的任意能量,但这在实验中并不可行。加速器的尺寸,昂贵的高频、微波功率源需求量都制约了被加速粒子的能量上限。

早期的直线加速器由于受到技术上的限制并不能使粒子获得很高的能量,因此物理学家开始研究是否可以对直线加速器进行改造,提高加速器的能量,圆形加速器应运而生。相比于直线加速器,圆形加速器借助磁场的作用使粒子被加速的路

---

①J. D. Cockcroft(1897.5.27~1967.9.18),英国实验物理学家。E. 卢瑟福的学生。

②E. T. S. Walton(1903.10.6~1995.6.25),爱尔兰实验物理学家。1932 年,两人在剑桥大学使用人工加速粒子实现了核裂变,因此获得 1951 年诺贝尔物理学奖。

径呈螺线形或大致为圆形的曲线。通过在加速路径上增加对粒子加速的次数来提高粒子的能量。最重要的圆形加速器是回旋加速器和同步加速器。回旋加速器的核心部件是放置于真空中的两个半圆形的中空 D 型盒，D 型盒接在高频交流电源上作为电极，电极间留有空隙。在其中一个 D 型盒中心附近放置待加速粒子源。整个装置置于强电磁铁间，磁场方向垂直于 D 型盒底面，如图 11.2 所示。回旋加速器对粒子的加速过程大致是：待加速带电粒子从粒子源中发射，第一次经过两电极间的空隙时被交流电产生的电场第一次加速，加速后的粒子沿着运动方向进入 D 型盒。由于 D 型盒处于磁场中，带电粒子在 D 型盒中做圆周运动，绕过半个圆周后，带电粒子第二次经过电极间的空隙，若由交流电产生的电场此时反向，带电粒子将第二次被加速后进入另一个 D 型盒，继续运动半个圆周后第三次到达空隙。此时可以称为一个加速周期。这个周期内粒子运动了一个圆周 (由两个半径不同的半圆组成)，两次经过电极间的空隙，被加速两次。带电粒子如上所述做周期性运动，反复被加速，能量不断提高。

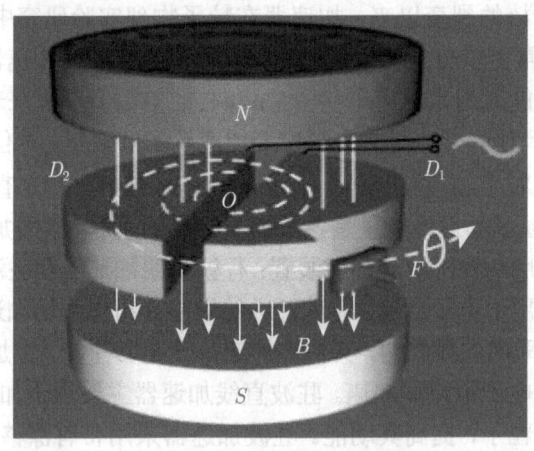

图 11.2　回旋加速器示意图

早期回旋加速器最重要的成果就是人工放射性物质的产生。对它的研究不仅促进了粒子加速器的发展，也促进了辐射在生理学和医学上的应用，在粒子物理实验发展史上具有特殊地位。1930 年，美国物理学家 E. O. 劳伦斯[①]制造了世界上第一台质子回旋加速器 (直径 13cm，加速能量 80keV)，通过改变粒子加速路径的方法将粒子加速至较高能量。在此基础上，物理学家又发明了同步加速器。同步加速器又称同步回旋加速器，是回旋加速器的进一步发展，它可以根据磁场变化的需要和粒子质量的相对论性增长而改变加在 D 型盒的交流电频率，进一步提高粒子能

[①] E. O. Lawrense(1901.8.8～1958.8.27)，美国实验物理学家。因发明和制造回旋加速器，特别是在人工放射性元素方面的工作获得 1939 年诺贝尔物理学奖。

量。同步加速器应用相位稳定性原理使粒子做圆周运动的频率与外加在 D 型盒上的交流电的振荡频率同步，变化的磁场使粒子在加速后做半径大致相同的圆周运动，这样就克服了回旋加速器中回旋次数受限的缺点。这一优点使同步加速器技术广泛应用于现代高能粒子物理实验。

§11.1.2 粒子探测器

探测器是人类认识物质世界的重要工具，探测器的发展史就是人类对物质世界认识不断深化的历史。1590 年出现的显微镜和 1609 年出现的望远镜是人类利用光学理论发明的探测器，它们使人类的观测尺度从肉眼范围向"小"和"大"两个方向拓展，极大地促进了物理实验科学和其他学科的发展[10, 11]。

粒子探测器是粒子物理实验研究中与加速器同等重要的另一类装置，用来探测各种粒子，记录相关信息。经过加速器加速的粒子通过对撞方式或固定靶方式发生相互作用后，相互作用的末态粒子会和探测器内的物质发生作用产生某种信息(如电、光脉冲或材料结构的变化)，这些信息经放大后被记录，经过科学处理分析后得到末态粒子的数目、位置、能量、动量、飞行时间、速度、质量等物理量，这些物理量是物理学家研究粒子性质的基础。

现代粒子探测器的发展可以从 1895 年德国物理学家伦琴发现 X 射线和 1896 年法国物理学家贝克勒尔发现 β 射线作为开端。1911 年英国物理学家卢瑟福借助显微镜观察到单个 α 粒子打在硫化锌涂层上引起发光。这正是闪烁计数器的雏形。随着实验的发展，探测器的研发不断前进。20 世纪 20 年代到 60 年代出现了核乳胶、云雾室、火花室、流光室等各种探测器。这些不断出现的新型探测器在新粒子和新物理现象的发现过程中起决定性作用。正电子 e^+ 和 μ 介子于 1932 年和 1936 年在云雾室中先后被发现。1939 年在电离室中发现核裂变现象。1954 年在气泡室实验中发现了 Σ^0 超子。1961 年用火花室发现了 μ 介子中微子 ν_μ 等。

按照记录方式的不同，粒子探测器可以分为计数器类探测器和径迹室类探测器。计数器类探测器以电脉冲的形式记录分析粒子与探测器物质发生相互作用或辐射产生的信息，常见的有电离室、正比计数器、盖革计数器和闪烁计数器等。径迹室类探测器则记录分析粒子与探测器物质发生相互作用或辐射后产生的径迹图象，常见的有核乳胶、云雾室、火花室和流光室等。

(1) 核乳胶是一种能记录带电粒子单个径迹的照相乳胶。带电入射粒子在乳胶中会形成潜影中心，粒子运动的径迹被乳胶记录，经过化学处理后可在显微镜下观察。核乳胶有极佳的位置分辨本领 (1μs)，灵敏度高，防本底干扰强，可以连续使用。

(2) 云雾室分为云室和泡室。云室中充满过饱和蒸气，入射粒子产生的离子集团在其中形成冷凝中心而结成液滴。泡室中充满过热液体，入射粒子产生的离子集团在过热液体中形成气化中心而变成气泡。照相记录液滴或气泡的运动就可以观测带电粒子的运动径迹。

(3) 火花室和流光室工作时需要较高的电压,当粒子进入装置后会发生电离,电离产生的离子在强电场下运动时继续发生电离 (多次电离)。多次电离过程中产生的流光和火花使带电粒子的径迹可见。火花室和流光室具有较好的时间特性,空间分辨率约为 200μs。

(4) 此外还有一类固体径迹探测器,利用云母、塑料等材料探测重带电粒子的运动路径。

伴随着加速器的发展,粒子物理实验研究逐步进入核子夸克层次。实验中经过相互作用产生的末态粒子种类和数目愈来愈复杂,事例率不断提高。新的特点要求探测器能够快速记录这些实验现象,径迹探测器的事例记录速度已经不能满足要求。电子学计数型探测器逐步取代了在粒子发现史上起过重要作用的径迹探测器。

气体电离探测器通过收集入射粒子在气体中产生的电离电荷实现测量。主要类型有电离室、正比计数器和盖革计数器。它们的结构相似,一般都是具有两个电极的圆筒状容器,充有某种气体,电极间加电压,差别是工作电压范围不同。

(1) 电离室工作电压较低,直接收集入射粒子在气体中产生的离子对。其输出脉冲幅度较小,上升时间较快,可用于辐射剂量测量和能谱测量。

(2) 正比计数器的工作电压较高,入射粒子在气体中产生的离子对在电场中高速运动时产生更多的离子对,电极上收集到比原始离子对要多得多的离子对 (即气体放大作用),从而得到较高的输出脉冲。脉冲幅度正比于入射粒子损失的能量,适于作能谱测量。

(3) 盖革计数器又称盖革–米勒计数器或 G-M 计数器,它的工作电压更高,入射粒子在气体中运动时会出现比正比计数器更多的电离过程 (多次电离),因此输出的脉冲幅度更高。此时的脉冲幅度已不再正比于电离的离子对数,可以不经放大直接被记录。它只能测量粒子数目而不能测量能量,完成一次脉冲计数的时间较长。

多丝室和漂移室是正比计数器的变型,既有计数功能,又可以分辨带电粒子的运动区域。多丝室工作要求与正比计数器类同,内部有许多平行的电极丝,每一根丝及其邻近空间相当于一个探测器,后面与一个记录仪器连接。当被探测的粒子进入该丝邻近空间时,与该丝连接的记录仪器才记录一次事件。漂移室与多丝室类似,但电极丝的数目减少。漂移室通过测量离子漂移到丝的时间来确定离子产生的位置,它具有更好的位置分辨率 (达 50μs),但计数率不如多丝室高。

闪烁计数器的工作原理是将闪烁体上被带电粒子击中的原子 (分子) 在电离或激发后的退激过程产生的光信号经过光电器件 (如光电倍增管) 变成电信号来实现

测量。闪烁计数器分辨时间短、探测效率高，还可根据电信号的大小测定粒子的能量。闪烁体可分为三大类：无机闪烁体，常见的有用铊 (Tl) 激活的碘化钠 NaI(Tl) 和碘化铯 CsI(Tl) 晶体。它对电子、光子辐射灵敏，发光效率高，有较好的能量分辨率，但光衰减时间较长；锗酸铋晶体密度大，发光效率高；玻璃闪烁体，如氟化钡 (BaF_2)。它可以测量 α 粒子、低能 X 辐射，加入载体后可测量中子。有机闪烁体，包括塑料、液体和晶体，它的特点是光衰减时间短 (2~3ns，快塑料闪烁体可小于 1ns)，常用在时间测量中，对带电粒子的探测效率将近百分之百。气体闪烁体，包括氙、氦等惰性气体，发光效率不高，它的特点也是光衰减时间较短 (小于 10ns)，但是发光效率不高。电磁量能器和强子量能器就是一种闪烁体计数器。高能电子或光子在介质中会产生电磁簇射，簇射产生的次级粒子总能量与入射电子或光子能量成正比，收集次级粒子总能量就可以确定入射电子或光子在介质中损失的能量。电磁量能器可以实现这种测量。类似地，高能强子在介质中会发生强子簇射，簇射产生的电离电荷与入射强子能量成正比，收集总电离电荷即可确定入射强子在介质中损失的总能量。强子量能器可以实现这种测量。

还有一类利用高速带电粒子辐射性质设计的计数型探测器也在普遍使用。高速带电粒子在透明介质中的运动速度超过光在该介质中的运动速度时会发生辐射，这种辐射称为切连科夫辐射。应用切连科夫辐射设计的探测器叫做切连科夫计数器。切连科夫计数器常用来测量带电粒子速度，常与光电倍增管配合使用。可分为阈式 (只记录大于某一速度的粒子) 和微分式 (只选择某一确定速度的粒子) 两种。高速带电粒子穿过两种介质的界面会产生穿越辐射，其辐射能量与粒子能量成正比，穿越辐射计数器正是穿越辐射的应用之一。在粒子速度极高，十分接近光速时，穿越辐射计数器可以有效鉴别这些高能粒子。

在粒子探测器的发展史上，共有六位物理学家获得过诺贝尔物理学奖：

(1) 1927 年，英国物理学家查尔斯·威尔逊 (C. T. R. Wilson，1869.2.14~1959.11.15)，因发明用蒸气凝聚观察带电粒子轨迹的方法 (云室) 而获得该年度的诺贝尔物理学奖。

(2) 1948 年，英国物理学家帕特里克·布莱克特 (P. Blackett，1897.11.18~1974.7.13) 因改进威尔逊云室和在宇宙线方面的研究而获得该年度的诺贝尔物理学奖。

(3) 1950 年，英国物理学家塞西尔·鲍威尔 (C. F. Powell，1903.12.5~1969.8.9)，是 C. T. R. Wilson 和 E. Rutherford 的学生。因发展了用以研究核反应过程的照相乳胶记录法而获得该年度的诺贝尔物理学奖。

(4) 1960 年，美国物理学家唐纳德·格拉泽 (D. A. Glaser，1926.9.21~2013.2.28)，因发明气泡室而获得该年度的诺贝尔物理学奖。

(5) 1968 年，美国物理学家路易斯·阿尔瓦雷斯 (L. W. Alvarez，1911.6.13~1988.9.1)，A. 康普顿的学生，因发展了氢气气泡室技术和数据分析方法而获得该年度的诺贝尔物理学奖。

(6) 1992 年，法籍波兰物理学家乔治·夏帕克 (G. Charpak, 1924.8.1~2010.9.29)，因在正比计数管的基础上发明了多丝正比室而获得该年度的诺贝尔物理学奖。

随着粒子物理研究的发展，加速器能量的提高，固定靶实验和对撞机实验产生的粒子数目越来越多，需要测量粒子的参数也越来越多，单个探测器已经无法满足这些需要。20 世纪 60 年代末，固定靶实验和对撞机实验相继出现了由多种探测器组成的大型磁谱仪。大型磁谱仪可以同时测量粒子的多种运动学参量 (能量、动量、速度等)，测量粒子的多种属性 (电荷、质量、自旋、宇称、衰变宽度/寿命等)。大型磁谱仪一般由顶点探测器、中心径迹室、飞行时间计数器、切连科夫计数器、穿越辐射探测器、电磁量能器、强子量能器、μ 子计数器、亮度监测器、常规及超导磁铁等子探测器和子系统构成。大型磁谱仪自诞生那一天起，在粒子物理探测方面就显示出综合性能的优势，做出了许多重要的高能物理实验成果：一些重要粒子的发现 (J/ψ、$W^{\pm}$、Z_0、t 夸克、希格斯粒子等)；电弱统一模型的精确测定；量子色动力学 (QCD) 模型的检验等。现在实验上磁谱仪的规模越来越大，测量精度越来越高。可以预言探测器研究在新世纪中会得到更好的发展，对高能物理的研究发展做出更大的贡献。

§11.1.3 粒子物理实验数据分析

数据分析是物理实验中的重要环节，科学认真地分析数据才能得到真实可靠的实验结果。在粒子物理实验中也不例外。不同类型的实验要求有不同的数据分析方法，但是不管方法怎么不同，探测器能够探测的末态粒子是有限的，数据分析的流程是大致相同的。

对撞机实验可以实现很多物理过程，伴随着这些物理过程会产生数量可观的不同粒子，大多数粒子的寿命很短，刚产生就发生了衰变 (这些粒子可以统称为中间态)，谱仪 (探测器) 不能记录它们的信息。如果它们衰变的末态粒子能够被谱仪探测到，那么物理学家就可以通过这些末态粒子来重建中间态，研究整个实验过程。不论是强子对撞实验还是正负电子对撞实验，谱仪能够探测的粒子是有限的：光子 γ，正负电子 $e^{\pm}$，正负 μ 子 $\mu^{\pm}$，$K^{\pm}$ 介子，$\pi^{\pm}$ 介子，质子 p 和反质子 $\bar{p}$。这些粒子可以分为中性粒子和带电粒子，带电粒子又可分为轻子和强子。由于性质不同，这些粒子会在谱仪中留下不同的信息。

2013 年 3 月，BESIII 合作组宣布发现一个新的共振态粒子：$Z_c(3900)$。2013 年 6 月，BESIII 和 Belle 合作组的相关论文发表在同一期 *Phys. Rev. Lett.* 上[59]。如图 11.3 所示，两个实验组在对 $e^+e^- \to Y(4260) \to \pi^+\pi^- J/\psi$ 衰变过程的研究中，在 $\pi^{\pm} J/\psi$ 不变质量谱分布图上看到了明确的峰结构。大家认为，这很可能是一个"四夸克态"。

§11.1 加速器物理实验

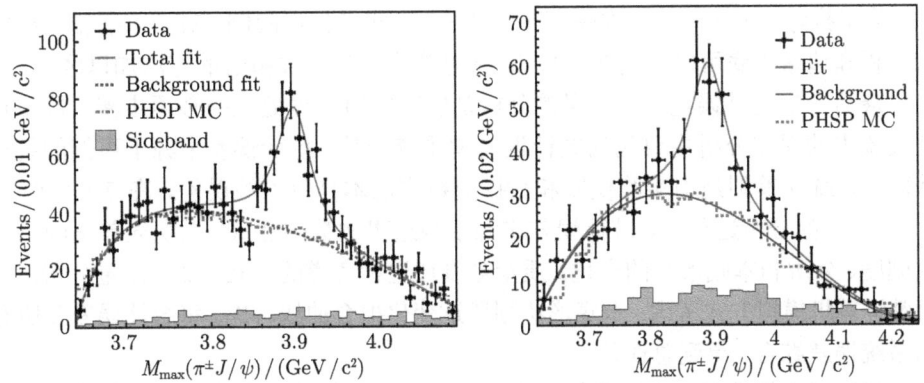

图 11.3 BES III 合作组 (左图)、Belle 合作组 (右图) 看到的 $Z_c(3900)$ 共振峰 (见彩图)

下面以新共振态 $Z_c(3900)$ 为例，简要介绍 BESIII 合作组对相关实验数据做分析的流程和方法[59]。$Z_c(3900)$ 是 BESIII 合作组在研究 $Y(4260) \to \pi^+\pi^- J/\psi$ 衰变中，在 $\pi^\pm$ 和 J/ψ 不变质量谱上发现的一个新共振态。这个共振态由带电的 $\pi^\pm$ 介子和粲夸克偶素 J/ψ 介子组成，极有可能是多夸克态粒子的候选。BESIII 合作组的文章在 2013 年 6 月正式发表后即引起了国际高能物理界的重视，其他实验组纷纷进行实验，希望在类似过程中重复实验结果，理论物理学家则提出不同的物理机制解释这个新共振态。

粒子物理实验的数据分析主要包括事例选择、本底分析和误差处理三个步骤。$Z_c(3900)$ 是在 $Y(4260) \to \pi^+\pi^- J/\psi$ 的衰变过程中被发现的，分析这个衰变过程首先要做的就是事例选择。事例选择是利用探测器给出的位置、动量、能量和质量等信息对衰变的末态粒子进行选择和判断。

(1) 首先要判断末态粒子数目。在 $Y(4260) \to \pi^+\pi^- J/\psi$ 过程中，J/ψ 会继续衰变到轻子对 $\ell^+\ell^-$，所以末态粒子数目为 4 个，利用漂移室信息可以选择出末态粒子数为 4 个的所有事例作为候选事例。

(2) 接着利用漂移室、飞行时间计数器和电磁量能器的信息对这些候选事例进行粒子鉴别，要求 4 个末态粒子分别是 π^+、π^+、ℓ^+ 和 ℓ^-，不满足条件的事例剔除，满足条件的事例保留。

(3) 然后对 4 个末态粒子 π^+、π^+、ℓ^+ 和 ℓ^- 进行能动量拟合，要求这 4 个粒子的能动量与初态的 $Y(4260)$ 在一定的误差范围内保持一致。

这样事例选择就完成了，$Y(4260) \to \pi^+\pi^- J/\psi$ 被选择出来。

由于探测器受到测量精度的限制，事例选择并不能保证终选事例中没有混有其他物理过程 (本底)，因此需要通过本底分析来区分终选事例中的信号和本底。在 $Y(4260) \to \pi^+\pi^- J/\psi$ 衰变过程中主要的本底来源是由辐射产生的 $\gamma\pi^+\pi^-\ell^+\ell^-$ 过程、末态相同的相空间过程和边带本底。对这些本底过程可以采取不同的处理方法：为了排除 $\gamma\pi^+\pi^-\ell^+\ell^-$ 本底，可以对 $\pi^\pm$ 的极角做出限制；对于末态相同相空间过程和边带本底可以采用在 $\pi^\pm J/\psi$ 质量谱上进行曲线拟合的方法加以区别。

最后一步就是误差分析，误差分析是所有实验数据处理的必须步骤。粒子物理实验中的误差分析主要包括统计误差和系统误差。统计误差来源于事例的统计涨落，系统误差则是由实验仪器和数据分析方法本身引入的误差。在 $Y(4260) \to \pi^+\pi^- J/\psi$ 的分析过程中，统计误差来源于终选事例数的涨落，系统误差来源于质量刻度、分辨和本底形状的变化。质量刻度通过参考道的方式考虑；质量分辨通过调整计算机模拟方式考虑；本底形状则通过变化拟合曲线考虑。将统计误差和所有的系统误差综合，得到总误差。

经过了事例选择、本底分析和误差分析后，数据分析完成，得到了最后的物理结果 $Z_c(3900)$ 的质量为 3899.0 ± 3.6(统计误差)± 4.9(系统误差)MeV/c^2，宽度为 46 ± 10 (统计误差)± 20(系统误差)MeV。

§11.2 非加速器物理实验

非加速器物理实验是指包括所有不使用加速器手段进行的粒子物理实验，主要包括宇宙线天体实验和中微子实验等。从实验装置上与加速器物理实验相比，它同样需要粒子探测器，少了粒子加速器。但这并不意味着非加速器物理实验比加速器物理实验简单。相反地，从某种意义上说，非加速器实验比加速器实验更加复杂。加速器实验的粒子源可以人为产生，是可控的。而非加速器实验的主要粒子源来自于宇宙线，是不可控的。为了高质量地探测宇宙线，非加速器实验基地经常建立在高海拔地区，如中国西藏的羊八井宇宙线观测站。同时为了更多地接收宇宙线，非加速器实验的探测器通常比较庞大。

在寻找超出标准模型的新物理的实验研究中，非加速器物理实验研究是一个重要的发展方向。随着探测器技术的发展，在现在的大型非加速器物理实验中，探测器的体积均在数千至数万吨之间，具有探测灵敏度高、排斥本底能力强、噪声低、测量精度高等特点，极为适合探测低事例率的物理现象，如利用宇宙线研究中微子、宇宙暗物质粒子等。

中国大亚湾反应堆中微子实验是一个中微子振荡实验，主要目标是利用核反应堆产生的电子反中微子来测定一个重要参数：第一代和第三代中微子 $\nu_e - \nu_\tau$ 之间的混合角 θ_{13}。被测量的物理量是 $\sin^2(2\theta_{13})$。

在第 3 章我们已经提到，最近的物理实验表明中微子具有微小的质量。1998 年，日本的超级神岗实验 (Super Kamiokande) 以确凿的证据发现中微子存在振荡现象，即一种中微子在飞行中可以变成另一种中微子，使几十年来令人困惑不解的太阳中微子失踪之谜和大气中微子反常现象得到了合理的解释。中微子发生振荡的前提条件就是其质量不为零和中微子之间存在混合。2001年，加拿大的SNO实验通过巧妙的设计，证实丢失的太阳中微子变成了其他种类的中微子，而三种中微子的总数并没有减少。同样的结果在KamLAND(反应堆)、K2K(加速器)这类人造中微子源的实验中也被证实。

中微子振荡的原因是三种中微子的质量本征态与弱作用本征态不同。中微子的产生和探测都是通过弱相互作用，而传播则由其质量本征态决定。由于存在混合，产生时的弱作用本征态是三种中微子质量本征态的叠加。三种质量本征态按不同的物质波频率传播，传播速度由质量大小决定，因此在不同的距离上观察中微子，会呈现出不同的弱作用本征态成分。当用弱作用去探测中微子时，就会看到不同的中微子。

反应堆中微子振荡只跟θ_{13}相关，可以干净地测量它的大小。实验的周期与造价也远小于长基线中微子实验。我国广东省大亚湾地区的大亚湾核电站与岭澳核电站是进行这一实验的最佳场所(图11.4)。首先是功率大，能够提供足够强的中微子流。其次是紧临高山，适合建立地下实验室以屏蔽宇宙射线对实验的干扰。在全世界的反应堆中，同时具备这两个条件的极为少见。大亚湾核电站与岭澳核电站相距约1km，目前共有6个反应堆，总热功率为17.4GW，是世界排名第二的反应堆群。紧靠反应堆即有较高的山，在距反应堆300~500m外，山高达到100m以上；

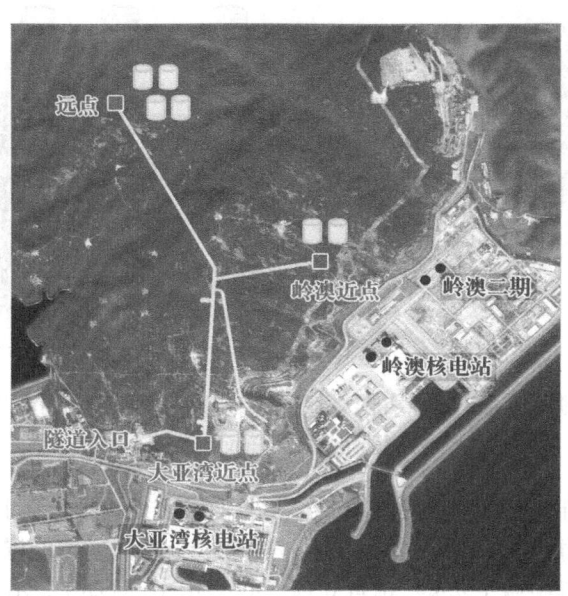

图11.4 大亚湾中微子实验现场地图。8组探测器(AD)分别放置在大亚湾近点(2组)，岭澳近点(2组)和远点(4组)

在距反应堆约 2km(振荡极大值) 处山高约 400m。山体由整体的花岗岩构成，很适于隧道开凿和建立较大的地下实验室。

大亚湾中微子实验的目标是将 $\sin^2(2\theta_{13})$ 测量到 0.01 或更高的精度，这比上面提到的 CHOOZ 给出的灵敏度高了一个量级以上。如图 11.5 所示，实验利用电子反中微子在大型液体闪烁体探测器中的反 β 衰变反应

$$\bar{\nu}_e + p \to e^+ + n, \tag{11.1}$$

来测量反应堆中微子。比较远近探测器测得的中微子通量和能谱，就可以知道中微子是否发生了振荡，进而确定振荡参数 θ_{13}。如果存在振荡，在远探测器看到的中微子通量将比预期要少；同时，由于不同能量的中微子振荡概率不一样，测得的能谱将发生有规律的变形。反 β 衰变反应是电子反中微子被氢核俘获，生成一个正电子和一个中子。中微子的能量几乎全由正电子带走，在液体闪烁体内有 $1 \sim 8$ MeV 的能量沉积。生成的中子经慢化后在液体闪烁体中掺杂的钆元素上被俘获，以伽马光子的形式放出约 8MeV 的能量，比正电子信号平均慢 30μs。正电子信号与中子信号在能量与时间上的符合可以干净地辨认出中微子与其他本底。其间最严重的本底干扰来自于宇宙线，因此需要尽量将探测器置于较深的地下。

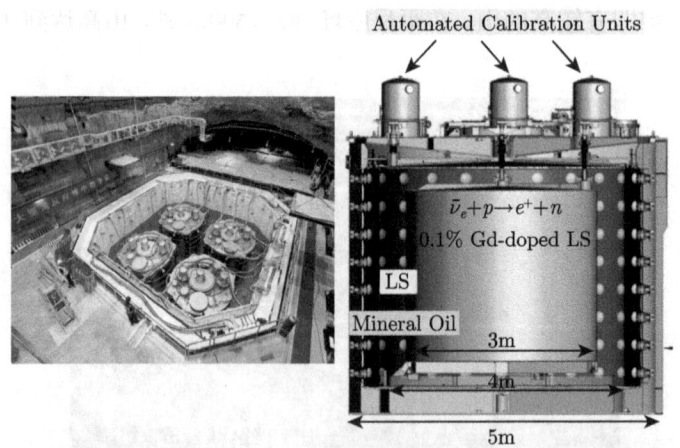

图 11.5 大亚湾中微子实验的远点实验大厅照片 (左图，水池中有 4 个探测器)。右图为实验探测器 (AD) 的剖面示意图

2003~2005 年，大亚湾反应堆中微子实验做了前期论证、选址。2006 年大亚湾中微子实验合作组 (Daya Bay Collaboration) 成立。2007 年初，国家科技部正式批准"大亚湾反应堆中微子实验"项目立项。2007 年 10 月动工，2011 年逐步完成探测器的建造与安装，同年 8 月开始近点取数，12 月下旬开始远近点同时运行。整个实验建有总长 3km 的隧道和 3 个地下实验大厅，3 个实验大厅共放置 8 台中微

§11.2 非加速器物理实验

子探测器,每台探测器高 5m、直径 5m、重 110t,均置于 10m 深的水池中。由于大亚湾有两个反应堆群,需要两个近探测器分别对它们进行测量。如图 11.4 所示,大亚湾近点探测器距离大亚湾核电厂的核反应堆约 360m,岭澳近点探测器距岭澳核电厂的核反应堆约 500m,远探测器离大亚湾反应堆 1900m,离岭澳反应堆 1600m。还有一个中点实验站也可放置探测器进行测量,以改变实验的系统误差,检验结果的可靠性。实验站之间用水平隧道相连,可以方便地在不同实验站之间移动探测器。从隧道入口处到大亚湾近点实验站则采用有坡度的隧道,以将探测器置于更深的地下,减小宇宙线本底的影响。

目前有 42 家国内外大学和研究所参加了 Daya Bay 国际合作组,23 家中国研究机构是:中国科学院高能物理研究所,华东理工大学,台湾大学,香港中文大学,台湾联合大学,台湾交通大学,南京大学,清华大学,深圳大学,华北电力大学,成都科技大学,上海交通大学,北京师范大学,中国原子能科学研究院,山东大学,南开大学,东莞科技大学,香港大学,中国科学技术大学,中山大学,中国广核集团,国防科技大学,西安交通大学。

在 2011 年 12 月 24 日至 2012 年 2 月 17 日的实验中,科研人员使用了 6 个中微子探测器,完成了实验数据的获取、质量检查、刻度、修正和数据分析。实验测量结果表明:

$$\sin^2(2\theta_{13}) = 0.092 \pm 0.016(\text{stat}) \pm 0.005(\text{syst}). \tag{11.2}$$

这表明:$\theta_{13} \neq 0$,置信度为 5.3σ。Daya Bay 实验首次发现了这种新的中微子振荡模式,是当时精度最高的实验测量结果。Daya Bay 国际合作组 2014 年报告的最新实验测量结果为[186]

$$217 \text{ Days}: \quad \sin^2(2\theta_{13}) = 0.090^{+0.008}_{-0.009}, \quad |\Delta m^2_{ee}| = \left(2.59^{+0.19}_{-0.20}\right) \times 10^{-3} \text{ eV}^2, \tag{11.3}$$

在考虑了氢的中子俘获 (nH) 数据以后 (nGd+nH) 得到的结果 (217 天数据,6 组探测器) 为[187]:

$$\sin^2(2\theta_{13}) = 0.089 \pm 0.008. \tag{11.4}$$

基于 nGd 671 天数据的最新结果是

$$\sin^2(2\theta_{13}) = 0.084 \pm 0.005, \quad |\Delta m^2_{ee}| = \left(2.44^{+0.10}_{-0.11}\right) \times 10^{-3} \text{ eV}^2. \tag{11.5}$$

目前对 $\sin^2(2\theta_{13})$ 的测量精度已达到 $\sim 6\%$,是目前所有相关实验测量的最高精度。对 $|m^2_{ee}|$ 的测量精度达到 $\sim 5\%$,与 MINOS 的实验测量精度相近。

目前主要的误差来源是统计误差。大亚湾中微子实验取数将进行到 2017 年。预期达到的实验测量精度为

$$\Delta(\sin^2(2\theta_{13})) \sim 0.003, \quad \longrightarrow \quad \sim 3\%,$$
$$\Delta(\Delta M_{ee}^2) \sim 0.07, \quad \longrightarrow \quad \sim 3\%. \tag{11.6}$$

目前世界上主要实验组对 $\sin^2(2\theta_{13})$ 的实验测量结果如图 11.6 所示。显然，2012 年以来，大亚湾中微子实验的实验测量结果保持了最高实验测量精度。大亚湾实验二期，也就是江门中微子实验已经得到国家批准，并且开始建造，它将有希望鉴别确定三种中微子质量的顺序以及准确测量其他一些中微子震荡参数。

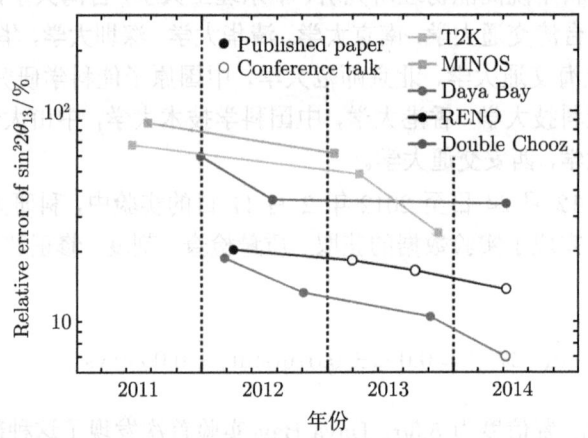

图 11.6　大亚湾中微子实验和世界其他主要中微子实验对 $\sin^2(2\theta_{13})$ 测量精度的比较

§11.3　中国的加速器粒子物理实验

由于历史的原因，我国的粒子物理实验起步较晚。1972 年 9 月周恩来总理对在中国开展高能物理研究和高能加速器的预制研究工作的建议信上做出了批示。1973 年 2 月在原子能研究所一部的基础上成立了中国科学院高能物理研究所，标志着我国高能物理实验研究的开端。20 世纪 80 年代初，中国高能物理学界抓住了机遇，选择了 τ-粲能区，以较少的投入取得了巨大成功。1984 年 10 月北京正负电子对撞机工程破土动工，邓小平同志为工程奠基。这是我国第一个大型高能物理实验项目。迄今北京正负电子对撞机已经建立了 30 余年，成为世界八大高能物理实验中心之一。

随着国力的提高，现在的高能物理研究已不局限在高能物理研究所，全国许多学校和科研院所都参与其中。随着高能物理实验的国际化，我国除了有大批的物理

学家广泛参与国际合作,还主持了一些国际合作。我国目前主持的高能物理实验有北京正负电子对撞机实验、羊八井国际宇宙线观测站、大亚湾反应堆中微子实验和中国散裂中子源项目等。其中建立时间最长、获得物理成果最多的就是北京正负电子对撞机实验。

§11.3.1 北京正负电子对撞机

北京正负电子对撞机 (BEPC) 于 1988 年 10 月在北京西郊落成,其配套装置北京谱仪 (BES) 和北京同步辐射装置 (BSRF) 也同时建成[12]。其鸟瞰图如图 11.7 所示。1994~1996 年加速器和探测器均进行了升级改造,改造后的对撞机仍为 BEPC,而谱仪称为 BESII。BEPC 和 BESII 于 2004 年停止运行。在 2004~2008 年对加速器和探测器均进行了升级改造。升级后的对撞机和北京谱仪分别称为 BEPCII 和 BESIII。BESIII 实验主要研究 τ-粲能区物理,因而也被称为 τ-粲工厂。自 2008 年 7 月 20 日实现首次对撞后,6 年来 BEPCII 和 BESIII 一直在稳定运行。

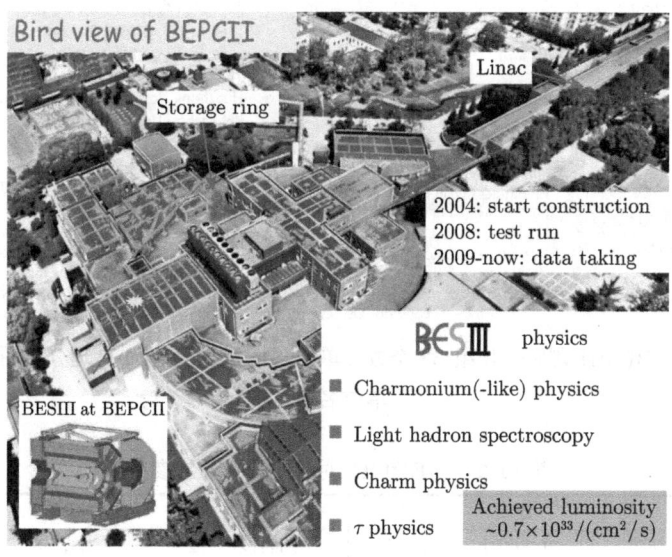

图 11.7 北京正负电子对撞机 BEPCII 鸟瞰图 (见彩图)

北京正负电子对撞机和北京谱仪升级之后,组建了 BESIII 国际合作组。目前合作组成员 350 多名,他们来自 11 个国家的 53 所大学或研究所,成员单位的地理分布和名单见图 11.8。国内有 30 所大学和研究所参加了 BESIII 国际合作组的实验数据分析工作,人员约占总人数的 2/3。

BEPCII 是在单环单束对撞机 BEPC 的基础上升级改造而成的一个多束团的双环对撞机 (电子和正电子在各自的束流管内高速运动),相关的设计参数如表 11.2 所示。由于采用了双环设计,正负电子束流分别注入在两个彼此独立的储存环中,经积累、加速后在对撞点处发生对撞。正负电子储存环中的正负束团数目为 93 个，实现了多束团对撞，大幅度地提高了亮度，而且也避免了单环麻花隧道引起的一系列问题。但是双环结构导致正负电子不在一条直线上对撞，而是存在一个约 22mrad 的对撞交叉角，这使得对撞产生的粒子有一个较小的动量，在 xy 平面内的横动量不为 0。

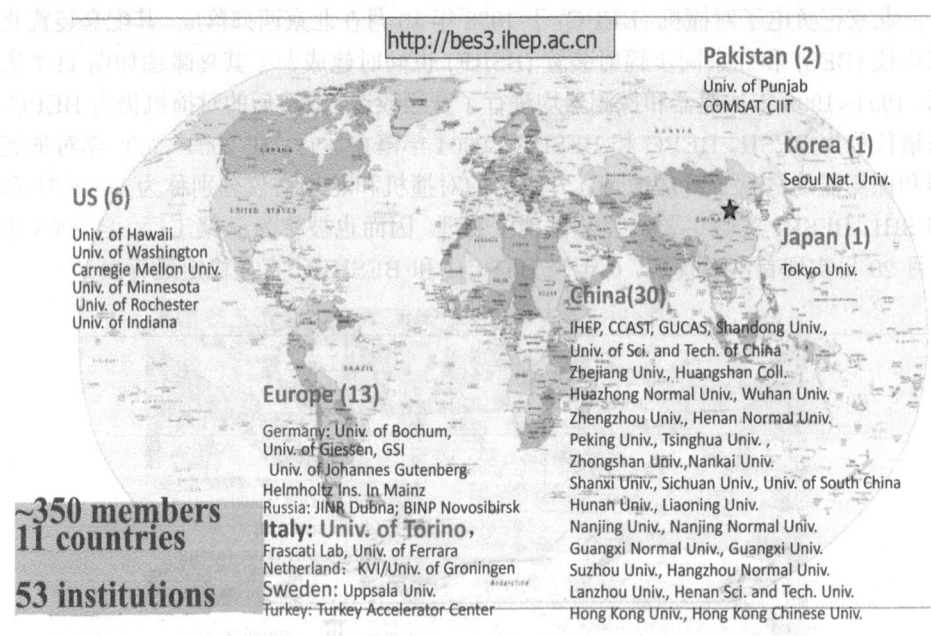

图 11.8　BESIII 国际合作组 53 个成员单位 (大学和研究所) 地理分布图，成员单位名单

表 11.2　BEPCII 对撞机主要设计参数

参数	数值	单位	参数	数值	单位
束流能量 E_b	$1 \sim 2.1$	GeV	储存环长度	237.53	m
设计亮度 (E_b=1.89GeV)	1×10^{33}	cm$^{-2}\cdot$s^{-1}	束团数目	93	
高频频率	499.8	MHz	注入能量	$1.55 \sim 1.89$	GeV
对撞周期	8	ns	e^+ 注入速率	50	mA/min

BEPCII 的设计亮度为 10^{33}cm$^{-2}\cdot$s^{-1}(1.89GeV)。高亮度的加速器提供了良好的实验基础，特别是诸多基于巨大统计量的物理过程的研究与分析，如：CKM 矩阵元的精确测量，轻子普适性的精确检验，QCD 基本参数的精确测量，强子谱的研究，粲偶素物理中的 CP 破坏，轻子数破坏的 J/ψ 衰变，$D\bar{D}$ 混合的测量等都有可能取得突破性的进展。

§11.3.2 北京谱仪

BESIII 是运行在 BEPCII 上的大型通用探测器[3, 13]，探测收集 τ-粲能区 e^+e^- 对撞产生的末态粒子，进行 τ-粲物理研究。物理目标主要是：τ-粲能区弱电相互作用研究；强相互作用研究；寻找新物理[3]。为了实现这些物理目标，BESIII 探测器的设计必须满足以下要求：

(1) 很好的光子能量分辨率、角度分辨率和光子识别能力。

(2) 精确测量带电粒子的四动量，特别是低动量粒子。

(3) 好的粒子鉴别能力 (e、μ、π、K、p)，尤其是强子的鉴别能力。

(4) 前端电子学系统、触发系统，以及数据获取系统要适应 BEPCII 的多束团工作模式。

为了达到这些要求，BESIII 探测器采用了如下设计：

(1) 采用 CsI 晶体量能器探测鉴别光子和电子。

(2) 使用单丝分辨率较高的 He 基气体的小单元漂移室，采用超导螺旋线管磁铁为漂移室提供 1T 的磁场。

(3) 采用塑料闪烁体组成的时间分辨率较好的飞行时间计数器鉴别带电强子。

(4) 采用阻性板计数器 (RPC) 间隔铁吸收体组成的 μ 子鉴别器。

(5) 基于流水线技术的前端电子学系统和流水线工作方式的触发判选系统。

图 11.9 展示了 BESIII 探测器总体结构沿束流线的剖面图，由内向外依次为：

(1) 单丝分辨率好于 130μm 的 He 基气体漂移室。

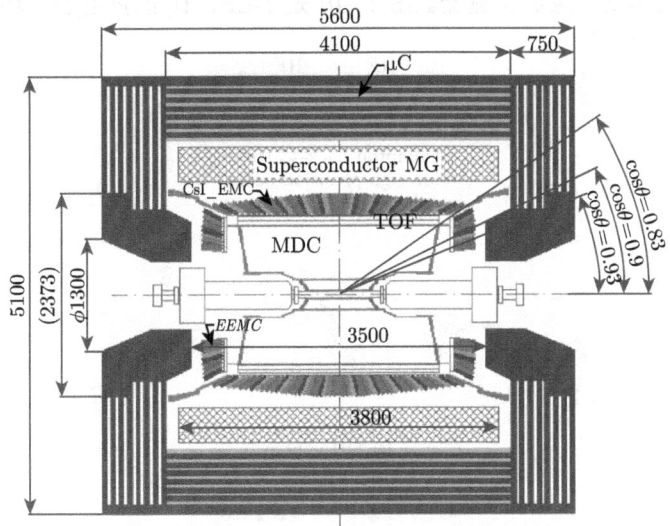

图 11.9　BESIII 探测器总体结构侧视图

(2) 能量分辨率好于 2.5%@1GeV 的 CsI 量能器。
(3) 时间分辨率好于 90ps 的飞行时间系统。
(4) 场强为 1.0T 的超导螺线管磁铁。
(5) 基于 RPC 的 μ 子室系统。

表 11.3 给出了 BESIII 探测器的性能比较参数。

表 11.3　BESIII 设计参数

子系统	BESIII 参数	子系统	BESIII 参数
主漂移室	$\sigma_{xy} = 130\mu m$	μ 子计数器	9 层
	$\Delta P/P = 0.5\%@1GeV$	磁铁	1.0T
	$\sigma_{dE/dx} = 6\% \sim 7\%$		
电磁量能器	$\Delta E/\sqrt{E} = 2.5\%@1GeV$	飞行时间计数器	$\sigma_T = 100$ ps 桶部
	$\sigma_{\phi z} = 0.6cm@1GeV$		110 ps 端盖

1. 束流管

束流管 (beam pipe) 是北京谱仪最内层的部分，也是储存环的一部分。对撞束团就在束流管内高速飞行。为了减少带电粒子的多次散射，束流管采用低原子序数的材料并尽可能的薄。BEPC II 束流管采用双层铍管结构，分别与过渡铝腔和铜管焊接。内铍管内径为 63mm，厚度为 0.8mm；外铍管厚度为 0.5mm，内外铍管间隙为 3mm，每根束流管长 1000mm，其中铍管长 300mm，每端各 350mm 的外延束流管。在加速器超导磁铁和主漂移室内桶之间设计了厚度为 20mm 钨环挡板，主要用于屏蔽束流本底，保护探测器。图 11.10 是 BEPC II 正负电子双环束流管的示

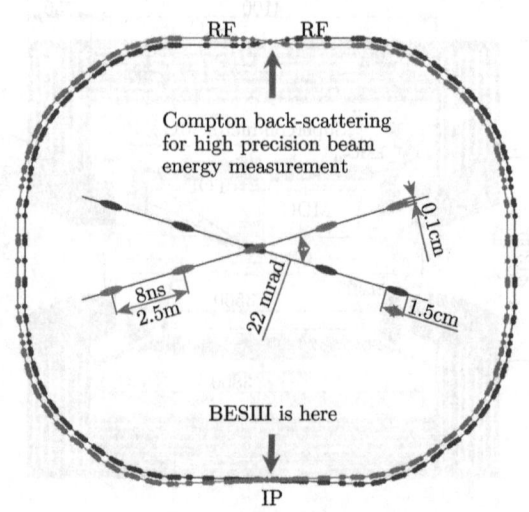

图 11.10　BEPC II 正负电子双环束流管的示意图

意图。对撞点在下方中心 IP 点上，BESIII 探测器也安装在这里。

2. 主漂移室

主漂移室 (main drift chamber，MDC) 是 BESIII 的主要粒子探测器之一。由于 BESIII 没有顶点探测器，它是 BESIII 最内层的探测器，也是唯一的径迹探测器，其主要任务是：

(1) 精确测量从相互作用点产生的带电粒子动量和方向。
(2) 为带电粒子的粒子鉴别提供足够好的电离能损 (dE/dx) 测量。
(3) 对带电粒子的测量有尽可能大的立体角覆盖 ($\sim 90\%\ 4\pi$)。
(4) 对低动量带电粒子径迹有尽可能大的重建效率。
(5) 为带电粒子的一级硬件触发提供信号。

主漂移室长 2400mm，半径 800mm，立体覆盖角为 $|\cos\theta| \leqslant 0.93$，分为内室和外室两部分。漂移单元基于小单元设计，在每个小单元中，信号丝位于单元的中心位置，四周有 8 根 (或 9 根) 场丝，接近于方格分布。单元结构如图 11.11 所示。主漂移室中带电粒子的动量测量依赖于其在漂移室磁场中飞行轨迹的确定，带电粒子在漂移室中的击中点越多，飞行轨迹就能越准确的确定，动量测量就能越精确。对于低动量粒子也与其在飞行过程中与探测器物质发生的多次库仑散射相关，库仑散射的能损越少，动量测量就越精确。在 BEPCII 的能区，e^+e^- 对撞产生的次级带电粒子动量多低于 1GeV/c，动量测量的精确度主要受到库仑散射的影响，为此主漂移室需尽可能地使用低原子序数的材料做场丝。主漂的全部漂移单元采用了两种丝，信号丝为 25μm 的镀金钨丝，场丝为 110μm 的镀金铝丝。高压供电系统通过在信号丝上加高压的方式实现。

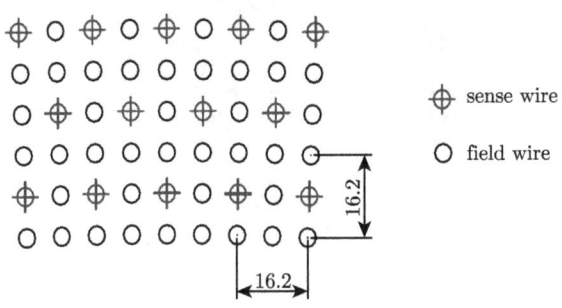

图 11.11 MDC 单元结构示意图 (单位: mm)

漂移室内室沿径向有 8 个信号读出层，外室沿径向有 35 个信号读出层，共 43 个信号读出层，每 4 个信号读出层为一超层。内室的 2 个超层都为斜丝层，用来测量出射角较小的粒子的 Z 坐标。内室的第一个超层为负倾角排列，第二个超层为正倾角排列。正倾角指斜丝相对轴作正 ϕ 向偏离，负倾角作负 ϕ 向偏离。外室原则上每四层信号丝同一张角,台阶部分由于结构原因每两层信号丝同一 $r-\phi$ 张角。

主漂移室采用氦基气体 (60% 氦气加 40% 丙烷) 作为工作气体。这种混合气体具有较长的辐射长度 (~550m),饱和漂移速度为 3.8cm/μs,气体增益在 $10^4 \sim 10^5$ 范围。此种工作气体配合小漂移单元的设计可以使漂移室具有较好的空间分辨率、动量分辨和 dE/dx 分辨,满足 BESIII 的物理要求。

3. 飞行时间计数器

BESIII 飞行时间计数器 (time of flight counter, TOF) 主要用来做粒子鉴别。鉴别能力主要由相同动量粒子的飞行时间差和其本身测量的时间分辨率决定。飞行时间计数器位于主漂移室和晶体量能器之间,分为桶部和端盖两部分,桶部固定于主漂移室上,端盖部分固定在端盖量能器上。桶部 TOF 立体接受度为 $82\% \times 4\pi$,$\cos\theta$ 在 ±0.83 之间;端盖 TOF 立体接受度为 $10\% \times 4\pi$,$\cos\theta$ 在 0.85~0.95,整个 TOF 基本覆盖了主漂移室和量能器的接受度。TOF 使用塑料闪烁体作为探测元件,其两端和光电倍增管直接耦合封在一起,外面用铝箔和黑胶带封装。桶部 TOF 在 R 方向所占几何位置为 810~925mm,采用双层结构,每层 88 块闪烁体,重约 800kg,每块闪烁体长 2320mm,厚 50mm,截面为梯形,信号由双层读出。端盖 TOF 分东西两部分,每部分各有 48 块扇形闪烁体,每块闪烁体内半径 483mm,外半径 838mm,信号由单端读出。图 11.12 为端盖 TOF 的结构示意图。

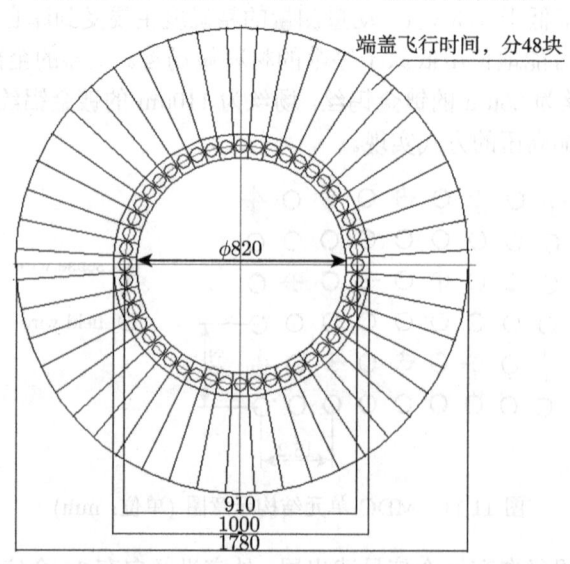

图 11.12 端盖 TOF 结构示意图 (单位:mm)

桶部 TOF 设计时间分辨为 80~90ps,端盖 TOF 设计时间分辨为 110~120ps。在 2σ 鉴别能力的要求下,桶部 TOF 的 K/π 分辨可以达到 $0.9\text{GeV}/c^2$。

4. 电磁量能器

电磁量能器 (electromagnetic calorimeter, EMC) 在 BESIII 中占有十分重要的地位, 用来精确测量光子和电子的能量及位置信息, 同时提供中性事例的触发。在 BEPCII 能区对撞产生的末态光子的能量有很大部分处于低能区 (< 500MeV), 由于量能器的能量分辨率和位置分辨率与能量的平方根成反比, 为了达到 BESIII 的物理目标, 量能器一定要有较好的分辨率和较高的探测效率。此外, 量能器还需要区分夹角很小的处于高能区的光子, 因此量能器还必须有足够小的探测粒度。

电磁量能器采用由 CsI(Tl) 晶体构造, 由桶部和端盖两部分组成, 重约 24t, 如图 11.13 所示。桶部内半径 94cm, 内长 275cm, 覆盖角 $\cos\theta \sim 0.83$; 端盖位于对撞点 $Z=\pm 138$cm 区, 内半径 50cm, 覆盖角 $\cos\theta \sim 0.93$, 总立体角为 $93\% \times 4\pi$。桶部和端盖共 6272 块晶体, 桶部晶体共有 44 圈, 每圈 120 块。对撞中心 θ 向左右两部分的每圈晶体, 除第一圈外, 都指向距对撞中心 ± 5cm 的点; 每层晶体在 ϕ 方向指向中心线有 $1.5°$ 的偏移。两个端盖量能器各由两个半圆环组成, 在径向共分为 6 层, 每层晶体各指向距对撞中心 ± 10cm 处, 在 ϕ 方向相对于对撞点旋转 $1.5°$。

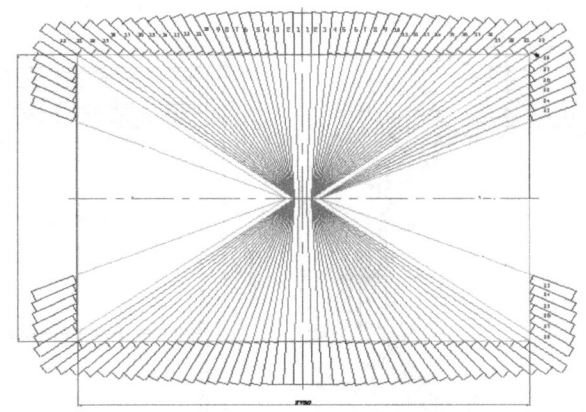

图 11.13 BESIII 电磁量能器晶体分布示意图

电磁量能器的能量覆盖范围为 20MeV∼2GeV, 能量分辨率为 $\Delta E/\sqrt{E} = 2.5\%@1$GeV, 在低能区能量分辨率为 $2.3\%/\sqrt{E}(\text{GeV}) \oplus 1\%$。电磁簇射的位置分辨 $\sigma_{\phi z} \leqslant 6mm/\sqrt{E}(\text{GeV})$。BESIII 的电磁量能器有足够小的探测单元和精细的信号读出, 良好的双光子角分辨, 较强的高能 π^0 的探测能力和区分来自强子衰变产生的假光子的能力; 在能量大于 200MeV 的区域有良好的 e/π 分辨能力。

5. μ 子鉴别器

μ 子鉴别器 (Muon identifier) 位于 BESIII 探测器的最外层, 包括 μ 子探测器和强子吸收体, 主要功能是测量反应末态中的 μ 子, 通过多层测量给出它们的位置和大致飞行轨迹。μ 子鉴别器确定的带电粒子的飞行轨迹与主漂移室确定的带电粒子的飞行轨迹相结合可精确测量该带电粒子的动量,以此可以区分 μ 子和其他带电粒子 (尤其是 π)。μ 子探测器选择阻性板计数器 (RPC)。RPC 是一种新型的探测器,由两层高阻抗的平行电极板组成,中间通工作气体,其结构如图 11.14 所示。当粒子穿过时会产生雪崩或流光信号,信号在气体室外面通过读出条读出。

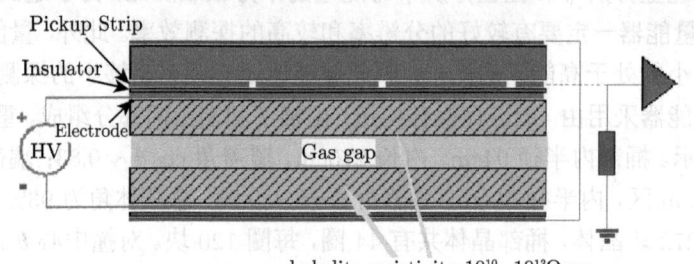

图 11.14　RPC 结构示意图

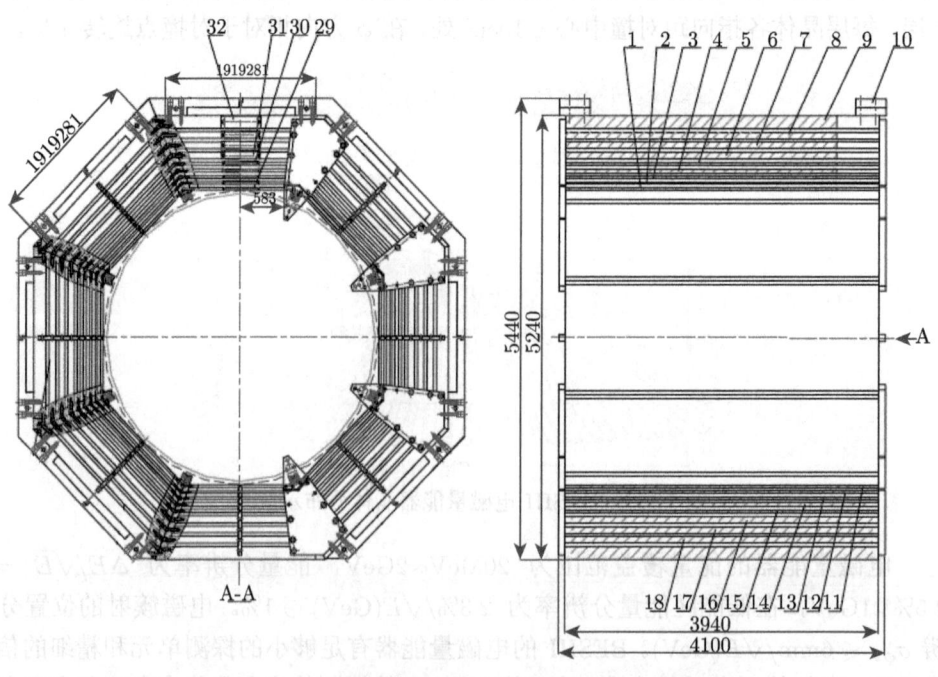

图 11.15　μ 子鉴别器桶部轭铁尺寸和 RPC 的排布图

μ 子鉴别器设计为桶部和端盖两部分以增大立体角覆盖。桶部 μ 子鉴别器的内半径 170cm,外半径 262cm,共有 8 层厚度为 $3\sim 8$cm 的吸收铁和 RPC,按八边形排列,如图 11.15 所示。第一层 RPC 铺设在超导线圈的外面和第一层轭铁之间,向外采用吸收铁和 RPC 的夹层结构,RPC 排列在每两层铁之间的 4cm 缝隙处。端盖部分采用 8 层吸收铁和 8 层 RPC 的夹层结构, 夹层结构与桶部相同。桶部和端盖两部分总的覆盖立体角为 0.89, 桶部最内层为 0.75, 最外层为 0.60。在 ϕ 方向单层位置分辨 $\sigma_{R\phi} < 50$mrad, 在 Z 向分辨 $\sigma_z < 30$mm, 在 1.0GeV 时 $P(\pi \to \mu) < 5\%$。动量大于 0.4GeV 的 μ 子在不同入射角度的探测效率均可达到 95%。

6. 超导磁体

磁体系统由超导线圈、低温系统、直流电源、真空系统以及磁测系统组成。超导磁体 (superconducting magnet) 是 BESIII 的又一重要部件, 它利用轭铁作为磁场回路提供高强度和一定均匀度的轴向磁场, 供主漂移室用以测量带电粒子的径迹。磁体长度 4.91m, 内直径 2.75m, 外直径 3.4m, 线圈长度 3.52m, 中心直径 2.95m。轭铁分为桶部和端部两部分, 它是磁通的回路, 同时也作为 μ 子鉴别器的吸收体。BESIII 的物理目标要求磁体可以为主漂移室提供较高的磁感应强度以提高主漂移室带电粒子的动量分辨率, 但过高的磁场强度会造成低动量径迹测量的困难, 综合考虑各种因素, 超导磁铁的中心磁感应强度设计为 (0.0, 0.0, 1.0)T, 径迹区内磁场不均匀度 $\leqslant 5\%$, 磁场测量精度 $\leqslant 0.1\%$。

7. 触发判选系统

触发判选系统 (trigger system) 是谱仪的重要组成部分, 是快速实时事例选择和控制系统。它对正负电子对撞产生的事例进行快速实时判选, 保留好事例并尽可能排除本底, 为物理分析提供可靠的数据[12]。BEPCII 的亮度高, 触发系统需要在极高的本底下选出有用的物理事例, 把本底压缩到数据获取系统可以接受的程度。BESIII 的主要本底是由正负电子束流在对撞过程中产生的 Bhabha 散射和辐射 Bhabha 散射, 电子与束流管道中残留气体的库仑散射和韧致辐射以及单束团中电子的 Touscheck 散射等电磁相互作用过程产生的。在数据获取系统可以接受的范围内, 触发判选系统需要把事例率从 1.3×10^7Hz 压低到最高事例率 4000Hz 左右。

BEPCII 双环内束团间隔为 8ns, 考虑到探测器信号成形输出、电缆和触发电子学处理电路的延迟, 第一级触发不可能在两次对撞之间完成, 所以必须对前端电子学数据用流水线式的方法进行存储处理, 触发判选系统也要用流水线方式进行处理。整个触发判选系统将分成二级, 如图 11.16 所示, 第一级为硬件触发, 在 6.4μs 内完成; 第二级为软件事例筛选, 由计算机集群在数据读出后进行。某一事例如果没有通过硬件触发, 那该事例信息将逐步溢出或覆盖而被丢弃。如果通过了硬件触发, 则各子探测器电子学的流水线控制电路将对应的数据段移入读出缓冲器, 再由在线控制读出控制插件将储存在各子探测器电子学缓冲器中的数据读出并进行事例组装。组装成的事例数据由计算机集群再进行过滤处理。

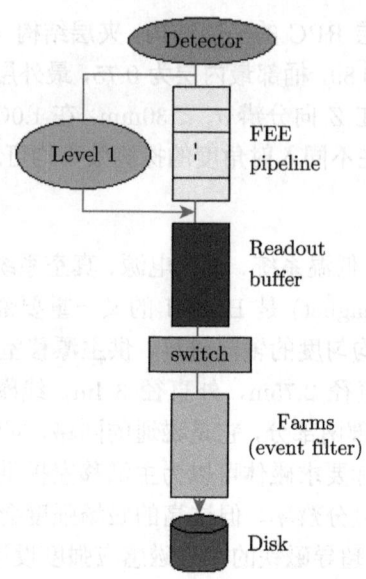

图 11.16　BESIII 数据流程

整个触发判选系统由 MDC 寻迹、TOF 击中、EMC 能量甄别、径迹配对、总触发及控制等子系统构成 (μ 击中信息暂不参与触发逻辑)。图 11.17 为 BESIII 触发系统的框图。由于电子学读出系统采用流水线工作方式, 硬件触发只需要一级。各个子探测器的电子学信号首先在前端电子学机箱中的触发插件进行预处理,

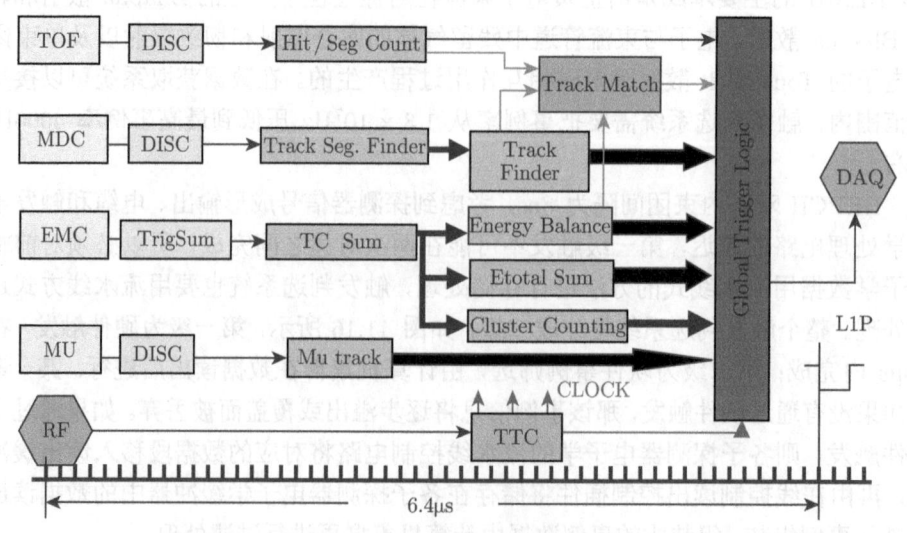

图 11.17　BESIII 触发逻辑方块图

经过预处理的电子学信号由光纤和接收插件中的编码和解码发送到触发机箱。这些信息经过 VME 机箱中的相应触发电路的处理后生成基本的触发条件信号,包括 TOF 子探测器的击中时间、击中数和击中位置,漂移室的径迹数和位置信息,以及电磁量能器中的能量平衡、总能量、簇团数及其位置信息等。这些条件在总触发逻辑单元 (GTL) 中汇总并进行时间匹配,如果满足预定的触发条件,则产生一级触发通过信号 L1,L1 再通过触发系统的信号分配插件发送到各个子探测器的读出控制电路。

8. 数据获取系统

数据获取系统 (data acquisition system) 是基于前端电子学和触发判选的硬件系统,由读出系统、在线系统、校准系统和其他辅助服务系统组成。由于 BEPCII 的高亮度,e^+e^- 对撞后通过一级触发选判后的事例率很高,根据 BESIII 探测器的指标对数据量进行初步估计,数据获取系统需要完成超过每秒 80Mbytes 的数据读出任务,最后通过软件触发判选的记带数据量超过每秒 40Mbytes。因此在线数据获取系统 (DAQ) 的设计目标是完成高事例率 (不超过 4000Hz) 下的数据读出和处理。

图 11.18 是数据获取系统的示意图。其大致工作流程是:获取通过一级触发判选后的前端电子学事例数据,经过两级计算机预处理和高速网络传输,将分布在各电子学 (VME) 读出机箱中的事例数据段迅速汇集到在线计算机群整理成为完整事例,并进行标记、处理和监测,最终将这些事例数据通过网络传送到计算中心安全记录到永久介质上。

为了能够快速获取通过一级触发判选的前端电子学事例数据并尽可能地减小系统死时间,数据获取系统设计大量采用了多级数据缓冲技术、并行处理技术、VME 总线高速读出技术以及网络传输技术。多级数据缓冲可以有效地减小由于实验事例产生的随机性而引起的死时间,基于网络交换机的并行数据传送可以提高数据流量和完成事例的并行处理。VME 总线高速读出技术以及网络传输技术可以解决数据获取系统中的数据流"瓶颈",使数据获取系统达到设计目标。

9. 离线数据分析系统

离线数据分析系统 (off-line data analysis system) 包括离线计算机系统和离线软件系统两部分,主要是对在线获取的数据进行进一步的处理并进行物理分析。

离线计算机系统主要有四方面的任务:原始数据的处理和物理分析;各种数据之间的传输;各种数据和文件的存储和管理;用户和各种设备之间的通信。离线数据处理环境建设基于高性价比、可扩充和良好的可维护性和共享性的原则,主要采用如图 11.19 所示技术线路。

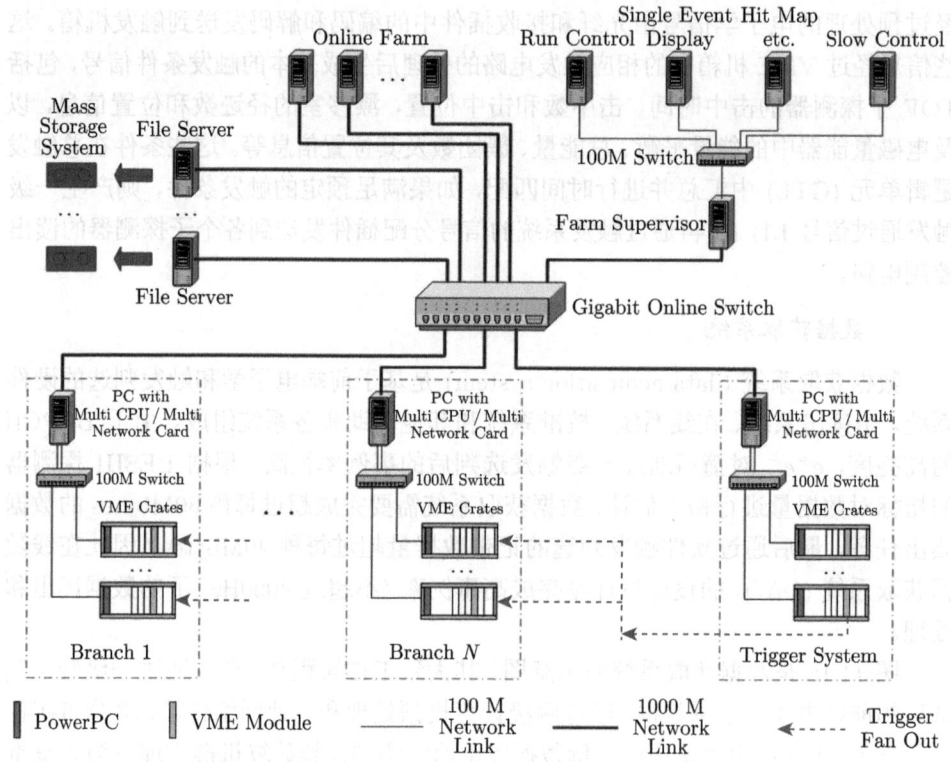

图 11.18 BESIII 数据获取系统架构示意图

主要的技术选择如下:

(1) CPU 类型和结构: 采用 Intel、AMD 或 IA64 多处理器主板的 PC/Cluster 或 PC/Grid 高性能计算结构。

(2) 存储能力: 采用磁盘阵列和磁带库存储虚拟化技术,建立分级存储体系 HSM(hierachical storage management) 以满足大容量、可扩展和快速访问的存储区域网 SAN(storage area network) 结构。作为目标设备的存储子系统 (磁盘阵列、磁带库) 通过互连设备 (交换机) 独立于发起设备 (服务器)。

(3) 网络 I/O: 除了通过建立 SAN 第二网,将主要的数据通路和传统网络分开以提高数据 I/O 率外,所有计算节点机均采用 100TX/1000TX 双网卡,其中 100TX 提供传统的 TCP/IP 服务,而 1000TX 仅提供 NFS 服务,以提高 NFS 的能力。

(4) 系统支撑软件: BESIII 离线数据处理环境的系统支撑软件以自由软件为主,既可以节约经费,又可以与国际高能物理实验室同步,其中:

1) 操作系统选用 RedHat/Linux。
2) 数据存储和管理选用 Castor,MySQL 或 ProstgreSQL。
3) 批处理作业管理选用 PBS。

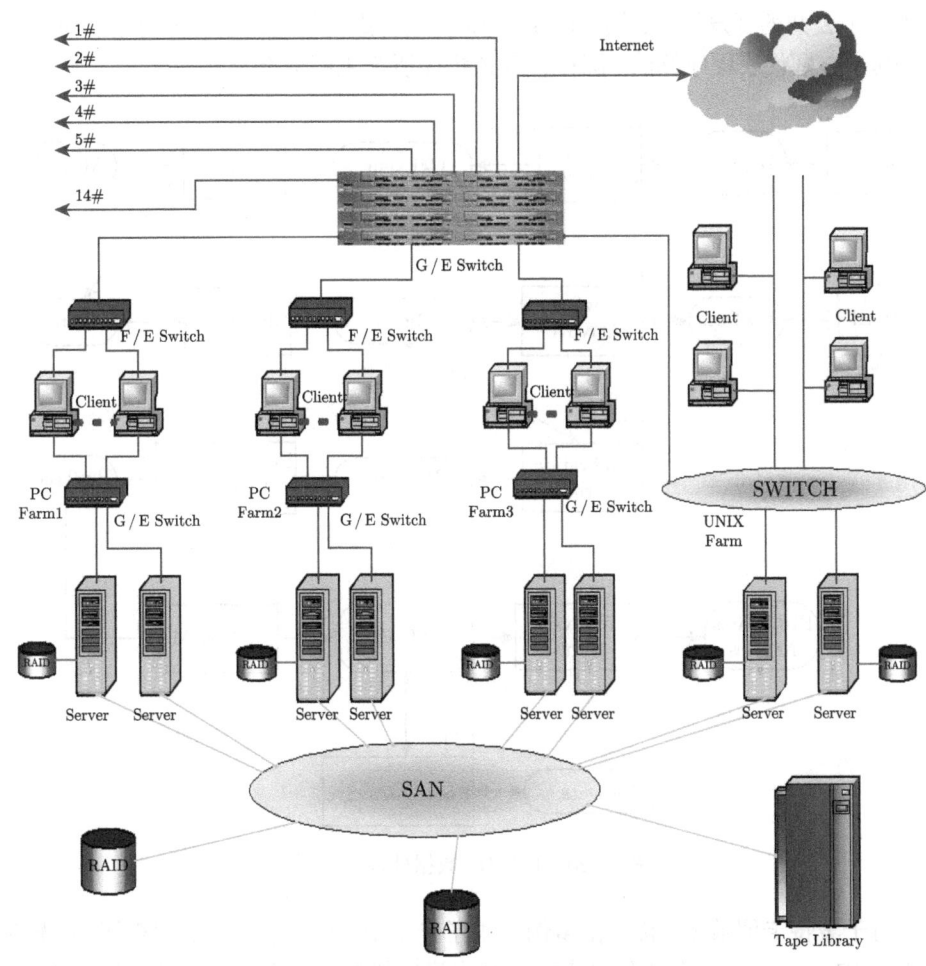

图 11.19 BESIII 数据处理系统结构示意图

4) 通过 YP 对用户集中管理和 Automount 实现对文件的透明访问。

离线软件系统的主要任务是处理实验数据和蒙特卡罗数据以及管理各种工具库和文件库。对于实验数据,是将在线获取系统记录下来的数字信号在离线计算机上还原为粒子种类、能量、动量、空间位置坐标等物理量,为物理分析提供条件;对于蒙特卡罗数据,主要是物理事例的产生和探测器的模拟。离线软件系统由主框架系统、实用软件包和工具软件包系统、数据刻度和事例重建系统、蒙特卡罗事例产生和模拟系统以及用户分析软件包组成。为了能够尽量利用现有资源并共享世界高能物理实验的先进软件包和工具,BESIII 软件框架选择 C++ 语言和面向对象的编程技术,并且基于 Gaudi 框架开发了离线数据处理框架 BOSS[188] (BESIII offline software system)。它为数据刻度、事例重建、蒙特卡罗模拟以及物理分析软件提供了公共的开发平台。图 11.20 为 BOSS 框架下的 BESIII 离线数据处理流程图，其中方框代表程序算法，圆框代表该程序所产生的数据类型。

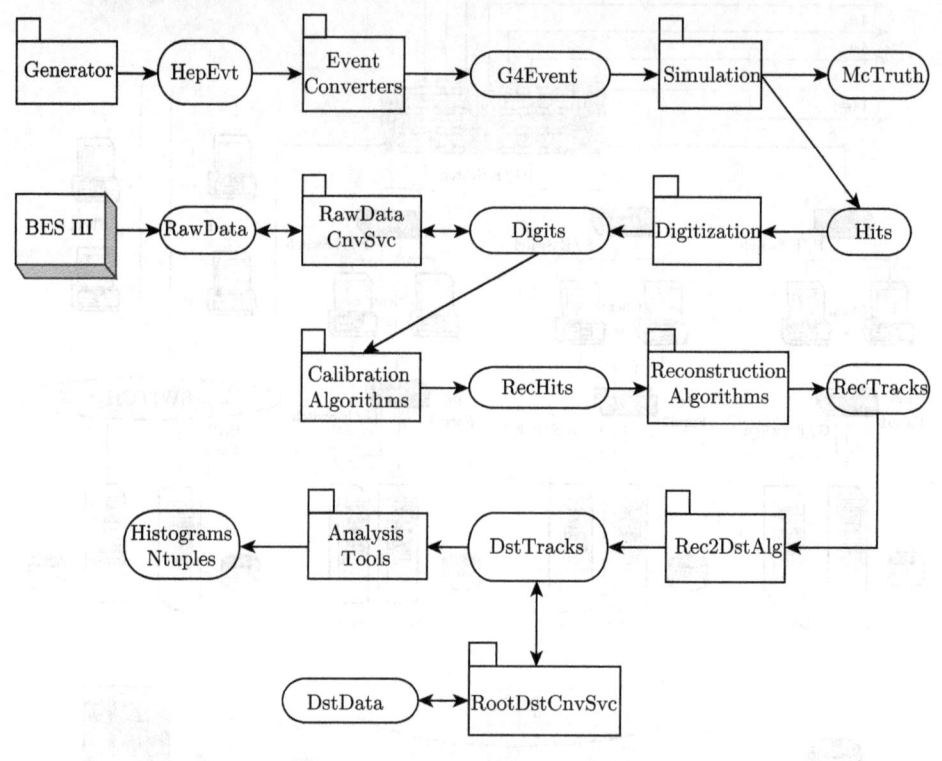

图 11.20　BESIII 数据处理流程图

对于蒙特卡罗数据，首先由事例产生子产生 HepEvt 格式的物理事例，经转换成为 G4Event 之后送到探测器模拟系统中进行模拟，生成 Hits 信息和 MCTruth 信息，Hits 信息被用来进行数字化过程，即模拟探测器的响应，生成数字化信息 Digits。Digits 可以经过 Rawdata Conversion Service 转换为原始数据。对于探测器在线获取的实验原始数据，Rawdata Conversion Service 也可以将它们转换为 Digits。无论是 MC 数据还是实验数据经转换后得到的 Digits 信息经过离线刻度和重建后生成 Track 信息，以 Root 格式保存为 Dst 数据。最后物理分析人员利用框架提供的各种分析工具软件，从 Dst 数据中提取需要的物理信息进行物理分析。

离线数据刻度是从数据中挑出具有典型特征而且反应截面较大的事例（如背对背的 Bhabha 或 Dimuon 事例），经过拟合计算出在线获取原始数据时表征探测器状态的刻度常数（如 MDC 中电子的漂移速度、T_0、各灵敏丝位置修正、EMC 中簇射能量、幅度常数等）。具体来说，BESIII 探测器获取正负电子对撞产生的各种事例，这些事例在各子探测器中留下信息（包括各子探测器的系统误差），这些信息

§11.3 中国的加速器粒子物理实验

经过电子学系统转换成相应的数字信息被记录下来，数字信息经过离线刻度后用做事例重建。由于各子探测器的工作状态并不是稳恒不变的，这就会导致即使同样的事例最后在探测器中得到的响应也会有所不同，因此就必须要有一套与各探测器相关的、精确反映各探测器状态、重现一定时间段内探测器工作状态的参数，这套参数就是刻度常数。离线数据刻度就是计算这套参数的过程。好的刻度常数必须能够对原始数据做各种系统修正，包括：由于各探测器各部分性能不一致引起的信号不均匀性；电子学各读出道特性的差异使信号产生的畸变；环境变化对探测器的影响等。此外还需要对数据作一些特殊的修正，如带电粒子电离的涨落等。具体到 BESIII，主要的刻度包括 MDC、TOF、EMC 和 μ 子探测器，最后给出一套与探测器相关和事例获取时间 (RUN) 对应的参数。

事例重建是用刻度过程得到的各子探测器的刻度常数对原始数据进行处理转换，将原始数据中记录的探测器读出电子学的输出数字信号还原为粒子的位置、能量、动量等物理量，并初步判断事例类型以备物理分析之用。

蒙特卡罗模拟 (Monte Carlo simulation) 源于随机过程，是解决随机过程和复杂问题的一种方法，目前特指利用计算机做实验和研究。它包括事例产生、粒子在探测器中的输运及相互作用、探测器响应等一系列过程。模拟的目的是使模拟数据最大程度地近似于探测器在线获取的实验数据。在 BESIII 上这一过程由 BOOST(BESIII object oriented simulation tool) 来完成。BOOST 是基于高能物理实验中广泛使用的 Geant4 开发的面向对象的模拟软件，主要包括物理事例产生子，物质和几何结构的描述，磁场，粒子和物质的相互作用，子探测器击中信息的记录，探测器响应，真实化信息，数据输出，用户界面等部分。它全面模拟了 BESIII 探测器的物质和几何结构，给出粒子在各个子探测器中的击中信息，输出原始数据和 MC Truth 信息。BOOST 的工作大概可以分为三个部分：

(1) 事例产生子 (event generator) 模拟束流对撞产生各种反应，根据反应机制计算微分截面，生成物理事例，给出事例末态粒子的四动量，作为输入提供给探测器模拟程序。

(2) 探测器模拟程序构造探测器的几何结构，模拟粒子在探测器中运输和相互作用 (tracking)，计算各种可能相互作用截面，记录粒子在各个子探测器中的击中信息。

(3) 探测器响应程序利用击中信息，根据探测器的工作原理经过数字化过程得到跟探测器在线获取的实验数据具有相同数据格式的原始数据 (digitization)，这一过程需要许多束流检验的实验结果，如效率、分辨率等。

物理分析软件是重建数据和具体物理分析的共用处理算法和接口。BESIII 物理分析软件[189] 已经开发了事例组装 (event assembly)、粒子鉴别 (particle identification)、顶点拟合 (vertex fitting)、运动学拟合 (kinematic fitting)、亮度监测

(luminosity measurement)、分波分析 (partial wave analysis) 等软件包, 这些软件包的实用性在具体的物理分析中都已经得到了体现。对 BES III 物理分析软件更多的细节, 可见文献 [188, 189] 和其中给出的引文。

§11.4 BESIII 国际合作组部分成果简介

目前有 53 家国内外大学和研究所参加了 BESIII 国际合作组。其中的 30 家中国研究机构是: 中国科学院高能物理研究所, 中国高等科学技术中心, 中国科学院大学, 中国科技大学, 山东大学, 浙江大学, 黄山学院, 华中师范大学, 武汉大学, 郑州大学, 河南师范大学, 北京大学, 清华大学, 中山大学, 南开大学, 山西大学, 四川大学, 南华大学, 湖南大学, 辽宁大学, 南京大学, 南京师范大学, 广西师范大学, 广西大学, 苏州大学, 杭州师范大学, 兰州大学, 河南科技大学, 香港大学, 香港中文大学。

如表 11.4 所示, 自 2009 年 BEPCII 开始物理运行以来, BESIII 国际合作组采集了大量的实验数据①基于对这些数据的分析, 取得了一系列重要的物理成果。在本节我们对部分成果作简单介绍。

表 11.4 2009 年 BEPCII 投入运行以来, BESIII 合作组数据采集情况

年份	数据特性	数据量
2009+2012	J/ψ at $E_{cm} = 3.097$ GeV	1.3×10^9
2009+2012	J/ψ' at $E_{cm} = 3.686$ GeV	0.4×10^9
2010+2011	$\psi(3770)$ at $E_{cm} = 3.773$ GeV	2.9 fb^{-1}
2011	$\psi(4040)$ at $E_{cm} = 4.009$ GeV	0.5 fb^{-1}
	τ mass scan $E_{cm} \sim 3.554$ GeV	0.024 fb^{-1}
2013	$Y(4260)$ at $E_{cm} = 4.23$ GeV, 4.26 GeV	1.9 fb^{-1}
	$Y(4360)$ at $E_{cm} = 4.36$ GeV	0.5 fb^{-1}
	$Y(4260)$ and $Y(4360)$ Scan	0.5 fb^{-1}
2014	R Scan,104 个能量点, 3.85 GeV $\leqslant E_{cm} \leqslant$ 4.59 GeV	0.8 fb^{-1}
	at $E_{cm} = 4.60$ GeV	0.5 fb^{-1}

§11.4.1 轻强子

对轻强子的分析基于 2009 年和 2012 年采集的 $1.3 \times 10^9 J/\psi$ 事例和 $0.5 \times 10^9 \psi'$ 事例。主要结果如下。

在 $p\bar{p}$ 质量阈值附近, BESIII 发现多个质量接近的共振态粒子。

1. $X(1835)$: 在衰变过程 $J/\psi \to \gamma\pi^+\pi^-\eta', \eta' \to (\pi^+\pi^-, \gamma\rho^0)$ 中, 对 $X(1835)$ 做了高精度测量[190],

---

①在世界同类型 τ-粲物理实验中, BESIII 的 J/ψ, ψ', $\psi(3770)$, $\psi(4040)$ 和 $Y(4260)$ 的数据量最高。2014 年 11 月 19 日, 在 $\sqrt{s} = 3.77$ GeV, BEPCII 的亮度达到运行 6 年来的峰值: 8.04×10^{32} cm$^{-2} \cdot$s^{-1}。

$$M = (1836.5 \pm 3.0(\text{stat})^{+5.6}_{-2.1}(\text{syst})) \text{ MeV},$$
$$\Gamma = (190 \pm 9(\text{stat})^{+38}_{-36}(\text{syst})) \text{ MeV}. \tag{11.7}$$

信号的显著度大于 20σ，证实了 BESII 在 2005 年的测量结果 (7.7σ)。

2. $X(1840)$: 在 $J/\psi \to \gamma 3(\pi^+\pi^-)$ 衰变过程中，观察到 $X(1840)$[191]，
$$M = (1842.2 \pm 4.2(\text{stat})^{+7.1}_{-2.6}(\text{syst})) \text{ MeV},$$
$$\Gamma = (83 \pm 14(\text{stat}) \pm 11(\text{syst})) \text{ MeV}. \tag{11.8}$$

信号的显著度为 7.6σ。该粒子的质量与 $X(1836)$ 很接近，但其衰变宽度比较窄。观测到 $X(1840)$ 的衰变模式是不是 $X(1835)$ 的一个新的衰变道，还需要更多的研究。

3. BESIII 还看到质量相近的另外 3 个共振态粒子：
$$X(1810): M = (1795 \pm 7^{+13}_{-5} \pm 19(\text{model})) \text{ MeV}, \quad J/\psi \to \gamma(\omega\phi),$$
$$\Gamma = (95 \pm 10^{+21}_{-34} \pm 75(\text{model})) \text{ MeV}, \quad J^P = 0^+, \tag{11.9}$$
$$X(1870): M = (1877.3 \pm 6.3^{+3.4}_{-7.4}) \text{ MeV}, \quad J/\psi \to \omega(\eta\pi\pi),$$
$$\Gamma = (57 \pm 12^{+19}_{-4}) \text{ MeV}, \quad 7.2\sigma, \tag{11.10}$$
$$X(p\bar{p}): M = (1832.3^{+19}_{-5}(\text{stat})^{+18}_{-17}(\text{syst}) \pm 19(\text{model})) \text{ MeV}, \quad J/\psi \to \gamma p\bar{p},$$
$$\Gamma < 76 \text{ MeV, at } 90\% \text{C.L.} \quad J^{PC} = 0^{-+}. \tag{11.11}$$

这些共振态粒子的质量均在 $1810 \sim 1870 \text{MeV}$ 范围内，覆盖了 $p\bar{p}$ 阈值。现在的问题是：这些粒子是同一个粒子的不同衰变模式，还是真正的不同的粒子？

BESIII 观察到了 $f_0(1710)$ 等可能的胶球候选者。根据格点规范理论，量子数为 $J^{PC} = 0^{++}$ 的最轻"胶球"(Glueball) 的质量应该在 $1.5 \sim 1.7$ GeV 区域内。但由于"纯胶球"可以和邻近的 $q\bar{q}$ 多重态发生混合，这就给胶球的鉴别带来困难。一般认为，J/ψ 粒子的辐射衰变是寻找、发现"胶球"的好地方。$J/\psi \to \gamma\eta\eta$ 就是这样一个衰变过程。1982 年，Crystal Ball 实验组通过对该过程的研究第一次看到 $f_0(1710)$，但其统计量低，误差大。BESIII 实验组使用 2.25×10^8 的 J/ψ 数据，对 $J/\psi \to \gamma\eta\eta, \eta \to 2\gamma$ 衰变过程做了分波分析 (PWA)，通过拟合，对 $f_0(1710)$ 和另外 5 个粒子的质量和衰变宽度给出了分析结果，如表 11.5 所示。分析发现，标量贡献主要来自 $f_0(1500), f_0(1710)$ 和 $f_0(2100)$。张量贡献主要来自 $f'_2(1525), f_2(1810)$ 和 $f_2(2340)$[192]。根据格点 QCD 理论对 J/ψ 辐射衰变过程中纯标量胶球分支比的计算，
$$Br(J/\psi \to \gamma G(0^{++})) = (3.8 \pm 0.9) \times 10^{-3}, \tag{11.12}$$

综合其他实验组的实验测量结果和 BESIII 实验组测量得到的分支比[192]
$$Br(J/\psi \to \gamma f_0(1710) \to \gamma\eta\eta) = (2.35^{+0.13+1.24}_{-0.11-0.74}) \times 10^{-4}, \tag{11.13}$$

我们得到总的分支比为

$$Br(J/\psi \to \gamma f_0(1710) \to \gamma(\eta\eta, \pi\pi, K\overline{K}, \omega\omega)) \sim (1.8^{+0.22}_{-0.18}) \times 10^{-3}, \quad (11.14)$$

与格点 QCD 的理论预言在 2σ 范围内符合得很好。这意味着和其他"胶球候选者"(例如 $f_0(1500)$) 相比较，$f_0(1710)$ 含有更多的"胶球"成分。在 $\eta\eta$ 不变质量图上，来自于张量共振态粒子 $f_2'(1525)$ 的贡献也形成一个明显的"峰"。除了表 11.5 所列的 6 个共振态粒子的显著度大于 5，BESIII 合作组没有看到下面这些理论预言粒子存在的明显证据：

(1) $J^{PC} = 0^{++}$ 标量共振态粒子: $f(1370)$, $f_0(1790)$, $f_0(2020)$, $f_0(2200)$ 和 $f_0(2330)$。

(2) $J^{PC} = 2^{++}$ 张量共振态粒子: $f_2(2010)$, $f_2(2150)$ 和 $f_J(2220)$。

表 11.5 BESIII 合作组对 $J/\psi \to \gamma\eta\eta, \eta \to 2\gamma$ 衰变过程所做的分波分析得到的结果[192]

共振态	质量/MeV	衰变宽度/MeV	$Br(J/\psi \to \gamma X \to \gamma\eta\eta)$	显著度
$f_0(1500)$	1468^{+14+23}_{-15-74}	$136^{+41+28}_{-26-100}$	$(1.65^{+0.26+0.51}_{-0.31-1.40}) \times 10^{-5}$	8.2σ
$f_0(1710)$	$1759 \pm 6^{+14}_{-25}$	$172 \pm 10^{+32}_{-16}$	$(2.35^{+0.13+1.24}_{-0.11-0.74}) \times 10^{-4}$	25.0σ
$f_0(2100)$	$2081 \pm 13^{+24}_{-36}$	273^{+27+70}_{-24-23}	$(1.13^{+0.09+0.64}_{-0.10-0.28}) \times 10^{-4}$	13.8σ
$f_2'(1525)$	$1513 \pm 5^{+4}_{-10}$	75^{+12+16}_{-10-8}	$(3.42^{+0.43+1.37}_{-0.51-1.30}) \times 10^{-5}$	11.0σ
$f_2(1810)$	1822^{+29+66}_{-24-57}	$229^{+52+88}_{-42-155}$	$(5.40^{+0.60+3.42}_{-0.67-2.35}) \times 10^{-5}$	6.4σ
$f_2(2340)$	$2362^{+31+140}_{-30-63}$	$334^{+62+165}_{-54-100}$	$(5.60^{+0.62+2.37}_{-0.65-2.07}) \times 10^{-5}$	7.6σ

BESIII 通过对 $\psi' \to \pi^0 P\bar{P}$ 的研究，观察到了两个 N^* 重子激发态 $N(2300)$、$N(2570)$ 和其他的 $N(X)$ 重子态。BESIII 实验组基于 106 兆 $\psi(3686)$ 衰变事例，对以下的二体衰变过程

$$\psi(2S) \to X\pi^0, \quad X \to p\bar{P},$$
$$\psi(2S) \to p\bar{N}^*, \quad \bar{N} \to \pi^0 \bar{P} \quad (11.15)$$

做了分波分析，发现了如表 11.6 所列的 7 个 N^* 中间共振态粒子。其中的 $J^P = \frac{1}{2}^+$ 的 $N(2300)$ 和 $J^P = \frac{5}{2}^-$ 的 $N(2570)$ 是第一次发现的新共振态粒子。对另外 5 个 N^* 共振态粒子质量、衰变宽度的实验测量结果与以前的实验测量结果符合。

表 11.6 BESIII 合作组通过分波分析，对 7 个 N^* 的质量、衰变宽度等物理性质给出了新的实验测量结果。其中 $N(2300)$ 和 $N(2570)$ 是新发现的共振态粒子

共振态	质量/MeV	衰变宽度/MeV	显著度
$N(1400)$	1390^{+11+21}_{-21-30}	$340^{+46+70}_{-40-156}$	11.5σ
$N(1520)$	1510^{+3+11}_{-7-9}	115^{+20+0}_{-15-40}	5.0σ

共振态	质量/MeV	衰变宽度/MeV	显著度
$N(1535)$	1535^{+9+15}_{-8-22}	120^{+20+0}_{-20-42}	9.3σ
$N(1650)$	1650^{+5+11}_{-5-30}	150^{+21+14}_{-22-50}	12.2σ
$N(1720)$	1700^{+30+32}_{-28-35}	$450^{+109+149}_{-94-44}$	9.6σ
$N(2300)$	$2300^{+40+109}_{-30-0}$	$340^{+30+110}_{-30-58}$	15.0σ
$N(2570)$	2570^{+19+34}_{-10-10}	250^{+14+69}_{-24-21}	11.7σ

§11.4.2 X、Y、Z 强子谱

对大部分粲偶素 (Charmonium) 粒子的基本性质，基于 QCD 的夸克模型可以给出很好的解释。但对于近年来在 B 介子工厂实验和 BEPC 实验中发现的 X、Y、Z 奇异强子，夸克模型显然不足以解释这些粒子的特殊性质。目前人们构造了各种各样的模型，把它们解释为 "混杂态" ($q\bar{q}g$)，"四夸克态" ($c\bar{q}q\bar{c}$)，"四夸克–分子态" (($c\bar{q})(q\bar{c})$) 等。

大部分 X、Y、Z 奇异强子态是被 BaBar 和 Belle 实验组发现的。$X(3872)$ 是 B 介子工厂实验看到的第一个 "奇异粒子"[193]。Belle 合作组在 2003 年使用 152 兆 B 介子对产生事例，在 $B \to K^{\pm}\pi^+\pi^- J/\psi$ 衰变过程中，发现一个如图 11.21 所示的 "类粲偶素窄共振态结构" $X(3872)$。其衰变模式为 $X(3872) \to \pi^+\pi^- J/\psi$，质量为[193]

$$M(X(3872)) = (3872.0 \pm 0.6(\text{stat}) \pm 0.5(\text{syst})) \text{ MeV}. \tag{11.16}$$

很接近 $M_{D^0} + M_{D^{*0}}$ 的质量阈，信号的统计显著度大于 10σ。2014 年新的 "粒子数据表" 给出的 $X(3872)(I^G(J^{PC}) = 0^+(1^{++}))$ 的质量和衰变宽度为[1]

$$M = (3871.69 \pm 0.17) \text{ MeV}, \quad \Gamma_{X(3872)} < 1.2 \text{MeV at } 90\% \text{ C.L.} \tag{11.17}$$

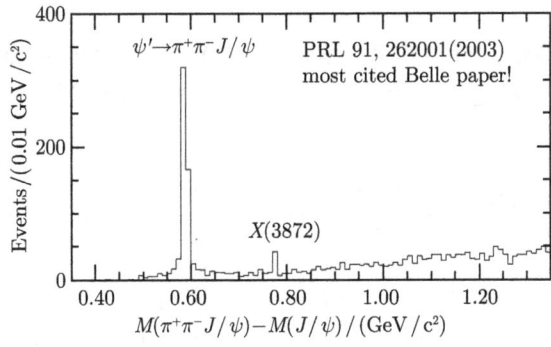

图 11.21 不变质量差 $M(\pi^+\pi^- J/\psi) - M(J/\psi)$ 的事例分布图[193]。左侧的高峰是 ψ' 粒子 (事例数: 489 ± 23)，右侧的低峰是 $X(3872)$ (事例数: 35.7 ± 6.8)

BESIII 实验组使用 2013 年在 4.009 GeV $\leqslant E_{cm} \leqslant$ 4.36 GeV 能区多个能量点采集的 2.9 fb^{-1} 的数据, 对 $Y(4260)$ 等奇异粒子的产生和衰变过程做了研究。根据理论研究, 可以通过 $\psi(4040), \psi(4160), \psi(4415)$ 和 $Y(4260)$ 的衰变产生 $X(3872)$。但是, 在 BESIII 上, 通过 $Y(4260)$ 的辐射跃迁过程

$$e^+e^- \to Y(4260) \to \gamma X(3872) \to \gamma(\pi^+\pi^- J/\psi) \tag{11.18}$$

产生 $X(3872)$ 的产率比通过其他三个粒子衰变的产率有很大的增强。BESIII 的实验分析结果证实了这一点[194]。

图 11.22 表示对 $M(\pi^+\pi^- J/\psi)$ 不变质量分布的拟合结果 (左图), 对产生率 (production rate) $\sigma^B(e^+e^- \to \gamma X(3872))\mathcal{B}(X(3872) \to \pi^+\pi^- J/\psi)$ 的拟合结果 (右图)[194]。图中的"点 - 误差棒"表示实验测量数据。左图的红色曲线表示对信号所作的高斯拟合结果, 蓝色短线表示对"背景"的直线拟合结果。右图的红线表示对 $Y(4260)$ 共振态的高斯拟合结果。BESIII 合作组得到的对 $X(3872)$ 的测量结果为[194]

$$M = (3871.9 \pm 0.7(\text{stat}) \pm 0.2(\text{syst})) \text{ MeV}, \tag{11.19}$$

与以前的实验结果符合得很好。在 4 个能量点上对产生率的测量结果为[194]

$$\sigma^B(e^+e^- \to \gamma X(3872))\mathcal{B}(X(3872) \to \pi^+\pi^- J/\psi)$$
$$= \begin{cases} < 0.11 \text{ pb}, & 90\%\text{C.L.}, & \text{at } \sqrt{s} = 4.009 \text{GeV}, \\ (0.27 \pm 0.09 \pm 0.02) \text{ pb}, & \text{at } \sqrt{s} = 4.229 \text{GeV}, \\ (0.33 \pm 0.12 \pm 0.2) \text{ pb}, & \text{at } \sqrt{s} = 4.260 \text{GeV}, \\ < 0.36 \text{ pb}, & 90\%\text{C.L.}, & \text{at } \sqrt{s} = 4.360 \text{GeV}, \end{cases} \tag{11.20}$$

上述实验结果强烈地支持存在 $Y(4260) \to \gamma X(3872)$ 的辐射跃迁过程。考虑到 BESIII 对直接产生截面 $\sigma^B(e^+e^- \to \pi^+\pi^- J/\psi)$ 的实验测量结果[59], 可以得到分支比的比值

$$\frac{\sigma^B(e^+e^- \to \gamma X(3872))\mathcal{B}(X(3872) \to \pi^+\pi^- J/\psi)}{\sigma^B(e^+e^- \to \pi^+\pi^- J/\psi)} = (5.2 \pm 1.9) \times 10^{-3}. \tag{11.21}$$

当然, 这里做了两个假设: (a) $X(3872)$ 只来自于 $Y(4260)$ 的辐射衰变过程 $Y(4260) \to \gamma X(3872)$; (b) $\pi^+\pi^- J/\psi$ 只来自于 $Y(4260)$ 的强衰变过程 $Y(4260) \to \pi^+\pi^- J/\psi$。

§11.4 BESIII 国际合作组部分成果简介

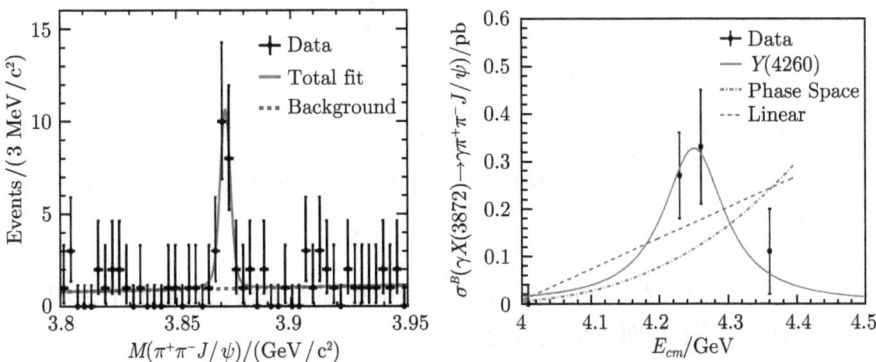

图 11.22 BES III 合作组对 $M(\pi^+\pi^-J/\psi)$ 不变质量分布的拟合结果 (左图),对产生率 $\sigma^B(e^+e^-\to\gamma X(3872))\mathcal{B}(X(3872)\to\pi^+\pi^-J/\psi)B$ 的拟合结果 (右图)[194]

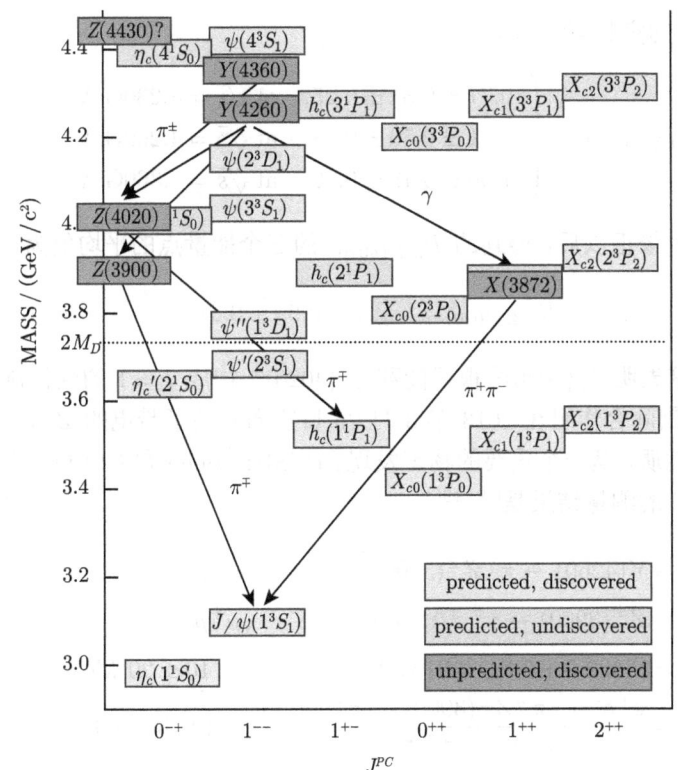

图 11.23 包含粲偶素 ($c\bar{c}$) 的 X,Y,Z 强子谱示意图

在 BESIII 实验中,可以通过 e^+e^- 的湮没过程直接产生 $Y(4260)$ 和 $Y(4360)$。通过对 $Y(4260)$ 和 $Y(4360)$ 共振态衰变链的研究,BESIII 合作组发现了"带电的类粲偶素结构":$Z_c(3900)$,$Z_c(4020)$ 和 $Z_c(4025)$。对 $Z_c(4020)$,BESIII 已经发现了带电的 $Z_c(4020)^\pm$ 和中性的 $Z_c(4020)^0$,其测量结果如下[195]:

$$e^+e^- \to \pi^\mp Z_c(4020)^\pm \to \pi^\mp \pi^\pm h_c(^1P_1), \ h_c \to \gamma \eta_c, \eta_c \to X_i;$$

$$M(Z_c(4020)^\pm) = (4022.9 \pm 0.8 \pm 2.7) \text{ MeV},$$
$$\Gamma(Z_c(4020^\pm)) = (7.9 \pm 2.7 \pm 2.6) \text{ MeV}. \tag{11.22}$$

$$e^+e^- \to \pi^0 Z_c(4020)^0 \to \pi^0 \pi^0 h_c(^1P_1), \ h_c \to \gamma \eta_c, \eta_c \to X_i;$$

$$M(Z_c(4020)^0) = (4023.9 \pm 2.2 \pm 3.8) \text{ MeV}. \tag{11.23}$$

其中 $\eta_c \to X_i$ 的 X_i 表示 $p\bar{p}, 2(\pi^+\pi^-)$ 等 16 种强子末态。如果把中性和带电的 $Z_c(4020)$ 的玻恩产生截面比值定义为

$$R_{\pi Z_c(4020)} = \frac{e^+e^- \to \pi^0 Z_c(4020)^0 \to \pi^0\pi^0 h_c}{e^+e^- \to \pi^\mp Z_c(4020)^\pm \to \pi^\mp \pi^\pm h_c}, \tag{11.24}$$

那么 BESIII 的实验测量结果为

$$R_{\pi Z_c(4020)} = \begin{cases} 0.77 \pm 0.31 \pm 0.25, & \text{at } \sqrt{s} = 4.230 \text{GeV}, \\ 1.21 \pm 0.50 \pm 0.38, & \text{at } \sqrt{s} = 4.260 \text{GeV}, \\ 1.00 \pm 0.48 \pm 0.32, & \text{at } \sqrt{s} = 4.360 \text{GeV}, \end{cases} \tag{11.25}$$

在考虑了各种修正以后，得到的 $R_{\pi Z_c(4020)}$ 的三个能量点的平均值为[195]

$$R_{\pi Z_c(4020)}|_{\text{averaged}} = 0.99 \pm 0.31, \tag{11.26}$$

与 1 符合。这表明 $Z_c(4020)^0$ 很可能和 $Z_c(4020)^\pm$ 构成 $I=1$ 的同位旋三重态。

BESIII 国际合作组在 2013 年 3 月 26 日宣布发现了带电的 $Z_c(3900)$，该粒子具有独特的性质，是一个重要的物理发现。BESIII, Belle 和 CLEOc 三个合作组对 $Z_c(3900)$ 性质的测量结果是[59, 196]

$$e^+e^- \to Y(4260) \to \pi^\mp Z_c^\pm(3900) \to \pi^\mp(\pi^\pm J/\psi),$$
$$Z_c^\pm(3900) \to \pi^\pm J/\psi, J/\psi \to (e^+e^-, \mu^+\mu^-);$$
$$M = (3899.0 \pm 3.6 \pm 4.9) \text{ MeV}, \quad \Gamma = (46 \pm 10 \pm 20) \text{MeV},$$
$$R = \frac{e^+e^- \to \pi^\mp Z_c^\pm(3900) \to \pi^\mp \pi^\pm J/\psi}{e^+e^- \to \pi^\mp \pi^\pm J/\psi} = (21.5 \pm 3.3 \pm 7.5)\%,$$
$$\sigma^B = (62.9 \pm 1.9 \pm 3.7) \text{ pb}, \quad \text{BESIII}, \tag{11.27}$$
$$M = (3894.5 \pm 6.6 \pm 4.5) \text{ MeV}, \quad \Gamma = (63 \pm 24 \pm 26) \text{MeV}, \quad \text{Belle}; \tag{11.28}$$
$$e^+e^- \to \psi(4160) \to \pi^\mp Z_c^\pm(3900) \to \pi^\mp(\pi^\pm J/\psi),$$
$$M = (3886 \pm 4 \pm 2) \text{ MeV}, \quad \Gamma = (33 \pm 6 \pm 7) \text{MeV},$$
$$R = (32 \pm 8 \pm 10)\%, \quad \text{at } \sqrt{s} = 4.16 \text{GeV}, \quad \text{CLEOc}, \tag{11.29}$$

$Z_c(3900)^\pm$ 的质量接近 $D\bar{D}^*$ 的质量阈值。

BESIII 和 CLEOc 还发现了带电的 $Z_c(3900)^\pm$ 的同位旋伙伴粒子, 中性的 $Z_c(3900)^0$ (显著度为 10.4σ)[196]:

$$e^+e^- \to Y(4260) \to \pi^0 Z_c^\pm(3900)^0 \to \pi^0(\pi^0 J/\psi),$$
$$M = (3894.8 \pm 2.3 \pm 2.7)\,\text{MeV}, \quad \Gamma = (29.6 \pm 8.2 \pm 8.2)\,\text{MeV}, \quad \text{BESIII}; \quad (11.30)$$
$$e^+e^- \to \psi(4160) \to \pi^0 Z_c^\pm(3900)^0 \to \pi^0(\pi^0 J/\psi),$$
$$M = (3904 \pm 9 \pm 5)\,\text{MeV}, \quad \Gamma = 37\,\text{MeV(fixed)},$$
$$R = (63 \pm 21 \pm 11)\%, \quad \text{CLEOc}. \tag{11.31}$$

这样, $Z_c^\pm(3900)$ 和 $Z_c^0(3900)$ 也同样构成了 $I=1$ 的同位旋三重态。

BESIII 选择 4 条带电的径迹, 使用带电轻子对 $(e^+e^-, \mu^+\mu^-)$ 来重建 J/ψ。样本非常清晰, 重建效率达到 $\sim 45\%$。CLEOc 在 2013 年 4 月 10 日发表了他们在 $\sqrt{S} = 4.17$ GeV 所做的实验测量结果, 证实了 BESIII 和 Belle 的关于 $Z_c(3900)$ 的实验测量结果。BESIII 合作组的数据量最大, 测量精度最高。如图 11.3 所示, 在 $M_{\max}(\pi J/\psi)$ 不变质量分布图上, BESIII 合作组和 Belle 合作组的数据都显示清晰的 $Z_c(3900)$ 共振峰。BESIII 看到了 307 ± 48 个事例, 显著度大于 8σ。Belle 看到了 159 ± 49 个事例, 显著度大于 5.2σ。CLEOc 看到了 81 ± 20 个事例, 显著度大于 6.1σ。

我们知道, 粲能区的粒子一般都含有粲夸克和反粲夸克, 称为粲偶素, 都是中性的, 不带电荷。新发现的 $Z_c(3900)$ 主要衰变到 $\pi^\pm J/\psi$, 这告诉我们 $Z_c(3900)$ 含有粲夸克和反粲夸克且带有和电子相同或相反的电荷, 提示该共振态粒子至少含有四个夸克, 可能是科学家们长期寻找的一种奇特强子。此次发现的 $Z_c(3900)$ 质量比一个氦原子略大, 寿命很短, 在 10^{-23} s 内衰变为一个带电 π 介子和一个 J/ψ 粒子, 显然属于强衰变。这一性质与普通介子态完全不同。

人们对于新发现的 $Z_c(3900)$ 粒子中包含四个夸克没有太多异议, 主要的争议是四个 (或者更多个) 夸克如何构成这个粒子。一种观点认为, 这是由两个普通介子构成的类似于分子的结构 ($D^{(*)}\bar{D}^{(*)}$ 分子态)。另一种观点则认为这是一个真正的四夸克态粒子 (tetraquark states), 由四个夸克通过强相互作用紧密结合在一起构成的共振态粒子。目前我们还不知道 $Z_c(3900)$ 的自旋和宇称量子数、其他的衰变和产生模式等性质。但发现该粒子本身已经提供了奇异强子态存在的有力证据, 对于定量理解强子是如何由夸克组成的, 检验相互作用理论具有重要意义。BESIII 实验组将以对 $Z_c(3900)$ 这个奇特共振结构的研究为突破口, 在积累大量数据的基础上全面理解近年来发现的一系列新粲偶素或类粲偶素粒子, 并确认奇特强子的存在。

BESIII 实验发现的新粒子 $Z_c(3900)$ 对于理解强子的基本结构非常重要。这个发现入选 2013 年度"中国科学十大进展",美国《物理》杂志将其列为 2013 年度 11 项物理学重要进展之首。以发现 $Z_c(3900)$ 为契机,BESIII 实验继续在质心系能量 $\sqrt{S} > 4$ GeV 以上采集数据,并取得了一系列高水平的研究成果。在类粲偶素研究领域,BESIII 实验已处于国际领先水平。BESIII 合作组对 6 个 Z_c 奇异强子态性质的测量结果在表 11.7 中给出。

表 11.7 BESIII 合作组对 6 个 Z_c 奇异强子性质的实验测量结果

共振态	质量/MeV	宽度/MeV	衰变模式	过程
$Z_c(3900)^\pm$	$3899.0 \pm 3.6 \pm 4.9$	$46 \pm 16 \pm 20$	$\pi^\pm J/\psi$	$e^+e^- \to \pi^+\pi^- J/\psi$
$Z_c(3900)^0$	$3894.8 \pm 2.3 \pm 2.7$	$29.6 \pm 8.2 \pm 8.2$	$\pi^0 J/\psi$	$e^+e^- \to \pi^0\pi^0 J/\psi$
$Z_c(3885)^\pm$	$3883.9 \pm 1.5 \pm 4.2$ (Sigle D Tag)	$24.8 \pm 3.3 \pm 11.0$ (Sigle D Tag)	$D^0 D^{*-}$	$e^+e^- \to \pi^0 D^0 D^{*-}$
	$3884.3 \pm 1.2 \pm 1.5$ (Double D Tag)	$23.8 \pm 2.1 \pm 2.6$ (Double D Tag)	$D^- D^{*0}$	$e^+e^- \to \pi^0 D^- D^{*0}$
$Z_c(4020)^\pm$	$4022.9 \pm 0.8 \pm 2.7$	$7.9 \pm 2.7 \pm 2.6$	$\pi^\pm h_c$	$e^+e^- \to \pi^+\pi^- h_c$
$Z_c(4020)^0$	$4023.9 \pm 2.2 \pm 3.8$	fixed	$\pi^0 h_c$	$e^+e^- \to \pi^0\pi^0 J/\psi$
$Z_c(4025)^\pm$	$4026.3 \pm 2.6 \pm 3.7$	$24.8 \pm 5.6 \pm 7.7$	$D^{*0}D^{*-}$	$e^+e^- \to \pi^+(D^*\overline{D}^*)$

对未来几年 X, Y, Z 奇异粒子的实验测量和理论研究,我们有以下几点讨论:

(1) $X(3872)$ 和 $Z_c(3900)$ 均来自于 $Y(4260)$ 的衰变过程,两者质量相近,它们之间存在什么关系? 都是分子态吗?

(2) $Z_c(3900)^{\pm,0}$、$Z_c(4020)^{\pm,0}$ 均构成 $I=1$ 的同位旋三重态。$Z_c(4025)^\pm$ 是否也有中性的同位旋伴粒子 $Z_c(4025)^0$? 质量和衰变模式如何?

(3) Z_c 粒子的 J^{PC} 量子数需要测量,更多衰变模式需要研究。是否存在激发态? 是否存在新的奇异粒子? 这需要实验家们继续努力。

(4) 目前人们已经构造了众多理论模型来描写奇异粒子的结构和性质。对这些奇异粒子的产生、衰变机制,目前仍然不清楚,需要更多的研究。众多不同的理论模型,需要实验的检验。这将成为今后几年强子物理的一个重要研究领域。

§11.4.3 D 介子的混合与衰变

在 2010 年和 2011 年,BESIII 采集了 2.9 fb^{-1} 的 $\psi(3770)$ 产生和衰变数据,对 $D^{(*)}$ 介子的衰变过程做了研究。在这里只介绍对 $D \to K\pi$ 衰变过程的研究。

在第 10 章关于 CKM 矩阵 γ 角抽取的讨论中,已经涉及 $D \to K\pi$ 衰变过程。在第 10 章对 $B^0 - \overline{B}^0$ 混合所做的一般讨论对 $D^0 - \overline{D}^0$ 混合同样适用,但由于强烈的 CKM 压低,$D^0 - \overline{D}^0$ 的混合与 CP 破坏均比 $B^0 - \overline{B}^0$ 系统小很多:

$$x = \frac{\Delta m}{\Gamma}, \quad y = \frac{\Delta \Gamma}{\Gamma}, \quad |x|, |y| \leqslant 10^{-2}, \tag{11.32}$$

其中 x, y 是描写 D^0 介子混合的两个参数。和 B 介子的 (x, y) 相比，D 介子系统的 $|x|, |y|$ 很小。对 D 介子混合，非微扰的长程贡献与电弱短程微扰圈图贡献的大小差不多，而我们又没有好的办法精确计算非微扰贡献。所以对 D 介子系统混合参数的计算就很困难，误差也比较大。

如图 11.24(a) 所示，$D^0 \to K^-\pi^+$ 和其电荷共轭过程 $\overline{D}^0 \to K^+\pi^-$ 是卡比玻允许 (Cabibbo favored, CF) 的 "right-sign" (RS) 衰变过程，其振幅

$$|\mathcal{M}_a| \propto |V_{cs}V_{ub}^*| \sim 1. \tag{11.33}$$

如图 11.24(b) 所示，$\overline{D}^0 \to K^-\pi^+$ 和其电荷共轭过程 $D^0 \to K^+\pi^-$ 则是双重卡比玻压低 (double Cabibbo suppressed, DCS) 的 "wrong-sign" (WS) 衰变过程，其振幅

$$|\mathcal{M}_b| \propto |V_{us}V_{cd}^*| \sim \lambda^2 \sim 0.04. \tag{11.34}$$

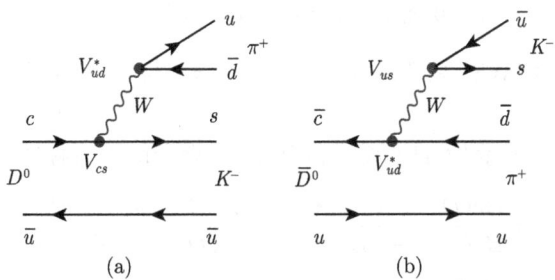

图 11.24 (a) 卡比玻允许的树图衰变过程 $D^0 \to K^-\pi^+$；(b) 双重卡比玻压低的树图衰变过程 $\overline{D}^0 \to K^-\pi^+$

在 D 介子对质量阈值附近，D^0 介子对的产生过程是

$$e^+e^- \to \psi(3770) \to D^0\overline{D}^0. \tag{11.35}$$

由于 $\psi(3770)$ 的 $J^{PC} = 1^{--}$，所以由 $\psi(3770) \to D^0\overline{D}^0$ 衰变产生的 D^0 介子对的 "C- 量子数" 是 -1，它们组成 "量子相干态"。如果把一侧的 D 介子 "标定" 为 CP 本征态，那么另一侧的 D 介子就具有相反的 CP 量子数。我们可以把卡比玻允许的衰变振幅 $\langle K^-\pi^+|D^0\rangle$ 与卡比玻双重压低的衰变振幅 $\langle K^-\pi^+|\overline{D}^0\rangle$ 的 "强相位差 $\delta_{K\pi}$" 定义为

$$\frac{\langle K^-\pi^+|\overline{D}^0\rangle}{\langle K^-\pi^+|D^0\rangle} = -re^{-i\delta_{K\pi}}, \quad r = \left|\frac{\langle K^-\pi^+|\overline{D}^0\rangle}{\langle K^-\pi^+|D^0\rangle}\right|. \tag{11.36}$$

对 $D^0 - \overline{D}^0$ 系统，要精确测量其混合参数，需要测量 "WS" 衰变过程 $\overline{D}^0 \to K^-\pi^+$

和 $D^0 \to K^+\pi^-$ 的含时分支比 (decay rate)。需要把混合参数 x,y 重新定义为

$$x' \equiv x\cos\delta_{k\pi} + y\sin\delta_{k\pi},$$
$$y' \equiv y\cos\delta_{k\pi} - x\sin\delta_{k\pi}, \tag{11.37}$$

在实验上，在测定上式中三个参数 $(\delta_{K\pi}, x', y')$ 以后，就可以由上式确定混合参数 x,y。LHCb 实验组使用 1fb^{-1} 的数据，经过拟合得到的结果为[197]

$$x'^2 = (-0.9 \pm 1.3) \times 10^{-3}, \quad y' = (7.2 \pm 2.4) \times 10^{-3},$$
$$R_D = (3.52 \pm 0.15) \times 10^{-3}, \tag{11.38}$$

证明 $D^0 - \overline{D}^0$ 系统存在混合 (9.1σ)。上式中的参数 R_D 就是式 (11.39) 中的 R_{WS}。

对 D 介子系统，由于和混合相比，其衰变过程的 CP 破坏更小，可以先忽略掉。同时由于 (x,y) 本身在 10^{-2} 量级，所以其高阶项也可以忽略，那么有

$$2r\cos\delta_{k\pi} + y = (1 + R_{\text{WS}})A_{CP}^{K\pi} \tag{11.39}$$

其中参数 R_{WS} 表示 "WS" 衰变过程①$\overline{D}^0 \to K^-\pi^+$ 与 "RS" 衰变过程 $D^0 \to K^-\pi^+$ 分支比的比值。

上式中的 $A_{CP}^{K\pi}$ 表示 "CP 标定"的那个 D 介子的不对称性

$$A_{CP}^{K\pi} = \frac{Br(D^{S-} \to K^-\pi^+) - Br(D^{S+} \to K^-\pi^+)}{Br(D^{S-} \to K^-\pi^+) + Br(D^{S+} \to K^-\pi^+)}. \tag{11.40}$$

其中 $S+(S-)$ 表示 CP 为偶 (奇) 的 CP 本征态 (在有些文章中分别表示为 $D_2(D_1)$)。中性 D^0 介子的质量本征态可以定义为

$$|D_1\rangle = p|D^0\rangle + q|\overline{D}^0\rangle, \quad |D_2\rangle = p|D^0\rangle - q|\overline{D}^0\rangle, \tag{11.41}$$

并且有 $|p|^2 + |q|^2 = 1$。参数 $\phi = \arg(q/p)$ 表示弱位相差。使用 HFAG 约定[52]：$CP|D^0\rangle = |\overline{D}^0\rangle$，$CP|\overline{D}^0\rangle = |D^0\rangle$，那么当忽略 D^0 介子系统的 CP 破坏时，$D_1(D_2)$ 是 CP 为奇 (偶) 的 CP 本征态。

根据式 (11.40) 的定义，BESIII 测得的 $A_{CP}^{K\pi}$ 的值为[198]

$$A_{CP}^{K\pi} = (12.7 \pm 1.3(\text{stat}) \pm 0.7(\text{syst})) \times 10^{-2}. \tag{11.42}$$

把 (r, y, R_{WS}) 作为外部输入参数[1, 52]，取值为

$$r^2 = (3.50 \pm 0.04) \times 10^{-3}, \quad y = (6.7 \pm 0.9) \times 10^{-3},$$
$$R_{\text{WS}} = (3.80 \pm 0.05) \times 10^{-3}, \tag{11.43}$$

---

① "wrong-sign" (WS) 衰变过程包含 DCS 的 $\overline{D}^0 \to K^-\pi^+$ 衰变过程和经过 $D^0 - \overline{D}^0$ 混合产生的 D^0 介子的卡比玻允许的衰变过程 $D^0 \to K^-\pi^+$。

§11.4 BESIII 国际合作组部分成果简介

最后得到

$$\cos\delta = 1.02 \pm 0.11(\text{stat}) \pm 0.06(\text{syst}) \pm 0.01. \tag{11.44}$$

第三个误差表示输入参数误差导致的误差。该结果和 CLEO 的实验测量结果[199] 符合得很好：

$$\text{No Ext. Inputs}: \quad \cos\delta = 0.87^{+0.22+0.07}_{-0.18-0.05}, \quad |\delta| = \left(10^{+28+13}_{-53-0}\right)^\circ,$$

$$\text{With Ext. Inputs}: \quad \cos\delta = 1.15^{+0.19+0.00}_{-0.17-0.08}, \quad |\delta| = \left(18^{+11}_{-17}\right)^\circ. \tag{11.45}$$

如图 11.25 所示，BESIII 还使用 2.9 fb^{-1} 的 $\psi(3770)$ 衰变数据，通过对 "CP-tagged" D 介子半轻子衰变过程的研究，对 D 介子系统的参数 y_{CP} 做了测量。参数 y_{CP} 表示 D 介子衰变到 CP 本征态和味道本征态的 "effective lifetime" 的差值，其定义为

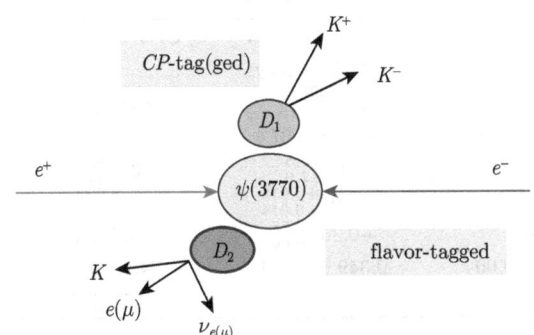

图 11.25　BESIII 通过对 "CP-tagged" D 介子半轻子衰变过程，对参数 y_{CP} 做了测量

$$y_{CP} = \frac{1}{2}\left[y\cos\phi\left(\left|\frac{q}{p}\right| + \left|\frac{p}{q}\right|\right) - x\sin\phi\left(\left|\frac{q}{p}\right| - \left|\frac{p}{q}\right|\right)\right]. \tag{11.46}$$

当忽略 CP 破坏时，有 $y_{CP} = y$。BESIII 考虑的末态分别为

$$\text{CP even}: K^+K^-,\ \pi^+\pi^-,\ K^0_S\pi^0\pi^0,$$
$$\text{CP odd}: K^0_S\pi^0,\ K^0_S\omega,\ K^0_S\eta,$$
$$\text{SL decays}: Ke\nu,\ K\mu\nu. \tag{11.47}$$

通过拟合分析，得到的结果是

$$y_{CP} = -1.6\% \pm 1.3\%(\text{stat}) \pm 0.6\%(\text{syst}). \tag{11.48}$$

该结果与 HFAG-charm 合作组给出的平均值 $y_{CP} = (0.886 \pm 0.155)\%$ [52] 符合。

HFAG-charm 合作组对 Belle, BaBar, LHCb CLEOc 和 CDF 实验组 (不含 BESIII 数据) 的 D 介子相关数据做了联合分析和平均，得到的主要结果如表 11.8

所列。表中参数 $(x, y, q, p, \phi, \delta_{K\pi})$ 已经在式 (11.32), 式 (11.36), 式 (11.41) 定义, 参数 $R_D = R_{\rm WS}$ 和 A_D 的定义为[52]

$$R_D = \frac{\Gamma(D^0 \to K^+\pi^-) + \Gamma(\overline{D}^0 \to K^-\pi^+)}{\Gamma(D^0 \to K^-\pi^+) + \Gamma(\overline{D}^0 \to K^+\pi^-)},$$

$$A_D = \frac{\Gamma(D^0 \to K^+\pi^-) - \Gamma(\overline{D}^0 \to K^-\pi^+)}{\Gamma(D^0 \to K^-\pi^+) + \Gamma(\overline{D}^0 \to K^+\pi^-)}. \quad (11.49)$$

另外, D 介子系统间接 CP 破坏的定义为[52]

$$A_{CP}^{\rm indirect} = \frac{1}{2}\left[x\sin\phi\left(\left|\frac{q}{p}\right| + \left|\frac{p}{q}\right|\right) - y\cos\phi\left(\left|\frac{q}{p}\right| - \left|\frac{p}{q}\right|\right)\right]. \quad (11.50)$$

表 11.8　对与 D 介子混合与衰变相关的主要物理量, 由 HFAG-charm 合作组给出的世界平均值[52]

参数	No CPV	No Direct CPV in DCS decays	CPV allowed	CPV allowed 95% C.L. Interval
$x/\%$	$0.49^{+0.14}_{-0.15}$	$0.43^{+0.14}_{-0.15}$	$0.41^{+0.14}_{-0.15}$	$[0.11, 0.68]$
$y/\%$	0.62 ± 0.08	0.60 ± 0.07	$0.63^{+0.07}_{-0.08}$	$[0.47, 0.76]$
$\delta_{k\pi}/(°)$	$7.8^{+9.6}_{-11.1}$	$4.6^{+10.3}_{-12.0}$	$7.31^{+9.8}_{-11.5}$	$[-18.5, 25.8]$
$\|q/p\|$	—	$-1.007^{+0.015}_{-0.014}$	$0.93^{+0.09}_{-0.08}$	$[0.79, 1.12]$
$\phi/(°)$	—	$-0.30^{+0.58}_{-0.60}$	$-8.7^{+8.7}_{-9.1}$	$[-26.9, 8.6]$
$R_D/\%$	0.350 ± 0.004	0.349 ± 0.004	0.349 ± 0.004	$[0.342, 0.356]$
$A_D/\%$	—	—	$-0.71^{+0.92}_{-0.95}$	$[-2.6, 1.1]$

对 D 介子系统, HFAG-charm 合作组根据他们做的联合分析给出的结论是[52]:

(1) 到目前为止, 没有看到 D 介子系统有直接或者间接 CP 破坏:

$$A_{CP}^{\rm indirect} = (0.013 \pm 0.052)\%, \quad \Delta A_{CP}^{\rm direct} = (-0.253 \pm 0.104)\%. \quad (11.51)$$

(2) 目前的主要误差来源是统计误差。今后几年的 D 介子研究, LHCb 将起主要作用, BESIII 也将起到重要作用。LHCb 和未来的 Belle-II 超级 B 工厂实验将有可能把实验测量精度提高到 10^{-4}。

§11.5　中国未来高能物理实验展望

近 30 年来, 中国高能物理实验和理论研究进入快速发展时期。并有可能在今后 15~30 年时间内取得重大进步, 达到国际领先水平。

中国物理学家目前参加的国际大型高能物理实验有:

(1) 欧洲大型强子对撞机 LHC 实验: 清华大学和华中师范大学参加了 LHCb 国际合作组。中科院高能所和北京大学参加了 CMS 国际合作组。中科院高能所,中国科学技术大学，南京大学，山东大学和上海交通大学参加了 ATLAS 国际合作组。

(2) 日本的 B 介子工厂实验：中科院高能所，北京大学，中国科学技术大学，北京航空航天大学参加了 Belle 国际合作组。

(3) 地下与空间实验：KamLAND, T2K, AMS, ···

(4) 国际未来直线对撞机：ILC。

中国目前有较多基于国内的大型高能物理实验，例如：

(1) **北京正负电子对撞机 (BEPC) 及北京谱仪实验 (BESIII)**。

(2) **大亚湾中微子实验**。

(3) **羊八井国际宇宙观测站**。

(4) **硬 X 射线调制望远镜**。

(5) **四川锦屏山地下实验室**。

关于下一代 (2020~2030 年) 基于国内的高能物理实验，中科院高能所和国内高能物理学界已经进行了广泛的讨论。三个主要候选方案包括：

(1) **超级 τ-粲工厂实验**。

(2) **超级 Z^0 工厂实验**。

(3) **环形 Higgs 工厂 (CEPC) 实验**。

中科院高能所和全国许多高校、院所的物理学家和工程师共同参与了各个相关研究小组的调研、论证工作。

超级 τ-粲工厂实验是在 BEPCII 的基础上，仍然在 τ-粲能区，但是把亮度再提高 2 个量级。主要进行关于 τ 轻子和粲物理 (X,Y,Z) 的精确测量，并探索新物理现象。鉴于我国的 BEPCII+BESIIIτ-粲工厂已经运行多年，在实验测量和数据分析方面均有一支很强的队伍。另外，该方案所需投资也相对较低 (约 30 亿元人民币)，可行性强。最关键需要讨论的是物理目标，与目前的 τ-粲工厂相比，有什么特别的地方。

世界上第一个 Z 工厂是 CERN 的 LEP 实验 (环形正负电子对撞机) 和美国 SLAC 的 SLC 实验 (直线正负电子对撞机)。正如我们在本书的第 8 章和第 9 章所讨论的，LEP 实验的标准模型精确检验工作取得了巨大成功。超级 Z 工厂的目标是把亮度提高到 $10^{34} \sim 10^{35}$ cm$^{-2} \cdot$s^{-1}，比 LEP-I 的亮度 2.4×10^{31} cm$^{-2} \cdot$s^{-1} 高三个量级。在目前的技术条件下，这样的亮度是应该能够实现的。根据目前的研究，"超级 Z 工厂工作组"认为超级 Z 工厂实验有如下四个方面的优势[200]：

(1) Z^0 玻色子性质的精确测量，寻找与 Z^0 玻色子有关的稀有过程的实验研究。

(2) 对 τ 轻子性质的精确测量。寻找与 τ 轻子有关的稀有过程，发现只与 τ 轻子、Z^0 玻色子相关的 CP 破坏。

(3) 对重味、双重味强子的性质，其激发态质量谱、奇异重味强子等的实验研究。

(4) 通过测量喷注形状直接测量 QCD 耦合常数 $\alpha_s(m_Z^2)$。测定重味夸克和胶子到重味强子和双重味强子的碎裂函数，检验非微扰碎裂模型理论等的实验研究。

2012 年，LHC 的 ATLAS 和 CMS 实验组发现了质量约为 125GeV 的类标准模型的 Higgs 粒子。2013 年，其 J^P 确定为 0^+。但要对 Higgs 玻色子的性质做高精度测量，回答目前存在的粒子物理的很多基本问题，迫切需要新的对撞机和探测器。建造专门的 e^+e^- 对撞的 Higgs 工厂，是一个很好的选择。在这一方面，中国物理学家们对建造环形正负电子对撞的 Higgs 工厂表达了强烈的兴趣，成立多个研究小组开展了对 CEPC 的前期基础研究。该计划的突出优点是建成的隧道可以用于后续的超级质子–质子对撞机 SPPC。该设计方案也得到了国际未来加速器组织 (ICFA) 的支持。CEPC 的造价 (约 300 亿元人民币) 及其运行能否得到国家的支持是目前的主要问题。图 11.26 是 CEPC-SPPC 的初步示意图。目前的 CEPC 方案的主要内容是：

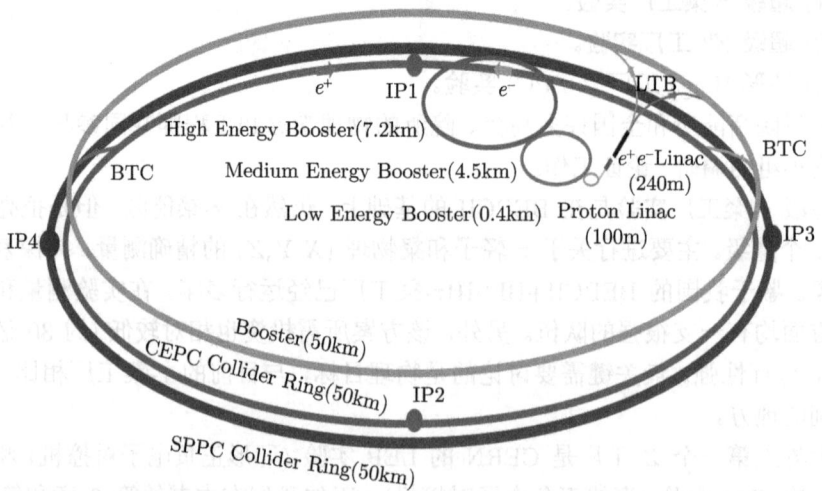

图 11.26　正在讨论之中的中国正负电子对撞机–质子质子环形对撞机 (CEPC-SPPC) 的简单结构示意图

(1) 将加速环置于一个 50 km(或者 70 km) 周长的环形隧道中，质心能量为 250GeV。如图 11.27 所示，Higgs 粒子主要通过 $e^+e^- \to HZ$ 的过程产生，250GeV 是其产生截面最高的对撞能量位置。可以对 Higgs 粒子的各类耦合与性质做细致研究，其精度将远远超过 LHC 的水平。

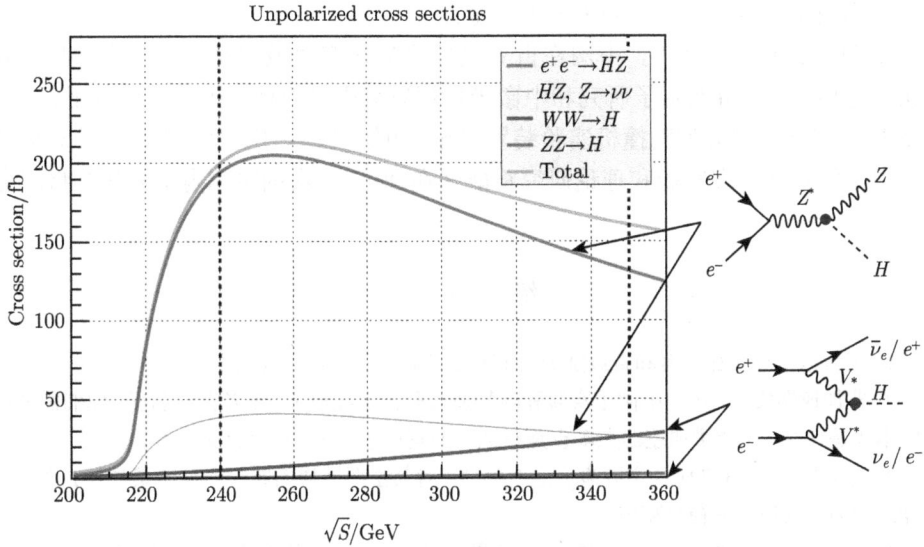

图 11.27 在 Higgs 工厂实验中，$e^+e^- \to HZ$ 等过程的 Higgs 玻色子产生截面对 $\sqrt{S}$ 的依赖性。右侧是对应过程的最低阶费恩曼图 (见彩图)

(2) 在完成对 Higgs 粒子性质的高精度研究之后，我们可以在同一个隧道内将 CEPC 升级为 50~100TeV 的超级质子–质子对撞机 SPPC，实现高能量的质子对撞。这将是世界上能量最高、性能最先进的加速器。SPPC 将提供丰富的新物理发现潜力，推动中国的高能物理研究走在世界高能物理研究的最前沿。

粒子物理实验是粒子物理学的基础。现代的粒子物理实验规模日益庞大，国际合作成为惯例。加速器、探测器的设计和建造几乎应用了所有最先进的技术，这极大地促进了实验本身的发展，高精度的实验结果也促进了粒子物理理论的发展和完善。虽然现代物理学的发展使得一个物理学家不太可能同时掌握最先进的理论知识和实验知识，不太可能同时位于理论和实验的前沿，但是理论物理学家和实验物理学家的交流依然可以十分有效地促进整个粒子物理学的发展。只要理论物理学家和实验物理学家能够彼此分享各自领域的最新成果，积极开展合作，粒子物理学的研究就将不断前进。

粒子物理研究是基础科学研究的最重要领域之一。其研究对象是物质基本结构、基本相互作用、宇宙起源与演化、生命起源及其本质。粒子物理研究涉及国家安全和经济发展的关键技术：包括高能加速器与大型探测器，清洁核能源，核探测技术与核电子学，高真空与超高真空，微波与高频技术，低温与超低温技术和应用，超导器件与超导应用，自动控制，互联网与大规模科学计算，云计算等。同时，中国的粒子 (高能) 物理实验和理论研究，为中国物理学家提供了国际合作与交流的平台，形成了培养国际化高级人才的基地。

经过 30 多年的努力，中国在世界高能物理研究领域已经占有一席之地。在 τ-粲物理研究、奇特态强子研究和中微子物理研究中已经处于国际先进水平。如果国家能够在下一代大型对撞机实验装置建设 (例如 Higgs 工厂等) 方面给予充分支持，中国的高能物理实验和理论研究将能够在 20 年左右的时间内率先达到世界领先水平。

练 习 题

1. 正负电子环形加速器和直线加速器有什么不同？各有什么优缺点？
2. 非加速器实验，例如中微子实验和暗物质实验大多在地下，或者在山洞里，他们需要屏蔽的本底是什么？高能量加速器大多也是在地下的隧道里加速，这又是为什么？
3. 奇异粒子 $X(3872)$ 的主要衰变道有哪些？对其主要性质的实验测量结果是什么？对其可能结构的主要理论解释有哪些？
4. 目前对 $Z_c(3900)$ 粒子的实验测量结果有哪些？为什么许多人认为该粒子可能是一个"四夸克态"，你的观点如何？
5. 和 BEPCI 相比，BEPCII 有哪些重要升级？举例说明。
6. 除了反应堆中微子实验，举例说明还有哪几种主要类型的中微子实验？
7. 图 11.20 是 BESIII 实验数据分析的流程图。请写出该流程图的文字说明。
8. 在大亚湾中微子实验中，几个探测器为什么要分别放在近点和远点？
9. 在大亚湾中微子实验中，人们是如何测量混合角 θ_{13} 的？
10. 根据大亚湾中微子实验测量结果，θ_{13} 的值比预期的大，可能的物理意义是什么？
11. 对北京正负电子对撞机 BEPCII 实验做一个调研报告，回答下列问题：
(a) 与原来的 BEPC 相比较，BEPCII 在实验仪器设备方面有哪些主要变化？
(b) BEPCII 实验的主要内容和目标，目前的主要成果有哪些？举 2 例说明。
12. 对已经开工建设的广东江门中微子实验做一个调研报告，回答下列问题：
(a) 该实验的主要内容和目标。
(b) 与大亚湾中微子实验相比较，江门中微子实验有什么独特之处？
13. 在一个束流能量为 $E = 2.2\text{GeV}$ 的正负电子对撞机实验中，μ 子对的微分产生截面可以写成

$$\frac{d\sigma}{d\Omega}(e^+e^- \to \mu^+\mu^-) = \frac{\alpha^2}{4S}(1 + \cos^2\theta), \tag{11.52}$$

其中 $S = E_{cm}^2 = 4E^2$ 表示质心系能量，θ 表示 μ^- 与 e^- 的运动方向 (z 轴正向) 之间的夹角。如果探测器只能看到与束流管的夹角大于 $25°$ 的 μ 子，那么实验上能够看到的事例数的百分比是多少？如果对撞机的亮度是 $L = 10^{32}\text{cm}^{-2}\cdot\text{s}^{-1}$，数据采集时间是 10^7s，计算可以采集多少 μ 子对产生事例？

附录A 狄拉克方程与狄拉克矩阵

为了方便学生学习，我们把本书所用到的定义、公式和规则在此附录中给出。

§A.1 四维时空 γ 矩阵公式

在四维时空，4×4 的狄拉克 (Dirac) 矩阵满足如下的反对易关系：

$$\{\gamma_\mu, \gamma_\nu\} = \gamma_\mu\gamma_\nu + \gamma_\nu\gamma_\mu = 2g_{\mu\nu}\boldsymbol{I}_4, \quad \gamma_\mu = (\gamma_0, -\boldsymbol{\gamma}), \quad \gamma^\mu = (\gamma^0, \boldsymbol{\gamma}),$$
$$\{\gamma_\mu, \gamma_5\} = 0, \quad \gamma_5 = i\gamma^0\gamma^1\gamma^2\gamma^3, \quad \gamma_5 = -\frac{i}{24}\epsilon_{\mu\nu\lambda\rho}\gamma^\mu\gamma^\nu\gamma^\lambda\gamma^\rho. \tag{A.1.1}$$

左手和右手投影矩阵 $\boldsymbol{L}, \boldsymbol{R}$ 可以写为

$$\boldsymbol{L} = \frac{1}{2}(1 - \gamma_5), \quad \boldsymbol{R} = \frac{1}{2}(1 + \gamma_5). \tag{A.1.2}$$

一个有用的恒等式是

$$\gamma_\alpha\gamma_\beta\gamma_\lambda = g_{\alpha\beta}\gamma_\lambda + g_{\beta\lambda}\gamma_\alpha - g_{\alpha\lambda}\gamma_\beta + i\epsilon_{\mu\alpha\beta\lambda}\gamma^\mu\gamma_5. \tag{A.1.3}$$

其中 $\epsilon_{\mu\alpha\beta\lambda}$ 表示四阶全反对称张量：$\epsilon^{0123} = 1$(详见下面定义)。

由式 (A.1.3) 可以导出下面的表达式：

$$[[\gamma_\mu, \gamma_\nu], \gamma_\lambda] = -4(g_{\mu\lambda}\gamma_\nu - g_{\nu\lambda}\gamma_\mu) = i4\epsilon_{\mu\nu\lambda\rho}\gamma^\rho\gamma_5, \tag{A.1.4}$$

$$[\gamma_\mu, \gamma_\nu]\gamma_5 = \frac{i}{2}\epsilon_{\mu\nu\lambda\rho}[\gamma^\lambda, \gamma^\rho], \quad [\slashed{a},\slashed{b}][\slashed{a},\slashed{b}] = 4[(ab)^2 - a^2b^2]. \tag{A.1.5}$$

其中 $(ab) = (a \cdot b)$。由式 (A.1.1)，可以证明

$$\gamma_\mu\gamma^\mu = 4\boldsymbol{I}_4, \quad \gamma_\mu\gamma_\alpha\gamma^\mu = -2\gamma_\alpha,$$
$$\gamma_\mu\gamma_\alpha\gamma_\beta\gamma^\mu = 4g_{\alpha\beta}\boldsymbol{I}_4, \quad \gamma_\mu\gamma_\alpha\gamma_\beta\gamma_\lambda\gamma^\mu = -2\gamma_\lambda\gamma_\beta\gamma_\alpha,$$
$$\gamma_\mu\sigma_{\alpha\beta}\gamma^\mu = 0, \quad \gamma_\mu\sigma_{\alpha\beta}\gamma_\nu\gamma^\mu = 2\gamma_\nu\sigma_{\alpha\beta}. \tag{A.1.6}$$

另外，下面的关系式也成立：

$$\text{tr}(I_4) = 4, \quad \text{tr}(\slashed{a}\slashed{b}) = 4a \cdot b, \quad \text{tr}(odd\ \#\gamma's) = 0, \qquad (A.1.7)$$

$$\text{tr}(\slashed{a}\slashed{b}\slashed{c}\slashed{d}) = 4(a \cdot b\, c \cdot d - a \cdot c\, b \cdot d + a \cdot d\, b \cdot c). \qquad (A.1.8)$$

$$\begin{aligned}\text{tr}(\slashed{a}\slashed{b}\slashed{c}\slashed{d}\slashed{e}\slashed{f}) = &\, 4a \cdot b\,(c \cdot d\, e \cdot f - c \cdot e\, d \cdot f + c \cdot f\, d \cdot e) \\ &-4a \cdot c\,(b \cdot d\, e \cdot f - b \cdot e\, d \cdot f + b \cdot f\, d \cdot e) \\ &+4a \cdot d\,(b \cdot c\, e \cdot f - b \cdot e\, c \cdot f + b \cdot f\, c \cdot e) \\ &-4a \cdot e\,(b \cdot c\, d \cdot f - b \cdot d\, c \cdot f + b \cdot f\, c \cdot d) \\ &+4a \cdot f\,(b \cdot c\, d \cdot e - b \cdot d\, c \cdot e + b \cdot e\, c \cdot d). \end{aligned} \qquad (A.1.9)$$

也可以把式 (A.1.9) 写成比较好记的形式：

$$\begin{aligned}\text{tr}[\gamma^{\mu_1}\gamma^{\mu_2}\gamma^{\mu_3}\gamma^{\mu_4}\gamma^{\mu_5}\gamma^{\mu_6}] = 4\Big\{&(12)\big[(34)(56) - (35)(46) + (36)(45)\big] \\ &-(13)\big[(24)(56) - (25)(46) + (26)(45)\big] \\ &+(14)\big[(23)(56) - (25)(36) + (26)(35)\big] \\ &-(15)\big[(23)(46) - (24)(36) + (26)(34)\big] \\ &+(16)\big[(23)(45) - (23)(35) + (25)(34)\big]\Big\}, \end{aligned} \qquad (A.1.10)$$

其中 $(ij) = g^{\mu_i \mu_j}$。

和 γ_5 矩阵相关的几个"求迹"关系式为

$$\text{tr}(\gamma_5 \gamma_{\mu_1} \cdots \gamma_{\mu_n}) = 0, \quad \text{for}\ \ n = 0, 1, 2, 3;$$

$$\text{tr}(\gamma_5 \gamma_\mu \gamma_\nu \gamma_\rho \gamma_\sigma) = -\text{tr}(\gamma_5 \gamma^\mu \gamma^\nu \gamma^\rho \gamma^\sigma) = -4i\epsilon_{\mu\nu\rho\sigma} = 4i\epsilon^{\mu\nu\rho\sigma}, \qquad (A.1.11)$$

$$\text{tr}(\gamma_5 \slashed{a}\slashed{b}\slashed{c}\slashed{d}) = -4i\epsilon_{\mu\nu\rho\sigma}\, a^\mu b^\nu c^\rho d^\sigma = 4i\epsilon^{\mu\nu\rho\sigma}\, a_\mu b_\nu c_\rho d_\sigma, \qquad (A.1.12)$$

$$\begin{aligned}\text{tr}(\gamma_5 \gamma_\mu \gamma_\nu \gamma_\rho \gamma_\sigma \gamma_\alpha \gamma_\beta) = -4i\big[&g_{\mu\nu}\epsilon_{\rho\sigma\alpha\beta} - g_{\mu\rho}\epsilon_{\nu\sigma\alpha\beta} + g_{\nu\rho}\epsilon_{\mu\sigma\alpha\beta} \\ &+ g_{\sigma\alpha}\epsilon_{\mu\nu\rho\beta} - g_{\sigma\beta}\epsilon_{\mu\nu\rho\alpha} + g_{\alpha\beta}\epsilon_{\mu\nu\rho\sigma}\big], \end{aligned} \qquad (A.1.13)$$

$$\epsilon^{\mu\nu\rho\sigma} = -\epsilon_{\mu\nu\rho\sigma} = \begin{cases} 1, & \text{for even permu. of}\ 0,1,2,3; \\ -1, & \text{for odd permutation}; \\ 0, & \text{otherwise}; \end{cases} \qquad (A.1.14)$$

张量 ϵ 可以通过"缩并"来化简：

$$\epsilon^{\mu\nu\rho\sigma}\epsilon_{\mu\nu\rho\sigma} = -24, \quad \epsilon^{\mu\nu\rho\sigma}\epsilon_{\mu\nu\rho\tau} = -6\delta^{\sigma}_{\tau},$$

$$\epsilon^{\mu\nu\rho\sigma}\epsilon_{\mu\nu}{}^{\rho'\sigma'} = -2\left(g^{\rho\rho'}g^{\sigma\sigma'} - g^{\rho\sigma'}g^{\rho'\sigma}\right),$$

$$\epsilon_{\mu\nu\alpha\beta}\epsilon^{\lambda\rho\sigma\beta} = -\begin{vmatrix} \delta^{\lambda}_{\mu} & \delta^{\lambda}_{\nu} & \delta^{\lambda}_{\alpha} \\ \delta^{\rho}_{\mu} & \delta^{\rho}_{\nu} & \delta^{\rho}_{\alpha} \\ \delta^{\sigma}_{\mu} & \delta^{\sigma}_{\nu} & \delta^{\sigma}_{\alpha} \end{vmatrix}, \tag{A.1.15}$$

$$\epsilon_{\mu\nu\alpha\beta}\epsilon^{\lambda\rho\sigma\tau} = -\begin{vmatrix} \delta^{\lambda}_{\mu} & \delta^{\lambda}_{\nu} & \delta^{\lambda}_{\alpha} & \beta^{\lambda}_{\alpha} \\ \delta^{\rho}_{\mu} & \delta^{\rho}_{\nu} & \delta^{\rho}_{\alpha} & \beta^{\rho}_{\alpha} \\ \delta^{\sigma}_{\mu} & \delta^{\sigma}_{\nu} & \delta^{\sigma}_{\alpha} & \beta^{\sigma}_{\alpha} \\ \delta^{\tau}_{\mu} & \delta^{\tau}_{\nu} & \delta^{\tau}_{\alpha} & \beta^{\tau}_{\alpha} \end{vmatrix}, \tag{A.1.16}$$

$$g_{\alpha\mu}\epsilon_{\nu\lambda\rho\sigma} + g_{\alpha\nu}\epsilon_{\lambda\rho\sigma\mu} + g_{\alpha\lambda}\epsilon_{\rho\sigma\mu\nu} + g_{\alpha\rho}\epsilon_{\sigma\mu\nu\lambda} = 0. \tag{A.1.17}$$

对任意的洛伦兹矢量 $(a_\mu, b_\mu, \cdots)$，有

$$\epsilon^{\mu\nu\alpha\beta}a_\mu b_\nu c_\alpha d_\beta = -\det\begin{vmatrix} a^0 & b^0 & c^0 & d^0 \\ a^1 & b^1 & c^1 & d^1 \\ a^2 & b^2 & c^2 & d^2 \\ a^3 & b^3 & c^3 & d^3 \end{vmatrix} = \det\begin{vmatrix} a_0 & b_0 & c_0 & d_0 \\ a_1 & b_1 & c_1 & d_1 \\ a_2 & b_2 & c_2 & d_2 \\ a_3 & b_3 & c_3 & d_3 \end{vmatrix}. \tag{A.1.18}$$

对实的矢量玻色子的极化态的求和：

$$\text{massless}: \quad \sum_\lambda \epsilon^*_\mu(p,\lambda)\epsilon_\nu(k,\lambda) = -g_{\mu\nu}, \quad \text{in Feynman gauge}, \tag{A.1.19}$$

$$\text{massive}: \quad \sum_\lambda \epsilon^*_\mu(p,\lambda)\epsilon_\nu(k,\lambda) = -g_{\mu\nu} + \frac{p_\mu p_\nu}{M_V^2}. \tag{A.1.20}$$

对任意多条实光子外线，式 (A.1.19) 的代换成立。如果只有一条零质量的胶子外线，上式亦成立。但是，对于有 2 条或者更多条胶子外线，且出现三胶子顶点的情况，式 (A.1.19) 不成立。对这种情况，必须引入非物理的"鬼"(ghost) 粒子[34]。

在导出上述关系式的时候，我们使用了"求迹"的下述性质：

$$\text{tr}(\boldsymbol{AB}) = \text{tr}(\boldsymbol{BA}),$$
$$\text{tr}(\boldsymbol{ABC}) = \text{tr}(\boldsymbol{CAB}) = \text{tr}(\boldsymbol{BCA}),$$
$$\text{tr}(c_1\boldsymbol{A} + c_2\boldsymbol{B}) = c_1\text{tr}(\boldsymbol{A}) + c_2\text{tr}(\boldsymbol{B}), \tag{A.1.21}$$

其中 $\boldsymbol{A}, \boldsymbol{B}$ 和 $\boldsymbol{C}$ 是矩阵，c_1, c_2 是常数。

当取 $N = 4$，并采用标准的狄拉克表象时，狄拉克矩阵 γ^μ, γ_5 的表达式可以写成

$$\gamma^0 = \begin{pmatrix} I_2 & 0 \\ 0 & -I_2 \end{pmatrix}, \quad \gamma^i = \begin{pmatrix} 0 & \sigma_i \\ -\sigma_i & 0 \end{pmatrix}, \quad \gamma_5 = \gamma^5 = \begin{pmatrix} 0 & I_2 \\ I_2 & 0 \end{pmatrix}, \quad (A.1.22)$$

其中 I_2 是 2×2 的单位矩阵, 泡利矩阵 σ_i 满足如下对易和反对易关系:

$$\begin{aligned}
[\sigma_i, \sigma_j] &= 2i\epsilon_{ijk}\sigma_k, \quad \epsilon_{ijk} : \text{totally antisymmetric}, \epsilon_{123} = 1, \\
\{\sigma_i, \sigma_j\} &= 2\delta_{ij}, \quad \sigma_i\sigma_j = i\epsilon_{ijk}\sigma_k \\
\text{tr}(\sigma_i\sigma_j) &= 2\delta_{ij}, \quad \epsilon_{ijm}\epsilon_{klm} = \delta_{ik}\delta_{jl} - \delta_{il}\delta_{jk}
\end{aligned} \quad (A.1.23)$$

其 2×2 矩阵表示可以写为

$$\sigma_1 = \begin{pmatrix} 0 & 1 \\ 1 & 0 \end{pmatrix}, \quad \sigma_2 = \begin{pmatrix} 0 & -i \\ i & 0 \end{pmatrix}, \quad \sigma_3 = \begin{pmatrix} 1 & 0 \\ 0 & -1 \end{pmatrix}. \quad (A.1.24)$$

完整性关系为

$$\sum_i (\sigma_i)_{ab}(\sigma_i)_{cd} = 2\left(\delta_{bc}\delta_{ad} - \frac{1}{2}\delta_{ba}\delta_{cd}\right). \quad (A.1.25)$$

对 γ_5 和 $\sigma_{\mu\nu}$ 矩阵, 我们使用的定义是

$$\gamma_5 \equiv \gamma^5 \equiv i\gamma^0\gamma^1\gamma^2\gamma^3 = -i\gamma_0\gamma_1\gamma_2\gamma_3 = \begin{pmatrix} 0 & I_2 \\ I_2 & 0 \end{pmatrix}, \quad (A.1.26)$$

$$\sigma_{\mu\nu} = \frac{i}{2}[\gamma_\mu, \gamma_\nu]. \quad (A.1.27)$$

其中

$$\gamma_5^2 = I_4, \quad \{\gamma_\mu, \gamma_5\} = 0, \quad \text{tr}(\gamma_\mu) = 0. \quad (A.1.28)$$

在文献 [21, 34] 中, 关于 γ_μ 矩阵的定义在狄拉克表象下是一样的。关于 γ_5, 4×4 矩阵是一样的, 但写成 4 个 γ 矩阵乘积时的定义不一样。使用相关公式时要注意。

自旋矩阵 S, 波函数或者狄拉克矩阵的电荷共轭和厄米共轭的定义为

$$S = \frac{1}{2}\begin{pmatrix} \vec{\sigma} & 0 \\ 0 & \vec{\sigma} \end{pmatrix}, \quad S^i = \frac{1}{4}\epsilon_{ijk}\sigma_{jk}, \quad i = 1, 2, 3,$$

$$\Psi^c = C\Psi^\dagger, \quad C\gamma_\mu C^\dagger = -\gamma_\mu^*, \quad C = -\gamma_2,$$

$$(\gamma^0)^\dagger = \gamma^0, \quad (\gamma^k)^\dagger = -\gamma^k, \quad \sigma_{\mu\nu}^\dagger = \sigma^{\mu\nu}, \quad \gamma_5^\dagger = \gamma_5. \quad (A.1.29)$$

其他一些计算中可能用到的"求迹"表达式为 [201]

$$\text{tr}[[\slashed{a},\slashed{b}]\slashed{c}\slashed{d}\boldsymbol{L}] = 4[(ad)(bc) - (ac)(bd) + i\epsilon^{abcd}] = \frac{1}{2}[[\slashed{a},\slashed{b}][\slashed{c},\slashed{d}]\boldsymbol{L}], \tag{A.1.30}$$

$$\text{tr}[(\slashed{p}+m)\gamma_\mu \boldsymbol{L}(\slashed{k}-m')\gamma_\nu \boldsymbol{L}] = 2[p_\mu k_\nu + k_\mu p_\nu - (pk)g_{\mu\nu}] + 2i\,\epsilon_{p\mu k\nu}, \tag{A.1.31}$$

$$\text{tr}[(\slashed{p}+m)\gamma_\mu \boldsymbol{R}(\slashed{k}-m')\gamma_\nu \boldsymbol{R}] = 2[p_\mu k_\nu + k_\mu p_\nu - (pk)g_{\mu\nu}] - 2i\,\epsilon_{p\mu k\nu}, \tag{A.1.32}$$

$$\text{tr}[(\slashed{p}+m)\gamma_\mu \boldsymbol{L}(\slashed{k}-m')\gamma_\nu \boldsymbol{R}] = \text{tr}[(\slashed{p}+m)\gamma_\mu \boldsymbol{R}(\slashed{k}-m')\gamma_\nu \boldsymbol{L}] = -2mm'g_{\mu\nu}, \tag{A.1.33}$$

其中 $\epsilon^{abcd} = \epsilon^{\mu\nu\alpha\beta}a_\mu b_\nu c_\alpha d_\beta$, $\epsilon_{p\mu k\nu} = \epsilon_{\alpha\mu\beta\nu}p^\alpha k^\beta$, 以此类推。

$$\text{tr}[(\slashed{p}+m)\boldsymbol{L}(\slashed{k}-m')\boldsymbol{L}] = \text{tr}[(\slashed{p}+m)\boldsymbol{R}(\slashed{k}-m')\boldsymbol{R}] = -2mm', \tag{A.1.34}$$

$$\text{tr}[(\slashed{p}+m)\boldsymbol{L}(\slashed{k}-m')\boldsymbol{R}] = \text{tr}[(\slashed{p}+m)\boldsymbol{R}(\slashed{k}-m')\boldsymbol{L}] = 2(pk), \tag{A.1.35}$$

$$\text{tr}[(\slashed{p}+m)\boldsymbol{L}(\slashed{k}-m')\gamma_\mu \boldsymbol{L}] = \text{tr}[(\slashed{p}+m)\boldsymbol{R}(\slashed{k}-m')\gamma_\mu \boldsymbol{R}] = 2mk_\mu, \tag{A.1.36}$$

$$\text{tr}[(\slashed{p}+m)\boldsymbol{L}(\slashed{k}-m')\gamma_\mu \boldsymbol{R}] = \text{tr}[(\slashed{p}+m)\boldsymbol{R}(\slashed{k}-m')\gamma_\mu \boldsymbol{L}] = -2m'p_\mu, \tag{A.1.37}$$

$$\text{tr}[(\slashed{p}+m)[\gamma_\mu,\gamma_\nu]\boldsymbol{L}(\slashed{k}-m')[\gamma_\lambda,\gamma_\rho]\boldsymbol{L}] = -8mm'[g_{\mu\rho}g_{\nu\lambda} - g_{\mu\lambda}g_{\nu\rho} + i\epsilon_{\mu\nu\lambda\rho}], \tag{A.1.38}$$

$$\text{tr}[(\slashed{p}+m)[\gamma_\mu,\gamma_\nu]\boldsymbol{R}(\slashed{k}-m')[\gamma_\lambda,\gamma_\rho]\boldsymbol{R}] = -8mm'[g_{\mu\rho}g_{\nu\lambda} - g_{\mu\lambda}g_{\nu\rho} - i\epsilon_{\mu\nu\lambda\rho}], \tag{A.1.39}$$

$$\text{tr}[(\slashed{p}+m)[\gamma_\mu,\gamma_\nu]\boldsymbol{L}(\slashed{k}-m')[\gamma_\lambda,\gamma_\rho]\boldsymbol{R}]$$
$$= 8\Big[(p_\mu k_\lambda + k_\mu p_\lambda)g_{\nu\rho} - (p_\nu k_\lambda + k_\nu p_\lambda)g_{\mu\rho} - (p_\mu k_\rho + k_\mu p_\rho)g_{\nu\lambda} + (p_\nu k_\rho + k_\nu p_\rho)g_{\mu\lambda}$$
$$+ (pk)(g_{\mu\rho}g_{\nu\lambda} - g_{\mu\lambda}g_{\nu\rho}) + i(p_\mu \epsilon_{k\nu\lambda\rho} - p_\nu \epsilon_{k\mu\lambda\rho} - k_\lambda \epsilon_{p\rho\mu\nu} + k_\rho \epsilon_{p\lambda\mu\nu})\Big], \tag{A.1.40}$$

$$\text{tr}[(\slashed{p}+m)[\gamma_\mu,\gamma_\nu]\boldsymbol{R}(\slashed{k}-m')[\gamma_\lambda,\gamma_\rho]\boldsymbol{L}]$$
$$= 8\Big[(p_\mu k_\lambda + k_\mu p_\lambda)g_{\nu\rho} - (p_\nu k_\lambda + k_\nu p_\lambda)g_{\mu\rho} - (p_\mu k_\rho + k_\mu p_\rho)g_{\nu\lambda} + (p_\nu k_\rho + k_\nu p_\rho)g_{\mu\lambda}$$
$$+ (pk)(g_{\mu\rho}g_{\nu\lambda} - g_{\mu\lambda}g_{\nu\rho}) - i(p_\mu \epsilon_{k\nu\lambda\rho} - p_\nu \epsilon_{k\mu\lambda\rho} - k_\lambda \epsilon_{p\rho\mu\nu} + k_\rho \epsilon_{p\lambda\mu\nu})\Big], \tag{A.1.41}$$

其中 $\epsilon_{k\nu\lambda\rho} = \epsilon_{\alpha\nu\lambda\rho}k^\alpha$, $\epsilon_{p\rho\mu\nu} = \epsilon_{\alpha\rho\mu\nu}p^\alpha$, 以此类推。

§A.2 N 维时空 γ 矩阵公式

在 N 维时空,狄拉克矩阵满足:

$$\{\gamma_\mu,\gamma_\nu\} = \gamma_\mu\gamma_\nu + \gamma_\nu\gamma_\mu = 2g_{\mu\nu}\boldsymbol{I}_N \tag{A.2.1}$$

其中 $\boldsymbol{I}_N$ 是 N 维时空的单位矩阵,μ 和 ν 的取值范围是从 0 到 $N-1$。另外,有

下述关系式 [201]:

$$\gamma^\mu \gamma_\mu = N\boldsymbol{I}_N,$$
$$\gamma^\mu \gamma_\alpha \gamma_\mu = (2-N)\gamma_\alpha,$$
$$\gamma^\mu \gamma_\alpha \gamma_\beta \gamma_\mu = 4g_{\alpha\beta}\boldsymbol{I}_N + (N-4)\gamma_\alpha\gamma_\beta,$$
$$\gamma^\mu \gamma_\alpha \gamma_\beta \gamma_\lambda \gamma_\mu = -2\gamma_\lambda\gamma_\beta\gamma_\alpha - (N-4)\gamma_\alpha\gamma_\beta\gamma_\lambda,$$
$$\gamma^\mu \gamma_\alpha \gamma_\beta \gamma_\lambda \gamma_\rho \gamma_\mu = 2(\gamma_\beta\gamma_\lambda\gamma_\rho\gamma_\alpha + \gamma_\alpha\gamma_\rho\gamma_\lambda\gamma_\beta) + (N-4)\gamma_\alpha\gamma_\beta\gamma_\lambda\gamma_\rho. \quad \text{(A.2.2)}$$

$$\gamma^\alpha \gamma^\mu \gamma^\nu \gamma_\alpha \otimes \gamma_\mu \gamma_\nu = 4[\mathbf{0}] + (N-4)[\mathbf{2}],$$
$$\gamma^\alpha \gamma^\beta \gamma^\mu \gamma^\nu \gamma_\beta \gamma_\alpha \otimes \gamma_\mu \gamma_\nu = 8N[(N-2)[\mathbf{0}] + (4-N)^2[\mathbf{2}],$$
$$\gamma^\alpha \gamma^\mu \gamma^\nu \gamma^\lambda \gamma_\alpha \otimes \gamma_\mu \gamma_\nu \gamma_\lambda = 4(2-3N)[\mathbf{1}] + (6-N)[\mathbf{3}],$$
$$\gamma^\alpha \gamma^\beta \gamma^\mu \gamma^\nu \gamma^\lambda \gamma_\beta \gamma_\alpha \otimes \gamma_\mu \gamma_\nu \gamma_\lambda = 8(2-3N)(4-N)[\mathbf{1}] + (6-N)^2[\mathbf{3}],$$
$$\gamma^\alpha \gamma^\mu \gamma^\nu \gamma^\lambda \gamma^\rho \gamma_\alpha \otimes \gamma_\mu \gamma_\nu \gamma_\lambda \gamma_\rho = 16N[\mathbf{0}] + 8(3N-4)[\mathbf{2}] + (N-8)[\mathbf{4}],$$
$$\gamma^\alpha \gamma^\beta \gamma^\mu \gamma^\nu \gamma^\lambda \gamma^\rho \gamma_\beta \gamma_\alpha \otimes \gamma_\mu \gamma_\nu \gamma_\lambda \gamma_\rho = 128N(N-2)[\mathbf{0}]$$
$$+ 16(3N-4)(N-6)[\mathbf{2}] + (N-8)^2[\mathbf{4}], \quad \text{(A.2.3)}$$

$$\gamma^\mu \gamma^\nu \otimes \gamma_\nu \gamma_\mu = 2N[\mathbf{0}] - [\mathbf{2}],$$
$$\gamma^\alpha \gamma^\mu \gamma^\nu \otimes \gamma_\mu \gamma_\nu \gamma_\alpha = 4(1-N)[\mathbf{1}] + [\mathbf{3}],$$
$$\gamma^\alpha \gamma^\beta \gamma^\mu \otimes \gamma_\mu \gamma_\beta \gamma_\alpha = 2(3N-2)[\mathbf{1}] - [\mathbf{3}],$$
$$\gamma^\alpha \gamma^\mu \gamma^\nu \gamma^\lambda \otimes \gamma_\mu \gamma_\nu \gamma_\lambda \gamma_\alpha = 8N[\mathbf{0}] + 6(N-2)[\mathbf{2}] - [\mathbf{4}],$$
$$\gamma^\alpha \gamma^\beta \gamma^\mu \gamma^\nu \otimes \gamma_\mu \gamma_\nu \gamma_\beta \gamma_\alpha = 8N(2-N)[\mathbf{0}] + 2(5N-8)[\mathbf{2}] - [\mathbf{4}],$$
$$\gamma^\alpha \gamma^\mu \gamma^\nu \gamma^\lambda \gamma^\rho \otimes \gamma_\mu \gamma_\nu \gamma_\lambda \gamma_\rho \gamma_\alpha = -16(2N-1)[\mathbf{1}] + 8(3-N)[\mathbf{3}] + [\mathbf{5}],$$
$$\gamma^\alpha \gamma^\beta \gamma^\mu \gamma^\nu \gamma^\lambda \otimes \gamma_\mu \gamma_\nu \gamma_\lambda \gamma_\beta \gamma_\alpha = 8(4-N)(3N-2)[\mathbf{1}] + 2(7N-18)[\mathbf{3}] - [\mathbf{5}], \quad \text{(A.2.4)}$$

其中符号 [**0**] ⋯ [**5**] 的定义为

$$[\mathbf{0}] = \boldsymbol{I} \otimes \boldsymbol{I},$$
$$[\mathbf{1}] = \gamma^\mu \otimes \gamma_\mu,$$
$$[\mathbf{2}] = \gamma^\mu \gamma^\nu \otimes \gamma_\mu \gamma_\nu,$$
$$[\mathbf{3}] = \gamma^\mu \gamma^\nu \gamma^\lambda \otimes \gamma_\mu \gamma_\nu \gamma_\lambda,$$
$$[\mathbf{4}] = \gamma^\mu \gamma^\nu \gamma^\lambda \gamma^\rho \otimes \gamma_\mu \gamma_\nu \gamma_\lambda \gamma_\rho,$$
$$[\mathbf{5}] = \gamma^\mu \gamma^\nu \gamma^\lambda \gamma^\rho \gamma^\sigma \otimes \gamma_\mu \gamma_\nu \gamma_\lambda \gamma_\rho \gamma_\sigma. \quad \text{(A.2.5)}$$

§A.2　N 维时空 γ 矩阵公式

上面这些等式可以由关系式 $\{\gamma_\mu, \gamma_\nu\} = 2g_{\mu\nu}$, $g^{\mu\nu}g_{\mu\nu} = N$ 导出。

在 N 维时空，一般地说自旋空间的维数是 $2^{N/2}$ (N 为偶数) 或者 $2^{(N-4)/2}$ (N 为奇数)，使得 $\text{tr}(\boldsymbol{I}_N) = F(N) = 4 + f(N)$，在 $N \to 4$ 的极限下，有 $f(N) \to 0$。可以证明伴随 $f(N)$ 引进的其他项在 $N \to 4$ 的极限下不影响 $f(N) \to 0$。所以我们可以定义极限：$\lim_{N \to 4} f(N) \equiv 0$。所以，对 N 维时空的单位矩阵 $\boldsymbol{I}_N$ 的"求迹"可以定义为

$$\text{tr}(\boldsymbol{I}_N) = 4, \tag{A.2.6}$$

进而导致

$$\text{tr}(\gamma_\alpha \gamma_\beta) = 4g_{\alpha\beta}, \tag{A.2.7}$$

$$\text{tr}(\gamma_\alpha \gamma_\beta \gamma_\lambda \gamma_\rho) = 4(g_{\alpha\beta}g_{\lambda\rho} - g_{\alpha\lambda}g_{\beta\rho} + g_{\alpha\rho}g_{\beta\lambda}). \tag{A.2.8}$$

$$\text{tr}(odd \# \text{ of } \gamma's) = 0. \tag{A.2.9}$$

由式 (A.2.7) 和式 (A.2.8) 可得

$$\text{tr}(\slashed{a}\slashed{b}) = 4a \cdot b, \qquad \text{tr}(\slashed{a}\slashed{b}\slashed{c}\slashed{d}) = 4(a \cdot b\, c \cdot d - a \cdot c\, b \cdot d + a \cdot d\, b \cdot c). \tag{A.2.10}$$

其中符号 "/" 在 N 维时空中的定义为

$$\slashed{a} = a \cdot \gamma = g_{\mu\nu}a_\mu \gamma_\nu = a_0\gamma_0 - a_1\gamma_1 - \cdots - a_{N-1}\gamma_{N-1}. \tag{A.2.11}$$

计算箱图时用到的变换公式 ($D = 4 - 2\epsilon$):

$$\gamma_\mu(1-\gamma_5)\gamma_\nu\gamma_\alpha \otimes \gamma^\mu(1-\gamma_5)\gamma^\nu\gamma^\alpha = (16-4\epsilon)\,\gamma_\mu(1-\gamma_5) \otimes \gamma^\mu(1-\gamma_5),$$

$$\gamma_\mu(1-\gamma_5)\gamma_\nu\gamma_\alpha \otimes \gamma^\alpha(1-\gamma_5)\gamma^\nu\gamma^\mu = (4-8\epsilon)\,\gamma_\mu(1-\gamma_5) \otimes \gamma^\mu(1-\gamma_5),$$

$$\gamma_\alpha\gamma_\nu\gamma_\mu(1-\gamma_5) \otimes \gamma^\alpha\gamma^\nu\gamma^\mu(1-\gamma_5) = (16-4\epsilon)\,\gamma_\mu(1-\gamma_5) \otimes \gamma^\mu(1-\gamma_5),$$

$$\gamma_\alpha\gamma_\nu\gamma_\mu(1-\gamma_5) \otimes \gamma^\mu\gamma^\nu\gamma^\alpha(1-\gamma_5) = (4-8\epsilon)\,\gamma_\mu(1-\gamma_5) \otimes \gamma^\mu(1-\gamma_5). \tag{A.2.12}$$

几个有用的"求迹"表达式：

$$\text{tr}\left[\gamma^\mu(1-\gamma^5)\slashed{p}_1\gamma^\nu(1-\gamma^5)\slashed{p}_2\right] = 2\text{tr}\left[\gamma^\mu\slashed{p}_1\gamma^\nu\slashed{p}_2\right] + 8i\epsilon^{\mu\alpha\nu\beta}\,p_{1\alpha}p_{2\beta},$$

$$\text{tr}\left[\gamma^\mu\slashed{p}_1\gamma^\nu\slashed{p}_2\right]\,\text{tr}\left[\gamma_\mu\slashed{p}_3\gamma_\nu\slashed{p}_4\right] = 32\left[(p_1 \cdot p_3)(p_2 \cdot p_4) + (p_1 \cdot p_4)(p_2 \cdot p_3)\right],$$

$$\text{tr}\left[\gamma^\mu\slashed{p}_1\gamma^\nu\gamma^5\slashed{p}_2\right]\,\text{tr}\left[\gamma_\mu\slashed{p}_3\gamma_\nu\gamma^5\slashed{p}_4\right]$$

$$= -32\left[(p_1 \cdot p_3)(p_2 \cdot p_4) - (p_1 \cdot p_4)(p_2 \cdot p_3)\right],$$

$$\text{tr}\left[\gamma^\mu(1-\gamma^5)\slashed{p}_1\gamma^\nu(1-\gamma^5)\slashed{p}_2\right]\,\text{tr}\left[\gamma_\mu(1-\gamma^5)\slashed{p}_3\gamma_\nu(1-\gamma^5)\slashed{p}_4\right]$$

$$= 256(p_1 \cdot p_3)(p_2 \cdot p_4). \tag{A.2.13}$$

在计算过程振幅的模方 $|\mathcal{M}|^2$ 时，经常要（在四维时空）计算如下形式的两个 "Trace" 的乘积与收缩：

$$\begin{aligned}
T &= \text{Tr}\left[\gamma^\alpha \gamma^\mu \gamma^\beta \gamma^\nu (C_1 - C_2\gamma^5)\right] \text{Tr}\left[\gamma_\theta \gamma_\mu \gamma_\phi \gamma_\nu (C_3 - C_4\gamma^5)\right] \\
&= 16 \left[C_1 \left(g^{\alpha\mu}g^{\beta\nu} + g^{\alpha\nu}g^{\mu\beta} - g^{\alpha\beta}g^{\mu\nu}\right) - iC_2 \epsilon^{\alpha\mu\beta\nu}\right] \\
&\quad \cdot \left[C_3 \left(g_{\theta\mu}g_{\phi\nu} + g_{\theta\nu}g_{\mu\phi} - g_{\theta\phi}g_{\mu\nu}\right) - iC_4 \epsilon^{\theta\mu\phi\nu}\right] \\
&= 32 \left[C_1 C_3 \left(\delta^\alpha_\theta \delta^\beta_\phi + \delta^\alpha_\phi \delta^\beta_\theta\right) + C_2 C_4 \left(\delta^\alpha_\theta \delta^\beta_\phi - \delta^\alpha_\phi \delta^\beta_\theta\right)\right].
\end{aligned} \qquad (A.2.14)$$

由全反对成四阶张量 ϵ 和度规张量 $g_{\mu\nu}$ 的性质，可以证明该式。对于标准模型框架下 $V - A = \gamma_\mu(1 - \gamma_5)$ 的情况，有 $C_1 = C_2 = C_3 = C_4 = 1$，与 $\delta^\alpha_\phi \delta^\beta_\theta$ 成正比的项相互抵消，所以上式为

$$T_{SM} = 64\, \delta^\alpha_\theta \delta^\beta_\phi. \qquad (A.2.15)$$

§A.3 菲尔兹重排

我们用 4×4 的单位矩阵和 γ 矩阵可以构造出 16 个独立的完备的狄拉克矩阵：

$$\Gamma_S = 1, \quad \Gamma_V = \gamma_\mu, \quad \Gamma_T = \sigma_{\mu\nu}, \quad \Gamma_A = \gamma_\mu \gamma_5, \quad \Gamma_P = \gamma_5, \qquad (A.3.1)$$

其中 $\mu > \nu$。可以证明狄拉克矩阵满足下面的关系：

$$\sum_i g_i \left(\Gamma_i\right)_{\alpha\beta} \left(\Gamma_i\right)_{\gamma\delta} = \sum_j \hat{g}_j \left(\Gamma_j\right)_{\alpha\delta} \left(\Gamma_j\right)_{\gamma\beta}. \qquad (A.3.2)$$

其中指标 (i, j) 依次取 $S, V, T, A,$ 和 P，系数 g_i 与 $\hat{g}_j$ 的变换关系为

$$\begin{bmatrix} \hat{g}_S \\ \hat{g}_V \\ \hat{g}_T \\ \hat{g}_A \\ \hat{g}_P \end{bmatrix} = \frac{1}{4} \begin{bmatrix} 1 & 4 & 12 & -4 & 1 \\ 1 & -2 & 0 & -2 & -1 \\ \frac{1}{2} & 0 & -2 & 0 & \frac{1}{2} \\ -1 & -2 & 0 & -2 & 1 \\ 1 & -4 & 12 & 4 & 1 \end{bmatrix} \begin{bmatrix} g_S \\ g_V \\ g_T \\ g_A \\ g_P \end{bmatrix} \qquad (A.3.3)$$

常用的 Fierz 变换公式：

$$\bar{a}(V \pm A)b\, \bar{c}(V \pm A)d = \bar{a}(V \pm A)d\, \bar{c}(V \pm A)b, \qquad (A.3.4)$$

$$\bar{a}(V - A)b\, \bar{c}(V + A)d = -2\bar{a}(S + P)d\, \bar{c}(S - P)b, \qquad (A.3.5)$$

$$\bar{a}(V + A)b\, \bar{c}(V - A)d = -2\bar{a}(S - P)d\, \bar{c}(S + P)b. \qquad (A.3.6)$$

§A.3 菲尔兹重排

如表 A.1 所示，用 2 个双旋量 $\bar{a}, b$ 和 16 个狄拉克矩阵可以构造 5 种类型的洛伦兹不变的双线性协变流 (归一化为 1)。用 4 个双旋量 $\bar{a}, b, \bar{c}, d$ 和狄拉克矩阵可以构造 5 种类型的洛伦兹标量。

表 A.1 用旋量波函数和狄拉克矩阵构造的洛伦兹协变量以及 5 种类型的洛伦兹标量

协变量	协变性质	自由度	洛伦兹标量
$\bar{a}b$	scalar	1	$(\bar{a}b)(\bar{c}d)$
$\bar{a}\gamma_5 b$	pseudo-scalar	1	$(\bar{a}\gamma_5 b)(\bar{c}\gamma_5 d)$
$\bar{a}\gamma_\mu b$	vector	4	$(\bar{a}\gamma_\mu b)(\bar{c}\gamma^\mu d)$
$\bar{a}i\gamma_\mu\gamma_5 b$	axial-vector	4	$(\bar{a}i\gamma_\mu\gamma_5 b)(\bar{c}i\gamma_\mu\gamma_5 d)$
$\bar{a}\sigma_{\mu\nu}b$	tensor	6	$(\bar{a}\sigma_{\mu\nu}b)(\bar{c}\sigma^{\mu\nu}d)$

由 Γ_i 的几何性质，可以证明

$$\frac{1}{4}\sum_i (\Gamma_i)_{\alpha\beta}(\Gamma^i)_{\gamma\delta} = \delta_{\alpha\delta}\delta_{\beta\gamma}. \tag{A.3.7}$$

设 A, B 是任意的 4×4 矩阵，那么，用 $A_{\rho\alpha}B_{\nu\gamma}$ 乘上式可得

$$\frac{1}{4}\sum_i A_{\rho\alpha}(\Gamma_i)_{\alpha\beta} B_{\nu\gamma}(\Gamma^i)_{\gamma\delta} = A_{\rho\delta}B_{\nu\beta},$$

$$A_{\rho\delta}B_{\nu\beta} = \frac{1}{4}\sum_i (A\Gamma_i)_{\rho\beta}(B\Gamma^i)_{\nu\delta}. \tag{A.3.8}$$

由于 16 个 Γ_i 构成完全集合，乘积 $A\Gamma_i$ 可以展开成 Γ_i 的线性组合。用 $\bar{a}_\rho, b_\delta, \bar{c}_\nu$ 和 d_β 乘式 (A.3.8) 可得

$$\bar{a}_\rho A_{\rho\delta} b_\delta \, \bar{c}_\nu B_{\nu\beta} d_\beta = \frac{1}{4}\sum_i \bar{a}_\rho (A\Gamma_i)_{\rho\beta} d_\beta \, \bar{c}_\nu (B\Gamma^i)_{\nu\delta} b_\delta. \tag{A.3.9}$$

也就是说，旋量波函数 b 和 d 交换了位置。式 (A.3.4) 就是这样一个关系式。

在文献 [21] 中定义的 Fierz-Machael 重排为

$$\bar{u}_3\Lambda_i u_2 \, \bar{u}_1\Lambda_i u_4 = \sum_{j=1}^{5} \lambda_{ij}\bar{u}_1\Lambda_j u_2 \, \bar{u}_3\Lambda_j u_4, \tag{A.3.10}$$

其中 $\Lambda_i = (1, \gamma_\mu, \sigma_{\mu\nu}/\sqrt{2}, \gamma_\mu\gamma_5, \gamma_5)$，$\sigma_{\mu\nu} = \frac{i}{2}[\gamma_\mu, \gamma_\nu]$,

$$\lambda_{ij} = \frac{1}{4}\begin{pmatrix} 1 & 1 & 1 & -1 & 1 \\ 4 & -2 & 0 & -2 & -4 \\ 6 & 0 & -2 & 0 & 6 \\ -4 & -2 & 0 & -2 & 4 \\ 1 & -1 & 1 & 1 & 1 \end{pmatrix}. \tag{A.3.11}$$

关于"菲尔兹重排"更多的讨论，可见文献 [201]。

§A.4 狄拉克方程与旋量波函数

我们首先定义:
(1) 入射平面波: $e^{-ik\cdot x} \equiv \exp[-i(\omega t - \boldsymbol{k}\cdot\boldsymbol{x})]$。
(2) 出射平面波: $e^{ik\cdot x} \equiv \exp[i(\omega t - \boldsymbol{k}\cdot\boldsymbol{x})]$。
(3) 克莱因–戈尔登方程: $\left(\partial^2 + \mu^2\right)\phi(x) = 0$。
(4) 时空变换: $A(x) = e^{ip\cdot x}A(0)e^{-ip\cdot x}$。

其中 $\omega = \sqrt{m^2 + \boldsymbol{k}^2}$。

一个质量为 m,自旋量子数为 $\dfrac{1}{2}$ 的费米子可以用旋量波函数 $u(p,s)$ 来表示,旋量波函数 $u(p,s)$ 满足如下的狄拉克方程:

$$(\not{p} - m)u(p,s) = 0, \tag{A.4.1}$$

伴随旋量波函数的定义为: $\bar{u}(p,s) = u^{\dagger}(p,s)\gamma_0$,满足方程

$$\bar{u}(p,s)(\not{p} - m) = 0. \tag{A.4.2}$$

自旋角动量 s 满足

$$s \cdot p = 0, \quad s^2 = -1, \tag{A.4.3}$$

在粒子静止系,有

$$s_\mu = \begin{pmatrix} 0 \\ \boldsymbol{s} \end{pmatrix}, \tag{A.4.4}$$

其中 $\boldsymbol{s}$ 是粒子的极化矢量,且有 $\boldsymbol{s}\cdot\boldsymbol{s} = 1$。

自旋 1/2 的反费米子旋量波函数满足方程

$$(\not{p} + m)v(p,s) = 0, \quad \bar{v}(p,s)(\not{p} + m) = 0, \tag{A.4.5}$$

其中 $\bar{v}(p,s) \equiv v^{\dagger}(p,s)\gamma_0$。费米子的旋量波函数和反费米子的旋量波函数的归一化关系为

$$\sum_{\text{spin}} \bar{u}(p,s)u(p,s) = 2m, \tag{A.4.6}$$

$$\sum_{\text{spin}} \bar{v}(p,s)v(p,s) = -2m, \tag{A.4.7}$$

§A.4 狄拉克方程与旋量波函数

投影算符 $\Lambda_\pm$ 可以写为

$$2m\Lambda_+ = \sum_{\text{spin}} u(p,s)\bar{u}(p,s) = \slashed{p} + m, \tag{A.4.8}$$

$$2m\Lambda_- = -\sum_{\text{spin}} v(p,s)\bar{v}(p,s) = -\slashed{p} + m. \tag{A.4.9}$$

在计算散射振幅的模方时，需要计算散射振幅的厄米共轭，

$$[\bar{u}(p',s')\Gamma u(p,s)]^\dagger = \bar{u}(p,s)\bar{\Gamma}u(p',s'), \tag{A.4.10}$$

其中 $\bar{\Gamma} = \gamma_0 \Gamma^\dagger \gamma_0$。狄拉克矩阵的厄米共轭为

$$\bar{\gamma}_\mu = \gamma_\mu, \quad \overline{\sigma_{\mu\nu}} = \sigma_{\mu\nu}, \quad \overline{\gamma_\mu \gamma_5} = \gamma_\mu \gamma_5, \tag{A.4.11}$$

$$\overline{(i\gamma_5)} = i\gamma_5, \quad \overline{\slashed{p}_1 \slashed{p}_2 \cdots \slashed{p}_n} = \slashed{p}_n \slashed{p}_{n-1} \cdots \slashed{p}_1. \tag{A.4.12}$$

电荷共轭变换矩阵 C 有下列性质:

$$C\gamma_\mu^{\rm T} C^{-1} = -\gamma_\mu, \quad C\gamma_5^{\rm T} C^{-1} = \gamma_5, \tag{A.4.13}$$

$$C^{\rm T} = -C, \quad CC^\dagger = 1. \tag{A.4.14}$$

费米子旋量场的电荷共轭定义为

$$\psi^c = C\bar{\psi}^{\rm T}, \quad \overline{\psi^c} = -\psi^{\rm T} C^\dagger,$$
$$\overline{\psi_1^c} \psi_2^c = \bar{\psi}_2 \psi_1 = (\bar{\psi}_1 \psi_2)^\dagger,$$
$$\overline{\psi_1^c} \gamma_5 \psi_2^c = \bar{\psi}_2 \gamma_5 \psi_1 = -(\bar{\psi}_1 \gamma_5 \psi_2)^\dagger,$$
$$\overline{\psi_1^c} \gamma^\mu \psi_2^c = -\bar{\psi}_2 \gamma^\mu \psi_1 = -(\bar{\psi}_1 \gamma^\mu \psi_2)^\dagger,$$
$$\overline{\psi_1^c} \gamma^\mu \gamma_5 \psi_2^c = \bar{\psi}_2 \gamma^\mu \gamma_5 \psi_1 = (\bar{\psi}_1 \gamma^\mu \gamma_5 \psi_2)^\dagger,$$
$$\overline{\psi_1^c} \gamma^\mu \gamma^\nu \psi_2^c = \bar{\psi}_2 \gamma^\nu \gamma^\mu \psi_1 = (\bar{\psi}_1 \gamma^\mu \gamma^\nu \psi_2)^\dagger,$$
$$\overline{\psi_1^c} \gamma^\mu \gamma^\nu \gamma_5 \psi_2^c = \bar{\psi}_2 \gamma^\nu \gamma^\mu \gamma_5 \psi_1 = -(\bar{\psi}_1 \gamma^\mu \gamma^\nu \gamma_5 \psi_2)^\dagger. \tag{A.4.15}$$

螺旋度 (helicity) 基是描写粒子自旋的比较方便的基, 态矢量 $u_\lambda(p)$ 是螺旋度算符 $\gamma_5 S/2$ 的本征态。当本征值为 $\pm 1/2$ 时, 自旋角动量的指向与粒子的运动方向平行, 或者反平行。这时, 归一化关系式 (A.4.6) 和式 (A.4.7) 可以写为

$$\bar{u}_\lambda(p) u_{\lambda'}(p) = 2m\,\delta_{\lambda\lambda'}, \tag{A.4.16}$$

$$\bar{v}_\lambda(p) v_{\lambda'}(p) = -2m\,\delta_{\lambda\lambda'}, \tag{A.4.17}$$

对于一个沿 z 轴正向运动，动量为 p，螺旋度为 λ 的费米子，其旋量表示可以写为

$$u_\lambda(p) = \sqrt{E+m} \begin{pmatrix} \chi_\lambda \\ \frac{2\lambda|\vec{p}|}{E+m}\chi_\lambda \end{pmatrix}, \tag{A.4.18}$$

$$\bar{u}_\lambda(p) = \sqrt{E+m} \left(\chi_\lambda^\dagger, \frac{-2\lambda|\vec{p}|}{E+m}\chi_\lambda^\dagger \right) \tag{A.4.19}$$

其中

$$\chi_{\frac{1}{2}} = \begin{pmatrix} 1 \\ 0 \end{pmatrix}, \quad \chi_{-\frac{1}{2}} = \begin{pmatrix} 0 \\ 1 \end{pmatrix}, \tag{A.4.20}$$

$E^2 = |\vec{p}|^2 + m^2$。与反粒子对应的有

$$v_\lambda(p) = (-1)^{\lambda - 1/2}\,\gamma u_\lambda(p), \tag{A.4.21}$$

黄金分解关系式为

$$\bar{u}(p,s)\gamma^\mu u(q,s) = \frac{1}{2m}\bar{u}(p,s)\left[(p+q)^\mu + i\sigma_{\mu\nu}(p-q)_\nu\right]\gamma^\mu u(q,s), \tag{A.4.22}$$

$$\bar{u}(p,s)\gamma^\mu\gamma_5 u(q,s) = \frac{1}{2m}\bar{u}(p,s)\left[(p-q)^\mu\gamma_5 + i\sigma_{\mu\nu}(p+q)_\nu\gamma_5\right]\gamma^\mu u(q,s). \tag{A.4.23}$$

§A.5 光锥坐标系

在超高能实验中，轻介子的运动速度接近光速。这时，人们常选择"光锥坐标系"，使运动学变得简单。在光锥坐标系中，一个矢量的纵向分量等于它在光锥上的投影，而横向分量与普通直角坐标系相同。我们引进两个类光矢量 n(沿 z 轴正向) 和 v(有些文献记为 n_+, n_-)，其在普通直角坐标系中的形式为

$$n = \frac{1}{\sqrt{2}}(1,0,0,1), \qquad v = \frac{1}{\sqrt{2}}(1,0,0,-1). \tag{A.5.1}$$

在光锥坐标系中，光锥矢量 n 和 v 的形式为：$n = (1,0,\mathbf{0}_\perp)$, $v = (0,1,\mathbf{0}_\perp)$。矢量 p 可以写为

$$p = (p^+, p^-, \boldsymbol{p}_\perp), \quad p^+ = \frac{1}{\sqrt{2}}(p^0 + p^3),$$

$$p^- = \frac{1}{\sqrt{2}}(p^0 - p^3), \quad p_\perp = (p^1, p^2), \tag{A.5.2}$$

§A.5 光锥坐标系

另外一些关系为

$$p^+ = n \cdot p, \quad p^- = v \cdot p,$$
$$p^2 = 2p^+ p^- - \boldsymbol{p}_\perp^2, \quad p_a \cdot p_b = p_a^+ p_b^- + p_a^- p_b^+ - \boldsymbol{p}_{a\perp} \cdot \boldsymbol{p}_{b\perp}. \tag{A.5.3}$$

在光锥坐标系中，度规张量 $g_{\mu\nu}$ 不再是对角矩阵，

$$g_{\mu\nu} = g^{\mu\nu} = \begin{pmatrix} 0 & 1 & 0 & 0 \\ 1 & 0 & 0 & 0 \\ 0 & 0 & -1 & 0 \\ 0 & 0 & 0 & -1 \end{pmatrix}. \tag{A.5.4}$$

其中 $\mu,\nu = +,-,1,2$。

附录B 费恩曼规则与 $SU(3)_c$ 规范群

1949 年，美国物理学家费恩曼教授提出一种形象、直观的图示方法，来描写粒子散射、反应、产生和衰变过程。在量子场论中，费恩曼图和理论计算有密切的联系。可以根据一个过程的费恩曼图和相应的费恩曼规则，很方便地写出跃迁矩阵元，进而计算相关物理量。

§B.1 标准模型理论的费恩曼规则

外线: 对初态和末态粒子，有下述因子：

(1) 自旋为 0 的玻色子: 1；

(2) 自旋为 1 的玻色子: $\epsilon_\mu(\lambda)$；这里的 $\epsilon_\mu(\lambda)$ 表示螺旋度为 λ 的矢量玻色子的极化矢量。对于一个零质量的沿 $\hat{z}$ 轴传播的矢量玻色子，其四动量 k_μ 可以写为

$$k_\mu = (k_0, 0, 0, k_3), \tag{B.1.1}$$

其中 $k_0 = |k_3|$，对螺旋度 $\lambda = \pm 1$ 的分量，其极化矢量 $\epsilon_\mu(\lambda)$ 可以写为

$$\epsilon_\mu(\lambda = +1) = \frac{1}{\sqrt{2}}(0, 1, i, 0), \qquad \epsilon_\mu(\lambda = -1) = \frac{1}{\sqrt{2}}(0, 1, -i, 0). \tag{B.1.2}$$

极化矢量满足正交归一关系: $\boldsymbol{k} \cdot \epsilon = 0, \epsilon^2 = -1$。

对于质量为 M，动量为 k_μ 的重矢量玻色子，有 $k_0^2 = k_3^2 + M^2$，其纵向极化态为

$$\epsilon_\mu^L(\lambda = 0) = \frac{1}{M}(k_3, 0, 0, k_0). \tag{B.1.3}$$

在计算涉及光子的非极化截面时，根据 Ward 恒等式，可以作下面的代换：

$$\sum_{\text{polarization}} \epsilon_\mu^* \epsilon_\nu \longrightarrow -g_{\mu\nu}. \tag{B.1.4}$$

对零质量的非阿贝尔规范粒子，还必须考虑"鬼粒子"的贡献。对有质量的非阿贝尔规范粒子，还必须另外考虑"格尔斯通玻色子"的贡献[29]。

(3) 我们约定时间轴以向右为正；对自旋为 1/2 的费米子 (正时间方向) 或者反费米子 (反时间方向)，其在初态或者末态的波函数的约定如图 B.1 所示。

p
u(p, s)
p
ū(p, s)
−p
v̄(p, s)
−p
v(p, s)
k
ε_μ(k, λ)
k
ε*_μ(k, λ)

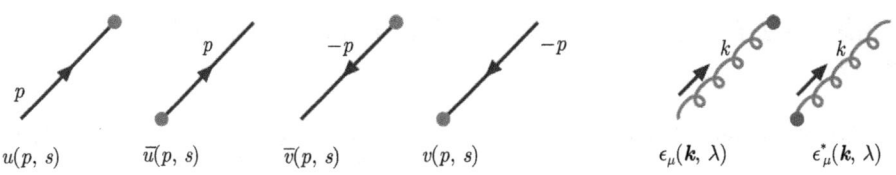

图 B.1 费米子外线和光子外线示意图

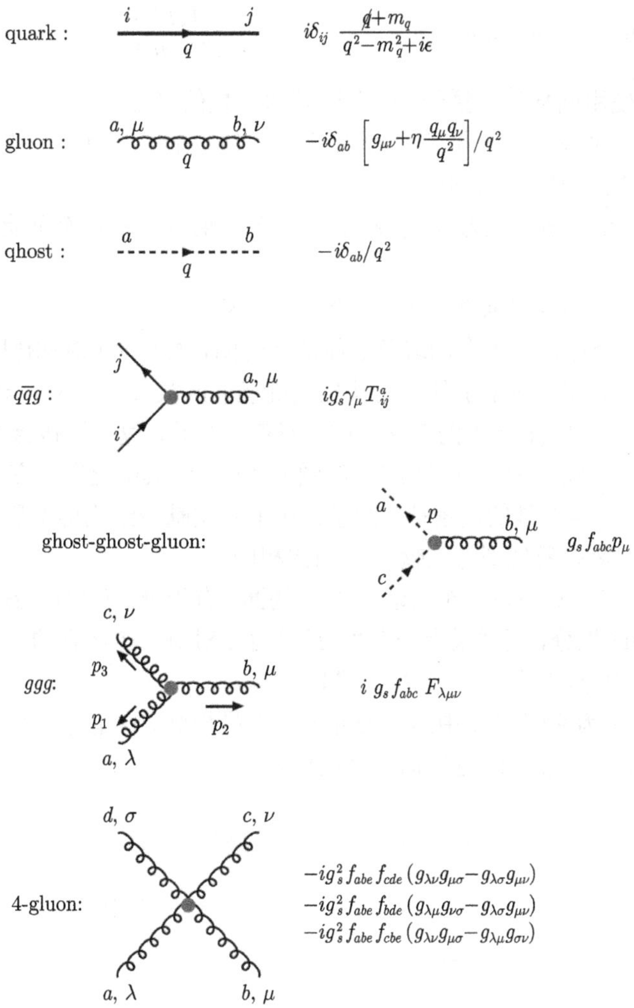

quark :
i j q
$i\delta_{ij}\,\frac{\not q+m_q}{q^2-m_q^2+i\epsilon}$
gluon :
a, μ b, ν q
$-i\delta_{ab}\left[g_{\mu\nu}+\eta\frac{q_\mu q_\nu}{q^2}\right]/q^2$
qhost :
a b q
$-i\delta_{ab}/q^2$
$q\bar{q}g$:
j i a, μ
$ig_s\gamma_\mu T^a_{ij}$
ghost-ghost-gluon:
a p b, μ c
$g_s f_{abc} p_\mu$
ggg:
c, ν p3 b, μ p1 p2 a, λ
$i\, g_s f_{abc}\, F_{\lambda\mu\nu}$
4-gluon:
d, σ c, ν a, λ b, μ
$-ig_s^2 f_{abe} f_{cde}\,(g_{\lambda\nu}g_{\mu\sigma}-g_{\lambda\sigma}g_{\mu\nu})$
$-ig_s^2 f_{abe} f_{bde}\,(g_{\lambda\mu}g_{\nu\sigma}-g_{\lambda\sigma}g_{\mu\nu})$
$-ig_s^2 f_{abe} f_{cbe}\,(g_{\lambda\nu}g_{\mu\sigma}-g_{\lambda\mu}g_{\sigma\nu})$

图 B.2 QCD 传播子和 QCD 顶点因子[17]。$F_{\lambda\mu\nu}(p_1,p_2,p_3)=g_{\lambda\mu}(p_1-p_2)_\nu+g_{\mu\nu}(p_2-p_3)_\lambda+g_{\nu\lambda}(p_3-p_1)_\mu$. f_{abc} 是 $SU(3)_c$ 的结构常数

内线 (传播子): 每一条内线描写一个质量为 m 动量为 q 的粒子。常见粒子的传播子为

(a) Spin zero boson : $\quad \dfrac{i}{q^2 - m^2 + i\epsilon}$, (B.1.5)

(b) Photon(Feynman gauge) : $\quad \dfrac{-ig_{\mu\nu}}{q^2 + i\epsilon}$, (B.1.6)

(c) Spin 1 boson(Unitary gauge) : $\quad \dfrac{-i\left(g_{\mu\nu} - q_\mu q_\nu/m^2\right)}{q^2 + i\epsilon}$, (B.1.7)

(d) Spin 1/2 fermion : $\quad \dfrac{i(\slashed{q} + m)}{q^2 - m^2 + i\epsilon}$. (B.1.8)

对于反粒子，使用同样的传播子，但改变其四动量的符号。

顶点因子：对每一个顶点（三条或更多条内线、外线），有一个依赖于相互作用拉氏量结构的顶点因子。对圈图有

(1) 对每一个内线动量为 k 的圈，存在一个对动量 k 的所有可能取值范围的积分：$\int d^4k/(2\pi)^4$；

(2) 对每一个闭合费米圈，乘上一个 "-1" 因子；

(3) 对每一个包含 n 条全同玻色子线的闭合圈，乘上一个对称化因子："$1/n!$"。

在 QCD 中，表示费米子外线的狄拉克旋量波函数 $u(p,s), v(p,s)$，胶子外线的极化矢量 $\epsilon_\mu(\lambda)$，和 QED 中的定义相同。夸克、胶子和鬼粒子传播子，$q\bar{q}g$ 和鬼-鬼-胶子顶点，三胶子和四胶子顶点，如图 B.2 所示。其中已取协变规范：$\eta = 0$ 是费恩曼规范，$\eta = -1$ 是朗道规范。注意：在不同文献中给出的费恩曼规则可能有差别，本附录的费恩曼规则与文献 [34] 约定相同。

在 N 维时空，对应每一个内动量为 k 的圈，有积分：$\int d^N k/(2\pi)^N$。对每一个闭合费米子圈的积分，同样乘上一个 "-1" 因子。对每一个闭合的由 n 个全同玻色子构成的圈的积分，同样乘一个 "$1/n!$" 因子。

图 B.3 所示为文献 [17] 中给出的部分费恩曼规则。这里 $\xi = 1, 0, \infty$ 分别对应 't Hooft-Feynman 规范、朗道规范和幺正规范。

$$\dfrac{-i}{k^2 + i\epsilon}\left[g_{\mu\nu} + \dfrac{(\xi-1)k_\mu k_\nu}{k^2}\right]$$

$$\dfrac{-i}{k^2 + M_V^2}\left[g_{\mu\nu} + \dfrac{(\xi-1)k_\mu k_\nu}{k^2 - \xi M_V^2}\right]$$

$$\dfrac{i(\slashed{p} + m)}{p^2 - m^2 + i\epsilon}$$

$ieQ_f\gamma_\mu$ 或 $-ieQ_f\gamma_\mu$

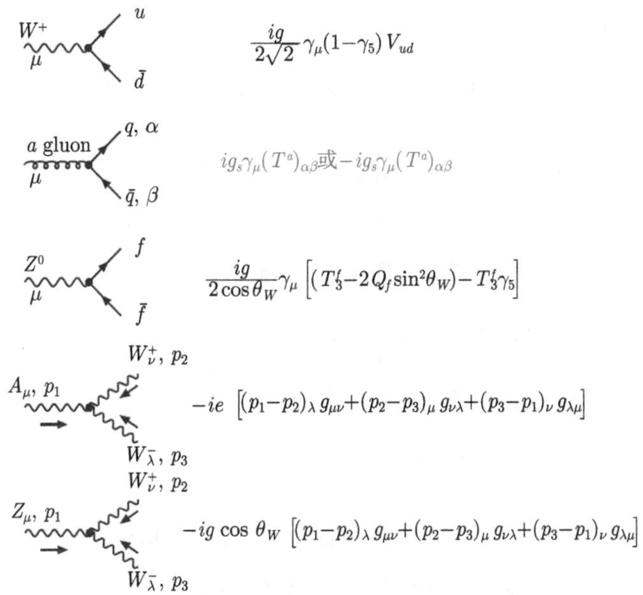

§B.2 $SU(3)_c$ 色规范群

$$W^+_\mu \to u, \bar{d}: \quad \frac{ig}{2\sqrt{2}}\gamma_\mu(1-\gamma_5)V_{ud}$$

$$a\ \text{gluon}\ \mu \to q,\alpha;\ \bar{q},\beta: \quad ig_s\gamma_\mu(T^a)_{\alpha\beta}\ \text{或}\ -ig_s\gamma_\mu(T^a)_{\alpha\beta}$$

$$Z^0_\mu \to f, \bar{f}: \quad \frac{ig}{2\cos\theta_W}\gamma_\mu\left[(T^f_3-2Q_f\sin^2\theta_W)-T^f_3\gamma_5\right]$$

$$A_\mu, p_1;\ W^+_\nu, p_2;\ W^-_\lambda, p_3: \quad -ie\left[(p_1-p_2)_\lambda g_{\mu\nu}+(p_2-p_3)_\mu g_{\nu\lambda}+(p_3-p_1)_\nu g_{\lambda\mu}\right]$$

$$Z_\mu, p_1;\ W^+_\nu, p_2;\ W^-_\lambda, p_3: \quad -ig\cos\theta_W\left[(p_1-p_2)_\lambda g_{\mu\nu}+(p_2-p_3)_\mu g_{\nu\lambda}+(p_3-p_1)_\nu g_{\lambda\mu}\right]$$

图 B.3 在文献 [17] 中给出的部分费恩曼规则

§B.2 $SU(3)_c$ 色规范群

3×3 的 $SU(3)_c$ 色矩阵 $\boldsymbol{T}_a$ 满足对易关系:

$$[\boldsymbol{T}_a, \boldsymbol{T}_b] = if_{abc}\boldsymbol{T}_c, \tag{B.2.1}$$

其中 f_{abc} 是反对称的 $SU(3)_c$ 结构常数,非零的 f_{abc} 为

$$\begin{aligned}
&f_{123}=1,\\
&f_{147}=-f_{156}=f_{246}=f_{257}=f_{345}=-f_{367}=1/2,\\
&f_{458}=f_{678}=\sqrt{3}/2,
\end{aligned} \tag{B.2.2}$$

对 $SU(3)_c$ 规范群,有 8 个 $\boldsymbol{T}_a$。这 8 个 3×3 的 Gell-Mann 矩阵[34] 已经在式 (5.155) 中给出。考虑 $\boldsymbol{T}_a$ 满足的反对易关系:

$$\{\boldsymbol{T}_a, \boldsymbol{T}_b\} = \frac{1}{3}\delta_{ab} + d_{abc}\boldsymbol{T}_c, \tag{B.2.3}$$

其中全对称的结构常数 d_{abc} 已经在式 (5.159) 中给出。

矩阵 T_a 还满足下面的关系：

$$T_a T_b = \frac{1}{2}\left[\frac{1}{3}\delta_{ab} + (d_{abc} + if_{abc})T_c\right], \tag{B.2.4}$$

$$(T^a)_{ij}(T^a)_{kl} = \frac{1}{2}\left[\delta_{il}\delta_{jk} - \frac{1}{3}\delta_{ij}\delta_{kl}\right], \tag{B.2.5}$$

$$\text{tr}(T_a) = 0, \tag{B.2.6}$$

$$\text{tr}(T_a T_b) = T_F \delta_{ab} = \frac{1}{2}\delta_{ab}, \tag{B.2.7}$$

$$\text{tr}(T_a T_b T_c) = \frac{1}{4}(d_{abc} + if_{abc}), \tag{B.2.8}$$

$$\text{tr}(T_a T_b T_a T_c) = -\frac{1}{12}\delta_{bc}. \tag{B.2.9}$$

结构常数满足如下的 Jacobi 恒等式

$$f_{abe}f_{ecd} + f_{cbe}f_{aed} + f_{dbe}f_{ace} = 0, \tag{B.2.10}$$

$$f_{abe}d_{ecd} + f_{cbe}d_{ced} + f_{dbe}d_{ace} = 0. \tag{B.2.11}$$

另外，

$$f_{abe}f_{ecd} = \frac{2}{3}(\delta_{ac}\delta_{bd} - \delta_{ad}\delta_{bc}) + (d_{ace}d_{bde} - d_{bce}d_{ade}). \tag{B.2.12}$$

可以定义 8×8 的矩阵 F_a 和 D_a：

$$(F_a)_{bc} = -if_{abc}, \qquad (D_a)_{bc} = d_{abc}, \tag{B.2.13}$$

这样，Jacobi 恒等式 (B.2.10) 和式 (B.2.11) 变成

$$[F_a, F_b] = if_{abc}F_c, \qquad [F_a, D_b] = if_{abc}D_c. \tag{B.2.14}$$

另外，$f_{abb} = 0$ 和 $d_{abb} = 0$ 意味着

$$\text{tr}(F_a) = 0, \qquad \text{tr}(D_a) = 0. \tag{B.2.15}$$

下面是一些有用的关系式：

$$f_{acd}f_{bcd} = C_A \delta_{ab} = 3\delta_{ab}, \quad f_{acd}d_{bcd} = 0, \quad d_{acd}d_{bcd} = \frac{5}{3}\delta_{ab}, \tag{B.2.16}$$

$$f_{abc}T_b T_c = \frac{i}{2}C_A T_a, \quad T_a T_b T_a = \left[-\frac{C_A}{2} + T_a T_a\right]T_b, \quad T_a T_a = C_F, \tag{B.2.17}$$

$$F_a F_a = 3, \quad F_a D_a = 0, \quad D_a D_a = 5/3, \tag{B.2.18}$$

$$\text{tr}(F_a F_b) = 3\delta_{ab}, \quad \text{tr}(F_a D_b) = 0, \quad \text{tr}(D_a D_b) = 5/3 \cdot \delta_{ab}, \tag{B.2.19}$$

§B.2 $SU(3)_c$ 色规范群

$$\text{tr}(\boldsymbol{F}_a\boldsymbol{F}_b\boldsymbol{F}_c) = i3/2 \cdot f_{abc}, \qquad \text{tr}(\boldsymbol{D}_a\boldsymbol{F}_b\boldsymbol{F}_c) = 3/2 \cdot d_{abc}, \qquad (\text{B.2.20})$$

$$\text{tr}(\boldsymbol{D}_a\boldsymbol{D}_b\boldsymbol{F}_c) = i5/6 \cdot f_{abc}, \qquad \text{tr}(\boldsymbol{D}_a\boldsymbol{D}_b\boldsymbol{D}_c) = -1/2 \cdot d_{abc}, \qquad (\text{B.2.21})$$

$$\text{tr}(\boldsymbol{F}_a\boldsymbol{F}_b\boldsymbol{F}_a\boldsymbol{F}_c) = 9/2\delta_{bc}, \qquad \sum_{aj} T^a_{ij}T^a_{jk} = C_F\delta_{ik}, \qquad (\text{B.2.22})$$

其中 $C_A = 3$, $C_F = 4/3$。

　　在处理 B 介子衰变的强子矩阵元计算时，经常要作色指标的交换，用到色指标恒等式 (B.2.5)

$$\delta_{il}\delta_{kj} = \frac{1}{N_C}\delta_{ij}\delta_{kl} + 2\sum_{a=1}^{8} T^a_{ij}T^a_{kl} \qquad (\text{B.2.23})$$

其中 i, j, k, l 是色指标。采用简单因子化方案时，不可因子化部分对应上式右边的第二项 —— 色八重态项，该项一般被扔掉。

附录C 部分重粒子典型衰变宽度表达式

为了读者的方便,我们在本附录中给出部分重粒子 (W, Z, t, H) 典型衰变过程衰变宽度的表达式[201]。

§C.1 W, Z 和 top 夸克的典型衰变过程

(1) $W^+(p) \to f_1(p_1)\bar{f}_2(p_2)$。

对该 $1 \to 2$ 衰变过程,两个末态粒子的能量和速度是

$$E_{1,2} = \frac{1}{2m_W}\sqrt{m_W^2 \pm m_1^2 \mp m_2^2}, \quad \beta_{1,2} = \frac{\kappa}{m_W^2 \pm m_1^2 \mp m_2^2}, \tag{C.1.1}$$

其中 $\kappa = \sqrt{(m_W^2 - m_1^2 - m_2^2)^2 - 4m_1^2 m_2^2}$。在树图水平的衰变振幅 $\mathcal{M}_0$ 可以写为

$$\mathcal{M}_0 = -i\frac{g}{\sqrt{2}}V_{ij}\left[\bar{u}(p_1)\gamma_\mu L v(p_2)\right]\epsilon^\mu(p, \lambda). \tag{C.1.2}$$

树图水平的衰变宽度可以写为

$$\begin{aligned}\Gamma_0(W^+ \to f_1\bar{f}_2) &= \frac{G_F m_W^3}{6\pi\sqrt{2}} N_C^f |V_{ij}|^2 \, \lambda(\hat{m}_1^2, \hat{m}_2^2) \\ &\quad \times \frac{3}{4}\left[1 - (\hat{m}_1^2 - \hat{m}_2^2)^2 + \frac{1}{3}\lambda^2(\hat{m}_1^2, \hat{m}_1^2)\right],\end{aligned} \tag{C.1.3}$$

其中 $\hat{m}_i = m_i/m_W$,$\lambda(x, y) = \sqrt{(1-x-y)^2 - 4xy}$。在 $\hat{m}_i \to 0$ 极限下,有

$$\Gamma_0(W^+ \to u_i\bar{d}_j) = \frac{G_F m_W^3}{2\pi\sqrt{2}}|V_{ij}|^2, \tag{C.1.4}$$

$$\Gamma_0(W^+ \to \nu_i\bar{e}_j) = \frac{G_F m_W^3}{6\pi\sqrt{2}}\delta_{ij}, \tag{C.1.5}$$

$$\Gamma_W = \sum_{i,j}\Gamma(W^+ \to f_i\bar{f}_j) = \frac{3G_F m_W^3}{2\pi\sqrt{2}}. \tag{C.1.6}$$

§C.1　W, Z 和 top 夸克的典型衰变过程

(2) $Z(p) \to f(p_1)\bar{f}(p_2)$: 树图水平衰变宽度。

$$\Gamma_0(Z \to u\bar{u}) = \frac{G_F m_Z^3}{\pi\sqrt{2}} \left(\frac{1}{4} - \frac{2}{3}\sin\theta_W^2 + \frac{8}{9}\sin\theta_W^4\right), \tag{C.1.7}$$

$$\Gamma_0(Z \to d\bar{d}) = \frac{G_F m_Z^3}{\pi\sqrt{2}} \left(\frac{1}{4} - \frac{1}{3}\sin\theta_W^2 + \frac{2}{9}\sin\theta_W^4\right), \tag{C.1.8}$$

$$\Gamma_0(Z \to e\bar{e}) = \frac{G_F m_Z^3}{3\pi\sqrt{2}} \left(\frac{1}{4} - \sin\theta_W^2 + 2\sin\theta_W^4\right), \tag{C.1.9}$$

$$\Gamma_0(Z \to \nu\bar{\nu}) = \frac{G_F m_Z^3}{3\pi\sqrt{2}} \left(\frac{1}{4}\right), \tag{C.1.10}$$

$$\Gamma_Z = \sum_f \Gamma(Z \to f\bar{f}) = \frac{G_F m_W^3}{\pi\sqrt{2}} \left(\frac{7}{4} - \frac{10}{3}\sin\theta_W^2 + \frac{40}{9}\sin\theta_W^4\right). \tag{C.1.11}$$

(3) $t \to W^+ b$: 树图水平衰变宽度，包含 QCD 修正因子。

$$\Gamma(t \to W^+ b) = \frac{G_F m_t^3}{8\pi\sqrt{2}}|V_{tb}|^2 \lambda(\hat{m}_W^2, \hat{m}_t^2)\left[(1-\hat{m}_b^2)^2 + (1+\hat{m}_b^2)\hat{m}_W^2 - 2\hat{m}_W^4\right],$$

$$= \frac{G_F m_t^3}{8\pi\sqrt{2}}(1-\hat{m}_W^2)^2(1+2\hat{m}_W^2)\left[1 - \frac{2\alpha_s}{3\pi}\left(\frac{2\pi^2}{3} - \frac{5}{2}\right)\right]. \tag{C.1.12}$$

在第 2 行，已经取了极限 $V_{tb} \to 1, \hat{m}_b \to 0$。并包含了正比于 α_s 的单圈 QCD 修正因子。

(4) $t(p) \to W^+(q)b(k_1) \to f(k_2)\bar{f}'(k_3)b(k_1)$: 树图水平衰变宽度。

这是一个 $t(p) \to W^+(q)b(k_1), W^+(q) \to f(k_2)\bar{f}'(k_3)$ 的级联衰变，$p = k_1 + k_2 + k_3$。衰变振幅为

$$\begin{aligned}\mathcal{M}(t(p) \to b(k_1)f(k_2)\bar{f}'(k_3)) =& \frac{g_2^2}{2} \frac{V_{tb}^* V_{ff'}}{q^2 - m_W^2 + im_W\Gamma_W}\left(g_{\mu\nu} - \frac{q_\mu q_\nu}{m_W^2}\right)\\ & \cdot [\bar{u}(k_1)\gamma^\mu L u(p)][\bar{u}(k_2)\gamma^\nu L v(k_3)]\\ \cdot& \frac{g_2^2}{2} \frac{V_{tb}^* V_{ff'}}{q^2 - m_W^2 + im_W\Gamma_W}\Big[(\bar{u}(k_1)\gamma^\mu L u(p))(\bar{u}(k_2)\gamma_\mu L v(k_3))\\ & -\frac{1}{m_W^2}(\bar{u}(k_1)(m_t\boldsymbol{R} - m_b\boldsymbol{L})u(p))(\bar{u}(k_2)(m_f\boldsymbol{L} - m_{f'}\boldsymbol{R})v(k_3))\Big]. \end{aligned} \tag{C.1.13}$$

那么，在 $m_{b,f,f'} \to 0$ 极限下有

$$\frac{d\Gamma}{d\hat{s}dz} = \frac{G_F^2 m_W^4 m_t}{128\pi^2} \frac{N_C^f |V_{tb}|^2 |V_{ff'}|^2}{(\hat{s}-\hat{m}_W^2)^2 + \hat{m}_W^2\hat{\Gamma}_W^2}\lambda(\hat{m}_b^2, \hat{s})\left[(1-\hat{m}_b^2)^2 - (\hat{s}-\omega z)^2\right], \tag{C.1.14}$$

$$\frac{d\Gamma}{dz} = \frac{G_F^2 m_W^4 m_t}{64\pi^2} \frac{N_C^f |V_{tb}|^2 |V_{ff'}|^2}{(\hat{s}-\hat{m}_W^2)^2 + \hat{m}_W^2\hat{\Gamma}_W^2}\lambda(\hat{m}_b^2, \hat{s})\left[(1-\hat{m}_b^2)^2 - \hat{s}^2 - \frac{\omega^2}{3}\right],$$

$$= \Gamma(t \to bW^*)\frac{1}{\pi}\frac{\hat{m}_W\hat{\Gamma}_W}{(\hat{s}-\hat{m}_W^2)^2 + \hat{m}_W^2\hat{\Gamma}_W^2}\frac{\Gamma(W \to ff')}{\Gamma_W}, \tag{C.1.15}$$

其中 "$\hat{x}$" 符号表示归一化为 m_t。例如 $\hat{m}_W = m_W/m_t$。$t \to bW^*$ 的衰变宽度可以写为

$$\Gamma(t \to bW^*) = \frac{G_F m_t^3}{8\pi\sqrt{2}}|V_{tb}|^2 \lambda(\hat{m}_b^2, \hat{s})\left[(1-\hat{m}_b^2)^2 + (1+\hat{m}_b^2)\hat{s} - 2\hat{s}^2\right]. \quad \text{(C.1.16)}$$

取极限 $\hat{m}_b \to 0$，并对 $\hat{s}$ 积分则可以得到 Γ 的解析表达式：

$$\begin{aligned}
\Gamma = & \frac{G_F m_t^3}{8\pi\sqrt{2}}|V_{tb}|^2 \frac{\Gamma(W \to ff')}{\Gamma_W}\frac{1}{\pi} \\
& \times \left\{\left[(1-\hat{m}_W^2)^2(1+2\hat{m}_W^2) + 3\hat{m}_W^2\widehat{\Gamma}_W^2(1-2\hat{m}_W^2)\right]\left[\tan^{-1}\frac{\hat{m}_W}{\widehat{\Gamma}_W} + \tan^{-1}\frac{1-\hat{m}_W^2}{\hat{m}_W\widehat{\Gamma}_W}\right] \right. \\
& \left. + \hat{m}_W\widehat{\Gamma}_W\left[-2 + 4\hat{m}_W^2 + \hat{m}_W^2(3-3\hat{m}_W^2+\widehat{\Gamma}_W^2)\log\frac{\hat{m}_W^4 + \hat{m}_W^2\widehat{\Gamma}_W^2}{(1-\hat{m}_W^2)^2 + \hat{m}_W^2\widehat{\Gamma}_W^2}\right]\right\}.
\end{aligned}$$
(C.1.17)

§C.2 Higgs 粒子的衰变

(1) $H \to f\bar{f}$。

在标准模型下，Higgs 玻色子与费米子对 $f\bar{f}$ 的耦合为

$$g_{Hff} = \sqrt{2}m_f/v, \quad \text{(C.2.1)}$$

其中 $v = 1/\sqrt{\sqrt{2}G_F} = 246.218\text{GeV}$。树图水平的衰变宽度 Γ_0 可以写为

$$\Gamma_0(H \to f\bar{f}) = \frac{G_F m_H^3}{4\pi\sqrt{2}}N_C^f \hat{m}_f^2 \sqrt{1-4\hat{m}_f^2}, \quad \text{(C.2.2)}$$

其中 $\hat{m}_f = m_f/m_H$。对夸克末态，$N_C^q = 3$。对轻子末态，则有 $N_C^l = 1$。

(2) $H \to WW^* \to Wf\bar{f}'$, $H \to ZZ^* \to Zf\bar{f}$。

衰变宽度 Γ_0 的积分表达式可以写为

$$\Gamma_0(H \to W^-W^{+*}(f\bar{f}')) = \int_0^{(1-\hat{m}_W)^2} d\hat{s}\, \tilde{\Gamma}_{WW}(\hat{m}_W^2, \hat{s})\rho_W(\hat{s})B(W^+ \to f\bar{f}'), \quad \text{(C.2.3)}$$

$$\Gamma_0(H \to ZZ^*(f\bar{f})) = \int_0^{(1-\hat{m}_Z)^2} d\hat{s}\, \tilde{\Gamma}_{ZZ}(\hat{m}_Z^2, \hat{s})\rho_Z(\hat{s})B(Z \to f\bar{f}). \quad \text{(C.2.4)}$$

其中 $\hat{m}_x = m_x/m_H$，还有

$$\tilde{\Gamma}_{WW}(\hat{s}_1, \hat{s}_2) = \frac{G_F m_H^3}{8\pi\sqrt{2}} \lambda(\hat{s}_1, \hat{s}_2) \left[\lambda^2(\hat{s}_1, \hat{s}_2) + 12\hat{s}_1\hat{s}_2\right],$$

$$\rho_W(\hat{s}) = \frac{1}{\pi} \frac{\hat{m}_W \widehat{\Gamma}_W}{(\hat{m}_W^2 - \hat{s})^2 + \hat{m}_W^2 \widehat{\Gamma}_W^2}, \quad (C.2.5)$$

$$\tilde{\Gamma}_{ZZ}(\hat{s}_1, \hat{s}_2) = \frac{G_F m_H^3}{16\pi\sqrt{2}} \lambda(\hat{s}_1, \hat{s}_2) \left[\lambda^2(\hat{s}_1, \hat{s}_2) + 12\hat{s}_1\hat{s}_2\right],$$

$$\rho_Z(\hat{s}) = \frac{1}{\pi} \frac{\hat{m}_Z \widehat{\Gamma}_Z}{(\hat{m}_Z^2 - \hat{s})^2 + \hat{m}_Z^2 \widehat{\Gamma}_Z^2}, \quad (C.2.6)$$

经积分可得

$$\Gamma_0(H \to W^- W^{+*}(f\bar{f}')) = \frac{G_F m_H}{8\pi^2\sqrt{2}} m_W \Gamma(W^+ \to f\bar{f}') \, 3 F_{HVV}(\hat{m}_W^2), \quad (C.2.7)$$

$$\Gamma_0(H \to ZZ^*(f\bar{f})) = \frac{G_F m_H}{8\pi^2\sqrt{2}} m_Z \Gamma(Z \to f\bar{f}) \, 3 F_{HVV}(\hat{m}_Z^2). \quad (C.2.8)$$

如果忽略末态费米子质量 $\hat{m}_f$ 并对所有末态费米子求和 (5 个夸克：(u,d,s,c,b)，三代轻子)，可以得到衰变宽度的表达式如下：

$$\Gamma_0(H \to W^- W^{+*}(f\bar{f}')) = \frac{3 G_F m_H}{4\pi^2\sqrt{2}} m_W \Gamma_W \, F_{HVV}(\hat{m}_W^2), \quad (C.2.9)$$

$$\Gamma_0(H \to ZZ^*(f\bar{f})) = \frac{3 G_F m_H}{8\pi^2\sqrt{2}} m_Z \Gamma_Z \, F_{HVV}(\hat{m}_Z^2), \quad (C.2.10)$$

对 $m_H = 125\,\text{GeV}$，积分函数 $F_{HVV}(\hat{m}_Z^2)$ 的表达式为[201]

$$\begin{aligned}
F_{HVV}(x^2) &= \frac{4x^2}{3} \int_0^{(1-x)^2} ds \, \frac{\lambda(x^2, s)}{(s-x^2)^2} \cdot \left[3s + \frac{\lambda^2(x^2, s)}{4x^2}\right] \\
&= -\frac{1-x^2}{6x^2}(2 - 13x^2 + 47x^4) - \frac{1}{2}(1 - 6x^2 + 4x^4)\log x^2 \\
&\quad + \frac{1 - 8x^2 + 20x^4}{\sqrt{4x^2 - 1}} \arccos\left(\frac{3x^2 - 1}{2x^3}\right).
\end{aligned} \quad (C.2.11)$$

附录D 电磁学关系式和物理常数表

本附录所列电磁学关系式表和物理常数表均摘自2014年版的"粒子数据表"[1]。

表 D.1 电磁学关系式表[1]

物理量	高斯单位制 (CGS)	国际单位制 (SI)
电荷:	2.99792458×10^9 esu	$= 1\,\mathrm{C} = 1\,\mathrm{As}$
电势:	$(1/299.792458)$ statvolt (erg/esu)	$= 1\,\mathrm{V} = 1\mathrm{J/C}$
磁场:	$10^4\,\mathrm{gauss} = 10^4\,\mathrm{dyn/esu}$	$= 1\mathrm{T} = 1\,\mathrm{NA^{-1}m^{-1}}$
	$\boldsymbol{F} = q(\boldsymbol{E} + \frac{\boldsymbol{v}}{c} \times \boldsymbol{B})$	$\boldsymbol{F} = q(\boldsymbol{E} + \boldsymbol{v} \times \boldsymbol{B})$
	$\nabla \cdot \boldsymbol{D} = 4\pi\rho$	$\nabla \cdot \boldsymbol{D} = \rho$
	$\nabla \times \boldsymbol{H} - \frac{1}{c}\frac{\partial \boldsymbol{D}}{\partial t} = \frac{4\pi}{c}\boldsymbol{J}$	$\nabla \times \boldsymbol{H} - \frac{\partial \boldsymbol{D}}{\partial t} = \boldsymbol{J}$
	$\nabla \cdot \boldsymbol{B} = 0$	$\nabla \cdot \boldsymbol{B} = 0$
	$\nabla \times \boldsymbol{E} + \frac{1}{c}\frac{\partial \boldsymbol{B}}{\partial t} = 0$	$\nabla \times \boldsymbol{E} + \frac{\partial \boldsymbol{B}}{\partial t} = 0$
组合关系	$\boldsymbol{D} = \boldsymbol{E} + 4\pi\boldsymbol{P}, \boldsymbol{H} = \boldsymbol{B} - 4\pi\boldsymbol{M}$	$\boldsymbol{D} = \epsilon_0\boldsymbol{E} + \boldsymbol{P}, \boldsymbol{H} = \boldsymbol{B}/\mu_0 - \boldsymbol{M}$
线性介质	$\boldsymbol{D} = \epsilon\boldsymbol{E}, \boldsymbol{H} = \boldsymbol{B}/\mu$	$\boldsymbol{D} = \epsilon\boldsymbol{E}, \boldsymbol{H} = \boldsymbol{B}/\mu$
	1	$\epsilon_0 = 8.854187\cdots \times 10^{-12}\mathrm{F/m}$
	1	$\mu_0 = 4\pi \times 10^{-7}\mathrm{N/A^2}$
	$\boldsymbol{E} = -\nabla V - \frac{1}{c}\frac{\partial \boldsymbol{A}}{\partial t}$	$\boldsymbol{E} = -\nabla V - \frac{\partial \boldsymbol{A}}{\partial t}$
	$\boldsymbol{B} = \nabla \times \boldsymbol{A}$	$\boldsymbol{B} = \nabla \times \boldsymbol{A}$
	$V = \sum_i \frac{q_i}{r_i} = \int \frac{\rho(\boldsymbol{r}')}{|\boldsymbol{r}-\boldsymbol{r}'|}d^3x'$	$V = \frac{1}{4\pi\epsilon_0}\sum_i \frac{q_i}{r_i} = \frac{1}{4\pi\epsilon_0}\int \frac{\rho(\boldsymbol{r}')}{|\boldsymbol{r}-\boldsymbol{r}'|}d^3x'$
	$\boldsymbol{A} = \frac{1}{c}\oint \frac{Id\boldsymbol{l}}{|\boldsymbol{r}-\boldsymbol{r}'|} = \frac{1}{c}\int \frac{\boldsymbol{J}(\boldsymbol{r}')}{|\boldsymbol{r}-\boldsymbol{r}'|}d^3x'$	$\boldsymbol{A} = \frac{\mu_0}{4\pi}\oint \frac{Id\boldsymbol{l}}{|\boldsymbol{r}-\boldsymbol{r}'|} = \frac{\mu_0}{4\pi}\int \frac{\boldsymbol{J}(\boldsymbol{r}')}{|\boldsymbol{r}-\boldsymbol{r}'|}d^3x'$
	$\boldsymbol{E}'_\parallel = \boldsymbol{E}_\parallel$	$\boldsymbol{E}'_\parallel = \boldsymbol{E}_\parallel$
	$\boldsymbol{E}'_\perp = \gamma(\boldsymbol{E}_\perp + \frac{1}{c}\boldsymbol{v} \times \boldsymbol{B})$	$\boldsymbol{E}'_\perp = \gamma(\boldsymbol{E}_\perp + \boldsymbol{v} \times \boldsymbol{B})$
	$\boldsymbol{B}'_\parallel = \boldsymbol{B}_\parallel$	$\boldsymbol{B}'_\parallel = \boldsymbol{B}_\parallel$
	$\boldsymbol{B}'_\perp = \gamma(\boldsymbol{B}_\perp - \frac{1}{c}\boldsymbol{v} \times \boldsymbol{E})$	$\boldsymbol{B}'_\perp = \gamma(\boldsymbol{B}_\perp - \frac{1}{c^2}\boldsymbol{v} \times \boldsymbol{E})$
$\frac{1}{4\pi\epsilon_0} = 8.98755\cdots \times 10^9\mathrm{m/F}; \frac{\mu_0}{4\pi} = 10^{-7}\mathrm{N/A^2}; c = \frac{1}{\sqrt{\mu_0\epsilon_0}} = 2.99792\cdots \times 10^8\mathrm{m/s}$		

表 D.2 物理常数表[1]

物理量	符号、定义式	数值	误差/10^{-9}
真空中光速	c	299 792 458 m/s	exact
普朗克常数	h	6.626 069 57(29) J·s	44
	$\hbar$	1.054 571 726(47) J·s	44
		=6.582 119 28(15)$\times 10^{-22}$ MeV·s	22
电子电荷绝对值	e	1.602 176 565 (35)$\times 10^{-19}$ C	
		=4.803 204 50(11)$\times 10^{-10}$ esu	22
换算常数	$\hbar c$	197.326 9718(44) MeV·fm	22
	$(\hbar c)^2$	0.389 379 338(17) GeV^2·mb	44
电子质量	m_e	0.510 998 928(11) MeV=9.109 382 91(40)$\times 10^{-31}$kg	22,44
质子质量	m_p	938.272 046(21) MeV=1.672 621 777(74)$\times 10^{-24}$kg	22,44
中子质量	m_n	939.565 379(21) MeV	
氘核质量	m_D	1875.612 859(41) MeV	22
自由空间介电常数	$\epsilon_0 = 1/(\mu_0 c^2)$	8.854 187 817$\cdots \times 10^{-12}$ F/m	exact
自由空间磁导率	$\mu_0 = 1/(\mu_0 c^2)$	$4\pi \times 10^{-7}$ N/A^2	exact
精细结构常数	α	1/137.035 999 074(44)	0.32
经典电子半径	r_e	2.817 940 3267(27) $\times 10^{-15}$ m	0.97
玻尔半径	$a_\infty = r_e \alpha^{-2}$	0.529 177 210 92 (17)$\times 10^{-10}$ m	0.32
汤姆孙截面	$\sigma_{rmT} = \frac{8\pi}{3} r_e^2$	0.665 245 8374(13) barn	1.9
玻尔磁子	$\mu_B = e\hbar/2m_e$	5.788 381 8066(38)$\times 10^{-11}$ MeV/T	0.65
核磁子	$\mu_N = e\hbar/2m_p$	3.152 451 2605(22)$\times 10^{-14}$ MeV/T	0.71
引力常数	G_N	6.673 84(80)$\times 10^{-11}$ m^3/(kg·s^2)	1.2×10^5
引力加速度	g_N	9.806 65 m/s^2	exact
阿伏伽德罗常数	N_A	6.022 141 29(27)$\times 10^{23}$ mol^{-1}	44
玻尔兹曼常数	κ	1.380 648 8(13) $\times 10^{-23}$ J/K	910
维恩位移定律常数	$b = \lambda_{\max} T$	2.897 7721(26)$\times 10^{-3}$ m·K	910
斯特藩 - 玻尔兹曼常数	$\sigma = \frac{\pi^2 \kappa^4}{60 \hbar^3 c^2}$	5.670 373(21)$\times 10^{-8}$ W/(m^2·K^4)	3600
费米耦合常数	$G_F/(\hbar c)^3$	1.166 3787(6)$\times 10^{-5}$ GeV^{-2}	500
W 玻色子质量	m_W	80.385 (15) GeV/c^2	1.9×10^5
Z 玻色子质量	m_Z	91.1876(21)GeV/c^2	2.3×10^4
强相互作用常数	$\alpha_s(m_Z)$	0.1185 (6)	5.1×10^6
部分其他常数	$\pi = 3.141592653589\cdots$, $e = 2.719281828459\cdots$, $\gamma = 0.577215664901\cdots$		
部分换算关系	1 in =0.0254 m, 1Å = 10^{-10} m, 0℃ =273.15 K, 1 b = 10^{-28}m^2		

参 考 文 献

[1] Olive K A, et al. (Particle Data Group). **Review of Particle Physics. Chin. Phys. C** , 2014(**38**): 090001. web page: http://pdg.lbl.gov

[2] An F P, et al. (Daya Bay Collaboration). **Observation of electron-antineutrino disappearance at Daya Bay. Phys.Rev.Lett.**, 2012(**108**): 171803.

[3] Chao K T, Wang Y F(BESIII Collaboration). **Physics at BESIII. Int.J. Mod.Phys. A** , 2009(**24**): S1-794.

[4] Bevan A J. **The physics of heavy flavours at Super-B. J.Phys.G** , 2012(**39**): 023001;

Schwartz A. **The Belle II experiment: Physics and prospects.** Lecture given at FPCP 2014, 29 May 2014, Marseilles, France.

[5] Denegri D. **LHC, ATLAS, CMS: past, present and some perspectives.** Lecture given at Summar Stdent Lecture, CERN, Aug. 09. 2013.

[6] LHCb Collaboration, Bharucha A, et al. **Implications of LHCb measurements and future prospects. Eur.Phys.J. C** , 2013(**73**):2373.

[7] Aaltonen T, et al., CDF Collaboration. Evidence for the charmless annihilation decay mode $B_s^0 \to \pi^+\pi^-$. **Phys.Rev.Lett.**, 2012(**108**): 211803;

Ruffini F. **Measurements of charmless b-hadron decays at CDF; first evidence for the annihilation** $B_s^0 \to \pi^+\pi^-$ **decay mode**, Ph.D Thesis, Siena U. & INFN, Pisa, FermiLab-Thesis-2013-02.

[8] Li Y, Liu C D, Xiao Z J, and Yu X Q. **Branching ratio and CP asymmetry of** $B_s \to \pi^+\pi^-$ **decays in the pQCD approach. Phys.Rev. D** , 2004(**70**): 034009;

Ali A, et al. **Charmless nonleptonic** B_s **decays to PP,PV, and VV final states in the perturbative QCD approach. Phys.Rev. D** , 2007(**76**): 074018;

Xiao Z J, et al. **Revisiting the pure annihilation decays** $B_s \to \pi^+\pi^-$ **and** $B^0 \to K^+K^-$**: the data and the pQCD predictions. Phys.Rev. D** , 2012(**85**): 094003.

[9] 章乃森. **粒子物理学 (上、下册)**. 北京: 科学出版社, 1987.

[10] 唐孝威. **粒子物理实验方法**. 北京: 高等教育出版社, 1982.

徐克尊. **粒子探测技术**. 上海: 上海科学技术出版社, 1981.

[11] 谢一冈. **粒子探测器于数据获取**. 北京: 科学出版社, 2003.

[12] 郑志鹏. **北京谱仪 II 正负电子物理**. 合肥: 中国科学技术大学出版社, 2009.

[13] 王贻芳. **北京谱仪 (BESIII) 的设计与研制**. 上海: 上海科学技术出版社, 2011.

[14] 杜东生. **CP 不守恒**. 北京: 北京大学出版社, 2012.

[15] 邢志忠，周顺. **Neutrinos in Particle Physics, Astronomy and Cosmology**. 杭州: 浙江大学出版社，Springer, 2011.

[16] 肖振军. **B 介子物理学**. 北京: 科学出版社, 2013.

[17] Cheng T P, Li L F. **Gauge Theory of Elementary Particle Physics**. Cambridge: Oxford Express, 1984-1996..

[18] Martin B R, Shaw G. **Particle Physics. 3rd ed.** New York: John Willey & Sons, 2008.

[19] Martin B R. **Nuclear and Particle Physics: An Introduction. 2nd ed.** New York: John Willey & Sons, 2009.

[20] Griffiths D J. **Introduction to Elementary Particles. 2nd ed.** New York: Wiley-VCH, 2008; **Introduction to elmentary particles: Instructor's solution manual**习题解答

[21] Barger V D, Phillips R J N. **Collider Physics. 2nd ed**. Boston: Addison-Wesley Pub, 1997.

[22] Halzen F, Martin A D. **Quarks and Leptons: An introductory course in Modern Particle Physics**. New York: John Willey & Sons, 1984.

[23] Roberts R G. **The structure of the proton**. Cambridge: Cambridge University Press, 1990.

[24] Bigi I I, Sanda A I. **CP violation. 2nd ed**. Cambridge: Cambridge University Press, 2009

Branco G, Lavoura L, Silva J. **CP Violation**. Oxford: Oxford Science Pub., Clarendon Press, 1999.

[25] Thomson M. **Modern Particle Physics**. Cambridge: Cambridge University Press, 2013.

[26] Nagashima Y. **Elementary Particle Physics: Vol.1: Quantum Field Theory and particles**. New York: Wiley, 2010.

Nagashima Y. **Elementary Particle Physics: Vol.2 Foundations of the Standard Model**. New York: Wiley, 2013

[27] Braibant S, Giacomelli G, Spurio M. **Particles and Fundamental Interactions: An Introduction to Particle Physics**. New York: Springer, 2012; **Particles and Fundamental Interactions:** 题解. New York: Springer.

[28] Boyarkin O M. **Introduction to physics of elementary particles**. New York: Nova Science Pub, 2007;

Boyarkin O M. **Advanced particle Physics: The SM and Beyond Vol.1 and Vol.2**. New York: CRC Press, 2011.

[29] Peskin M E, Schroeder D V. **An Introduction to Quantum Field Theory**. Boston: Addison-Wesley Publishing Company, 1995.

[30] Weinberg S. **The Quantum Theory of Fields: Vol.I, II, III**. Cambridge: Cambridge University Press, 1995.

[31] Schwarts M D. **Quantum Field Theory and the Standard Model**. Cambridge: Cambridge University Press, 2014.

[32] Donoghue J F, Golowich E, Holstein B R. **Dynamics of the Standard Model. 2nd ed**. Cambridge: Cambridge University Press, 2014.

[33] Bardin D Y, Passarino G. **The standard model in the making: Precision study of the electroweak interactions**. Oxford: Clerendon Press, 1999.

[34] Field R D. **Applications of perturbative QCD**. Boston: Addison-Wesley, 1989.

[35] Leader E, Predazzi E. **An introduction to gauge theories and modern particle physics**. Vol. I and II. Cambridge: Cambridge University Press, 1996.

[36] Burgess C P, Moore G D. **The Standard Model: A Primer**. Cambridge: Cambridge university Press, 2007.

[37] 戴元本. **相互作用规范场理论**. 2 版. 北京: 科学出版社, 2005.

[38] 汪容. **量子规范理论**. 北京: 中国科学技术出版社, 2008.

[39] 胡瑶光. **规范场论**. 上海: 华东师范大学出版社, 1985.

[40] Bai J Z, et al. , BES Collaboration. **Measurement of the mass of the τ lepton**. **Phys.Rev.Lett.**, 1992(**69**): 3021.

[41] Gonzalez-Garcia C. **Neutrinos**, Lectures given at CERN Accademic Training, CERN, 2013.

[42] Wang Yi-Fang. **Recent Results and Future Prospects of Reactor Neutrino Experiments**, talk given at NuFACT 2014, Aug. 27, Glasgow, UK.

[43] Kinoshita T, Nio M. **Phys.Rev. D** , 2004(**70**): 113001;
Passera M. **J.Phys.G** , 2005(**31**): R75;
Laporta S, Remiddi E. **Phys.Lett. B** , 1996(**379**): 283;
Czarnecki A, Skrzypek M. **Phys.Lett. B** , 1999(**449**): 354;
Erler J, Luo M. **Phys.Rev.Lett.**, 2001(**87**): 071804.

[44] Kinoshita T, Nio M. **Phys.Rev. D** , 2006(**73**): 053007.

[45] Drell S D, Tung-Mow Yan. **Massive lepton-pair production in hadron-hadron collisions at high energies**. Phys.Rev.Lett., 1970(**25**): 316; Erratum-ibid. 25: 902.

[46] Noether E. **Invariant Variation problem**, talk given at the meeting of the Könighche Gesellschaft der Wissenschaften zu Göttingen by Felix Klein for Noether E, July 16; Math.Phys. Klasse, 1918: 235-257.

[47] 李炳安, 邓越凡. 杨振宁. 中国现代科学家传记. 第三集. 北京: 科学出版社, 1992.

[48] Lee T D, Yang C N. **Question of Parity Conservation in Weak Interactions**. **Phys. Rev.**, 1956(**104**): 254.

[49] Wu C S, Ambler E, Hayward R W, Hoppers D D, Hudson R P. **Experimental test of parity conservation in beta decay**. Phys.Rev., 1957(**105**): 1413-1414.

[50] Christenson J H, Cronin J W, Fitch V L, Turlay R. **Evidence for the 2π Decay of the k_2^0 Meson**. **Phys.Rev.Lett.**, 1964(**13**): 138-140.

[51] Wolfenstein L. **Violation of CP Invariance and the Possibility of Very Weak**

Interactions. Phys.Rev.Lett., 1964(**13**): 562-564.

[52] Amhis Y, et al. (Heavy Flavor Averaging Group).arXiv:1207.1158v3[hep-ex], 2012; Amhis Y, et al. **Averages of b-hadron, c-hadron, and τ-lepton properties as of summer 2014**, arXiv:1412.7515 [hep-ex]; http://www.slac.stanford.edu/xorg/hfag

[53] Cabibbo N. **Unitary Symmetry and Leptonic Decays**. Phys.Rev.Lett., 1963(**10**): 531-533; Cabibbo N. **Unitary Symmetry and Nonleptonic Decays**. Phys.Rev.Lett., 1964(**12**): 62-63; Kobayashi M, Maskawa T. **CP violation in the renormalizable theory of weak interaction**. Prog.Theor.Phys., 1973(**49**): 652; Kobayashi M. **CP violation and six quark model**, Talk given at "50 years of CP Violation", July 10-11, 2014, London.

[54] J. van Tilburg, M. van Veghel. CPT **violation searches and new opportunities**. Phys.Lett. B , 2015(**742**): 236, arXiv: 1407, 1269[hep-ex].

[55] Colladay D, Kostelecky V A. **CPT violation and the standard model**. Phys.Rev. D , 1997(**55**): 6760; Colladay D, Kostelecky V A. **Lorentz violating extension of the standard model**. Phys.Rev. D , 1998(**58**): 116002.

[56] Kostelecky V A. **CPT, T, and Lorentz violation in neutral-meson oscillations**. Phys.Rev. D , 2001(**64**): 076001; BaBar collaboration, Aubert B, et al. **Limits on the decay-rate difference of neutral B mesons and on CP, T, and CPT violation in $B^0 - \bar{B}^0$ oscillations**. Phys.Rev. D , 2004(**70**): 012007.

[57] KLOE-2 Collaboration, Babusci D, et al. **Test of CPT and Lorentz symmetry in entangled neutral kaons with the KLOE experiment**. Phys.Lett. B , 2014(**730**): 89-94.

[58] Martinez-Vidal F. T **violation in B mesons**,talk given at "50 years of CP violation", July 10-11, 2014, London, UK; Lees J P, et al. , BaBar Collaboration. **Observation of Time-Reversal Violation in the B^0 Meson System**. Phys.Rev.Lett., 2012(**109**): 211801.

[59] Ablikim M, et al., BESIII Collaboration. **Observation of a Charged Charmoniumlike Structure in $e^+e^- \to \pi^+\pi^- J/\Psi$ at $\sqrt{S} = 4.26$ GeV**. Phys.Rev.Lett., 2013(**110**): 252001; Liu Z Q, et al. , Belle Collaboration. **Study of $e^+e^- \to \pi\pi J/\psi$ and Observation of a Charged Charmoniumlike State at Belle**. Phys.Rev.Lett., 2013(**110**):252002.

[60] Gell-Mann M. **A Schematic Model of Baryons and Mesons**. Phys.Lett., 1964(**8**): 214. Gell-Mann M. **Nonleptonic weak decays and the Eightfold way**.

Phys.Rev.Lett., 1964(**12**): 155-156.

[61] Zweig G. **An $SU(3)$ model for strong interaction symmetry and its breaking**. CERN Report 8419/TH.401 (Jan.17); **An $SU(3)$ Model for Strong Interaction Symmetry and its Breaking II**. CERN Report 8419/TH.412 (Feb.21)// Lichtenberg D B, Rosen S P. Developments in the Quark Theory of Hadrons, A Reprint Collection, Volume I: 1964-1978. Nonantum, MA: Hadronic Press,1980:22-101.

[62] Greenberg O W. **Spin and Unitary Spin Independence in a Paraquark Model of Baryons and Mesons**. Phys.Rev.Lett., 1964(**13**): 598.

[63] Fritzsch H, Gell-Mann M, Leutwyler H. **Advantages of the Color Octet Gluon Picture**. Phys.Lett. B , 1973(**47**): 365.

[64] Greiner W, Sch Aäfer. **Quantum Chromodynamics**. 3rd ed. New York: Springer, 2007;

Ellis R K, Sturling W J, Webber B R. **QCD and Collider Physics**. Cambridge: Cambridge University Press, 1996;

Muta T. **Foundations of Quantum Chromodynamics**. 3rd ed. Singapore: World Scientific, 2009.

[65] 黄涛. *量子色动力学引论*. 北京: 北京大学出版社, 2012.

[66] BES Collaboration, Bai J Z, et al. **Measurement of the total cross-section for hadronic production by e^+e^- annihilation at energies between 2.6-GeV - 5-GeV**. Phys.Rev.Lett., 2002(**84**): 594-597;

BES Collaboration, Bai J Z, et al. **Measurements of the cross-section for $e^+e^- \to$ hadrons at center-of-mass energies from 2-GeV to 5-GeV**. Phys.Rev.Lett., 2002(**88**): 101802.

[67] Feldmann T, Kroll P, Stech B. **Mixing and decay constants of pseudoscalar mesons**. Phys.Rev. D , 1998(**58**): 114006; Feldmann T, Kroll P, Stech B. **Mixing and decay constants of pseudoscalar mesons: the sequel**. Phys.Lett. B , 1999(**449**): 339.

[68] Okubo S. **Phi meson and unitary symmetry model**. Phys. Lett., 1963(**5**): 165-168.

Iizuka J. **Systematics and phenomenology of meson family**. Prog. Theor. Phys. Suppl., 1966(**37**): 21-34.

[69] Glashow S L, Iliopoulos J, Maiani L. **Weak Interactions with Lepton-Hadron Symmetry**. Phys.Rev. D , 1970(**2**): 1285.

[70] Aubert J J, et al. **Experimental observation of a heavy particle J**. Phys.Rev.Lett., 1974(**33**): 1404;

Augustin J E, et al. **Discovery of a narrow resonance in e^+e^- annihilation**. Phys.Rev.Lett., 1974(**33**): 1406;

Bacci C, et al. **Preliminary result of Frascati (ADONE) on the nature of a**

3.1 Gev particle in e^+e^- annihilation. Phys.Rev.Lett., 1974(**33**): 1408.

[71] Samuel Ting C C. **The discovery of the J particle: A personal recollection.** Rev. Mod. Phys., 1977(**49**): 235.

[72] Dietrich D D, Hoyer P, M. Järvinen. **Towards a Born term for hadrons.** Phys.Rev. D , 2013(**87**): 065021.

[73] Herb S W, et al. **Observation of a Dimuon Resonance at 9.5 GeV in 400-GeV Proton-Nucleus Collisions.** Phys.Rev.Lett., 1977(**39**): 252.

[74] Xiao Z J, Liu X. **The two-body hadronic decays of B_C meson in the perturbative QCD approach: a short review.** Chin. Sci. Bull. , 2014(**59**): 3748-3759.

[75] Aaij R, et al., LHCb Collaboration. **First Observation of CP Violation in the Decays of B_s^0 Mesons.** Phys.Rev.Lett., 2013(**110**): 221601.

[76] Playfer S. **CP violation phsyics highlights from LHCb.** talk given at "50 years of CPV". July 10-11, 2014, London.

[77] Smizanska M. **CPV physics highlights from the ATLAS and CMS.** talk given at "50 years of CPV". July 10-11, 2014, London.

[78] Weber M, Collab D. **Top quark physics review.** talk presented at Aspen 2005, Feb.13.

[79] Campagnari C, Franklin M. **The discovery of the top quark.** Rev. Mod. Phys., 1997(**69**): 137-212.

[80] Llacer M M. **Search for CP violation in single top quark events with the ATLAS detector at LHC.** Ph.D Thesis, CERN-THESIS-2014-070.

[81] Franchini M. **Measurements of $t\bar{t}$ differential CS at the ATLAS experiment in pp collisions at $\sqrt{s} = 7,8$ TeV.** Ph.D Thesis, CERN-THESIS-2014-052.

[82] Carli T. **Top Physics at the LHC - towards precision physics.** Talk presented at ICHEP 2014, July 2-9, Valencia, Spain.

[83] Uwer P. **Top quark Physics: Theory status.** Talk presented at ICHEP 2014, July 2-9, Valencia, Spain.

[84] Feynman R P. **The Behavior of Hadron Collisions at Extreme Energies//** Yang C N. **High Energy Collisions: Third International Conference at Stony Brook.** New York: Gordon & Breach, 1969, pp.237;

Bjorken J, Paschos E. **Inelastic Electron-Proton and γ-Proton Scattering and the Structure of the Nucleon.** Phys.Rev., 1969(**185**): 1975.

[85] Gross D J, Wilczek F. **Ultraviolet Behavior of Non-Abelian Gauge Theories.** Phys.Rev.Lett., (**30**):1343; **Asymptotically Free Gauge Theories. I.** Phys.Rev. D , 1973(**8**)3633;

Politzer H D. **Reliable Perturbative Results for Strong Interactions?.** Phys.Rev.Lett., 1973(**30**):1346;

Politzer H D. **Asymptotic freedom: An approach to strong interactions.**

Phys.Rep. , 1974(**14**): 129-180.

[86] Gross D J. **Nobel lecture: The discovery of asymptotic freedom and the emergence of QCD**. Rev. Mod. Phys., 2005(**77**):837.

[87] Coleman S, Gross D J. **Price of asymptotic freedom**. Phys.Rev.Lett., 1973(**31**): 851.

[88] G. 't Hooft. **A Planar Diagram Theory for Strong Interactions**. Nucl.Phys. B , 1974(**72**): 461.

[89] Wilson K G. **Confinement of Quarks**. Phys.Rev. D , 1974(**10**): 2445.

[90] Gray H M. **Exploring the Standard Model with ATLAS and CMS**. Lectures given at ASP2014, Aug. 3-23, Dakar, Senegal.

[91] Hazumi M. **Search for scalar and vector Leptoquarks in EP collisions at $\sqrt{s} = 300$ GeV**. PH.D Thesis, University of Tokyo, 1993.

[92] Gao J, Guzzi M, Huston J, Lai H L, Li Z, Nadolsky P, Pumplin J, Stump D, Yuan C P. **CT10 next-to-next-to-leading order global analysis of QCD**. Phys.Rev. D , 2014(**89**):033009.

Yuan C P. **Parton Distribution Funtions and their appliations**. lectures given at summer school CTEQ-2014, July 8-18, Bejing, China.

[93] Martin A D, Stirling W J, Thorne R S, Watt G. **Parton distributions for the LHC**. Eur.Phys.J. C , 2009(**63**): 189-285;

Motylinski P, et al. **Updates of PDFs for the 2nd LUC run**. talk given at ICHEP 2014, July 2-9, Valencia, Spain; arXiv: 1411, 2560[hep-ph].

[94] Yang C N, Mills R L. **Conservation of Isotopic Spin and Isotopic Gauge Invariance**. Phys.Rev., 1954(**96**): 191-195.

[95] Schwinger J S. **A Theory of the Fundamental Interactions**. Annals Phys, 1957**2**: 407-434.

Lee T D, Yang C N. **Possible Nonlocal Effects in μ Decay**. Phys.Rev., 1957(**108**): 1611-1614.

[96] Goldhaber M, Grodzins L, Sunyar A W. **Helicity of Neutrinos**. Phys.Rev., 1958(**109**): 1015-1017.

[97] Salam A. **Some speculations on the new resonances**. Rev. Mod. Phys., 1961(**33**): 426-430.

Salam A. **Renormalizability of gauge theories**. Phys.Rev., 1962(**127**): 331-334.

Salam A, Ward J C. **Vector field associated with the unitary theory of the Sakata model**. Nuovo Cim., 1961(**20**): 419-421.

[98] Glashow S L. **Partial Symmetries of Weak Interactions**. Nucl.Phys., 1961(**22**): 579-588.

[99] Bjorken J D, Glashow S L. **Elementary Particles and SU(4)**. Phys.Lett., 1964(**11**): 255-257.

[100] Salam A, Ward J C. **Electromagnetic and weak interactions**. Phys.Lett., 1964(**13**): 168-171.

[101] Englert F, Brout R. **Broken symmetry and the mass of gauge vector mesons**. Phys.Rev.Lett., 1964(**13**): 321.

[102] Higgs P W. **Broken symmetries, massless particles and gauge fields**. Phys. Lett., 1964(**12**): 132;
Higgs P W. **Broken symmetries and the masses of gauge bosons**. Phys.Rev.Lett., 1964(**13**): 508.

[103] Guralnik G S, Hagen C R, Kibble T W B. **Global conservation laws and massless particles**. Phys.Rev.Lett., 1964(**13**): 585.

[104] Kibble T W B. **Symmetry breaking in nonAbelian gauge theories**. Phys.Rev., 1967(**155**): 1554-1561.

[105] Weinberg S. **A model of leptons**. Phys.Rev.Lett., 1967(**19**): 1264-1266.

[106] Weinberg S. **Precise relations between the spectra of vector and axial vector mesons**. Phys.Rev.Lett., 1967(**18**): 507-509.

[107] Salam A. **Weak and Electromagnetic Interactions**. talk given at the 8th Nobel Symposium, 19-25 May 1968, Lerum, Sweden.

[108] Kibble T. **Prehistory of the Higgs**. talk given in Higgs Hunting 2014, July 21-23, 2014, Orsay, France.

[109] Gerard 't Hooft, Veltman M J G. **Regularization and Renormalization of Gauge Fields**. Nucl.Phys. B , 1972(**44**): 189-213.

[110] ALEPH and DELPHI and L3 and OPAL and LEP Electroweak Collaborations, Schael S, et al. **Electroweak Measurements in e^-e^+ Collisions at W-Boson-Pair Energies at LEP**. Phys.Rep. , 2013(**532**): 119-244.

[111] Bevan A J, Golob B, Mannel T, Prell S, Yabsley B D. **The physics of the B factory**. Eur.Phys.J. C , 2014(**74**): 3026; arXiv: 1406.6311[hep-ex].

[112] Jarlskog C. **Commutator of the Quark Mass Matrices in the Standard Electroweak Model and a Measure of Maximal CP Violation**. Phys.Rev.Lett., 1985(**55**): 1039.

[113] Nambu Y. **Quasiparticles and Gauge Invariance in the Theory of Superconductivity**. Phys.Rev., 1960(**117**): 648-663.
Nambu Y. **Axial vector current conservation in weak interactions**. Phys.Rev.Lett., 1960(**4**): 380-382.

[114] Nambu Y, Jona-Lasinio G. **Dynamical Model Of Elementary Particles Based On An Analogy With Superconductivity. I**. Phys.Rev., 1961(**122**): 345-358.
Nambu Y, Jona-Lasinio G. **Dynamical Model Of Elementary Particles Based On An Analogy With Superconductivity. II**. Phys.Rev., 1961(**124**): 246-254.

[115] Goldstone J. **Nuovo Cimento**, 1961(**19**):154;

Goldstone J, Salam A, Weinberg S. **Broken symmetries**. Phys.Rev., 1962(**127**): 975.

[116] Weinberg S. **Physical processes in a convergent theory of the weak and electromagnetic interactions**. Phys.Rev.Lett., 1971(**27**):1688.

[117] The ALEPH, DELPHI, L3, OPAL and SLD Collaborations, Schael S, et al. **Precision electroweak measurements on the Z resonance**. Phys.Rep. , 2006(**427**): 257-454. arXiv: hep-ex/0509008.

[118] ATLAS Collaboration. **Observation of a new particle in the search for the Standard Model Higgs boson with the ATLAS detector at the LHC**. Phys.Lett. B , 2012(**716**): 1-29.

[119] CMS Collaboration. **Observation of a new boson at a mass of 125 GeV with the CMS experiment at the LHC**. Phys.Lett. B , 2012(**716**): 30-61.

[120] ATLAS Collaboration. **Evidence for the spin-0 nature of the Higgs boson using ATLAS data**. Phys.Lett. B , 2013(**726**): 120-144.

[121] ATLAS Collaboration. **Measurements of Higgs boson production and couplings in diboson final states with the ATLAS detector at the LHC**. Phys.Lett. B , 2013(**726**): 88-119.

[122] The ALEPH, CDF, D0, DELPHI, L3, OPAL, SLC Collaborations, the LEP Electroweak Working Group, the Tevatron Electroweak Working Group, and the SLD electroweak and heavy flavour groups. **Precision Electroweak Measurements and Constraints on the Standard Model**, arXiv: 0911.2604[hep-ex], CERN, 2009.

[123] The ALEPH, CDF, D0, DELPHI, L3, OPAL, SLD Collaborations, the LEP Electroweak Working Group, the Tevatron Electroweak Working Group, and the SLD electroweak and heavy flavour groups. **Precision Electroweak Measurements and Constraints on the Standard Model**, arXiv:1012.2367[hep-ex], 2010; http://www.cern.ch/LEPEWWG/.

[124] The ALEPH, DELPHI, L3 and OPAL Collaborations, and LEP Electroweak Collaborations, Schael S, et al. **Electroweak Measurements in Electron-Positron Collisions at W-Boson-Pair Energies at LEP**. Phys.Rep. , 2013(**532**): 119-244.

[125] The Tevatron Electroweak Working Group for the CDF and the D0 Collaborations. **Combination of CDF and D0 Results on the Mass of the Top Quark**. arXiv: 1007:3178 [hep-ex], 2010.

[126] Montagna G, et al. **TOPAZ0 4.0 - A new version of a computer program for evaluation of de-convoluted and realistic observables at LEP 1 and LEP 2**. Comput.Phys.Commun., 1999(**117**): 278-289.

[127] Akhundov A, Arbuzov A, Riemann S, Riemann T. **The ZFITTER project**. Phys.Part.Nucl. , 2014(**45**): 529-549.

[128] Hollik W. **Quantum field theory and the Standard Model**. Lectures given at ESHEP 2009, June 14-27, CERN-2010-002, arXiv:1002.3883[hep-ph].

[129] The ATLAS, CDF, CMS and D0 Collaborations. **First combination of Tevatron and LHC measurements of the top-quark mass**, arXiv:1403.4427 [hep-ex], 2014.

[130] Tait M P T. **Theory Summary**. Summary talk given at Top2014, Oct. 3, Cannes, France.

[131] Li C S, Oakes R J, Yuan T C. **QCD corrections to $t \to W^+b$**. Phys.Rev. D, 1991(**43**): 3759.

[132] Czakon M, Fiedler P, Mitov A. **The total top quark pair production cross-section at hadron colliders through $\mathcal{O}(\alpha_s^4)$**. Phys.Rev.Lett., 2013(**110**): 252004.

[133] Nason P, Dawson S, Ellis R K. **The Total Cross-Section for the Production of Heavy Quarks in Hadronic Collisions**. Nucl.Phys. B, 1988(**303**): 607.
Beenakker W, Kuijf H, van Neerven W L, Smith J. **QCD Corrections to Heavy Quark Production in $p\bar{p}$ Collisions**. Phys.Rev. D, 1989(**40**):54.

[134] Meng R, et al. **Simple Formulae for the Order α_s^3 QCD Corrections to the Reaction $p\bar{p} \to Q\bar{Q}x$**. Nucl.Phys. B, 1990(**339**): 325;
Beenakker W, et al. **QCD corrections to heavy quark production in hadron hadron collisions**. Nucl.Phys. B, 1991(**351**): 507;
Mangano M L, Nason P, Ridolfi G. **Heavy quark correlations in hadron collisions at next-to-leading order**. Nucl.Phys. B, 1992(**373**): 295.

[135] Czakon M, Mitov A. **Inclusive heavy flavor hadroproduction in NLO QCD: The exact analytic result**. Nucl.Phys. B, 2010(**824**):111-135.

[136] Czakon M. **The four-loop QCD β-function and anomalous dimensions**. Nucl.Phys. B, 2005(**710**): 485.

[137] Czakon M. **Double-real radiation in hadronic top quark pair production as a proof of a certain concept**. Nucl.Phys. B, 2011(**849**), 250. Czakon M. **A novel subtraction scheme for double-real radiation at NNLO**. Phys.Lett. B, 2010(**693**), 259.

[138] Bärnreuther P, Czakon M, Mitov A. **Percent-Level-Precision Physics at the Tevatron: Next-to-Next-to-Leading Order QCD Corrections to $qq \to t\bar{t}+X$**. Phys.Rev.Lett., 2012(**109**), 132001.

[139] Czakon M, Mitov A. **NNLO corrections to top-pair production at hadron colliders: the all-fermionic scattering channels**. JHEP, 2012(**12**): 054.

[140] Czakon M, Mitov A. **NNLO corrections to top pair production at hadron colliders: the quark-gluon reaction**. JHEP, 2013(**01**): 080.

[141] LHC Higgs cross section working group, web page: https://twiki.cern.ch/twiki/bin/view/LHCPhysics/WebHome

[142] Denner A, et al., LHC Higgs cross section working group. **Standard model Higgs-boson branching ratios with uncertainties.** Eur.Phys.J. C , 2011(**71**): 1753.

[143] CMS Collaboration. **Evidence for the 125 GeV Higgs boson decaying to a pair of τ leptons.** JHEP , 2014(**1405**): 104.

[144] CMS Collaboration. **Search for a standard model-like Higgs boson in the $\mu^+\mu^-$ and e^+e^- decay channels at the LHC.** Phys.Lett. B , 2015(**744**): 184; arXiv: 1410.6679[hep-ex].

[145] Djouadi A. **The Anatomy of Electroweak Symmetry Breaking Tome I: The Higgs boson in the Standard Model.** Phys.Rep. , 2008(**571**): 1-216;
Djouadi A. **The Anatomy of Electroweak Symmetry Breaking Tome II: The Higgs boson in the Minimal Supersymmetric Standard Model.** Phys.Rep., 2008(**591**): 1-241.

[146] Zhang H Q, Wu D D. **First-order QCD corrections to the decay of the Higgs boson into two photons.** Phys.Rev. D , 1990(**42**): 3760;
Spira M, et al. **Higgs boson production at the LHC.** Nucl.Phys. B , 1995(**453**): 17.
Fleischer J, et al. **Analytical result for the two-loop QCD correction to the decay $H \to 2\gamma$.** Phys.Lett. B , 2004(**584**): 294.

[147] Aad G, et al. (ATLAS Collaboration). **Measurement of the Higgs boson mass from the $H \to \gamma\gamma$ and $H \to ZZ \to 4l$ channels with the ATLAS detector using 25 fb^{-1} of pp collision data.** Phys.Rev. D , 2014(**90**), 052004.

[148] Khachatryan V, et al. (CMS Collaboration). **Observation of the diphoton decay of the Higgs boson and measurement of its properties CMS Collaboration.** Eur.Phys.J. C , 2014(**74**):3076; arXiv: 1407.0558 [hep-ex].

[149] LHC Higgs cross section working group. **Handbook of LHC Higgs Cross Sections.** Vol.1: arXiv:1101.0593; Vol.2: arXiv:1201.3084; Vol.3: arXiv:1307.1347, 2011-2013.

[150] Bagnaschi E, Giudice G F, Slavich P, Strumia A. **Higgs Mass and Unnatural Supersymmetry.** JHEP , 2014(**1409**): 092.

[151] Winstein B, Wolfenstein L. **The search for direct CP violation.** Rev. Mod. Phys., 1993(**65**):1113.

[152] Buchalla G, Buras A J, Lautenbacher M E. **Weak decays beyond leading logarithms.** Rev. Mod. Phys., 1996(**68**): 1125; Buras A J. **Weak Hamitonian, CP violation and rare decays.** hep-ph/9806471, 1998.

[153] Aaij R, et al., LHCb Collaboration. **Precision measurement of the $B_s^0 - \bar{B}_2^0$ oscillation frequency with the decay $B_s^0 \to D_s^- \pi^+$.** New J. Phys., 2013(15): 053021.

[154] Lee J P, et al., BaBar Collaboration. **Measurement of the flavour-specific CP-**

violating asymmetry a_{SL}^s in B^0 decays. Phys.Lett. B , 2014(**728**): 607.

[155] Beneke M, Buchalla G, Neubert M, Sachrajda C T. **QCD factorization for $B \to \pi\pi$ decays: Strong phases and CP violation in the heavy quark limit** Phys.Rev.Lett., 1999(**83**): 1914.

[156] Keum Y Y, Li H N, Sanda A I. **Penguin enhancement and $B \to K\pi$ decays in perturbative QCD**. Phys.Rev. D , 2001(**63**), 054008;

Keum Y Y, Li H N. **Nonleptonic charmless B decays: Factorization versus perturbative QCD**. Phys.Rev. D , 2001(**63**), 074006;

Lu C D, Ukai K, Yang M Z. **BR and CPV of $B \to \pi\pi$ decays in the pQCD approach**. Phys.Rev. D , 2001(**63**), 074009;

Li H N. **QCD aspects of exclusive B meson decays**. Prog.Part.& Nucl.Phys., 2003(**51**): 85.

[157] Bauer C W, Fleming S, Luke M. **Summing Sudakov logarithms in $B \to X_s\gamma$ in effective field theory**. Phys.Rev. D , 2001(**63**): 014006;

Bauer C W, Fleming S, Pirjol D, Stewart I W. **An effective field theory for collinear and soft gluons: Heavy to light decay**. Phys.Rev. D , 2001(**63**): 114020.

[158] Beneke M, Yang D. **Heavy-to-light B meson form factors at large recoil energy: Spectator-scattering corrections**. Nucl.Phys. B , 2006(**736**): 34.

[159] Archilli F, on behalf of CMS and LHCb collaborations. $B_s^0 \to \mu^+\mu^-$ **at the LHC**. LHCb-Talk-2014-293; talk given at CKM 2014, 8-12 Sept. 2014, Vienna, Austria. arXiv: 1411.4964[hep-ex].

[160] Wu X G, Tao Huang. **Heavy and light meson wavefunctions**. Chin. Sci. Bull., 2014(**59**): 3801;

Zuo-Hong Li. **Form factors for Bmeson weak decays in QCD light cone sum rules with a chiral current correlator**. Chin. Sci. Bull. , 2014(**59**): 3771.

[161] Manohar A V, Wise M B. **Heavy Quark Physics**. Cambridge: Cambridge University Press, 2007;

Fajfer S, Kamenik J F, Nisandzic I. **On the $B \to D^*\tau\nu_\tau$, Sensitivity to New Physics**. Phys.Rev. D , 2012(**85**): 094025;

Bailey J A, et al. , Fermilab Lattice and MILC Collaborations. **Update of $|V_{cb}|$ from the $\bar{B} \to D^*l\nu$ form factor at zero recoil with three-flavor lattice QCD**. Phys.Rev. D , 2014(**89**): 114504.

[162] Abazov V M, et al., D0 Collaboration. **Study of CP-violating charge asymmetries of single muons and like-sign dimuons in $p\bar{p}$ collisions**. Phys.Rev. D , 2014(**89**): 012002.

[163] Lees J P, et al., BaBar Collaboration. **Evidence for an excess of $B \to D^{(*)}\tau\bar{\nu}_\tau$ decays**. Phys.Rev.Lett., 2012(**109**): 101802.

[164] Fajfer S, Kamenik J F, Nisandzic I, Zupan J. **Implications of lepton flavor universality violations in B Decays**. Phys.Rev.Lett., 2012(**109**): 161801.

[165] Fan Y Y, Wang W F, Cheng S, Xiao Z J. **Semileptonic decays $B \to D^{(*)}l\nu$ in the pQCD factorization approach**. Chin. Sci. Bull. , 2014(**59**): 125.

[166] Descotes-Genon S, CKMFitter working group. talk given at CKM 2014, 8-12 Sept. 2014, Vienna, Austria. web-page: http://ckmfitter.in2p3.fr/www/html/ckm-main.html

[167] Petric M. **Measurements of charmless B decays at Belle**. talk given at ICHEP 2014, 2-9 July, 2014, Valencia, Spain.

[168] Zhang Y L, et al. **$B \to \pi\pi$ decays and effects of the next-to-leading order contributions**. Phys.Rev. D , 2014(**90**): 014029;

Qiao C F, Zhu R L, Wu X G, Brodsky S J. **A possible solution to the $B \to \pi\pi$ puzzle using the Principle of Maximum Conformality**, arXiv:1408.1158v2 [hep-ph], 2014;

Liu X, Li H N, Xiao Z J. **Transverse-momentum-dependent wave functions with Glauber gluons in $B \to \pi\pi$, $\rho\rho$ decays**. Phys.Rev. D , 2015(**91**):114019; arXiv: 1502.04162[hep-ph].

[169] Urquijo P. **Present and future CKM studies from B-physics at e^+e^- machines**. talk given at CKM 2014, 8-12 Sept. 2014, Vienna, Austria.

[170] Gronau M, London D. **Isospin analysis of CP asymmetries in B decays**. Phys.Rev.Lett., 1990(**65**): 3381.

[171] Vanhoefer P, et al., Belle Collaboration. **Study of $B \to \rho^0\rho^0$ decays, implications for the CKM angle ϕ_2 and search for other B^0 decay modes with a four-pion final state**. Phys.Rev. D , 2014(**89**): 072008.

[172] Gronau M, London D. **How to determine all the angles of the unitarity triangle from $B_d^0 \to DK_s$ and $B_s^0 \to D\phi$**. Phys.Lett. B , 1991(**253**): 483;

Gronau M, Wyler D. **On determining a weak phase from CP asymmetries in charged B decays**. Phys.Lett. B , 1991(**265**): 172.

[173] Atwood D, Dunietz I, Soni A. **Phys.Rev.Lett.**, 1997(**78**): 3257;

Atwood D, Dunietz I, Soni A. **Phys.Rev. D** , 2001(**63**): 036005.

[174] Giri A, Grossman Y, Soffer A, Zupan J. **Phys.Rev. D** , 2003(**68**): 054018.

[175] Aaij R, et al., LHCb Collaboration. **A measurement of the CKM angle γ from a combination of $B^\pm \to Dh^\pm$ analyses**. Phys.Lett. B , 2013(**726**): 151.

[176] P. del Amo Sanchez, et al., BaBar Collaboration. **Evidence for Direct CP Violation in the Measurement of the CKM Angle γ with $B^\mp \to D^{(*)}K^{(*)\mp}$ decays**. Phys.Rev.Lett., 2010(**105**): 121801.

[177] Charles J, et al. **Predictions of selected flavour observables within the Standard Model**. Phys.Rev. D , 2011(**84**): 033005.

[178] Santos D M, LHCb Collaboration. **Latest results on** ϕ_s. talk given at LHCb Implications workshop, 15-17 Oct. 2014, CERN. LHCb-Talk-2014-337;
Aaij R, et al., LHCb Collaboration. **Measurement of the CP-violating phase** ϕ_s **in** $B \to J/\psi \pi^+ \pi^-$ **decays**. Phys.Lett. B , 2014(**736**): 186.

[179] Aaij R, et al., LHCb Collaboration. **Measurement of CP violation in** $B_s^0 \to \phi\phi$ **decays**. Phys.Rev. D , 2014(**90**): 052001.

[180] Aaij R, et al., LHCb Collaboration. **Measurement of the CP-violating phase** ϕ_s **in** $\overline{B}_s^0 \to D_s D_s$ **decays**. Phys.Rev.Lett., 2014(**113**): 211801; arXiv: 1409.4619 [hep-ex].

[181] Aaij R, et al., LHCb Collaboration. **Determination of** γ **and** $-2\beta_s$ **from charmless two-body decays of beauty mesons**. Phys.Lett. B , 2014(**741**): 1-11; arXiv: 1408.4368 [hep-ex].

[182] Uwer U. **Future facilities**. talk given at Flavour Physics Conference, QuyNhon, Jul.27-Aug.2, 2014, Vietnam.

[183] Aaij R, et al., LHCb Collaboration. **Differential branching fraction and angular analysis of the decay** $B^0 \to K^{*0} \mu^+ \mu^-$. **JHEP** , 2013**1308**: 131.

[184] Aushev T, et al. **Physics at Super B Factory**. arXiv:1002.5012[hep-ex], 2010.

[185] 不列颠百科全书公司. **不列颠简明百科全书** (修订版). 北京: 中国大百科全书出版社, 2011.

[186] An F P, et al., Daya Bay Collaboration. **Spectral measurement of electron antineutrino oscillation amplitude and frequency at Daya Bay**. Phys.Rev.Lett., 2014(**112**): 061801.

[187] An F P, et al., Daya Bay Collaboration. **Independent measurement of the neutrino mixing angle** θ_{13} **via neutron capture on hydrogen at Daya Bay**. Phys.Rev. D , 2014(**90**): 071101.

[188] Ablikim M, et al., BESIII Collaboration. **Design and Consturction of the BESIII Detector**. Nucl.Instrum.Meth. A, 2010(**614**): 345-399;
Li W D, Mao Y J, Wang Y F. **Chapter 2: The BES-III Detector and Offline Software**. Int.J. Mod.Phys. A , 2009(**24**) Suppl. 1: 9-21.

[189] Ping R G, et al. **Chapter 3: Analysis Tools**. Int.J. Mod.Phys. A , 2009(**24**) Suppl. 1: 23-77.

[190] Ablikim M, et al., BES Collaboration. **Observation of a Resonance** $X(1835)$ **in** $J/\psi \to \gamma \pi^+ \pi^- \eta'$. Phys.Rev.Lett., 2005(**95**): 262001;
Ablikim M, et al., BES Collaboration. **Confirmation of the** $X(1835)$ **and Observation of the Resonances** $X(2120)$ **and** $X(2370)$ **in** $J/\psi \to \gamma \pi^+ \pi^- \eta'$. Phys.Rev.Lett., 2011(**106**): 072002.

[191] Ablikim M, et al., BES Collaboration. **Observation of a structure at** $1.84 GeV/c^2$ **in the** $3(\pi^+\pi^-)$ **massspectrum in** $J/\psi \to \gamma 3(\pi^+\pi^-)$ **decays**. Phys.Rev. D ,

2013(**88**): 091502(R).

[192] Ablikim M, et al., BESIII Collaboration. **Partial wave analysis of** $J/\psi \to \gamma\eta\eta$. **Phys.Rev. D** , 2013(**87**): 092009.

[193] Choi S K, et al., Belle Collaboration. **Observation of a Narrow Charmoniumlike State in Exclusive** $B \to K^{\pm}\pi^{+}\pi^{-}J/\psi$ **Decays**. Phys.Rev.Lett., 2003(**91**): 262001.

[194] Ablikim M, et al., BES Collaboration. **Observation of** $e^{+}e^{-} \to \gamma X(3872)$ **at BESIII**. Phys.Rev.Lett., 2014(**112**):092001.

[195] M. Ablikim, et al., BESIII Collaboration. **Observation of a Charged Charmoniumlike Structure** $Z_c(4020)$ **and Search for the** $Z_c(3900)$ **in** $e^{+}e^{-} \to \pi^{+}\pi^{-}h_c$. Phys.Rev.Lett., 2013(**111**): 242001. M. Ablikim, et al., BESIII Collaboration. **Observation of** $e^{+}e^{-} \to \pi^{0}\pi^{0}h_c$ **and a Neutral Charmoniumlike Structure** $Z_c(4020)^0$. Phys.Rev.Lett., 2014(**113**): 212002.

[196] Xiao T, et al., CLOEc Collaboration. **Observation of the charged hadron** $Z_c^{\pm}(3900)$ **and evidence for the neutral** $Z_c^0(3900)$ **in** $e^{+}e^{-} \to \pi\pi J/\psi$ **at** $\sqrt{s} = 4170$ **MeV**. Phys.Lett. B , 2013(**727**): 366.

[197] Aaij R, et al., LHCb Collaboration. **Observation of** $D^0 - \overline{D}^0$ **oscillation**. Phys.Rev.Lett., 2013(**110**): 101802.

[198] Ablikim M, et al., BES Collaboration. **Measurement of the** $D \to K^{-}\pi^{+}$ **strong phase difference in** $\psi(3770) \to D^0\bar{D}^0$. Phys.Lett. B , 2014(**734**): 227.

[199] Asner D M, et al., CLEO Collaboration. **Updated measurement of the strong phase in** $D^0 \to K^{+}\pi^{-}$ **decay using quantum correlations in** $e^{+}e^{-} \to D^0\overline{D}^0$ **at CLEO**. Phys.Rev. D , 2012(**86**): 112001.

[200] 张肇西. **超级Z-工厂上的物理**. 中国科学: 物理学, 力学, 天文学, 2012(**42**):716-730.

[201] Toru Goto. **Formulae for Supersymmetry: MSSM and more**, Version at Jan.1, 2015, 874 pages; http://research.kek.jp/people/tgoto/susy.html

彩 图

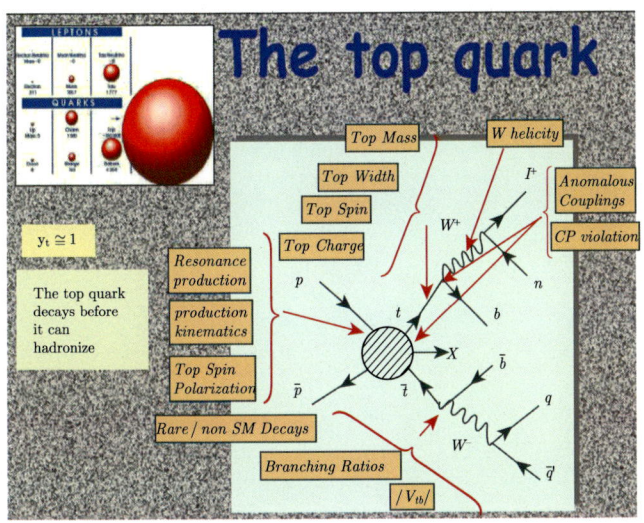

图 6.17 顶夸克的产生和衰变的费恩曼图示意图[78]

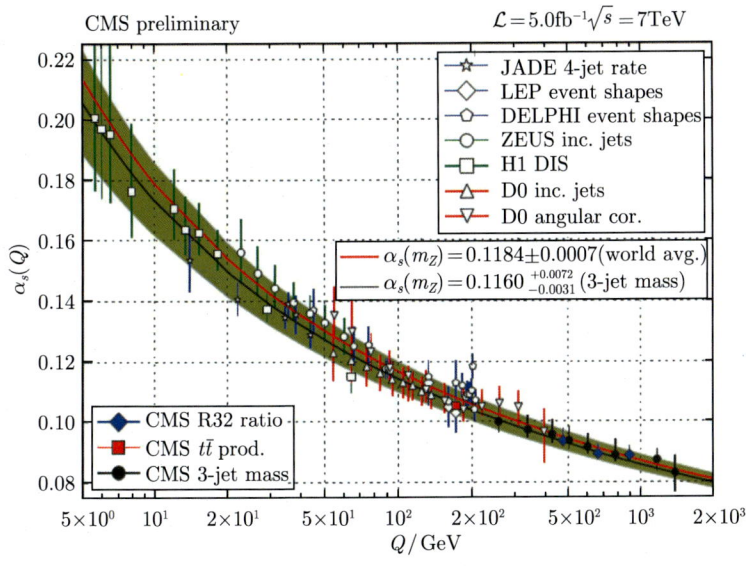

图 7.3 CMS 合作组在一个很宽的能区内对强相互作用耦合常数 $\alpha_s(Q^2)$ 随 Q^2 演化的最新实验测量结果[90]

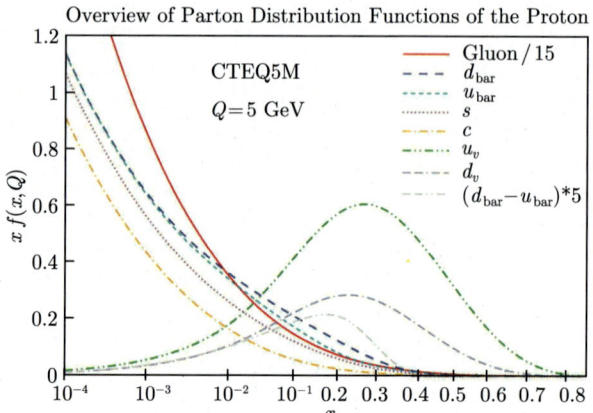

图 7.15 当 $Q = 5\text{GeV}$ 时，使用 CTEQ5M 程序得到的质子内部部分子分布函数随动量分数 x 的变化

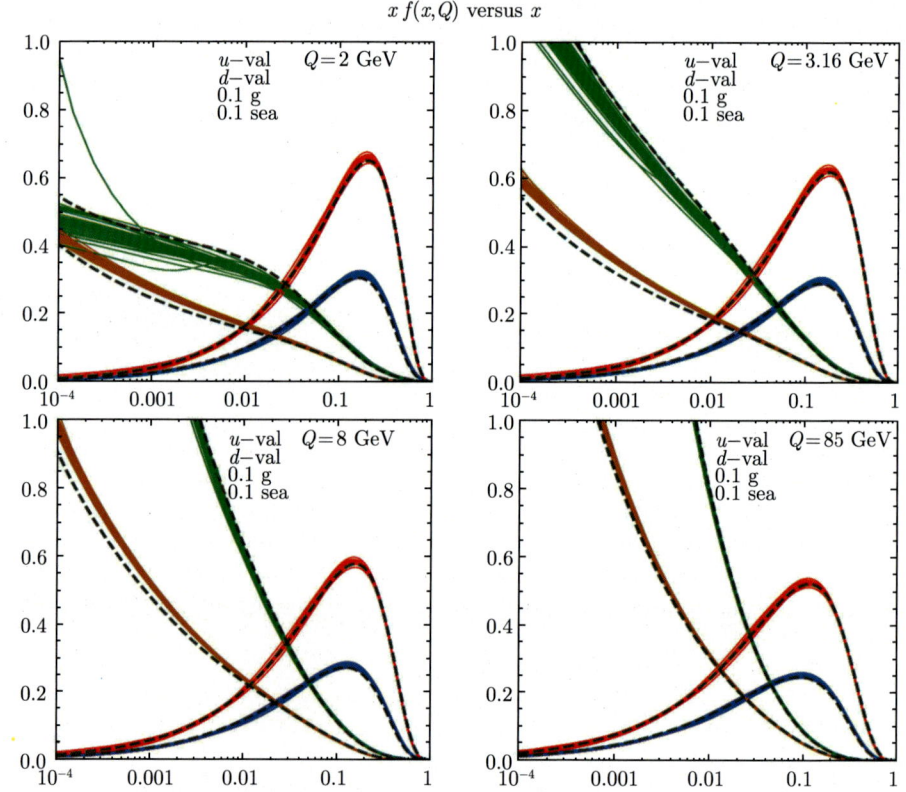

图 7.16 当 $Q=2\text{GeV}, 3.16\text{GeV}, 8\text{Gev}, 85\text{GeV}$ 时，使用 2014 年的 CT10NNLO 程序得到的质子内部部分子分布函数 $xf(x,Q)$ 随动量分数 x 的变化。对胶子和海夸克的分布函数，分别乘上一个 0.1 因子。这里面 q_{sea} 的定义是：$q_{\text{sea}} = 2(\bar{u} + \bar{d} + \bar{s})$

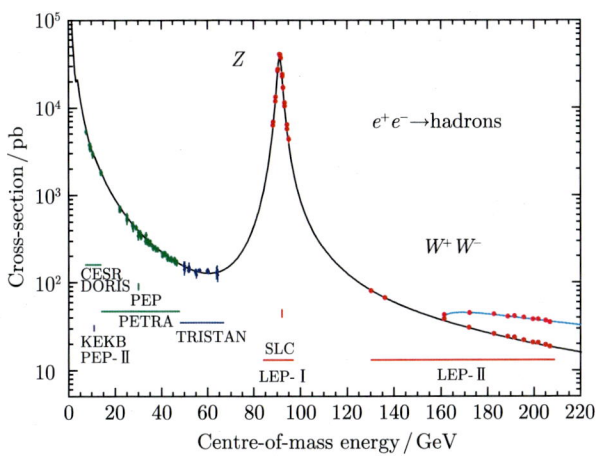

图 8.7 作为质心系能量 E 函数的强子产生截面 $\sigma_{\mathrm{had}} = \sigma(e^+e^- \to \mathrm{hadrons})$。实线表示标准模型理论预言,数据点表示各个正负电子对撞机实验 (CESR,DORIS,KEKB,PEP-II,PEP,PETRA,TRISTAN,SLC,LEP-I 和 LEP-II) 的测量结果,同时标出了各个加速器的能量区间。对截面 σ_{had} 已经考虑了光子辐射修正的影响[117]

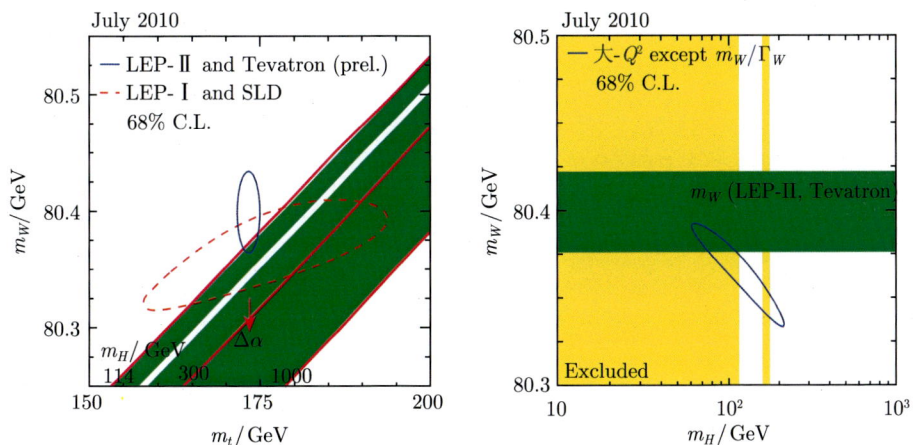

图 9.3 左图表示根据 LEP-I 和 SLD 实验数据得到的对 $m_W - m_t$ 取值范围的间接限制 (点线 contour-plot),根据 LEP-II 和 Tevatron 实验数据得到的对 $m_W - m_t$ 取值范围的直接限制 (实线 contour-plot)。在这两种情况下的 contour-plot 的置信度均为 68%。右图表示根据标准模型和相关实验数据 (大 -Q^2 数据,但不包含对 m_W 和 Γ_W 的直接实验测量数据) 对 $m_W - m_H$ 取值区域给出的限制

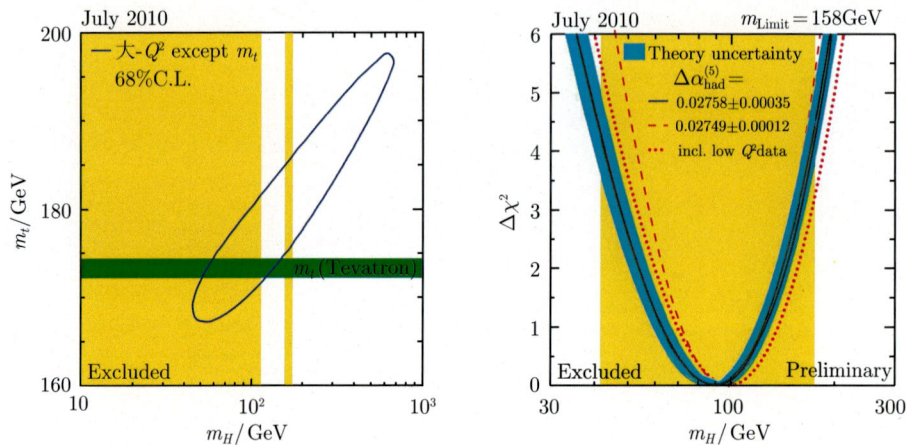

图 9.4 左图表示根据标准模型和相关实验数据 (大-Q^2 数据, 但不包含 Tevatron 对 m_t 的直接实验测量数据 —— 绿色水平窄条区域) 对 $m_t - m_H$ 取值区域给出的限制。右图表示根据标准模型和相关实验数据给出的 $\Delta\chi^2 - m_H$ 的函数曲线

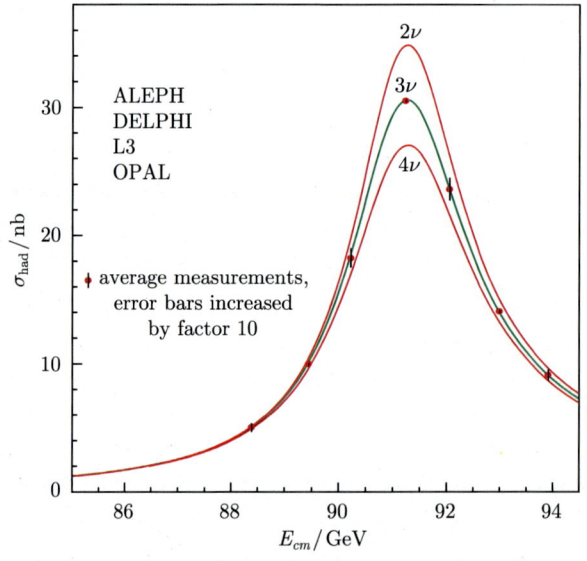

图 9.5 在 LEP-I 实验中, 在 Z^0 共振峰附近由四个 LEP 实验组 (ALEPH, DELPHI, L3 和 OPAL) 对强子产生截面 σ_{had} 的实验测量结果 (单位为 nb)[117]。曲线表示当取中微子代数为 $N_\nu = 2, 3, 4$ 时的标准模型理论预言值

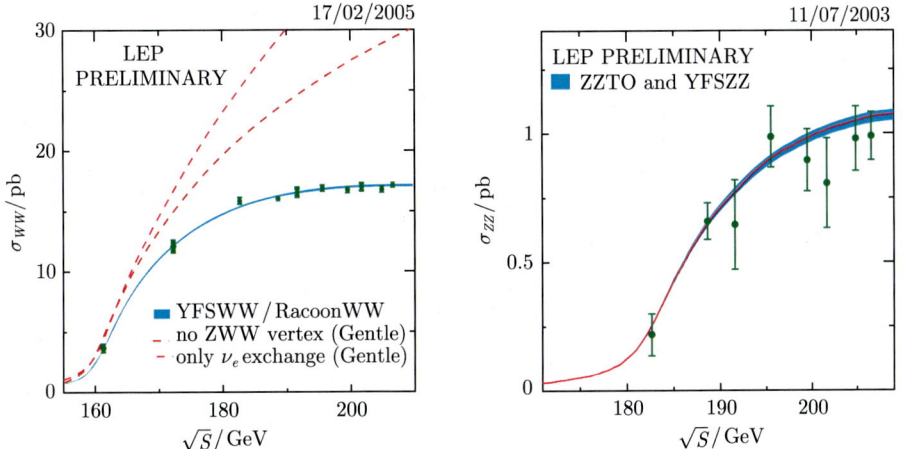

图 9.7 产生截面 $\sigma(e^+e^- \to W^+W^-)$(左图) 和 $\sigma(e^+e^- \to Z^0Z^0)$(右图) 的质心能量依赖性，不同理论预言值 (实线和点线) 和 LEP 实验测量结果[117,123]

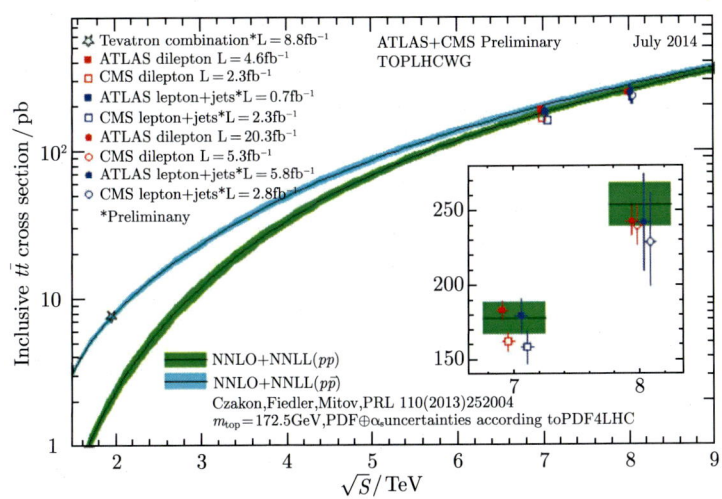

图 9.10 对单举产生截面 $\sigma(pp/p\bar{p} \to t\bar{t} + X)$ 的标准模型理论预言，已经包含了 NNLO 阶 QCD 修正和 NNLL 阶软胶子阈值求和修正。图中的带有误差棒的实验数据来源于 Tevatron 和 LHC 实验组在不同能标处的实验测量结果[90]

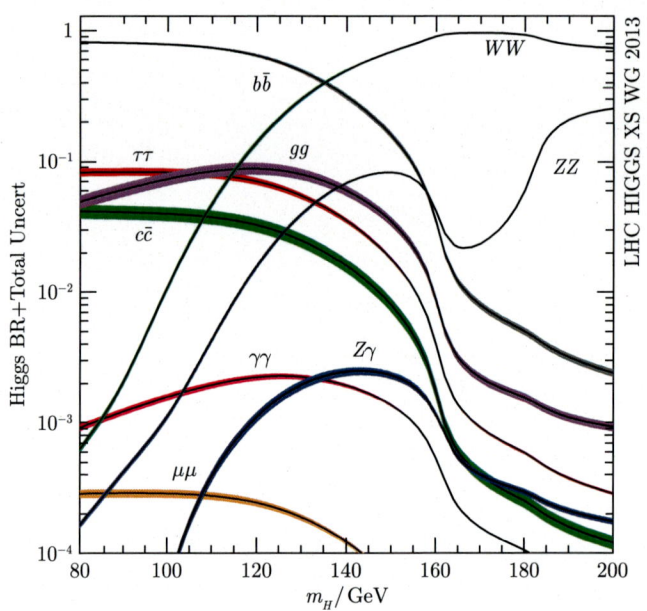

图 9.16 Higgs 玻色子主要衰变道，$\sqrt{S}=8$ GeV 时包含误差 (由曲线的粗细表示) 的衰变分支比的标准模型理论预言

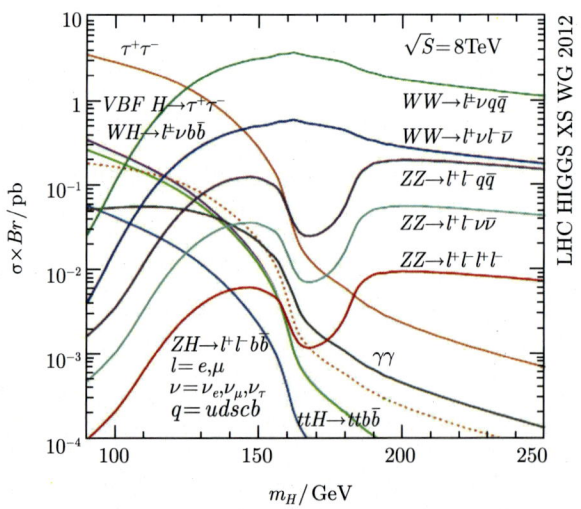

图 9.17 对质量区间在 $m_H=[90,250]$GeV，$\sqrt{S}=8$ TeV 的 Higgs 玻色子的主要衰变道的产生率 $\sigma \cdot Br$ 的标准模型理论预言值

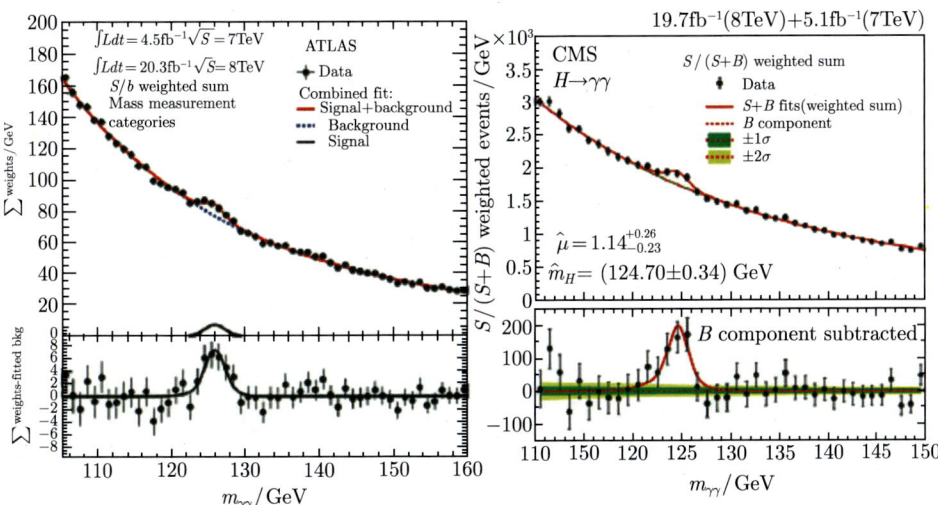

图 9.21 $H \to \gamma\gamma$ 衰变道：ATLAS 和 CMS 实验组根据全部 RUN-1 数据分析得到的结果

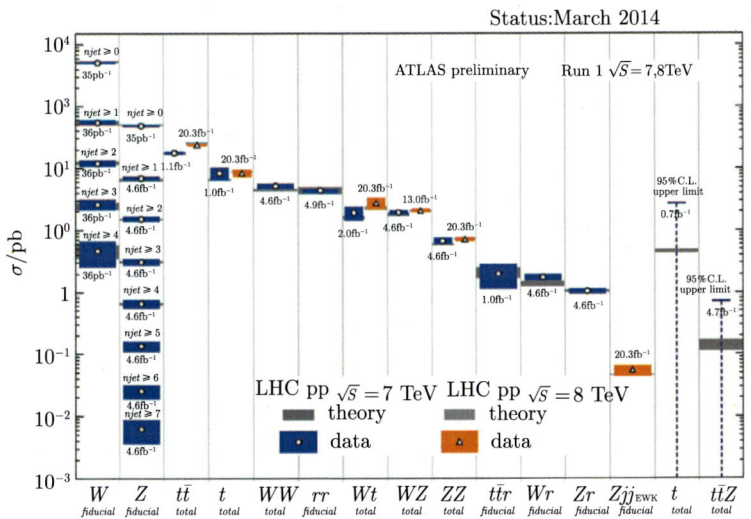

图 9.23 ATLAS 实验组对 LHC 实验各个过程产生截面的实验测量结果和对应的标准模型理论预言值

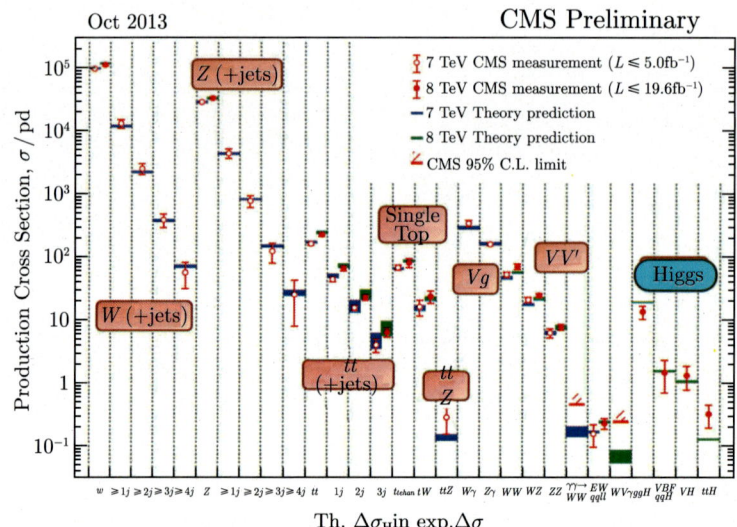

图 9.24 CMS 实验组对 LHC 实验各个过程产生截面的实验测量结果和对应的标准模型理论预言值

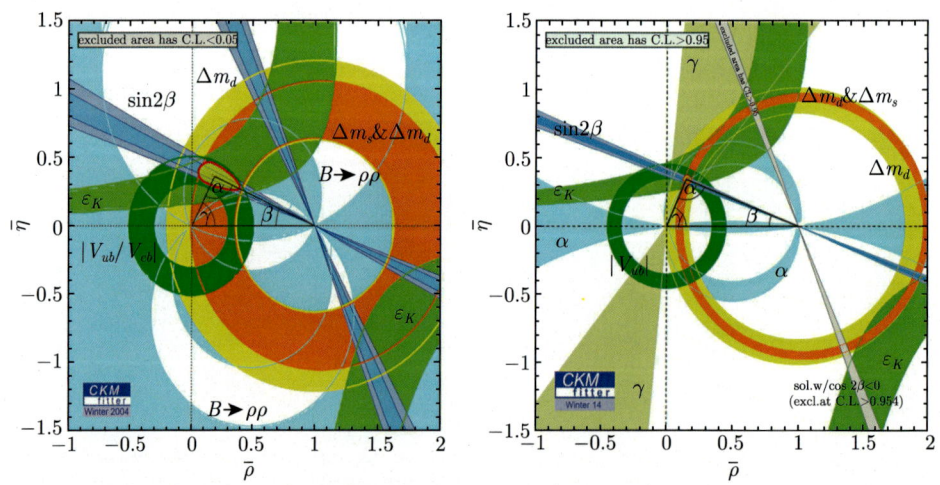

图 10.1 在 2004 年和 2014 年春天，由 CKM Fitter 合作组给出的，根据当时得到的 5 组实验测量数据得到的对 $\bar{\rho}-\bar{\eta}$ 取值的限制。从图中可以看出，过去十年实验测量精度得到很大的提高

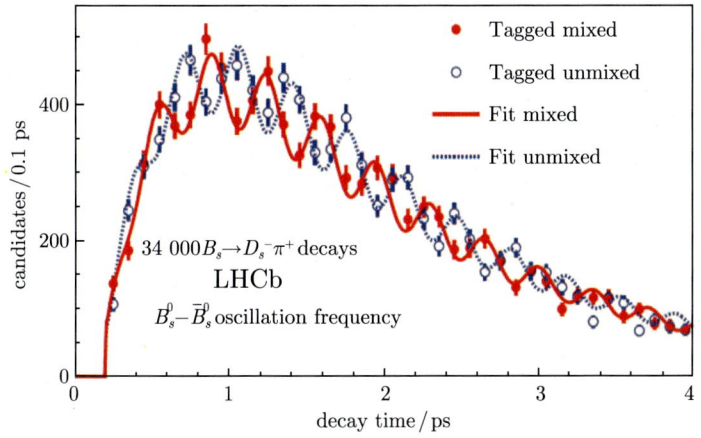

图 10.6　LHCb 实验组对采用不同方法标定的 $B_s^0 \to D_s^- \pi^+$ 衰变事例的含时分布函数的实验测量结果[153]

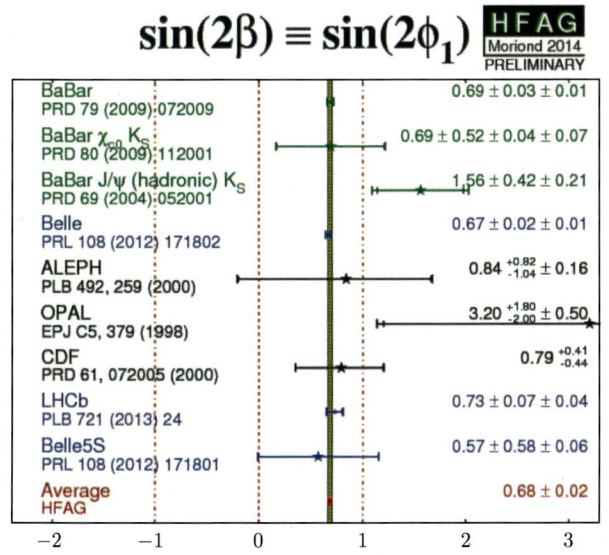

图 10.17　对第一类 $b \to c\bar{c}s$ 树图衰变过程，由 HFAG 小组给出的根据 BaBar、Belle、LHCb 等实验测量结果得到的 $\sin(2\beta)$ 世界平均值[52]

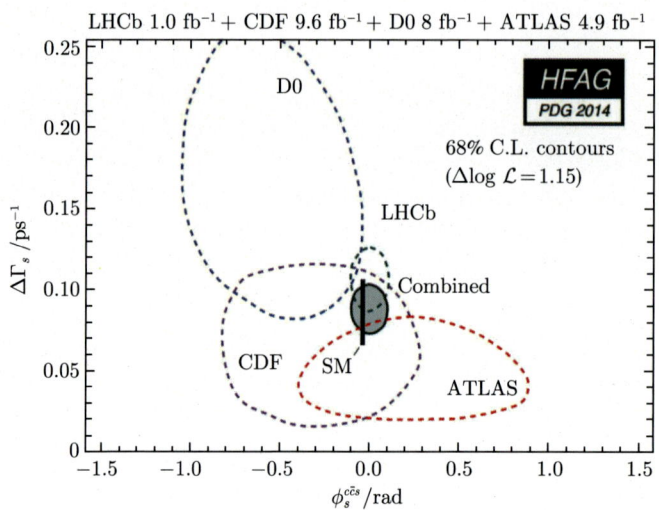

图 10.26 根据 BaBar 等相关实验组对各种 $b \to c\bar{c}s$ 衰变过程的实验测量数据，在 $\phi_s - \Delta\Gamma_s$ 平面上由 HFAG 合作组给出的世界平均值 (68%C.L.)[52]

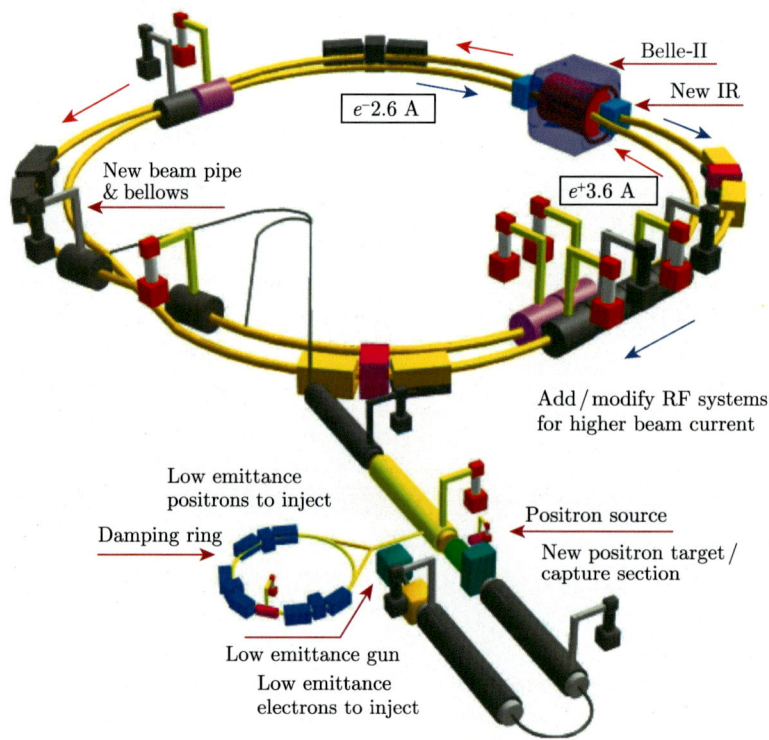

图 10.28 日本 KEK 的 Super-KEKB 加速器示意图

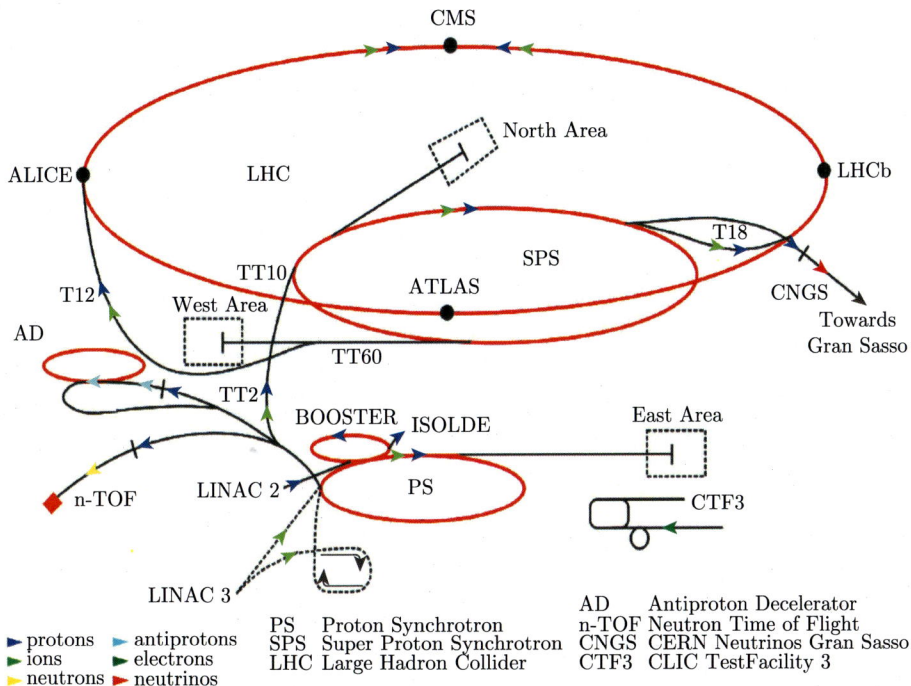

图 11.1 欧洲核子研究中心 (CERN) 的大型强子对撞机 (LHC) 结构示意图

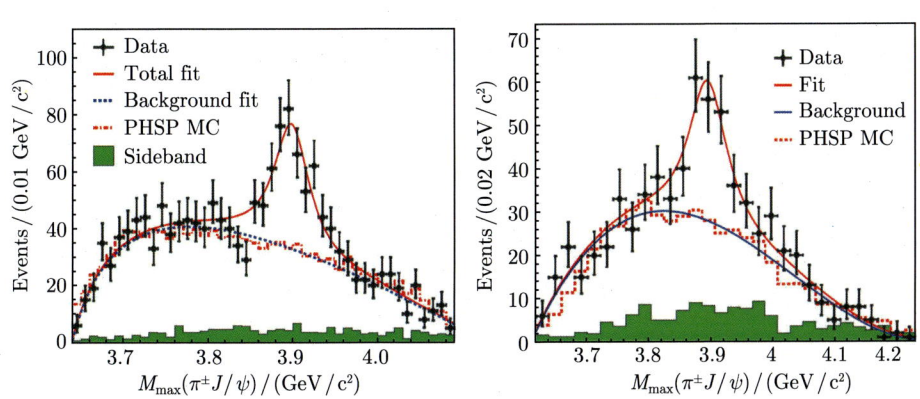

图 11.3 BES III 合作组 (左图)、Belle 合作组 (右图) 看到的 $Z_c(3900)$ 共振峰

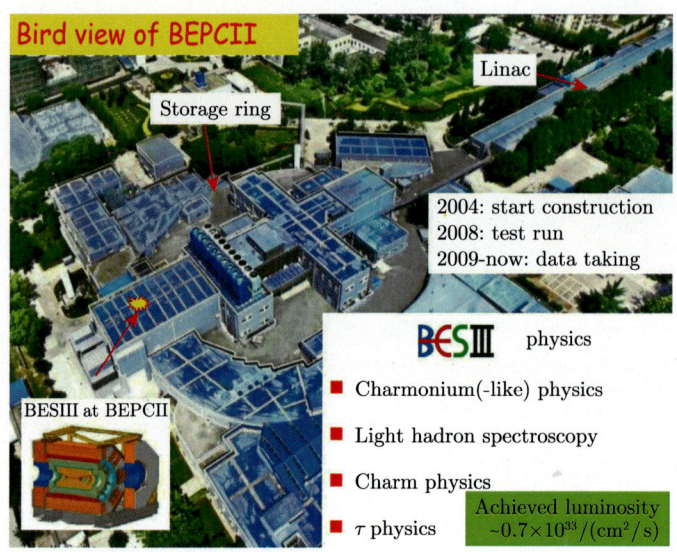

图 11.7　北京正负电子对撞机 BEPCII 鸟瞰图

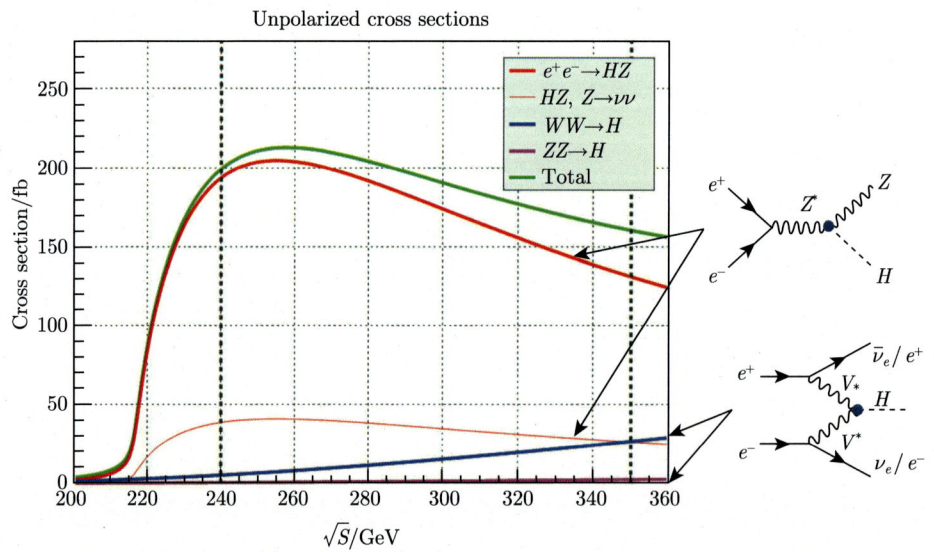

图 11.27　在 Higgs 工厂实验中，$e^+e^- \to HZ$ 等过程的 Higgs 玻色子产生截面对 $\sqrt{S}$ 的依赖性。右侧是对应过程的最低阶费恩曼图